# 给水厂

## 处理设施设计计算

### 第三版

◎ 崔玉川 员 建 主 编
◎ 陈宏平 王延涛 副主编

U0301473

化学工业出版社

·北京·

本书通过工程性设计计算例题的形式，具体介绍城镇给水厂单元处理构筑物和设备的主要设计计算内容、方法和要求。例题内容包括水的混凝，沉淀，澄清，气浮，过滤，消毒，去除铁、锰、氟、藻，微污染水源水的预处理和深度处理，超滤膜过滤工艺设施，以及排泥水处理设施、配水井和清水池等各种主要单元处理构筑物的工程性设计计算例题，共 95 个。

本书可供给排水科学与工程专业、环境工程专业及电厂化学等专业的工程技术人员和高等院校、大专院校师生使用参考。

**图书在版编目（CIP）数据**

给水厂处理设施设计计算/崔玉川，员建主编．—3版．
—北京：化学工业出版社，2019.4（2024.5重印）
ISBN 978-7-122-33955-3

Ⅰ．①给…　Ⅱ．①崔…②员…　Ⅲ．①水厂-水处理设施-设计计算　Ⅳ．①TU991.35

中国版本图书馆 CIP 数据核字（2019）第 033219 号

责任编辑：徐　娟　邹　宁　　　　　　　装帧设计：刘丽华
责任校对：杜杏然

出版发行：化学工业出版社（北京市东城区青年湖南街 13 号　邮政编码 100011）
印　　装：北京七彩京通数码快印有限公司
787mm×1092mm　1/16　印张 24¼　字数 645 千字　　2024 年 5 月北京第 3 版第 6 次印刷

购书咨询：010-64518888　　　　　　　　售后服务：010-64518899
网　　址：http://www.cip.com.cn
凡购买本书，如有缺损质量问题，本社销售中心负责调换。

# 前　言

《给水厂处理设施设计计算》（第二版）自 2013 年 1 月出版至今，已 5 年多时间了，一直受到本专业工程技术人员和高校师生的普遍欢迎和好评，对此我们表示衷心的感谢。

近几年来，微污染水源饮用水处理和净水厂排泥水处理受到广泛关注，一些新开发的给水处理工艺技术和装置设施已在工程实践中得到良好应用。因此，非常有必要对之前的第二版进行必要的补充和加强。

本书仍保持原来的体例风格和特点，对第二版的内容进行了审校、删减和整合，并补充了一些新型实用的有关处理构筑物设施的工艺技术计算例题，如蜂窝状高频旋流混合器、自旋式微涡流絮凝池、水力旋流网格絮凝池、筛板絮凝池、侧向流倒 V 型斜板沉淀池、水平管沉淀池和加砂高速沉淀池等。同时，新增加一章"净水厂排泥水处理设施"的设计计算（调节、浓缩、平衡、脱水）。另外，对已有的"微污染水源饮用水的附加处理设施"一章进行了强化，增加了"国内外微污染水源饮用水处理厂工艺及建造概况"一节。

全书由 13 章组成，共有 95 个设计计算例题。例题的内容和类型基本上涵盖了城镇给水厂中饮用水的常规处理、预处理、深度处理、特种水质处理以及以超滤为核心技术的短流程处理中的主要单元处理设施，还列举了净水厂排泥水处理工艺中的主要单元处理设施和给水厂的附属设施（配水井、清水池）的计算例题和内容。

本书由崔玉川、员建主编并统稿，陈宏平、王延涛为副主编。参编人员还有金华增、陈永信、张纯、张良纯、张建国、周密、谢卫朋、周茜、刘幼琼、史蓉、黄晓婷。另外，珠海九通水务股份有限公司、郑州江宇水务工程有限公司、太原市黄河供水有限公司等单位，为本书编写提供了宝贵的技术资料，表示衷心感谢！

本书内容较全面，涵盖面较广，着力突出实用性，意在通过工程性设计计算例题的形式，重点对给水处理构筑物设施的设计计算内容、方法和要求进行具体介绍。同时，为了与读者沟通和讨论，在一些设计例题的末尾，设置了"题后语"。

本书可供给排水科学与工程、环境工程及电厂化学等专业的工程技术人员和高等院校师生使用参考。由于我们的水平和视野所限，对于书中的问题和缺憾，敬请读者指教。

编者
2019. 1

# 第一版前言

给水厂是城镇供水的生产工厂，按照水源不同，分地下水和地表水两类水厂。地下水水厂的处理工艺较简单，一般只经消毒处理即可。若地下水中所含铁、锰或氟超标时，还需进行除铁、除锰或除氟处理等。

地表水厂也叫净水厂，其常规处理工艺为：原水-混凝-沉淀（澄清或气浮）-过滤-消毒-饮用水。主要是利用物理-化学作用使浑水变清并去除致病菌，使水质达到生活饮用水水质标准。由于水源水质的千差万别，所以处理工艺可有多种组合和选择。但过滤和消毒是不可缺少的。

20 世纪 70 年代以来，由于水源成分更为复杂，特别是有机物污染，采用常规处理工艺是不能去除的。为此，对常规工艺往往还应增加预处理或深度处理的工艺技术措施才行。

本书意在通过计算例题的形式，对给水厂工艺中的各类基本处理构筑物的设计计算内容、方法和要求进行具体深入介绍。以使读者仿照例题即可完成一般的设计计算工作。书中共有单元处理构筑物设计计算例题 85 个，内容包括水的混凝、沉淀、澄清、气浮、过滤、消毒、除铁、除锰、除氟，以及微污染水源水的生物预处理和活性炭吸附、膜分离等深度处理所需各种主要单元处理设施的设计计算。同时，对净水厂常规工艺的系统设计计算，还列出 4 种实例。这些例题，不少是在实际工程资料基础上加工整理而成的。

本书系给水处理设计参考书，亦是一本设计方法入门读物。可供给水排水、电厂化学和环境工程等专业的工程技术人员和大专院校师生使用参考。

本书由崔玉川主编。各章执笔人为：第一、二、三章为员建；第四、八、九章为陈宏平；第五、六、七章为崔玉川。全书由崔玉川统稿。

由于我们水平所限，书中错误和不妥之处，请读者批评指正。

编者

# 第二版前言

本书第一版于 2003 年 2 月出版后，受到有关工程技术人员和大专院校师生的普遍欢迎和关爱，特别是一些年轻的技术人员和院校的师生都将之当作工程设计、课程和毕业设计的抢手工具参考书。

2006 年，我国颁布了新的《生活饮用水卫生标准》，对净水工艺和设施提出了更高的要求，此书中的内容需要进行相应加强。近些年来，新型水处理工艺技术和设施不断出现，也应在书中补充介绍。进入 21 世纪以来，我国城市化进程不断加快，各地给水厂的建设如火如荼，客观上也加大了对该书的需求。

该书第二版编写的原则仍是以水的净化处理为主（不包括废水和泥渣处理），保持原来的初衷和体例风格，内容上与时俱进，进行必要的增加、删减和整合。具体内容变化如下：

（1）新增"生活饮用水处理方法概论"、"净水厂超滤膜过滤处理工艺设施"和"配水井和清水池"共 3 章。

（2）删除了压力式孔板计量投药器、分流隔板式混合槽、单级旋流式絮凝池、人工排泥平流式沉淀池、辐流式沉淀池、同向流斜板沉淀池、悬浮澄清池、压力滤池和净水厂工艺设施系统设计计算实例等现在给水厂已较少采用或为重复性的处理构筑物计算内容。

（3）整合强化了"特种水质处理设施（铁、锰、氟、藻的去除）"和"消毒设施（氯、紫外线、臭氧等法）"共 2 章。

（4）对絮凝、沉淀、过滤部分增加了新的池型计算例题，如网格絮凝池、平流沉淀池移动式机械排泥、高密度沉淀池、流动床滤池和翻板滤池等。

另外，第二版对原书的框架章序也进行了调整和整合。

本书由崔玉川任主编并统稿，刘振江、何寿平和陈宏平任副主编。参加编写的人员还有员建、曹昉、张国宇和王艳芳。具体编写分工为：第一、八、九章为崔玉川、曹昉；第二、三、五、六章为员建、崔玉川、曹昉；第四章为员建、崔玉川、刘振江、曹昉；第七章为陈宏平、崔玉川、刘振江、曹昉；第十章为陈宏平、崔玉川、曹昉；第十一章为何寿平、张国宇、刘振江、王艳芳；第十二章为刘振江、曹昉。附录为崔玉川、刘振江、曹昉。

本书的宗旨是通过工程性设计计算例题的形式，主要对处理构筑物的设计计算内容、方法和要求进行具体介绍。其中的主要设计参数应随着新颁布的技术法规标准进行更新替代之。

本书系给水处理设计参考书，可供给水排水、环境工程及电厂化学等专业的工程技术人员和大专院校师生使用参考。鉴于我们的水平所限，书中难免有缺点和错误，敬请同仁批评指正。

崔玉川
**2012 年 5 月于太原**

# 目 录

# 第一章　生活饮用水处理概论

## 第一节　天然水源的水质

水因其自身的异常分子结构，使其具有很强的溶解性和反应能力。所以，世界上很难有化学意义上的纯水（$H_2O$）自然存在，不论何种天然水，都会含有某些杂质。水体是水、溶解物质、悬浮物、底质和水生生物的总称。

水质是水及其所含杂质所共同表现出来的物理、化学及生物学的综合特性。水质亦指水的实际使用性质。凡是能反映水的使用性质的某一种量，即称为水质参数（包括替代参数或集体参数，如总溶解固体 TDS、浊度、色度等）。某一水质特性可通过水质指标（参数）来表达，例如水的温度、pH 值、各种溶解离子成分等。某种水的水质全貌，可用水质指标体系来反映，例如《生活饮用水卫生标准》等。

### 一、原水中的杂质

天然水源可分为地表水和地下水两大类。地表水按水体存在的方式有江河、湖泊、水库和海洋；地下水按水文地质条件可分为潜水（无压地下水）、自流水（承压地下水）和泉水。无论哪种水源，其原水中都可能含有不同形态、不同性质、不同密度和不同数量的各种杂质。水中的这些杂质，有的来源于自然过程的形成，例如地层矿物质在水中的溶解，水中微生物的繁殖及其死亡残骸，水流对地表及河床冲刷所带入的泥砂和腐殖质等；有的来源于人为因素的排放污染，其中数量最多的是人工合成的有机物，以农药、杀虫剂和有机溶剂为主。美国在水中检出 700 多种有机污染物，其中 100 多种为促癌、致癌、致畸和致突变物质。

天然水体中杂质的种类，按其粒径大小可分为溶解物、胶体颗粒和悬浮物三类（见表 1-1）。各类杂质的组成和危害见图 1-1。天然水体中各种杂质的粒径和性状见图 1-2。

**表 1-1　水中杂质的粒径及其水溶液的外观性状**

| 项　目 | 溶解物（低分子、离子） | 胶体颗粒 | 悬浮物 |
| --- | --- | --- | --- |
| 粒径/nm | 0.1~1.0 | 1.0~100 | 100nm~1mm |
| 水溶液名称 | 真溶液 | 胶体溶液（水溶胶） | 悬浊液 |
| 水溶液外观 | 清澈透明 | 光照下浑浊 | 浑浊 |

### 二、未污染天然水源的水质特征

未受污染的各种水源的水质特点，见表 1-2。

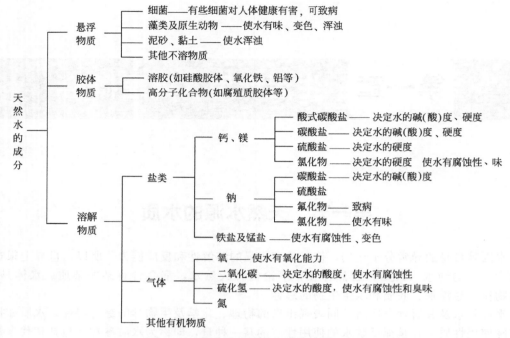

图 1-1　天然水体中各类杂质的组成和危害

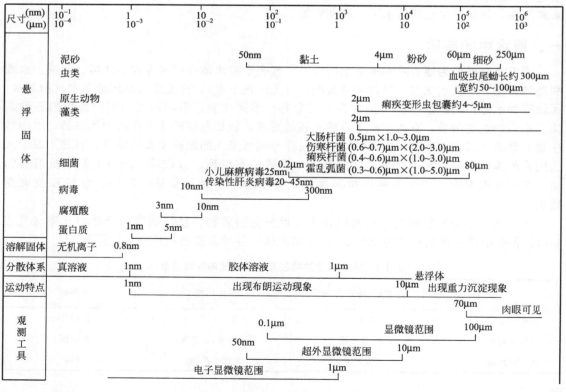

图 1-2　天然水体中各种杂质的粒径和性状

表 1-2　未受污染的各种水源的水质特点

|  |  | 优　点 | 缺　点 | 备　注 |
|---|---|---|---|---|
| 地下水 |  | 无悬浮物,水透明,浊度一般为 0,色度低,水质、水温稳定,不易受外界污染和气温影响 | 含盐量高<br>硬度大<br>常含铁和锰 | 我国地下水的含盐量一般为 100～5000mg/L,总硬度为 100～500mg/L(以 CaCO$_3$ 计),含铁量多小于 10mg/L,含锰量小于 2～3mg/L<br>泉水兼有地下水和地表水的水质特征 |
| 地表水 | 江河水 | 含盐量低<br>硬度小<br>含铁、锰少<br>循环周期短<br>自净能力强 | 悬浮物和胶体杂质含量多<br>浊度大<br>水温不稳定<br>水质易受自然条件和人为污染的影响<br>水的色、嗅、味变化较大 | 我国南方和东北地区的河流,一般年平均浊度为 50～400NTU,含盐量一般为 70～900mg/L,硬度 50～400mg/L(以 CaCO$_3$ 计) |
| | 湖泊、水库水 | 含盐量、硬度和铁锰含量少,<br>平时浊度低,水较清 | 风浪和暴雨时,水浑浊、水质恶化,易富营养化,夏季藻类和浮游生物多,水的色、嗅、味大<br>易受废水污染<br>扩散能力低,循环周期长,自净能力弱 | 此处指淡水湖水质<br>水质特征一般和江河水类似,但含盐量和硬度较江河水高 |
| | 海水 | 浊度不大<br>水质成分及其所占比例较稳定 | 含盐量甚高,味苦咸 | 含盐量高达 6000～50000mg/L,其中氯化物占 89%(NaCl 占 83.7%),硫化物次之,再次为碳酸盐,其他盐类甚少 |

## 三、水源污染的情势

水源污染是当今世界发展中国家的普遍问题。河流、湖泊及地下水所遭受的污染,直接影响到饮用水源。

### 1. 我国水污染状况

据 2017 年中国生态环境状况公报,在长江、黄河、珠江、松花江、淮河、海河、辽河七大流域和浙闽片河流、西北诸河、西南诸河中,Ⅰ～Ⅲ类、Ⅳ～Ⅴ类和劣Ⅴ类水质断面比例分别为 71.8%、19.8% 和 8.4%。说明 28.2% 的河段不适宜作饮用水水源。与河流相比,湖泊、水库的污染更加严重。112 个重要湖泊(水库)中,Ⅰ～Ⅲ类、Ⅳ～Ⅴ类和劣Ⅴ类水质的湖泊(水库)所占比例分别为 62.5%(70 个)、26.8%(30 个)和 10.7%(12 个)。即 37.5%(42 个)的湖泊(水库)不易作饮用水水源,10.7%湖泊(水库)失去使用功能。全国 5100 个地下水水质监测点位中,优良级、良好级、较好级、较差级和极差级点位分别占 8.8%、23.1%、1.5%、51.8% 和 14.8%。地级及以上城市 898 个在用集中式生活饮用水水源水质监测断面(点位)中,有 813 个全年水质均达标,占 90.5%,其中地表水水源达标率 93.7%,地下水水源标率 85.1%。

### 2. 水体的有机物污染

在水源污染物中,有机物污染更加严重。目前已知的有机化合物多达 400 万种,其中相当大一部分是通过人类活动进入水体,使水源中所含杂质的种类和数量不断增加,水质不断恶化。不少有机污染物对人体有急性或慢性、直接或间接的毒害作用,包括致癌、致畸和致突变作用,在给水水源中现已发现有 2221 种有机物,饮用水中有 765 种,并确认其中 20 种为致癌物,23 种为可疑致癌物,18 种为促癌物,56 种为致突变物,总计 117 种有机物成为优先控制的污染物。

水源污染物给人类健康造成严重威胁。解决的办法一是保护饮用水源,控制污染物,二是强化饮用水处理工艺。

生活饮用水水源的水质好坏，不仅关系到人们的生命健康，也影响着饮水工程建设的投资造价，所以，国家制定了《生活饮用水水源水质标准》（CJ 3020—93）以规范生活饮用水水源的选择。

## 四、饮用水水源的水质分类

根据水源水质受到污染的情况或所含杂质的特点，可将饮用水水源分为普通水质水源、特种水质水源和微（轻度）污染水质水源三类。

普通（正常）水质水源指水质符合《生活饮用水水源水质标准》或《地表水环境质量标准》（GB 3838—2002）中作为生活饮用水（见附录一）水质要求的水源，是具有使用功能的地表水或地下水水域。

特种水质水源指水中含有过量的某种杂质的水源，一般指含过量的铁、锰、氟、藻类等物质的水源。

微污染水质水源指水源水的物理、化学和生物学等指标，劣于《生活饮用水水源水质标准》或《地表水环境质量标准》中作为饮用水水质要求的水源。微污染水源水的单项指标如浊度、色度、嗅味、硫化物、氮氧化物、有毒有害物质、病原微生物等均有超标现象，同时多数情况下是以有机物微量污染为主。

近年来，我国微污染水源的水质特点为：有机物综合指标（BOD、COD、TOC）和氨氮浓度在升高，嗅味明显，致突变性的 Ames 试验结果呈阳性（水质良好水源呈阴性）。

从法规上说，微污染水源水是不能作为饮用水水源使用的。但由于社会和经济的发展，淡水资源紧缺（含水质型缺水）和水环境污染普遍的现象已经成了全球性的实际问题。因此，微污染水源水的净化处理已是客观存在的现实技术问题。

# 第二节　饮用水的水质要求

## 一、饮用水水质标准的意义

### 1. 饮用水水质标准的时代性

生活饮用水泛指人们生活中的饮水和用水。饮用水水质的安全性对人体健康和生活使用至关重要。鉴于天然水源的水质成分十分复杂多变，不能直接供人们生活所用，故世界各国对制定饮用水的水质标准都极为关注。在不同的历史年代中，很多国家和地区都制定了不同的饮用水水质标准，其中最具代表性和权威性的是世界卫生组织（WHO）的水质准则，它是世界各国制定本国饮用水水质标准的基础和依据。另外，比较有影响的还有欧盟的《饮用水指令》和美国的《安全饮用水法案》。

我国的城市自来水事业，至今年已有 140 年的历史，其饮用水水质标准的制定也是随着社会的发展和科学技术的进步，而不断与时俱进的（详见表 1-3）。在 20 世纪初期，饮用水水质标准主要包括水的外观和预防水致传染病方面的项目；以后开始重视重金属离子的危害；80 年代开始侧重于有机污染物的防治；90 年代以来更加重视工业废水排放及农药使用的有机物污染，以及消毒副产物和某些致病微生物等方面的危害。

### 2. 饮用水水质标准的制定原则

生活饮用水水质标准是关于生活饮用水水质卫生和安全的技术法规，由一系列的水质指标及相应的限值组成。生活饮用水水质标准的制定主要是从人们终生用水安全来考虑的，主要基于三个方面来保障饮用水的卫生和安全，即水中不得含有病原微生物，水中所含化学物质及放射性物质不得危害人体健康，水的感官性状应良好。从上述要求出发，一般可将饮用水水质标准中的水质检测项目分为四大类指标：感官性状和一般化学指标、毒理学指标、细菌学指标、放射性指标。

表 1-3 我国不同时期关于饮用水水质标准的规定

| 实施时间 | 发布部门 | 标准名称（文号） | 级别 | 指标项目数（项） | | |
|---|---|---|---|---|---|---|
| | | | | 总数 | 常规项目数 | 非常规项目数 |
| 1927 年 | 上海市 | 《上海市饮用水清洁标准》 | 地方 | | | |
| 1937 年 | 北京市自来水厂 | 水质标准表 | 企业 | 11 | | |
| 1950 年 | 上海市 | 上海市自来水水质标准表 | 地方 | 16 | | |
| 1955 年 5 月 | 原卫生部 | 《自来水水质暂行标准》 | 行标 | 15 | | |
| 1956 年 12 月 | 原国家建委,原卫生部 | 《饮用水水质标准》 | 国标 | 15 | | |
| 1959 年 11 月 | 原建工部,原卫生部 | 《生活饮用水水质标准》 | 国标 | 17 | | |
| 1976 年 12 月 | 原国家建委,原卫生部 | 《生活饮用水卫生标准》（TJ 20—76）(试行) | 国标 | 23 | | |
| 1986 年 10 月 | 原卫生部 | 《生活饮用水卫生标准》（GB 5749—85） | 国标 | 35 | | |
| 1987 年 7 月 | 原国家环保总局,原卫生部,原建设部,原水利部,地矿部 | 饮用水水源保护区污染防治管理规定 | — | 27 条 | | |
| 1991 年 5 月 | 全国爱卫会,原卫生部 | 农村实施《生活饮用水卫生标准》准则 | 国标 | 21 | | |
| 1992 年 11 月 | 原建设部 | 2000 年水质目标 | 行标 | 89(一类水司) 51(二类水司) 35(三、四类水司) | | |
| 1995 年 5 月 | 原建设部 | 城市供水水质管理规定 | — | 28 条 | | |
| 1996 年 7 月 | 原建设部,原卫生部 | 生活饮用水卫生监督管理办法 | — | 31 条 | | |
| 1999 年 2 月 | 原国家质量技术局,原建设部 | 《城市给水工程规划规范》（GB 50282—98）"生活饮用水水质标准" | 国标 | 89(一级) 51(二级) | | |
| 2000 年 3 月 | 原建设部 | 《饮用净水水质标准》（CJ 94—1999） | 行标 | 39 | | |
| 2001 年 9 月 | 原卫生部 | 《生活饮用水卫生规范》 | 行标 | 96 | 34 | 62 |
| 2005 年 6 月 | 原建设部 | 《城市供水水质标准》（CJ/T 206—2005） | 行标 | 103 | 42 | 61 |
| 2005 年 10 月 | 原建设部 | 《饮用净水水质标准》（CJ 94—2005） | 行标 | 38 | | |
| 2007 年 7 月 | 原卫生部,国家标准委 | 《生活饮用水卫生标准》（GB 5749—2006） | 国标 | 106 | 42 | 64 |

注：1992 年原建设部城建司组织原中国城镇供水协会编写了《城市供水行业 2000 年技术进步发展规划》，对 2000 年的水质目标进行了规划，把自来水公司按供水规模 $[Q_{max}(\times 10^4 m^3/d)]$ 分为四类，并提出了不同的质量要求。

一类水司，$Q_{max} > 100$，同时是直辖市、对外开放城市、重点旅游城市或国家一级企业的水司，水质标准数为 89 项。

二类水司，$50 < Q_{max} < 100$ 的其他城市、省会城市和国家二级企业的水司，水质指标数为 51 项。

三、四类水可仍按国标 35 项。

## 二、我国现行的饮用水水质标准

我国现行的《生活饮用水卫生标准》（GB 5749—2006）是由原卫生部、原建设部、原水利部、原国土资源部和原国家环保总局提出，在中国国家标准化管理委员会组织领导下制定的，由中国疾病预防控制中心环境所负责起草，由原卫生部归口管理的国家标准，于2006年12月29日由国家标准委和原卫生部联合发布，2007年7月1日在全国正式实施。

新标准对原有标准（GB 5749—85）做了重大修订，水质检验项目由35项增加至106项。其中对健康有影响的指标（如铅、砷、农药、微生物等）约占81%，感官指标和一般化学性指标（如色、嗅、浊度、硬度、COD等）约占19%。

**1. 新标准的特点和要求**

新标准基本特点是符合我国国情，与国际先进水平接轨。具体体现在以下方面。

（1）体现以人为本，保证安全，面向城乡全体居民采用统一标准。在现阶段，我国部分农村要严格执行该标准在经济和技术方面会有困难，这部分供水用"小型集中式"来表述。

（2）对小型集中式供水，如实施该标准有困难的，在保证安全的基础上对感官指标性状指标以及少量毒理学指标可适当放宽。

（3）尽可能与国际组织和经济发达国家同类标准接轨。主要是向世界卫生组织的《饮用水水质准则》接轨。

（4）我国幅员辽阔，各地差异很大，要因地制宜。对水质要求不宜过高，检验样品不宜过多。

（5）水质感官性状和一般理化指标以用户能接受为度，但仍按强制执行。

（6）制定标准时考虑了洗澡、漱口时可能对人体健康产生影响的因素，也考虑了输配管道腐蚀的影响。符合该标准的饮用水，通过呼吸或皮肤接触而对人体健康的影响也是安全的。

**2. 标准修订的基本原则**

（1）保证终生饮用安全。

（2）水质感官指标性状良好，用户可以接受。

（3）供水部门在经济和技术条件上能够达到。

（4）有适宜的检验和净化方法，保证水质指标能够实现。

**3. 适用范围**

（1）无论城市或农村，无论规模大小，无论分散或集中供水，都应执行该标准的规定。

（2）不仅供水系统供出的水要符合标准的要求，更重要的是居民实际使用的水也要符合标准的规定。

（3）该标准也适用于供生活饮用的桶装水和瓶装水，但不包括饮料和矿泉水。

（4）适用于各类集中供应式生活饮用水，包括自建集中式供水，供应日常生活饮用水的供水站，如公共场所、居民社区提供的分质供水，以及用作日常生活的各种形式的包装饮水。

**4. 现行标准与原标准的比较**

该标准中的水质指标由35项增加到106项，增加了71项，修订了8项。

（1）微生物指标由2项增加到6项（增加了大肠埃希菌、耐热大肠菌群、贾第鞭毛虫和隐孢子虫），修订了总大肠菌群的限值。

（2）饮用水消毒剂由1项增至4项（增加了一氯胺、臭氧、二氧化氯）。

（3）毒理学指标由15项增至74项（无机化合物由10项增至21项，有机化合物由5项增至53项）。

（4）感官性状和一般理化指标由15项增加到20项（增加了耗氧量、氨氮、硫化物、钠、铝），修订了浑浊度指标。

（5）放射性指标 2 项无变化，但修订了总 α 指标。

5. 与国际组织和几个国家的饮用水水质标准的比较

我国现行标准同世界卫生组织、欧盟及几个国家的饮用水水质标准的指标项目数的比较，见表 1-4。

表 1-4　国际组织和几个国家的饮用水水质标准的指标项目数的比较

| 国家或国际组织 | | 标准发布和实施年份 | 水质指标总项目数 |
|---|---|---|---|
| 中国 | 现行国标 GB 5749—2006 | 2006 | 106 |
| | 旧国标 GB 5749—85 | 1985 | 35 |
| | 原卫生部的规范 | 2001 | 96 |
| | 原建设部的标准 | 2005 | 103 |
| 美国 | | 2006 | 113（强行 98，二级 15） |
| 欧盟 | | 1998 | 48（瓶桶装饮用水 51） |
| 俄罗斯 | | 2002 | 52 |
| 日本 | | 2015 | 124（法定 51） |
| 世界卫生组织 | | 2011 | 健康意义 91<br>感官 28<br>病原体 28 |

该新标准属于强制性国家标准。其检验项目分为常规检验项目（42 项）和非常规检验项目（64 项）两类。前者反映水质的基本情况，后者是根据地区、时间或特殊情况需要确定的指标。但在对饮用水水质评价时，非常规检验项目具有同等作用，均属于强制执行的项目。国家标准委要求，对非常规指标的实施项目和日期由各省级人民政府根据实际情况确定，并报国家标准委、原建设部和原卫生部备案。自 2008 年起三个部门对各省非常规指标实施情况进行通报，全部指标最迟于 2012 年 7 月 1 日实施。

此外，新标准还删除了原标准中水源选择和水源卫生防护两部分，简化了供水部门的水质检测规定，并增加了资料性附录，供生活饮用水水质安全性评价时参考，是非强制性部分。

# 第三节　饮用水处理工艺技术

## 一、水处理的意义

### 1. 水处理的类别

水处理是对水质成分的变革，即采用物理的、化学的、物理化学的或生物的工艺技术，将水中存在的某些物质减少或分离出去，使水质达到所要求程度的一种水质加工净化过程。显然，处理前的原料和处理后的产品都是水。

因此，当产品水是用于生活饮用或生产使用时，此种水质加工净化过程属于给水处理；当产品水是为了符合排入水体或其他处置方法的水质要求时，这样的水处理则属于废水处理。作为生活饮用水的原料水，一般应是水质较好的天然水源水。在进行水处理的同时还应对所产生的污泥和废渣进行处理处置。

### 2. 水处理与水循环

从水质角度考虑，人类社会上的水大致可分为三大类，即天然水（地表水与地下水）、使用水(生活与生产用水)和污废水(生活与生产使用过的水)。水处理则是这三种水质类型转化的重要手段,从而构成了水的社会循环,这种关系如图 1-3 所示。

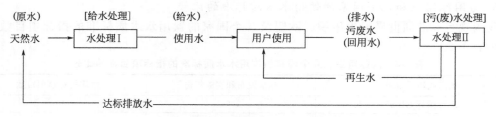

图 1-3  水的社会循环与水处理的关系

按照处理前原水水质性质类别的不同,过去通常把水处理分为"给水处理"和"污(废)水处理"两大类。近些年来由于天然水源水质不断污染以及污水资源化的实施,使原料水既包括天然水源水,也包括了用过的水(废水),这样就使原来两类水处理工艺技术的隶属关系逐渐模糊,从而使两类水处理技术的界限日渐淡化,这更能反映现代水处理技术的发展特点。

## 二、饮用水处理的目的和方法

天然水源的水质(尤其地表水源)一般都不能满足饮用水水质的要求。饮用水处理的目的就是通过必要的处理方法,使水源水达到饮用水水质标准,从而保证饮用水的卫生安全性。由于水源种类及其原水水质的不同,所用处理方法和工艺也各不相同。

地下水源水由于原水水质较好,处理方法比较简单,一般只需消毒处理即可。若原水中含铁、锰或氟超标时,还需先进行相应处理。

地表水源水的成分比较复杂。当原水水质较好时,通常只是浊度和细菌类水质参数不合格,一般采用常规(传统)处理方法即可,即澄清[混凝、沉淀(气浮)、过滤]和消毒。常规处理法仍是饮用水处理的主要方法,为多数国家所采用。

20 世纪 70 年代以来,由于环境污染使水源污染的成分更加复杂,特别是有机物污染,仅采用常规处理方法是不能使之去除的。为此,在常规处理的基础上往往还应增加预处理或深度处理方法才行。

## 三、饮用水的常规处理

### 1. 典型的常规处理工艺

饮用水的常规处理主要是采用物理化学作用,使浑水变清(主要去除对象是悬浮物和胶体杂质)并杀菌灭活,使水质达到饮用水水质标准。

水处理工艺流程是由若干处理单元设施优化组合成的水质净化流水线。水的常规处理法通常是在原水中加入适当的促凝药剂(絮凝剂、助凝剂),使杂质微粒互相凝聚而从水中分离出去,包括混凝(凝聚和絮凝)、沉淀(或气浮、澄清)、过滤、消毒等。一般地表水源饮用水的处理就是这种方法。其工艺流程如图 1-4 所示。这种制取饮用水的处理过程单元与原理等参见表 1-5。

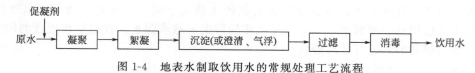

图 1-4  地表水制取饮用水的常规处理工艺流程

表 1-5 地表水制取饮用水的处理过程单元与原理

| 加工步骤 | 加工效果 | 利用原理 | 主要设备 | 单元处理方法 |
|---|---|---|---|---|
| ① 原水输送 | 原水在自来水厂中流动 | 物理 | 水泵 | |
| ② 加混凝剂 | 水中胶态颗粒脱稳 | 物理 | 加药设备 | 凝聚 |
| ③ 混合搅拌 | | 物理化学 | 混合装置 | |
| ④ 絮凝搅拌 | 脱稳的胶态颗粒和其他微粒结成絮体 | 物理化学 | 絮凝池 | 絮凝 |
| ⑤ 沉淀 | 从水中去除(绝大部分)悬浮物和絮体 | 物理 | 沉淀池 | 沉淀 |
| ⑥ 过滤 | 进一步去除悬浮物和絮体 | 物理化学,物理 | 由石英砂等构成的滤池 | 过滤 |
| ⑦ 加氯 | 杀死残留水中的病原微生物 | 物理 | 加氯机 | |
| ⑧ 混合接触 | | 物理,微生物学,化学 | 清水池 | 消毒 |
| ⑨ 储存 | 调节水量变化 | | | |
| ⑩ 产品水输送 | 成品水在管网中流动 | 物理 | 水泵 | |

**2. 一般水源净水工艺流程和净水构筑物的选择**

饮用水处理工艺流程及单元处理构筑物的选择，主要决定于水源的原水水质情况，同时还与水厂规模，运行管理要求，地域气温等因素有关。

一般水源饮用水处理工艺流程的适用条件，可参考表 1-6 选择。

表 1-6 一般水源饮用水处理工艺流程的适用条件

| 净水工艺流程 | 适 用 条 件 |
|---|---|
| 原水→混凝沉淀或澄清→过滤→消毒 | 一般进水浊度不大于 2000～3000NTU，短时间内可达 5000～10000NTU |
| 原水→接触过滤→消毒 | 进水浊度一般不大于 25NTU，水质较稳定且无藻类繁殖 |
| 原水→混凝沉淀→过滤→消毒(洪水期)<br>原水→自然预沉→接触过滤→消毒(平时) | 山溪河流；水质经常清晰，洪水时含泥砂量较高 |
| 原水→混凝→气浮→过滤→消毒 | 经常浊度较低，短时间不超过 100NTU |
| 原水→(调蓄预沉或自然预沉或混凝预沉)→混凝沉淀或澄清→过滤→消毒 | 高浊度水二级沉淀(澄清)工艺，适用于含砂量大、砂峰持续时间较长的原水处理 |
| 原水→混凝→气浮／沉淀→过滤→消毒 | 经常浊度较低，采用气浮澄清；洪水期浊度较高时，则采用沉淀工艺 |

主要净水构筑物的适用条件见表 1-7。

下面介绍几种过滤方式。

（1）接触过滤　即原水加促凝药剂只经瞬时搅拌混合后，不经絮凝和沉淀处理，就直接进入滤池底部沿着滤料层自下而上流动进行过滤的方式。另外，加药后的水也可从滤池上部进入而向下流动过滤，这种方式叫正向接触过滤。显然，接触过滤充分利用了滤料表面积大吸附能力强的"接触凝聚作用"。优点是进入滤池时水中絮粒较小（$1\sim50\mu m$ 以下），在滤层中同时进行絮凝与过滤截流，因而污泥透入滤层较深，更充分利用了全滤床层的含污能力。同时因在滤层中进行絮凝吸附所需的絮凝剂量远比混凝沉淀池中为少，因而可节省药耗量。

（2）直接过滤　即上述的正向接触滤池的过滤方式。由于瞬时混合凝聚所产生的絮体很小，故直接过滤也叫微絮凝过滤或凝聚过滤、微絮体过滤。直接过滤最好采用多层滤料滤池（含污能力大）和阳离子型聚合物作主混凝剂或助凝剂（加强絮体的强度），以使悬浮固体进入滤层深处，并防止其造成泄漏。资料认为采用直接过滤的条件是：原水的浊度和色度都分别低于 25NTU；当色度低时浊度不超过 200NTU；当浊度低时，色度不超过 100 度；大肠菌群的最大值可达 90 个/100mL；硅藻或类似物质浓度不超过 1000asu（标准面积单位）/mL。

表 1-7　主要净水构筑物的适用条件

| 净水工艺 | | 构筑物名称 | 适用条件 | | 出水浊度/NTU |
|---|---|---|---|---|---|
| | | | 进水含砂量/(kg/m³) | 进水浊度/NTU | |
| 高浊度水沉淀 | 自然沉淀 | 天然预沉池 | 10~30 | | 2000 左右 |
| | 混凝沉淀 | 平流式或辐射式预沉池 | 10~30 | | |
| | | 斜管预沉池 沉砂池 | 10~120 | | |
| | 澄清 | 水旋澄清池 | <60~80 | | 一般为 20 以下 |
| | | 机械搅拌澄清池 | <20~40 | | |
| | | 悬浮澄清池 | <25 | | |
| 一般原水沉淀 | 混凝沉淀 | 平流式沉淀池 | | 一般小于 5000,短时间内允许 10000 | 一般为 5 以下 |
| | | 斜管(板)沉淀池 | | 500~1000,短时间内允许 3000 | |
| | 澄清 | 机械搅拌澄清池 | | 一般小于 3000,短时间内允许 3000~5000 | |
| | | 水力循环澄清池 | | 一般小于 500,短时间内允许 2000 | |
| | | 脉冲澄清池 | | 一般小于 3000 | |
| | | 悬浮澄清池(单层) | | 一般小于 3000 | |
| | | 悬浮澄清池(双层) | | 3000~10000 | |
| 气浮 | | 平流式气浮池 | | 一般小于 100,原水中含有藻类以及密度小的悬浮物质 | 一般为 5 以下 |
| | | 竖流式气浮池 | | | |
| 普通过滤 | | 普通快滤池或双阀滤池 | | 一般不大于 5 | 一般为 1 以下 |
| | | 双层或多层滤料滤池 | | | |
| | | 虹吸滤池 | | | |
| | | 无阀滤池 | | | |
| | | 移动罩滤池 | | | |
| | | 压力滤池 | | | |
| 接触过滤(微絮凝过滤) | | 接触双层滤池 | | 一般不宜超过 25 | |
| | | 接触压力滤池 | | | |
| | | 接触式无阀滤池 | | | |
| | | 接触式普通滤池 | | | |
| 微滤 | | 微滤机 | | 原水中含藻类、纤维素、浮游物时 | |
| 氧化 | | 臭氧接触池 | 原水有臭味,受有机污染较重 | | |
| | | 臭氧接触塔 | | | |
| 吸附 | | 活性炭吸附池 | | 一般不大于 3 | |
| 消毒 | | 液氯 | | 有条件供应液氯地区 | |
| | | 氯胺 | | 原水有机物较多 | |
| | | 次氯酸钠 | | 适用于小型水厂和管网中途加氯 | |
| | | 二氧化氯 | | 国内目前应用较少 | |
| 生物处理 | | 弹性填料生物接触氧化池 | | 原水受有机污染较重,特别氨氮含量较高 | |
| | | 颗粒填料生物接触氧化池 | | | |

## 四、饮用水的预处理和深度处理

对微污染饮用水源水的处理方法,除了要保留或强化传统的常规处理工艺之外,还应附加生化或特种物化处理工序。一般把附加在常规净化工艺之前的处理工序叫预处理;把附加在常规净化工艺之后的处理工序叫深度处理。

预处理和深度处理方法的基本原理,概括起来主要是吸附、氧化、生物降解、膜滤四种作用。即或者利用吸附剂的吸附能力去除水中有机物;或者利用氧化剂及光化学氧化法的强氧化能力分解有机物;或者利用生物氧化法降解有机物;或者以膜滤法滤除大分子有机物。有时几种作用也可同时发挥。因此,可根据水源水质,将预处理、常规处理、深度处理有机结合使用，以去除水中各种污染物质，保证饮用水水质。

几种微污染水源的饮用水净化工艺流程如下。

（1）
$$原水 \xrightarrow{O_3 预氧化} 混凝沉淀或澄清 \to 过滤 \to 消毒$$

（2）
$$原水 \xrightarrow{\downarrow 粉末活性炭或 KMnO_4} 混凝沉淀或澄清 \to 过滤 \to 消毒$$

（3）原水→混凝沉淀或澄清→过滤→活性炭吸附→消毒

（4）原水→混凝沉淀或澄清→过滤→$O_3$接触氧化→活性炭吸附→消毒

（5）
$$原水 \xrightarrow{O_3 预氧化} 混凝沉淀或澄清 \to 过滤 \to O_3 接触氧化 \to 活性炭吸附 \to 消毒$$

（6）原水→生物预处理→混凝沉淀或澄清→过滤→消毒

（7）原水→生物预处理→混凝沉淀或澄清→过滤→$O_3$接触氧化→活性炭吸附→消毒

表 1-8 列出了微污染水源饮用水处理工艺对比，供参考。

**表 1-8 微污染水源饮用水处理工艺对比**

| 工　艺 | 常规工艺 | 深度处理 | | | | | 预处理 | | | 常规工艺强化 | |
|---|---|---|---|---|---|---|---|---|---|---|---|
| | | 臭氧活性炭联用 | 生物活性炭法 | 活性炭-硅藻土过滤连用 | 光催化氧化法 | 膜法 | 生物与处理法 | 预氧化法 | 活性炭吸附法 | 强化混凝 | 强化过滤 |
| 功能 | 除浊、消毒 | 去除有机物 | 去除氨氮、亚硝酸盐、有机物 | 去除有机物 | 去除有机物 | 去除氨氮、亚硝酸盐、有机物 | 去除氨氮、亚硝酸盐、有机物 | 去除有机物 | 去除有机物 | 充分发挥混凝作用 | 去除氨氮、亚硝酸盐、部分有机物 |
| 去除效果/% 有机物 $COD_{Mn}$ | 20~50 | 20~50 | 30~50 | 30~50 | 30~50 | 30~50 | 10~25 | 50~80 | 20~50 | 增加 8~10 | 10~15 |
| 去除效果/% 氨氮 | 80~90 | 80~90 | 少量 | 少量 | 少量 | 少量 | 80~90 | 少量 | 少量 | 基本无 | 70~80 |
| 去除效果/% 亚硝酸盐氮 | 80~90 | 80~90 | 少量 | 少量 | 少量 | 80~90 | 80~90 | 少量 | 少量 | 基本无 | 80~90 |
| 色嗅味 | 一定 | 很有效 | 很有效 | 很有效 | 部分 | 很有效 | 部分 | 很有效 | 很有效 | 少量 | 少量 |
| Ames 致突活性 | 负增长 | 很有效 | 很有效 | 很有效 | 有效 | 很有效 | 不明显 | 有效 | 很有效 | 不明显 | 少量 |
| 增加基建费用 | — | 较低 | 较高 | 较高 | 高 | 高 | 高 | 较低 | 较高 | 低 | 低 |
| 增加运行费用 | — | 较低 | 较低 | 较低 | 高 | 高 | 低 | 较低 | 高 | 低 | 低 |

## 五、饮用水的特种水质处理

**1. 饮用水的除铁、除锰净水工艺**

原水中的铁和锰一般指二价形态的铁和锰，它们在有氧条件下可氧化为三价的铁和四价的锰并形成溶解度极低的氢氧化铁和二氧化锰，使水变浑、发红、发黑影响水的感官指标性状等。

由于铁和锰的化学性质相近，在地下水中容易共存，而且因铁的氧化还原电位比锰低，二价铁对于高价锰（三价、四价）便成为还原剂，故二价铁的存在大大妨碍二价锰的氧化，只有水中二价铁较少的情况下，二价锰才能被氧化。所以在地下水铁锰共存时，应先除铁后除锰。

饮用水除铁除锰的净水工艺流程选择见表 1-9。

**2. 饮用水的除氟工艺**

氟是人体必需的微量元素，但含量过高或过低都会对人体健康造成危害。表 1-10 是饮用水除氟的净水工艺流程选择。

表 1-9　饮用水除铁除锰的净水工艺流程选择

| | 净水工艺流程 | 适　用　条　件 |
|---|---|---|
| 除铁 | 原水──→曝气──→氧化沉淀──→过滤 | 不适用于溶解性硅酸含量高且碱度低时 |
| | Cl₂　混凝剂<br>原水──→混凝──→沉淀──→过滤 | 适用于各种含量地下水除铁 |
| | 原水──→曝气──→接触氧化滤层过滤 | 不适用于还原性物质多和氧化速度快的原水 |
| 除锰 | KMnO₄<br>原水──→混凝──→沉淀──→过滤 | |
| | Cl₂<br>原水──→锰砂过滤 | |
| | 原水──→曝气──→生物过滤 | |
| 同时除铁、锰 | Cl₂　混凝剂<br>原水──→混凝──→沉淀──→过滤(除铁)──→过滤(除锰) | 当原水含铁、锰低时,可应用一级过滤 |
| | Cl₂<br>原水──→曝气──→过滤(除铁)──→过滤(除锰) | |
| | KMnO₄<br>原水──→曝气──→过滤(除铁)──→过滤(除锰) | |
| | 原水──→曝气──→生物除铁除锰过滤 | |
| | 原水──→曝气──→过滤(除铁)曝气──→生物除铁除锰过滤 | 含铁量大于 10mg/L,含锰量大于 1mg/L 的地下水 |

表 1-10　饮用水除氟的净水工艺流程选择

| 净水工艺流程 | 适用条件 | 净水工艺流程 | 适用条件 |
|---|---|---|---|
| 原水──→空气分离──→吸附过滤 | 地下水含氟 | 原水──→过滤──→离子交换 | 地下水含氟 |
| 原水──→混凝──→沉淀──→过滤<br>　　　药剂 | 地下水或地表水含氟 | 原水──→过滤──→电渗析 | 地下水含氟 |

**3. 饮用水的除藻工艺**

湖泊和水库水,通常是浊度较低而含藻类物质较高,故在除浊度的同时还需进行除藻。其饮用水除藻工艺流程可参见表 1-11。

表 1-11　饮用水除藻工艺流程

| 净水工艺流程 | 适用条件 |
|---|---|
| 原水──→气浮──→过滤──→消毒<br>原水──→微滤──→接触过滤──→消毒 | 进水浊度一般不大于 100NTU |
| 杀藻药剂<br>原水──→混凝沉淀或澄清──→过滤──→消毒 | 含藻不十分严重 |
| 原水──→混凝沉淀──→气浮──→过滤──→消毒 | 浊度较高,且含藻量较大 |

# 六、膜技术和净水厂处理工艺的类型

水质处理的单元技术,从原理上还可分为水质分离、转化和控制三类技术。分离技术系利用污染物或介质在理化性质上的差别使之从水中分离,提高水的纯度;转化技术系利用化学或生物学反应,使杂质或污染物变为无害或易于分离的物质,从而使水得到净化;控制技术则是水污染控制的分支，系将污染物与环境隔离开，以保护水源水质为目的。如前所述，水处理工艺则是由数个处理单元串接而成的一个处理流程。

城镇净水厂的常规工艺（混凝—沉淀—过滤—消毒）是已沿用 100 余年的以物理、化学原理为基础的传统型"分离技术"，其主要去除对象是水中的无机性造浑物质和细菌病原微生物。到 20 世纪 70 年代中后期，随着水环境的污染，水源水质受到常规工艺所无法去除的有机物、氨氮等溶解性污染物的轻度污染，于是广大水处理工作者的创造性劳动又使净化工艺与时俱进，便产生了以常规工艺为主体的增加了预处理和深度处理的长流程工艺，其去除对象除了造浑物质和细菌外主要是有机物、氨氮以及消毒副产物。这一工艺技术，兼有分离和转化两种功能的作用。

近年来，随着膜技术在水处理领域的广泛应用，在城镇净水厂处理工艺中也开始得到较为迅猛的研发应用。例如，对微污染水源水的双膜法（UF＋RO）饮用水深度（精）处理工艺，对浊度较低以及低温低浊水源水的微絮凝超滤技术的短流程工艺（省去了沉淀和砂滤）。显然，膜法水处理工艺是以物理-化学作用为特征的分离技术型处理方法。膜法水处理工艺不仅去除的污染物范围广（胶体、色度、嗅味、有机物、细菌、微生物、消毒副产物前体物），且不需投加药剂，减少消毒剂用量，处理设备小占地少布置紧凑，易实现自动控制，管理集中方便。虽然它对原水预处理要求较严格，需定期进行化学清洗，所需投资和运行费用较高，还存在膜的堵塞和污染问题。但随着膜技术的发展、清洗方式的改进、膜堵塞与膜污染的改善以及膜造价成本的降低，膜处理技术在城镇净水厂中的应用前景将是十分广阔的。

近几年来，有学者把城镇净水厂相继出现的几种具有划时代意义的处理工艺流程进行了归纳总结命名，即把前述的常规（传统）工艺称为第一代工艺，长流程工艺称为第二代工艺，绿色环保型净水工艺（超滤是其核心技术）称为第三代工艺。这是对饮用水处理工艺类型的新颖归类划分。显然，它们各自都有适合其性能特点的应用条件。应当指出，常规工艺应是基础性工艺，其他两类应看作是对常规工艺的丰富和发展。如前所述，至今常规工艺仍是世界范围内用得最多的城镇净水厂处理工艺。

# 第二章　药剂投配和混合设施

## 第一节　概述

　　水的混凝是指水中杂质微粒和混凝剂进行混合、絮凝形成较大絮凝体（即矾花、绒粒或絮状物）的过程。它是近代水质净化处理的首要环节。

　　混凝剂的投加分干投法与湿投法两种，我国多采用后者，采用湿投法时，混凝处理的工艺流程如图 2-1 所示。

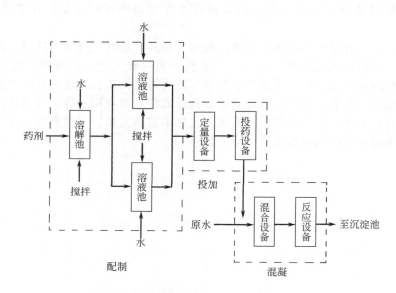

图 2-1　湿投法混凝处理工艺流程示意

　　混凝处理的工艺设计计算内容主要包括：确定混凝药剂的用量，计算药溶液配置设备、定量投加设备、混合设备及絮凝设备的工艺几何尺寸等。

## 第二节　药剂配制投加设备

　　关于药剂种类的选择及最佳投药量的确定，目前尚不能用统一的公式计算，这是由于各地区水源的水质情况不同，即使浑浊度相同的两个水样，也往往会因造浑物质的成分、性质及影响因素不同，而使混凝效果相差很大。因此，一般药剂的选用应通过试验确定，也可采用条件相似的已有水厂的运行数据。表 2-1 列出我国一些自来水厂的投药量，可供设计参考。

**表 2-1 部分自来水厂的投药量**

| 水司名称 | 原水水质 | 凝聚剂 | 投加量/(mg/L) |
|---|---|---|---|
| 武汉市 | 浊度 50～800 度，平均 219 度；水温 1～30℃ | 碱式氯化铝 | 平均 26.1 |
| 株洲市 | 浊度 30～900 度，水温 3～30℃ | 硫酸铝 | 2～32 |
| 北京市 | 浊度小于 50 度 | 三氯化铁 | 5.0 |
| 上海市 | 浊度 12～460 度，平均 63 度；水温 3.5～32.5℃，平均 17.9℃ | 碱式氯化铝、精制硫酸铝、液铝等 | 15～30 |
| 天津市 | 浊度 4～60 度，平均 20～25 度；水温 0～25℃ | 硫酸亚铁 铁∶碱＝1∶1 | 10～20 |
| 广州市 | 浊度夏季为 60～150 度，冬季为 20～40 度，平均 100 度；水温 20～31℃ | 铝盐、铝式氯化铝 | 30～40 以 $Al_2O_3$ 计 |
| 南昌市 | 浊度 20～800 度；水温 4.5～37℃ | 精制硫酸铝，洪峰时加聚丙烯酰胺助凝剂 | 8～12 |
| 南宁市 | 浊度 5～900 度；水温 11～32℃ | 碱式氯化铝、精制硫酸铝 | 20 |
| 福州市 | 浊度 7～300 度 | 硫酸铝、明矾 | 13.2～28.9 |
| 成都市 | 浊度 6～1200 度，平均 100 度；水温 5～24℃ | 三氯化铁<br>碱式氯化铝<br>高浊度时加聚丙烯酰胺助凝剂 | 22<br>32 |
| 大连市 | 浊度 10～300 度；水温 3～29℃ | 精制硫酸铝 | 5～60 |
| 无锡市 | 浊度 6～200 度；水温 0～30℃ | 液铝<br>精制硫酸铝<br>三氯化铁 | 13～30 |
| 宜昌市 | 浊度 10～3000 度 | 碱式氯化铝 | 3～5 |
| 厦门市 | 浊度 20～300 度；水温 5～35℃ | 精制硫酸铝 | 10～28 |
| 长春市 | 一水厂进水浊度 10～10000 度；水温 1～26℃ | 硫酸铝、碱式氯化铝，加活化硅助凝 | 50～85 活化硅 5.0～8.5 |
|  | 二水厂进水浊度 8～1800 度；水温 3～26℃ | 硫酸铝 | 25～70 |
| 吉林市 | 浊度 5～6000 度；水温 0～22℃ | 硫酸铝 | 30 |
| 南通市 | 浊度 60～1000 度；水温 0～33℃ | 三氯化铁 | 10～13，平均 11 |
| 随州市 | 浊度 20～15000 度；水温 10～35℃ | 碱式氯化铝 | 8～9 |
| 辽源市 | 浊度 5～24000 度；水温 1～25℃ | 碱式氯化铝、精制硫酸铝 | 5～150，平均 45 |
| 攀枝花市 | 浊度 150～1500 度；水温 18～30℃（取用电厂尾水） | 碱式氯化铝、三氯化铁 | 0.7～13.7，平均 7.0 |
| 潮州市 | 浊度 10～4000 度；水温 10～50℃ | 碱式氯化铝 | 3～15 |
| 松江区 | 浊度 40～100 度；水温 4～33℃ | 碱式氯化铝 | 14～20，平均 18 |
| 绍兴市 | 浊度 10～150 度 | 硫酸铝 | 12～18 |

## 一、溶解池和溶液池

### （一）设计概述

在药剂湿投法系统中，首先把固体（块状或粒状）药剂置入溶解池中，并注水溶化。为增加溶解速度及保持均匀的浓度，一般采用水力、机械及压缩空气等方法搅拌，投药量较小的水厂也有采用人工进行搅拌调制的。

设计药剂溶解池时，为便于投置药剂，溶解池的设计高度一般以在地面以下或半地下为宜，池顶宜高出地面 1m 左右，以减轻劳动强度，改善操作条件。溶解池的底坡不小于 0.02，池底应有直径不小于 100mm 的排渣管，池壁需设超高，防止搅拌溶液时溢出。由于药液一般都具有腐蚀性，所以盛放药液的池子和管道及配件都应采取防腐措施。溶解池一般采用钢筋混凝土池体，若其容量较小，可用耐酸陶土缸作溶解池。当投药量较小时，亦可在溶液池上部设置淋溶斗以代替溶解池。

溶液池一般以高架式设置，以便能依靠重力投加药剂。池周围应有工作台，底部应设置放空管。必要时设溢流装置。混凝剂的投加量一般采用 5%～15%（按商品固体质量计）。通常每日调制 2～6 次，人工调制时则不多于 3 次。溶液池的数量一般不少于两个，以便交替使用，保证连续投药。

溶解池的容积常按溶液池容积的 0.2～0.3 倍计算。

### （二）计算例题

**【例 2-1】 药剂溶解池和溶液池的计算**

1. 已知条件

计算水量 $Q=25000m^3/d=1042m^3/h$。混凝剂为硫酸亚铁，助凝剂为液态氯（亚铁氯化法）。混凝剂的最大投加量 $u=20mg/L$（按 $FeSO_4$ 计），药溶液的浓度 $b=15\%$（按商品质量计），混凝剂每日配制次数 $n=2$ 次。

2. 设计计算

（1）溶液池 溶液池容积 $W_1$

$$W_1=\frac{uQ\times24\times100}{bn\times1000\times1000}=\frac{uQ}{417bn}=\frac{20\times1042}{417\times15\times2}=1.67(m^3)$$

取 $1.7m^3$（注意：在代入上式计算时，$b$ 值为百分数的分数值。）

溶液池设置两个，每个容积为 $W_1$。

溶液池的形状采用矩形，尺寸为：长×宽×高 $=2m\times1.5m\times0.8m$，其中包括超高 0.2m。

（2）溶解池 溶解池容积 $W_2$

$$W_2=0.3W_1=0.3\times1.7=0.51\approx0.5(m^3)$$

溶解池的放水时间采用 $t=10min$，则放水流量

$$q_0=\frac{W_2}{60t}=\frac{0.5\times1000}{60\times10}=0.83(L/s)$$

查水力计算表得放水管管径 $d_0=20mm$，相应流速 $v_0=2.58m/s$。

溶解池底部设管径 $d=100mm$ 的排渣管一根。

（3）投药管 投药管流量 $q$

$$q=\frac{W_1\times2\times1000}{24\times60\times60}=\frac{1.7\times2\times1000}{24\times60\times60}=0.0393(L/s)$$

查水力计算表得投药管管径 $d = 10mm$，相应流速为 $0.38m/s$。

（4）亚铁氯化的加氯量 $[Cl]$

$$[Cl] = \left[\frac{u}{8} + B\right]$$

$B$ 为保证氧化效果而取的氯气投加富裕安全范围，为一经验值，取 $1.5 \sim 2mg/L$，这里取 $2mg/L$。

$$[Cl] = \frac{20}{8} + 2 = 4.5(mg/L)$$

## 二、压缩空气搅拌调制药剂

### （一）设计概述

用压缩空气搅拌调制药剂时，在靠近溶解池底处应设置格栅，用以放置块状药剂。格栅下部空间装设穿孔空气管，加药时可通入压缩空气进行搅拌，以加速药剂的溶解。穿孔空气管应能防腐，可采用塑料管或加筋橡胶软管等。

溶解池的空气供给强度为 $8 \sim 10L/(s \cdot m^2)$，溶液池则为 $3 \sim 5L/(s \cdot m^2)$。空气管内空气流速为 $10 \sim 15m/s$，孔眼处空气流速为 $20 \sim 30m/s$。穿孔管孔眼直径一般为 $3 \sim 4mm$，支管间距为 $400 \sim 500mm$。

### （二）计算例题

**【例 2-2】 压缩空气搅拌调制药剂的计算**

1. 已知条件

药池平面尺寸：溶解池为 $2.29m \times 2.54m$；溶液池为 $2.3m \times 5.2m$。

空气供给强度：溶解池采用 $8L/(s \cdot m^2)$；溶液池采用 $5L/(s \cdot m^2)$。

空气管的长度为 $20m$，其上共有 $90°$ 弯头七个。

2. 设计计算

（1）需用空气量 $Q$

$$Q\ (L/s) = nFq$$

式中　$n$——药池个数，一般溶解池应设两个；

　　　$F$——药池平面面积，$m^2$；

　　　$q$——空气供给强度，$L/(s \cdot m^2)$。

溶解池需用空气量 $Q'$

$$Q' = 2 \times (2.29 \times 2.54) \times 8 = 93.1(L/s)$$

溶液池需用空气量 $Q''$

$$Q'' = 2.3 \times 5.2 \times 5 = 59.8(L/s)$$

所以，总需用空气量 $Q$

$$Q = Q' + Q'' = 93.1 + 59.8 = 152.9(L/s) = 9.2(m^3/min)$$

（2）选配机组。选用 D22×21-10/5000 型鼓风机两台（一台工作，一台备用），其风量为 $10m^3/min$，风压（静压）为 $4.9032 \times 10^4 Pa(5000mmH_2O)$；配用电机功率 $17kW$，转数 $1460r/min$。

（3）空气管流速 $v$

$$v(m/s) = \frac{Q}{60(p+1) \times 0.785d^2} = \frac{Q}{47.1(p+1)d^2}$$

式中　$Q$——供给空气量，$m^3/min$；

　　　$p$——鼓风机压力，bar，$1bar = 0.1MPa$；

$d$——空气管管径，m，此处选用 $d=100mm=0.1m$。

$$v=\frac{10}{47.1\times(0.5+1)\times0.1^2}=14.15(m/s)$$

此值在空气管流速规定范围（10～15m/s）之内。

（4）空气管的压力损失 $h$

沿程压力损失　　$h_1$（Pa）$=1.2258\times10^6\beta\dfrac{G^2l}{\rho d^5}$

局部压力损失　　$h_2$（Pa）$=6.1780\times v^2\sum\xi$

式中　　$l$——空气管长度，m；

$G$——管内空气质量流量，kg/h，$G=60\rho Q$；

$\rho$——空气密度（见表2-2），kg/m³；

$Q$——供给空气量，m³/min；

$\beta$——阻力系数，见表2-3；

$d$——空气管直径，mm；

$\xi$——局部损失阻力系数；

$v$——空气管流速，m/s。

表 2-2　空气密度（干空气密度以 kg/m³ 计）

| 压力/Pa | 温　度/℃ | | | | | | | |
|---|---|---|---|---|---|---|---|---|
| | -30 | -20 | -10 | 0 | +10 | +20 | +30 | +40 |
| $9.8065\times10^4$ | 1.406 | 1.350 | 1.299 | 1.251 | 1.207 | 1.166 | 1.128 | 1.058 |
| $1.9613\times10^5$ | 2.812 | 2.701 | 2.589 | 2.583 | 2.414 | 2.332 | 2.555 | 2.115 |
| $3.9226\times10^5$ | 5.624 | 5.402 | 5.196 | 5.006 | 4.829 | 4.604 | 4.510 | 4.232 |
| $5.8839\times10^5$ | 8.436 | 8.102 | 7.794 | 7.509 | 7.244 | 6.996 | 6.765 | 6.346 |
| $7.8452\times10^5$ | 11.25 | 10.80 | 10.39 | 10.01 | 9.658 | 9.328 | 9.020 | 8.464 |
| $9.8065\times10^5$ | 14.06 | 13.50 | 12.99 | 12.51 | 12.07 | 11.66 | 11.28 | 10.58 |

表 2-3　根据 $G$ 值确定的阻力系数 $\beta$

| G/(kg/h) | $\beta$ | G/(kg/h) | $\beta$ |
|---|---|---|---|
| 10 | 2.03 | 400 | 1.18 |
| 15 | 1.92 | 650 | 1.10 |
| 25 | 1.78 | 1000 | 1.03 |
| 40 | 1.68 | 1500 | 0.97 |
| 65 | 1.54 | 2500 | 0.90 |
| 100 | 1.45 | 4000 | 0.84 |
| 150 | 1.36 | 6500 | 0.78 |
| 250 | 1.26 | | |

当温度为0℃、压力为 $9.8\times10^4+4.9\times10^4=1.47\times10^5$（Pa）时，由表2-2查知空气密度 $\rho=1.92$，则

$$G=60\times1.92\times10=1152(kg/h)$$

据此查表 2-3 得 $\beta=1.01$

$$h_1=1.2258\times10^6\times1.01\times\frac{1152^2\times20}{1.92\times100^5}=1.7115\times10^3(Pa)$$

7 个 90°弯头的局部阻力系数　$\sum\xi=7\xi=7\times0.9=6.3$

$$h_2=6.1780\times14.15^2\times6.3=7.793\times10^3(Pa)$$

故得空气管中总的压力损失为

$$h=h_1+h_2=1.7115\times10^3+7.793\times10^3=9.505\times10^3(Pa)$$

（5）空气分配管的孔眼数 $N$

孔眼直径采用 $d_0 = 4\text{mm}$，则单孔面积

$$f = \frac{\pi}{4}d_0^2 = 0.785 \times 0.004^2 = 12.56 \times 10^{-6}\ (\text{m}^2)$$

孔眼流速采用 $v_0 = 20\text{m/s}$，则所需孔眼总数 $N$

$$N = \frac{Q}{60fv_0} = \frac{10}{60 \times 12.56 \times 10^{-6} \times 20}$$
$$\approx 663\ （个）$$

用压缩空气调制药液的溶解池见图 2-2。

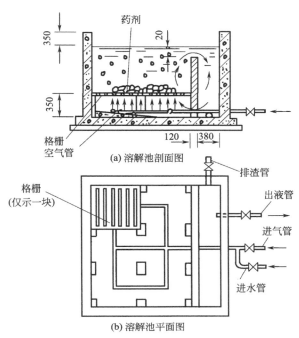

(a) 溶解池剖面图

(b) 溶解池平面图

图 2-2　压缩空气调制药液的溶解池

## 三、水射器投药

### （一）设计概述

水射器用于抽吸真空、投加药液、提升和输送液体。加注式水射器多用于向泵后的压力管道投药。水射器的进水压力一般采用 $2.4516 \times 10^5\text{Pa}$。虽然水射器效率较低（15%～30%），但设备简单，使用方便，工作可靠。水射器的构造形式和计算方法均有多种。

根据水射器效率试验得出以下经验数据：①喷嘴和喉管进口之间的距离 $l = 0.5d_2$（$d_2$ 喉管直径）时，效率最高；②喉管长度 $l_2$ 以等于 6 倍喉管直径为宜（$l_2 = 6d_2$），在制作有困难时，可减至不小于 4 倍喉管直径；③喉管进口角度 $\alpha$ 采用 120°比 60°效果略好，喉管与外壳连接切忌突出，见图 2-4 中所示；④扩散角度 $\theta$ 为 2°45′～5°，以 5°较好；⑤抽提液体的进水方向夹角 $\beta$ 和位置，以锐角 45°～60°为好，夹角线与喷嘴喉管轴线交点宜在喷嘴之前；⑥喷嘴收缩角度 $\gamma$ 可为 10°～30°；⑦加工光洁度及喷嘴和喉管中心线应一致，它与水射器效率有极大关系；⑧水射器安装时，应严防漏气，并应水平安装，不可将喷口向下。

### （二）计算例题

**【例 2-3】　投药水射器的计算**

1. 已知条件

加药流量为 0.20 L/s；压力喷射水进水压力 $H_1 = 2.4516 \times 10^5$ Pa；水射器出口压力（考虑了管道等损失）要求 $H_d = 9.8065 \times 10^4$ Pa；被抽提药液吸入口压力（考虑了管道等损失）$H_s = 0.3 \sim 0.5$ mH$_2$O（1mH$_2$O = 9.8kPa，下同），为安全起见，以 $H_s = 0$ 计。

2. 设计计算

（1）计算压头比 $N$

$$N = \frac{H_d - H_s}{H_1 - H_d}$$

式中　$H_1$——压力喷射水进水压力，mH$_2$O；

　　　$H_d$——混合液送出压力（包括管道损失），mH$_2$O；

　　　$H_s$——被抽提液体的抽吸压力（包括管道损失），mH$_2$O。

注意正负值。

$$N = \frac{10-0}{25-10} = 0.667$$

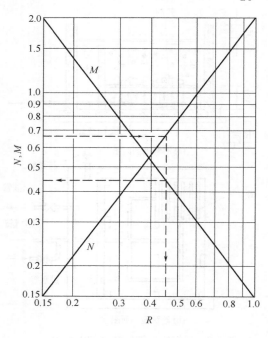

图 2-3　最高效率（30%）时 $R$、
$M$ 与 $N$ 的关系曲线

（2）据 $N$ 值求截面比 $R$ 及掺和系数 $M$

$$R = \frac{F_1}{F_2}, \quad M = \frac{Q_2}{Q_1}$$

式中　　$F_1$——喷嘴截面，$m^2$；

　　　　$F_2$——喉管截面，$m^2$；

　　　　$Q_1$——喷嘴工作水流量，$m^3/s$；

　　　　$Q_2$——吸入水流量，$m^3/s$。

据 $N$ 值，查图 2-3 得 $R=0.46$，$M=0.44$。

（3）据 $M$ 值计算喷嘴

① 喷嘴工作水流量 $Q_1$

$$Q_1 = \frac{Q_2}{M} = \frac{0.20}{0.44} = 0.455(\text{L/s})$$

② 喷口断面 $A_1$

$$A_1 = \frac{10Q_1}{C\sqrt{2gH_1}} = \frac{10 \times 0.455}{0.9\sqrt{2 \times 9.81 \times 25}}$$
$$= 0.228(\text{cm}^2)$$

式中　　$C$——喷口出流系数，$C=0.9 \sim$
　　　　0.95，此处采用 0.9。

③ 喷口直径 $d_1$

$$d_1 = \sqrt{\frac{4A_1}{\pi}} = \sqrt{\frac{4 \times 0.228}{3.14}} = 0.54(\text{cm})$$

采用 $d_1 = 0.55\text{cm}$，则相应喷口断面 $A_1' = 0.24\text{cm}^2$。

④ 喷口流速 $v_1'$

$$v_1' = \frac{10Q_1}{A_1'} = \frac{10 \times 0.455}{0.24} = 18.96(\text{m/s})$$

⑤ 喷嘴收缩段长度 $l_1'$（cm）

$$l_1' = \frac{D_1 - d_1}{2\tan\gamma}$$

式中　　$D_1$——喷射水的进水管直径，cm，一般按流速 $v_1 \leqslant 1\text{m/s}$ 选用，此处采用 $D_1 = 3.0\text{cm}$；

　　　　$\gamma$——喷嘴收缩段的收缩角，（°），一般为 $10° \sim 30°$，此处采用 $\gamma = 20°$。

$$l_1' = \frac{3.0 - 0.55}{2\tan 20°} = \frac{2.45}{2 \times 0.365} = 3.36(\text{cm})$$

⑥ 喷嘴直线长度 $l_1''$

$$l_1'' = 0.7d_1 = 0.7 \times 0.55 = 0.39(\text{cm})$$

⑦ 喷嘴总长度 $l_1$

$$l_1 = l_1' + l_1'' = 3.36 + 0.39 = 3.75(\text{cm})$$

（4）据 $R$ 值计算喉管

① 喉管断面 $A_2$

$$A_2 = \frac{A_1}{R} = \frac{0.228}{0.46} = 0.496(\text{cm}^2)$$

② 喉管直径 $d_2$

$$d_2 = \frac{d_1}{\sqrt{R}} = \frac{0.55}{\sqrt{0.46}} = 0.81(\text{cm})$$

③ 喉管长度 $l_2$

$$l_2 = 6d_2 = 6 \times 0.81 = 4.86(\text{cm})$$

④ 喉管进口扩散角 $\alpha$

$$\alpha = 120°$$

⑤ 喉管流速 $v_2'$

$$v_2' = \frac{10 \times (Q_1 + Q_2)}{A_2} = \frac{10 \times (0.455 + 0.20)}{0.496} = 13.2(\text{m/s})$$

（5）计算扩散管　扩散管长度

$$l_3(\text{cm}) = \frac{D_3 - d_2}{2\tan\theta}$$

式中　$D_3$——水射器混合水出水管管径，cm，采用 $D_3 = D_1$；

$\theta$——扩散管扩散角度，一般为 $5° \sim 10°$，此处采用 $\theta = 5°$。

$$l_3 = \frac{3.0 - 0.81}{2\tan 5°} = 12.6(\text{cm})$$

（6）喷嘴和喉管进口的间距 $l$

$$l = 0.5d_2 = 0.5 \times 0.81 = 0.41(\text{cm})$$

水射器简图见图 2-4。采用水射器投药的工艺系统见图 2-5。

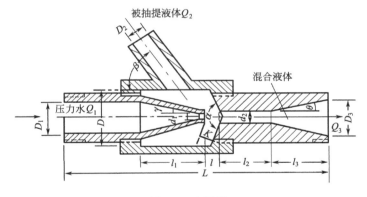

图 2-4　水射器

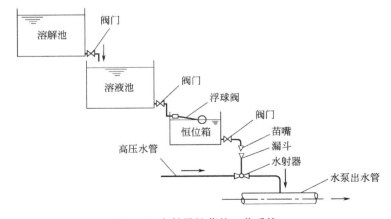

图 2-5　水射器投药的工艺系统

## 四、药剂仓库

### (一)设计概述

药剂仓库与加药间应合并布置,储存量一般按最大投药量的15~30d用量计算,并应根据药剂供应情况和运输条件等因素适当增减。药剂堆放高度一般为1.5m,有吊运设备时可适当增加。仓库内应设有磅秤,尽可能考虑汽车运输方便,并留有1.5m宽的过道。药库层高一般不小于4m,当有起吊设备时应通过计算确定。应有良好的通风条件,并应防止受潮。

### (二)计算例题

**【例2-4】 药剂仓库的计算**

1. 已知条件

混凝剂为精制硫酸铝,每袋质量40kg,每袋体积$0.5 \times 0.4 \times 0.2$($m^3$)。投药量为30g/$m^3$,水厂设计水量为800$m^3$/h。药剂堆放高度为1.5m,药剂储存期为30d。

2. 设计计算

(1)硫酸铝袋数$N$(袋)

$$N = \frac{Q \times 24ut}{1000W} = 0.024 \frac{Qut}{W}$$

式中　$Q$——水厂设计水量,$m^3$/h;

　　　$u$——投药量,mg/L;

　　　$t$——药剂储存期,d;

　　　$W$——每袋药剂质量,kg。

$$N = 0.024 \times \frac{800 \times 30 \times 30}{40} = 432(袋)$$

(2)有效堆放面积$A$($m^2$)

$$A = \frac{NV}{H(1-e)}$$

式中　$H$——药剂堆放高度,m;

　　　$V$——每袋药剂体积,$m^3$;

　　　$e$——堆放孔隙率,袋堆时$e = 0.2$。

$$A = \frac{432 \times 0.5 \times 0.4 \times 0.2}{1.5 \times (1-0.2)} = 14.4(m^2)$$

# 第三节　混合设施

混合的主要作用,是让药剂迅速而均匀地扩散到水中,使其水解产物与原水中的胶体微粒充分作用完成胶体脱稳,以便进一步去除。按现代观点,脱稳过程需时很短,理论上只要数秒钟。在实际设计中,一般不超过2min。

对混合的基本要求是快速与均匀。"快速"是因混凝剂在原水中的水解及发生聚合絮凝的速度很快,需尽量造成急速的扰动,以形成大量氢氧化物胶体,而避免生成较大的绒粒。

"均匀"是为了使混凝剂在尽量短的时间里与原水混合均匀,以充分发挥每一粒药剂的作用,并使水中的全部悬浮杂质微粒都能受到药剂的作用。

混合设备的种类很多,但基本类型主要是机械和水力两种。表 2-4 列出了混合设备的类型及特点。我国常采用的混合方式为水泵混合、管式静态混合器混合和机械混合。

表 2-4　混合设备的类型及特点

| 方　式 | 优　缺　点 | 适　用　条　件 |
|---|---|---|
| 水泵混合 | 优点:(1)设备简单<br>　　　(2)混合充分,效果较好<br>　　　(3)不另消耗动能<br>缺点:(1)吸水管较多时,投药设备要增加,安装、管理较麻烦<br>　　　(2)配合加药自动控制较困难<br>　　　(3)G 值相对较低 | 适用于一级泵房离处理构筑物120m以内的水厂 |
| 管式静态混合器混合 | 优点:(1)设备简单,维护管理方便<br>　　　(2)不需土建构筑物<br>　　　(3)在设计流量范围,混合效果较好<br>　　　(4)不需外加动力设备<br>缺点:(1)运行水量变化影响效果<br>　　　(2)水头损失较大<br>　　　(3)混合器构造较复杂 | 适用于水量变化不大的各种规模的水厂 |
| 扩散混合器混合 | 优点:(1)不需外加动力设备<br>　　　(2)不需土建构筑物<br>　　　(3)不占地<br>缺点:混合效果受水量变化有一定影响 | 适用于中等规模水厂 |
| 跌水(水跃)混合 | 优点:(1)利用水头的跌落扩散药剂<br>　　　(2)受水量变化影响较小<br>　　　(3)不需外加动力设备<br>缺点:(1)药剂的扩散不易完全均匀<br>　　　(2)需建混合池<br>　　　(3)容易夹带气泡 | 适用于各种规模水厂,特别当重力流进水水头有富余时 |
| 机械混合 | 优点:(1)混合效果较好<br>　　　(2)水头损失较小<br>　　　(3)混合效果基本不受水量变化影响<br>缺点:(1)需耗动能<br>　　　(2)管理维护较复杂<br>　　　(3)需建混合池 | 适用于各种规模的水厂 |

# 一、管道式混合

## (一) 设计概述

采用管式混合,药剂加入水厂进水管中,投药管道内的沿程与局部水头损失之和不应小于 0.3～0.4m,否则应装设孔板或文丘里管。通过混合器的局部水头损失不小于 0.3～0.4m,管道内流速为 0.8～1.0m/s,采用的孔板 $d_1/d_2=0.7～0.8$($d_1$ 为装孔板的进水管直径;$d_2$ 为孔板的孔径)。为了提高混合效果,可采用目前广泛使用的管式静态混合器或扩散混合器。管式静态混合器是按要求在混合器内设置若干固定混合单元,每一混合单元由若干固定叶片按一定角度交叉组成。当加入药剂的水通过混合器时,将被单元体分割多次,同时发生分流、交流和涡漩,以达到混合效果。静态混合器有多种形式,如图 2-6 为其中一种的构造。管式静态混合器的口径与输水管道相配合,分流板的级数一般可取 3 级。扩散混合器的构造如图 2-7 所示,锥形帽夹角为 90°,锥形帽顺水流方向的投影面积为进水管总面积的 1/4,孔板的孔面积为进水管总面积的 3/4。孔板流速 1.0～1.5m/s,混合时间 2～3s,水流通过混合器的水头损失 0.3～0.4m,混合器节管长度不小于 500mm。

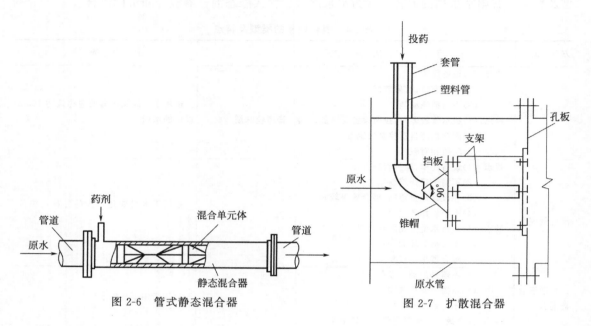

图 2-6 管式静态混合器　　　　　图 2-7 扩散混合器

## (二) 计算例题

### 【例 2-5】 管道式混合的计算

1. 已知条件

设计进水量 $Q=20000$ m³/d,水厂进水管投药口至絮凝池的距离为 50 m,进水管采用两条,直径 $d_1=400$mm。

2. 设计计算

(1) 进水管流速 $v$。据 $d_1=400$ mm,$q=\dfrac{20000}{2\times24}=417$(m³/h),查水力计算表知 $v=0.92$ m/s。其相应水力坡降 $i=3.11$‰。

(2) 混合管段的水头损失 $h$

$$h=il=\frac{3.11}{1000}\times50=0.156(\text{m}) \quad <0.3\sim0.4\text{m}$$

说明仅靠进水管内流不能达到充分混合的要求。故需在进水管内装设管道混合器。如装设孔板 (或文丘利管) 混合器。

(3) 孔板的孔径 $d_2$。取 $d_2/d_1=0.75$,所以

$$d_2=0.75d_1=0.75\times400=300(\text{mm})$$

(4) 孔板处流速 $v'$

$$v'=v\left(\frac{d_1}{d_2}\right)^2=0.92\times\left(\frac{400}{300}\right)^2=0.92\times1.78=1.64(\text{m/s})$$

（5）孔板的水头损失 $h'$

$$h' = \xi \frac{v'^2}{2g} = 2.66 \times \frac{1.64^2}{2 \times 9.81} = 0.365 (\mathrm{mH_2O})$$

式中　$\xi$——孔板局部阻力系数，据 $d_2/d_1 = 0.75$ 查表2-5得 $\xi = 2.66$。

表 2-5　孔板局部阻力系数 $\xi$ 值

| $d_2/d_1$ | 0.60 | 0.65 | 0.70 | 0.75 | 0.80 |
|---|---|---|---|---|---|
| $\xi$ | 11.30 | 7.35 | 4.37 | 2.66 | 1.55 |

如装设扩散混合器，选用进水管直径＝400mm，锥帽直径＝200mm，孔板直径＝340mm。如用管式静态混合器，其规格为 $DN400mm$。

## 二、蜂窝状高频旋流混合器的计算

### （一）设计概述

蜂窝状高频旋流混合器（见图2-8）系在特制圆管内串联安装多道环状 ABS 混合内芯（内芯上装有成 45°的多个斜楞板）、混合内芯前端装有分流帽的一种新型管式混合器。每个混合内芯加分流帽的长度为 0.5m。

当药剂加入水中后，分流帽促使药剂对前道混合的出水二次分配后进入下一道混合内芯。穿过多道环状 ABS 混合内芯，使水流分为许多不同流向的流体单元。靠内芯层和分流帽产生的水头损失完成药剂与水的混合，即蜂窝状高频旋流混合，系利用分流帽和带有 45°角斜楞板的蜂窝内芯多单元多级折转水流方向，从而形成水流高频次微涡旋并打破跟随效应，使药剂能够迅速与水流得到充分均匀混合。

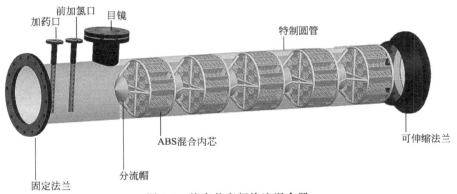

图 2-8　蜂窝状高频旋流混合器

主要设计参数如下：

（1）分流帽与混合内芯的断面面积比 $S_1/S_2 = 0.25 \sim 0.30$（$S_1$ 为分流帽的圆面积，$S_2$ 为装混合内芯的管道横断面面积）；

（2）通过混合器的水头损失应不小于 0.5m；

（3）混合时间不小于 3s；

（4）运行水量小于设计水量的 40% 时，一般应设计两套蜂窝状高频旋流混合器。

### （二）计算例题

### 【例 2-6】　蜂窝状高频旋流混合器的计算

1. 已知条件

设计进水量 $Q = 25000\mathrm{m^3/d}$，2根进水管，管径为 $DN450mm$。

2. 设计计算

（1）管内流速 $v$　两根进水管道各设置 1 套 $DN450mm$ 蜂窝状高频旋流混合器，单个混合器流量：

$$q = \frac{Q}{2 \times 24} = \frac{25000}{2 \times 24} = 520.83(\text{m}^3/\text{h}) = 0.145(\text{m}^3/\text{s})$$

采用管径 $D = 450mm$，管道截面积 $S$ 为

$$S = \left(\frac{D_0}{2}\right)^2 \pi = \left(\frac{0.45}{2}\right)^2 \times 3.14 = 0.159(\text{m}^2)$$

$$v = \frac{q}{S} = \frac{0.145}{0.159} = 0.91(\text{m/s})$$

（2）分流帽水头损失 $h_帽$　分流帽面积为管道面积的 30%，分流帽处流速 $v_帽$

$$v_帽 = \frac{v}{(100-30) \div 100} = \frac{0.91}{0.7} = 1.3(\text{m/s})$$

该处局部水头损失系数 $\xi = 0.5$，则

$$h_帽 = \frac{\xi v_帽^2}{2g} = \frac{0.5 \times 1.3^2}{2 \times 9.81} = 0.043(\text{m})$$

（3）混合内芯水头损失 $h_蜂窝}$　混合内芯等效开孔比 $\beta = 0.5$，水流经混合内芯流速 $v_蜂窝}$

$$v_蜂窝} = \frac{q}{\beta S} = \frac{0.145}{0.5 \times 0.159} = 1.82(\text{m/s})$$

该处水头损失系数 $\xi = 1$，则

$$h_蜂窝} = \frac{\xi v_蜂窝}^2}{2g} = \frac{1.0 \times 1.82^2}{2 \times 9.81} = 0.169(\text{m})$$

（4）混合管段沿程水头损失 $h_1$　根据管内流速 $v = 0.91\text{m/s}$，管径 $D = 450mm$，查水力计算表，水力坡降 $1000i = 2.40$。

单个混合内芯长度 0.18m，其有效容积的占比约为 10%。管式混合器长度 $L = 3.0\text{m}$，单个混合内芯有效容积占整个管道混合器的比例更小，忽略混合内芯对沿程水头损失的影响后，则混合管段沿程水头损失为

$$h_1 = \frac{il}{1000} = \frac{2.40 \times 3}{1000} = 0.0072(\text{m})$$

（5）混合器需要的总水头损失 $h_混}$　为了有足够的水头损失完成混合，水厂每条进水管选用串联安装 3 个混合内芯组件的蜂窝状高频旋流混合器，其总水头损失为

$$h_混} = h_1 + 3(h_帽 + h_蜂窝}) = 0.0072 + 3 \times (0.043 + 0.169) = 0.6432(\text{m}) > 0.5\text{m}$$

满足要求。

（6）混合时间 $t$　管道混合器的总体积

$$V_总} = SL = 0.159 \times 3.0 = 0.477(\text{m}^3)$$

每个管道混合内芯的有效容积占比约为 10%，所以单个混合内芯体积为

$$V_芯 = S \times 0.18 \times 10\% = 0.159 \times 0.18 \times 10\% = 0.0029 (m^3)$$

串联放置 3 个混合内芯，管道混合器有效容积为 $V_效$

$$V_效 = V_总 - 3V_芯 = 0.477 - 3 \times 0.0029 = 0.4683 (m^3)$$

$$t = \frac{v_效}{q} = \frac{0.4683}{0.145} = 3.23 (s) > 3.0s$$

$t$ 满足混合时间要求。

**题后语** ◄◄◄　　　蜂窝状高频旋流混合器系郑州江宇水务工程有限公司研发的一种新型管式混合装置。该装置已应用于山东省潍坊市潍城区符山水厂供水工程（$3 \times 10^4 m^3/d$）、滨海水务第二平原水库净水厂工程（$12 \times 10^4 m^3/d$）、河南省西峡县第三水厂供水工程（$3.5 \times 10^4 m^3/d$）、灵宝市白虎潭水库引水灌溉配套水厂工程（$3 \times 10^4 m^3/d$）、濮阳第二水厂（$8 \times 10^4 m^3/d$）等多项工程，且运行效果良好。该混合装置适用于流速范围为 $0.7 \sim 1.0 m/s$。流速超出此范围的运行效果尚缺乏验证资料，欢迎同行在实践中研讨和丰富。

## 三、隔板式混合

**【例 2-7】　分流隔板式混合槽的计算**

1. 已知条件

设计水量 $Q = 540 m^3/h = 0.15 m^3/s$。槽内设三道隔板，首末两道隔板上的通道孔洞开在中间，中间隔板上的通道孔洞开在两侧（见图 2-9）。

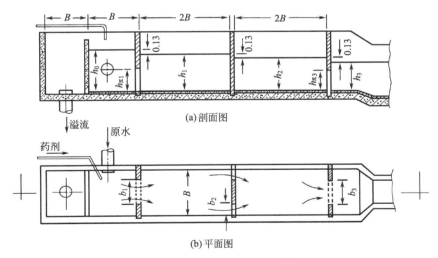

(a)剖面图

(b)平面图

图 2-9　分流隔板式混合槽计算简图

2. 设计计算

（1）槽的横断面 $f$　槽中流速采用 $v = 0.6 m/s$，故

$$f = \frac{Q}{v} = \frac{0.15}{0.6} = 0.25 (m^2)$$

（2）末端隔板后水深 $H$　采用 $H = 0.5 m$。

（3）槽宽 $B$

$$B = \frac{f}{H} = \frac{0.25}{0.5} = 0.5(\text{m})$$

（4）隔板通道的水头损失 $h_c$   通道孔洞流速采用 $v_c = 1\text{m/s}$，所以有

$$h_c = \frac{v_c^2}{\mu^2 2g} = \frac{1^2}{0.62^2 \times 2 \times 9.81} = 0.13(\text{mH}_2\text{O})$$

式中，$\mu$ 为孔眼流量系数。

三道隔板的总水头损失为

$$\sum h_c = 3h_c = 3 \times 0.13 = 0.39(\text{mH}_2\text{O})$$

（5）中部隔板   中部隔板通道分两侧开设，每侧通道孔洞断面 $f_2$ 为

$$f_2 = \frac{Q}{2v_c} = \frac{0.15}{2 \times 1} = 0.075(\text{m}^2)$$

中部隔板后的水深 $h_2$ 为

$$h_2 = H + h_c = 0.5 + 0.13 = 0.63(\text{m})$$

通道孔洞的淹没水深取 0.13m，故中部隔板通道孔洞的净高度 $h_{\pi 2}$ 为

$$h_{\pi 2} = h_2 - 0.13 = 0.63 - 0.13 = 0.5(\text{m})$$

中部隔板通道的宽度（单侧）$b_2$ 为

$$b_2 = \frac{f_2}{h_{\pi 2}} = \frac{0.075}{0.5} = 0.15(\text{m})$$

（6）末端隔板   末端隔板通道孔洞的断面 $f_3$ 为

$$f_3 = \frac{Q}{v_c} = \frac{0.15}{1} = 0.15(\text{m}^2)$$

末端隔板后水深 $h_3 = H = 0.5(\text{m})$

通道孔洞的淹没水深采用 0.13m，故通道孔洞的净高 $h_{\pi 3}$ 为

$$h_{\pi 3} = h_3 - 0.13 = 0.5 - 0.13 = 0.37(\text{m})$$

末端隔板通道的宽度 $b_3$ 为

$$b_3 = \frac{f_3}{h_{\pi 3}} = \frac{0.15}{0.37} = 0.41(\text{m})$$

（7）首端隔板   首端隔板通道孔洞的断面 $f_1$ 为

$$f_1 = \frac{Q}{v_c} = f_3 = 0.15(\text{m}^2)$$

首端隔板后的水深 $h_1$ 为

$$h_1 = H + 2h_c = 0.5 + 2 \times 0.13 = 0.76(\text{m})$$

通道孔洞的淹没水深采用 0.16m，故首端隔板通道孔洞的净高 $h_{\pi 1}$ 为

$$h_{\pi 1} = h_1 - 0.16 = 0.76 - 0.16 = 0.6(\text{m})$$

首端隔板通道孔洞的宽度 $b_1$ 为

$$b_1 = \frac{f_1}{h_{\pi 1}} = \frac{0.15}{0.6} = 0.25(\text{m})$$

首端隔板前的水深 $h_0$ 为

$$h_0 = h_1 + h_c = 0.76 + 0.13 = 0.89(\text{m})$$

（8）隔板间距 $l$

$$l = 2B = 2 \times 0.5 = 1.0(\text{m})$$

计算简图见图 2-9。

## 四、机械混合

### (一) 设计概述

机械搅拌混合池的池形为圆形或方形，可以采用单格，也可以多格串联。

机械混合的搅拌器可以是桨板式、螺旋桨式或透平式。桨板式采用较多，适用于容积较小的混合池（一般在 $2m^3$ 以下），其余可用于容积较大的混合池。混合时间控制在 $10\sim30s$ 以内，最大不超过 $2min$，桨板外缘线速度为 $1.0\sim5m/s$。

混合池内一般设带两叶的平板搅拌器。

当 $H$（有效水深）$:D$（混合池直径）$\leqslant1.2\sim1.3$ 时，搅拌器设一层。

当 $H:D>1.2\sim1.3$ 时，搅拌器可设两层。

当 $H:D$ 的比例很大时，可多设几层，相邻两层桨板采用 $90°$ 交叉安装，间距为 $(1.0\sim1.5)D_0$（$D_0$ 为搅拌器直径）。

搅拌器离池底 $(0.5\sim1.0)D_0$，$D_0=\left(\dfrac{1}{3}\sim\dfrac{2}{3}\right)D$，搅拌器宽度 $B=(0.1\sim0.25)D_0$。

### (二) 计算例题

**【例 2-8】　桨板式机械混合池的计算**

1. 已知条件

设计水量 $Q=5000m^3/d=208m^3/h$，池数 $n=2$ 个。

2. 设计计算

(1) 池体尺寸的计算

① 混合池容积 $W$。采用混合时间 $t=2min$，则

$$W=\frac{Qt}{60n}=\frac{208\times2}{60\times2}=3.47(m^3)$$

② 混合池高度 $H$。混合池平面采用正方形，边长 $B=1.6m$，则有效水深 $H'$ 为

$$H'=\frac{W}{B^2}=\frac{3.47}{1.6^2}=1.36(m)$$

超高取 $\Delta H=0.3m$，则池总高度

$$H=H'+\Delta H=1.36+0.3=1.66(m)$$

(2) 搅拌设备的计算

① 桨板尺寸。桨板外缘直径 $D_0=1m$，桨板宽度 $b=0.2m$，桨板长度 $l=0.3m$。

垂直轴上装设两个叶轮，每个叶轮装一对桨板。

混合池布置见图 2-10。

② 垂直轴转速 $n_0$。桨板外缘线速度采用 $v=2m/s$，则

$$n_0=\frac{60v}{\pi D_0}=\frac{60\times2}{3.14\times1}=38.2\approx38(r/min)$$

③ 桨板旋转角速度 $\omega$

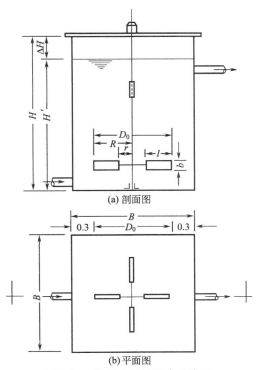

(a) 剖面图

(b) 平面图

图 2-10　桨板式机械混合池布置

$$\omega = \frac{2V}{D_0} = \frac{2 \times 2}{1} = 4 \quad (\text{rad/s})$$

④ 桨板转动时消耗功率 $N_0$ (kW)

$$N_0 = C \frac{\rho \omega^3 Zb(R^4 - r^4)}{408g}$$

式中　$C$——阻力系数，$C = 0.2 \sim 0.5$，采用 0.3；

　　　$\rho$——水的密度，取 1000kg/m³；

　　　$Z$——桨板数，此处 $Z = 4$；

　　　$R$——垂直轴中心至桨板外缘的距离，m，$R = \dfrac{D_0}{2} = \dfrac{1}{2} = 0.5$ (m)；

　　　$r$——垂直轴中心至桨板内缘的距离，m，$r = R - l = 0.5 - 0.3 = 0.2$(m)；

　　　$g$——重力加速度，取 9.81m/s²。

所以　$N_0 = 0.3 \times \dfrac{1000 \times 3.8^3 \times 4 \times 0.2}{408 \times 9.81} \times (0.5^4 - 0.2^4) = 0.2006(\text{kW})$

⑤ 转动桨板所需电动机功率 $N$。桨板转动时的机械总功率 $\eta_1 = 0.75$，传动效率 $\eta_2 = 0.6 \sim 0.95$，采用 $\eta_2 = 0.7$，则

$$N = \frac{N_0}{\eta_1 \eta_2} = \frac{0.2006}{0.75 \times 0.7} = 0.382(\text{kW})$$

选用功率 0.55kW 电机。

# 第三章 絮凝池

## 第一节 概述

絮凝阶段的主要任务是，创造适当的水力条件，使药剂与水混合后所产生的微絮凝体，在一定时间内凝聚成具有良好物理性能的絮凝体，它应有足够大的粒度（0.6～1.0mm）、密度和强度（不易破碎）；并为杂质颗粒在沉淀澄清阶段迅速沉降分离创造良好的条件。

絮凝效果可用 $GT$ 值来表征，$G(s^{-1})$ 为絮凝池内水流的速度梯度

$$G=\sqrt{\frac{\rho h}{60\mu t}}$$

式中   $\mu$——水的动力黏度，见表 3-1，$kg \cdot s/m^2$；

       $\rho$——水的密度，$\rho = 1000kg/m^3$；

       $h$——絮凝池的总水头损失，m；

       $t$——絮凝时间，一般为 10～30min。

表 3-1   水的动力黏度

| 水温 $t/℃$ | 0 | 5 | 10 | 15 | 20 | 30 |
|---|---|---|---|---|---|---|
| $\mu/(kg \cdot s/m^2)$ | $1.814 \times 10^{-4}$ | $1.549 \times 10^{-4}$ | $1.335 \times 10^{-4}$ | $1.162 \times 10^{-4}$ | $1.029 \times 10^{-4}$ | $0.825 \times 10^{-4}$ |

根据生产运行经验，$t = 10 \sim 30min$，$G$ 值取 20～60$s^{-1}$，$GT$ 值应取 $10^4 \sim 10^5$ 为宜（$t$ 的单位为 s）。

絮凝池（室）应和沉淀池连接起来建造；这样布置紧凑，可节省造价。如果采用管渠连接，不仅增加造价，而且由于管道流速大而易使已结大的凝絮体破碎。

不同类型絮凝池的比较见表 3-2。

表 3-2   不同类型絮凝池的比较

| 类   型 | | 优缺点 | 适用条件 |
|---|---|---|---|
| 隔板絮凝池 | 往复式 | 优点：(1)絮凝效果较好<br>     (2)构造简单，施工方便<br>缺点：(1)絮凝时间较长<br>     (2)水头损失较大<br>     (3)转折处絮粒易破碎<br>     (4)出水流量不易分配均匀 | (1)水量大于 30000$m^3/d$ 的水厂<br>(2)水量变动小 |

| 类　　型 | | 优缺点 | 适用条件 |
|---|---|---|---|
| 隔板絮凝池 | 回转式 | 优点:(1)絮凝效果较好<br>　　　(2)水头损失较小<br>　　　(3)构造简单,管理方便<br>缺点:出水流量不易分配均匀 | (1)水量大于30000m³/d的水厂<br>(2)水量变动小<br>(3)适用于旧池改建和扩建 |
| 折板絮凝池 | | 优点:(1)絮凝时间较短<br>　　　(2)絮凝效果好<br>缺点:(1)构造较复杂<br>　　　(2)水量变化影响絮凝效果 | 水量变化不大的水厂 |
| 网格(栅条)絮凝池 | | 优点:(1)絮凝时间短<br>　　　(2)絮凝效果较好<br>　　　(3)构造简单<br>缺点:水量变化影响絮凝效果 | (1)水量变化不大的水厂<br>(2)单池能力以(1.0~2.5)×10⁴m³/d<br>为宜 |
| 筛板絮凝池 | | 优点:(1)絮凝时间短、效果好<br>　　　(2)结构简单、施工管理方便<br>缺点:搅拌强度随水量减小而变弱 | 大小水量均适用,原水为低温低浊、高<br>浊水质时,效果也很好 |
| 水力旋流网格絮凝池 | | 优点:(1)结构牢靠,ABS材质好,<br>使用水质范围广<br>　　　(2)絮凝环上的斜楞板提供<br>水流折转微动力学环境,可节省药剂<br>　　　(3)絮凝环上斜楞板宽度有<br>多种规格,可提供需要的速度梯度,<br>获得最佳絮凝效果<br>缺点:组件加工精度要求较高,整<br>体造价略高 | 适用于规模在5000m³/d以上、水量波<br>动范围在30%以内的水厂 |
| 自旋式微涡流絮凝池 | | 优点:(1)靠原水流动带动絮凝装<br>置旋转,提供絮凝紊动微观水力学环<br>境,有利于矾花成长,絮凝时间短<br>　　　(2)防止藻类滋生,不集泥<br>　　　(3)耐腐蚀,适应原水水质范<br>围广<br>缺点:用于宽度较大的廊道时,前<br>期进水须考虑整体结构稳定性,采取<br>消能措施防止初期进水水流冲击引<br>起絮凝装置变形 | 适用于规模大于1.0×10⁴m³/d,水量<br>波动范围在30%以内的水厂 |
| 机械絮凝池 | | 优点:(1)絮凝效果好<br>　　　(2)水头损失小<br>　　　(3)可适应水质、水量的变化<br>缺点:需机械设备和经常维修 | 大小水量均适用,并适应水量变动较<br>大的水厂 |

# 第二节　水力絮凝池

## 一、隔板絮凝池

### (一) 设计概述

隔板式絮凝池根据隔板的设置情况,分为往复式和回转式(四字形)两种。为了节省占地面积，可在垂直方向上设置成双层或多层隔板絮凝池，如往复回转式双层隔板絮凝池。

采用隔板絮凝池时，池数一般不少于两个，絮凝时间为 20～30min。絮凝池进口流速为 0.5～0.6m/s，出口流速为 0.20～0.30m/s。池内流速可按变速设计分为几挡，每一挡由一个或几个隔板廊道组成，通常用改变廊道的宽度或变更池底高度的方法来达到变流速的要求。廊道宽度应大于 0.5m，小型池子当采用活动隔板时适当减小。进水管口应设挡水装置，避免水流直冲隔板。隔板转弯处的过水断面面积，应为廊道断面面积的 1.2～1.5 倍。絮凝池保护高 0.3m。池底排泥口的坡度一般为 0.02～0.03，排泥管直径不应小于 150mm。

## (二) 计算例题

### 【例 3-1】 往复式隔板絮凝池的计算

1. 已知条件

设计进水量 $Q = 60000 \text{ m}^3/\text{d} = 2500 \text{ m}^3/\text{h}$，絮凝池个数 $n = 2$ 个，絮凝池的宽长比 $Z = \dfrac{B}{L} = 1.2$，池内平均水深 $H_1 = 1.2\text{m}$，絮凝时间 $t = 20\text{min}$。

廊道内流速采用 6 挡，即：$v_1 = 0.5\text{m/s}$，$v_2 = 0.4\text{m/s}$，$v_3 = 0.35\text{m/s}$，$v_4 = 0.3\text{m/s}$，$v_5 = 0.25\text{m/s}$，$v_6 = 0.2\text{m/s}$。

隔板转弯处的宽度取廊道宽度的 1.2～1.5 倍。

2. 设计计算

(1) 总容积 $W$

$$W = \frac{Qt}{60} = \frac{2500 \times 20}{60} = 834 \, (\text{m}^3)$$

(2) 单池平面面积 $f$

$$f = \frac{W}{nH_1} = \frac{834}{2 \times 1.2} = 348 \, (\text{m}^2)$$

(3) 池长 (隔板间净距之和) $L$

$$L = \sqrt{\frac{f}{Z}} = \sqrt{\frac{348}{1.2}} = 17 \, (\text{m})$$

(4) 池宽 $B$

$$B = ZL = 1.2 \times 17 = 20.4 \, (\text{m})$$

(5) 廊道宽度和流速 按廊道内流速不同分为 6 挡，则廊道宽度 $a_n$ 为

$$a_n \, (\text{m}) = \frac{Q}{3600 n v_n H_1} = \frac{2500}{3600 \times 2 v_n \times 1.2} = \frac{0.289}{v_n}$$

将 $a_n$ 的计算值、采用值 $a_n'$ 以及由此所得廊道内实际流速 $v_n' = \dfrac{0.289}{a_n'}$ 的计算结果，列入表 3-3 中。

表 3-3 廊道宽度与流速

| 设计流速 $v_n$ /(m/s) | 廊道宽度 $a_n$/m | | 实际流速 $v_n'$/(m/s) |
|---|---|---|---|
| | 计算值 | 采用值 | |
| $v_1 = 0.5$ | $a_1 = 0.58$ | $a_1' = 0.6$ | $v_1' = 0.482$ |
| $v_2 = 0.4$ | $a_2 = 0.72$ | $a_2' = 0.7$ | $v_2' = 0.413$ |
| $v_3 = 0.35$ | $a_3 = 0.83$ | $a_3' = 0.8$ | $v_3' = 0.361$ |
| $v_4 = 0.3$ | $a_4 = 0.96$ | $a_4' = 1.0$ | $v_4' = 0.289$ |
| $v_5 = 0.25$ | $a_5 = 1.16$ | $a_5' = 1.15$ | $v_5' = 0.250$ |
| $v_6 = 0.2$ | $a_6 = 1.45$ | $a_6' = 1.45$ | $v_6' = 0.200$ |

（6）水流转弯次数　池内每 3 条廊道宽度相同的隔板为一段，共分 6 段，则

$$廊道总数 = 6 \times 3 = 18（条）$$
$$隔板数 = 18 - 1 = 17（条）$$

水流转弯次数为 17 次。

（7）池长复核（未计入隔板厚度）

$$L = 3(a_1' + a_2' + a_3' + a_4' + a_5' + a_6')$$
$$= 3 \times (0.6 + 0.7 + 0.8 + 1.0 + 1.15 + 1.45) = 17.1 \approx 17（m）$$

（8）池底坡度　根据池内平均水深 1.2m，最浅端水深取 1.0m，最深端水深取 1.4m，则池底坡度

$$i = \frac{1.4 - 1.0}{17} \approx 0.023$$

（9）水头损失 $h$　按廊道内的不同流速分成 6 段进行计算。各段水头损失 $h_n$（m）按下式计算。

$$h_n = \xi S_n \frac{v_0^2}{2g} + \frac{v_n^2}{C_n^2 R_n} l_n$$

$$R_n = \frac{a_n H_1}{a_n + 2H_1}$$

式中　$v_0$——该段隔板转弯处的平均流速，m/s；

$\quad\quad S_n$——该段廊道内水流转弯次数；

$\quad\quad R_n$——廊道断面的水力半径，m；

$\quad\quad C_n$——流速系数，根据 $R_n$、池底和池壁的粗糙系数 $n$ 等因素确定；

$\quad\quad \xi$——隔板转弯处的局部阻力系数，往复隔板为 3.0，回转隔板为 1.0；

$\quad\quad l_n$——该段廊道的长度之和。

絮凝池采用钢筋混凝土及砖组合结构，外用水泥砂浆抹面，则粗糙系数 $n = 0.013$。

絮凝池前 5 段内水流转弯次数均为 $S_n = 3$，则第 6 段内水流转弯次数为 $17 - 3 \times 5 = 2$。

前 5 段中每段的廊道总长度为

$$l_n = 3B = 3 \times 20.4 = 61.2（m）$$

$$v_0（m/s）= \frac{Q}{3600 \omega_0 n} = \frac{2500}{3600 \times 1.2 a_n' H_1 n} = \frac{2500}{3600 \times 1.2 a_n' \times 1.2 \times 2} = \frac{0.241}{a_n'}$$

式中　$\omega_0$——隔板转弯处面积，宽度取 $1.2a_n'$。

将各段水头损失计算结果列入表 3-4 中。

表 3-4　各段水头损失计算结果

| 段 | $S_n$ | $l_n$ | $R_n$ | $v_0$ | $v_n$ | $C_n$ | $h_n$ |
|---|---|---|---|---|---|---|---|
| 1 | 3 | 61.2 | 0.240 | 0.402 | 0.482 | 62.1 | 0.089 |
| 2 | 3 | 61.2 | 0.271 | 0.344 | 0.413 | 63.3 | 0.064 |
| 3 | 3 | 61.2 | 0.300 | 0.301 | 0.361 | 64.3 | 0.048 |
| 4 | 3 | 61.2 | 0.353 | 0.241 | 0.289 | 65.8 | 0.030 |
| 5 | 3 | 61.2 | 0.389 | 0.210 | 0.252 | 66.8 | 0.022 |
| 6 | 2 | 40.8 | 0.452 | 0.166 | 0.200 | 68.4 | 0.009 |

总水头损失

$$h = \sum h_n = 0.089 + 0.064 + 0.048 +$$
$$0.030 + 0.022 + 0.009 = 0.26(\text{mH}_2\text{O})$$

（10）$GT$ 值计算　水温 $T = 20℃$，由表 3-1 查得 $\mu = 1.029 \times 10^{-4} \text{kg} \cdot \text{s/m}^2$，则

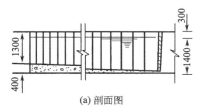

(a) 剖面图

$$G = \sqrt{\frac{\rho h}{60 \mu T}} = \sqrt{\frac{1000 \times 0.26}{60 \times 1.029 \times 10^{-4} \times 20}} = 46(\text{s}^{-1})$$

$$GT = 46 \times 20 \times 60 = 55200$$

此 $GT$ 值在 $10^4 \sim 10^5$ 范围内，说明设计合理。

往复式隔板絮凝池计算简图见图 3-1。

## 【例 3-2】　回转式隔板絮凝池的计算

### 1. 已知条件

设计进水量 $Q = 25000\text{m}^3/\text{d} = 1042\text{m}^3/\text{h}$，絮凝池个数 $n = 1$ 个，絮凝时间 $t = 20\text{min}$，水深 $H = 1.2\text{m}$。

流速：进口处 $v_1 = 0.5\text{m/s}$；出口处 $v_2 = 0.2\text{m/s}$，并按流速差值 $0.05\text{m/s}$ 递减变速。

隔板间距共分 7 挡，廊道圈数和宽度详见表 3-5。

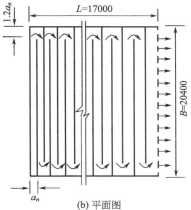

(b) 平面图

图 3-1　往复式隔板
絮凝池计算简图

表 3-5　廊道圈数和宽度

| 圈　序 | 流速 $v_n$/(m/s) | 隔板间距 $a$/m | | |
| --- | --- | --- | --- | --- |
| | | 计算值 $a_n'$ | 采用值 $a_n$ | 累计值 |
| 1 | 0.50 | $a_1' = 0.483$ | $a_1 = 0.50$ | 0.50 |
| 2 | 0.45 | $a_2' = 0.537$ | $a_2 = 0.55$ | 1.05 |
| 3 | 0.40 | $a_3' = 0.603$ | $a_3 = 0.60$ | 1.65 |
| 4 | 0.35 | $a_4' = 0.690$ | $a_4 = 0.70$ | 2.35 |
| 5 | 0.30 | $a_5' = 0.803$ | $a_5 = 0.80$ | 3.15 |
| 6 | 0.25 | $a_6' = 0.966$ | $a_6 = 1.00$ | 4.15 |
| 7 | 0.20 | $a_7' = 1.205$ | $a_7 = 1.20$① | 5.35 |

① 为均布水流，把最后一个廊道宽度（$a_7 = 1.2\text{m}$）分成两股，进行回转流动（见图 3-2）。为使两股水流到达絮凝池出口（穿孔配水墙）时水量平衡，其流量各按 45% 与 55% 分配，则近端（流程短）一股的廊道宽度 $a_7'' = 0.45 a_7 = 0.45 \times 1.2 \approx 0.5$（m），另一股的廊道宽度 $a_7' = 0.55 a_7 = 0.55 \times 1.2 \approx 0.7$（m）。

### 2. 设计计算

（1）总容积 $W$

$$W = \frac{Qt}{60} = \frac{1042 \times 20}{60} = 347.33 \approx 348(\text{m}^3)$$

（2）池长 $L$　为了与沉淀池配合，絮凝池宽度取 $B = 12\text{m}$。

$$L = \frac{W}{HB} = \frac{348}{1.2 \times 12} \approx 24.2(\text{m})$$

（3）各挡隔板间距 $a_n$　廊道内水的流速 $v_n$ 由 $0.5\text{m/s}$ 递减至 $0.2\text{m/s}$。

$$a_n(\text{m}) = \frac{Q}{3600 H a_n} = \frac{1042}{3600 \times 1.2 v_n} = \frac{0.241}{v_n}$$

据此公式，$a_n$ 的计算结果列于表 3-5。

絮凝池的布置见图 3-2。

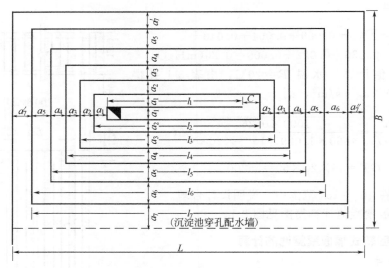

图 3-2 回转式隔板絮凝池

（4）池宽度的核定　取隔板厚度 $\delta=0.16$m（板厚 0.12m，两面粉刷各厚 0.02m），池的外壁厚度不计入。

$$B=\sum a_n+\sum \delta_n=(a_1+a_2+a_3+a_4+a_5+a_6+a_7)+$$
$$(a_1+a_2+a_3+a_4+a_5+a'_7)+12\delta=5.35+3.85+1.92=11.12(\text{m})$$

（5）第一道（内层）隔板长度 $l_1$ 计算　隔板端离隔板壁的距离为 $C=1$m。

$$l_1=L-[(a_2+a_3+a_4+a_5+a_6+a''_7)+C+(a_1+a_2+a_3+a_4+a_5+a'_6)+12\delta]$$
$$=24.2-[(3.65+0.5)+1+(3.15+0.7)+12\times0.16]$$
$$=24.2-10.92=13.28(\text{m})$$

（6）絮凝池廊道总长度　$\sum L_n=238.31(\text{m})$，计算见表 3-6。

表 3-6　廊道总长度计算

| 序号 | 廊道长度 $a_n$/m | $l_n$/m 关系式 | $l_n$/m 数值 | 每圈总长度/m 关系式 | 每圈总长度/m 数值 | 每圈总长度/m 累计值 |
|---|---|---|---|---|---|---|
| 1 | 0.50 | $l_1=l_1$ | 13.28 | $L_1=2l_1+a_1$ | 27.06 | 27.06 |
| 2 | 0.55 | $l_2=l_1+c+a_1$ | 14.78 | $L_2=2l_2+4a_1+a_2$ | 32.11 | 59.17 |
| 3 | 0.60 | $l_3=l_2+2a_2$ | 15.88 | $L_3=2l_3+4(a_1+a_2)+a_3$ | 36.56 | 95.73 |
| 4 | 0.70 | $l_4=l_3+a_3$ | 17.08 | $L_4=2l_4+4(a_1+a_2+a_3)+a_4$ | 41.46 | 137.19 |
| 5 | 0.80 | $l_5=l_4+a_4$ | 18.48 | $L_5=2l_5+4(a_1+a_2+a_3+a_4)+a_5$ | 47.16 | 184.35 |
| 6 | 1.00 | $l_6=l_5+a_5$ | 20.08 | $L_6=l_6-a_5+2(a_1+a_2+a_3+a_4+a_5)$ | 25.58 | 209.93 |
| 7 | 1.20 | $l_7=l_6+a_6$ | 21.08 | $L_7=l_7+2(a_1+a_2+a_3+a_4+a_5)+a_6$ | 28.38 | 238.31 |

注：1. 隔板端与隔板壁之距为 $C=1$m。

2. $l_n$ 和 $L_n$ 的数值中未考虑隔板的厚度。

3. $l_n$ 为每一圈廊道长边的内边长。

（7）絮凝时间 $t$

$$t=\frac{\sum L}{v_{\text{cp}}}=\frac{238.31}{\frac{1}{2}(0.5+0.2)}=680(\text{s})=11.34(\text{min})$$

（8）水头损失 $h$（m）

$$h = \xi S \frac{v_0^2}{2g} + \frac{v^2}{C^2 R} \sum L_n$$

式中　　$\xi$——转弯处局部阻力系数；

　　　　$S$——转弯次数；

　　　　$v$——廊道内流速，m/s；

　　　$v_0$——转弯处流速，m/s；

　　　　$C$——流速系数；

　　　　$R$——水力半径，m；

　　$\sum L_n$——水在池内的流程长度，m。

计算数据如下。

① 转弯处局部阻力系数 $\xi = 1.0$。

② 转弯次数 $S = 25$。

③ 廊道内流速 $v$ 采用平均值，即

$$v = \frac{v_1 + v_2}{2} = \frac{0.5 + 0.2}{2} = 0.35 (\text{m/s})$$

④ 转弯处流速 $v_0$ 采用平均值。廊宽的平均值为

$$a_{cp} = \frac{\sum_1^n a_n}{n} = \frac{5.37}{7} = 0.767 (\text{m})$$

$$v_0 = \frac{Q \cos 45°}{3600 H a_{cp}} = \frac{1042 \times 0.707}{3600 \times 1.2 \times 0.767} = 0.222 (\text{m/s})$$

⑤ 廊道断面的水力半径 $R$ 为

$$R = \frac{a_{cp} H}{a_{cp} + 2H} = \frac{0.767 \times 1.2}{0.767 + 2 \times 1.2} = 0.29 (\text{m})$$

⑥ 流速系数 $C$，根据水力半径 $R$ 和池壁粗糙系数 $n$（水泥砂浆抹面的渠道，$n = 0.013$）的数值，查表（见《给水排水设计手册》）确定，$C = 63.95$。

⑦ 廊道总长度 $\sum L_n = 238.31 \text{m}$，则

$$h = \xi S \frac{v_0^2}{2g} + \frac{v^2}{C^2 R} \sum L_n$$

$$= 1 \times 25 \times \frac{0.222^2}{2 \times 9.81} + \frac{0.35^2}{63.95^2 \times 0.29} \times 238.31$$

$$= 0.0627 + 0.0246 = 0.087 \ (\text{m})$$

（9）$GT$ 值　水温 20℃时，水的动力黏滞系数 $\mu = 1.029 \times 10^{-4} \text{kg} \cdot \text{s/m}^2$。

速度梯度为

$$G = \sqrt{\frac{\rho h}{60 \mu t}} = \sqrt{\frac{1000 \times 0.087}{60 \times 1.029 \times 10^{-4} \times 11.34}} = 35.25 \ (\text{s}^{-1})$$

$$GT = 35.25 \times 11.34 \times 60 = 23984.1$$

此 $GT$ 值在 $10^4 \sim 10^5$ 范围内。计算简图见图 3-2。

## 二、穿孔旋流絮凝池

### (一)设计概述

多级旋流式絮凝池中最常用的一种是穿孔旋流絮凝池,穿孔旋流絮凝池由若干方格组成。方格数一般不小于6格。各格之间的隔墙上沿池壁开孔,孔口位置采用上下左右变换布置,以避免水流短路,提高容积利用率(见图3-3)。该种絮凝池各格室的平面常呈方形,为了易于形成旋流,池格平面方形均填角。孔口采用矩形断面。池内积泥采用底部锥斗重力排除。絮凝池孔口流速,应按由大到小的渐变流速计,起端流速一般宜为0.6~1.0m/s,末端流速一般宜为0.2~0.3m/s。絮凝时间一般按15~25min设计。多级旋流式絮凝池体积小,絮凝效果好,适用于小型水厂。

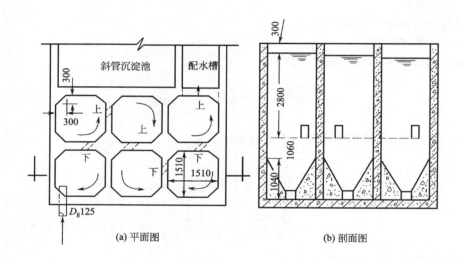

(a) 平面图　　　　　　　　(b) 剖面图

图3-3　多级旋流式絮凝池布置

絮凝池相邻两格室隔墙上的孔口流速 $v$(m/s)可按下式计算。

$$v = v_1 + v_2 - v_2 \sqrt{1 + \left(\frac{v_1^2}{v_2^2} - 1\right)\frac{t'}{t}}$$

式中　$v_1$——絮凝池的进口流速,m/s,约为1.5m/s;

　　　$v_2$——絮凝池的出口流速,m/s,约为0.1m/s;

　　　$t$——絮凝池的总絮凝时间,min;

　　　$t'$——絮凝池各格室絮凝的时间,min。

絮凝池的沿程水头损失一般略而不计,其局部水头损失 $h$(包括进水管出口及孔口,m)按下式计算。

$$h = \xi \frac{v^2}{2g}$$

式中　$v$——进水管出口或孔口流速,m/s;

　　　$\xi$——局部阻力系数,进水管出口 $\xi = 1.0$,孔口处 $\xi = 1.06$;

　　　$g$——重力加速度,9.81m/s²。

## （二）计算例题

### 【例3-3】　穿孔旋流式絮凝池的计算

**1. 已知条件**

设计进水量 $Q=2000\text{m}^3/\text{d}=83.33\text{m}^3/\text{h}$，进口流速 $v_1=1.5\text{m/s}$，出口流速 $v_2=0.1\text{m/s}$，絮凝总时间 $t=25\text{min}$，絮凝池分格数 $n=6$。

**2. 设计计算**

（1）絮凝池尺寸（见图3-3）　根据结构考虑，絮凝池总高度 $H=5.2\text{m}$，超高采用 $\Delta H=0.3\text{m}$。絮凝池各格平面为正方形，边长为1.51m，四个角填成三角形，其直角边长为0.3m。

有效容积

$$W=\frac{Qt}{60}=\frac{83.33\times25}{60}=34.72(\text{m}^3)$$

单池容积

$$W'=\frac{W}{n}=\frac{34.72}{6}=5.79(\text{m}^3)$$

单池有效面积

$$F=1.51^2-0.3^2\times2=2.10\ (\text{m}^2)$$

有效水深

$$H'=\frac{W'}{F}=\frac{5.79}{2.10}=2.76(\text{m})$$

取有效水深　　　　$H'=2.8\text{m}$。

（2）污泥斗尺寸（见图3-4）　污泥斗底部填成棱锥形，锥角采用60°。

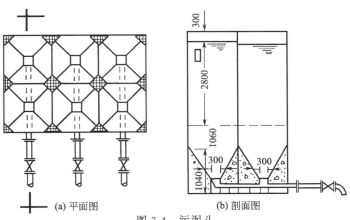

图3-4　污泥斗

污泥斗底平面为一正方形，边长0.3m。

① 斗深 $H_{斗}$

$$H_{斗}=H-\Delta H-H'=5.2-0.3-2.8=2.1(\text{m})$$

② 底棱锥高 $H_{锥}$

$$H_{锥}=\frac{1.51-0.3}{2}\tan60°=\frac{1.21}{2}\sqrt{3}=1.04\ (\text{m})$$

③ 上部寸泥区八面棱柱体高 $H_{棱}$

$$H_{棱}=H_{斗}-H_{锥}=2.1-1.04=1.06\ (\text{m})$$

（3）孔口尺寸（见图3-5）

① 孔口布置。上部孔口孔顶距池顶0.6m；下部孔口孔底距池顶3.1m；孔口与池壁夹角采用60°；孔口平面收缩角采用12°；孔口距池角距离 $l'=0.35\text{m}$。

进水管在池上部，第一格室至第二格室的孔口开在下部，第二格室至第三格室孔口开在上部，以下孔口依次上下交错开孔设置。

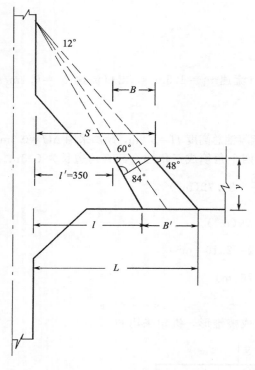

图 3-5 孔口尺寸

② 孔口流速

$$v = v_1 + v_2 - v_2 \sqrt{1 + \left(\frac{v_1^2}{v_2^2} - 1\right)\frac{t'}{t}}$$

$$= 1.5 + 0.1 - 0.1 \times \sqrt{1 + \left(\frac{1.5^2}{0.1^2} - 1\right) \times \frac{t'}{t}}$$

$$= 1.6 - 0.1 \sqrt{1 + 224 \times \frac{t'}{t}}$$

因为，单池絮凝时间 $t_1 = \frac{t}{n}$，则 $t = nt_1$，所以

$$v = 1.6 - 0.1 \sqrt{1 + 224 \times \frac{t'}{nt_1}}$$

第一格至第二格孔口流速 $t' = t_1$

$$v_{1\text{-}2} = 1.6 - 0.1 \sqrt{1 + 224 \times \frac{1}{6}} = 0.98 \ (\text{m/s})$$

第二格至第三格孔口流速 $t' = 2t_1$

$$v_{2\text{-}3} = 1.6 - 0.1 \sqrt{1 + 224 \times \frac{2}{6}} = 0.73 \ (\text{m/s})$$

第三格至第四格孔口流速 $t' = 3t_1$

$$v_{3\text{-}4} = 1.6 - 0.1 \sqrt{1 + 224 \times \frac{3}{6}} = 0.54 \ (\text{m/s})$$

第四格至第五格孔口流速 $t' = 4t_1$

$$v_{4\text{-}5} = 1.6 - 0.1 \sqrt{1 + 224 \times \frac{4}{6}} = 0.37 \ (\text{m/s})$$

第五格至第六格孔口流速 $t' = 5t_1$

$$v_{5\text{-}6} = 1.6 - 0.1 \sqrt{1 + 224 \times \frac{5}{6}} = 0.23 \ (\text{m/s})$$

③ 孔口过水断面积

$$F_{1\text{-}2} = \frac{Q}{3600 v_{1\text{-}2}} = \frac{83.33}{3600 \times 0.98} = 0.024 \ (\text{m}^2)$$

$$F_{2\text{-}3} = \frac{Q}{3600 v_{2\text{-}3}} = \frac{83.33}{3600 \times 0.73} = 0.032 \ (\text{m}^2)$$

$$F_{3\text{-}4} = \frac{Q}{3600 v_{3\text{-}4}} = \frac{83.33}{3600 \times 0.54} = 0.043 \ (\text{m}^2)$$

$$F_{4\text{-}5} = \frac{Q}{3600 v_{4\text{-}5}} = \frac{83.33}{3600 \times 0.37} = 0.063 \ (\text{m}^2)$$

$$F_{5\text{-}6} = \frac{Q}{3600 v_{5\text{-}6}} = \frac{83.33}{3600 \times 0.23} = 0.101 \ (\text{m}^2)$$

$$F_{\text{出口}} = \frac{Q}{3600 v_2} = \frac{83.33}{3600 \times 0.1} = 0.231 \ (\text{m}^2)$$

④ 池壁开口面积（小头）

$$F'_{1\text{-}2}=\frac{\sin 84°}{\sin 60°}F_{1\text{-}2}=1.148\times0.024=0.028(\mathrm{m}^2)$$

$$F'_{2\text{-}3}=\frac{\sin 84°}{\sin 60°}F_{2\text{-}3}=1.148\times0.032=0.037(\mathrm{m}^2)$$

$$F'_{3\text{-}4}=\frac{\sin 84°}{\sin 60°}F_{3\text{-}4}=1.148\times0.043=0.049(\mathrm{m}^2)$$

$$F'_{4\text{-}5}=\frac{\sin 84°}{\sin 60°}F_{4\text{-}5}=1.148\times0.063=0.072(\mathrm{m}^2)$$

$$F'_{5\text{-}6}=\frac{\sin 84°}{\sin 60°}F_{5\text{-}6}=1.148\times0.101=0.116 \ (\mathrm{m}^2)$$

⑤ 孔口宽（小头）（孔口高宽比 $H:B=1.5$）

$$B_{1\text{-}2}=\sqrt{\frac{F'_{1\text{-}2}}{1.5}}=\sqrt{\frac{0.028}{1.5}}=0.137 \ (\mathrm{m})，采用 0.14\mathrm{m}$$

$$B_{2\text{-}3}=\sqrt{\frac{F'_{2\text{-}3}}{1.5}}=\sqrt{\frac{0.037}{1.5}}=0.157 \ (\mathrm{m})，采用 0.16\mathrm{m}$$

$$B_{3\text{-}4}=\sqrt{\frac{F'_{3\text{-}4}}{1.5}}=\sqrt{\frac{0.049}{1.5}}=0.181 \ (\mathrm{m})，采用 0.18\mathrm{m}$$

$$B_{4\text{-}5}=\sqrt{\frac{F'_{4\text{-}5}}{1.5}}=\sqrt{\frac{0.072}{1.5}}=0.219 \ (\mathrm{m})，采用 0.22\mathrm{m}$$

$$B_{5\text{-}6}=\sqrt{\frac{F'_{5\text{-}6}}{1.5}}=\sqrt{\frac{0.116}{1.5}}=0.278 \ (\mathrm{m})，采用 0.28\mathrm{m}$$

⑥ 孔口高（大小头相同）

$$H_{1\text{-}2}=1.5B_{1\text{-}2}=1.5\times0.137=0.206 \ (\mathrm{m})，采用 0.21\mathrm{m}$$
$$H_{2\text{-}3}=1.5B_{2\text{-}3}=1.5\times0.157=0.236 \ (\mathrm{m})，采用 0.24\mathrm{m}$$
$$H_{3\text{-}4}=1.5B_{3\text{-}4}=1.5\times0.181=0.272 \ (\mathrm{m})，采用 0.27\mathrm{m}$$
$$H_{4\text{-}5}=1.5B_{4\text{-}5}=1.5\times0.219=0.329 \ (\mathrm{m})，采用 0.33\mathrm{m}$$
$$H_{5\text{-}6}=1.5B_{5\text{-}6}=1.5\times0.278=0.417 \ (\mathrm{m})，采用 0.42\mathrm{m}$$

⑦ 小头孔口坐标的确定（离池角的距离）

$$l'=0.35\mathrm{m}$$
$$S_{1\text{-}2}=l'+B_{1\text{-}2}=0.35+0.14=0.49(\mathrm{m})$$
$$S_{2\text{-}3}=l'+B_{2\text{-}3}=0.35+0.16=0.51(\mathrm{m})$$
$$S_{3\text{-}4}=l'+B_{3\text{-}4}=0.35+0.18=0.53(\mathrm{m})$$
$$S_{4\text{-}5}=l'+B_{4\text{-}5}=0.35+0.22=0.57(\mathrm{m})$$
$$S_{5\text{-}6}=l'+B_{5\text{-}6}=0.35+0.28=0.63 \ (\mathrm{m})$$

⑧ 大头孔口坐标的确定（离池角的距离）

$$l=l'+y\cot 60°=0.35+0.24\times 0.5774=0.49 \text{ (m)}$$
$$L_{1-2}=S_{1-2}+y\cot 48°=0.49+0.24\times 0.9004=0.706 \text{ (m)}, \text{取} 0.71\text{m}$$
$$L_{2-3}=S_{2-3}+y\cot 48°=0.51+0.24\times 0.9004=0.726 \text{ (m)}, \text{取} 0.73\text{m}$$
$$L_{3-4}=S_{3-4}+y\cot 48°=0.53+0.24\times 0.9004=0.746 \text{ (m)}, \text{取} 0.75\text{m}$$
$$L_{4-5}=S_{4-5}+y\cot 48°=0.57+0.24\times 0.9004=0.786 \text{ (m)}, \text{取} 0.79\text{m}$$
$$L_{5-6}=S_{5-6}+y\cot 48°=0.63+0.24\times 0.9004=0.846 \text{ (m)}, \text{取} 0.85\text{m}$$

⑨ 大头孔口宽 $B'$

$$B'_{1-2}=L_{1-2}-l=0.706-0.49=0.216 \text{ (m)}, \text{取} 0.22\text{m}$$
$$B'_{2-3}=L_{2-3}-l=0.726-0.49=0.236 \text{ (m)}, \text{取} 0.24\text{m}$$
$$B'_{3-4}=L_{3-4}-l=0.746-0.49=0.256 \text{ (m)}, \text{取} 0.26\text{m}$$
$$B'_{4-5}=L_{4-5}-l=0.786-0.49=0.296 \text{ (m)}, \text{取} 0.30\text{m}$$
$$B'_{5-6}=L_{5-6}-l=0.846-0.49=0.356 \text{ (m)}, \text{取} 0.36\text{m}$$

⑩ 进水管与排泥管。当 $Q=23.15\text{L/s}$，流速 $v_1=1.5\text{m/s}$ 时，查水力计算表得 $DN=150\text{mm}$。

排泥管用 $DN=200\text{mm}$。

孔口有关数据见表 3-7。

表 3-7 孔口有关数据

| 项 目 | 进口 | 1—2 | 2—3 | 3—4 | 4—5 | 5—6 | 出口 | 备注 |
|---|---|---|---|---|---|---|---|---|
| 时间 $t/\text{s}$ | 0 | 4′10″ | 8′20″ | 12′30″ | 16′40″ | 20′50″ | 25′ | |
| 流速 $v/(\text{m/s})$ | 1.5 | 0.98 | 0.73 | 0.54 | 0.37 | 0.23 | 0.1 | |
| 过水断面 $F/\text{m}^2$ | | 0.024 | 0.032 | 0.043 | 0.063 | 0.101 | 0.231 | |
| 池壁开口面积 $F'$(小头)/$\text{m}^2$ | | 0.028 | 0.037 | 0.049 | 0.072 | 0.116 | | |
| 孔口宽 $B$(小头)/m | | 0.14 | 0.16 | 0.18 | 0.22 | 0.28 | | |
| 孔口宽 $B'$(大头)/m | | 0.22 | 0.24 | 0.26 | 0.30 | 0.36 | | |
| 孔口高 $H$/m | | 0.21 | 0.24 | 0.27 | 0.33 | 0.42 | | |
| 孔口距池壁距离 $l'$(小头)/m | | 0.35 | 0.35 | 0.35 | 0.35 | 0.35 | | |
| 孔口距池壁距离 $l$(大头)/m | | 0.49 | 0.49 | 0.49 | 0.49 | 0.49 | | |
| 孔口距池壁距离 $S$(小头)/m | | 0.49 | 0.51 | 0.53 | 0.57 | 0.63 | | |
| 孔口距池壁距离 $L$(大头)/m | | 0.71 | 0.73 | 0.75 | 0.79 | 0.85 | | |
| 水头损失 $h/\text{mH}_2\text{O}$ | 0.115 | 0.052 | 0.029 | 0.016 | 0.007 | 0.003 | | $\sum h=0.222$ $\text{mH}_2\text{O}$ |

(4) 水头损失 沿程水头损失忽略不计。按下式计算局部水头损失（包括进水管出口，$\xi=1.0$；六个孔口，$\xi=1.06$）。

$$h \text{ (mH}_2\text{O)}=\xi\frac{v^2}{2g}$$

$$h_{\text{进}}=1.0\times\frac{1.5^2}{2\times 9.81}=0.115 \text{ (mH}_2\text{O)}$$

$$h_{1-2}=1.06\times\frac{0.98^2}{2\times 9.81}=0.052 \text{ (mH}_2\text{O)}$$

$$h_{2-3}=1.06\times\frac{0.73^2}{2\times 9.81}=0.029 \text{ (mH}_2\text{O)}$$

$$h_{3-4}=1.06\times\frac{0.54^2}{2\times 9.81}=0.016 \text{ (mH}_2\text{O)}$$

$$h_{4-5} = 1.06 \times \frac{0.37^2}{2 \times 9.81} = 0.007 \ (\text{mH}_2\text{O})$$

$$h_{5-6} = 1.06 \times \frac{0.23^2}{2 \times 9.81} = 0.003 \ (\text{mH}_2\text{O})$$

$$\begin{aligned}
\sum h &= h_{进} + h_{1-2} + h_{2-3} + h_{3-4} + h_{4-5} + h_{5-6} \\
&= 0.115 + 0.052 + 0.029 + 0.016 + 0.007 + 0.003 \\
&= 0.222 \ (\text{mH}_2\text{O})
\end{aligned}$$

（5）$GT$ 值　按水温 $T = 20℃$ 计，$\mu = 1.029 \times 10^{-4} \text{kg} \cdot \text{s/m}^2$，则

$$G = \sqrt{\frac{\rho h}{6 \times 10^4 \mu t}} = \sqrt{\frac{1000 \times 0.222}{60 \times 1.029 \times 10^{-4} \times 25}} = 37.92 \ (\text{s}^{-1})$$

$$GT = 37.92 \times 25 \times 60 = 56887（在 10^4 \sim 10^5 内）$$

## 三、折板絮凝池

### （一）设计概述

折板絮凝池是在隔板絮凝池基础上发展起来的，折板絮凝池通常采用竖流式，折板的形式一般有平板、折板和波纹板。折板按照波峰和波谷的平行安装和相对安装又可分成"同波折板"和"异波折板"，如图 3-6 所示。按水流在折板间上下流动的间隙数可分为"单通道"和"多通道"。单通道是水流沿着每一对折板间的通道上下流动，如图 3-6 所示。多通道是将絮凝分成若干个格子，在每一格子内放置若干折板，水流在每一格内平行并沿着格子依次上下流动，如图 3-7 所示。为使絮凝体逐步成长而避免破碎，无论在单通道或多通道内均可采用前段异波式、中段同波式、后段平板式的组合形式。

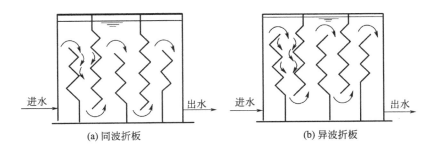

（a）同波折板　　　　　　　　　　（b）异波折板

图 3-6　单通道折板絮凝池剖面示意

采用折板絮凝池，絮凝时间为 6～15min，一般将絮凝过程按照流速分成 3 段或更多，第一段流速为 0.25～0.35m/s，第二段流速为 0.15～0.25m/s，第三段流速为 0.1～0.15m/s。同一段内，折板间距相同，流速相同。折板可采用钢丝网水泥板或塑料板等拼装，折角 $\theta$ 一般为 90°～120°。折板宽度采用 0.5m，折板长度为 0.8～1.0m。絮凝池内的速度梯度 $G$ 由进口至出口逐渐减小，一般起端至末端的 $G$ 值变化范围为 100～15s$^{-1}$ 以内，且 $GT \geqslant 2 \times 10^4$。

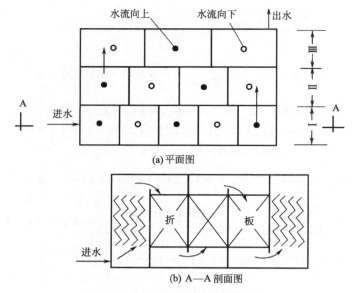

图 3-7　多通道折板絮凝池示意

## （二）计算例题

### 【例 3-4】　折板絮凝池的计算

**1. 已知条件**

设计水量 $Q=12000\text{m}^3/\text{d}$，絮凝池分为两组，絮凝时间 $t=12\text{min}$，水深 $H=4.5\text{m}$。

**2. 设计计算**

（1）每组絮凝池流量 $Q$

$$Q=\frac{12000}{2}=6000(\text{m}^3/\text{d})=250\,(\text{m}^3/\text{h})$$

（2）每组絮凝池容积 $W$

$$W=\frac{Qt}{60}=\frac{250\times12}{60}=50\,(\text{m}^3)$$

（3）每组池子面积 $f$

$$f=\frac{W}{H}=\frac{50}{4.5}=11.11(\text{m}^2)$$

（4）每组池子的净宽 $B'$　为了与沉淀池配合，絮凝池净长度 $L'=4.8\text{m}$，则池子净宽度

$$B'=\frac{f}{L'}=\frac{11.11}{4.8}=2.31(\text{m})$$

（5）絮凝池的布置　絮凝池的絮凝过程为三段：第一段 $v_1=0.3\text{m/s}$，第二段 $v_2=0.2\text{m/s}$，第三段 $v_3=0.1\text{m/s}$。

将絮凝池分成 6 格，每格的净宽度为 0.8m，每两格为一絮凝段。第一、二格采用单通道异波折板；第三、四格采用单通道同波折板；第五、六格采用直板（高 3.5m）。

（6）折板尺寸及布置　折板采用钢丝水泥板，折板宽度 0.5m，厚度 0.035m，折角 90°，折板净长度 0.8m，如图 3-8 所示。

（7）絮凝池长度 $L$ 和宽度 $B$　考虑折板所占宽度 $=\dfrac{0.035}{\sin45°}=0.05\,(\text{m})$，絮凝池的实际

宽度取 $B=B'+3×0.05=2.46$（m）。

考虑隔墙所占长度为 0.2m，絮凝池实际长度 $L=4.8+5×0.2=5.8$（m），超高 0.3m。

（8）各格折板的间距及实际流速　第一、二格折板间距

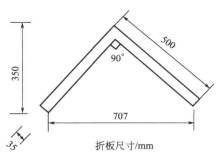

图 3-8　折板尺寸示意

$$b_1=\frac{Q}{v_1 L}=\frac{250}{0.3×0.8×3600}=0.29(\text{m})$$

取 $b_1=0.29$m。

第三、四格折板间距

$$b_2=\frac{Q}{v_2 L}=\frac{250}{0.20×0.8×3600}=0.43(\text{m})$$

取 $b_2=0.45$m。

第五、六格折板间距　　$b_3=\dfrac{Q}{v_3 L}=\dfrac{250}{0.1×0.8×3600}=0.87(\text{m})$

取 $b_3=0.79$m。

第一、二格折板谷间距　　$b_谷=b_1+2×0.35=0.99(\text{m})$

谷间流速　　　$v_{1实谷}=\dfrac{Q}{b_谷 L}=\dfrac{250}{3600×0.99×0.8}=0.09≈0.1(\text{m/s})$

峰间流速　　　$v_{1实峰}=\dfrac{Q}{b_1 L}=\dfrac{250}{3600×0.29×0.8}=0.3(\text{m/s})$

第三、四格折板间流速　　$v_{2实}=\dfrac{Q}{b_2 L}=\dfrac{250}{3600×0.45×0.8}=0.19(\text{m/s})$

第五、六格折板间流速　　$v_{3实}=\dfrac{Q}{b_3 L}=\dfrac{250}{3600×0.79×0.8}=0.11(\text{m/s})$

（9）水头损失 $h$

① 第一、二格为单通道异波折板。

$$\sum h(\text{m})=nh+h_i=n(h_1+h_2)+h_i$$

$$h_1(\text{m})=\xi_1 \frac{v_1^2-v_2^2}{2g}$$

$$h_2(\text{m})=\left[1+\xi_2-\left(\frac{F_1}{F_2}\right)^2\right]\frac{v_1^2}{2g}$$

$$h_i(\text{m})=\xi_3 \frac{v_0^2}{2g}$$

式中　$\sum h$ ——总水头损失，m；

　　　　$h$ ——一个缩放的组合水头损失，m；

　　　　$h_i$ ——转弯或孔洞的水头损失，m；

　　　　$n$ ——缩放组合的个数；

　　　　$h_1$ ——渐放段水头损失，m；

　　　　$\xi_1$ ——渐放段阻力系数；

　　　　$h_2$ ——渐缩段水头损失，m；

　　　　$\xi_2$ ——渐缩段阻力系数；

　　　　$F_1$ ——相对峰的断面积，m²；

　　　　$F_2$ ——相对谷的断面积，m²；

$v_1$——峰速，m/s；

$v_2$——谷速，m/s；

$v_0$——转弯或孔洞处流速，m/s；

$\xi_3$——转弯或孔洞的阻力系数。

计算数据如下。第一格通道数为 4，单通道的缩放组合的个数为 4 个，$n = 4 \times 4 = 16$（个）。

$\xi_1 = 0.5$，$\xi_2 = 0.1$，上转变 $\xi_3 = 1.8$，下转变成孔洞 $\xi_3 = 3.0$。

$v_1 = 0.3\text{m/s}$，$v_2 = 0.09\text{m/s}$。

$F_1 = 0.29 \times 0.8 = 0.23(\text{m}^2)$，$F_2 = [0.29 + (2 \times 0.35)] \times 0.8 = 0.79(\text{m}^2)$，上转弯、下转弯各为 2 次，取转弯高 0.6m，则

$$v_0 = \frac{250}{3600 \times 0.8 \times 0.6} = 0.14 \ (\text{m/s})$$

渐放段水头损失

$$h_1 = \xi_1 \frac{v_1^2 - v_2^2}{2g} = 0.5 \times \frac{0.3^2 - 0.09^2}{2 \times 9.81} = 2.09 \times 10^{-3}(\text{m})$$

渐缩段水头损失

$$h_2 = \left[1 + \xi_2 - \left(\frac{F_1}{F_2}\right)^2\right] \times \frac{v_1^2}{2g} = \left[1 + 0.1 - \left(\frac{0.23}{0.79}\right)^2\right] \times \frac{0.3^2}{2 \times 9.81} = 4.66 \times 10^{-3}(\text{m})$$

转弯或孔洞的水头损失

$$h_i = 2\xi_3 \times \frac{v_0^2}{2g} = 2 \times (1.8 + 3.0) \times \frac{(0.14)^2}{2 \times 9.81} = 9.59 \times 10^{-3}(\text{m})$$

故 $\sum h = n(h_1 + h_2) + h_i = 16 \times (2.09 \times 10^{-3} + 4.66 \times 10^{-3}) + 9.59 \times 10^{-3} = 0.12(\text{m})$

② 第二格的计算同第一格。

③ 第三格为单通道同波折板。

$$\sum h = nh + h_i = n\xi \frac{v^2}{2g} + h_i$$

式中 $\xi$——每一转弯的阻力系数；

$n$——转弯的个数；

$v$——板间流速，m/s；

$h_i$——转弯或孔洞的水头损失，m。

计算数据如下。第三格通道数为 4，单通道转弯数为 7，$n = 4 \times 7 = 28$（个）。

折角为 90°，$\xi = 0.6$，$v = 0.19\text{m/s}$。

$$\sum h = n\xi \frac{v^2}{2g} + h_i = 28 \times 0.6 \times \frac{(0.19)^2}{2 \times 9.81} + 9.59 \times 10^{-3} = 0.041 \ (\text{m})$$

④ 第四格的计算同第三格。

⑤ 第五格为单通道直板。

$$\sum h = nh = n\xi \frac{v^2}{2g}$$

式中 $\xi$——转弯处阻力系数；

$n$——转弯次数；

$v$——平均流速，m/s。

计算数据如下。第五格通道数为 3，两块直板 180°，转弯次数 $n = 2$，进口、出口孔洞 2 个。

180°转弯 $\xi=3.0$，进出口孔 $\xi=1.06$。$v=0.12$m/s。

$$\sum h = n\xi \frac{v^2}{2g} = 2 \times (3+1.06) \times \frac{(0.12)^2}{2 \times 9.81} = 0.006(\text{m})。$$

⑥ 第六格的计算同第五格。

（10）絮凝池各段的停留时间 第一、第二格水流停留时间均为

$$t_1 = \frac{V_1 - V_b}{Q} = \frac{0.8 \times 2.46 \times 4.5 - 0.035 \times 0.5 \times 0.8 \times 24}{0.069} = 123.48(\text{s})$$

第一段絮凝区停留时间为 247s＞240s。

第三、四格均为 $t_2 = 123.48$s。

第二段絮凝区停留时间为 247s＞240s。

第五、六格水流停留时间均为

$$t_3 = \frac{V_1 - V_{3b}}{Q} = \frac{0.8 \times 2.46 \times 4.5 - 0.035 \times 3.5 \times 0.8 \times 2}{0.069} = 125.5(\text{s})$$

第三段絮凝区停留时间为 251s＞240s。

（11）絮凝池各段的 $G$ 值

$$G = \sqrt{\frac{\gamma H}{60 \mu t}}$$

水温 $T=20℃$，$\mu=1.029 \times 10^{-4}$kg·s/m²。

第一段（异波折板）

$$G_1 = \sqrt{\frac{1000 \times 0.12 \times 2}{1.029 \times 10^{-4} \times 123.48 \times 2}} = 97.18 \ (\text{s}^{-1})$$

第二段（同波折板）

$$G_2 = \sqrt{\frac{1000 \times 0.041 \times 2}{1.029 \times 10^{-4} \times 123.48 \times 2}} = 56.80 \ (\text{s}^{-1})$$

第三段（直板）

$$G_3 = \sqrt{\frac{1000 \times 0.006 \times 2}{1.029 \times 10^{-4} \times 125.5 \times 2}} = 21.55 \ (\text{s}^{-1})$$

絮凝的总水头损失 $\sum h = 2 \times (0.12+0.041+0.006) = 0.334$ （m），絮凝时间 $t = 2 \times (t_1 + t_2 + t_3) = 744.92$ （s）$= 12.42$ （min）（在要求范围内）。

$$GT = \sqrt{\frac{\gamma H}{60 \mu t}} \, t = \sqrt{\frac{1000 \times 0.334}{1.029 \times 10^{-4} \times 744.92}} \times 744.92 = 49172.3 > 2 \times 10^4$$

计算简图见图 3-9。

# 四、竖流式隔板絮凝池

## 【例 3-5】 竖流式隔板絮凝池的计算

**1. 已知条件**

设计水量 $Q = 15000$m³/d $= 625$m³/h，絮凝时间 $t = 20$min，池子个数为 1。

**2. 设计计算**

（1）池容积 $W$

$$W = \frac{Qt}{60} = \frac{625 \times 20}{60} = 208(\text{m}^3)$$

（2）池平面面积 $F$ 根据水厂工程系统的要求，絮凝池高度采用 $H=3.5$，则

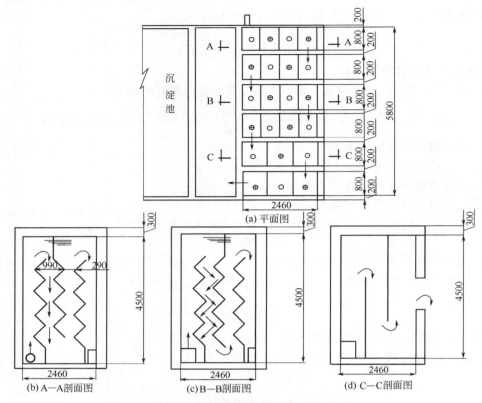

图 3-9 折板絮凝池布置

$$F = \frac{W}{H} = \frac{208}{3.5} = 59.4(\text{m}^2)$$

（3）每一小间格的平面面积（即水流的水平过水断面）$f$　池中水流速度采用 $v = 0.2\text{m/s}$，则

$$f = \frac{Q}{3600v} = \frac{625}{3600 \times 0.2} = 0.9(\text{m}^2)$$

（4）絮凝池的间格数 $n$ 及其布置

$$n = \frac{F}{f} = \frac{59.4}{0.9} = 66$$

沿池宽方向每排设置 6 个间格，沿池长方向每排设置 11 个间格。每个间格的平面尺寸不应小于 $0.7\text{m} \times 0.7\text{m}$，此处采用长度 $S = 1\text{m}$，宽度 $= 0.9\text{m}$。

（5）絮凝池长度 $L$ 和宽度 $B$

$$L = 11S = 11 \times 1 = 11(\text{m})$$
$$B = 6b = 6 \times 0.9 = 5.4(\text{m})$$

（6）絮凝池内实际流速 $v'$　考虑隔板的厚度后，每个间格的有效面积不是 $f = 0.9\text{m}^2$，而是 $f' = 0.72\text{m}^2$。所以 $v'$ 为

$$v' = \frac{Q}{3600f'} = \frac{625}{3600 \times 0.72} = 0.24 \ (\text{m/s})$$

（7）水头损失 $h$（Pa）

$$h = 1.471 \times 10^3 v'^2 m$$

式中　$m$——平面图形上水流的总转弯次数，$m = 11 - 1 = 10$。

$$h = 1.471 \times 10^3 \times 0.24^2 \times 10 = 847.296(\text{Pa}) = 0.086(\text{mH}_2\text{O})$$

（8）$GT$ 值　水温为 20℃时，$\mu=1.029\times10^{-4}\mathrm{kg\cdot s/m^2}$。

$$G=\sqrt{\frac{\rho h}{60\mu T}}=\sqrt{\frac{1000\times0.086}{60\times1.029\times10^{-4}\times20}}=26.39(\mathrm{s^{-1}})$$

$$GT=26.39\times20\times60=31668.8$$

此 $GT$ 值在 $10^4\sim10^5$ 范围内。

计算简图见图 3-10。

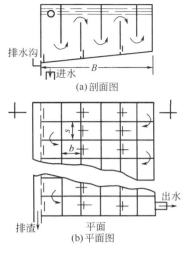

(a)剖面图

(b)平面图

图 3-10　竖流式隔板
絮凝池计算简图

## 五、栅条（网格）絮凝池

### （一）设计概述

在絮凝池内水平放置栅条或网格形成栅条、网格絮凝池，栅条、网格絮凝池一般布置成多个竖井回流式，各竖井之间的隔墙上，上下交错开孔，当水流通过竖井内安装的若干层栅条或网格时，产生缩放作用，形成漩涡，造成颗粒碰撞。栅条、网格絮凝池的设计一般分为三段，流速及流速梯度 $G$ 值逐段降低。相应各段采用的构件，前段为密栅成密网，中段为疏栅成疏网，末段不安装栅或网。主要设计参数如下。

① 絮凝时间一般为 $10\sim15\mathrm{min}$，其中，前段 $3\sim5\mathrm{min}$，中段 $3\sim5\mathrm{min}$，末段 $4\sim5\mathrm{min}$。

② 水流在竖井的流速，前段和中段 $0.12\sim0.14\mathrm{m/s}$，末段 $0.1\sim0.14\mathrm{m/s}$。

③ 絮凝池的分格数按絮凝时间计算，各竖井的大小，按竖向流速确定。

④ 栅条或网格的层数，前段总数宜在 16 层以上，中段在 8 层以上，上下两层间距为 $60\sim70\mathrm{cm}$，末段一般可不放。

⑤ 过栅流速或过网孔流速，前段 $0.25\sim0.3\mathrm{m/s}$，中段 $0.22\sim0.25\mathrm{m/s}$。

⑥ 栅条、网格的过水缝隙，应根据过栅、过网流速及栅条、网格所占面积确定。一般栅条前段缝隙为 $50\mathrm{mm}$，中段缝隙 $80\mathrm{mm}$；网格前段为 $80\mathrm{mm}\times80\mathrm{mm}$，中段为 $100\mathrm{mm}\times100\mathrm{mm}$。

⑦ 各竖井之间的过水孔洞面积，以前段向末段逐渐增大。过孔洞流速，前段 $0.3\sim0.2\mathrm{m/s}$，中段 $0.2\sim0.15\mathrm{m/s}$，末段 $0.1\sim0.14\mathrm{m/s}$。所有过水孔须经常处于淹没状态。

⑧ 栅条、网格材料可采用木材、扁钢、塑料、钢丝网水泥或钢筋混凝土预制件等。板条宽度：栅条为 $50\mathrm{mm}$，网格为 $80\mathrm{mm}$。板条厚度：木板条厚度 $20\sim25\mathrm{mm}$，钢筋混凝土预制件 $30\sim70\mathrm{mm}$。

⑨ 池底布置穿孔排泥管或单斗底。穿孔排泥管的直径 $150\sim200\mathrm{mm}$，长度小于 $5\mathrm{m}$，并采用快开排泥阀。

⑩ 速度梯度 $G$ 值：栅条絮凝池，前段 $70\sim100\mathrm{s^{-1}}$，中段 $40\sim60\mathrm{s^{-1}}$，末段 $10\sim20\mathrm{s^{-1}}$；网格絮凝池，前段 $70\sim100\mathrm{s^{-1}}$，中段 $40\sim50\mathrm{s^{-1}}$，末段 $10\sim20\mathrm{s^{-1}}$。

### （二）计算例题

**【例 3-6】　栅条絮凝池的计算**

1. 已知条件

设计水量 $Q=50000\mathrm{m^3/d}$，絮凝池分为两组，絮凝时间 $t=12\mathrm{min}$。

絮凝池分为三段：前段放密栅条，过栅流速 $v_{1栅}=0.25\mathrm{m/s}$，竖井平均流速 $v_{1井}=0.12\mathrm{m/s}$；中段放疏栅条，过栅流速 $v_{2栅}=0.22\mathrm{m/s}$，竖井平均流速 $v_{2井}=0.12\mathrm{m/s}$；末段不放栅条，竖井平均流速 $0.12\mathrm{m/s}$。

前段竖井的过孔流速 $0.30\sim0.2\mathrm{m/s}$，中段 $0.20\sim0.15\mathrm{m/s}$，末段 $0.1\sim0.14\mathrm{m/s}$。

2. 设计计算

(1) 每组絮凝池的设计水量 $Q$  考虑水厂的自用水量 5%，则

$$Q = \frac{50000 \times 1.05}{2} = 26250(\text{m}^3/\text{d}) = 1093.75(\text{m}^3/\text{h}) = 0.304(\text{m}^3/\text{s})$$

(2) 絮凝池的容积 $W$

$$W = \frac{Qt}{60} = \frac{1093.75 \times 12}{60} = 218.75(\text{m}^3)$$

(3) 絮凝池的平面面积 $A$  为与沉淀池配合，絮凝池的池深为 4.4m。

$$A = \frac{W}{H} = \frac{218.75}{4.4} = 49.72(\text{m}^2)$$

(4) 絮凝池单个竖井的平面面积 $f$

$$f = \frac{Q}{v_\text{井}} = \frac{0.304}{0.12} = 2.53(\text{m}^2)$$

取竖井的长 $l = 1.6\text{m}$，宽 $b = 1.6\text{m}$，单个竖井的实际平面 $f_\text{实} = 1.6 \times 1.6 = 2.56(\text{m}^2)$

(5) 竖井的个数 $n$

$$n = \frac{A}{f} = \frac{49.72}{2.56} = 19.42 \text{（个）} \qquad 取 n = 20 \text{ 个}$$

(6) 竖井内栅条的布置  选用栅条材料为钢筋混凝土，断面为矩形，厚度为 50mm，宽度为 50mm，预制拼装。

① 前段放置密栅条后

竖井过水面积 $A_{1水} = \dfrac{Q}{v_{1栅}} = \dfrac{0.304}{0.25} = 1.216(\text{m}^2) \approx 1.22 \ (\text{m}^2)$

竖井中栅条面积 $A_{1栅} = f_\text{实} - A_{1水} = 2.56 - 1.22 = 1.34(\text{m}^2)$

单栅过水断面面积 $a_{1栅} = 1.6 \times 0.05 = 0.08(\text{m}^2)$

所需栅条数 $M_1 = \dfrac{A_{1栅}}{a_{1栅}} = \dfrac{1.34}{0.08} = 16.75 \text{（根）}$，取 $M_1 = 17$ 根

两边靠池壁各放置栅条 1 根，中间排列放置 15 根，过水缝隙数为 16 个，则平均过水缝宽

$$S_1 = (1600 - 17 \times 50)/16 = 46.88(\text{mm})$$

实际过栅流速 $v'_{1栅} = \dfrac{0.304}{16 \times 1.6 \times 0.047} = 0.253(\text{m/s})$

② 中段设置疏栅条后

竖井过水面积 $A_{2水} = \dfrac{Q}{v_{2栅}} = \dfrac{0.304}{0.22} = 1.38(\text{m}^2)$

竖井中栅条面积 $A_{2栅} = 2.56 - 1.38 = 1.18(\text{m}^2)$

单栅过水断面积 $a_{2栅} = 1.6 \times 0.05 = 0.08(\text{m}^2)$

所需栅条数 $M_2 = \dfrac{A_{2栅}}{a_{2栅}} = \dfrac{1.18}{0.08} = 14.75(\text{根})$，取 $M_2 = 15$ 根

两边靠池壁放置栅条各一根，中间排列放置 13 根，过水缝隙为 14 个，则平均过水缝宽

$$S_2 = \frac{(1600 - 15 \times 50)}{14} = 60.71(\text{mm})$$

实际过栅流速 $v''_{2栅} = \dfrac{0.304}{14 \times 0.061 \times 1.6} = 0.224(\text{m/s})$

(7) 絮凝池的总高  絮凝池的有效水深为 4.4m，取超高 0.3m，池底设泥斗及快开排泥阀排泥，泥斗深度 0.60m，池的总高 $H$

$$H = 4.4 + 0.3 + 0.60 = 5.3(\text{m})$$

(8) 絮凝池的长、宽  絮凝池的布置如图 3-11 所示，图中各格右上角的数字为水流依次流过竖井的编号，顺序（如箭头所示）。"上""下"表示竖井隔墙的开孔位置，上孔上缘在最高水位以下，下孔下缘与排泥槽齐平。Ⅰ、Ⅱ、Ⅲ表示每个竖井中的网格层数。单竖井

的池壁厚为 200mm。

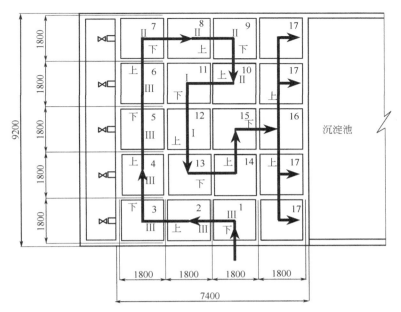

图 3-11 栅条絮凝池的计算简图

絮凝池的长为 9200mm，宽为 7400mm（包括结构尺寸）。

（9）竖井隔墙孔洞尺寸 已知

$$竖井隔墙孔洞的过水面积 = \frac{流量}{过孔流速}$$

如 $1^{\#}$ 竖井的孔洞面积 $= \frac{0.304}{0.3} = 1.013 (m^2)$

取孔的宽为 1.56m，高为 0.65m。其余各竖井隔墙孔洞的计算尺寸见表 3-8。

表 3-8 竖井隔墙孔洞的计算尺寸

| 竖井编号 | 1 | 2 | 3 | 4 | 5 | 6 |
|---|---|---|---|---|---|---|
| （孔洞高×宽）/m | 0.65×1.56 | 0.65×1.56 | 0.73×1.56 | 0.81×1.56 | 0.89×1.56 | 0.98×1.56 |
| 竖井编号 | 7 | 8 | 9 | 10 | 11 | 12 |
| （孔洞高×宽）/m | 1.03×1.56 | 1.03×1.56 | 1.1×1.56 | 1.17×1.56 | 1.24×1.56 | 1.3×1.56 |
| 竖井编号 | 13 | 14 | 15 | 16 | 17 | |
| （孔洞高×宽）/m | 1.39×1.56 | 1.57×1.56 | 1.75×1.56 | 0.97×1.56 | 0.48×3.2 | |

（10）水头损失 $h$（m）

$$h = \sum h_1 + \sum h_2 = \sum \xi_1 \frac{v_1^2}{2g} + \sum \xi_2 \frac{v_2^2}{2g}$$

式中　$h$——总水头损失，m；

$h_1$——每层网格、栅条的水头损失，m；

$h_2$——每个孔洞的水头损失，m；

$\xi_1$——栅条、网格阻力系数，前段取 1.0，中段取 0.9；

$\xi_2$——孔洞阻力系数，可取 3.0；

$v_1$——竖井过栅、过网流速，m/s；

$v_2$——各段孔洞流速，m/s。

① 第一段计算数据如下。竖井数 6 个，单个竖井栅条层数 3 层，共计 18 层。

$\xi_1 = 1.0$，过栅流速 $v_{1栅} = 0.253$ m/s，竖井隔墙 6 个孔洞，$\xi_2 = 3.0$。

过孔流速 $v_{1孔}=0.3\mathrm{m/s}$，$v_{2孔}=0.3\mathrm{m/s}$，$v_{3孔}=0.27\mathrm{m/s}$，$v_{4孔}=0.24\mathrm{m/s}$，$v_{5孔}=0.22\mathrm{m/s}$，$v_{6孔}=0.2\mathrm{m/s}$。

$$h=\sum h_1+\sum h_2=\sum\xi_1\frac{v_1^2}{2g}+\sum\xi_2\frac{v_2^2}{2g}$$

$$=18\times1.0\times\frac{0.253^2}{2\times9.81}+\frac{3}{2\times9.81}\times(0.3^2+0.3^2+0.27^2+0.24^2+0.22^2+0.2^2)$$

$$=0.059+0.061=0.12(\mathrm{m})$$

② 第二段计算数据如下。竖井数6个，4个竖井内设置2层栅条，2个竖井内设置1层栅条，共计10层。

$\xi_1=0.9$，过栅流速 $v_{2栅}=0.224\mathrm{m/s}$，竖井隔墙6个孔洞，$\xi_2=3.0$。

过孔流速 $v_{1孔}=0.19\mathrm{m/s}$，$v_{2孔}=0.19\mathrm{m/s}$，$v_{3孔}=0.18\mathrm{m/s}$，$v_{4孔}=0.17\mathrm{m/s}$，$v_{5孔}=0.16\mathrm{m/s}$，$v_{6孔}=0.15\mathrm{m/s}$。

$$h=\sum h_1+\sum h_2=\sum\xi_1\frac{v_1^2}{2g}+\sum\xi_2\frac{v_2^2}{2g}$$

$$=10\times0.9\times\frac{0.224^2}{2\times9.81}+\frac{3}{2\times9.81}\times(0.19^2+0.19^2+0.18^2+0.17^2+0.16^2+0.15^2)$$

$$=0.023+0.028=0.051(\mathrm{m})$$

③ 第三段计算数据如下。水流通过的孔数为5。

过孔流速 $v_{1孔}=0.14\mathrm{m/s}$，$v_{2孔}=0.12\mathrm{m/s}$，$v_{3孔}=0.11\mathrm{m/s}$，$v_{4孔}=0.1\mathrm{m/s}$，$v_{5孔}=0.1\mathrm{m/s}$，$\xi_2=3.0$。

$$h=\sum h_2=\sum\xi_2\frac{v_2^2}{2g}=\frac{3}{2\times9.81}\times(0.14^2+0.12^2+0.11^2+0.1^2+0.1^2)=0.01(\mathrm{m})$$

（11）各段的停留时间

$$第一段\quad t_1=\frac{v_1}{Q}=\frac{1.6\times1.6\times4.4\times6}{0.304}=222.316(\mathrm{s})=3.71(\mathrm{min})$$

$$第二段\quad t_2=\frac{v_2}{Q}=\frac{1.6\times1.6\times4.4\times6}{0.304}=222.316(\mathrm{s})=3.71(\mathrm{min})$$

$$第三段\quad t_3=\frac{v_3}{Q}=\frac{1.6\times1.6\times4.4\times8}{0.304}=296.42(\mathrm{s})=4.94(\mathrm{min})$$

（12）$G$ 值的计算

$$G=\sqrt{\frac{\rho h}{60\mu T}}$$

当 $T=20℃$ 时，$\mu=1.029\times10^{-4}\mathrm{kg\cdot s/m^2}$。

$$\overline{G}=\sqrt{\frac{\rho\sum h}{60\mu T}}=\sqrt{\frac{1000\times0.181}{1.029\times10^{-4}\times741.052}}=48.7(\mathrm{s^{-1}})$$

$$\overline{GT}=48.7\times741.052=36104.05$$

## 【例3-7】 网格絮凝池的计算

**1. 已知条件**

设计水量 $Q_0=5\times10^4\mathrm{m^3/d}$，絮凝池分为2组，絮凝时间 $t=10\mathrm{min}$。竖井内流速：前段和中段 0.12～0.14m/s，末段 0.1～0.14m/s。

**2. 设计计算**

（1）每组絮凝池设计水量

$$Q = \frac{50000 \times 1.05}{2} = 26250(\text{m}^3/\text{d}) = 1093.75(\text{m}^3/\text{h}) = 0.304(\text{m}^3/\text{s})$$

（2）絮凝池有效容积

$$V = Qt = 0.304 \times 60 \times 10 = 182.4(\text{m}^3)$$

（3）絮凝池面积　结合沉淀池设计，絮凝池池深取 3.0m。

$$A = \frac{V}{H} = \frac{182.4}{3.0} = 60.8(\text{m}^2)$$

（4）单格面积

$$f = \frac{Q}{v_{\text{井}}} = \frac{0.304}{0.12} = 2.53(\text{m}^2)$$

结合平面布置，取竖井长 1.817m，宽 1.4m，每格实际面积为 2.54m²，分格数 $n = \frac{60.8}{2.54} \approx 24$（格）。

每行分 6 格，每组布置 4 行。平面布置图见图 3-12。

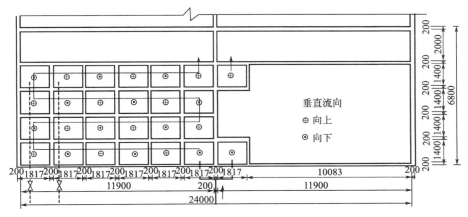

图 3-12　网格絮凝池平面布置图

（5）实际絮凝时间

$$t = \frac{24 \times 1.817 \times 1.4 \times 3.0}{0.304} = 602.5(\text{s}) = 10.04(\text{min})$$

（6）絮凝池高度　絮凝池有效水深 3.0m，超高取 0.40m，泥斗深度取 0.60m，则池的总高为 4.0m。

（7）过水洞设计和网格布置　设计过水孔洞流速从前向后分为 4 挡递减，每行取一个流速，进口为 0.3m/s，出口为 0.1m/s。设计计算过程参见【例 3-6】。各行墙上孔洞尺寸分别为：0.7m×1.4m；0.9m×1.4m；1.4m×1.4m 和 2.1m×1.4m。

前三行均安装网格，第一行每格安装 3 层，网格尺寸为 50mm×50mm；第二行每格安装 2 层，网格尺寸为 80mm×80mm；第三行每格安装 1 层，网格尺寸为 100mm×100mm。第四行不安装网格。

（8）水头损失计算

① 网格水头损失

$$h_1 = \xi_1 \frac{v_1{}^2}{2g}$$

第一行每层网格水头损失

$$h_1 = 1.0 \times \frac{0.25^2}{2 \times 9.81} = 0.0032(\text{m})$$

其中过栅流速 $v_1 = 0.25\text{m/s}$。则第一行内通过网格总水头损失为

$$\sum h_1 = 3 \times 6 \times 0.0032 = 0.0576(\text{m})$$

同理可得第二行、第三行总水头损失分别为 0.025m 和 0.007m。网格总水头损失为 0.09m。

② 过水洞水头损失

$$h_2 = \xi_2 \frac{v_2^2}{2g}$$

第一行单格过水洞水头损失 $h_2 = 3.0 \times \frac{0.3^2}{2 \times 9.81} = 0.014(\text{m})$

第一行过水洞总水头损失 $\sum h_2 = 6 \times 0.014 = 0.084(\text{m})$

第二、三、四各行过水洞总水头损失为 0.049m、0.004m、0.0002m。过水洞总水头损失为 0.14m。

③ 絮凝池总水头损失

$$h = 0.09 + 0.14 = 0.23(\text{m})$$

(9) $GT$ 值校核

$$G = \sqrt{\frac{\rho h}{60 \mu T}} = \sqrt{\frac{1000 \times 0.23}{60 \times 1.029 \times 10^{-4} \times 10.04}} = 60.9(\text{s}^{-1})$$

$$GT = 60.9 \times 60 \times 10.04 = 3.7 \times 10^4$$

$G$ 值和 $GT$ 值均满足要求。

设计采用 $DN150\text{mm}$ 穿孔排泥管排泥，安装排泥阀。

## 六、筛板絮凝池

### (一) 设计概述

筛板絮凝池由前端高效絮核装置和其后的筛板絮凝区组成。高效絮核装置为上大下小的空心锥台结构，水流由下向上流动，流速及速度梯度 $G$ 值连续降低，并且该装置中部装有填料，可形成多股水流，增强了絮凝物在填料层中的碰撞概率，使絮凝前期形成的絮凝晶核密度更高。

在絮凝区内设置多个水流廊道，在廊道内垂直放置筛板絮凝装置（见图 3-13），形成多格竖井。同一廊道内，相邻的两套筛板絮凝装置上下交错布置筛孔，当水流通过筛孔时，产生强烈的缩放作用，形成漩涡，使颗粒相互碰撞和挤压，形成良好的絮凝条件。筛板絮凝区一般分为三段，每段采用相应规格的筛板絮凝装置，前段为小口径筛孔，中段为中口径筛孔，后段为大口径筛孔。

主要设计参数如下。

① 高效絮核装置下部筒体内流速一般为 0.5～0.3m/s，上部筒体内流速一般为 0.1～0.3 m/s，其水头损失为 0.1～1.0m。

② 高效絮核装置中填料层高度一般为 0.5～3m，填料材质为陶瓷、金属或塑料等。填料层底部区域高度为 0.5～3.0m，填料层上部区域高度一般为 0.5～3.0m。

③ 絮凝时间一般为 10～18min，其中前段 3～6min，中段 3～6min，末段 4～6min。

④ 水流在竖井中的流速，前段和中段为 0.07～0.14m/s，末段为 0.05～0.14m/s。

⑤ 絮凝池的分格数按絮凝时间计算，各竖井的大小按竖向流速确定。

⑥ 过筛孔流速，前段为 0.25～0.3m/s，中段为 0.20～0.25m/s，末段为 0.1～0.2m/s。

⑦ 筛板絮凝装置上筛孔的数量及规格，应根据过筛孔流速及过水筛孔所占面积确定，一般过水筛孔孔径为 10～100mm。

⑧ 过流廊道之间的过水孔面积，由前段向末段逐渐增大。过孔洞流速，前段 0.3～0.20m/s，中段 0.20～0.15m/s，末段 0.15～0.10m/s，所有过水孔需处于淹没状态。

⑨ 絮凝区与沉淀区通过过渡段连接，过渡段由整流板分为上下两层，整流板安装角度为 30°～80°。

⑩ 筛板絮凝装置和整流板的材料可采用碳钢、304 不锈钢、PE 或钢筋混凝土预制件等。

⑪ 池底布置支管排泥系统。排泥管的直径 50～250mm，长度小于 7m，采用快开排泥阀或气动蝶阀控制。

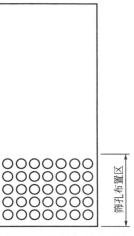

图 3-13　筛板絮凝池示意

⑫ 各段速度梯度 $G$ 值：前段为 70～100s$^{-1}$，中段为 40～50s$^{-1}$，末段为 10～20s$^{-1}$。

## （二）计算例题

**【例 3-8】　筛板絮凝池的计算**

1. 已知条件

水厂设计规模 $Q_0 = 2 \times 10^4$ m$^3$/d，絮凝池为 1 组，絮凝时间 $t = 18$min。竖井内流速：前段和中段为 0.07m/s，末段为 0.06m/s。

2. 设计计算

（1）絮凝池的设计水量 $Q$，考虑水厂的自用水率 5%，则

$$Q = Q_0 \times 1.05 = 20000 \times 1.05 = 21000(\text{m}^3/\text{d}) = 875(\text{m}^3/\text{h}) = 0.243(\text{m}^3/\text{s})$$

（2）高效絮核装置筒体尺寸及水头损失

筒底面积 $A_{核下} = \dfrac{Q}{v_{核下}} = \dfrac{0.243}{0.30} = 0.81(\text{m}^2)$，底部直径 $D_{核下} = \sqrt{\dfrac{A_{核}}{\pi}} \times 2 = 1.02\text{m} \approx 1.00\text{m}$

筒顶面积 $A_{核上} = \dfrac{Q}{v_{核上}} = \dfrac{0.243}{0.1} = 2.43(\text{m}^2)$，顶部直径 $D_{核上} = \sqrt{\dfrac{A_{核}}{\pi}} \times 2 = 1.75\text{m} \approx 1.80\text{m}$

取絮核装置的底部区、填料层区、上部区的高度分别为：$H_{核下} = 2.0$m，$H_{核填} = 1.5$m，$H_{核上} = 1.70$m。

絮核装置高度 $H_核 = H_{核下} + H_{核填} + H_{核上} = 2.0 + 1.5 + 1.7 = 5.2(\text{m})$

高效絮核装置的水头损失为 0.5m。

（3）絮凝池有效容积 $V$

$$V = Qt = 0.243 \times 18 \times 60 = 262.4(\text{m}^3)$$

（4）絮凝池面积 $A$，结合沉淀池设计，絮凝池有效池深取 4.0m。

$$A = \frac{V}{H} = \frac{262.4}{4} = 65.6(\text{m}^2)$$

（5）各段面积 $f$，絮凝池分为三段（宽度均为 1.80m）

$$前段 \ f = \frac{Q}{v_{前井}} = \frac{0.243}{0.07} = 3.47(m^2)$$

$$中段 \ f = \frac{Q}{v_{中井}} = \frac{0.243}{0.07} = 3.47(m^2)$$

$$末段 \ f = \frac{Q}{v_{后井}} = \frac{0.243}{0.06} = 4.05(m^2)$$

(6) 分格数 $n$　结合平面布置尺寸，前段采取每格竖井长 1.83m，宽 1.80m，则前段竖井每格实际面积为 3.29m²，其分格数 $n_{前} = \dfrac{65.6}{3 \times 3.29} = 6.6 \approx 7$ 格，因第一格安装高效絮核装置，所以絮凝分格数为 6 格；中段与末端竖井采取长 1.86m，宽 1.80m，则中段与末端竖井每格实际面积为 3.35m²，其分格数 $n_{中} = n_{末} = \dfrac{65.6}{3 \times 3.35} = 6.5 \approx 7$ 格。根据以上计算，平面布置图见图 3-14。

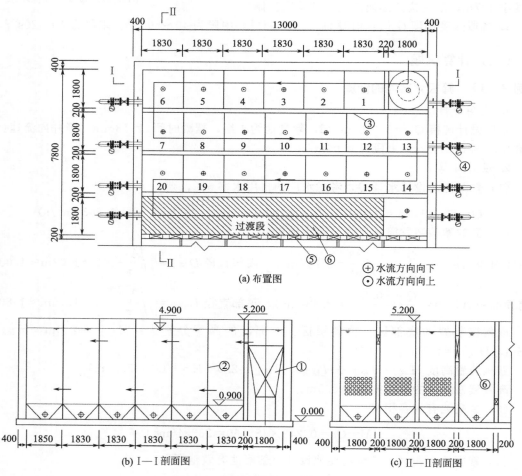

图 3-14　筛板絮凝池平面布置图
①高效絮核塔；②筛板絮凝装置；③廊道隔墙；④排泥管；⑤穿孔花墙；⑥整流隔板

(7) 絮凝池的长度 $L$ 和宽度 $B$　取絮凝池与沉淀池之间的过渡段长度为 1.8m。各絮凝段之间的墙厚为 0.2m（共 3 个）。

$$L = 1860 \times 7 = 13020 (\text{mm}) = 13.02 (\text{m}),取 \ 13.0\text{m}$$

$$B = 1800 \times (3+1) + 200 \times 3 = 7800 (\text{mm}) = 7.8 (\text{m})$$

（8）实际絮凝时间 $t$

$$t = \frac{v}{Q} = \frac{(1.83 \times 1.8 \times 6 + 1.86 \times 1.8 \times 14) \times 4}{0.243} = 1096.8 (\text{s}) = 18.2 (\text{min})$$

（9）絮凝池高度 $H$　絮凝池采取有效水深 $H_1 = 4.0\text{m}$，超高 $H_2 = 0.3\text{m}$，泥斗深度 $H_3 = 0.9\text{m}$。

总高 $H = H_1 + H_2 + H_3 = 4.0 + 0.3 + 0.9 = 5.2 (\text{m})$。

（10）竖井隔墙孔洞及筛板絮凝装置的流速设定见表 3-9。

表 3-9　竖井隔墙孔洞及筛板絮凝装置的流速设定

| 竖井编号 | 絮核装置 | 1 | 2 | 3 | 4 | 5 |
|---|---|---|---|---|---|---|
| 过流类型 | 孔洞 | 筛板絮凝装置 | 筛板絮凝装置 | 筛板絮凝装置 | 筛板絮凝装置 | 筛板絮凝装置 |
| 过流流速/(m/s) | 0.30 | 0.30 | 0.28 | 0.28 | 0.26 | 0.26 |
| 竖井编号 | 6 | 7 | 8 | 9 | 10 | 11 |
| 过流类型 | 孔洞 | 筛板絮凝装置 | 筛板絮凝装置 | 筛板絮凝装置 | 筛板絮凝装置 | 筛板絮凝装置 |
| 过流流速/(m/s) | 0.24 | 0.24 | 0.22 | 0.22 | 0.20 | 0.20 |
| 竖井编号 | 12 | 13 | 14 | 15 | 16 | 17 |
| 过流类型 | 筛板絮凝装置 | 孔洞 | 筛板絮凝装置 | 筛板絮凝装置 | 筛板絮凝装置 | 筛板絮凝装置 |
| 过流流速/(m/s) | 0.18 | 0.18 | 0.16 | 0.16 | 0.14 | 0.14 |
| 竖井编号 | 18 | 19 | 20 | | | |
| 过流类型 | 筛板絮凝装置 | 筛板絮凝装置 | 孔洞 | | | |
| 过流流速/(m/s) | 0.12 | 0.10 | 0.10 | | | |

筛板絮凝池各竖井中的流速，是通过筛板絮凝装置上筛孔的孔径和数量的不同而变化的。

竖井隔墙孔洞的位置及尺寸见表 3-10。

表 3-10　竖井隔墙孔洞的位置及尺寸

| 孔洞位置（竖井号） | 絮核装置～1 | 6～7 | 13～14 | 20～过渡段 |
|---|---|---|---|---|
| 孔洞顶部标高/m | 4.70 | 4.70 | 1.75 | 4.70 |
| 孔洞尺寸（高×宽）/m | 0.45×1.8 | 0.56×1.8 | 0.75×1.8 | 1.35×1.8 |

（11）水头损失 $h$　由于水在各竖井中的流程和流速较小，为简化计算，其相应的沿程水头损失可忽略不计，而只计算其局部阻力造成的水头损失。

$$h = \sum h_1 + \sum h_2 = \sum \xi_1 \frac{v_1^2}{2g} + \sum \xi_2 \frac{v_2^2}{2g}$$

式中　$h$——总水头损失，m；

　　　$h_1$——每套筛板絮凝装置的水头损失，m；

　　　$h_2$——每个孔洞的水头损失，m；

　　　$\xi_1$——筛板絮凝装置阻力系数，前段取 2.0，中段取 1.8，末段取 1.6；

　　　$\xi_2$——孔洞阻力系数，可取 3.0；

$v_1$——筛板絮凝装置的过孔流速，m/s；

$v_2$——各段孔洞流速，m/s。

① 前段水头损失 $h_{前}$：竖井 6 格，其中筛板絮凝装置 5 套，竖井过流孔洞 2 个。

过孔流速 $v_{絮核孔}=0.30$m/s，$v_{6孔}=0.24$m/s。

筛板絮凝装置过孔流速 $v_{1筛}=0.30$m/s，$v_{2筛}=0.28$m/s，$v_{3筛}=0.28$m/s，$v_{4筛}=0.26$m/s，$v_{5筛}=0.26$m/s。

$$h_{前}=\sum h_1+\sum h_2$$

$$=\sum \xi_1 \frac{v_1^2}{2g}+\sum \xi_2 \frac{v_2^2}{2g}$$

$$=\frac{3.0}{2\times9.81}\times(0.30^2+0.24^2)+\frac{2.0}{2\times9.81}\times(0.30^2+0.28^2+0.28^2+0.26^2+0.26^2)$$

$$=0.023+0.039$$

$$=0.062(m)$$

② 中段水头损失 $h_{中}$：竖井 7 格，其中筛板絮凝装置 6 套，竖井过流孔洞 1 个。

过孔流速 $v_{13}=0.18$m/s。

筛板絮凝装置过孔流速 $v_{7筛}=0.24$m/s，$v_{8筛}=0.22$m/s，$v_{9筛}=0.22$m/s，$v_{10筛}=0.20$m/s，$v_{11筛}=0.20$m/s，$v_{12筛}=0.18$m/s。

$$h_{中}=\sum h_1+\sum h_2$$

$$=\sum \xi_1 \frac{v_1^2}{2g}+\sum \xi_2 \frac{v_2^2}{2g}$$

$$=\frac{3.0}{2\times9.81}\times0.18^2+\frac{1.8}{2\times9.81}\times(0.24^2+0.22^2+0.22^2+0.20^2+0.20^2+0.18^2)$$

$$=0.005+0.024$$

$$=0.029(m)$$

③ 末段水头损失 $h_{末}$：竖井 7 格，其中筛板絮凝装置 6 套，竖井过流孔洞 1 个。

过孔流速 $v_{20}=0.10$m/s。

筛板絮凝装置过孔流速 $v_{14筛}=0.16$m/s，$v_{15筛}=0.16$m/s，$v_{16筛}=0.14$m/s，$v_{17筛}=0.14$m/s，$v_{18筛}=0.12$m/s，$v_{19筛}=0.10$m/s。

$$h_{末}=\sum h_1+\sum h_2$$

$$=\sum \xi_1 \frac{v_1^2}{2g}+\sum \xi_2 \frac{v_2^2}{2g}$$

$$=\frac{3.0}{2\times9.81}\times(0.10^2)+\frac{1.6}{2\times9.81}\times(0.16^2+0.16^2+0.14^2+0.14^2+0.12^2+0.10^2)$$

$$=0.002+0.01$$

$$=0.012(m)$$

④ 筛板絮凝池总水头损失 $h$

$$h=h_{前}+h_{中}+h_{末}=0.062+0.029+0.012=0.103(m)$$

(12) 停留时间 $t$

絮凝池前段 $t_{前}=\dfrac{v_1}{Q}=\dfrac{1.83\times1.8\times6\times4}{0.243}=325.3(s)=5.42(min)$

絮凝池中段 $t_{中}=\dfrac{v_2}{Q}=\dfrac{1.86\times1.8\times7\times4}{0.243}=385.7(s)=6.43(min)$

絮凝池末段 $t_{末}=\dfrac{v_2}{Q}=\dfrac{1.86\times1.8\times7\times4}{0.243}=385.7(s)=6.43(min)$

$$t_{总}=t_{前}+t_{中}+t_{末}=5.42+6.43+6.43=18.28(min)=1097(s)$$

（13）$GT$ 值

当 $t=20℃$ 时，$\mu=1\times10^{-3}Pa\cdot s$

絮凝池前段 $G_1=\sqrt{\dfrac{\rho g h}{\mu T}}=\sqrt{\dfrac{1000\times9.81\times0.062}{1\times10^{-3}\times325.3}}=43.23(s^{-1})$

絮凝池中段 $G_2=\sqrt{\dfrac{\rho g h}{\mu T}}=\sqrt{\dfrac{1000\times9.81\times0.029}{1\times10^{-3}\times385.7}}=27.16(s^{-1})$

絮凝池末段 $G_3=\sqrt{\dfrac{\rho g h}{\mu T}}=\sqrt{\dfrac{1000\times9.81\times0.012}{1\times10^{-3}\times385.7}}=17.47(s^{-1})$

絮凝池总 $G=\sqrt{\dfrac{\rho g \sum h}{\mu T}}=\sqrt{\dfrac{1000\times9.81\times0.103}{1\times10^{-3}\times1096}}=30.35(s^{-1})$

$GT=30.35\times1097=3.3\times10^4$ （在 $10^4\sim10^5$ 之间）。

📚 **题后语** ◄◄◄    筛板絮凝池为珠海某公司研发的新型高效絮凝技术，已在内蒙古临河黄河水厂（$10^5\,m^3/d$）、中法水务茶园水厂（$5000m^3/d$）、北控水务永州水厂（$10^5\,m^3/d$）、国祯环保太湖污水处理厂（$1.5\times10^4\,m^3/d$）等水厂得到广泛良好应用。

## 七、水力旋流网格絮凝池

### （一）设计概述

**1. 构造**

水力旋流网格絮凝装置，由多组带倾斜翼片的六边形单环组件组合成蜂窝形板型结构，安装固定于絮凝池水流通道上。其单环结构形式和多环组合的结构形式见图 3-15 和图 3-16。

**2. 原理**

水流通过六边形组件时，斜楞板对水流产生转向扰动，打破了水流跟从效应，形成流体折转紊动，从而造成有利于颗粒碰撞的"宏观水流碰撞减弱，微观水流碰撞加剧"的水力学环境。其特点是絮凝装置结构本身可根据斜楞板宽度分级，各级絮凝装置形成不同的水流紊动速度，则可根据需要调整速度梯度，提供最佳水力学絮凝环境。

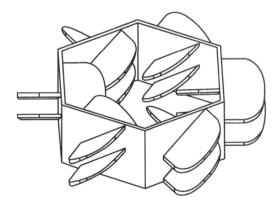

图 3-15  水力旋流网格絮凝单环装置

**3. 特点**

可缩短絮凝时间，减少加药量，对处理低温低浊水具有明显优势。

**4. 设计参数**

该种絮凝池可划分为若干廊道，相邻的数个廊道可组成一个级。

（1）絮凝时间 12～18min。

（2）各级絮凝廊道内流速：一级 0.15～0.22m/s，二级 0.11～0.15m/s，三级 0.08～0.11m/s。

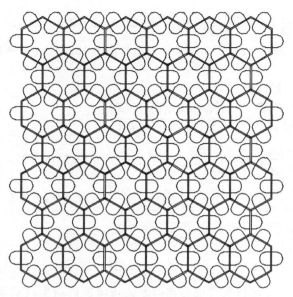

图 3-16 水力旋流网格絮凝多环组合结构示意

（3）各级廊道水流速度梯度：一级 $60 \sim 100 \mathrm{s}^{-1}$，二级 $30 \sim 60 \mathrm{s}^{-1}$，三级 $10 \sim 20 \mathrm{s}^{-1}$。

（4）各级过水力旋流网格流速：一级 $0.26 \sim 0.35 \mathrm{m/s}$，二级 $0.15 \sim 0.26 \mathrm{m/s}$，三级 $0.10 \sim 0.15 \mathrm{m/s}$。

## （二）计算例题

**【例 3-9】　廊道式水力旋流网格絮凝池的计算**

**1. 已知条件**

设计水量 $Q = 50000 \mathrm{m^3/d}$。絮凝池数量 $n = 1$ 座，分为 2 组。絮凝时间不小于 15min。

**2. 设计计算**

（1）单池水量 $q$，考虑水厂自用水率 10%。

$$q = \frac{Q(1+10\%)}{24 \times 3600 \times 2} = \frac{50000(1+0.1)}{86400 \times 2} = 0.318 (\mathrm{m^3/s})$$

（2）絮凝池

① 设计坡度。廊道内设置水力旋流网格絮凝设备。廊道起端采用水深 $h_{起} = 1.90 \mathrm{m}$，末端水深 $h_{末} = 2.40 \mathrm{m}$。为配合沉淀池平面布置，单组絮凝池宽度采用 $B = 11.00 \mathrm{m}$，沿絮凝池长度设 12 段廊道，每段廊道长度为 $B$，则单组絮凝池中廊道总长度 $= B \times 12 = 11 \times 12 = 132$（m），则池底设计坡度 $i$ 为

$$i = \frac{h_{末} - h_{起}}{11 \times 12} = \frac{2.4 - 1.9}{132} = 0.38\%$$

② 廊道水深

a. 廊道末端水深 $H_{n末}$

廊道起端水深 $H_{n起} = H_{n-1末}$

廊道末端水深 $H_{n末} = H_{n起} + Bi$

例如，已知絮凝池中第 1 段廊道起端水深 $h_{1起} = 1.90 \mathrm{m}$，其廊道长度为 $B = 11.00 \mathrm{m}$，则第一廊道末端水深

$$H_{n末} = H_{n起} + (B \times i) = 1.9 + \left(11.00 \times \frac{0.38}{100}\right) = 1.94 (\mathrm{m})$$

b. 廊道平均水深 $H_n$

$$H_n = \frac{H_{n起} + H_{n末}}{2}$$

例如，絮凝池第 1 段廊道平均水深为

$$H_1 = \frac{H_{1起} + H_{1末}}{2} = \frac{1.90 + 1.94}{2} = 1.92(m)$$

③ 廊道宽度 $b_n$ 和流速 $v_n$

$$b_n = \frac{q}{v_n H_n}$$

例如，第 1 段廊道宽度 $b_1$

$$b_1 = \frac{q}{v_1 H_1} = \frac{0.318}{v_1 \times 1.92} = \frac{0.166}{v_1}$$

为满足絮凝池内水流速度，各级廊道的流速应按照设计参数中的规定选用。取第 1 段廊道设计流速 $v_1' = 0.22m/s$，则得计算宽度 $b_1' = 0.75m$，实际廊道采用宽度 $b_1 = 0.80m$。

实际流速 $v_n$

$$v_n = \frac{q}{b_n H_n}$$

则第一段廊道的实际流速

$$v_1 = \frac{q}{b_1 H_1} = \frac{0.318}{0.80 \times 1.92} = 0.207(m/s)$$

④ 停留时间 $T_n$。各段廊道停留时间

$$T_n = \frac{B}{v_n}$$

所以第 1 段廊道停留时间为

$$T_1 = \frac{B}{v_1} = \frac{11.0}{0.207} = 53.14(s)$$

用以上同样方法计算，将絮凝池其余廊道的宽度、流速及停留时间的计算结果列入表 3-11 中。

表 3-11 廊道的宽度、流速及停留时间

| 廊道序号 | 设计流速/(m/s) | 宽度/m | | 实际流速/(m/s) | 停留时间/s |
|---|---|---|---|---|---|
| | | 计算值 | 采用值 | | |
| 1 | $v_1' = 0.22$ | $b_1' = 0.75$ | $b_1 = 0.80$ | $v_1 = 0.207$ | 53 |
| 2 | $v_2' = 0.20$ | $b_2' = 0.81$ | $b_2 = 0.80$ | $v_2 = 0.203$ | 54 |
| 3 | $v_3' = 0.18$ | $b_3' = 0.88$ | $b_3 = 0.85$ | $v_3 = 0.187$ | 59 |
| 4 | $v_4' = 0.17$ | $b_4' = 0.91$ | $b_4 = 0.85$ | $v_4 = 0.182$ | 60 |
| 5 | $v_5' = 0.15$ | $b_5' = 1.02$ | $b_5 = 1.00$ | $v_5 = 0.152$ | 72 |
| 6 | $v_6' = 0.14$ | $b_6' = 1.07$ | $b_6 = 1.00$ | $v_6 = 0.149$ | 74 |
| 7 | $v_7' = 0.12$ | $b_7' = 1.22$ | $b_7 = 1.10$ | $v_7 = 0.133$ | 83 |
| 8 | $v_8' = 0.10$ | $b_8' = 1.44$ | $b_8 = 1.10$ | $v_8 = 0.131$ | 84 |
| 9 | $v_9' = 0.10$ | $b_9' = 1.41$ | $b_9 = 1.30$ | $v_9 = 0.108$ | 102 |
| 10 | $v_{10}' = 0.09$ | $b_{10}' = 1.54$ | $b_{10} = 1.30$ | $v_{10} = 0.106$ | 104 |
| 11 | $v_{11}' = 0.09$ | $b_{11}' = 1.51$ | $b_{11} = 1.60$ | $v_{11} = 0.085$ | 129 |
| 12 | $v_{12}' = 0.09$ | $b_{12}' = 1.57$ | $b_{12} = 1.70$ | $v_{12} = 0.079$ | 140 |
| 合计 | | | 13.4 | | 1014 |

以上为未安装水力旋流网格絮凝装置时，往复式隔板絮凝池的水力设计计算。

总絮凝时间：$T_总 = 1014/60 = 16.90$（min），满足絮凝时间在 15～18min 的要求，所以

絮凝池廊道预设分为 12 格设计是合理的，廊道的平面布置见图 3-17。

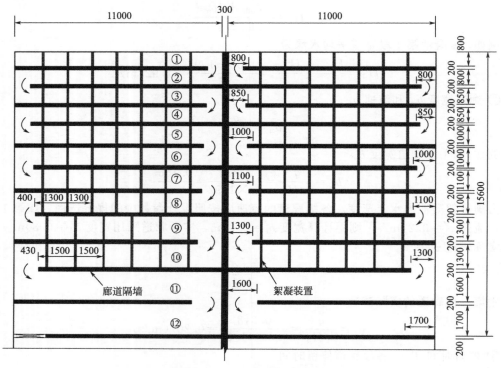

图 3-17 廊道式水力旋流网格絮凝池平面布置

⑤ 池长 $L$。考虑絮凝池隔墙厚度为 0.2m，所以

$$L = \sum bn + (n-1) \times 0.2$$
$$= (b_1+b_2+b_3+b_4+b_5+b_6+b_7+b_8+b_9+b_{10}+b_{11}+b_{12}) + 12 \times 0.2 = 13.4 + 2.4$$
$$= 15.80 (m)$$

⑥ 絮凝池的总高度 $H$

$$H = H_1 + H_2 = 2.40 + 0.30 = 2.70 (m)$$

式中  $H_1$——絮凝池末端水深，设计值为 2.4m；

$H_2$——超高，采用 0.3m。

⑦ 每段廊道末端转弯处的宽度与该廊道宽相同（见表 3-11）。

（3）弯道处流速 $v_{n弯}$  将以上所得各廊道的设计宽度、实际流速、平均水深、弯道宽度等数据汇列于表 3-12 中。

$$由 \ v_{n弯} = \frac{q}{b_n H_{n末}}$$

所以第一段廊道的弯道处流速

$$v_{1弯} = \frac{q}{b_1 H_{1末}} = \frac{0.318}{0.80 \times 1.94} = 0.20 (m/s)$$

用同样方法，可算出其他各廊道转弯处的流速，并将其值列入表 3-12 中。

（4）水头损失 $h_{n廊道}$

$$由 \ h_{n廊道} = \frac{v_n^2}{C_n^2 R_n} l_n + S_n \xi \frac{v_{n弯}^2}{2g}$$

$$R_n = \frac{b_n h}{b_n + 2h}$$

式中    $v_n$——廊道内实际流速，m/s；

     $v_{n弯}$——廊道转弯处流速，m/s；

     $S_n$——廊道内水流转弯次数；

     $C_n$——流速系数，$C_n = \frac{1}{n} \times R^{1/6}$；

     $\xi$——转弯处局部水头损失系数，取 3；

     $R_n$——廊道断面的水力半径，m；

     $l_n$——廊道长度，m；

     $b_n$——廊道的宽度，m；

     $h$——廊道平均水深，m。

则第 1 段廊道水头损失

$$h_{1廊道} = \frac{v_1^2}{C_1^2 R_1} l_1 + S_1 \xi \frac{v_{1弯}^2}{2g} = 0.0003 + 0.0061 = 0.0064(\text{m})$$

同理，可算出其他设备各段廊道的水头损失，并将计算数值列入表 3-12 中。

由表 3-12 可得总水头损失 $h$

$$h = \sum h_n = 0.0017 + 0.0400 = 0.0417 \ (\text{m})$$

**表 3-12 廊道水力计算表**

| 絮凝级数 | 廊道段数 | 设计宽度/m | 实际流速/(m/s) | 起端水深/m | 末端水深/m | 平均水深/m | 弯道宽度/m | 弯道处流速/(m/s) | 沿程水头损失/m | 局部水头损失/m | 总水头损失/m | 停留时间/s |
|---|---|---|---|---|---|---|---|---|---|---|---|---|
| 第一级 | 第 1 段 | 0.80 | 0.207 | 1.90 | 1.94 | 1.92 | 0.80 | 0.20 | 0.0003 | 0.0061 | 0.0064 | 53 |
| | 第 2 段 | 0.80 | 0.203 | 1.94 | 1.98 | 1.96 | 0.80 | 0.20 | 0.0003 | 0.0061 | 0.0064 | 54 |
| | 第 3 段 | 0.85 | 0.187 | 1.98 | 2.03 | 2.00 | 0.85 | 0.18 | 0.0003 | 0.0050 | 0.0053 | 59 |
| | 第 4 段 | 0.85 | 0.182 | 2.03 | 2.07 | 2.05 | 0.85 | 0.18 | 0.0002 | 0.0050 | 0.0052 | 60 |
| | 合计 | | | | | | | | 0.0011 | 0.0222 | 0.0233 | 226 |
| 第二级 | 第 5 段 | 1.00 | 0.152 | 2.07 | 2.11 | 2.09 | 1.00 | 0.15 | 0.0001 | 0.0034 | 0.0035 | 72 |
| | 第 6 段 | 1.00 | 0.149 | 2.11 | 2.15 | 2.13 | 1.00 | 0.15 | 0.0001 | 0.0034 | 0.0035 | 74 |
| | 第 7 段 | 1.10 | 0.133 | 2.15 | 2.19 | 2.17 | 1.10 | 0.13 | 0.0001 | 0.0026 | 0.0027 | 83 |
| | 第 8 段 | 1.10 | 0.131 | 2.19 | 2.23 | 2.21 | 1.10 | 0.13 | 0.0001 | 0.0026 | 0.0027 | 84 |
| | 合计 | | | | | | | | 0.0004 | 0.0120 | 0.0124 | 313 |
| 第三级 | 第 9 段 | 1.30 | 0.108 | 2.23 | 2.28 | 2.25 | 1.30 | 0.11 | 0.0001 | 0.0019 | 0.0020 | 102 |
| | 第 10 段 | 1.30 | 0.106 | 2.28 | 2.32 | 2.30 | 1.30 | 0.11 | 0.0001 | 0.0019 | 0.0020 | 104 |
| | 第 11 段 | 1.60 | 0.085 | 2.32 | 2.36 | 2.34 | 1.60 | 0.08 | 0.0000 | 0.0010 | 0.0010 | 129 |
| | 第 12 段 | 1.70 | 0.079 | 2.36 | 2.40 | 2.38 | 1.70 | 0.08 | 0.0000 | 0.0010 | 0.0010 | 140 |
| | 合计 | | | | | | | | 0.0002 | 0.0058 | 0.060 | 475 |
| 总计 | | | | | | | | | 0.0017 | 0.0400 | 0.0417 | 1014 |

（5）各级廊道的水力参数    絮凝池共设 12 段廊道，每 4 段廊道为一级，共分为三级。

下面以第一级絮凝廊道计算为例计算，其他各级算法类同，过程省略，只给出结果。并将计算结果一并汇列于表 3-13。

① 各级反应时间 $T_{n级}$

$$T_{1级} = T_1 + T_2 + T_3 + T_4 \quad T_{2级} = T_5 + T_6 + T_7 + T_8 \quad T_{3级} = T_9 + T_{10} + T_{11} + T_{12}$$

则第一级反应时间（数据见表 3-11）

$$T_{1级} = T_1 + T_2 + T_3 + T_4 = 53 + 54 + 59 + 60 = 226（s）$$

② 各级的速度梯度。设第一级速度梯度 $G_{1级} = 90s^{-1}$，第二级速度梯度 $G_{2级} = 50s^{-1}$，第三级速度梯度 $G_{3级} = 16s^{-1}$。

③ 各级总水头损失 $h_{n级}$。根据速度梯度公式 $G_n = \sqrt{\dfrac{\rho h_{n级}}{\mu T_{n级}}}$，可得 $h_{n级} = \dfrac{G_n^2 \mu T_{n级}}{\rho}$。

16℃时，$\mu = 1.162 \times 10^{-4}$，则第一级总水头损失

$$h_{1级} = \frac{G_1^2 \mu T_{1级}}{\rho} = \frac{90^2 \times 1.162 \times 10^{-4} \times 226}{1000} = 0.2127（m）$$

④ 各级设备水头损失 $h_{n级设}$

$$h_{n级设} = h_{n级} - h_{n廊道}$$

第一级设备的水头损失为（$h_{n廊道}$ 数值见表 3-12）

$$h_{1级设} = h_{1级} - h_{1廊道} = 0.2127 - 0.0233 = 0.1894（m）$$

**表 3-13　各级廊道的水力参数**

| | 参数项 | 计算结果 | 单位 | | 参数项 | 计算结果 | 单位 |
|---|---|---|---|---|---|---|---|
| 一 | 各级反应时间 $T_{n级}$ | $T_{n级} = \sum\limits_1^n T$ | | 三 | 各级水头损失 $h_{n级}$ | $h_{n级} = \dfrac{G^2 \mu T_{n级}}{\rho}$ | |
| 1 | 第一级反应时间 $T_{1级}$ | 226 | s | 1 | 第一级水头损失 $h_{1级}$ | 0.2127 | m |
| 2 | 第二级反应时间 $T_{2级}$ | 312 | s | 2 | 第二级水头损失 $h_{2级}$ | 0.0838 | m |
| 3 | 第三级反应时间 $T_{3级}$ | 475 | s | 3 | 第三级水头损失 $h_{3级}$ | 0.0141 | m |
| 二 | 各级速度梯度 $G$ | 设定值 | | 四 | 各级设备水头损失 $h_{n级设}$ | $h_{n级设} = h_{n级}$ $- h_{n廊道}$ | |
| 1 | 第一级速度梯度 $G_1$ | 90 | $s^{-1}$ | 1 | 第一级设备水头损失 $h_{1级设}$ | 0.1894 | m |
| 2 | 第二级速度梯度 $G_2$ | 50 | $s^{-1}$ | 2 | 第二级设备水头损失 $h_{2级设}$ | 0.0714 | m |
| 3 | 第三级速度梯度 $G_3$ | 16 | $s^{-1}$ | 3 | 第三级设备水头损失 $h_{3级设}$ | 0.0081 | m |

（6）絮凝设备的配置　水力旋流网格絮凝设备有三种规格，见表 3-14。

**表 3-14　水力旋流网格絮凝设备规格**

| 序号 | 型号 | 规格 | 水力旋流网格开孔比 $\beta$ |
|---|---|---|---|
| 1 | 水力旋流网格Ⅰ型 | JXL-22 | 0.5 |
| 2 | 水力旋流网格Ⅱ型 | JXL-17 | 0.6 |
| 3 | 水力旋流网格Ⅲ型 | JXL-12 | 0.75 |

絮凝装置放置在絮凝池各级廊道中，通过放置密度来配置各级的流速和水头损失，最终确定各级廊道中网格设备的层数。

① 廊道过水断面计算如下。

第 1 段廊道过水断面面积 $S_1$

$$S_1 = b_1 H_1 = 0.8 \times 1.92 = 1.54（m^2）$$

第 1 段廊道有效过水面积 $S_{1水}$：第一级廊道选用水力旋流网格 I 型絮凝设备，其开孔比为 0.5。所以

$$S_{1水} = S_1 \beta = 1.54 \times 0.5 = 0.77 \text{（m}^2\text{）}$$

② 水流过絮凝设备流速 $v_{n设}$

第 1 段廊道过设备流速 $v_{1设}$

$$v_{1设} = \frac{Q}{S_{1水}} = \frac{0.318}{0.77} = 0.4130 \text{（m/s）}$$

③ 廊道中絮凝设备水头损失计算如下。第 1 段廊道的单层设备水头损失为（$\xi_设$ 取值为 1.0）

$$h_{1c} = \xi_设 \frac{v_{1设}^2}{2g} = 1 \times \frac{0.4130^2}{2 \times 9.81} = 0.0087 \text{（m）}$$

同理，第 2 段、第 3 段、第 4 段廊道单层设备水头损失分别为

$$h_{2c} = \xi_设 \frac{v_{2设}^2}{2g} = 1 \times \frac{0.4025^2}{2 \times 9.81} = 0.0083 \text{（m）}$$

$$h_{3c} = \xi_设 \frac{v_{3设}^2}{2g} = 1 \times \frac{0.3741^2}{2 \times 9.81} = 0.0071 \text{（m）}$$

$$h_{4c} = \xi_设 \frac{v_{3设}^2}{2g} = 1 \times \frac{0.3655^2}{2 \times 9.81} = 0.0068 \text{（m）}$$

④ 廊道中单层设备的水头损失计算如下。第一级为

$$H_{1j} = h_{1c} + h_{2c} + h_{3c} + h_{4c} = 0.0087 + 0.0083 + 0.0071 + 0.0068 = 0.0309 \text{（m）}$$

⑤ 各级中设备放置层数

$$n_层 = \frac{h_{n设}}{H_{nj}}$$

则第一级设备层数

$$n_{1层} = \frac{h_{1级设}}{H_{1j}} = \frac{0.1894}{0.0309} = 6.13, \text{取 7。}$$

所以第一级设备层数为 7 层。

其他级别的有关计算与之类同，过程省略，只给出结果，一并列入表 3-15 中。

由表 3-15 可知，絮凝池中第一、二、三级廊道中，应安装水力旋流网格的层数，分别是 7、7、3。

为保护矾花不受破坏，第三级最后两段廊道不放置絮凝装置，将该级计算的 12 层絮凝装置均匀放置在第三级的前两段廊道中。所选水力旋流网格絮凝装置在各级廊道中的平面布置参见图 3-17。

**表 3-15 絮凝装置配置计算**

| 絮凝级数 | 廊道段数 | 断面面积 $S_n/m^2$ | 水力旋流网格絮凝装置开孔比 $\beta$ | 过水面积 $S_{1水}/m^2$ | 实际过设备流速 $v_{n设}/(m/s)$ | 过单层设备水头损失 $h_{nc}/m$ | 每段层数 $n_{层}$ |
|---|---|---|---|---|---|---|---|
| 第一级 | 第 1 段 | 1.54 | 0.50 | 0.77 | 0.4130 | 0.0087 | 7 |
| | 第 2 段 | 1.57 | 0.50 | 0.79 | 0.4025 | 0.0083 | |
| | 第 3 段 | 1.70 | 0.50 | 0.85 | 0.3741 | 0.0071 | |
| | 第 4 段 | 1.74 | 0.50 | 0.87 | 0.3655 | 0.0068 | |
| | 小计 | | | | | 0.0309 | |
| 第二级 | 第 5 段 | 2.09 | 0.60 | 1.25 | 0.2544 | 0.0033 | 7 |
| | 第 6 段 | 2.13 | 0.60 | 1.28 | 0.2484 | 0.0031 | |
| | 第 7 段 | 2.39 | 0.60 | 1.43 | 0.2224 | 0.0025 | |
| | 第 8 段 | 2.43 | 0.60 | 1.46 | 0.2178 | 0.0024 | |
| | 小计 | | | | | 0.0113 | |
| 第三级 | 第 9 段 | 2.93 | 0.75 | 2.20 | 0.1439 | 0.0011 | 3 |
| | 第 10 段 | 2.98 | 0.75 | 2.24 | 0.1420 | 0.0010 | |
| | 第 11 段 | 3.74 | 0.75 | 2.81 | 0.1132 | 0.0007 | |
| | 第 12 段 | 4.05 | 0.75 | 3.04 | 0.1046 | 0.0006 | |
| | 小计 | | | | | 0.0034 | |

(7) $GT$ 值　水温 $t=16℃$，查得 $\mu=1.162\times10^{-4}\,kg\cdot s/m^2$，由表 3-12 和表 3-14 得出总水头损失 $h$ 为

$$h=h_{廊道}+h_{设备}=0.0417+0.0309\times7+0.0113\times7+0.0034\times3=0.3473(m)$$

$$G=\sqrt{\frac{\rho h}{60\mu T}}=\sqrt{\frac{1000\times0.3473}{60\times1.162\times10^{-4}\times(1014\div60)}}$$
$$=54.29(s^{-1})$$

$$GT=54.29\times1014=55050.06$$

此 $GT$ 值在 $10^4\sim10^5$ 范围内。

📚 **题后语** ◀◀◀　　　　水力旋流网格絮凝装置是郑州某公司研发的一种絮凝装置，已在河南许昌瑞贝卡水厂（$10^5\,m^3/d$）、陕西延安水厂（$2.5\times10^4\,m^3/d$）等几十个项目得到较好应用。水力旋流网格絮凝段的水头损失一般在 $0.2\sim0.35m$，超过此范围的絮凝效果尚缺乏较多的验证资料。欢迎同行在实践中探索丰富。

## 八、自旋式微涡流絮凝池

### (一) 设计概述

**1. 构造**

自旋式微涡流絮凝装置是由若干个断面为圆形、中空结构的涡街组件絮凝环所组成的。涡街组件絮凝环是用机械挤压一次成型的乙丙共聚型材质的絮凝环穿杆限位联结而成。图 3-18 所示为由 4 个涡街组件絮凝环组成的一组"自旋式微涡流絮凝装置"的三维图。

**2. 工艺**

自旋式微涡流絮凝装置可安装在廊道或竖井中。当水流经过多道自旋式絮凝装置时，利用进水的自身能量，使水流方向多频次折转，形成多个速度方向的微单元。这些微单元流束在廊道或竖井中推流前进时互相作用，形成紊动的涡流。这种高频谱涡旋动力学条件，有利于水中微小颗粒的接触、吸附和逐渐成长，能较好地促进水中悬浮物凝聚作用的进行。

**3. 特点**

(1) 设备安装方便，管理维护简单，对原水水量和水质变化的适应性较强。

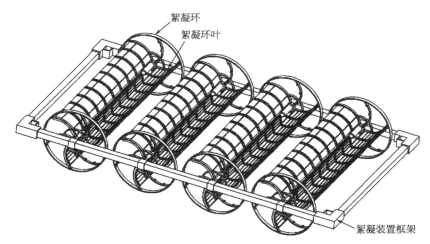

図 3-18　自旋式微涡流絮凝装置三维图

（2）利用水流能量带动絮凝环旋转，造成适合絮体成长的絮凝环单体周围的水流紊动，且絮体沉降性能好，所需时间短。

（3）絮凝设备在水流的作用下可自行旋转，可防止设备表面积泥，抑制藻类的滋生。

（4）絮凝装置模块化组装，不需要焊接或黏结，结构本身可有效消除应力，不易损坏，拆装和维护方便。

（5）絮凝装置布置较灵活，在竖井或廊道中均可应用。

4. 参数

该种絮凝池可划分为若干廊道，相邻的数个廊道可组成一个级。

（1）自旋式微涡流絮凝池一般不少于 2 个。絮凝时间 12～18min。

（2）沿池宽方向竖直布置多组絮凝环装置，每根絮凝环直径 200mm，长度为 $b_n$，旋转效率 75%，单根絮凝环面积为 $0.2 \times 75\% \times b_n$，单组絮凝环阻水面积为 $0.2 \times 75\% \times b_n a$（$b_n$ 为廊道宽度，$a$ 为竖向布置根数）。

（3）各级絮凝廊道内流速：一级 0.15～0.22m/s，二级 0.11～0.17m/s，三级 0.08～0.11m/s。

（4）各级水流过设备流速：一级 0.30～0.45m/s，二级 0.15～0.30m/s，三级 0.10～0.15m/s。

（5）各级廊道水流的速度梯度：一级 60～110s$^{-1}$，二级 40～60s$^{-1}$，三级 15～40s$^{-1}$。

## （二）计算例题

**【例 3-10】　自旋式微涡流絮凝池的计算**

1. 已知条件

设计水量 $Q = 80000 \mathrm{m^3/d}$，采用 2 座廊道自旋式微涡流絮凝池，为减少单个廊道布置的深度，将絮凝段分段布置。原水为低温低浊水，絮凝时间不小于 15min。自旋式微涡流絮凝装置直径为 0.15m，前段廊道流速控制在 0.2m/s 左右，末段流速不大于 0.08m/s。

2. 设计计算

（1）单池水量 $q$

$$q = \frac{80000}{86400 \times 2} = 0.463 (\mathrm{m^3/s})$$

（2）絮凝池

① 设计坡度

取廊道起端水深 $H_{起}=1.80$ m，末端水深 $H_{末}=2.85$ m，为配合沉淀池平面布置，絮凝池宽度取 $B=15.3$ m，沿絮凝池长设 9 段廊道，廊道总长度为

$$L_{总}=9\times15.3=137.7\ (m)$$

则廊道池底设计坡度为

$$i=\frac{H_{末}-H_{起}}{L_{总}}=\frac{2.85-1.80}{137.7}\times100\%=0.76\%$$

② 第 $n$ 段廊道末端水深 $H_{n末}$

廊道起端水深 $H_{n起}=H_{n-1末}$

廊道末端水深 $H_{n末}=H_{n起}+Bi$

所以，第一廊道末端水深

$$H_{n末}=H_{n起}+Bi=1.8+15.30\times0.76\%=1.92\ (m)$$

③ 平均水深 $H_n$

$$H_n=\frac{H_{n起}+H_{n末}}{2}$$

所以，第一段廊道的平均水深为

$$H_1=\frac{H_{1起}+H_{1末}}{2}=\frac{1.8+1.92}{2}=1.86\ (m)$$

④ 廊道宽度 $b_n$ 和流速 $v_n$

$$b_n=\frac{q}{v_nH_n}$$

所以，絮凝池第一段廊道宽度 $b_1$

$$b_1=\frac{q}{v_1'H_1}=\frac{0.463}{v_1'\times1.86}$$

其中，各段廊道中的流速大小，应按"设计参数"规定的级别类型选取。该絮凝池共设 9 段廊道，分为三级，每级由相邻 3 段廊道组成。

取第一段廊道流速 $v_1'=0.23$ m/s，则 $b_1'=1.08$ m，采用 $b_1=1.1$ m。

实际流速 $v_1$ 为

$$v_1=\frac{q}{b_nH_n}=\frac{0.463}{1.1\times1.86}=0.226\ (m/s)$$

⑤ 停留时间 $T_n$

$$T_n=\frac{B}{v_n}$$

所以，第 1 段廊道停留时间

$$T_1=\frac{B}{v_1}=\frac{15.3}{0.226}=67.6991\ (s)$$

$T_1$ 取 68s。

采取同样的方法，将其余廊道的宽度、流速及停留时间算出，并一并列入表 3-16 中。

**表 3-16 廊道的宽度、流速及停留时间**

| 廊道序号 | 设计流速 /(m/s) | 廊道宽度/m | | 实际流速/(m/s) | 停留时间/s |
|---|---|---|---|---|---|
| | | 计算值 | 采用值 | | |
| 1 | $v_1'=0.230$ | $b_1'=1.08$ | $b_1=1.10$ | $v_1=0.226$ | $T_1=68$ |
| 2 | $v_2'=0.220$ | $b_2'=1.07$ | $b_2=1.10$ | $v_2=0.213$ | $T_2=72$ |
| 3 | $v_3'=0.160$ | $b_3'=1.38$ | $b_3=1.40$ | $v_3=0.158$ | $T_3=97$ |
| 4 | $v_4'=0.150$ | $b_4'=1.40$ | $b_4=1.40$ | $v_4=0.150$ | $T_4=102$ |
| 5 | $v_5'=0.120$ | $b_5'=1.66$ | $b_5=1.70$ | $v_5=0.117$ | $T_5=131$ |
| 6 | $v_6'=0.112$ | $b_6'=1.69$ | $b_6=1.70$ | $v_6=0.112$ | $T_6=137$ |
| 7 | $v_7'=0.103$ | $b_7'=1.76$ | $b_7=1.8$ | $v_7=0.101$ | $T_7=152$ |
| 8 | $v_8'=0.097$ | $b_8'=1.78$ | $b_8=1.8$ | $v_8=0.096$ | $T_8=159$ |
| 9 | $v_9'=0.088$ | $b_9'=1.88$ | $b_9=1.9$ | $v_9=0.087$ | $T_9=175$ |
| 合计 | | | 13.9 | | 1093 |

絮凝池总絮凝时间：$T_{总}=1093\text{s}=18.22\text{min}$，在 15～20min 的范围内，所以廊道设计 9 段是合理的。

⑥ 池长 $L$。廊道隔墙厚度取 0.20m，所以，

$$L=\sum b_n+0.20\times(n-1)=13.9+1.6=15.50\ (\text{m})$$

⑦ 池深 $H$

$$H=H_1+H_2=2.85+0.30=3.15\ (\text{m})$$

式中   $H_1$——池深，m，采用 2.85m；

      $H_2$——超高，m，采用 0.3m。

絮凝池廊道布置见图 3-19。

（3）水头损失

① 弯道处流速 $v_{n弯}$

$$v_{n弯}=\frac{q}{b_nH_{n末}}$$

则第一段廊道的弯道处流速

$$v_{1弯}=\frac{q}{b_1H_{1末}}=\frac{0.463}{1.1\times1.92}=0.22\ (\text{m/s})$$

② 廊道内水头损失 $h_n$

下面仅以第一段廊道为例计算，并将各级廊道的水力计算结果列入表 3-17。各段廊道水头损失 $h_n$

$$h_n=\frac{v_n^2}{C_n^2R_n}\times l_n+S_n\xi\times\frac{v_{n弯}^2}{2g}$$

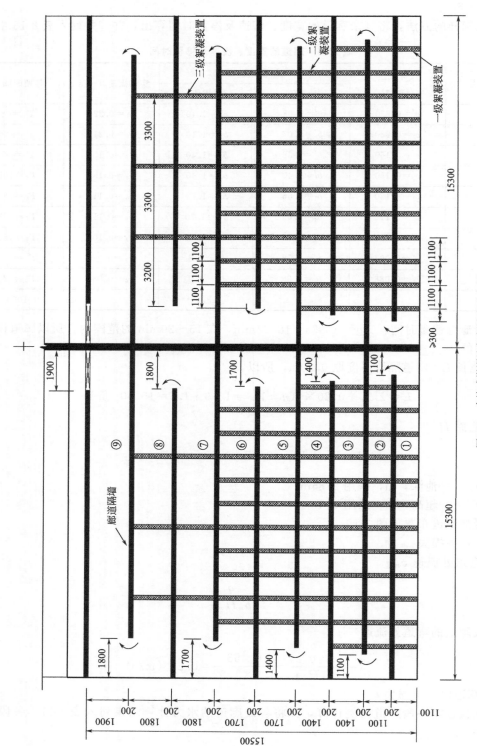

图3-19 自旋式微涡流絮凝池絮凝廊道布置

$$R_n = \frac{b_n H_n}{b_n + 2H_n}$$

式中　$v_n$——廊道的实际流速，m/s；

　　　$v_{n弯}$——廊道转弯处流速，m/s；

　　　$S_n$——廊道内水流转弯次数；

　　　$C_n$——流速系数，$C_n = \frac{1}{n} \times R^{1/6}$；

　　　$\xi$——转弯处局部水头损失系数，取 3；

　　　$R_n$——廊道断面的水力半径，m；

　　　$H_n$——廊道的水深，m；

　　　$l_n$——廊道长度，m；

　　　$b_n$——廊道的宽度，m。

所以，廊道第 1 段水头损失

$$h_{廊道1} = \frac{v_1^2}{C_1^2 R_1} l_1 + S_1 \xi \frac{v_{1弯}^2}{2g} = 0.0004 + 0.0074 = 0.0078 \text{（m）}$$

由表 3-17 可得，第一级廊道总水头损失

$$h_{廊道总1} = \sum h_{廊道n} = 0.0186 \text{（m）}$$

表 3-17　廊道水力计算

| 絮凝级数 | 廊道编号 | 设计宽度/m | 实际流速/(m/s) | 起端水深/m | 末端水深/m | 平均水深/m | 弯道宽取值/m | 弯道处流速/m | 沿程水头损失/m | 局部水头损/m | 总水头损失/m | 停留时间/s |
|---|---|---|---|---|---|---|---|---|---|---|---|---|
| 第一级 | 1 | 1.10 | 0.226 | 1.80 | 1.92 | 1.86 | 1.10 | 0.220 | 0.0004 | 0.0074 | 0.0078 | 68 |
| | 2 | 1.10 | 0.213 | 1.92 | 2.03 | 1.98 | 1.10 | 0.207 | 0.0004 | 0.0066 | 0.0070 | 72 |
| | 3 | 1.40 | 0.158 | 2.03 | 2.15 | 2.09 | 1.40 | 0.154 | 0.0002 | 0.0036 | 0.0038 | 97 |
| | 小计 | | | | | | | | 0.0010 | 0.0176 | 0.0186 | 237 |
| 第二级 | 4 | 1.40 | 0.150 | 2.15 | 2.27 | 2.21 | 1.40 | 0.146 | 0.0001 | 0.0033 | 0.0034 | 102 |
| | 5 | 1.70 | 0.117 | 2.27 | 2.38 | 2.33 | 1.70 | 0.114 | 0.0001 | 0.0020 | 0.0021 | 131 |
| | 6 | 1.70 | 0.112 | 2.38 | 2.50 | 2.44 | 1.70 | 0.109 | 0.0001 | 0.0018 | 0.0019 | 137 |
| | 小计 | | | | | | | | 0.0003 | 0.0071 | 0.0074 | 370 |
| 第三级 | 7 | 1.80 | 0.101 | 2.50 | 2.62 | 2.56 | 1.80 | 0.088 | 0.00000 | 0.0012 | 0.0015 | 152 |
| | 8 | 1.80 | 0.096 | 2.62 | 2.73 | 2.68 | 1.80 | 0.085 | 0.0000 | 0.0011 | 0.0014 | 159 |
| | 9 | 1.90 | 0.087 | 2.73 | 2.85 | 2.79 | 1.90 | 0.077 | 0.0000 | 0.0009 | 0.0011 | 175 |
| | 小计 | | | | | | | | 0.0000 | 0.0032 | 0.0040 | 486 |
| 总计 | | | | | | | | | 0.0013 | 0.0279 | 0.0300 | 1093 |

（4）絮凝装置配置　自旋式微涡流絮凝池共 9 段廊道，分三级，1～3 廊道为第一级，4～6 廊道为第二级，7～9 廊道为第三级。

设第一级速度梯度 $G_{1级} = 100 s^{-1}$，第二级速度梯度 $G_{2级} = 50 s^{-1}$，第三级 $G_{3级} = 13 s^{-1}$。

下面诸项计算，均以第一级计算为例，其他级计算方法与之类同，只把计算结果一并列入表 3-17 中。

① 各级各段反应时间参见表 3-17。

第一级反应时间

$$T_{1级} = T_1 + T_2 + T_3 = 67 + 72 + 97 = 237 \text{（s）}$$

② 各级的总水头损失计算如下。

根据速度梯度公式 $G_n = \sqrt{\dfrac{\rho h_{n级}}{\mu T_n}}$，16℃时，$\mu = 1.162 \times 10^{-4}$。

则第一级总水头损失

$$h_{1级} = \frac{G_1^2 \mu T_{1级}}{\rho} = \frac{100^2 \times 1.162 \times 10^{-4} \times 237}{1000} = 0.2754 \text{ (m)}$$

③ 各级的设备水头损失 $h_{n级设}$

$$h_{n级设} = h_{n级} - h_{n廊道}$$

则第一级设备的水头损失为（$h_{n廊道}$ 的数值参见表 3-17）

$$h_{1级设} = h_{1级} - h_{1廊道} = 0.2754 - 0.0186 = 0.2578 \text{ (m)}$$

④ 单层过设备水头损失 $h_{n层设}$ 计算如下。絮凝装置放置在廊道中，通过放置密度来配置各级流速。过设备单层水头损失计算公式为：$h_{层设} = \xi_设 \times \dfrac{v_设^2}{2g}$，其中设备的局部阻力系数 $\xi_设$ 取值为 1.0。

第 1 段廊道内设备面积 $S_{1设}$

$$S_{1设} = b_1 d_环 \eta \times 6 = 1.1 \times 0.2 \times 75\% \times 6 = 0.99 \text{ (m}^2\text{)}$$

第 1 段廊道断面面积 $S_{1断}$

$$S_{1断} = H_1 b_1 = 1.86 \times 1.1 = 2.05 \text{ (m}^2\text{)}$$

过水面积 $S_{1过}$

$$S_{1过} = S_{1断} - S_{1设} = 2.05 - 0.99 = 1.06 \text{ (m}^2\text{)}$$

实际过设备流速

$$v_{1设} = \frac{Q}{S_{1过}} = \frac{0.463}{1.06} = 0.4368 \text{ (m/s)}$$

则廊道 1 单层设备水头损失为

$$h_{1层设} = \xi_设 \times \frac{v_{1设}^2}{2g} = 1 \times \frac{0.4368^2}{2 \times 9.81} = 0.0098 \text{ (m)}$$

同理可得，廊道 2 的单层设备水头损失

$$h_{2层设} = \xi_设 \times \frac{v_{2设}^2}{2g} = 1 \times \frac{0.3890^2}{2 \times 9.81} = 0.0078 \text{ (m)}$$

廊道 3 的单层设备水头损失

$$h_{3层设} = \xi_设 \times \frac{v_{3设}^2}{2g} = 1 \times \frac{0.2772^2}{2 \times 9.81} = 0.0039 \text{ (m)}$$

则第一级廊道的单层设备总水头损失 $h_{单层}$

$$h_{单层} = h_{1层设} + h_{2层设} + h_{3层设} = 0.0098 + 0.0078 + 0.0039 = 0.0215 \text{ (m)}$$

⑤ 每段廊道中絮凝设备层数为 $N_{n层}$ 层。

例如第一级廊道

$$N_{1层}=\frac{h_{1级设}}{h_{单层}}=\frac{0.2578}{0.0215}=11.99，取 n=12。$$

按照同样的方法计算，其他各级阻水面积、过设备流速、过设备水头损失及设备的设置层数见表 3-18。

**表 3-18　絮凝装置配置**

| 级数 | 廊道编号 | 廊道流速/(m/s) | 廊道断面面积/m² | 过水面积/m² | 设备面积/m² | 每层絮凝环个数/个 | 实际过设备流速/(m/s) | 过设备水头损失/m | 每段絮凝设备层数/层 | 设备总水头损失/m |
|---|---|---|---|---|---|---|---|---|---|---|
| 第一级 | 第 1 段 | 0.226 | 2.05 | 1.06 | 0.99 | 6 | 0.4368 | 0.0098 | 12 | 0.2580 |
| | 第 2 段 | 0.213 | 2.18 | 1.19 | 0.99 | 6 | 0.3890 | 0.0078 | | |
| | 第 3 段 | 0.158 | 2.93 | 1.67 | 1.26 | 6 | 0.2772 | 0.0039 | | |
| | 小计 | | | | | | | 0.0215 | | |
| 第二级 | 第 4 段 | 0.150 | 3.09 | 1.62 | 1.47 | 7 | 0.2858 | 0.0042 | 10 | 0.085 |
| | 第 5 段 | 0.117 | 3.95 | 2.17 | 1.79 | 7 | 0.2133 | 0.0023 | | |
| | 第 6 段 | 0.112 | 4.15 | 2.36 | 1.79 | 7 | 0.1920 | 0.0020 | | |
| | 小计 | | | | | | | 0.0085 | | |
| 第三级 | 第 7 段 | 0.101 | 4.60 | 2.98 | 1.62 | 6 | 0.1551 | 0.0012 | 2 | 0.0062 |
| | 第 8 段 | 0.096 | 4.82 | 3.20 | 1.62 | 6 | 0.1449 | 0.0011 | | |
| | 第 9 段 | 0.087 | 5.30 | 3.59 | 1.71 | 6 | 0.1288 | 0.0008 | | |
| | 小计 | | | | | | | 0.0031 | | |
| 总计 | | | | | | | | | | 0.3492 |

⑥ 每层絮凝装置的絮凝环个数计算如下。絮凝装置放置在廊道中，通过放置密度来配置各级流速，每层絮凝装置放置的个数通常以流速试算来确定，一级过絮凝装置流速控制在 0.45m/s 以内，最后一级过絮凝装置流速控制在 $0.10\sim0.15$m/s，各廊道之间的流速宜均匀递减。廊道尺寸见表 3-17，第一段廊道宽度 1.1m，平均水深 1.86m。

廊道断面面积

$$S_{1廊道}=H_1b_1=1.86\times1.1=2.05（m^2）$$

按照水流过絮凝设备流速控制在 0.45m/s 以内计算，第 1 段廊道内设备面积

$$S_{1设}=b_1d_{环}\eta\times6=1.1\times0.2\times75\%\times6=0.99（m^2）$$

廊道过水面积

$$S_{1水}=S_{1廊道}-S_{1设}=2.05-0.99=1.06（m^2）$$

过设备流速

$$v_{1设}=\frac{q}{S_{1水}}=\frac{0.463}{1.06}=0.44（m/s）$$

按照第 1 段廊道絮凝设备每层放置絮凝环个数的计算方法计算其他各级廊道絮凝环个数。计算可得，本设计中一级廊道每层絮凝装置放置絮凝环 6 个，二级放置 7 个，三级放置 6 个。

第 1 段廊道中，絮凝装置的布置见图 3-20 和图 3-21。

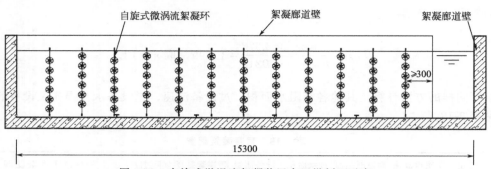

图 3-20　自旋式微涡流絮凝装置布置纵剖面示意

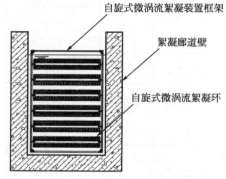

图 3-21　自旋式微涡流絮凝装置布置横剖面示意

由表 3-18 可知，絮凝池中第一、二、三级廊道中，应安装自旋式微涡流絮凝装置的层数，分别是 12、10 和 2。为保护絮凝效果，第三级的第 9 段廊道内不设絮凝装置，但将其 2 层絮凝装置均分在第 7、第 8 廊道中（即第 7、第 8 廊道中各设 3 层絮凝装置）。实际絮凝装置的布置见图 3-19。

（5）$GT$ 值　水温 $t = 16℃$，$\mu = 1.162 \times 10^{-4} \, \mathrm{kg \cdot s/m^2}$，则

$$G = \sqrt{\frac{\rho \sum h}{60 \mu T}} = \sqrt{\frac{1000 \times (0.3492 + 0.03)}{60 \times 1.162 \times 10^{-4} \times 18.22}} = 54.64 (\mathrm{s}^{-1})$$

$$GT = 54.64 \times 1093 = 59721.52$$

此 $GT$ 值在 $10^4 \sim 10^5$ 范围内。

📚 **题后语** ◀◀◀　　自旋式微涡流絮凝装置为郑州某公司研发的产品，已应用于山东省潍坊市潍城区符山水厂供水工程（$3 \times 10^{-4} \, \mathrm{m^3/d}$）、滨海水务第二平原水库净水厂工程（$12 \times 10^4 \, \mathrm{m^3/d}$）、河南省的西峡县第三水厂供水工程（$3.5 \times 10^4 \, \mathrm{m^3/d}$）、灵宝市白虎潭水库引水灌溉配套水厂工程（$3 \times 10^4 \, \mathrm{m^3/d}$）和濮阳第二水厂（$8 \times 10^4 \, \mathrm{m^3/d}$）等多项工程，且运行效果良好。自旋式微涡流絮凝装置也可布置在网格絮凝池中使用。一般廊道或竖井的流速控制在 $0.07 \sim 0.22 \mathrm{m/s}$，对流速超出此范围的运行效果尚缺乏验证资料。

# 第三节　机械絮凝池

## 一、概述

机械絮凝池是利用装在水下转动的叶轮进行搅拌的絮凝池。按叶轮轴的安放方向，可分

为水平（卧）轴式和垂直（立）轴式两种类型。叶轮的转数可根据水量和水质情况进行调节，水头损失比其他池型小。

机械絮凝池一般不少于 2 个，絮凝时间为 15～20min。搅拌器常设 3～4 排，搅拌叶轮中心应设于池水深 1/2 处。每排搅拌叶轮上的桨板总面积为水流截面积的 10%～20%，不宜超过 25%，每块桨板的宽度为板长的 $\frac{1}{15}\sim\frac{1}{10}$，一般采用 10～30cm。水平轴式的每个叶轮的桨板数目为 4～6 块，桨板长度不大于叶轮直径的 75%。水平轴式叶轮直径应比絮凝池水深小 0.3m，叶轮边缘与池子侧壁间距不大于 0.2m；垂直轴式的上桨板顶端应设于池子水面下 0.3m 处，下桨板底端设于距池底 0.3～0.5m 处，桨板外缘与池侧壁间距不大于 0.25m。叶轮半径中心点的线速度宜自第一挡的 0.4～0.5m/s 逐渐变小至末挡的 0.2m/s。各排搅拌叶轮的转速沿顺水流方向逐渐减小，即第一排转速最大，以后各排逐渐减小。絮凝池深度应根据水厂高程系统布置确定，一般为 3～4m。搅拌装置（轴、叶轮等）应进行防腐处理。轴承与轴架宜设于池外（水位以上），以避免池中泥砂进入导致严重磨损或折断。

## 二、计算例题

### 【例 3-11】 水平轴式等径叶轮机械絮凝池的计算

1. 已知条件

设计水量 $Q=30000\text{m}^3/\text{d}=1250\text{m}^3/\text{h}$。

2. 设计计算

（1）池体尺寸

① 每池容积 $W$。池数 $n=2$ 个，絮凝时间 $t=20\text{min}$，则

$$W=\frac{Qt}{60n}=\frac{1250\times20}{60\times2}=208(\text{m}^3)$$

② 池长 $L$。池内平均水深采用 $H=3.2\text{m}$，搅拌器的排数采用 $Z=3$，则

$$L=\alpha ZH=1.4\times3\times3.2=13.5\ (\text{m})，取 14\text{m}$$

式中　$\alpha$——系数，$\alpha=1.0\sim1.5$。

③ 池宽 $B$

$$B=\frac{W}{LH}=\frac{208}{14\times3.2}=4.6\ (\text{m})，取 5\text{m}$$

（2）搅拌设备（见图 3-22）

① 叶轮直径 $D$。叶轮旋转时，应不露出水面，也不触及池底。取叶轮边缘与水面及池底间净空 $\Delta H=0.15\text{m}$，则

$$D=H-2\Delta H=3.2-2\times0.15=2.9(\text{m})$$

② 叶轮的桨板尺寸。桨板长度取 $l=1.5\text{m}$（$l/D=1.5/2.7=0.56<75\%$），桨板宽度取 $b=0.20\text{m}$。

③ 每个叶轮上设置桨板数 $y=4$ 块。

④ 每个搅拌轴上装设叶轮个数（见图 3-22）。第一排轴装 2 个叶轮，共 8 块桨板；第二排轴装 1 个叶轮，共 4 块桨板；第三排轴装 2 个叶轮，共 8 块桨板。

⑤ 每排搅拌器上桨板总面积与絮凝池过水断面积之比

$$\frac{8bl}{BH}=\frac{8\times0.2\times1.5}{5\times3.2}=15\%<25\%$$

⑥ 搅拌器转数 $n_0$（r/min）

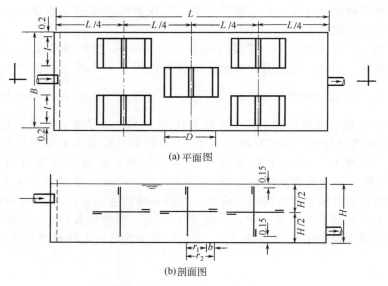

(a)平面图

(b)剖面图

图 3-22　水平轴式等径叶轮机械絮凝池

$$n_0 = \frac{60v}{\pi D_0}$$

式中　$v$——叶轮边缘的线速度，m/s；

　　　$D_0$——叶轮上桨板中心点的旋转直径，m。

本例题采用：第一排叶轮 $v_1 = 0.6$m/s，第二排叶轮 $v_2 = 0.4$m/s，第三排叶轮 $v_3 = 0.3$m/s。

$$D_0 = 2.9 - 0.2 = 2.7(\text{m})$$

所以，第一排搅拌器转数 $n_{01}$

$$n_{01} = \frac{60v_1}{\pi D} = \frac{60 \times 0.6}{3.14 \times 2.7} = 4.2(\text{r/min})，取 5\text{r/min}$$

第二排搅拌器转数 $n_{02}$

$$n_{02} = \frac{60v_2}{\pi D} = \frac{60 \times 0.4}{3.14 \times 2.7} = 2.8(\text{r/min})，取 3\text{r/min}$$

第三排搅拌器转数 $n_{03}$

$$n_{03} = \frac{60v_3}{\pi D} = \frac{60 \times 0.3}{3.14 \times 2.7} = 2.1(\text{r/min})，取 2\text{r/min}$$

各排叶轮半径中心点的实际线速度分别为

$$v_1 = \frac{\pi D_0 n_{01}}{60} = \frac{3.14 \times 2.7 \times 5}{60} \approx 0.707(\text{m/s})$$

$$v_2 = \frac{\pi D_0 n_{02}}{60} = \frac{3.14 \times 2.7 \times 3}{60} \approx 0.424(\text{m/s})$$

$$v_3 = \frac{\pi D_0 n_{03}}{60} = \frac{3.14 \times 2.7 \times 2}{60} \approx 0.283(\text{m/s})$$

⑦ 每个叶轮旋转时克服水的阻力所消耗的功率 $N_0$

$$N_0(\text{kW}) = \frac{ykl\omega^3}{408}(r_2^4 - r_1^4)$$

$$\omega(\text{rad/s}) = \frac{2v}{D_0}$$

式中　$y$——每个叶轮上的桨板数目，个；

$l$——桨板长度，m；

$r_2$——叶轮半径，m；

$r_1$——叶轮半径与桨板宽度之差，m；

$\omega$——叶轮旋转的角速度，rad/s；

$k$——系数，$k = \dfrac{\psi\rho}{2g}$；

$\rho$——水的密度，$1000\text{kg/m}^3$；

$\psi$——阻力系数，根据桨板宽度与长度之比 $\left(\dfrac{b}{l}\right)$ 确定，见表 3-19。

表 3-19　阻力系数 ψ

| $b/l$ | $<1$ | $1\sim2$ | $2.5\sim4$ | $4.5\sim10$ | $10.5\sim18$ | $>18$ |
|---|---|---|---|---|---|---|
| $\psi$ | 1.10 | 1.15 | 1.19 | 1.29 | 1.40 | 2.00 |

本例题中，$y=4$ 个，$l=1.5\text{m}$，$r_2 = \dfrac{1}{2}D_0 = \dfrac{1}{2}\times2.7 = 1.35$（m），$r_1 = r_2 - b = 1.35 - 0.20 = 1.15$（m）。

所以

$$\omega_1 = \frac{2v_1}{D_0} = \frac{2\times0.707}{2.7} = 0.523 \text{（rad/s）}$$

$$\omega_2 = \frac{2v_2}{D_0} = \frac{2\times0.424}{2.7} = 0.314 \text{（rad/s）}$$

$$\omega_3 = \frac{2v_3}{D_0} = \frac{2\times0.283}{2.7} = 0.21 \text{（rad/s）}$$

桨板宽长比 $\dfrac{b}{l} = \dfrac{0.2}{1.5} = 0.133 < 1$，故 $\psi = 1.10$，所以

$$k = \frac{1.10\times1000}{2\times9.81} = 56.1$$

各排轴上每个叶轮的功率分别为

第一排　　　$N_{01} = \dfrac{4\times56.1\times1.5}{408}\times(1.35^4 - 1.15^4)\omega_1^3 = 1.297\omega_1^3$

$$= 1.294\times0.523^3 = 0.185 \text{（kW）}$$

第二排　　　$N_{02} = 1.294\omega_2^3 = 1.294\times0.314^3 = 0.040 \text{（kW）}$

第三排　　　$N_{03} = 1.294\omega_3^3 = 1.294\times0.21^3 = 0.012 \text{（kW）}$

⑧ 转动每个叶轮所需电动机功率 $N(\text{kW})$

$$N = \frac{N_0}{\eta_1\eta_2}$$

式中　$\eta_1$——搅拌器机械总效率，采用 0.75；

$\eta_2$——传动效率,为 $0.6\sim0.95$,采用 $0.8$。

各排轴上每个叶轮的功率分别为

第一排
$$N_1=\frac{N_{01}}{\eta_1\eta_2}=\frac{0.185}{0.75\times0.8}=0.3(\mathrm{kW})$$

第二排
$$N_2=\frac{N_{02}}{\eta_1\eta_2}=\frac{0.040}{0.75\times0.8}\approx0.1(\mathrm{kW})$$

第三排
$$N_3=\frac{N_{03}}{\eta_1\eta_2}=\frac{0.012}{0.75\times0.8}=0.02(\mathrm{kW})$$

⑨ 每排搅拌轴所需电动机功率 $N'$

第一排　　　　　　　$N_1'=2N_1=2\times0.3=0.6(\mathrm{kW})$

第二排　　　　　　　$N_2'=1N_2=1\times0.1=0.1(\mathrm{kW})$

第三排　　　　　　　$N_3'=2N_3=2\times0.02=0.04(\mathrm{kW})$

(3) $GT$ 值　絮凝池的平均速度梯度 $G(\mathrm{s}^{-1})$ 为

$$G=\sqrt{\frac{102P}{\mu}}$$

式中　$P$——单位时间、单位体积液体所消耗的功,即外加于水的输入功率,$\mathrm{kW/m^3}$;

$\mu$——水的绝对黏度,$\mathrm{Pa\cdot s}$。

$$P=\frac{N_0}{W}=\frac{2N_{01}+N_{02}+2N_{03}}{W}=\frac{2\times0.185+0.040+2\times0.012}{208}=0.002(\mathrm{kW/m^3})$$

水温 $T=15℃$,$\mu=1.162\times10^{-4}\mathrm{kg\cdot s/m^2}$,于是有

$$G=\sqrt{\frac{102\times0.002}{1.162\times10^{-4}}}=41.9(\mathrm{s}^{-1})$$

$GT=41.9\times20\times60=50280$,在 $10^4\sim10^5$ 范围内。计算简图见图 3-22。

【例 3-12】　垂直轴式等径叶轮机械絮凝池的计算

1. 已知条件

设计水量 $Q=4000\mathrm{m^3/d}=166.7\mathrm{m^3/h}$。

2. 设计计算

(1) 池体尺寸

① 池容积 $W$。絮凝时间采用 $t=18\mathrm{min}$,则

$$W=\frac{Qt}{60}=\frac{166.7\times18}{60}=50(\mathrm{m^3})$$

② 池平面尺寸。为便于安装叶轮,并根据沉淀池尺寸,絮凝池的分格数采用 $n=3$。每格内装设搅拌叶轮一个。各格之间用设有过水孔的垂直隔墙导流,孔口位置采取上下交错方式排列,以使水流分布均匀(见图 3-23)。

絮凝池各格的平面尺寸为 $2.4\mathrm{m}\times2.4\mathrm{m}$。

絮凝池宽度 $B=2.4\mathrm{m}$,长度 $L=2.4\times3=7.2(\mathrm{m})$。

③ 池高 $H$

有效水深 $H'=\dfrac{W}{nBl'}=\dfrac{50}{3\times2.4\times2.4}=2.89(\mathrm{m})$,取 $2.9\mathrm{m}$

池超高取 $\Delta H=0.3\mathrm{m}$,则絮凝池总高为

$$H=H'+\Delta H=2.9+0.3=3.2(\mathrm{m})$$

(2) 搅拌设备 (见图 3-23)

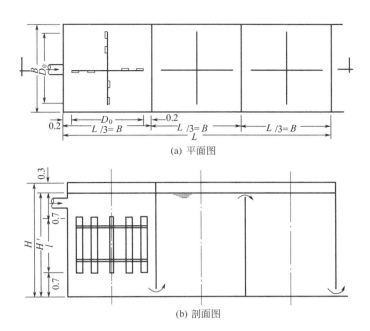

图 3-23　垂直轴式等径叶轮机械絮凝池

① 叶轮的构造参数。叶轮直径取 $D_0=2\text{m}$，桨板长度取 $l=1.5\text{m}$（$l/D=1.5/2=0.7<0.75$），桨板宽度取 $b=0.10\text{m}$，每个叶轮上的桨板数 $y=8$ 块 $\left(\dfrac{8bl}{Bl'}=\dfrac{8\times0.1\times1.5}{2.4\times2.4}=20.8\%<25\%\right)$，叶轮内外侧各 4 块。内外两桨板间净距 $S=0.3\text{m}$。

② 叶轮转数

$$n_0=\frac{60v}{\pi D_0}=\frac{60v}{3.14\times2}=9.55v(\text{r/min})$$

式中各符号意义同【例 3-11】。

各格叶轮半径中心点的线速度采用 $v_1=0.7\text{m/s}$，$v_2=0.5\text{m/s}$，$v_3=0.3\text{m/s}$，则：$n_{01}=9.55v_1=9.55\times0.7=6.69(\text{r/min})$，取 6r/min；$n_{02}=9.55v_2=9.55\times0.5=4.78(\text{r/min})$，取 5r/min；$n_{03}=9.55v_3=9.55\times0.3=2.87(\text{r/min})$，取 3r/min。

③ 实际线速度 $v$

$$v=\frac{\pi D_0}{60}n_0=\frac{3.14\times2}{60}n_0=0.1047n_0(\text{m/s})$$

$$v_1=0.1047\,n_{01}=0.1047\times6=0.628(\text{m/s})$$

$$v_2=0.1047\,n_{02}=0.1047\times5=0.524(\text{m/s})$$

$$v_3=0.1047\,n_{03}=0.1047\times3=0.314(\text{m/s})$$

④ 叶轮功率 $N_0$。每个叶轮旋转时，克服水的阻力所消耗的功率 $N_0$（kW）为

$$N_0=\frac{ykl\omega^3}{408}\ (r_2^4-r_1^4)$$

式中各符号意义同【例 3-11】。

a. 由 $b/l=0.1/1.5=0.066<1$,查表 3-19 得 $\psi=1.10$,于是

$$系数\ k=\frac{\psi\rho}{2g}=\frac{1.10\times1000}{2\times9.81}=56$$

b. 叶轮半径 $r_{2外}=\dfrac{D_0}{2}=\dfrac{2}{2}=1\,(\mathrm{m})$。

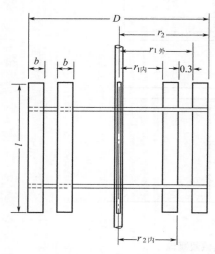

图 3-24　叶轮各部分尺寸

c. 叶轮各部分尺寸见图 3-24。$r_{2内}=0.6\mathrm{m}$,$r_{1外}=0.9\mathrm{m}$,$r_{1内}=0.5\mathrm{m}$。

d. 叶轮旋转的角速度

第一格　$\omega_1=\dfrac{2v_1}{D_0}=\dfrac{2\times0.628}{2}=0.628$ (rad/s)

第二格　$\omega_2=\dfrac{2v_2}{D_0}=\dfrac{2\times0.524}{2}=0.524$ (rad/s)

第三格　$\omega_3=\dfrac{2v_3}{D_0}=\dfrac{2\times0.314}{2}=0.314$ (rad/s)

e. 每个叶轮旋转时的功率。第一格外侧桨板

$$\begin{aligned}N_{01外}&=\frac{ykl}{408}\ (r_{2外}^4-r_{1外}^4)\ \omega_1^3\\&=\frac{4\times56\times1.5}{408}\ (1^4-0.9^4)\times0.628^3\\&=0.07\ (\mathrm{kW})\end{aligned}$$

第一格内侧桨板

$$N_{01内}=\frac{ykl}{408}\ (r_{2内}^4-r_{1内}^4)\ \omega_1^3=\frac{4\times56\times1.5}{408}\ (0.6^4-0.5^4)\times0.628^3=0.01\ (\mathrm{kW})$$

第二格外侧桨板

$$N_{02外}=\frac{ykl}{408}\ (r_{2外}^4-r_{1外}^4)\ \omega_2^3=\frac{4\times56\times1.5}{408}\ (1^4-0.9^4)\times0.524^3=0.04\ (\mathrm{kW})$$

第二格内侧桨板

$$N_{02内}=\frac{ykl}{408}\ (r_{2内}^4-r_{1内}^4)\ \omega_2^3=\frac{4\times56\times1.5}{408}\ (0.6^4-0.5^4)\times0.524^3=0.008\ (\mathrm{kW})$$

第三格外侧桨板

$$N_{03外}=\frac{ykl}{408}\ (r_{2外}^4-r_{1外}^4)\ \omega_3^3=\frac{4\times56\times1.5}{408}\ (1^4-0.9^4)\times0.314^3=0.009\ (\mathrm{kW})$$

第三格内侧桨板

$$N_{03内}=\frac{ykl}{408}\ (r_{2内}^4-r_{1内}^4)\ \omega_3^3=\frac{4\times56\times1.5}{408}\ (0.6^4-0.5^4)\times0.314^3=0.002\ (\mathrm{kW})$$

所以,第一格叶轮

$$N_{01}=N_{01外}+N_{01内}=0.07+0.01=0.08\ (\mathrm{kW})$$

第二格叶轮

$$N_{02}=N_{02外}+N_{02内}=0.04+0.008=0.048\ (\mathrm{kW})$$

第三格叶轮

$$N_{03}=N_{03外}+N_{03内}=0.009+0.002=0.011\ (\mathrm{kW})$$

⑤ 所需电动机功率 $N$。设三格的搅拌叶轮合用一台电动机,则絮凝池所耗总功率为

$$N_0=N_{01}+N_{02}+N_{03}=0.08+0.048+0.011=0.139\ (\mathrm{kW})$$

搅拌器机械总效率 $\eta_1=0.75$，传动效率 $\eta_2=0.8$，则电动机所需功率为

$$N=\frac{N_0}{\eta_1\eta_2}=\frac{0.139}{0.75\times0.8}=0.23\ (\text{kW})$$

（3）$GT$ 值 水温 $T=20℃$，则 $\mu=1.029\times10^{-4}\text{kg}\cdot\text{s/m}^2$，每格絮凝池的有效容积为

$$V=\frac{W}{3}=\frac{50}{3}=16.7\ (\text{m}^3)$$

则各格的速度梯度为

第一格 $\qquad G_1=\sqrt{\frac{102N_{01}}{\mu V}}=\sqrt{\frac{102\times0.08}{1.029\times10^{-4}\times16.7}}=68.9\ (\text{s}^{-1})$

第二格 $\qquad G_2=\sqrt{\frac{102N_{02}}{\mu V}}=\sqrt{\frac{102\times0.048}{1.029\times10^{-4}\times16.7}}=53.37\ (\text{s}^{-1})$

第三格 $\qquad G_3=\sqrt{\frac{102N_{03}}{\mu V}}=\sqrt{\frac{102\times0.011}{1.029\times10^{-4}\times16.7}}=25.55\ (\text{s}^{-1})$

絮凝池平均速度梯度为

$$G=\sqrt{\frac{102N_0}{\mu W}}=\sqrt{\frac{102\times0.139}{1.029\times10^{-4}\times50}}=52.5\ (\text{s}^{-1})$$

$$GT=52.5\times18\times60=56700\ (\text{在}\ 10^4\sim10^5\ \text{内})$$

# 第四章 沉淀池

## 第一节 概　述

密度大于水的悬浮物在重力作用下从水中分离出去的现象称为沉淀。根据水中杂质颗粒本身的性状及其所处外界条件的不同，沉淀可分如下几种。

① 按水流状态，分为静水沉淀与动水沉淀。

② 按投加混凝药剂与否，分为自然沉淀与混凝沉淀。

③ 按颗粒受力状态及所处水力学等边界条件，分为自由沉淀与拥挤沉淀。

④ 按颗粒本身的物理化学性状分为团聚稳定颗粒沉淀与团聚不稳定颗粒沉淀。

另外，当水中悬浮颗粒细小，粒度较均匀，含量又很大（大于 5000mg/L）时，将发生浓缩现象，即在沉淀过程中出现一个清水和浑水的交界面（浑液面），交界面的下降过程也就是沉淀的进行过程。所以，浓缩是沉淀的特殊形式，同时属于拥挤沉淀类型。

在给水处理中，经常遇到的实际沉淀现象是属于动水、混凝和团聚不稳定颗粒的自由或拥挤沉淀。而设计时所依据的资料，多属于静水混凝和团聚不稳定颗粒的拥挤沉淀的试验数据。这样，投产运行与设计计算的技术参数之间往往会有差别。所以运行后需进行技术测定，进而调整使之趋于最优运行状态。

用于沉淀的构筑物称为沉淀池，是重要的水处理构筑物，在所有的地表水净化水厂都能见到。在给水厂，沉淀一般设在絮凝之后，过滤之前，主要目的是降低浊度，延长过滤周期。按照水在池中的流动方向和线路，沉淀池分为平流式（卧式）、竖流式（立式）、辐流式（辐射式或径流式）、斜流式（如斜管、斜板沉淀池）等类型。此外，还有多层多格平流式沉淀池、中途取水或逆坡度斜底平流式沉淀池等。目前给水厂应用较多的有平流式沉淀池和斜板斜管沉淀池。近年来出现的高效沉淀池因其沉淀效率高，出水水质稳定而备受关注。

沉淀池型式的选择，应根据水质、水量、水厂平面和高程布置的要求，并结合絮凝池结构型式等因素确定。常见沉淀池类型及比较见表 4-1。

表 4-1　常见沉淀池类型及比较

| 类　型 | 性　能　特　点 | 适　用　条　件 |
|---|---|---|
| 平流沉淀池 | 优点：(1)出水水质稳定，造价低<br>　　　(2)抗冲击负荷能力强<br>　　　(3)池体构造简单，施工方便<br>缺点：(1)不采用机械排泥时，排泥困难<br>　　　(2)机械排泥设备维护复杂 | (1)适用于大中型净水厂<br>(2)原水含沙量大时可作为预沉池 |
| 竖流沉淀池 | 优点：(1)排泥较方便<br>　　　(2)占地面积小<br>缺点：(1)单池处理水量小，沉淀效果差<br>　　　(2)池身高度大，施工较困难 | (1)用于小型净水厂<br>(2)用于地下水位较低时 |

续表

| 类　　型 | 性 能 特 点 | 适 用 条 件 |
|---|---|---|
| 辐流式沉淀池 | 优点:(1)沉淀效果好<br>　　　(2)采用机械排泥装置,排泥效果好<br>缺点:(1)造价高,占地面积大<br>　　　(2)机械排泥设备维护复杂<br>　　　(3)施工困难 | (1)适用于大中型净水厂<br>(2)在高浊度水地区可作为预沉池 |
| 斜板(管)沉淀池 | 优点:(1)沉淀效率高<br>　　　(2)池体体积小,占地面积少<br>缺点:(1)单池处理能力小,抗冲击负荷能力差<br>　　　(2)池体构造复杂,施工困难<br>　　　(3)斜板管区易堵塞 | (1)适用于各种规模净水厂<br>(2)适用于冬季需要保温的地区<br>(3)适用于平流沉淀池的改造挖潜 |
| 水平管沉淀池 | 优点:(1)沉淀效率与高密度澄清池相当,沉淀池出水浊度≤3 NTU<br>　　　(2)池体占地面积与高密度澄清池相当,池体深度较高密度澄清池浅<br>　　　(3)主体工艺无机械运转设备,运行维护简便<br>　　　(4)对原水浊度适应性强,处理效果稳定<br>缺点:对水平管沉淀分离装置的水平度安装要求较高 | (1)新建各种规模水厂<br>(2)常规沉淀池的改建、扩建和挖潜<br>(3)原水低温低浊的地区<br>(4)原水浊度较高的地区 |
| 高密度沉淀池 | 优点:(1)抗冲击负荷能力强<br>　　　(2)出水水质稳定,产水率高<br>　　　(3)占地省<br>　　　(4)排泥浓度高<br>缺点:(1)池深较大<br>　　　(2)工程费用较高 | (1)适用于大中型水厂<br>(2)适用于低温低浊原水和含藻类原水 |
| 加砂高速沉淀池 | 优点:(1)抗冲击负荷能力强<br>　　　(2)出水水质稳定,产水率高<br>　　　(3)占地省<br>　　　(4)排泥浓度高<br>缺点:(1)工程较复杂,池深较大<br>　　　(2)对有关设备和管材耐磨擦性要求高<br>　　　(3)运行费用较高 | (1)适用于大中型水厂<br>(2)适用于低温低浊原水和含藻类原水 |

# 第二节　平流沉淀池

## 一、概述

1. **构造特点**

平流沉淀池的特征是池内水流线呈水平方向平行直线。平流沉淀池适用于大中型净水厂,具有构造简单,沉淀效果好,出水水质稳定,耐受冲击负荷强,便于与其他构筑物结合布置等优点,缺点是沉淀效率低,表面负荷低,占地面积大。

平流沉淀池由进水区、配水墙、沉淀区、缓冲区、储泥区、导流墙、集水渠、排渣槽和排泥机械等组成,其构造见图4-1。如果采用刮泥机,池底应有一定坡度和储泥斗。如果采用吸泥机,池底坡度和储泥斗可以省略。

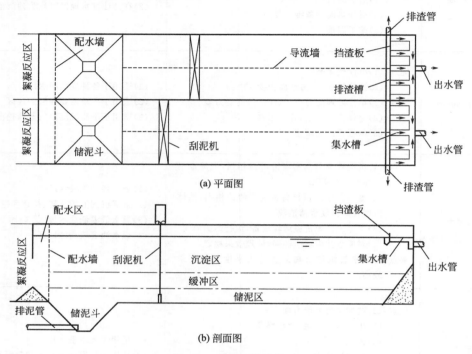

图 4-1 平流沉淀池构造

2. 出水方式

平流沉淀池出水方式一般采用三角堰集水槽或穿孔集水槽。集水槽设计的关键是力求在出水区横断面上出水均匀,单位堰长溢流率不宜过大,防止出水挟带泥渣影响出水水质。当池宽不足时,可增加指形集水槽降低单位堰长溢流率。

3. 排泥方式

平流沉淀池排泥是否顺畅关系到沉淀池能否正常运行,出水水质能否稳定达到设计要求,应当引起设计人员重视。几种排泥方法的特点及适用条件见表4-2。

表 4-2 几种排泥方法的特点及适用条件

| 排泥方法 | 优 缺 点 | 适 用 条 件 |
|---|---|---|
| 人工排泥 | 优点:(1)池底结构简单,不需其他设备<br>(2)造价低<br>缺点:(1)劳动强度大,排泥历时长<br>(2)耗水量大<br>(3)排泥时需停水 | (1)原水终年很清,每年排泥次数不多<br>(2)一般用于小型水厂<br>(3)池数不少于两个,交替使用 |
| 多斗底重力排泥 | 优点:(1)劳动强度较小,排泥历时较短<br>(2)耗水量比人工排泥少<br>(3)排泥时可不停水<br>缺点:(1)池底结构复杂,施工较困难<br>(2)排泥不彻底 | (1)原水浊度不高<br>(2)每年排泥次数不多<br>(3)地下水位较低<br>(4)一般用于中小型水厂 |

| 排泥方法 | | 优 缺 点 | 适 用 条 件 |
|---|---|---|---|
| 穿孔管排泥 | | 优点:(1)劳动强度较小,排泥历时较短<br>(2)耗水量少<br>(3)排泥时不停水<br>(4)池底结构较简单<br>缺点:(1)孔眼易堵塞,排泥效果不稳定<br>(2)检修不便<br>(3)原水浑浊度较高时排泥效果差 | (1)原水浊度适应范围较广<br>(2)每年排泥次数较多<br>(3)地下水位较高<br>(4)新建或改建的水厂多采用 |
| 机械排泥 | 吸泥机 | 优点:(1)排泥效果好<br>(2)可连续排泥<br>(3)池底结构较简单<br>(4)劳动强度小,操作方便<br>缺点:(1)耗用金属材料多<br>(2)设备较多 | (1)原水浊度较高<br>(2)排泥次数较多<br>(3)地下水位较高<br>(4)一般用于大中型水厂平流式沉淀池 |
| | 刮泥机 | 优点:(1)排泥彻底,效果好<br>(2)可连续排泥<br>(3)劳动强度小,操作方便<br>缺点:(1)耗用金属材料及设备多<br>(2)结构较复杂 | (1)原水浊度高<br>(2)排泥次数较多<br>(3)一般用于大中型水厂辐流式沉淀池及加速澄清池 |
| | 吸泥船 | 优点:(1)排泥效果好<br>(2)可连续排泥<br>(3)操作方便<br>缺点:(1)操作管理人员多,维护较复杂<br>(2)设备较多 | (1)原水浊度高,含砂量大<br>(2)一般用于大型水厂预沉淀池中 |

人工排泥时,沉淀池存泥区做成斗形底,斗形底的布置形式与原水悬浮物性质及含量有关,即与积泥数量、积泥位置及沉泥的流动性等有关。泥斗底部设有排泥管,管径一般为200~300mm。

当原水悬浮物含量不大且允许定期停水排泥时,可用单斗底排泥。池底纵横两个方向都有坡度,一般纵坡采用0.02,横坡采用0.05。若原水悬浮物含量较高,可采用多斗底沉淀池排泥。由于泥渣大部分分布在池的前半部,故一般在池长的1/5~1/3范围内布置几排小斗。形状接近正方形,斗底斜壁与水平夹角视地下水位高低而定,多采用30°~45°,角度大时可使排泥通畅。

4. 设计要点

① 进水悬浮物不大于10g/L,出水浊度控制在5NTU以下。

② 设计水量应按最高日供水量加水厂自用水量确定。

③ 池数或分格数不少于2,当其中一格(座)因故停止运行时,其余沉淀池应能满足最低供水需要。

④ 沉淀时间1.5~3h,水平流速10~25mm/s。当原水属于低温低浊度水时,沉淀时间应适当延长。

⑤ 有效水深3~3.5m,长宽比不得小于4,长深(有效水深)比不得小于10,佛汝德数控制在$1 \times 10^{-5} \sim 1 \times 10^{-4}$。

⑥ 超高0.3~0.5m,缓冲区高度0.3~0.5m,储泥区高度0.1~0.3m,集水槽溢流率不大于3.5L/(s·m)。

⑦ 挡渣板上缘高出水面0.2~0.3m。重力排泥时,排泥管管径不小于0.2m,中心距水面不小于2m,储泥斗边坡不小于55°。

⑧ 配水墙过水洞流速控制在0.15~0.2m/s。

⑨ 采用刮泥机或吸泥机要确保池底不留死角。如果采用刮泥机,需设置储泥斗,储泥

斗边坡 $45°\sim50°$,池底坡度不小于 $2\%$。

⑩ 放空时间一般不超过 6h。

## 二、计算例题

### 【例4-1】 平流式自然沉淀池的计算

1. 已知条件

处理水量 $Q=4000\text{m}^3/\text{h}$,水源悬浮物含量 2000mg/L,要求悬浮物去除率 $Y=80\%$。根据试验结果,$Y=80\%$时相对应的截留速度 $u_0=5\text{mm/s}$。

2. 设计计算

(1) 池深 $H$　根据水厂高程布置,池深采用 $H=4\text{m}$。

(2) 池长 $L$　$L$(m)的计算公式为

$$L=\frac{Hv}{u_0}\times\left[1+\frac{v\lambda^2}{14.91u_0}+\frac{\lambda}{2.73}\times\sqrt{\frac{v}{2u_0}\left(2+\frac{v\lambda^2}{14.91u_0}\right)}\right]$$

式中　$H$——池内水深,m;

$v$——池内水平流速,mm/s,此处采用 30mm/s;

$u_0$——颗粒沉降速度,mm/s;

$\lambda$——经验数据。

$\lambda$ 与 $Y$ 值有关,见表 4-3。当 $Y=80\%$时,$\lambda=0.6$。

表 4-3　$\lambda$ 和 $Y$ 的关系

| $Y$ | 0.02 | 0.08 | 0.10 | 0.13 | 0.16 | 0.20 | 0.24 | 0.28 | 0.34 | 0.39 | 0.44 | 0.50 |
|---|---|---|---|---|---|---|---|---|---|---|---|---|
| $\lambda$ | −1.5 | −1.0 | −0.9 | −0.8 | −0.7 | −0.6 | −0.5 | −0.4 | −0.3 | −0.2 | −0.1 | 0.0 |
| $Y$ | 0.56 | 0.61 | 0.66 | 0.72 | 0.76 | 0.80 | 0.84 | 0.87 | 0.90 | 0.92 | 0.98 | |
| $\lambda$ | 0.1 | 0.2 | 0.3 | 0.4 | 0.5 | 0.6 | 0.7 | 0.8 | 0.9 | 0.92 | 0.98 | |

$$L=\frac{4\times30}{5}\left[1+\frac{30\times0.6^2}{14.91\times5}+\frac{0.6}{2.73}\times\sqrt{\frac{30}{2\times5}\left(2+\frac{30\times0.6^2}{14.91\times5}\right)}\right]=40.86\approx41(\text{m})$$

(3) 池宽 $B$

$$B=\frac{Q}{3.6vH}=\frac{4000}{3.6\times30\times4}=9.26(\text{m})$$

采用两个沉淀池,则每个池宽 $b$

$$b=\frac{B}{2}=\frac{9.26}{2}=4.63(\text{m})$$

### 【例4-2】 按沉淀时间和水平流速计算平流沉淀池

1. 已知条件

水厂设计产水量 $Q=80000\text{m}^3/\text{d}$,水厂自用水量按 5%考虑。原水平均浑浊度为 250 mg/L。沉淀池个数 $n=2$,沉淀时间 $t=1\text{h}$,池内平均水平流速 $v=14\text{mm/s}$。

2. 设计计算

(1) 设计水量 $Q$

$$Q=80000\times1.05=84000(\text{m}^3/\text{d})=3500(\text{m}^3/\text{h})$$

(2) 池体尺寸

① 单池容积 $W$

$$W=\frac{Qt}{n}=\frac{3500\times1}{2}=1750(\text{m}^3/\text{h})$$

② 池长 $L$

$$L=3.6vt=3.6\times14\times1=50.4(\text{m}),\text{采用 }50\text{m}$$

③ 池宽 $B$。池的有效水深采用 $H=3$m，则池宽

$$B=\frac{W}{LH}=\frac{1750}{50\times3}=11.7(\text{m})$$

为配合絮凝池的宽度，设计采用 12m。

每池中间设一导流墙，则每格宽度为

$$b=\frac{B}{2}=\frac{12}{2}=6(\text{m})$$

（3）进水穿孔墙

① 沉淀池进口处用砖砌穿孔墙布水，墙长 12m，墙高 3.3m（有效水深 3m，用机械刮泥装置排泥，其积泥厚度 0.1m，超高 0.2m）。

② 穿孔墙孔洞总面积 $\Omega$。孔洞处流速采用 $v_0=0.25$m/s，则

$$\Omega=\frac{Q}{3600nv_0}=\frac{3500}{3600\times2\times0.25}=1.94(\text{m}^2)$$

③ 孔洞个数 $N$。孔洞形状采用矩形，尺寸为 15cm×18cm，则

$$N=\frac{\Omega}{0.15\times0.18}=\frac{1.94}{0.15\times0.18}=71.8\approx72（\text{个}）$$

（4）出水渠

① 采用薄壁堰出水，堰口应保证水平。

② 出水渠宽度采用 1m，则渠内水深

$$h=1.73\sqrt[3]{\left(\frac{Q}{3600n}\right)^2\times\frac{1}{gb^2}}=1.73\sqrt[3]{\left(\frac{3500}{3600\times2}\right)^2\times\frac{1}{9.81\times1^2}}=0.5(\text{m})$$

为保证自由溢水，出水渠的超高定为 0.1m，则渠道深度为 0.6m。

（5）排泥设施　为取得较好的排泥效果，采用刮泥设备，在池起端设集泥坑，通过排泥管定时开启阀门，靠重力排泥。

池内存泥区高度为 0.1m，池底有 1.5‰坡度，坡向集泥坑（每池一个），集泥坑的尺寸为 50cm×50cm×50cm。

排泥管兼沉淀池放空管，其直径应按下式计算。

$$d=\sqrt{\frac{0.7BLH_0^{0.5}}{3600t}}=\sqrt{\frac{0.7\times12\times50\times3.1^{0.5}}{3600\times3}}=0.262\approx0.3（\text{m}）$$

式中　$H_0$——池内平均水深，m，此处为 3.1m；

$t$——放空时间，h，此处按 3h 计。

（6）沉淀池水力条件复核

水力半径　　　　$$R=\frac{BH}{2H+B}=\frac{12\times3}{2\times3+12}=2(\text{m})$$

弗汝德数　　　　$$Fr=\frac{v^2}{Rg}\times10^{-6}=\frac{14^2}{2\times9.81}\times10^{-6}=1\times10^{-5}$$

平流沉淀池的平面布置见图 4-2。

## 【例 4-3】　按面积负荷计算平流沉淀池

1. 已知条件

设计水量 $Q=500$m³/h，沉淀时间 $t=1.5$h，面积负荷 $u_0'=50$m³/(m²·d)。

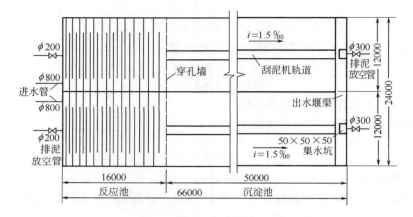

图 4-2　平流沉淀池的平面布置

2. 设计计算

(1) 池容积 $W$

$$W = Qt = 500 \times 1.5 = 750 (m^3)$$

(2) 池平面积 $F$

$$F = \frac{24Q}{u'_0} = \frac{24 \times 500}{50} = 240 (m^2)$$

(3) 池深 $H$

$$H = \frac{W}{F} = \frac{750}{240} = 3.13 (m)$$

(4) 池长 $L$　水平流速 $v$ 取 9mm/s,则池长

$$L = 3.6vt = 3.6 \times 9 \times 1.5 = 48.6 (m)$$

(5) 池宽 $B$

$$B = \frac{F}{L} = \frac{240}{48.6} = 4.94 \approx 5 (m)$$

(6) 校核长宽比 $L/B$

$$\frac{L}{B} = \frac{48.6}{5} = 9.72 > 4$$

(7) 校核长深比 $L/H$

$$\frac{L}{H} = \frac{48.6}{3.13} = 15.53 > 10$$

(8) 水力条件复核

$$R = \frac{BH}{2H+B} = \frac{5 \times 3.13}{2 \times 3.13 + 5} = 1.39 (m)$$

$$Fr = \frac{v^2}{Rg} \times 10^{-6} = \frac{9^2}{1.39 \times 9.81} \times 10^{-6} = 0.6 \times 10^{-5}$$

$Fr$ 略大,有利于抵抗异重流影响。

## 【例 4-4】　平流沉淀池储泥斗的计算

1. 已知条件

单池设计处理水量 $q = 0.1m^3/s$,进水悬浮物 $c_1 = 1000mg/L$,出水悬浮物 $c_2 = 20mg/L$。

2. 设计计算

(1) 每日干泥量 $V$

$$V=\frac{86400q(c_1-c_2)}{10^6}=\frac{86400\times0.1\times(1000-20)}{10^6}=8.47(t)$$

(2) 每日泥浆体积 $V_0$　干泥密度 $\rho=1.8t/m^3$，泥浆含水率 $P_2=95\%$，每日泥浆体积

$$V_0=\frac{100V}{\rho(100-P_2)}=\frac{100\times8.47}{1.8(100-95)}=94.11(m^3)$$

(3) 储泥斗体积　泥斗高度 $h_2$ 取 1.75m，上口面积 $F_1=4\times4=16(m^2)$，下口面积 $F_2=0.5\times0.5=0.25(m^2)$，单个泥斗体积

$$V_1'=\frac{h_2}{3}(F_1+F_2+\sqrt{F_1F_2})=\frac{1.75}{3}(16+0.25+\sqrt{16\times0.25})=10.65(m^3)$$

池内共设泥斗 10 个，泥斗总体积

$$V_1=10V_1'=10\times10.65=106.5(m^3)$$

(4) 排泥周期 $T_0$

$$T_0=V_1/V_0=106.5/94.11=1.13\approx1(d)$$

**【例 4-5】　平流沉淀池进水穿孔墙与出水三角堰的计算**

1. 已知条件

沉淀池设计流量 $Q=0.04m^3/s=40L/s$，池宽 $B=2.4m$，池内有效水深 $H_0=2.5m$。

2. 设计计算

(1) 进水穿孔墙

① 过水孔总面积 $S_Z$。过孔流速 $v_1$ 取 0.2m/s，过水孔总面积

$$S_Z=Q/v_1=0.04/0.2=0.2(m^2)$$

② 过水孔数量 $n_0$。配水墙采用钢筋混凝土结构，过水孔尺寸为 0.1m×0.1m，单个过水孔面积 $S_0=0.01m^2$，过水孔数量

$$n_0=S_Z/S_0=0.2/0.01=20(个)$$

③ 过水孔布置。过水孔布置 5 排，每排 4 个。水平方向，过水孔中心距 0.6m，孔间净距 0.5m，边孔中心距池壁 0.3m，净距 0.25m；垂直方向，过水孔中心距 0.5m，孔间净距 0.45m，边孔中心距池底或水面 0.25m，净距 0.2m。

(2) 出水三角堰

① 集水槽布置（见图 4-3）。采用 0.2m 宽指形槽集水，每个指形槽长 2m，边槽单边集水，中间槽双面集水，集水堰总长度

$$L=1.7\times6+2.4=12.6(m)$$

集水堰溢流率 $q_0$

$$q_0=Q/L=40/12.6=3.17[L/(s\cdot m)]$$

$q_0$ 小于 3.7L/(s·m)，符合要求。

② 三角堰数量 $n$。采用 90° 三角堰，每个三角堰高度 $H_1=0.05m$，三角堰数量为

$$n=\frac{L}{2H_1}=\frac{12.6}{2\times0.05}=126(个)$$

③ 每个三角堰流量 $q_1$

$$q_1=Q/n=40/144=0.278(L/s)$$

④ 作用水头 $H_2$

$$H_2=\left(\frac{q_1}{1.343}\right)^{\frac{1}{2.47}}=\left(\frac{0.000278}{1.343}\right)^{\frac{1}{2.47}}=0.032(m)$$

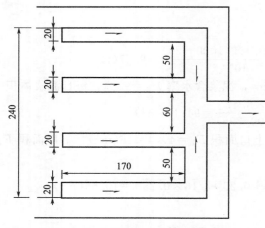

图 4-3　集水槽布置示意　单位：cm

作用水头小于堰高，结果可行。

## 【例 4-6】　平流沉淀池行车式排泥机械选型计算

排泥机械选型除满足沉淀池几何尺寸（跨度、长度等）要求外，主要计算内容是计算排泥流量，以便设备订货。

### 1. 已知条件

采用平流沉淀池；设计产水量 $Q=80000 \text{m}^3/\text{d}$；水厂自用水量系数 $\alpha=0.05$；原水平均浑浊度 $C_0=250 \text{NTU}$，沉淀池出水浊度 $3 \text{NTU}$。

混凝剂采用聚合氯化铝 PAC，$Al_2O_3$ 含量 $10\%$，最大投加量 $30 \text{mg/L}$。

沉淀池个数 $n=2$，沉淀区长度 $L=50 \text{m}$，池宽 $B=12 \text{m}$，水深 $H=3.5 \text{m}$，中间不设导流墙。

### 2. 设计计算

（1）产泥量计算　计算公式如下

$$S=(1+\alpha)Q(K_1 C_0 + K_2 Df) \times 10^{-6}$$

式中　$S$——沉淀池产泥量，t/d；

$\alpha$——水厂自用水系数；

$Q$——设计水量，$\text{m}^3/\text{d}$。

$C_0$——设计进水浊度，NTU；

$K_1$——原水浊度与 SS 的换算系数，参照其他工程经验，$K_1=1.5$；

$K_2$——药剂产泥系数，$K_2=1.53$；

$D$——混凝剂投加量，mg/L；

$f$——混凝剂中有效成分含量。

按上述参数计算，产泥量

$$S=(1+0.05) \times 80000 \times (1.5 \times 250 + 1.53 \times 30 \times 0.1) \times 10^{-6} = 31.89(\text{t/d})$$

（2）排泥量　沉淀池排泥浓度 $m$ 取 $1.0\%$，泥渣干密度 $\rho_k$ 取 $2.6 \text{t/m}^3$，泥浆密度

$$\rho_g = 1/(m/\rho_k + 1-m) = 1/(0.01/2.6 + 1 - 0.01) = 1.006(\text{t/m}^3)$$

排泥量　　　$G_S = S/(nm\rho_g) = 31.89/(2 \times 0.01 \times 1.006) = 1585(\text{m}^3)$

（3）排泥流量　排泥机械选用行车式刮吸机，行走速度 $v$ 为 $1 \text{m/min}$，行走一次需用时间

$$T=L/v=50/1=50(\text{min})$$

沉淀池每天排泥一次，排泥流量

$$Q_s = G_S/T = 1585/50 = 31.7(\text{m}^3/\text{min}) = 1902(\text{m}^3/\text{h}) = 0.528(\text{m}^3/\text{s})$$

（4）排泥机械选用条件　根据上述计算，选用泵吸行车式刮吸泥机，订货条件为：行车跨度 12m，行程长度 50m，水深 3.5m，行走速度 1m/min，排泥流量 1902$\text{m}^3/\text{h}$。

（5）排泥渠　沿沉淀池长度方向布置混凝土排泥渠。

排泥渠内流速 $v_q$ 取 $0.8 \text{m/s}$，渠道宽度 $B_q$ 取 $0.5 \text{m}$，渠道水深

$$H_q = \frac{Q_s}{v_q B_q} = \frac{0.528}{0.8 \times 0.5} = 1.32 (\text{m})$$

渠道水力半径

$$R = \frac{H_q B_q}{2H_q + B_q} = \frac{1.32 \times 0.5}{2 \times 1.32 + 0.5} = 0.210 (\text{m})$$

渠道糙率 $n$ 取 0.013，渠道坡度

$$i_q = \left(\frac{nv_q}{R^{2/3}}\right)^2 = \left(\frac{0.013 \times 0.8}{0.210^{2/3}}\right)^2 = 0.0009 \approx 0.001$$

渠道超高取 0.3m，渠道高度为 1.62m。

# 第三节　斜板（管）沉淀池

## 一、概述

1. 构造特点和分类

斜板（管）沉淀池是一种在沉淀池内装有许多间隔较小的平行倾斜板，或直径较小的平行倾斜管的沉淀池。斜板（管）沉淀池按进水方向的不同可分为三种类型。

（1）横向流斜板沉淀池　水从斜板侧面平行于板面流入，并沿水平方向流动，而沉泥由底部滑出，水和泥呈垂直方向运动。这种沉淀池也称侧向流、平向流及平流式斜板沉淀池。

（2）上向流斜板（管）沉淀池　水从斜板（管）底部流入，沿板（管）壁向上流动，泥渣在斜板（管）中间沉淀，由底部滑出。这种沉淀池也叫上流式，又因为水和沉泥运动方向是相反的，故也叫逆向流斜板（管）沉淀池。此种形式，我国目前用得最多，尤其是斜管沉淀池。

（3）下向流斜板（管）沉淀池　水从斜板（管）的顶部入口处流入，沿板（管）壁向下流动，水和泥呈同一方向运动，因此也叫下流式或同向流斜板（管）沉淀池。"兰美拉"分离器，是下向流斜板沉淀池的一种形式。

另外，若按斜板（管）设置的层数，又可分为单层和多层斜板（管）沉淀池。目前以前者用得最多。

斜板（管）的水流断面形式国内常用的有平行板、正六边形、方形、矩形、波纹网眼形等，国外尚有山形、圆底形等。

斜板（管）沉淀池具有沉淀效率高、占地面积小等优点，但必须注意确保絮凝效果和解决好排泥等问题。排泥设施在斜板（管）沉淀池中占有十分重要的地位，排泥是否顺畅关系到沉淀池能否正常运行，出水能否达到设计要求。国内目前常用的排泥设施有三类。

（1）机械排泥　运行过程可自动控制，管理操作简单。可采用平底池以降低池高，减少土建费用，适用于大型斜板（管）沉淀池。机械排泥按机械构造可分为桁架式、牵引式、中心悬挂式；按排泥方式可分为吸泥机和刮泥机等。上述机械排泥类型在我国各地均有采用。

（2）穿孔管排泥　靠静水头作用重力排泥，结构简单，排泥方便，但容易堵塞，常用于原水浊度不大 的中小水量、面积小、管长不大的斜板（管）沉淀池。

（3）多斗式排泥　容易控制和管理，且不易堵塞，但斗深增加了池子的高度，使土建造价加大。适用于中小型斜板（管）沉淀池。

### 2. 设计计算方法

斜板（管）沉淀池的计算方法有分离粒径法、特性参数法和加速沉降法三种，其计算公式见表4-4。这三种计算方式的区别在于对管内流速和颗粒沉降的假定不同。

**表 4-4　斜板（管）沉淀池计算公式**

| 流向 | 断面形式 | 计算方法 | | |
|---|---|---|---|---|
| | | 分离粒径法 | 特性参数法 | 加速沉降法 |
| 上向流 | 圆管 | | $s=\dfrac{u_0}{v_0}\left(\dfrac{l}{d}\cos\theta+\sin\theta\right)=\dfrac{4}{3}$ | $l=\dfrac{16}{15}v_0\sqrt{\dfrac{2d}{a\cos\theta}}-d\tan\theta$ |
| | 平行板 | $d_p^2=K\dfrac{Q}{A_f+A}$，或 $Q=\varphi u_0(A_f+A)$ | $s=\dfrac{u_0}{v_0}\left(\dfrac{l}{d}\cos\theta+\sin\theta\right)=1$ | $l=\dfrac{4}{5}v_0\sqrt{\dfrac{2d}{a\cos\theta}}-d\tan\theta$ |
| | 正多边形 | | $s=\dfrac{u_0}{v_0}\left(\dfrac{l}{d}\cos\theta+\sin\theta\right)=\dfrac{4}{3}$ | |
| | 浅层明槽 | | $s=\dfrac{u_0}{v_0}\left(\dfrac{l}{H}\cos\theta+\sin\theta\right)=1$ | |
| | 方形暗渠 | | $s=\dfrac{u_0}{v_0}\left(\dfrac{l}{d}\cos\theta+\sin\theta\right)=\dfrac{11}{8}$ | |
| 下向流 | 平行板 | $d_p^2=K\dfrac{Q}{A_f-A}$，或 $Q=\varphi u_0(A_f-A)$ | $s=\dfrac{u_0}{v_0}\left(\dfrac{l}{d}\cos\theta-\sin\theta\right)=1$ | $l=\dfrac{4}{5}v_0\sqrt{\dfrac{2d}{a\cos\theta}}+d\tan\theta$ |
| | 圆管 | | | $l=\dfrac{16}{15}v_0\sqrt{\dfrac{2d}{a\cos\theta}}+d\tan\theta$ |
| 横向流 | 平行板 | $d_p^2=K\dfrac{Q}{A_f}$，或 $Q=\varphi u_0 A_f$ | $s=\dfrac{u_0}{v_0}\times\dfrac{l}{d}\cos\theta=1$ | $l=v_大\sqrt{\dfrac{2d}{a\cos\theta}}$ |

注：$d_p$—分离颗粒的粒径；$K$—系数，由试验求得；$\varphi$—沉淀池有效系数；$Q$—池的进水流量；$A_f$—斜板总投影面积；$A$—斜板区表面积；$u_0$—颗粒临界沉降速度；$s$—特性参数；$v_0$—板（管）内平均流速；$l$—斜板（管）长度；$\theta$—斜板（管）倾角；$a$—颗粒的沉降加速度；$v_大$—管内纵向最大流速；$d$—相邻斜板的垂直距离或斜管管径。

以上三种计算方法中，分离粒径法是斜板计算的一种方法，它不考虑流速分布的情况，因此计算比较简略，实质上是特性参数公式的一种特定形式。特性参数法虽考虑了板（管）内顺水流方向的流速分布情况，但也未考虑凝聚颗粒的沉降情况。加速沉降法虽考虑了凝聚颗粒的加速沉降因素，但未考虑颗粒的起始沉降问题，同时目前尚缺少验证。另外，三种计算方法均未考虑垂直水流的横向断面上的流速问题，仅从纵向断面上的最大沉距来考虑问题。因此，斜板斜管沉淀池的水力计算方法，尚需进一步完善。

计算公式在理论上即使合理，而对一些基本参数（如颗粒沉降速度 $u_0$、颗粒沉降加速度 $a$ 等）选取不当，也会造成很大出入。因此在设计中应参考实际经验采取较为安全和笼统的数据。经实践比较，采用特性参数公式，偏于安全，亦较利于适应水质变化的冲击负荷。

斜板（管）沉淀池的设计计算，主要在于确定池体尺寸，计算斜板（管）装置，校核运行参数（停留时间、上升流速、雷诺数等），确定排泥设备及进水与出水系统等。

## 二、计算例题

### 【例4-7】　上向流斜管沉淀池的计算

#### （一）设计要点

（1）颗粒沉淀速度　与原水水质、出水水质的要求及絮凝效果等因素有关，应通过沉淀试验求得。在无试验资料时，可参考已建类似沉淀设备的运转资料确定。混凝处理后的颗粒沉淀速度一般为 0.3～0.5mm/s。

（2）上升流速　泛指斜板、斜管区平面面积上的液面上升流速，可根据表面负荷计算求得。一般情况下，当要求出水浊度在 5NTU 左右时，上升流速可选用 2～3mm/s；相当于斜管沉淀区液面负荷 9.0～11.0m³/(h·m²)；当斜板（管）倾角为 60°时，其板（管）内流速为 2.5～3.5mm/s；低温低浊度原水及大水量池子应采用低值。另外，水在斜板（管）内的停留时间，一般为 4～7min。

（3）斜板（管）的倾角　与材料有关，多采用后倾式，以利于均匀配水。为排泥方便，一般倾角采用 50°～60°。上向流斜板（管）倾角一般为 60°。

（4）管径与板距　管径指圆形斜管的内径、正方形的边长、六边形的内切圆直径，一般为 25～35mm；板距则指矩形或平行板间的垂直距离，一般采用 50～150mm。

（5）斜板（管）的长度　一般为 1m。考虑到水流由斜管进口端的紊流过渡到层流的影响，斜管计算可另加 20～25cm 过渡段长度，作为斜管的总长度。图 4-4 和图 4-5 是按特性参数公式绘制的正六边形和平行板矩形斜管的 $l/d$ 与颗粒临界沉降速度的关系曲线，供计算参考，设计时应结合实际经验调整采用。

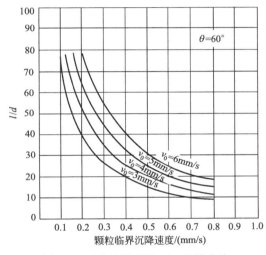

图 4-4　正六边形斜管 $l/d$ 计算曲线

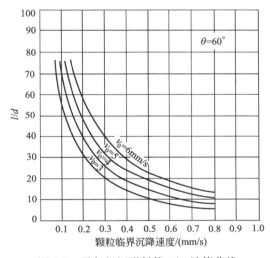

图 4-5　平行板矩形斜管 $l/d$ 计算曲线

（6）有效系数（或利用系数）$\varphi$　指斜板（管）区中有效过水面积（总面积扣除斜板或斜管的结构面积）与总面积之比，由于材料厚度和性状不同而异。对于塑料与纸质六边形蜂窝斜管，$\varphi$ 值可取 0.92～0.95；对于石棉水泥板，$\varphi$ 值可取 0.79～0.86。

（7）整流设施　目的在于使水流能均匀地由絮凝池进入斜板（管）下部的配水区。其形式有以下几种：①缝隙隔条整流，缝隙前窄后宽，穿缝流速可为 0.13m/s；②穿孔墙整流，穿孔流速可为 0.05～0.10m/s；③下向流配水斜管（同向流凝聚配水器），管内流速可用 0.05m/s。

（8）配水区高度　当采用 V 形槽穿孔管或排泥斗时，斜板（管）底到 V 形槽顶的高度不小于 1.2～1.5m；当采用机械刮泥时，斜板（管）底到池底的高度以不小于 1.5m 为宜。另外，应在斜板（管）区或池壁边设置人孔或检修廊。

（9）清水区和集水系统　清水区深度一般为 0.8～1.0m，集水系统的设计一般与澄清池相同，有穿孔集水管（上面开孔）和溢流槽两种形式。穿孔管的进水孔径一般为 25mm，孔距 100～250mm，管中距在 1.1～1.5m。溢流槽有堰口集水槽和淹没孔集水槽，孔口上淹没深度为 5～10cm。在设计集水总槽时，应考虑出水量超负荷的可能性，一般至少按设计流量的 1.5 倍计算。

（10）雷诺数 $Re$ 和弗汝德数 $Fr$　它们是用于判定沉淀效果的重要指标。普通斜板沉淀池的雷诺数一般为数百到 1000，基本上属层流区。斜管沉淀池的雷诺数往往在 200 以下，甚至低于 100。在斜板沉淀池中，当斜板倾角为 60°，板间斜距为 $P$，水温为 20℃（$\nu=$

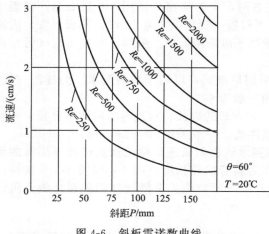

图 4-6　斜板雷诺数曲线

0.01cm²/s）时，其雷诺数曲线如图 4-6 所示。斜板沉淀池的弗汝德数，一般为 $10^{-4} \sim 10^{-3}$（普通平流沉淀池 $Fr = 10^{-5}$）。斜管沉淀池由于湿周大，水力半径较斜板沉淀池小，因此弗汝德数更大。当斜板斜距为 $P$，水温为 20℃（$\nu = 0.01cm^2/s$），倾角为 60° 时，弗汝德数曲线如图 4-7 所示。目前在设计斜板、斜管沉淀池时，一般只进行雷诺数的复核，而对弗汝德数往往不予核算。对正六边形断面斜管，当其内切圆直径 $d = 2.5 \sim 5.0cm$，管内平均流速 $v_0 = 3 \sim 10mm/s$，水温 $t = 20$℃（$\nu = 0.01cm^2/s$）时，其雷诺数见表 4-5。矩形断面斜板（管）沉淀装置，当其板距 $d = 2.5 \sim 5.0cm$，板

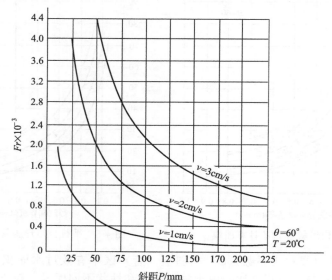

图 4-7　斜板弗汝德数曲线

间隔条间距 $W = 20.30cm$，水温为 20℃（$\nu = 0.01cm^2/s$）时，其雷诺数见表 4-6。

表 4-5　正六边形断面斜管雷诺数

| 管内平均流速 | 内切圆直径 $d$/mm | | | | |
|---|---|---|---|---|---|
| $v_0$/(mm/s) | 2.5 | 3.0 | 3.5 | 4.0 | 5.0 |
| 3.0 | 18.8 | 22.5 | 26.3 | 30.0 | 37.5 |
| 3.5 | 22.0 | 26.3 | 30.7 | 35.0 | 43.7 |
| 4.0 | 25.0 | 30.0 | 35.0 | 40.0 | 50.0 |
| 4.5 | 28.0 | 34.0 | 39.5 | 45.0 | 56.2 |
| 5.0 | 31.0 | 37.8 | 43.7 | 50.0 | 62.5 |
| 5.5 | 34.2 | 41.3 | 48.2 | 55.0 | 68.7 |
| 6.0 | 37.6 | 45.0 | 52.5 | 60.0 | 75.0 |
| 6.5 | 40.2 | 49.0 | 57.0 | 65.0 | 81.2 |
| 7.0 | 44.0 | 52.5 | 61.5 | 70.0 | 87.5 |
| 7.5 | 47.0 | 56.2 | 65.7 | 75.0 | 93.5 |
| 8.0 | 50.0 | 60.0 | 70.0 | 80.0 | 100.0 |
| 9.0 | 56.0 | 68.0 | 79.0 | 90.0 | 112.5 |
| 10.0 | 62.0 | 75.0 | 81.5 | 100 | 125.0 |

表 4-6 矩形断面斜板（管）雷诺数

| 管内平均流速 $v_0$/(mm/s) | 板间隔条间距/cm | | | | | | | | | |
|---|---|---|---|---|---|---|---|---|---|---|
| | $W=20cm$ | | | | | $W=30cm$ | | | | |
| | 2.5 | 3.0 | 3.5 | 4.0 | 5.0 | 2.5 | 3.0 | 3.5 | 4.0 | 5.0 |
| 3.0 | 33.3 | 39.0 | 44.7 | 50.0 | 60.0 | 34.5 | 41.0 | 47.0 | 53.0 | 64.5 |
| 3.5 | 39.0 | 45.5 | 52.0 | 58.5 | 70.0 | 40.5 | 47.5 | 54.5 | 62.0 | 75.0 |
| 4.0 | 44.5 | 52.0 | 59.5 | 67.0 | 80.0 | 46.0 | 54.3 | 62.5 | 70.5 | 86.0 |
| 4.5 | 50.0 | 58.5 | 67.0 | 75.0 | 90.0 | 52.0 | 61.0 | 70.5 | 79.5 | 97.0 |
| 5.0 | 55.5 | 65.0 | 74.5 | 83.5 | 100.0 | 57.5 | 68.0 | 78.0 | 88.0 | 108.0 |
| 5.5 | 61.1 | 71.5 | 82.0 | 92.0 | 110.0 | 63.5 | 75.0 | 86.0 | 97.0 | 118.0 |
| 6.0 | 66.6 | 78.0 | 89.5 | 100.0 | 120.0 | 69.0 | 81.5 | 94.0 | 106.0 | 129.0 |
| 7.0 | 78.0 | 91.0 | 104.0 | 117.0 | 140.0 | 81.0 | 95.0 | 109.0 | 124.0 | 150.0 |
| 8.0 | 89.0 | 104.0 | 119.0 | 134.0 | 160.0 | 92.0 | 108.5 | 125.0 | 141.0 | 172.0 |
| 9.0 | 100.0 | 117.0 | 134.0 | 150.0 | 180.0 | 104.0 | 122.0 | 141.0 | 159.0 | 194.0 |
| 10.0 | 110.0 | 130.0 | 149.0 | 167.0 | 200.0 | 115.0 | 136.0 | 157.0 | 177.0 | 215.0 |

## （二）计算例题

### 1. 已知条件

设计水量 $Q=15500m^3/d=0.18m^3/s$，液面上升流速 $v=3.5mm/s$，颗粒沉降速度 $u_0=0.4mm/s$，采用蜂窝六边形塑料斜管，板厚 0.4mm，管的内切圆直径 $d=25mm$，斜管倾角 $\theta=60°$，沉淀池的有效系数 $\varphi=0.95$。

### 2. 设计计算

（1）清水区净面积 $A'$
$$A'=Q/v=0.18/0.0035=51.4(m^2)$$

（2）斜管部分的面积 $A$
$$A=A'/\varphi=51.4/0.95=54.1(m^2)$$

斜管部分平面尺寸：宽度 $B'$ 取 6m，长度 $L'$ 取 9m。

（3）进水方式 沉淀池进水由边长一侧流入。该边长与絮凝池宽度相同。

（4）管内流速 $v_0$
$$v_0=v/\sin\theta=3.5/\sin60°=3.5/0.866=4.04(mm/s)$$

考虑到水量波动，设计采用 $v_0=5mm/s$。

（5）管长 $l$

① 有效管长 $l$。根据 $u_0$ 和 $v_0$ 值，按图 4-4 得 $l/d=32$，则
$$l=32d=32×25=800(mm)$$

② 过渡段长度 $l'$ 采用 200mm。

③ 斜管总长 $L$
$$L=l+l'=800+200=1000(mm)$$

（6）池宽调整
$$B=B'+L\cos\theta=6+1×\cos60°=6+0.5=6.5(m)$$

斜管支承系统采用钢筋混凝土柱、小梁及角钢架设。

（7）复核雷诺数 $Re$ 根据管内流速 $v_0=5mm/s$ 和管径 $d=25mm$，查表 4-5，得雷诺数 $Re=31$。

（8）管内沉淀时间 $t$

$$t=L/v_0=1000/5=200(s)=3.33(min)$$

（9）池高 $H$ 超高 $H_1$ 采用 0.3m；清水区高度 $H_2$ 采用 0.9m；斜板区高度

$$H_3=L\sin\theta=1\times0.866\approx0.9(m)$$

配水区高度 $H_4$（按泥槽顶计）采用 1.3m。

采用穿孔管排泥，V 形槽边与水平成 45°，共设 8 个槽，槽高 0.8m，排泥管上装快开闸门。排泥槽高度 $H_5$ 为 0.8m。

有效池深 $\qquad H'=H_2+H_3+H_4=0.9+0.9+1.3=3.1(m)$

滤池总高 $\qquad H=H_1+H'+H_5=0.3+3.1+0.8=4.2(m)$

（10）进口配水 进口采用穿孔墙配水，穿孔流速 0.1m/s。

（11）集水系统 采用淹没孔集水槽，共 8 个，集水槽中距为 1.1m。

上向流斜管沉淀池的布置见图 4-8。

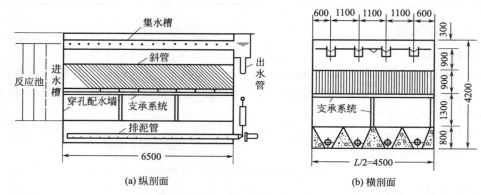

图 4-8 上向流斜管沉淀池的布置

## 【例 4-8】 横向流斜板沉淀池的计算

### （一）设计要点

横（平）向流斜板沉淀池与平流式沉淀池的结构相似，但其沉淀区内装有纵向斜板。因此，它适于旧平流式沉淀池的改造。当池深较大时，为使斜板的制作和安装方便，在垂直方向可分成几段，在水平方向也可分成若干个单体组合使用。其设计要点如下。

① 颗粒沉降速度 $u_0$ 与上向流斜管（板）沉淀池同样考虑。

② 板内流速 $v_0$ 可比普通平流式沉淀池的常用水平流速略高一些，可按 10～20mm/s 设计。

③ 斜板倾角 $\theta$ 以 50°～60°为宜。

④ 板距 $P$ 一般采用 50～160mm，常用 100mm。当斜板倾角为 60°时，两块斜板的垂直距离 $d$ 为 80mm 左右。

⑤ 斜板长度 $l$，系指斜板沿水流方向的长度。斜板的最小长度为 $l=tv_0=P\tan\theta\times v_0/u_0$。

⑥ 停留时间 $t_留$（指水流在斜板内通过的时间），根据板距 $P$ 和沉降速度 $u_0$ 求得，它不是一个控制指标。一般 $t_留$ 为 10～15min。

⑦ 有效系数 $\varphi$，指增加斜板沉淀面积后，实际所能提高的沉淀效率和理论上可以提高的沉淀效率的比值。一般为 70%～80%，设计时以小于 75%为宜。

⑧ 为了均匀配水和集水，在横向流斜板沉淀池的进口与出口处应设置整流墙。其孔口

可为圆形、方形、楔形、槽形等。一般开孔面积约占墙面积的 3%～7%。要求进口整流墙的穿孔流速不大于絮凝池的末挡流速。整流墙与斜板进口的间距为 1.5～2.0m，距出口 1.2～1.4m。

⑨ 为了防止水流在斜板底下短流，必须在池底上及斜板底下，垂直于水流设置多道阻流壁（木板或砖墙）。在两道阻流壁之间，设横向刮泥设施。另外，在斜板两侧与池壁的空隙处也应堵塞紧密以阻流，同时斜板顶部应高出水面。

⑩ 一般在平流式沉淀池中加设斜板时，其位置设在靠近出水端区域为宜。

### (二) 计算例题

#### 1. 已知条件

设计水量 $Q=15000\text{m}^3/\text{d}=0.18\text{m}^3/\text{s}$；颗粒沉降速度 $u_0=0.4\text{mm/s}=0.0004\text{m/s}$；板内平均流速 $v_0=15\text{mm/s}=0.015\text{m/s}$；斜板板距 $P=100\text{mm}=0.1\text{m}$；斜板倾角 $\theta=60°$；有效系数 $\varphi=0.75$；斜板装置分上下两段，每段斜板长 $l'=1\text{m}$。

#### 2. 设计计算

(1) 斜板的计算

① 按分离粒径法计算

a. 斜板面积 $A_f'$

斜板投影面积　　　$A_f=Q/(\varphi u_0)=0.18/(0.75\times0.0004)=600(\text{m}^2)$

斜板实际面积　　　　　　$A_f'=A_f/\cos\theta=600/0.5=1200(\text{m}^2)$

斜板分上下两段，每段实际面积　$A_f''=A_f'/2=1200/2=600(\text{m}^2)$

b. 斜板高度 $h_1$

每段斜板高度　　　　　$h=l'/\sin\theta=1\times\sin60°=0.866(\text{m})$

两段斜板总高　　　　$h_1=2h=2\times0.866=1.732(\text{m})$

c. 池宽 $B$　　$B=Q/(v_0 h_1)=0.18/(0.015\times1.732)=6.93\approx7(\text{m})$

池壁阻流墙所占宽度　　$B'=l\cos\theta=1\times\cos60°=0.5(\text{m})$

池子总宽　　　　　　$B+B'=7.0+0.5=7.5(\text{m})$

d. 斜板装置的纵向长度 $L$（沿水流方向）

斜板间隔数　　　　　$N=B/P=7.0/0.1=70(\text{个})$

斜板装置纵长　$L=A_f''/[(N+1)l]=600/[(70+1)\times1]=8.45\approx8.5(\text{m})$

e. 复核颗粒沉降所需斜板长度 $L'$

$$L'=(P\tan\theta/u_0)v_0=(0.1\times\tan60°/0.0004)\times0.015=6.5(\text{m})$$

斜板装置纵长 $L$ 采用 8.5m＞6.5m，故满足要求。

② 按特性参数法计算

a. 水流方向上的板长 $l$

$$l=(v_0/u_0)\tan\theta p=(0.015/0.0004)\times1.73\times0.1=6.5(\text{m})$$

b. 斜板区横断面积 $A$

$$A=Q/v_0=0.18/0.015=12(\text{m}^2)$$

c. 斜板高度 $h_1$。因斜板斜长为 1m，故两段总高度仍为 $h_1=1.732\text{m}$。

d. 池宽 $B$

$$B=A/h_1=12/1.732=6.93\approx7(\text{m})$$

e. 斜板总面积 $A'$

$$A'=2(B/P)l'l=2\times(7/0.1)\times1\times6.5=910(\text{m}^2)$$

特性参数公式未考虑有效系数 $\varphi$，若同样按 $\varphi=0.75$ 计，则水流方向的斜板长度为

$$l/\varphi = 6.5/0.75 = 8.7(\text{m})$$

相应斜板总面积为

$$A'/\varphi = 910/0.75 = 1213(\text{m}^2)$$

以上对斜板的两种计算方法，结果基本一致。

（2）排泥　采用穿孔管排泥，沿池长（$L = 8.5$m）横向铺设 6 条槽（前后另加 2 条），槽宽 1.4m，槽壁倾角 60°，槽壁斜高 1m。穿孔管计算与一般沉淀池相同，此处从略。

考虑到斜板支承系统的高度及维修要求，排泥槽顶距斜板底采用 1.2m。

（3）沉淀部分总长　进口距整流墙 1.5m；斜板区纵长为 8.5m；斜板出口至整流墙采用 1.2m；出水渠宽采用 1.0m；所以沉淀区总长为 12.2m。

（4）池子总高度　超高采用 0.3m；斜板全高（两段）1.73m；斜板底与排泥槽上口距离采用 1.20m；排泥槽高 1.0m；所以池体总高为 4.23m。

（5）其他　阻流板共设三道，有关进出水整流墙的计算从略。横向流斜板沉淀池的布置见图 4-9。

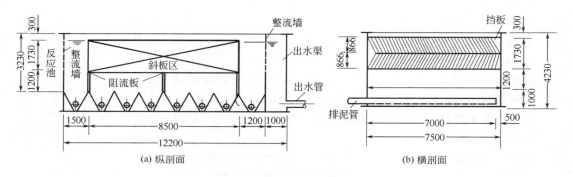

图 4-9　横向流斜板沉淀池的布置

## 【例 4-9】　侧向流迷宫式斜板沉淀池的计算

### （一）设计要点

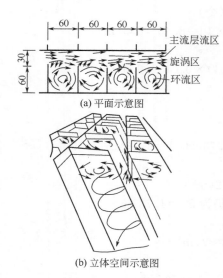

（a）平面示意图

（b）立体空间示意图

图 4-10　迷宫式斜板沉淀池示意

侧向流迷宫斜板沉淀池的构造与普通侧向流斜板沉淀池基本相同，不同之处在于斜板区。迷宫式斜板是在一般的斜板垂直方向安装数道翼形叶片，如图 4-10 所示。翼形叶片将进入的水流分为主流区、漩涡区和环流区。随水流进入主流区内的絮体在下沉的过程中进入漩涡区，再被强制输送到环流区，在环流作用下呈螺旋形运动并沿翼片槽下沉到池底，不会受主流区水流的影响重新泛起，因此迷宫式斜板沉淀具有较高的沉淀效率。

垂直于斜板的翼片将斜板之间的空间分隔为许多小格，形成多个串联的微型沉淀池。每个微型沉淀池都能够去除一部分浊度，斜板区出口处的浊度是多个串联的微型沉淀池共同作用的结果。因此出口区浊度应按下式计算。

$$C_i = C_e + (C_0 - C_e)(1 - K)^i$$

式中　$C_i$——斜板出口处的浊度，NTU；

　　$C_0$——斜板进口处的浊度，NTU；

　　$C_e$——不可沉降的浊度，NTU；

　　　$i$——斜板区分格数；

　　$K$——每个小格的分离系数，即可沉淀浊度的去除率。

侧向流迷宫斜板沉淀池的设计要点如下。

① 表面负荷率采用 $10\sim14\text{m}^3/(\text{h}\cdot\text{m}^2)$，低温低浊水用下限。

② 断面水平流速一般为 $7\sim10\text{mm/s}$，主流区流速可取 $20\sim35\text{mm/s}$，低温低浊水用下限。

③ 斜板长度一般为 $1.0\sim2.0\text{m}$，沿池深方向分成 $2\sim3$ 层，呈"人"字形折转布置。当原水浊度高时，选用的板材长度宜短，而折数增加。

④ 迷宫斜板沉淀池的池深由斜板区高度、积泥区高度和超高组成。迷宫斜板区的有效高度约 $2.6\text{m}$，可设置 3 层。斜板下积泥区高度一般不小于 $1.4\text{m}$，超高为 $0.3\text{m}$，池的总高度在 $4.3\sim4.5\text{m}$。

⑤ 迷宫斜板沉淀池的进口端一般应设穿孔或栅缝配水墙，孔口或栅缝的流速宜小于 $0.1\text{mm/s}$，配水墙距离迷宫斜板的距离为 $0.5\sim2\text{m}$。

⑥ 迷宫斜板沉淀池的出口选用穿孔集水槽或孔口出流，出水区长度一般为 $1.0\sim1.4\text{m}$。

⑦ 为阻止局部短流，可在翼片斜板区的底部和两侧设置数道阻流墙或阻流板。

⑧ 单元叶片区格分离系数 $K$ 为 $0.06\sim0.154$，平均值为 $0.1$，设计可采用 $0.08\sim0.09$。

⑨ 迷宫斜板沉淀池的斜板一般选用长为 $1\text{m}$，宽 $0.6\sim0.9\text{m}$，厚为 $1.0\sim1.5\text{mm}$ 的聚氯乙烯平板。斜板倾斜角为 $60°$，斜板间距 $80\sim90\text{mm}$，斜板上的翼片间距为 $60\text{mm}$，高为 $60\text{mm}$。

## （二）计算例题

### 1. 已知条件

设计水量 $Q=16000\text{m}^3/\text{d}=666.67\text{m}^3/\text{h}=0.185\text{m}^3/\text{s}$；进水浊度 $C_0=560\text{NTU}$，出水浊度 $C_i=15\text{NTU}$；不可沉降的浊度 $C_e=3\text{NTU}$，单元翼片区格分离系数 $K=0.085$；断面水平流速 $v_0=8\text{mm/s}$；斜板间距 $P=100\text{mm}=0.1\text{m}$；斜板倾角 $\theta=60°$；迷宫斜板长度 $L=1000\text{mm}$，宽度 $B=900\text{mm}$，板厚 $\delta=1.5\text{mm}$；斜板翼片间距 $b_0=60\text{mm}$，高 $60\text{mm}$。

### 2. 设计计算

（1）沉淀池的总长度

① 斜板区沿水流方向的翼片区格总数

$$i=\frac{\lg\left(\dfrac{C_i-C_e}{C_0-C_e}\right)}{\lg(1-K)}=\frac{\lg\left(\dfrac{15-3}{560-3}\right)}{\lg(1-0.085)}=43(\text{格})$$

沿水流方向设 3 段迷宫斜板，段与段之间的安装距离 $b$ 取 $0.1\text{m}$。每段斜板沿水流方向上有 15 个叶片区格，翼片区格总数 $i$ 为 45。

② 迷宫斜板区长度

$$L_2=ib_0+b(n-1)=45\times0.06+0.1\times(3-1)=2.9(\text{m})$$

式中　$L_2$——迷宫斜板区长度，m；

　　$n$——段数。

③ 沉淀池总长度 $L$。进水区长度 $L_1$ 取 1.5m,出水区长度 $L_3$ 取 1.5m,沉淀池总长

$$L=L_1+L_2+L_3=1.5+2.9+1.5=5.9(m)$$

(2) 沉淀池的高度 $H$ 翼片斜板在竖向设三层布置,迷宫斜板的有效高度

$$H_1=NL\sin\theta=3\times1\times\sin60°=2.6(m)$$

式中 $N$——迷宫斜板安装层数;

$L$——斜板长度,m;

$\theta$——斜板安装倾角,(°)。

积泥区高度 $H_2$ 取 1.4m,超高 $H_3$ 取 0.3m,沉淀池的总高度

$$H=H_1+H_2+H_3=2.6+1.4+0.3=4.3(m)$$

(3) 沉淀池的宽度 $B$

迷宫斜板区宽度 $\quad B_1=\dfrac{Q}{H_1v_0\times10^{-3}}=\dfrac{0.185}{2.6\times8\times10^{-3}}=8.9(m)$

迷宫斜板区结构宽

$$B_2=\left(\frac{B_1}{P\sin\theta}+1\right)\delta=\left(\frac{8.9}{0.1\times\sin60°}+1\right)\times0.0015=0.16(m)$$

边壁滑泥区宽 $\quad\quad\quad B_3=2\times0.12=0.24(m)$

沉淀池总宽度 $\quad B=B_1+B_2+B_3=8.9+0.16+0.24=9.3(m)$

(4) 进口端 采用穿孔花墙配水,出水采用孔口出流,并在出水区设栅条整流板,计算从略。

(5) 复核计算

① 表面负荷率 $q$

$$q=\frac{Q}{LB}=\frac{666.67}{5.4\times9.3}=13.3[m^3/(h\cdot m^2)]$$

② 总停留时间 $t_{留}$

$$t_{留}=\frac{BLH_1}{Q}=\frac{9.3\times5.4\times2.6}{0.185}=705.8(s)=11.8(min)$$

侧向流迷宫斜板沉淀池的布置见图 4-11。

## 【例 4-10】 侧向流倒 V 型斜板沉淀池的设计计算

### (一) 设计概述

**1. 构造**

单片侧向流倒 V 形斜板是由呈一定夹角 $\theta$ 的两块长方形单板组成的,如图 4-12 所示。侧向流倒 V 型斜板沉淀装置则是由多个倒 V 形斜板单片在垂直方向上按相等间距排列叠加固定组成的,见图 4-13,其中上下相邻两个倒 V 形斜板之间即为水流断面通道,相邻两列该装置之间的间距 $b_2$ 自上而下形成排泥通道。

**2. 工艺**

当絮凝后的原水以水平方向沿板面流入该装置后,基于浅层沉淀原理,原水中的泥渣颗粒易沉降在斜板面上,然后再沿斜板面与水流呈垂直方向下滑入斜板下边沿的垂直排泥通道(其前后两面是封闭的),最后汇集于池底排泥系统排出。沉淀后的清水,从该沉淀装置的末端集中收集引出。

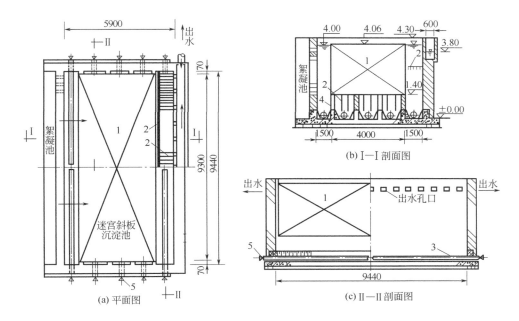

图 4-11 侧向流迷宫斜板沉淀池的布置
1—迷宫斜板；2—阻流薄板；3—穿孔排泥管；4—阻流墙；5—排水阀

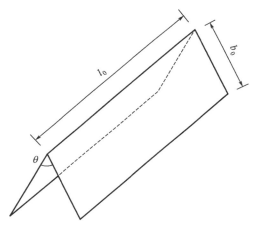

图 4-12 倒 V 形斜板单片构造示意

3. 特点

① 水流沿水平方向流动，沉泥沿竖直方向降落，避免了水和泥之间的相互干扰，大大提高了泥水分离效率。

② 倒 V 形斜板内部设有微扰动结构，使残余细微悬浮颗粒进一步凝聚，增强后絮凝作用，减少颗粒流失。

③ 抗水质水量冲击优势明显，出水浊度受斜板冲洗周期影响较小。

④ 装有可定时自动运行的横扫式侧向流斜板除泥装置，无需人工放空冲洗，避免了操作因素对水质的影响，也降低了运行成本。

⑤ 池型布置灵活，当建设场地受限时，可以在长、宽、高方向进行调整。

4. 参数

① 侧向流倒 V 型斜板沉淀池单池设计规模不宜大于 50000m³/d。原水浊度应小

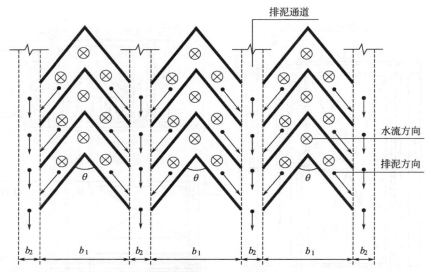

图 4-13　倒 V 型斜板沉淀装置示意

于 1000NTU。

② 沉淀池水深为 3～5m,超高为 0.3～0.5m,单池宽度不宜超过 20m。

③ 排泥通道宽度 $b_2$ 为 0.02～0.04m;相邻两斜板间的竖向间距为 0.04～0.10m。

④ 每组倒 V 型斜板装置的宽度 $b_1$ 由其顶角 $\theta$ 决定,考虑能使沉泥自然下滑,一般 $\theta$ 采用 60°。斜板的单板尺寸一般为:长度 $l_0=0.99$m,宽度 $b_0=0.25$m,厚度 1.5～1.9mm。

⑤ 颗粒沉速 $u_0$ 应根据试验选取,或参照相似条件下的水厂经验数据,无试验资料时可在 0.12～0.25mm/s 范围内选取,用于污水深度处理或微污染水源水给水处理时宜取下限值。

⑥ 沉淀池的水平流速 $v_0$ 为 6～25mm/s。

⑦ 进水稳流花墙的过孔流速为 0.07～0.09m/s;出水稳流花墙过孔流速为 0.20～0.30m/s。配水花墙最下层孔洞孔底宜与倒 V 形斜板底部标高一致,最上层孔洞孔顶宜低于设计水位 0.20～0.40m。出水花墙最下层孔洞宜高于倒 V 形斜板底部 0.20～0.40m,最上层孔洞顶部宜低于设计水面 0.10m。

⑧ 进水稳流区的长度宜为 1.0～2.0m。安装刮泥机时,还要考虑刮泥机安装空间,此时进水稳流区的长度不小于 1.3m。出水稳流区长度为 1.5～3.0m,沉淀池水深较大时,取上限。

⑨ 侧向流倒 V 型斜板沉淀装置的水头损失一般在 0.15～0.30m。沉淀池过水断面有效系数 $\eta$ 取 0.7～0.9。

### (二) 计算例题

1. 已知条件

设计规模 $Q=100000$m³/d,原水浊度 500NTU,池深不大于 5m。自用水系数 10%。

2. 设计计算

(1) 设计水量　采用双组布置,单组水量为 $q=\dfrac{1.1Q}{2\times24\times3600}=0.637$ (m³/s)

(2) 沉淀池高度 $H$　设计采用:集泥区高度 $H_1=0.8$m,结合工艺高程控制图选取有效水深 $H_2=3.62$m,超高 $H_3=0.4$m。

$$H=H_1+H_2+H_3=0.8+3.62+0.4=4.82 \text{ (m)}$$

(3) 沉淀池宽度 $B$　设计采用:过水断面有效利用系数 $\eta=0.75$,水平流速 $v_0=$ 12.0mm/s。

$$B = \frac{1000q}{\eta v_0 H_2} = \frac{1000 \times 0.637}{0.75 \times 12 \times 3.62} = 19.55 \text{ (m)}，取 20.00 \text{ (m)}$$

（4）斜板区长度 $L_3$  沉速 $u_0 = 0.16$mm/s，取两块倒 V 形斜板竖直间距 $h = 0.07$m。斜板计算长度

$$l = \frac{hv_0}{u_0} = \frac{0.07 \times 12.0}{0.16} = 5.25 \text{ (m)}，取 6.0\text{m}$$

采用单板长度为 $l_0 = 1.0$m 的斜板，斜板布置 6 行，即 $m = 6$，为考虑检修和安装，每 2 行布置成 1 个单元，共布置 3 个单元，即倒 V 形斜板沉淀单元之间的空隙个数 $n = 3 - 1 = 2$，检修间距 $l_1 = 1.0$m。沉淀池中布置斜板区的长度

$$L_3 = ml_0 + nl_1 = 6 \times 1.0 + 2 \times 1.0 = 8.0 \text{ (m)}$$

（5）沉淀池长度 $L$  取进水过渡区长度 $L_1 = 1.5$m，进水稳流区长度 $L_2 = 1.5$m，出水稳流区长度 $L_4 = 2.0$m，出水区长度 $L_5 = 1.5$m。沉淀池长度为

$$L = L_1 + L_2 + L_3 + L_4 + L_5 = 1.5 + 1.5 + 8.0 + 2.0 + 1.5 = 14.5 \text{ (m)}$$

（6）进出水管径  管道流速控制在 $v \leqslant 1.0$m/s，管道面积

$$S_{管} = \frac{q}{v} = \frac{0.637}{1.0} = 0.637 \text{ (m}^2\text{)}$$

进出水管道直径

$$D = \sqrt{\frac{4S}{\pi}} = \sqrt{\frac{4 \times 0.637}{3.14}} = 0.9 \text{ (m)}$$

（7）进水整流墙  进水整流墙过孔流速取 $v_{进孔} = 0.08$m/s，则进水整流孔总面积

$$S_{进z} = \frac{q}{v_{进孔}} = \frac{0.637}{0.08} = 7.96 \text{ (m}^2\text{)}$$

采用 $D_{进孔} = 100$mm，则进水整流孔单孔面积

$$S_{进d} = \frac{\pi D_{进孔}^2}{4} = \frac{3.14 \times 0.1^2}{4} = 0.00785 \text{ (m}^2\text{)}$$

进水整流墙孔数 $n_{进}$

$$n_{进} = \frac{S_{进z}}{S_{进d}} = \frac{7.96}{0.00785} = 1014 \text{ (个)}$$

（8）出水整流墙  取出水整流墙过孔流速 $v_{进孔} = 0.3$m/s，则出水整流孔总面积

$$S_{出z} = \frac{q}{v_{出孔}} = \frac{0.637}{0.3} = 2.12 \text{ (m}^2\text{)}$$

采用 $D_{出孔} = 50$mm，则出水整流孔单孔面积

$$S_{出d} = \frac{\pi D_{出孔}^2}{4} = \frac{3.14 \times 0.05^2}{4} = 0.00196 \text{ (m}^2\text{)}，$$

出水整流墙孔数 $n_{出}$

$$n_{出} = \frac{S_{出z}}{S_{出d}} = \frac{2.12}{0.00196} = 1082 \text{ (个)}$$

(9) 倒 V 形斜板块数　当侧向流倒 V 形斜板的角度 $\theta=60°$，倒 V 形斜板的板宽 0.25m 时，则其底边 $b_1=250$mm。沉淀池超过 10m 宽度，应设中间隔墙，分隔后沉淀池单宽为 $B'$

$$B'=\frac{B}{2}=\frac{20}{2}=10 \text{（m）}$$

排泥通道宽度取 $b_2=0.03$m，则安装倒 V 形侧向流斜板组数为

$$n=\frac{B'-b_2}{b_1+b_2}=\frac{10-0.03}{0.25+0.03}=\frac{9.97}{0.28}=35.6 \text{（组）}，取 n=36 组$$

侧向流倒 V 形斜板的竖向间距为 0.07m，有效水深 $H_2=3.62$m，布置行数为 $m=6$。斜板厚度为 $1.5\sim1.9$mm，略去不计时，则每组倒 V 形斜板的块数

$$n_\text{板}=\frac{H_2}{0.07}=\frac{3.62}{0.07}=51.7 \text{（块）}，取 52 块$$

则两组沉淀池的倒 V 形斜板总数量为

$$N_\text{板总}=n_\text{板}\times n\times m\times2\times2=52\times36\times6\times2\times2=44928 \text{（块）}$$

(10) 沉淀池的水头损失　沉淀池的水头损失包括进水整流墙过孔损失 $h_\text{进孔}$，斜板沿程损失 $h_\text{f}$，出水整流墙过孔水头损失 $h_\text{出孔}$。

$$h_\text{进孔}=\xi_\text{进孔}\frac{v_\text{进孔}{}^2}{2g}=1\times\frac{0.08^2}{2\times9.81}=0.0003 \text{（m）}$$

$$h_\text{出孔}=\xi_\text{出孔}\frac{v_\text{出孔}^2}{2g}=1\times\frac{0.3^2}{2\times9.81}=0.0046 \text{（m）}$$

斜板水力半径为 $R=\dfrac{A}{x}=\dfrac{2\times0.25\times0.07}{0.25\times4}=0.35 \text{（m）}$

雷诺数 $Re=\dfrac{vR}{\upsilon}=\dfrac{0.012\times0.035}{1.01\times10^{-6}}=415.84$

沿程阻力系数 $\lambda=\dfrac{64}{Re}=\dfrac{64}{415.84}=0.1539$

沿程阻力损失 $h_\text{f}=\dfrac{\lambda l}{4R}\times\dfrac{v^2}{2g}=\dfrac{0.1539\times6\times0.012^2}{4\times415.84\times2\times9.8}=4.85\times10^{-5} \text{（m）}$

沉淀池总水头损失为

$$h=h_\text{进孔}+h_\text{f}+h_\text{出孔}=0.0003+0.0045+0.0000485=0.00048 \text{（m）}$$

(11) 斜板装置的板面清洁　采用郑州某公司研发的横扫式侧向流斜板除泥装置，型号 JYSX-3620，该装置为 PLC 智能控制，可自动定时运行，通常运行时错开用水高峰时段，此时池中水平流速较低，对沉后水水质影响较小。

侧向流倒 V 型斜板沉淀池的布置见图 4-14。

(12) 池底排泥系统的设计计算和说明　本沉淀池采用机械辅助排泥系统（见图 4-14），通过刮泥机⑤将泥刮至排泥槽，再由管道⑧和⑨靠静水压力排出池外。

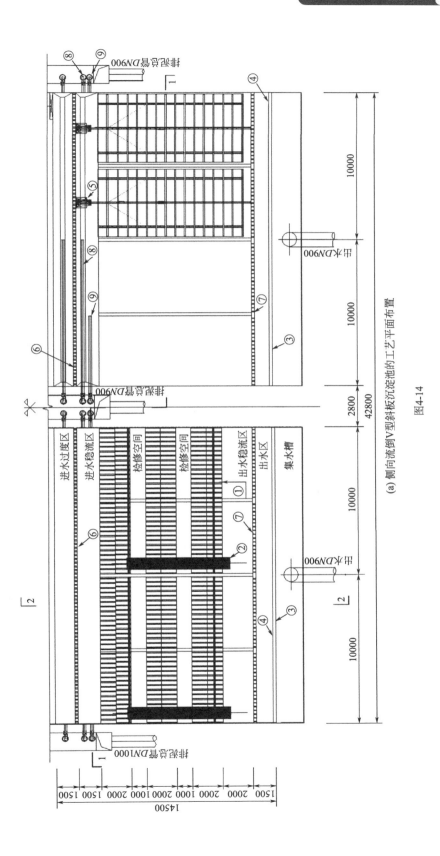

(a) 侧向流倒V型斜板沉淀池的工艺平面布置

图4-14

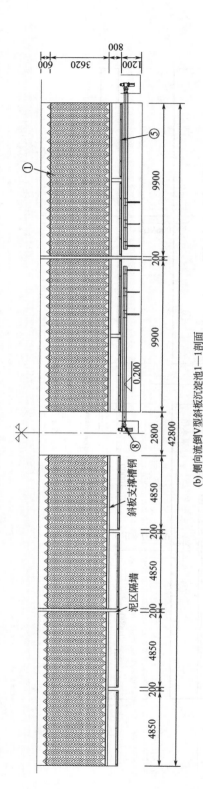

(b) 侧向流倒V型斜板沉淀池1—1剖面

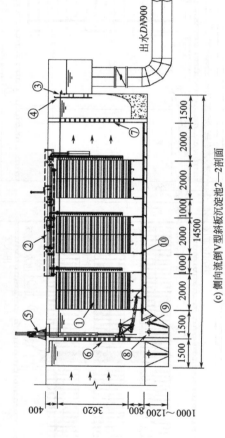

(c) 侧向流倒V型斜板沉淀池2—2剖面

图 4-14 侧向流倒V型斜板沉淀池的布置

①—水平流泥水分离斜板;②—斜板布置;③—可调节撑板;④—导流板;⑤—液压往复式刮泥机;
⑥—进水稳流花墙;⑦—出水稳流花墙;⑧—长排泥管;⑨—短排泥管

**题后语** ◀◀◀　　　　　　倒 V 型侧向流斜板沉淀池是由郑州某公司研发的一种新型沉淀装置，目前在山东巨野县宝源湖净水厂（$5 \times 10^4 \, \text{m}^3/\text{d}$）、潍坊市潍城区符山水厂（$3 \times 10^4 \, \text{m}^3/\text{d}$）、曹县戴老家水库净水厂（$5 \times 10^4 \, \text{m}^3/\text{d}$）、滨海水务第二平原水库净水厂工程（$12 \times 10^4 \, \text{m}^3/\text{d}$）、河南灵宝市白虎潭水库引水灌工程（$3 \times 10^4 \, \text{m}^3/\text{d}$）、濮阳市第二水厂（$8 \times 10^4 \, \text{m}^3/\text{d}$）、罗甸县城供水（$3 \times 10^4 \, \text{m}^3/\text{d}$）等项目得到了较好的应用。

## 【例 4-11】　穿孔排泥管不等距布孔计算

### （一）设计要点

穿孔排泥管的布置形式一般分两种，当积泥曲线较陡，大部分泥渣沉积在池前时，常采用纵向布置；当池子较宽，无积泥曲线资料时，可采用横向布置。

根据沉淀池积泥沿水流方向逐渐减少的分布规律，穿孔管排泥按沿程变流量（非均匀流）配孔。穿孔排泥管的计算方法有数种，此处介绍一种计算方法的设计要点。

① 积泥按穿孔管长度方向均匀分布。

② 穿孔管全长采用同一管径，一般为 150～300mm。

③ 穿孔管末端流速一般采用 1.8～2.5m/s。

④ 穿孔管中心间距与孔眼的布置、孔眼作用水头及池底结构形式等因素有关。一般平底池子可采用 1.5～2m，斗底池子可采用 2～3m。

⑤ 穿孔管孔眼直径可采用 20～35mm。孔眼间距与沉泥含水率及孔眼流速有关，一般采用 0.2～0.8m。孔眼多在穿孔管垂线下侧成两行交错排列。平底池子时，两行孔眼可采用 45° 或 60° 夹角；斗底池子宜用 90° 夹角。全管孔眼按同一孔径开孔。

⑥ 孔眼流速一般为 2.5～4m/s。

⑦ 配孔比（即孔眼总面积与穿孔管截面积之比）一般采用 0.3～0.8。

⑧ 排泥周期与原水水质、泥渣粒径、排出泥浆的含水率及允许积泥深度有关。当原水浊度低时，一般每日至少排放一次，以避免沉泥积实而不易排出。

⑨ 排泥时间 $t$（min）一般采用 5～30min，亦可按下式计算。

$$t = \frac{1000V}{60q}$$

式中　$V$——每根穿孔管在一个排泥周期内的排泥量，$\text{m}^3$；

　　　　$q$——单位时间排泥量，L/s。

⑩ 穿孔管的区段长度 $L_X$ 一般采用 2～4m，首、尾两端的区段长度为 $L_X/2$，即 1～2m。穿孔管的计算段长度为 $L_1$、$L_2$、$L_3$、$L_4$，使其关系为 $L_2 = 2L_1$，$L_3 = 3L_1$，$L_4 = 4L_1$（见图 4-15）。

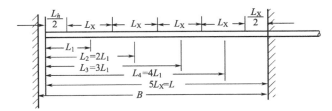

图 4-15　穿孔管计算长度划分示意

$L$—穿孔管池内长度；$B$—池宽；$L_X$—区段长度；$L_1$，$L_2$，$L_3$，$L_4$—计算段长度

### (二)计算例题

#### 1. 已知条件

沉淀池宽度为 12.2m(见图 4-16)。穿孔排泥管作用水头 $H_0=4m$(有效水深 3m,积泥槽深大于 1m)。穿孔排泥管沿沉淀池宽度布置,其有效长度 $L=12m$。输泥管长 5m。

#### 2. 设计计算

(1)穿孔管直径 $D$ 孔眼直径 $d$ 取 0.032m,穿孔管长度 $L$ 取 12m,则

$$D=1.68d\sqrt{L}=1.68\times0.032\sqrt{12}=0.186(m)$$

设计可采用 $DN200mm$ 的铸铁管(壁厚 10mm)。

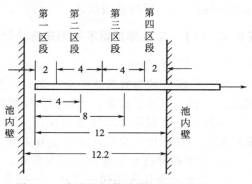

图 4-16 穿孔排泥管计算示意(单位:m)

(2)穿孔管起端孔眼处过孔水头损失 $h_1$

$h_1$(m)的计算公式为

$$h_1=\frac{K_A\rho v_1^2}{2g\mu^2}$$

式中　$K_A$——水头损失修正系数,可采用 1.0~1.1;

　　　$\rho$——泥浆密度,kg/L;

　　　$v_1$——第一个孔眼过孔流速,m/s;

　　　$\mu$——流量系数;

　　　$g$——重力加速度,$g=9.81m/s^2$。

本例题 $K_A$ 取 1.05,$\rho$ 取 1.05kg/L,$v_1$ 取 2.5m/s,$\mu$ 取 0.62,代入上式得

$$h_1=\frac{1.05\times1.05\times2.5^2}{2\times9.81\times0.62^2}=0.91(m)$$

(3)穿孔管末端流速 $v_n$ 其计算公式为

$$v_n(m/s)=\sqrt{\frac{2g(h_0-h_1-h')}{K_A\rho K_n\left(2\alpha+K\dfrac{\lambda L}{3D}-\beta\right)+K_A\rho\left(\xi+\dfrac{\lambda L'}{D}\right)}}$$

式中　$h_0$——池内必需的静水头(穿孔管作用水头),$mH_2O$;

　　　$h'$——储备水头,$mH_2O$,一般采用 0.3~0.5$mH_2O$;

　　　$K_n$——水头损失修正系数,当 $D=150\sim300mm$ 时,可采用 1.05~1.15;

　　　$\alpha$——计算段末端的流速修正系数,$\alpha=1.1$;

　　　$K$——系数,用以计算由于水从诸孔中流入而增加的长度损失;

　　　$\lambda$——水管的摩擦系数,可按图 4-17 查得;

　　　$\beta$——系数,用以计算水流入穿孔管中的条件,可根据穿孔管管壁厚度 $\delta$ 与孔眼直径 $d$ 之比值而定,可按图 4-18 查得;

　　　$L'$——池内壁至排泥井出口段管长,m;

　　　$\xi$——水头损失系数。

本例题 $H_0$ 取 4m,$h'$ 取 0.3$mH_2O$,$K_n$ 取 1.1,$K$ 取 1.13。按穿孔管径 $D=200mm$,糙率系数 $n_0=0.013$,查图 4-17 得 $\lambda=0.037$。$\delta/d=10/32=0.31$,取 $\delta=0.7$,查图 4-18 得 $\beta=0.8$。$L'=5m$,$\xi=0.1+0.3=0.4$(闸阀、45°弯头各一个)。代入上述数据得

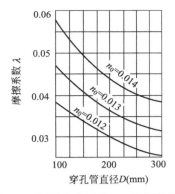

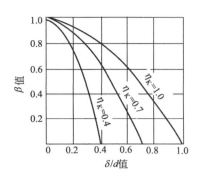

图 4-17　不同糙率系数 $n_0$ 时摩擦系数　　　　图 4-18　系数 $\beta$ 曲线
$\lambda$ 与穿孔管径 $D$ 的关系曲线　　　　　　　　（用铰刀铰成的孔眼）

$$v_n = \sqrt{\dfrac{2\times 9.81\times(4-0.91-0.3)}{1.05\times 1.05\times 1.1\times\left(2\times 1.1+1.13\dfrac{0.037\times 12}{3\times 0.2}-0.8\right)+1.05\times 1.05\times\left(0.4+\dfrac{0.037\times 5}{0.2}\right)}}$$

$$=3.62(\text{m/s})$$

（4）穿孔管末端流量 $Q_n$

$$Q_n = \frac{1}{4}\pi D^2 v_n = \frac{1}{4}\times 3.14\times 0.2^2\times 3.62 = 0.114(\text{m}^3/\text{s})$$

（5）比流量 $q'$

$$q' = Q_n/L = 0.114/12 = 0.0095\ \left[\text{m}^3/(\text{s}\cdot\text{m})\right]$$

（6）第一区段孔数及孔距

① 穿孔管第一孔眼流量 $q_1$。孔眼面积按孔径 $d=32\text{mm}$ 计算，即 $\omega_0 = 0.000804\text{m}^2$。

$$q_1 = v_1\omega_0 = 2.5\times 0.000804 = 0.00201(\text{m}^3/\text{s})$$

② 第一区段孔数 $n_1$。该区段长度 $L_X=2\text{m}$，则孔数

$$n_1 = \frac{q'L_X}{q_1} = \frac{0.0095\times 2}{0.00201} = 9.45$$

设计可采用 10 个。

③ 第一区段孔距 $L_1$

$$L_1 = \frac{L_X}{n_1} = \frac{2}{10} = 0.2(\text{m})$$

（7）第二区段孔数及孔距

① 第一计算段末端的水流速度 $v_{n1}$

$$v_{n1} = \frac{1}{3}v_n = \frac{1}{3}\times 3.62 = 1.2(\text{m/s})$$

② 第一计算段穿孔管沿程水头损失 $h_n$。第一计算管段长度 $L_1=4\text{m}$，有

$$h_n = K_A\rho K_n\left(2\alpha + K\frac{\lambda L}{3D} - \beta\right)\frac{v_{n1}^2}{2g}$$

$$= 1.05\times 1.05\times 1.1\times\left(2\times 1.1 + 1.13\frac{0.037\times 4}{3\times 0.2} - 0.8\right)\times\frac{1.2^2}{2\times 9.81} = 0.14(\text{m})$$

③ 第一计算段总水头损失 $h$

$$h = h_n + h_1 = 0.14 + 0.91 = 1.05(\text{m})$$

④ 第一计算段末端第一孔眼流量 $q_n$

$$q_n = \mu\omega_0\sqrt{2gH} = 0.62 \times 0.000804 \times \sqrt{2 \times 9.81 \times 1.05} = 0.0023(\text{m}^3/\text{s})$$

⑤ 第二区段孔眼数 $n_2$。第二区段长度 $L_X = 4\text{m}$，该段孔眼数

$$n_2 = \frac{q'L_X}{q_n} = \frac{0.0095 \times 4}{0.0023} = 16.52 \approx 17(\text{个})$$

⑥ 第二区段孔眼间距 $l_2$

$$l_2 = L_X/n_2 = 4/17 = 0.235(\text{m})$$

(8) 第三区段孔数及孔距

① 第二计算段末端的水流速度 $v_{n2}$

$$v_{n2} = \frac{2}{3}v_n = \frac{2}{3} \times 3.62 = 2.4(\text{m/s})$$

② 第二计算段穿孔管沿程水头损失 $h_n$。第二计算管段长度 $L = 8\text{m}$，有

$$h_n = K_A\rho K_n\left(2\alpha + K\frac{\lambda L}{3D} - \beta\right)\frac{v_{n1}^2}{2g}$$

$$= 1.05 \times 1.05 \times 1.1 \times \left(2 \times 1.1 + 1.13\frac{0.037 \times 8}{3 \times 0.2} - 0.8\right) \times \frac{2.4^2}{2 \times 9.81} = 0.69(\text{m})$$

③ 第二计算段总水头损失 $h$

$$h = h_n + h_1 = 0.69 + 0.91 = 1.6(\text{m})$$

④ 第二计算段末端第一孔眼流量 $q_n$

$$q_n = \mu\omega_0\sqrt{2gH} = 0.62 \times 0.000804 \times \sqrt{2 \times 9.81 \times 1.6} = 0.0028(\text{m}^3/\text{s})$$

⑤ 第三区段孔眼数 $n_3$。第三区段长度 $L_X = 4\text{m}$，该段孔眼数

$$n_3 = \frac{q'L_X}{q_n} = \frac{0.0095 \times 4}{0.0028} = 13.57 \approx 14(\text{个})$$

⑥ 第三区段孔眼间距 $l_3$

$$l_3 = L_X/n_3 = 4/14 = 0.286(\text{m})$$

(9) 第四区段孔数及孔距

① 第三计算段末端的水流速度 $v_{n3}$

$$v_{n3} = v_n = 3.62(\text{m/s})$$

② 第三计算段穿孔管沿程水头损失 $h_n$。第三计算管段长度 $L = 12\text{m}$，有

$$h_n = K_A\rho K_n\left(2\alpha + K\frac{\lambda L}{3D} - \beta\right) \times \frac{v_{n1}^2}{2g}$$

$$= 1.05 \times 1.05 \times 1.1 \times \left(2 \times 1.1 + 1.13\frac{0.037 \times 12}{3 \times 0.2} - 0.8\right) \times \frac{3.62^2}{2 \times 9.81} = 1.81(\text{m})$$

③ 第三计算段总水头损失 $h$

$$h = h_n + h_1 = 1.81 + 0.91 = 2.72(\text{m})$$

④ 第三计算段末端第一孔眼流量 $q_n$

$$q_n = \mu\omega_0\sqrt{2gH} = 0.62 \times 0.000804 \times \sqrt{2 \times 9.81 \times 2.72} = 0.00363(\text{m}^3/\text{s})$$

⑤ 第四区段孔眼数 $n_4$。第四区段长度 $L_X = 4\text{m}$，该段孔眼数

$$n_4 = \frac{q'L_X}{q_n} = \frac{0.0095 \times 4}{0.00363} = 10.4 \approx 11(\text{个})$$

⑥ 第三区段孔眼间距 $l_4$

$$l_4 = L_X/n_4 = 4/11 = 0.36(\text{m})$$

穿孔排泥管各区段及各计算管段的主要参数,分别见表 4-7 和表 4-8。

**表 4-7　穿孔排泥管各区段的主要参数**

| 项　　目 | 区　　段 | | | |
| --- | --- | --- | --- | --- |
| | 一 | 二 | 三 | 四 |
| 管径 $D/\text{mm}$ | 200 | 200 | 200 | 200 |
| 管长 $L_X/\text{m}$ | 2 | 4 | 4 | 2 |
| 孔径 $d/\text{mm}$ | 32 | 32 | 32 | 32 |
| 孔数 $n/$个 | 10 | 17 | 14 | 6 |
| 孔距 $l/\text{mm}$ | 200 | 235 | 286 | 330 |

**表 4-8　穿孔排泥管各计算管段的主要参数**

| 项　　目 | 计 算 管 段 | | |
| --- | --- | --- | --- |
| | 一 | 二 | 三 |
| 管径 $D/\text{mm}$ | 200 | 200 | 200 |
| 管长 $L_X/\text{m}$ | 4 | 8 | 12 |
| 末端流速 $v_n/(\text{m/s})$ | 1.2 | 2.4 | 3.62 |
| 末端孔眼流量 $q_n/(\text{m}^3/\text{s})$ | 0.0023 | 0.0028 | 0.00363 |
| 沿程水头损失 $H_n/\text{m}$ | 0.14 | 0.69 | 1.81 |
| 第一孔眼处水头损失 $H_1/\text{m}$ | 0.91 | 0.91 | 0.91 |
| 总水头损失 $H/\text{m}$ | 1.05 | 1.60 | 2.72 |

# 第四节　水平管沉淀池

## 一、概述

### 1. 构造特点

水平管沉淀池是一种在沉淀池内装有水平管沉淀分离装置及配套布水系统、集水系统和排泥系统的一种高效沉淀池。

水平管沉淀池中核心的水平管沉淀分离装置(图 4-19),是由若干组水平放置的沉淀管和与水平面成 60°的滑泥道组成的,将竖直的过水断面分割成沉降距离相等的沉淀管和滑泥

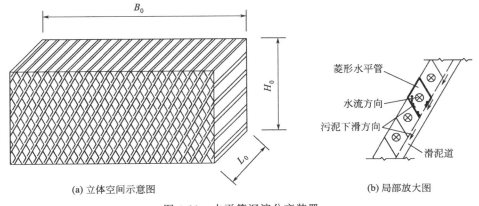

(a) 立体空间示意图　　　　　　(b) 局部放大图

图 4-19　水平管沉淀分离装置

道。水平管单管的横断面为菱形,管底一侧设有排泥口(图4-20)。

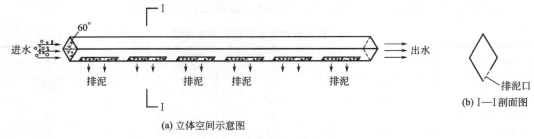

(a) 立体空间示意图

(b) I—I 剖面图

图 4-20　单根水平沉淀管示意

原水(或混合絮凝后的原水)水平流过沉淀管时,水中颗粒物絮体垂直下沉,降落到沉淀管斜边后下滑,通过排泥口进入滑泥道,最终沉积物在水流方向上两端封闭的滑泥道中下滑至沉淀池底部的污泥区。这样从构造上解决了沉淀管水平放置排泥困难的重大难题,并且在不改变沉淀池中水流方向的情况下实现了水与絮凝物的分离,即水走水道、泥走泥道。该装置应用哈真"浅层沉淀理论"缩短了悬浮物的沉降距离,避免了悬浮物堵塞管道和跑矾现象的发生。

水平管沉淀池具有沉淀效率高、池体占地面积小,处理能力高、原水浊度适应性强,出水浊度稳定等优点。

水平管沉淀池因沉淀效率高,需注意布水系统、集水系统和排泥系统等配套设施的合理布置。可采取并联或串联的组装形式,降低沉淀池的深度,节省基建投资,减少占地面积。

2. 设计要点

① 水平管沉淀分离装置的过水断面应为矩形,由若干根菱形管组成,高度为 0.5~3.5m,常采用 1.0~3.0m。菱形管的当量直径 $D$ 为 30~80mm。水平管长度在 1.0~4.0m 为宜,常采用 2.0m。

② 水平管沉淀池水流方向为侧向流,处理能力与水平管过水断面有关,过水断面负荷范围为 10~40m³/(m²·h),处理低温低浊原水时,宜采用低负荷值。

③ 颗粒沉降速度 $u$,应根据水中颗粒的物理性质试验测得,在无试验资料时可参照已建类似沉淀设备的运行资料确定;一般混合反应后 $u$ 为 0.3~0.6mm/s。

④ 有效过水面积系数 $\eta$,过水断面由过水菱形水平管和不过水滑泥道组成,有效过水断面面积占总过水断面面积 50%~76%。

⑤ 水平管沉淀分离装置下部的集泥区高度,应根据污泥量、污泥浓度和排泥方式确定,一般为 1.0~2.0m。

⑥ 水平管沉淀分离装置顶部应高于运行水位 0~50mm;沉淀区超高采用 300mm。

⑦ 水平管沉淀池长度宜为 3~8m,单组沉淀池宽度不宜超过 30m。

⑧ 水平管沉淀池进出水系统应使池子进出水均匀,布水区长度为 0.5~3.0m,集水区长度为 0.5~3.0m。

⑨采用斗式重力排泥时,泥斗坡度宜为 45°~60°。

⑩ 水平管沉淀分离装置的材质可采用不锈钢或复合材料。

# 二、计算例题

## 【例 4-12】　水平管沉淀池的设计计算

1. 已知条件

设计供水量 $Q_0 = 20000$m³/d,水厂的自用水量占 5%,按一组水平管沉淀池进行设计,

颗粒沉降速度 $u=0.4\text{mm/s}$，过水断面负荷 $q'=28\text{m}^3/(\text{m}^2\cdot\text{h})$，即过水断面流速 $v'=7.8\text{mm/s}$。采用不锈钢水平管沉淀分离装置，其高度 $H_0$ 为 2.5m，菱形水平管边长 35mm。

2. 设计计算

（1）设计水量 $Q$

$$Q=Q_0\times1.05=20000\times1.05=21000(\text{m}^3/\text{d})=875(\text{m}^3/\text{d})=0.243(\text{m}^3/\text{s})$$

（2）沉淀分离装置过水断面面积 $A_0$

$$A_0=\frac{Q}{q'}=\frac{875}{28}=31.25(\text{m}^2)$$

（3）沉淀分离装置宽度 $B_0$

$$B_0=\frac{A_0}{H_0}=\frac{31.25}{2.5}=12.5(\text{m})，按 13\text{m} 计$$

则有效过水断面负荷为

$$q''=\frac{Q}{B_0H_0\eta}=\frac{875}{13\times2.5\times0.76}=35.4[\text{m}^3/(\text{m}^2\cdot\text{h})]$$

即有效过水断面流速 $v''=9.8\text{mm/s}$。

（4）沉淀池长度 $L$　过渡段长度 $L_{过}$ 采用 1.5m，布水区长度 $L_1$ 采用 3.0m，水平管沉淀分离装置长度 $L_0$ 采用 2.0m，集水区长度 $L_2$ 采用 3.0m，总长度

$$L=L_{过}+L_1+L_0+L_2=1.5+3.0+2.0+3.0=9.5(\text{m})$$

（5）沉淀池池体高度 $H$　超高 $H_1$ 采用 0.3m，沉淀分离装置高度 $H_0$ 采用 2.5m，集泥区高度 $H_2$ 采用 1.5m，泥斗高度 $H_3$ 采用 0.7m，池子总高

$$H=H_0+H_1+H_2+H_3=2.5+0.3+1.5+0.7=5.0（\text{m}）$$

水平管沉淀池的工艺布置见图 4-21。

（6）布水区的布水装置由若干栅条板构成，间距为 10~200mm，采取 100mm，过水流速应小于 0.1m/s。

（7）集水区的集水装置的由集水箱和集水板等设施组成，集水箱和集水板应安装在水平管沉淀分离装置的出水断面上，集水管应安装在集水区上部。集水箱及集水管过孔流速应小于 0.1m/s。

（8）复核颗粒沉降需要的管长　颗粒沉降需要时间

$$t=\frac{L'}{v}=\frac{h}{u}=\frac{62}{0.4}=155(\text{s})$$

式中，$h$ 为菱形水平管长对角线长度。

颗粒沉降需要长度

$$L'=v''t=9.8\times155=1519(\text{mm})$$

现采用水平管沉淀分离装置的管长为 2000mm，大于 1519mm，可满足颗粒沉降时需要的管长。

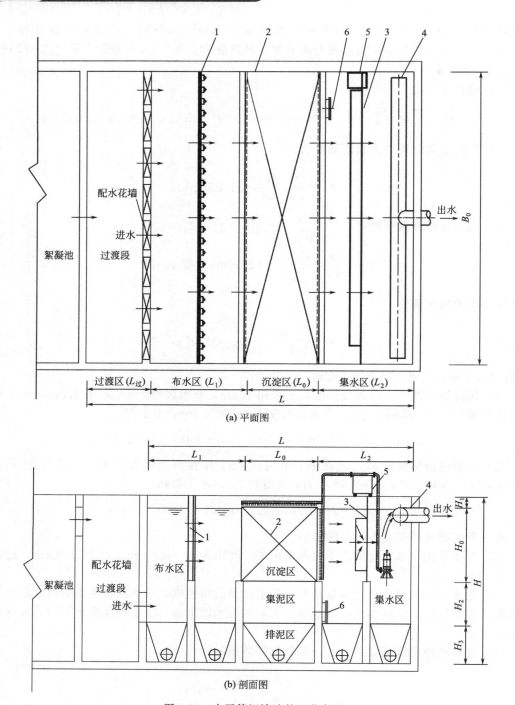

图 4-21 水平管沉淀池的工艺布置

1—布水装置；2—水平管沉淀分离装置；3—集水装置；4—集水管；5—自动冲洗装置；6—检修人孔

（9）复核管内雷诺数

$$Re = \frac{Rv_0}{\nu}$$

水力半径：$R = \dfrac{A}{4d} = \dfrac{35 \times 30}{4 \times 35} = 7.5\,(\text{mm}) = 0.75\,(\text{cm})$

水平管内实际流速：$v_0 = v'' = 9.8mm/s = 0.98cm/s$

运动黏度：$\nu = 0.01(cm^2/s)$（当 $t = 20℃$ 时）

$Re = \dfrac{0.75 \times 0.98}{0.01} = 73.5 < 500$，水流状态为层流，满足水流状态要求。

（10）排泥系统设计　水平管沉淀池排泥系统分为 3 个部分。

① 布水区：设置排泥渠，采用穿孔排泥管排泥，管径为 $DN250$。

② 沉淀分离区：在沉淀分离装置下面设置排泥渠，管径 $DN250$。

③ 集水区：与布水区排泥系统相类似，采用穿孔管重力排泥，管径 $DN250$。

④ 安装快开排泥阀门，根据水质情况，定时自动或手动排泥。

（11）沉淀池自动冲洗系统设计　冲洗系统采用珠海某公司研发的自动冲洗装置，冲洗过程不影响供水。自动冲洗装置主要分为动力和冲洗两分部。动力分部通过电动机驱使设备沿铺设的轨道往复运动；冲洗分部是利用水泵压力通过喷头在垂直方向和水平方向全方位冲洗水平管沉淀分离装置。冲洗分部架设在动力分部上，通过控制柜控制，节省人力物力。

自动冲洗系统的运行速度宜为 0.1～1m/min；冲洗流量为 10～100m³/h，冲洗扬程为 10～100m。冲洗周期为 10～48h，宜设定在夜间用水低峰时间。

**题后语** ◄◄◄　本例中的水平管沉淀池是珠海某公司研发的新型高效沉淀技术。其法定技术规程为《水平管沉淀池工程技术规程》（CECS 338—2014）。该技术已在内蒙古临河黄河水厂（$10 \times 10^4 m^3/d$）、中法水务茶园水厂（$0.5 \times 10^4 m^3/d$）、北控水务永州水厂（$10 \times 10^4 m^3/d$）、国祯环保太湖污水处理厂（$1.5 \times 10^4 m^3/d$）等水厂得到应用。

# 第五节　高密度沉淀池

## 一、工艺构造

高密度沉淀池的技术原理与污泥循环型澄清池基本相同，其絮凝形式为接触絮凝。二者都是利用污泥回流，在絮凝区产生足够的宏观固体，并利用机械搅拌保持适当的紊流状态，以创造最佳的接触絮凝条件。

由法国德利满公司研发的高密度沉淀池（Densadeg）是以体外泥渣循环回流为主要特征的一项沉淀澄清新技术。亦即用浓缩后的具有活性的泥渣作为"催化剂"，借助高浓度优质絮体群的作用，大大改善和提高絮凝和沉淀效果而得名。

高密度沉淀池是"混合凝聚，絮凝反应、沉淀分离"三个单元的综合体，即把混合区、絮凝区、沉淀区在平面上呈一字形紧密串接成为一个有机的整体而成。其工艺构造原理参见图 4-22。该工艺是在传统的斜管式混凝沉淀池的基础上，充分利用加速混合原理、接触絮凝原理和浅池沉淀原理，把机械混合凝聚、机械强化絮凝、斜管沉淀分离三个过程进行优化组合，从而获得常规技术所无法比拟的优良性能。

## 二、技术和性能特点

### 1. 技术特点

高密度沉淀池与普通平流式沉淀池以及泥渣循环型机械搅拌澄清池相比，有以下特点。

① 在混合、絮凝、沉淀的三个工序之间，不用管渠连接，而采用宽大、开放、平稳、

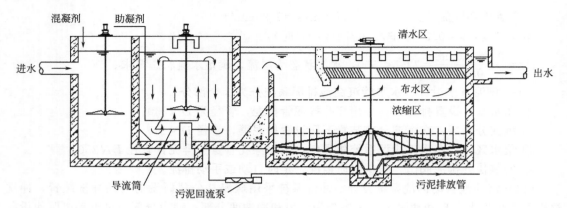

图 4-22　高密度沉淀池工艺构造原理

有序的直通方式紧密衔接，有利于水流条件的改善和控制。同时采用矩形结构，简化了池型，便于施工，布置紧凑，节省占地面积。

② 回流泥渣以保持絮凝区较高浓度的悬浮物，加快絮凝过程，缩短絮凝时间，克服低浊度原水的不利影响。

③ 混合、絮凝及泥渣回流均采用机械方式，便于调控维持最佳工况，生成的絮体密度大，有利于沉淀分离。沉淀区装设斜管，可进一步提高表面负荷。

④ 采用高分子絮凝剂，并投加助凝剂 PAM，以提高絮体凝聚效果，加快泥水分离速度。

⑤ 沉淀池下部设有泥渣浓缩功能，可节省另设浓缩池的占地，还可节省泥渣输送管道和设备。池底设有浓缩机，可提高排出泥渣的浓度，含固率可达 3％以上。

⑥ 对关键技术部位的运行工况，采用严密的高度自动监控手段，进行及时自动调控。例如，絮凝-沉淀口衔接过渡区的水力流态状况，浓缩区泥面高度的位置，原水流量、促凝药剂投加量与泥渣回流量的变化情况等。

⑦ 在清水集水支槽底部装设垂直的隔板，把上部池容积分成几个单独的水力区，以使各处水力平衡，上升流速均匀稳定，确保出水水质。

**2. 性能特点**

① 抗冲击负荷能力较强，对进水的流量和水质波动不敏感。

② 絮凝能力较强，沉淀效果好（沉速可达 20m/h），可形成 500mg/L 以上的高浓度混合液，出水水质稳定（一般为＜10NTU），这主要得益于絮凝剂、助凝剂、活性泥渣回流的联合应用以及合理的机械混凝手段应用。

③ 水力负荷大，产水率高，水力负荷可达 23m³/(m²·h)。因为沉淀速度快，絮凝沉淀时间短，分离区的上升流速高达 6mm/s。比普通斜管沉淀池和机械搅拌澄清池都高很多。

④ 促凝药耗低。例如中置式高密度沉淀池的药剂成本较平流式沉淀低 20％。

⑤ 排泥浓度高，高浓度的排泥可减少水量损失。

⑥ 占地面积小。因为其上升流速高，且为一体化构筑物、布置紧凑，不另设泥渣浓缩池。例如中置式高密度沉淀池的占地面积比平流式沉淀池少 50％左右。

⑦ 自动控制，工艺运行科学稳定，启动时间短（一般小于 30min）。

⑧ 有报道说，当原水的浊度超过 1500NTU 时，此种沉淀池将不适用。絮凝-沉淀之间的配水很难均匀，影响其性能发挥；由于引进型是专利产品，所以其设备、材料价格贵，投资也很高。

## 三、关键部位设计

根据资料报道，决定高密度沉淀池工艺是否成功的关键部位和技术是：池体结构的合理设计，加药量泥渣回流量控制，搅拌提升机械设备工况调节，泥渣排放的时机和持续时间等。

布水配水要均匀、平稳。在池内应合理设置配水设施和挡板，使各部分布水均匀，水流平稳有序。特别是絮凝区与沉淀区之间的过渡衔接段设计，在构造上要设法保持水流以缓慢平稳的层流状态过渡，以使絮凝后的水流均匀稳定地进入沉淀区。例如，加大过渡段的过水断面，或采用下向流斜管（板）布水等。

沉淀池斜管区下部的池容空间为布水预沉和泥渣浓缩区，即沉淀分两个阶段进行：首先是在斜管下部巨大容积内进行的深层拥挤沉淀（大部分泥渣絮体在此得以下沉去除），而后为斜管中的"浅池"沉淀（去除剩余的絮体绒粒）。其中，拥挤沉淀区的分离过程应是沉淀池几何尺寸计算的基础。

沉淀区下部池体应按泥渣浓缩池合理设计，以提高泥渣的浓缩效果。有工程认为，浓缩区可以分为两层：上层用于提供回流泥渣；下层用于泥渣浓缩外排。

絮凝搅拌机械设备工况的调节，是池内水力条件调节的关键。该设备一般可按设计水量的 8～10 倍配置提升能力，并采用变频装置调整转速以改变池体水力条件，适应原水水质和水量的变化。泥渣回流泵的能力，可按照设计水量的 10% 配置，采用变频调速电机，根据水量、水质条件调节回流量。

严格调控浓缩区泥渣的排放时机和持续时间，使泥渣面处在合理的位置上，以保证出水浊度和泥渣浓缩效果。泥渣浓缩机的外缘线速度一般为 20～30mm/s。

高密度沉淀池尚无设计规范，其主要设计参数列于表 4-9，仅供参考。

**表 4-9 高密度沉淀池主要设计参数**

| 名　　称 | 代号 | 取值范围 | 名　　称 | 代号 | 取值范围 |
| --- | --- | --- | --- | --- | --- |
| 混合时间/min | $t_1$ | 0.3～2 | 沉淀区表面负荷/[$m^3$/($m^2 \cdot h$)] | $q$ | 15～30 |
| 混合区速度梯度/$s^{-1}$ | $G_1$ | 500～1000 | 泥渣回流比/% | $R$ | 1.5～3.5 |
| 絮凝时间/min | $t_2$ | 10～15 | 沉淀池内固体负荷/[$kg$/($m^2 \cdot h$)] | | 6 |
| 絮凝区速度梯度/$s^{-1}$ | $G_2$ | 30～60 | 浓缩泥渣深度/m | | 0.2～0.5 |
| 过渡区流速/(m/s) | $v$ | 0.05～0.1 | | | |

## 四、工程应用

由于高密度沉淀池的优异性能，目前已在国内水处理领域得到成功的应用。它不仅可用于城镇供水的沉淀和软化处理，工业工艺生产用水处理，还可用在城镇污水的初级沉淀、深度除磷和泥渣浓缩脱水处理，以及工业废水的特殊处理等方面。同时它适应的水质范围较广，如低温低浊水及高藻原水的处理等。据资料显示，目前国内已有数十处在应用，其中以污水处理工艺居多。

乌鲁木齐市石墩子山水厂采用得利满型高密度沉淀池，2003 年 6 月正式运行，是国内首座采用高密度沉淀池工艺的净水厂，规模 $20 \times 10^4 m^3/d$，原水为乌拉泊水库水，每年低温低浊期为 6 个月，已稳定运行多年时间，确保了水厂出水水质稳定在 1.0NTU 以下。

嘉兴石臼漾水厂采用上海市政工程设计研究总院的中置式高密度沉淀池，水处理规模为 $8 \times 10^4 m^3/d$，2005 年 7 月投入使用，水源为Ⅳ至劣Ⅴ类受污染的地表水，混凝剂和助液剂投加量分别为 25～50mg/L 和 0.08～0.1mg/L，进水和出水浊度为 30～90NTU 和 0.6～1.0NTU。

胜利油田民丰水厂采用上海市政工程设计研究总院的中置式高密度沉淀池两座,处理能力为 $6 \times 10^4 \mathrm{m}^3/\mathrm{d}$,原水为低温低浊和高藻的地表水,平均出水浊度为 0.86NTU。

保定市地表水厂泥渣处理系统采用得利满的高密度沉淀池,已投产运行多年。该水厂供水能力为 $24 \times 10^4 \mathrm{m}^3/\mathrm{d}$,水源为远郊的西大洋水库,泥渣不易浓缩。每日沉淀池排泥水和滤池反冲洗排水总计为 8432m³,每天产生的干泥量为 7800kg,排泥水平均泥渣浓度约 0.1%,运行结果参数如下:浓缩池进泥量 230~460m³/h;浓缩池进泥浓度 0.086%;快速混合区搅拌器转速 71r/min;絮凝剂(PAC)尚未投加;絮凝区搅拌器转速 8.12r/min;助凝剂投加量(PAM)1.5mg/L;浓缩刮泥机转速 0.18r/min;循环泥渣量 15m³/h;进泥量为 230m³/h 时,上清液浊度 ≤2NTU;进泥量为 370~460 m³/h 时,上清液浊度 2~5NTU;浓缩池排泥含水率 97%~98%。

另外,高密度沉淀池在首钢、本钢的工业废水处理中,在淄博市城市污水厂均有实际工程应用。

## 五、计算例题

### 【例 4-13】 高密度沉淀池的设计计算

**1. 已知条件**

每组设计水量 $Q_\mathrm{D}=1625\mathrm{m}^3/\mathrm{h}=0.452\mathrm{m}^3/\mathrm{s}$;表面负荷 $q=16\mathrm{m}^3/(\mathrm{m}^2 \cdot \mathrm{h})$;斜管结构占用面积为 4%。

**2. 设计计算**

(1) 沉淀部分设计 为方便排泥,沉淀区下部安装有中心传动泥渣浓缩机。因此沉淀区下部为圆形,上部为正方形。沉淀部分由进水区和清水区组成。

① 清水区。沉淀池清水区面积

$$F_1=1.04\frac{Q_\mathrm{D}}{q}=1.04 \times \frac{0.452}{16} \times 3600=105.8(\mathrm{m}^2)$$

清水区宽度 $B$ 取 9.6m,则长度 $L_1$ 为

$$L_1=F_1/B_1=105.8/9.6=11.02 \approx 11(\mathrm{m})$$

清水区中间出水渠宽度 1.0m,出水渠壁厚度为 0.2m,清水区总长度

$$L_2=11+1.0+2 \times 0.2=12.4(\mathrm{m})$$

② 进水区。絮凝区来水经淹没式溢流堰向下进入沉淀区的进水区,进水区与沉淀区隔墙厚 0.5m,进水区宽度为

$$B_2=12.4-9.6-0.5=2.3(\mathrm{m})$$

进水区流速 $v_\mathrm{j}$

$$v_\mathrm{j}=\frac{Q_\mathrm{D}}{B_2 L_2}=\frac{0.452}{2.3 \times 12.4}=0.0158(\mathrm{m/s})$$

沉淀区平面布置见图 4-23。

③ 集水槽。采用小矩形出水堰集水槽,堰壁高度 $P=0.28\mathrm{m}$,堰宽 $b=0.05\mathrm{m}$。沉淀池布置集水槽 12 个,单个集水槽设矩形堰 44 个,总矩形堰个数 $n=528$。每个小矩形堰流量 $q=0.452/528=0.00086\mathrm{m}^3/\mathrm{s}$。矩形堰有侧壁收缩,流量系数 $m=0.43$,堰上水头

$$H'=\left(\frac{Q_\mathrm{D}}{mb\sqrt{2g}}\right)^{2/3}=\left(\frac{0.00086}{0.43 \times 0.05 \times \sqrt{2 \times 9.8}}\right)^{2/3}=0.043(\mathrm{m})$$

单个集水槽水量 $q'=0.452/12=0.038\mathrm{m}^3/\mathrm{s}$,集水槽宽取值 $b'=0.4\mathrm{m}$,末端临界水深

$$h_\mathrm{k}=\left(\frac{q'_2}{gb'_2}\right)^{1/3}=\left(\frac{0.038^2}{9.8 \times 0.4^2}\right)^{1/3}=0.097(\mathrm{m})$$

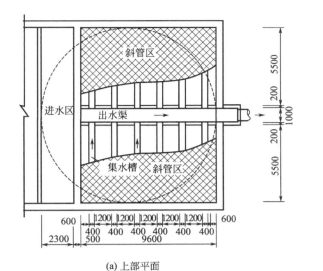

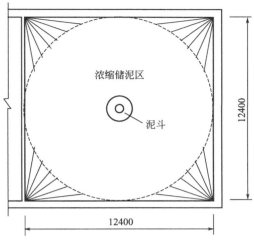

(a) 上部平面          (b) 下部平面

图 4-23 沉淀区平面布置

集水槽起端水深 $h=1.73h_k=1.73\times0.097=0.17\mathrm{m}$。

集水槽水头损失 $\Delta h=h-h_k=0.17-0.097=0.073\mathrm{m}$。

集水槽水位跌落 0.1m，槽深 0.4m。

④ 池体高度。超高 $H_1=0.40\mathrm{m}$；斜管沉淀池清水区高度 $H_2=1.0\mathrm{m}$；斜管倾角 60°，斜管长度 0.75m，斜管区高度 $H_3=0.75\times\sin60°=0.65(\mathrm{m})$；斜管沉淀池布水区高度 $H_4=1.5\mathrm{m}$；泥渣回流比 $R_1$ 按设计流量的 2% 计，泥渣浓缩时间 $t_n$ 取 8h，泥渣浓缩区高度

$$H_5=\frac{R_1Q_Dt_n}{F_1}=\frac{0.02\times0.452\times8\times3600}{105.8}=2.46\approx2.5(\mathrm{m})$$

储泥区高度 $H_6=0.95\mathrm{m}$。

沉淀池总高 $H=H_1+H_2+H_3+H_4+H_5+H_6=0.40+1.0+0.65+1.5+2.5+0.95=7.0$ (m)

⑤ 出水渠。出水渠宽 $b=1.0\mathrm{m}$，末端流量 $Q_D=0.452\mathrm{m^3/s}$，末端临界水深

$$h_k=\left(\frac{D_D^2}{gb^2}\right)^{\frac{1}{3}}=\left(\frac{0.452^2}{9.8\times1.0^2}\right)^{\frac{1}{3}}=0.275(\mathrm{m})$$

出水渠起端水深

$$h_0=1.73h_k=1.73\times0.275=0.476(\mathrm{m})$$

出水渠上缘与池顶平，水位低于清水区 0.2m，最大水深 0.5m，渠高

$$H_c=H_1+0.2+0.5=0.4+0.2+0.5=1.1(\mathrm{m})$$

沉淀区剖面见图 4-24。

(2) 絮凝区　絮凝区由三部分组成：一是导流筒内区域，流速较大；二是导流筒外，流速适中；三是出口区，流速最小。导流筒内流速控制在 0.5~0.6m/s，导流筒外流速控制在 0.1~0.3m/s，出口区流速控制在 0.05~0.1m/s。

① 絮凝室尺寸。絮凝区水深 $H_7=6\mathrm{m}$，反应时间 $t_2$ 取 10min，絮凝室面积

$$F_2=\frac{Q_Dt_2}{H_7}=\frac{0.452\times10\times60}{6}=45.2(\mathrm{m^2})$$

絮凝室分为 2 格，并联工作，每格均为正方形，边长

$$L_3=B_3=\sqrt{\frac{F_2}{2}}=\sqrt{\frac{45.2}{2}}=4.75(\mathrm{m})$$

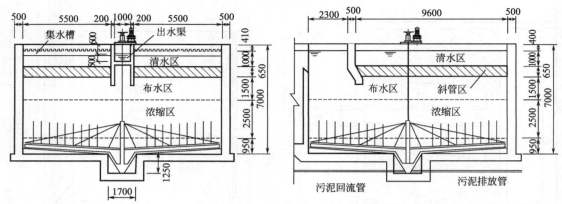

图 4-24 沉淀区剖面

② 导流筒。絮凝回流比 $R_2$ 取 10，导流筒内设计流量

$$Q_n=\frac{1}{2}(R_2+1)Q_D=\frac{1}{2}\times(10+1)\times0.452=2.486(\text{m}^3/\text{s})$$

导流筒内流速 $v_1$ 取 0.5m/s，导流筒直径

$$D_1=\sqrt{\frac{4Q_n}{v_1\pi}}=\sqrt{\frac{4\times2.486}{0.5\times3.1416}}=2.52\approx2.5(\text{m})$$

导流筒下部喇叭口高度 $H_8=0.7$m，角度 60°，导流筒下缘直径

$$D_2=D_1+2H_8\cot60°=2.5+2\times0.7\times0.577=3.31\approx3.3(\text{m})$$

导流筒以上水平流速 $v_2=0.25$m/s，导流筒上缘距水面高度

$$H_9=\frac{Q_n}{v_2\pi D_1}=\frac{2.486}{0.25\times3.1416\times2.5}=1.27\approx1.3(\text{m})$$

导流筒外部喇叭口以上部分面积

$$F_{w1}=B_2^2-\frac{\pi D_1^2}{4}=4.75^2-\frac{3.1416\times2.5^2}{4}=17.65(\text{m}^2)$$

导流筒外部喇叭口以上部分向下流速

$$v_3=\frac{Q_n}{F_{w1}}=\frac{2.486}{17.65}=0.141(\text{m/s})$$

导流筒外部喇叭口下缘部分面积

$$F_{w2}=B_3^2-\frac{\pi D_2^2}{4}=4.75^2-\frac{3.1416\times3.3^2}{4}=14(\text{m}^2)$$

导流筒外部喇叭口下缘部分流速

$$v_4=\frac{Q_n}{F_{w2}}=\frac{2.486}{14}=0.18(\text{m/s})$$

导流筒喇叭口以下部分水平流速 $v_5=0.15$m/s，导流筒下缘距池底高度

$$H_8=\frac{Q_n}{v_4\pi D_2}=\frac{2.486}{0.15\times3.1416\times3.3}=1.6(\text{m})$$

③ 过水洞。每格絮凝室设计流量

$$Q_{DG}=Q_D/2=0.452/2=0.226(\text{m}^3/\text{s})$$

絮凝室出口过水洞流速 $v_6$ 取 0.06m/s，过水洞口宽度同絮凝室，高度

$$H_{10}=\frac{Q_{DG}}{B_3 v_6}=\frac{0.226}{4.75\times0.06}=0.793\approx0.8(\text{m})$$

过水洞水头损失 $\quad h=\xi\dfrac{v_6^2}{2g}=1.06\times\dfrac{0.06^2}{2\times9.81}=0.00019(\text{m})$

④ 出口区。出口区长度同絮凝室宽度，出口区上升流速 $v_7 = 0.06\text{m/s}$，出口区宽度

$$B_4 = \frac{Q_{\text{DG}}}{B_3 v_7} = \frac{0.226}{4.75 \times 0.06} = 0.793 \approx 0.8 \text{(m)}$$

出口区停留时间　　　　$t_3 = \frac{B_3 B_4 H_7}{60 Q_{\text{DG}}} = \frac{4.75 \times 0.8 \times 6}{60 \times 0.226} = 1.68 \text{(min)}$

⑤ 出水堰高度。为配水均匀，出口区到沉淀区设一个淹没堰。过堰流速 $v_8$ 取 $0.05\text{m/s}$，堰上水深

$$H_{11} = \frac{Q_{\text{GD}}}{B_3 v_8} = \frac{0.266}{4.75 \times 0.05} = 1.12 \text{(m)}$$

⑥ 搅拌机。搅拌机提升水量 $Q_{\text{T}} = Q_{\text{n}} = 2.486\text{m}^3/\text{s}$，提升扬程 $H_{\text{T}}$ 取 $0.15\text{m}$，效率取 $0.8$，搅拌轴功率

$$N_{\text{絮}} = \frac{Q_{\text{T}} H_{\text{T}} \gamma}{102 \eta} = \frac{2.486 \times 0.15 \times 1000}{102 \times 0.8} = 4.57 \text{(kW)}$$

式中，$\gamma$ 为水的密度，$\gamma = 1000\text{kg/m}^3$。

据此，选用某品牌絮凝搅拌机，主要技术参数：桨叶直径 $1.4\text{m}$，转速 $53.4\text{r/min}$，排液量 $2.62\text{m}^3/\text{s}$，电机功率 $5.5\text{kW}$。

⑦ 絮凝区 $GT$ 值。絮凝区总停留时间　　　$T = 10 + 1.68 = 11.68 \text{（min）} = 700.8 \text{（s）}$
水温按 $5{}^{\circ}\text{C}$，动力黏度 $\mu = 1.51 \times 10^{-3}\text{Pa} \cdot \text{s}$。
絮凝区 $GT$ 值

$$GT = \sqrt{\frac{1000 N_{\text{絮}} T}{\mu Q_{\text{DG}}}} = \sqrt{\frac{1000 \times 4.57 \times 700.8}{1.51 \times 10^{-3} \times 0.266}} = 8.92 \times 10^4 < 10 \times 10^4 \text{（符合要求）}$$

（3）混合室计算

① 混合池尺寸。混合池长 $L_4 = 2.9\text{m}$，宽 $B_4 = 1.9\text{m}$，水深 $H_{12} = 6.2\text{m}$。

② 停留时间

$$t_1 = \frac{L_4 B_4 H_{12}}{Q_{\text{T}}} = \frac{2.9 \times 1.9 \times 6.2}{0.452} = 75.6 \text{(s)} = 1.26 \text{(min)}$$

③ 搅拌机功率。混合室 $G$ 取 $500\text{s}^{-1}$，搅拌机轴功率

$$N_{\text{混}} = \frac{\mu Q_{\text{D}} t_1 G^2}{1000} = \frac{1.305 \times 10^{-3} \times 0.452 \times 75.6 \times 500^2}{1000} = 11148 \text{(W)} = 11.15 \text{(kW)}$$

④ 水力计算。出水总管长度 $L_5 = 1.8\text{m}$，直径 $D_3 = 0.8\text{m}$，流速

$$v_9 = \frac{4 Q_{\text{D}}}{\pi D_3^2} = \frac{4 \times 0.452}{3.1416 \times 0.8^2} = 0.9 \text{(m/s)}$$

出水总管沿程水头损失

$$\begin{aligned} h_{11} &= 0.000912 \frac{v_9^2}{D_3^{1.3}} \left(1 + \frac{0.867}{v_9}\right)^{0.3} L_5 \\ &= 0.000912 \times \frac{0.9^2}{0.8^{1.3}} \times \left(1 + \frac{0.867}{0.9}\right)^{0.3} \times 1.8 = 0.0022 \text{(m)} \end{aligned}$$

出水总管局部水头损失

$$h_{12} = (\xi_1 + \xi_2) \frac{v_9^2}{2g} = (0.5 + 3.0) \times \frac{0.9^2}{2 \times 9.81} = 0.145 \text{(m)}$$

式中　$\xi_1$——出水总管入口系数；
　　　$\xi_2$——出水总管三通系数。

混合池出水支管 $L_5 = 7.4\text{m}$，直径 $D_4 = 0.7\text{m}$，流速

$$v_{10} = \frac{4 Q_{\text{n}}}{\pi D_4^2} = \frac{4 \times 0.266}{3.1416 \times 0.7^2} = 0.69 \text{(m/s)}$$

出水支管沿程水头损失

$$h_{21}=0.000912\frac{v_{10}^2}{D_4^{1.3}}\left(1+\frac{0.867}{v_{10}}\right)^{0.3}L_5$$
$$=0.000912\times\frac{0.59^2}{0.7^{1.3}}\times\left(1+\frac{0.867}{0.59}\right)^{0.3}\times7.4=0.0049(\text{m})$$

出水支管局部水头损失

$$h_{22}=(\xi_3+\xi_4)\frac{v_{10}^2}{2g}=(1.02+1.0)\times\frac{0.59^2}{2\times9.81}=0.036(\text{m})$$

出水管总水头损失

$$h=h_{11}+h_{12}+h_{21}+h_{22}=0.0022+0.145+0.0049+0.036=0.188(\text{m})$$

絮凝区及混合区的布置见图 4-25。

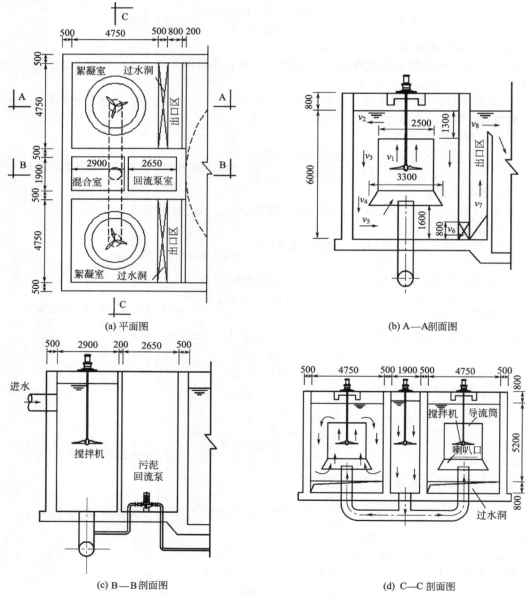

(a) 平面图

(b) A—A剖面图

(c) B—B剖面图

(d) C—C剖面图

图 4-25　絮凝区及混合区布置

📚 **题后语** ◄◄◄ 　　　　高密度沉淀池引进我国后，有关设计方法和技术参数等还在探索中。本设计计算例题只是一种尝试，望同仁指正并进一步完善，例如沉淀池浓缩区、絮凝-沉淀过渡区等部位的设计等。

# 第六节 加砂高速沉淀池

## 一、工艺概述

### 1. 构造组成

加砂高速沉淀池是法国威立雅水务公司在 20 世纪 90 年代初研发的 Actiflo® 微砂絮凝高效沉淀池的简称。它是将絮凝和沉淀看作一个整体的工艺紧凑型沉淀池，它通过使用微砂帮助絮团形成，絮凝采用机械搅拌方式（图 4-26）。加砂高速沉淀池的特点是在混合池内投加混凝剂，在絮凝池内投加絮凝剂和石英砂微粒，以形成有利于絮凝的絮凝接触面积，提高矾花絮体的密度、粒度和浓度，加速水中杂质与水的分离速度，达到高效沉淀分离的目的。加砂高速沉淀池中水流的上升流速为 40～100m/h，效率为常规沉淀池的 10 倍。

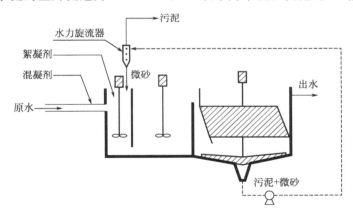

图 4-26　加砂高速沉淀池示意

加砂高速沉淀池中常用的沉淀区池型是斜管高密度沉淀池，其配套沉淀池也可以是水平管沉淀池等，但配套水平管沉淀池时其沉泥的浓缩和收集等须改造。

在加砂高速沉淀池工艺中，需设置微砂投加装置和砂泥分离回收装置。补充微砂投加方式采用干式重力投加。分离回收装置类似水力旋流除砂器，微砂污泥的混合物从切线方向进入分离器，在较高的剪切力和离心力的作用下，促使泥和砂分离，砂从分离器的下口回流至池中循环使用，泥则从分流器上口排出。

微砂的投加量应根据原水水质和水温决定。例如当浊度为 3NTU，水温低于 5℃ 时，投加量可为 2g/m³。其污泥排放浓度由进水的浊度和回流率确定，可根据实际需要调节控制，排泥含固率为 0.4%～2%。由水力旋流器溢流损失的微砂量，最大不超过 2g/m³，一般小于 1g/m³，可定期定量补充损失的这部分砂量。

循环率是指回流至水力旋流器的含微砂的污泥量与总进水量的比值，一般为 3%～6%。可由每个沉淀池配套的循环泵（1～2 台）根据进水量大小决定。显然，循环率提高可以较好地处理进水的高峰浊度。

投加微砂的粒径一般在 $80\sim120\mu m$，也可投加其他大密度、小级配材质的微粒，例如磁性材料微粒等，但物理化学性质其一定要是不溶的、无毒的和坚硬的。

**2. 优点缺点**

加砂高速沉淀池的优点是絮体沉淀性能好，沉淀效率高；对低温低浊原水和含藻类原水更有优势；耐冲击负荷能力强，出水水质好；池型小，水厂占地少；工程总投资比同规模水量的折板絮凝斜管沉淀池少。其缺点是工艺相对较复杂，设备投资高（进口配套设备），而且常需全年投加助凝剂 PAM（非离子型高分子絮凝剂），加微砂会增加对后续设备的磨损，运行费用较高。

**3. 应用概况**

采用加砂高速沉淀池工艺的净水厂，国外已有 500 多座，规模为 $80\times10^4\sim700\times10^4 m^3/d$，例如马来西亚 Selangor 供水厂（$100\times10^4 m^3/d$），其沉淀池上升流速为 50m/h，原水浊度波动范围较大（$50\sim200$NTU），而沉淀池出水浊度$<5$NTU，投加的混凝剂为硫酸铝（$25\sim40$mg/L），絮凝剂为阴离子聚合物（$0.1\sim0.3$mg/L）。目前，国内建成运行的有上海临江扩建工程一期 $20\times10^4 m^3/d$（2006 年），进水浊度 $20\sim45$NTU，出水浊度 $1.0\sim2.0$NTU；北京水源九厂改造工程，处理水量共计 $68\times10^4 m^3/d$，进出水浊度分别为 $1.6\sim2.2$NTU 和$<0.8$NTU；新疆克拉玛依第五净水厂（水源为额尔齐斯河引水工程三坪水库）规模为 $20\times10^4 m^3/d$ 等。另外，在建工程有太原呼延水厂（二期）$40\times10^4 m^3/d$ 等。

## 二、技术参数

（1）微砂粒径为 $90\sim100\mu m$ 石英砂，其含硅量$>95\%$，均匀系数 $\dfrac{d_{60}}{d_{10}}<1.7$。

（2）池内微砂浓度应不小于 2500mg/L。

（3）微砂回流比（循环率）为 $3\%\sim6\%$，视原水中 TSS 的数值确定，回流比$=3\%+$(TSS/1000)$\times7\%$。

（4）排泥水含固率为 $0.4\%\sim2\%$，即随排泥水排掉的微砂损失率$<3g/m^3$。

（5）混合池（只投加混凝剂）停留时间为 $1\sim2$min，$G$ 值为 $500\sim1000 s^{-1}$。

（6）混合导流筒或投加池（投加絮凝剂和微砂），流速为 $0.05\sim0.1$m/s，搅拌机功率最大可达 $70W/m^3$，$G=250 s^{-1}$。

（7）絮凝池内流速为 $0.01\sim0.05$m/s，停留时间为 $6\sim8$min，变频调速搅拌机功率最大可达 $70W/m^3$，$G=150 s^{-1}$。

（8）斜管沉淀池的清水上升流速为 $40\sim60$m/h。

（9）沉淀区斜管长度 1.0m，直径 40mm，倾角 60°。

（10）沉淀区内的清水保护区高度为 90cm，配水区高度为 250cm，污泥浓缩区高度为 200cm，底部刮泥机外边缘线速度为 0.1m/s。

（11）砂水分离器选型，以达到 80%顶流量（污泥量）和 20%底流量（微砂量）的分配比例为佳。

## 三、计算例题

### 【例 4-14】 加砂高速沉淀池的设计计算

**1. 已知条件**

单组设计水量 $Q_D=39000 m^3/d=1625 m^3/h=0.452 m^3/s$，原水浊度为 $5\sim15$NTU，冬季水温 $0\sim5$℃。

2. 设计计算

(1) 加砂高速沉淀池的工艺平面布置见图 4-27。

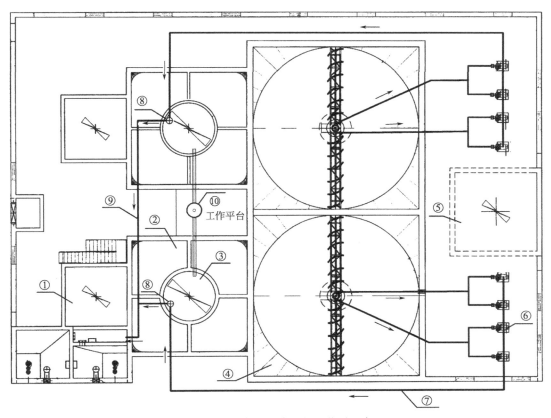

图 4-27 加砂高速沉淀池的工艺平面布置

① 混合池；② 絮凝池；③ 混合导流筒；④ 高密度沉淀池；⑤ 后混凝池（预留）；
⑥ 微砂污泥循环泵；⑦ 微砂污泥循环管道；⑧ 水力旋流分离器；⑨ 水力旋流器溢流管道；
⑩ 储砂斗、螺旋投加及计量设备

(2) 混合池 在混合池内只投加混凝剂。

① 混合池容积 $W$，采用混合时间 $t_1 = 2\text{min}$，则 $W$ 为

$$W = \frac{Q_D t}{60n} = \frac{1625 \times 2}{60 \times 1} = 54.17 (\text{m}^3)$$

② 混合池平面采用正方形，边长 $B = 3.0\text{m}$，则有效水深 $H_1$ 为

$$H_1 = \frac{W}{B^2} = \frac{54.17}{3^2} = 6.02 (\text{m})$$

③ 搅拌功率。混合池 $G$ 取 $500\text{s}^{-1}$，水温按 $5℃$，水的动力黏度 $\mu = 1.518 \times 10^{-3}$ （Pa·s），搅拌机轴功率为

$$N_混 = \frac{\mu Q_D t_1 G^2}{1000} = \frac{1.518 \times 10^{-3} \times 0.452 \times 2 \times 60 \times 500^2}{1000} = 20.58 (\text{kW})$$

(3) 絮凝池（熟化池） 絮凝池内设混合导流筒（投加区），以投加微砂及絮凝剂以促进小絮体充分混合。

进入絮凝区的小絮体通过吸附、电性中和及相互间的架桥作用形成更大的絮体。

① 絮凝池尺寸。絮凝池水深 $H_2 = 6\text{m}$，反应时间 $t_2$ 取 10min，絮凝池面积

$$F_2 = \frac{Q_D t_2}{H_2} = \frac{0.452 \times 10 \times 60}{6} = 45.2 (\text{m}^2)$$

絮凝池平面采用正方形，边长

$$B_2 = \sqrt{F_2} = \sqrt{45.2} = 6.72 (\text{m}), \text{ 取 } 6.75\text{m}。$$

② 混合导流筒（投加区）。混合导流筒采用圆形。微砂回流量取 4%，水力旋流分离器底流量取微砂回流量的 20%。

混合导流筒内下降流速 $v_1$ 取 0.06m/s，混合导流筒直径

$$D_1 = \sqrt{\frac{4Q_D(1+0.04\times0.2)}{v_1\pi}} = \sqrt{\frac{4\times0.452\times(1+0.04\times0.2)}{0.06\times3.14}} = 3.11(\text{m}), \text{ 取 } 3.2\text{m}$$

混合导流筒上缘以上部分流速 $v_2 = 0.06\text{m/s}$，混合导流筒上缘距水面高度

$$H_2 = \frac{Q_D(1+0.04\times0.2)}{v_2\pi D_1} = \frac{0.452\times1.008}{0.06\times3.14\times3.2} = 0.756(\text{m}), \text{ 取 } 0.76\text{m}$$

混合导流筒下部分流速 $v_3 = 0.05\text{m/s}$，混合导流筒下缘距池底高度

$$H_3 = \frac{Q_D(1+0.04\times0.2)}{v_3\pi D_1} = \frac{0.452\times1.008}{0.05\times3.14\times3.2} = 0.907(\text{m}), \text{ 取 } 0.91\text{m}$$

③ 絮凝区。絮凝区面积

$$F_W = B_2{}^2 - \frac{\pi D_1{}^2}{4} = 6.75^2 - \frac{3.14\times3.2^2}{4} = 37.52(\text{m}^2)$$

絮凝区流速（向上）

$$v_3 = \frac{Q_D(1+0.04\times0.2)}{F_W} = \frac{0.452\times1.008}{37.52} = 0.012(\text{m/s})$$

④ 出水口。絮凝池出口过水洞流速 $v_4$ 取 0.05m/s，过水洞口宽度 $B_3 = 6.75\text{m}$，高度

$$H_3 = \frac{Q_D(1+0.04\times0.2)}{v_4 B_2} = \frac{0.452\times1.008}{0.05\times6.75} = 1.35(\text{m})$$

⑤ 搅拌功率。絮凝池 $G$ 取 150s$^{-1}$，搅拌机轴功率

$$N_{混} = \frac{\mu Q t_2 G^2}{1000} = \frac{1.518\times10^{-3}\times0.452\times1.008\times10\times60\times150^2}{1000} = 9.34(\text{kW})$$

（4）沉淀池的计算　沉淀池采用高密度沉淀池的池型，表面负荷取 50m$^3$/(m$^2$·h)，其设计计算内容和方法见【例 4-13】，具体计算过程此处省略。

（5）含砂沉泥回流设施

① 循环泵流量。循环泵总流量取进水量的 4%，$Q_{微砂} = 1625\times0.04 = 65(\text{m}^3/\text{h})$。

② 回流管道。管道流速取 1.0m/s，微砂回流管管径为

$$D_{管} = \sqrt{\frac{4Q_{微砂}}{\pi v}} = \sqrt{\frac{4\times65}{3600\times3.14\times1}} = 0.152(\text{m}), \text{ 管径取 } 150\text{mm}。$$

③ 循环泵扬程。循环管道长为 70m，根据管内流速 $v = 1.02\text{m/s}$，管径 $D = 150\text{mm}$，

查水力计算表，水力坡降 1.4%，沿程水头损失为 70×14/1000＝0.98（m）。

局部水头损失取 2.0m，水力旋流分离器入口压力要求 0.12MPa，安全水头取 1.0m。因此水泵扬程 $H_{泵}$ 为

$$H_{泵}＝12＋0.98＋2＋1＝15.98（m），H_{泵} 取 16m。$$

（6）泥砂分离设施 水力旋流分离器的总处理量与循环泵总流量相同，为 65m³/h，设计极限截留颗粒直径取 90μm。根据设备样本，水力旋流分离器选用 XC-Ⅰ-350 型（处理能力 56～115m³/h，分级粒度 40～100μm，入口压力 0.12MPa）。

（7）微砂补充投加设施 微砂补充投加系统由微砂真空上料设备、储砂斗、微砂投加螺杆、微砂计量螺杆等组成。

① 储砂斗容积计算。微砂流失量取 1g/m³，每天损失量为 1×39000/1000＝39kg，砂斗容量按 10d 储量计算。90～100μm 的石英砂堆积密度取 1.5t/m³，10d 的容积为

$$V_{砂}＝\frac{10×39}{1000×1.5}＝0.26（m^3）$$

砂斗有效容积取 0.3m³。

② 真空上料机选型。储砂斗最大储砂量为 39×10＝390kg，要求 30min 内完成上料。因此，上料机输送能力为 800kg/h，根据设备样本，真空上料设备型号选用 GB 320（输送能力 500～1200kg/h）。

③ 微砂投加螺杆和微砂计量设备选型。设微砂每天补充投加一次，每次投加时间取 1h。微砂每天损失量 39kg，其体积为 0.26/10＝0.026（m³）＝26（L）。因此，微砂投加螺杆和微砂计量设备输送能力取 30L/h，根据设备样本，微砂投加螺杆规格选用 DMR40（输送能力 30L/h），计量螺杆规格选用 DDMR40（输送能力 30L/h）。

**题后语 ◀◀◀** 加砂高速沉淀池引进我国后，其不少技术参数及具体的设计计算方法仍在探索中。本设计计算例题是一种尝试。望同人指正并共同研讨完善之。

# 第五章 澄清池

## 第一节 概　述

从广义概念上讲，澄清即净化（水的净化处理包括混凝、沉淀、过滤）。但此处"水澄清处理"的含义，仅指靠重力作用的泥水分离过程，亦即沉淀范畴的处理工序，所以，国外也有把澄清称为高速沉淀或上向流沉淀。沉淀和澄清属于同种作用的处理工序，此处为了便于叙述，将澄清单设一章介绍。

澄清池是有泥渣参与工作的，在一个池子内完成混凝和泥水分离作用的净化构筑物。

澄清池的种类很多，但从净化作用原理和特点上划分，可归纳成两类，即泥渣接触过滤型（或悬浮泥渣型）澄清池和泥渣循环分离型（或回流泥渣型）澄清池。国内已有的几种池型可归纳分类如下。

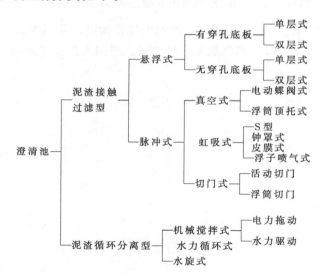

澄清池一般采用钢筋混凝土结构，但也有用砖石砌筑，小水量者还有用钢板制成的。澄清池型式的选择，主要应根据原水水质、出水要求、生产规模、水厂布置、地形、地质以及排水条件等因素，进行技术经济比较后决定。几种澄清池的性能特点及适用条件见表 5-1，供选型参考。

表 5-1　几种澄清池的性能特点及适用条件

| 型　式 | 性　能　特　点 | 适　用　条　件 |
|---|---|---|
| 机械搅拌澄清池 | 优点：<br>(1)处理效率高，单位面积产水量较大<br>(2)适应性较强，处理效果较稳定<br>(3)采用机械刮泥设备后，对高浊度水(3000mg/L 以上)处理也具有一定适应性<br>缺点：<br>(1)需要一套机械搅拌设备<br>(2)加工和安装要求精度高<br>(3)维修较麻烦 | (1)进水悬浮物含量一般小于 1000mg/L，短时间内允许达 3000～5000mg/L<br>(2)一般为圆形池子<br>(3)适用于大、中型水厂 |
| 水力循环澄清池 | 优点：<br>(1)无机械搅拌设备<br>(2)构造简单<br>缺点：<br>(1)投药量较大，要消耗较大的水头<br>(2)对水质、水量变化适应性较差 | (1)进水悬浮物含量一般小于 1000mg/L，短时间内允许达 2000mg/L<br>(2)一般为圆形池子<br>(3)适用于中、小型水厂 |
| 脉冲澄清池 | 优点：<br>(1)虹吸式机械设备较为简单<br>(2)混合充分，布水较均匀<br>(3)池深较浅，便于布置，也适用于平流式沉淀池改造<br>缺点：<br>(1)真空式需要一套真空设备，较为复杂<br>(2)虹吸式水头损失较大，周期较难控制<br>(3)操作管理要求较高，排泥不好影响处理效果<br>(4)对原水水质、水量变化适应性较差 | (1)进水悬浮物含量一般小于 1000mg/L，短时间内允许达 3000mg/L<br>(2)可建成圆形、矩形或方形池子<br>(3)适用于大、中、小型水厂 |
| 悬浮澄清池（无穿孔底板） | 优点：<br>(1)构造较简单<br>(2)能处理高浊度水(双层式加悬浮层底部开孔)<br>(3)型式较多，可间歇运行<br>缺点：<br>(1)需设气水分离器<br>(2)对进水量、水温等因素较敏感，处理效果不如机械搅拌澄清池稳定 | (1)进水悬浮物含量小于 1000mg/L 时宜用单层式，在 3000～10000mg/L 时宜用双层式<br>(2)可建成圆形或方形池子<br>(3)一般流量变化每小时不大于 10%，水温变化每小时不大于 1℃ |

# 第二节　脉冲澄清池

## 一、概述

　　脉冲澄清池属于泥渣接触过滤型澄清池，它的来水在脉冲发生器的作用下，有规律地间断进入池底配水区，从而使活性悬浮泥渣层有规律地上下运动，形成周期性的膨胀和收缩。这样，有利于矾花颗粒的接触、碰撞和凝聚，并使悬浮泥渣层的分布更趋均匀和稳定。

脉冲澄清池由上部产生脉冲水量的脉冲发生器和下部的澄清池体两大部分组成。脉冲发生器是脉冲澄清池的关键部件,种类较多,按其工作原理国内大致有三种类型,即真空式、虹吸式和切门式,这样便构成了与其相应的脉冲澄清池的名称和池型。常用脉冲发生器的性能特点见表5-2,可供选用时参考。

表 5-2  常用脉冲发生器的性能特点

| 类别 | 名 称 | 特 点 | 优 缺 点 |
|---|---|---|---|
| 真空式 | 电动蝶阀式 | (1)在蝶阀阀体及阀瓣间加橡皮密封圈,增加密封性<br>(2)可用电磁阀带齿条与齿轮啮合或用电动机控制启闭<br>(3)用电钟控制周期 | (1)工作可靠,调节灵活<br>(2)真空设备复杂<br>(3)噪声较大 |
| 真空式 | 浮筒顶托式 | (1)用真空室内水位控制浮筒的升降及顶托放气阀的启闭<br>(2)用水位电极传示讯号,监视脉冲阀运行情况<br>(3)用抽气量大小控制水位上升时间,决定脉冲周期 | (1)工作可靠,调节灵活,电气控制较蝶阀式简单<br>(2)真空设备复杂<br>(3)噪声较大 |
| 虹吸式 | 钟罩虹吸式 | (1)随着进水室水位上升,钟罩内空气被压缩到一定程度,即被带走,形成真空,发生虹吸,大量水流入中央管<br>(2)在低水位区,设虹吸破坏管<br>(3)用虹吸发生与破坏的时间来控制周期 | (1)构造简单<br>(2)水头损失较大<br>(3)调节较困难 |
| 虹吸式 | S型虹吸式 | (1)在进水室内装S型虹吸脉冲发生器。利用S型管内空气的被压缩及排走,造成虹吸<br>(2)周期由水位升降时间控制 | (1)构造简单<br>(2)只适应小流量的池子,一般在100m³/h以下<br>(3)调节较困难,水头损失较大 |
| 虹吸式 | 皮膜式 | (1)在大小虹吸室进水管端装上大小皮膜。随着进水室内水位升降,使皮膜压缩或上抬,封口也随之启闭,发生虹吸作用<br>(2)周期由水位升降时间控制 | (1)调节较灵活<br>(2)皮膜耐久性较差,必须定期调换<br>(3)配件较大,皮膜调换困难 |
| 切门式 | 活动切门式 | (1)在中央进水管上装设环形切门。随着进水室内水位升降,利用水射器、升降脉冲阀,启闭切门<br>(2)用水位升降时间控制脉冲周期 | (1)调节较灵活<br>(2)需要 $2.94×10^5$ Pa 的压力水,耗费一定动力<br>(3)脉冲阀加工较复杂 |
| 切门式 | 浮筒切门式 | (1)利用浮筒的升降,启闭切门<br>(2)脉冲周期由水位升降时间控制 | (1)构造简单,脉冲阀动作较灵活可靠,不耗动力<br>(2)调节不很灵活<br>(3)水箱内若积泥,发生器动作将失灵 |

钟罩式虹吸脉冲发生器有数种型式,图5-1所示即为一种。

其工作原理如下。加过混凝剂的原水从进水管1进入进水室2,在进水管出口处装设挡板3,以防止水流直接冲击钟罩4,使钟罩四周水位较稳定。室内水位逐渐上升,钟罩内空气通过泄气管5逸出。当水位超过中央管6的管顶时,部分原水溢流入中央管,在溢流过程中将钟罩内的空气逐渐带走,形成虹吸。这时,进水室内的水迅速通过钟罩、中央管进入落水井7至澄清池配水系统。被带入落水井的空气靠排气管8排出。当进水室中水位下降至虹吸破坏管口(即低水位)时,因空气进入钟罩而使虹吸破坏,进水室的水位复又上升。如此循环不已。

脉冲澄清池的设计要点与参数如下。

① 池的进水悬浮物含量一般小于 1000g/L,短时期应不超过 3000g/L。

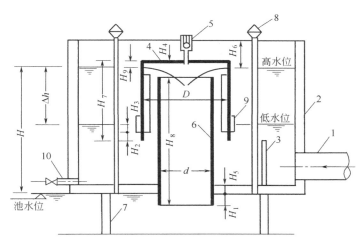

图 5-1 钟罩式虹吸脉冲发生器

1—进水管；2—进水室；3—挡板；4—钟罩；5—泄气管；6—中央管；

7—落水井；8—排气管；9—虹吸破坏管；10—放空管

② 脉冲周期一般为 30～40s，其充水与放水时间的比例为(3∶1)～(4∶1)。

③ 水在池中的总停留时间一般为 1.0～1.3h。

④ 清水区的上升流速一般采用 0.7～1.0mm/s，对低温、低浊度水，上升流速采用下限。

⑤ 池子总高度一般为 4～5m，其中悬浮层高度为 1.5～2.0m，清水区高度为 1.5～2.0m。

⑥ 穿孔配水管最大孔口流速一般为 2.5～3.0m/s（也有达 3～5m/s）。配水管管底距池底 0.2～0.3m，配水管的中心距为 0.4～1.0m。

⑦ 配水管上的人字形稳流板的夹角一般为 60°～90°（常用 90°，含泥砂量较高者宜用 60°）。稳流板缝隙中的上升流速为 50～80mm/s。

⑧ 进水室的高度包括：超高 0.3～0.5m；高水位与低水位的水位差一般为 0.6～0.8m；低水位与澄清池水面的高差需通过水头损失计算确定，一般在 1.0m 以内。进水室的有效体积（即高、低水位间的容积）等于冲水时间的进水量，有时为减小进水室尺寸，可按60％～70％的充水量计算，而其余部分可直接进入澄清池作为悬浮进水量。

⑨ 污泥浓缩室的面积一般为澄清池面积的 10％～25％，对于高浊度地区，可考虑加大到 33％，同时宜采用自动排泥装置。

## 二、计算例题

### 【例 5-1】 真空式脉冲澄清池的计算

1. 已知条件

设计水量 30000m³/d；厂自用水量为设计水量的 5％；进水悬浮物含量 $c_进$＝300mg/L；出水悬浮物含量 $c_出$＝10mg/L；清水区上升流速 $v$＝1.0mm/s；脉冲周期 $t$＝30s；真空箱充水时间 $t_1$＝24s；真空箱放水时间 $t_2$＝6s；真空箱充水时，66％水量进入真空箱，34％进入澄清池；真空箱放水时，配水支管孔眼处最小流速 3.0m/s。

2. 设计计算

图 5-2 为真空式脉冲澄清池计算图。

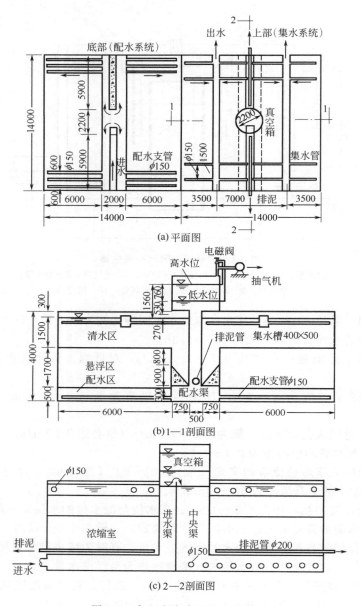

图 5-2 真空式脉冲澄清池计算图

(1) 澄清池池体

① 计算流量 $Q$。采用 2 个澄清池，则计算流量为

$$Q = \frac{(1+0.05) \times 30000}{2} = 15750 (m^3/d) = 656 (m^3/h) = 182 (L/s)$$

② 清水区面积 $F$

$$F = \frac{Q}{v} = \frac{656}{1.0 \times 3.6} = 182 (m^2)$$

其平面尺寸采用 $14 \times 14 = 196 (m^2)$

③ 池深 $H$。各部分的高度采用：配水区 0.5m，悬浮区 1.7m；清水区 1.5m；超高 0.3m。

$$H = 0.5 + 1.7 + 1.5 + 0.3 = 4.0 (m)$$

（2）真空式脉冲设备

① 真空箱放水时澄清池的平均进水量 $Q_{cp}$

$$Q_{cp}=Q+\frac{0.66Qt_1}{t_2}=Q+\frac{0.66Q\times24}{6}=3.64Q=3.64\times182=662(\text{L/s})$$

② 真空箱（采用圆柱体形状）

需要容积 $\quad W=0.66Qt_1=0.66\times182\times24=2880(\text{L})\approx2.9(\text{m}^3)$

有效水深取 $H'=0.76\text{m}$，则断面直径

$$D=\sqrt{\frac{4W}{\pi H'}}=\sqrt{\frac{4\times2.9}{3.14\times0.76}}=2.2(\text{m})$$

③ 抽气量 $Q_{气}$。抽气系数采用 1.2，则

$$Q_{气}=1.2\times0.66Q=1.2\times0.66\times182=144.14(\text{L/s})=8.7(\text{m}^3/\text{min})$$

注：脉冲设备另行设计

（3）配水系统

① 配水支管孔口总面积 $\omega$（$\text{m}^2$）。按变水头孔口出流公式进行计算。

$$\omega=\frac{2A_1A_2}{(A_1+A_2)\mu t_2\sqrt{2g}}\left(\sqrt{h_1}-\sqrt{h_2}+\frac{Q\sqrt{h_1}}{Q_1}\times\ln\frac{Q_1-Q}{Q_2-Q}\right)$$

$$Q_1=\mu\omega\sqrt{2gh_1}$$

$$Q_2=\mu\omega\sqrt{2gh_2}$$

$h_1=h_2+0.76$（不计澄清池内水位变化）

$$h_2=\frac{v_2^2}{2g\rho^2}$$

式中　$A_1$——真空箱面积，$\text{m}^2$；

$A_2$——澄清池面积，$\text{m}^2$；

$t_2$——放水时间，$\text{s}$，$t_2=6\text{s}$；

$\mu$——流量系数，$\mu=0.5\sim0.55$，取 0.55；

$g$——重力加速度，$g=9.81\text{m/s}^2$；

$Q_1$——放水时最大流量；

$Q_2$——放水时最小流量；

$h_1$——放水时最大出流水头（孔口水头损失），$\text{mH}_2\text{O}$；

$h_2$——放水时最小出流水头（孔口水头损失），$\text{mH}_2\text{O}$；

$v_2$——放水时配水支管孔口最小流速，$\text{m/s}$；

$\rho$——孔口流速系数，$\rho=0.97$。

$$A_1=\frac{\pi}{4}D^2=0.785\times2.2^2=3.8(\text{m}^2)$$

$$A_2=14\times14=196(\text{m}^2)$$

$v_2$ 采用 3.0m/s，故

$$h_2=\frac{3.0^2}{2\times9.81\times0.97^2}\approx0.49(\text{mH}_2\text{O})$$

$$h_1=0.49+0.76=1.25(\text{mH}_2\text{O})$$

根据 $Q_{cp}=3.64Q$，假定 $Q_1=5Q$ 进行试算

$$\frac{Q_2}{Q_1}=\frac{\mu\omega\sqrt{2gh_2}}{\mu\omega\sqrt{2gh_1}}=\frac{\sqrt{h_2}}{\sqrt{h_1}}=\sqrt{\frac{0.49}{1.25}}=0.63$$

$$Q_2=0.63Q_1=0.63\times5Q=3.2Q$$

$$\frac{Q\sqrt{h_1}}{Q_1}\ln\frac{Q_1-Q}{Q_2-Q}=\frac{Q\sqrt{h_1}}{5Q}\ln\frac{5Q-Q}{3.2Q-Q}=\frac{\sqrt{h_1}}{5}\times2.3\lg\frac{4}{2.2}=0.12\sqrt{h_1}$$

$$\frac{2A_1A_2}{(A_1+A_2)\mu t_2\sqrt{2g}}=\frac{2\times3.8\times196}{(3.8+196)\times0.55\times6\times\sqrt{2\times9.81}}=0.51$$

$$\omega=0.51\times(\sqrt{h_1}-\sqrt{h_2}+0.12\sqrt{h_1})=0.51\times(1.12\sqrt{1.25}-\sqrt{0.49})=0.28(\text{m}^2)$$

复核最小流量。

孔口水流断面的收缩系数 $\varepsilon$ 为

$$\varepsilon=\frac{\mu}{\rho}=\frac{0.55}{0.97}=0.57$$

$$Q_2=\varepsilon\omega v_2=0.57\times0.28\times3.0=0.478(\text{m}^3/\text{s})=478(\text{L/s})$$

$$\frac{Q_2}{Q}=\frac{478}{182}=2.63$$

所以 $Q_2=2.63Q$，此与假定 $Q_2=3.2Q$ 不符。

重新按假定 $Q_2=2.8Q$ 进行计算。

$$Q_1=\frac{Q_2}{0.63}=\frac{2.8Q}{0.63}=4.44Q$$

$$\frac{Q\sqrt{h_1}}{Q_1}\ln\frac{Q_1-Q}{Q_2-Q}=\frac{\sqrt{h_1}}{4.44}\times2.3\lg\frac{3.44}{1.8}=0.146\sqrt{h_1}$$

所以
$$\omega=0.51\times(1.146\sqrt{1.25}-\sqrt{0.49})=0.30(\text{m}^2)$$

复核最小流量

$$Q_2=0.57\times0.30\times3.0=0.513(\text{m}^3/\text{s})=513(\text{L/s})$$

$$\frac{Q_2}{Q}=\frac{513}{182}=2.82$$

$Q_2=2.82Q$，此值与假定接近。

$$\frac{\omega}{F}=\frac{0.3}{196}\approx0.153\%$$

采用 $\omega=0.30\text{m}^2$。

$$Q_1=4.44Q=808\ (\text{L/s})$$
$$Q_2=2.8Q=2.8\times182=510(\text{L/s})$$

② 配水支管（见图 5-2 的平面图）。采用 40 根支管，支管中距取 0.6m。

每根支管流量 $q=Q_2/40=510/40=12.8(\text{L/s})$

支管直径采用 $d=150\text{mm}$，相应流速为 0.73m/s。

孔眼直径采用 20mm，孔眼总数为

$$\frac{4\omega}{\pi\times0.02^2}=\frac{4\times0.30}{3.14\times0.02^2}=956\ (\text{个})$$

$$\text{每根支管孔眼数}=\frac{956}{40}=24(\text{个})$$

支管长度为 6m，孔眼中距 $=\dfrac{6}{24}=0.25(\text{m})(45°向下)$。

③ 配水渠。采用 4 条配水渠（见图 5-2）。

流量
$$q=\frac{Q_2}{4}=\frac{510}{4}=127.5(\text{L/s})$$

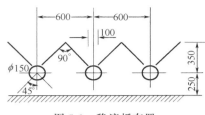

图 5-3　稳流板布置

断面采用 $0.5 \times 0.7 = 0.35(\text{m}^2)$，则 $v = 0.36\text{m/s}$。

④ 中央渠。流量 $q = Q_2 = 510\text{L/s}$，断面采用 $0.5 \times 1.4 = 0.7(\text{m}^2)$，则 $v = 0.73\text{m/s}$。

⑤ 进水渠。流量 $q = Q = 182\text{L/s}$，断面采用 $0.5 \times 0.7 = 0.35(\text{m}^2)$，则 $v = 0.52\text{m/s}$。

⑥ 进水管。流量 $q = Q = 182\text{L/s}$，管径采用 $d = 500\text{mm}$，则 $v = 0.89\text{m/s}$。

⑦ 稳流板（见图 5-3）。稳流板采用 $90°$ 折角板，共 40 条缝隙，缝隙中距 0.6m，则

$$流量 \; q = \frac{Q_2}{40} = \frac{510}{40} = 12.8(\text{L/s})$$

缝宽 0.1m，长 6m，面积为 $0.6\text{m}^2$，缝中流速 $v = 21.3\text{mm/s}$。

（4）集水系统

① 穿孔集水支管。采用 32 根支管，支管中距 1.5m。

$$流量 \qquad q = \frac{Q}{32} = \frac{182}{32} = 5.7(\text{L/s})$$

支管直径采用 $d = 150\text{mm}$，则 $v = 0.33\text{m/s}$。

支管孔口的出流水头取 $h_孔 = 0.1\text{m}$（一般 $0.05 \sim 0.1\text{m}$）。

孔眼总面积

$$\omega_孔 = \frac{q}{\mu \sqrt{2gh_孔}} = \frac{0.0057}{0.55\sqrt{2 \times 9.81 \times 0.1}} = 0.0074(\text{m}^2)$$

孔径采用 $d = 20\text{mm}$，孔眼数为每支管 24 个。

支管长度为 3.3m，孔眼间中距 $= \dfrac{3.3}{24} = 0.138(\text{m})$。

② 集水槽。每池采用 2 个集水槽。

$$流量 \qquad q = \frac{Q}{2} = \frac{182}{2} = 91(\text{L/s})$$

$$槽宽 \quad B = 0.9q^{0.4} = 0.9 \times 0.091^{0.4} = 0.34(\text{m})，取 \; 0.4\text{m}$$

$$流速 \qquad v = \frac{0.091}{0.34 \times 0.34} = 0.79(\text{m/s})$$

槽断面尺寸采用 $0.4\text{m} \times 0.5\text{m}$。

（5）排泥系统　排泥周期 $t_周 = 2\text{h}$，排泥历时 $t_排 = 2\text{min} = 120\text{s}$，排泥悬浮物含量 $c_排 = 25\text{kg/m}^3$，排泥时有效水头 $h_排 = 3\text{m}$。

① 排泥穿孔管。排泥流量

$$
\begin{aligned}
Q_排 &= \frac{t_周 Q(c_进 - c_出) \times 0.001}{t_排 c_排} \\
&= \frac{2 \times 656 \times (300 - 10) \times 0.001}{120 \times 25} = 0.127(\text{m}^3/\text{s})
\end{aligned}
$$

排泥穿孔管孔眼总面积为

$$\omega_排 = \frac{KQ_排}{\mu \sqrt{2gh_排}}$$

$$K = \sqrt{K_1 \rho}$$

式中　$K$——泥浆出流时水头损失修正系数；

$K_1$——排泥水头损失修正系数,取 1.1;

$\rho$——泥浆密度,kg/L,取 1.1kg/L。

$$K=\sqrt{1.1\times1.1}=1.1$$

$$\omega_{排}=\frac{1.1\times0.127}{0.55\sqrt{2\times9.81\times3}}=0.0331(\text{m}^2)$$

孔眼直径采用 $d=20$mm,孔眼数为 106 个。

$$排泥管长度=2\times5.9=11.8(\text{m})$$

$$孔眼中距=\frac{11.80}{106}=0.111(\text{m})$$

采用 2 根 $d=200$mm 排泥穿孔管,则

$$流速\ v=2.02(\text{m/s})>2\text{m/s}\ (泥浆不淤流速)$$

② 污泥浓缩时间 $t_浓$。浓缩室容积为

$$W_浓=2\times5.9\times(2\times1.7-0.9\times0.75)=32.2(\text{m}^3)$$

排泥耗水量 $\qquad W_耗=t_排Q_排=120\times0.127=15.2(\text{m}^3)$

$$t_浓=\frac{W_浓}{W_耗}t_周=\frac{32.2}{15.2}\times2=4.2(\text{h})>2\text{h}$$

③ 排泥耗水率 $d$

$$d=\frac{W_耗}{Qt_周}\times100\%=\frac{15.2}{656\times2}\times100\%=0.012\times100\%=1.2\%$$

(6) 真空箱最低水位

① 真空箱进入中央渠的水头损失。中央渠内流速采用 $v=0.73$m/s,阻力系数取 $\xi=0.5$,则水头损失

$$h=\xi\frac{v^2}{2g}=0.5\times\frac{0.73^2}{19.62}=0.014(\text{mH}_2\text{O})$$

② 中央渠进入配水渠的水头损失。配水渠内 $v=0.36$m/s,$\xi=0.5$,则

$$h=0.5\times\frac{0.36^2}{19.62}=0.003(\text{mH}_2\text{O})$$

③ 配水渠进入配水支管的水头损失。配水支管内 $v=0.73$m/s,$\xi=0.5$,$h=0.014$mH$_2$O。

④ 配水支管孔眼水头损失 $h_2=0.53$mH$_2$O。

⑤ 稳流板缝隙处水头损失 $h_稳=0.1$mH$_2$O。

⑥ 悬浮层的水头损失。按每米悬浮层损失 0.05mH$_2$O(一般为 0.05~0.08 mH$_2$O)计算,有

$$h=0.05\times1.8=0.09(\text{mH}_2\text{O})$$

所以水头损失总和为

$$\sum h=0.014+0.003+0.014+0.53+0.10+0.09=0.751\approx0.8(\text{mH}_2\text{O})$$

故真空箱的最低水位与澄清池的水位差为 0.8m。

(7) 各区容积和停留时间

① 配水区(混合絮凝区)

$$容积=10\times14\times0.5=70(\text{m}^3)$$

$$停留时间=70\div656=0.11(\text{h})=6.6(\text{min})$$

② 悬浮区

$$容积=12\times14\times1.7=286(\text{m}^3)$$

$$停留时间＝286\div656＝0.44(h)＝26.1(min)$$

③ 清水区

$$容积＝14\times14\times1.5＝294(m^3)$$

$$停留时间＝294\div656＝0.45(h)＝26.9(min)$$

④ 总停留时间

$$\sum t＝6.6＋26.1＋26.9＝59.6(min)$$

⑤ 总容积

$$14\times14\times4＝784(m^3)$$

相当于 $784\div656＝1.20(h)＝72(min)$ 的进水量。

（8）各部流速综合 见表 5-3。

表 5-3　各部流速综合　　　　　　　　　　　　　　单位：mm/s

| 名　称 | 总面积 /m² | 流　量/(L/ s) | | | | |
|---|---|---|---|---|---|---|
| | | $Q＝182$ | $Q_1＝797$ | $Q_2＝510$ | $Q_{cD}＝662$ | $0.34Q＝62$ |
| 清水区 | 196 | 0.93 | 4.07 | 2.60 | 3.38 | 0.32 |
| 悬浮区 | 168 | 1.08 | 4.74 | 3.04 | 3.94 | 0.37 |
| 配水支管孔口 | 0.30 | 0.95 | 4.15 | 2.66 | 3.45 | 0.32 |
| 配水支管 | 0.707 | 0.26 | 1.13 | 0.72 | 0.94 | 0.09 |
| 配水渠 | 1.40 | 0.13 | 0.57 | 0.36 | 0.47 | 0.05 |
| 稳流板缝隙 | 24 | 7.58 | 33.2 | 21.25 | 27.58 | 2.58 |

配水支管孔口的流速按下式计算。

$$Q＝\mu\omega\sqrt{2gh}＝\varepsilon\omega v$$

$$v＝\frac{Q}{\varepsilon\omega}$$

式中　$\varepsilon$——孔口断面收缩系数，取 0.64。

## 【例 5-2】　虹吸式脉冲澄清池部分的计算

1. 已知条件

设计水量 $1410m^3/h$；清水区上升流速 $v_1＝1mm/s$；泥渣浓缩室面积占澄清池面积 15%；脉冲周期 $t＝47s$，其中进水时间 $t_1＝35s$，放水时间 $t_2＝12s$；稳流板缝隙流速 $v_缝＝30mm/s$；原水平均悬浮物含量 $300mg/L$。

2. 设计计算

图 5-4 为虹吸式脉冲澄清池计算简图。

（1）澄清池面积

① 清水区面积 $F_1$。计算水量

$$Q＝1410\times1.05＝1481(m^3/h)\approx0.412(m^3/s)$$

$$F_1＝\frac{Q}{v_1}＝\frac{0.412}{0.001}＝412(m^2)$$

② 中央渠面积 $F_2$。采用

$$F_2＝2.5\times2.5＝6.25(m^2)$$

设渠壁厚度 0.2m，则中央渠总面积为

$$F_2'＝2.9\times2.9＝8.41(m^2)$$

③ 池的平面面积 $F$

$$F＝F_1＋F_2'＝412＋8.41\approx420(m^2)$$

池平面尺寸采用 $28m\times15m$。

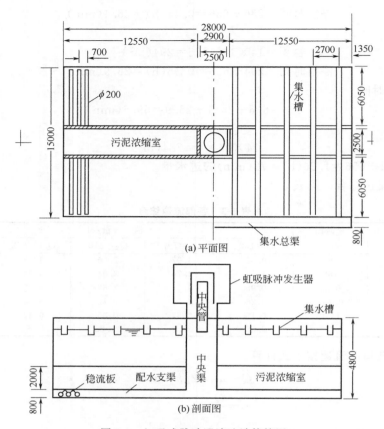

图 5-4　虹吸式脉冲澄清池计算简图

④ 污泥浓缩室面积 $F_3$

$$F_3 = F \times 15\% = 420 \times 15\% = 63(\text{m}^2)$$

浓缩室总长　　　　　　　$28 - 2.9 = 25.1(\text{m})$

浓缩室长度　　　　　　　$L_1 = \dfrac{25.1}{2} = 12.55(\text{m})$

浓缩室宽度 $= \dfrac{63}{25.1} = 2.5(\text{m})$

(2) 进出水管　管径采用 $d = 700\text{mm}$，$v = 1.07\text{m/s}$。

(3) 配水管渠

① 中央渠内流速 $v_{中}$。脉冲流量

$$Q' = \frac{Qt_1}{t_2} + Q = \frac{0.412 \times 35}{12} + 0.412 = 1.61(\text{m}^3/\text{s})$$

所以　　　　　　　　　　$v_{中} = \dfrac{Q'}{F_2} = \dfrac{1.61}{6.25} = 0.26(\text{m/s})$

② 配水支渠。采用 2 条配水支渠。支渠断面采用宽 2.5m，高 0.65m，则渠中流速

$$v = \frac{1.61}{2 \times 2.5 \times 0.65} = 0.5(\text{m/s})$$

③ 配水支管。配水支管长度（污泥浓缩室壁厚取 0.2m）为

$$L_2 = \frac{15 - (2.5 + 0.2 \times 2)}{2} = \frac{12.1}{2} = 6.05(\text{m})$$

支管中距采用 0.7m，则支管条数 $=2\times\dfrac{28}{0.7}=80$。

支管直径采用 $d=200\text{mm}$。

支管中的脉冲流量 $q=\dfrac{1.61}{80}=0.02(\text{m}^3/\text{s})$。

支管在脉冲流量时的流速为 0.64m/s。

支管上孔眼总面积采用澄清池面积的 0.5%，即

$$F_{孔}=0.005F=0.005\times420=2.1(\text{m}^2)$$

孔眼直径采用 $d=25\text{mm}$，则孔眼面积

$$f_{孔}=\frac{\pi}{4}d^2=0.785\times0.025^2=0.00049（\text{m}^2）$$

孔眼总数 $n=F_{孔}/f_{孔}=2.1/0.00049\approx4300$
每条支管的孔眼数 $=4300/80\approx54$
孔眼间距 $l=6.05/54=0.112(\text{m})$
支管中心离池底距离采用 0.3m。

（4）稳流板　稳流板缝隙宽度

$$b=\frac{Q'}{80L_2v_{缝}}=\frac{1.61}{80\times6.05\times0.03}=0.11(\text{m})$$

采用人字形稳流板，顶角为 90°。

（5）集水槽　计算方法见【例 5-1】，其计算结果如下。槽距 2.7m；槽断面高 0.42m，宽 0.25m；槽壁上孔眼直径 20mm，孔距 0.15m；集水总槽断面高 1.0m，宽 0.8m。

（6）澄清池高度 $H$　底部配水系统的高度（包括配水渠顶板厚度 0.15m）0.80m，悬浮层高度 2.00m；清水层高度 1.70m；超高 0.30m，所以

$$H=0.80+2.00+1.70+0.30=4.80(\text{m})$$

（7）穿孔排泥管　每个污泥浓缩室容积（见图 5-5）

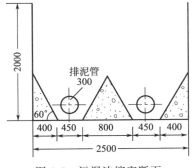

图 5-5　污泥浓缩室断面

$$W=2.5\times12.55\times2-2\times\frac{1}{2}\times$$
$$0.8\times0.8\cos30°\times12.55=55.8(\text{m}^3)$$

排泥时间采用 $t_{排}=5\text{min}$，故排泥流量为

$$q=\frac{W}{t_{排}}=\frac{55.8}{5\times60}=0.186(\text{m}^3/\text{s})$$

每个污泥浓缩室设 2 条穿孔排泥管，穿孔排泥管的孔眼流速采用 2.5m/s，则

孔眼总面积　$\Omega=\dfrac{q}{2.5}=\dfrac{0.186}{2.5}=0.0744(\text{m}^2)$

孔径采用 $d=20\text{mm}$，故

$$f_{孔}=\frac{\pi}{4}d^2=0.785\times0.02^2=0.000314(\text{m}^2)$$

每根排泥管上孔眼数　$N=\dfrac{\Omega}{2f_{孔}}=\dfrac{0.0744}{2\times0.000314}=118$

孔距 
$$S = \frac{2L_1}{N} = \frac{2 \times 12.55}{118} = 0.22(\text{m})$$

## 【例 5-3】 钟罩式虹吸脉冲发生器的计算

### 1. 已知条件

设计水量 5000m³/d,水厂耗水率 5%,脉冲周期为 $t = 48\text{s}$,其中充水时间 $t_1 = 36\text{s}$,放水时间 $t_2 = 12\text{s}$。澄清池水位标高 4.60m。

### 2. 设计计算

(1) 脉冲平均放水流量 $Q_\text{p}$  计算水量

$$Q = 5000 \times 1.05 = 5250(\text{m}^3/\text{d}) = 219(\text{m}^3/\text{h}) = 0.061(\text{m}^3/\text{s})$$

$$Q_\text{p} = \frac{Qt_1}{t_2} + Q = \frac{0.061 \times 36}{12} + 0.061 = 0.244(\text{m}^3/\text{s})$$

(2) 中央管直径 $d$  中央管内的平均流速 $v_1$,一般为 2~2.5m/s。现采用 $v_1 = 2\text{m/s}$,则

$$d = \sqrt{\frac{4Q_\text{p}}{\pi v_1}} = \sqrt{\frac{4 \times 0.244}{3.14 \times 2}} = 0.394(\text{m})$$

取 $d = 400\text{mm}$,用 4mm 厚钢板卷焊。实际流速为 1.94m/s。

(3) 钟罩直径 $D$ (m)

$$D = \sqrt{\frac{4Q_\text{p}}{\pi v_2} + d_1^2}$$

式中  $v_2$——钟罩与中央管之间环形断面内的平均流速,m/s,一般采用 1m/s 左右,应尽量小,以减小水头损失,现取 $v_2 = 0.8\text{m/s}$;

$d_1$——中央管外径,m。

此处  
$$d_1 = 400 + 4 \times 2 = 408(\text{mm})$$

$$D = \sqrt{\frac{4 \times 0.244}{3.14 \times 0.8} + 0.408^2} = 0.745(\text{m})$$

取 $D = 800\text{mm}$,用 8mm 厚钢板卷焊,实际流速为 0.7m/s。

也可按经验公式计算,即 $D = 2d = 2 \times 400 = 800(\text{mm})$。

(4) 钟罩设置高度  钟罩内顶面离中央管顶的高度 $H_4$ (m) 的计算公式如下。

$$H_4 = K \frac{d}{4}$$

式中  $K$——安全系数,一般为 1.2~1.5,取 $K = 1.5$(因为虹吸放水时,钟罩顶部可能尚有部分空气随水排出)。

$$H_4 = 1.5 \times \frac{0.4}{4} = 0.15(\text{m})$$

间隙的脉冲平均流速  
$$v_3 = \frac{Q_p}{\pi d H_4} = \frac{0.244}{3.14 \times 0.4 \times 0.15} = 1.30(\text{m/s})$$

(5) 进水室面积 $F$  脉冲水位 $\Delta h$(即进水室的高低水位差)一般为 0.5~0.8m,现取 $\Delta h = 0.6\text{m}$。

$$F = \frac{Qt_1}{\Delta h} + \frac{\pi d_1^2}{4} = \frac{0.061 \times 36}{0.6} + \frac{3.14 \times 0.408^2}{4} = 3.79(\text{m}^2)$$

进水室的平面尺寸采用 2m×2m。

(6) 进水室中高水位距澄清池水面的高度 $H$ (m) 的计算

$$H = C \sum h_i = C(h_1 + h_2 + h_3)$$

$$h_3 = \alpha^2 \left( \xi_1 \frac{v_1^2}{2g} + \xi_2 \frac{v_2^2}{2g} + \xi_3 \frac{v_3^2}{2g} \right)$$

$$\xi_1 = \xi_1' + \xi_1''$$

式中　$C$——水位修正系数（因脉冲最大流量不是出现在最高水位时，而是在钟罩内空气刚随水排完之时），钟罩及截门式脉冲发生器，一般可取 $C = 1.1 \sim 1.2$，若钟罩发生器排气不畅，$C$ 值可提高到 $1.3 \sim 1.4$，现采用 $C = 1.2$；

$\sum h_i$——脉冲发生器及澄清池部分的总水头损失，$mH_2O$；

$h_1$——澄清池体（落水井、配水渠、稳流板、悬浮层等）水头损失，$mH_2O$，应包括池体内的局部和沿程损失之和，其值一般在 $0.2mH_2O$ 左右，现取 $h_1 = 0.3mH_2O$；

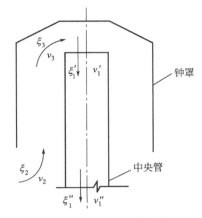

图 5-6　钟罩式虹吸脉冲发生
器水头损失计算示意

$h_2$——配水管口水头损失，$mH_2O$，当孔口流速为 $3m/s$ 左右时，其相应的 $h_3$ 为 $0.5mH_2O$ 左右；

$h_3$——脉冲发生器的水头损失，$mH_2O$，参见图 5-6（由于其沿程水头损失很小，可忽略不计，只按其局部水头损失计算）；

$\alpha$——峰值系数，即脉冲最大流量与平均流量的比值，钟罩式脉冲发生器的 $\alpha = 1.25$；

$v_1$——中央管的脉冲平均流速，$m/s$，即 $1.94m/s$；

$v_2$——中央管与钟罩间隙的脉冲平均流速，$m/s$，即 $0.7m/s$；

$v_3$——钟罩内顶面与中央管顶之间的脉冲平均流速，$m/s$，一般为 $2 \sim 2.5m/s$，此处前已算出为 $1.3m/s$；

$\xi_1$——中央管局部阻力系数，包括进口的 $\xi_1'$ 和出口的 $\xi_1''$；

$\xi_2$——钟罩和中央管间隙的局部阻力系数，$\xi_2 = 1.0$；

$\xi_3$——钟罩局部阻力系数，$\xi_3 = 1.0$。

$$\xi_1 = 1.0 + 0.7 = 1.7$$

$$h_2 = 1.25^2 \times \left( \frac{1.7 \times 1.94^2}{19.6} + \frac{1 \times 0.7^2}{19.6} + \frac{1 \times 1.3^2}{19.6} \right) = 0.69 (m)$$

$$H = 1.2 \times (0.3 + 0.5 + 0.69) = 1.79 \approx 1.8 (m)$$

（7）钟罩高度 $H_7$（m）

$$H_7 = \frac{1}{3} H_4 + \Delta h + H_3 + H_2$$

式中　$H_3$——虹吸破坏管口的高度（见图 5-7），一般为 $50 \sim 100mm$，现取 $50mm$；

$H_2$——钟罩底边保护高度，一般取 $100mm$。

$$H_7 = \frac{1}{3} \times 0.15 + 0.6 + 0.05 + 0.1 = 0.8 (m)$$

虹吸破坏管的布置见图 5-7。

（8）钟罩顶高出进水室高水位的高度 $H_9$（见图 5-1）　钟罩顶距低水位之距为

$$H_7' = H_7 - (H_2 + H_3) = 0.8 - (0.1 + 0.05) = 0.65 (m)$$

$$H_9 = H_7' - \Delta h = 0.65 - 0.60 = 0.05(\text{m})$$

（9）中央管的高度 $H_8$（见图 5-1）　中央管的下端插入澄清池水面以下的深度取 $H_1 = 150\text{mm}$。

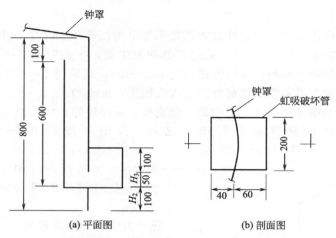

(a) 平面图　　　　(b) 剖面图

图 5-7　钟罩式虹吸脉冲发生器虹吸破坏管的布置

$$H_8 = H_1 + H + H_9 - H_4 = 0.15 + 1.80 + 0.05 - 0.15 = 1.85(\text{m})$$

（10）进水室的高度 $H_{12}$（见图 5-8）　进水室超高采用 $H_{10} = 0.40\text{m}$，进水室内底面离澄清池水面之距取 $H_{11} = 0.40\text{m}$，澄清池水面标高为 4.60m，故

进水室内底面标高 $= 4.60 + H_{11} = 4.60 + 0.40 = 5.00(\text{m})$

进水室顶的标高 $= 4.60 + H + H_{10} = 4.60 + 1.80 + 0.40 = 6.80(\text{m})$

$$H_{12} = 6.80 - 5.00 = 1.8(\text{m})$$

（11）进水管　直径采用 $d = 300\text{mm}$，相应管内流速为 0.86m/s。

（12）其他　落水井排气管设两根（$d = 100\text{mm}$），对角布置。进水室设置 $d = 100\text{mm}$ 放气管一根。钟罩式虹吸脉冲发生器计算图见图 5-8。

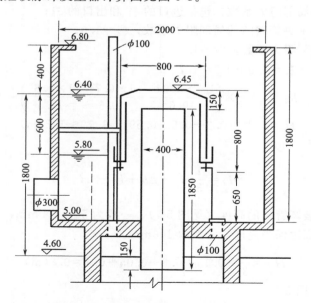

图 5-8　钟罩式虹吸脉冲发生器计算图

# 第三节　机械搅拌澄清池

## 一、工作过程及设计参数

机械搅拌澄清池属于泥渣循环分离型澄清池。其池体主要由第一絮凝室、第二絮凝室及分离室三部分组成。

这种澄清池的工作过程（见图 5-9）如下。加过混凝剂的原水由进水管 1，通过环形配水三角槽 2 下面的缝隙流入第一絮凝室，与数倍于原水的回流活性泥渣在叶片的搅动下，进行充分混合和初步絮凝。然后经叶轮 5 提升至第二絮凝室Ⅱ继续絮凝，结成良好的矾花。再经导流室Ⅲ进入分离室Ⅳ，由于过水断面突然扩大，流速急速降低，泥渣依靠重力下沉与清水分离。清水经集水槽 7 引出。下沉泥渣大部分回流到第一絮凝室，循环流动形成回流泥渣，另一小部分泥渣进入泥渣浓缩室Ⅴ排出。

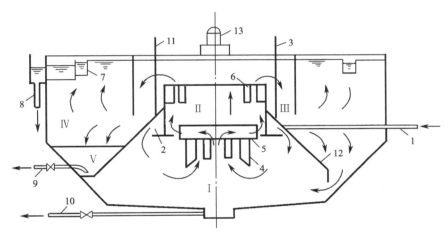

图 5-9　机械搅拌澄清池工作原理

Ⅰ—第一絮凝室；Ⅱ—第二絮凝室；Ⅲ—导流室；Ⅳ—分离室；Ⅴ—泥渣浓缩室（斗）
1—进水管；2—配水三角槽；3—加药管；4—搅拌叶轮；5—提升叶轮；6—导流板；7—集水槽；
8—出水管；9—排水管；10—放空管；11—排气管；12—伞形罩；13—动力装置

机械搅拌澄清池的设计要点与参数如下。

① 池数一般不少于两个。

② 回流量与设计水量的比例为 (3∶1)～(5∶1)，即第二絮凝室提升水量一般为原水进水流量的 3～5 倍。

③ 水在池中的总停留时间为 1.2～1.5h。第二絮凝室中停留时间为 0.5～1.0min，导流室中停留时间为 2.5～5.0min（均按第二絮凝室提升水量计）。

④ 第二絮凝室、第一絮凝室、分离室的容积比，一般采用 1∶2∶7。

⑤ 为使进水分配均匀，现多采用配水三角槽（缝隙或孔眼出流）。配水三角槽上应设排气管，以排除槽中积气。

⑥ 加药点一般设于池外，在池外完成快速混合。

⑦ 清水区高度为 1.5～2.0m。池下部圆台坡角一般为 45°左右。池底以大于 5% 的坡度

坡向池中心排泥管口。当装有刮泥设备时,池底可做成弧底。

⑧ 集水方式宜用可调整的淹没孔环形集水槽,孔径 20~30mm。当单池出水量大于 400m³/h 时,应另加辐射槽,其条数可按:池径小于 6m 时用 4~6 条;直径为 6~10m 时用 6~8 条。

⑨ 根据池子大小设泥渣浓缩斗 1~3 个,小型池子可直接经池底放空管排泥。浓缩室总容积约为池子容积的 1%~4%。排泥周期一般为 0.5~1.0h,排泥历时为 5~60s。泥渣含水率为 97%~99%(按质量计),排泥耗水量占进水量的 2%~10%。池底坡向排泥管口。排泥管口处需加罩以求排泥均匀。排泥管内流速按不淤流速计算,其直径不小于 100mm。

⑩ 机械搅拌的叶轮直径,一般按第二絮凝室内径的 70%~80% 设计。其提升水头约为 0.05~0.10m。

⑪ 搅拌叶片总面积,一般为第一絮凝室平均纵剖面积的 10%~15%。叶片高度为第一絮凝室高度的 1/3~1/2。叶片对称装设,一般为 4~16 片。

⑫ 溢流管直径可较进水管小一号。

⑬ 在进水管、第一及第二絮凝室、分离室、泥渣浓缩室、出水槽等处装设取样管。

⑭ 澄清池各处的设计流速列于表 5-4,供选用。

**表 5-4 机械搅拌澄清池的设计流速**

| 名　　称 | 单　位 | 数　值 | 名　　称 | 单　位 | 数　值 |
|---|---|---|---|---|---|
| 进水管流速 | m/s | 0.8~1.2 | 导流室下降流速 | mm/s | 40~70 |
| 配水三角槽流速 | m/s | 0.5~1.0 | 导流室出口流速 | mm/s | 60 |
| 三角槽出流缝流速 | m/s | 0.5~1.0 | 泥渣回流缝流速 | mm/s | 100~200 |
| 搅拌叶片边缘线速度 | m/s | 0.33~1.0 | 分离区上升流速 | mm/s | 0.8~1.1 |
| 提升叶轮进口流速 | m/s | 0.5 | 集水槽孔眼流速 | m/s | 0.5~0.6 |
| 提升叶轮边缘线速度 | m/s | 0.5~1.5 | 出水总槽流速 | m/s | 0.4 |
| 第二絮凝室上升流速 | mm/s | 40~70 | | | |

## 二、机械搅拌澄清池池体计算

### 【例 5-4】 机械搅拌澄清池池体部分的计算

1. 已知条件

设计水量(包括水厂耗水)$Q = 5250 \text{m}^3/\text{d} = 219 \text{m}^3/\text{h} = 60.8 \text{L/s}$;泥渣回流量按 4 倍设计流量计;水的总停留时间 $t_{总} = 1.2 \text{h}$;第二絮凝室及导流室内流速 $v_1 = 50 \text{mm/s}$(以 $Q_{提}$ 计);第二絮凝室内水的停留时间 $t = 0.6 \text{min}$;分离室上升流速 $v_2 = 1 \text{mm/s}$;原水平均浊度 $c = 100$ 度;出水浊度 $M = 5$ 度。

2. 设计计算

(1) 池的直径(见图 5-10)

① 第二絮凝室

第二絮凝室提升流量 $Q_{提} = 5Q = 5 \times 60.8$
$$= 304 (\text{L/s})$$
$$= 0.304 (\text{m}^3/\text{s})$$

面积　$\omega_1 = \dfrac{Q_{提}}{v_1} = \dfrac{0.304}{0.05} = 6.08 (\text{m}^2)$

直径　$D_1 = \sqrt{\dfrac{4\omega_1}{\pi}} = \sqrt{\dfrac{4 \times 6.08}{3.14}} = 2.8 (\text{m})$

壁厚取为 0.05m,则第二絮凝室外径为

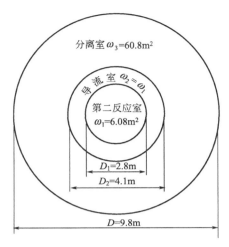

分离室 $\omega_3 = 60.8\text{m}^2$

导流室 $\omega_2 = \omega_1$

第二反应室 $\omega_1 = 6.08\text{m}^2$

$D_1 = 2.8\text{m}$

$D_2 = 4.1\text{m}$

$D = 9.8\text{m}$

图 5-10　机械搅拌澄清池平面分区

$$D_1' = D_1 + 0.05 \times 2 = 2.8 + 0.1 = 2.9(\text{m})$$

② 导流室。面积采取 $\omega_2 = \omega_1 = 6.08\text{m}^2$，导流室内导流板（12 块）所占面积：$A_1 = 0.3\text{m}^2$。

导流室和第二絮凝室的总面积为

$$\Omega_1 = \frac{\pi}{4}D_1'^2 + \omega_2 + A_1 = 0.785 \times 2.9^2 + 6.08 + 0.3 = 12.98(\text{m}^2)$$

直径　$D_2 = \sqrt{\dfrac{4\Omega_1}{\pi}} = \sqrt{\dfrac{4 \times 12.98}{3.14}} = 4.1(\text{m})$

壁厚取为 0.05m，则导流室外径为

$$D_2' = D_2 + 0.05 \times 2 = 4.1 + 0.1 = 4.2(\text{m})$$

③ 分离室面积 $\omega_3$

$$\omega_3 = \frac{Q}{v_2} = \frac{0.0608}{0.001} = 60.8(\text{m}^2)$$

④ 第二絮凝室、导流室和分离室的总面积 $\Omega_2$

$$\Omega_2 = \omega_3 + \frac{\pi}{4}D_2'^2 = 60.8 + 0.785 \times 4.2^2 = 74.65(\text{m}^2)$$

⑤ 澄清池直径 $D$

$$D = \sqrt{\frac{4\Omega_2}{\pi}} = \sqrt{\frac{4 \times 74.65}{3.14}} = 9.8(\text{m})$$

（2）池的深度（见图 5-11）

① 池的容积 $V$

有效容积 $V' = Qt_{总} = 219 \times 1.2 \approx 263(\text{m}^3)$

池内结构所占体积假定为 $V_0 = 14\text{m}^3$，则池的设计容积

$$V = V' + V_0 = 263 + 14 = 277(\text{m}^3)$$

② 池直壁部分的体积 $W_1$。池的超高取 $H_0 = 0.3\text{m}$，直壁部分的水深取 $H_1 = 2.6\text{m}$，则

$$W_1 = \frac{\pi}{4}D^2 H_1 = 0.785 \times 9.8^2 \times 2.6 = 196(\text{m}^3)$$

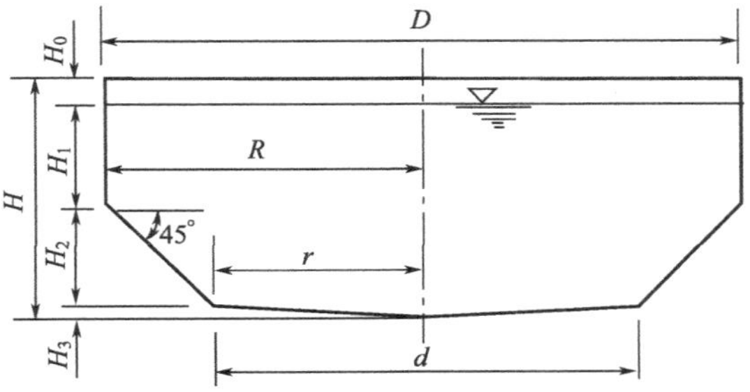

图 5-11　池深计算图

③ 池斜壁部分所占体积 $W_2$

$$W_2 = V - W_1 = 277 - 196 = 81(\text{m}^3)$$

④ 池斜壁部分的高度 $H_2$。由圆台体积公式

$$W_2 = (R^2 + rR + r^2)\frac{\pi}{3}H_2$$

式中　$R$——澄清池的半径，m，$R = 4.9\text{m}$；

$r$——澄清池底部的半径，m。

$r = R - H_2$ 代入上式得

$$H_2^3 - 3RH_2^2 + 3R^2 H_2 - \frac{3}{\pi}W_2 = 0$$

$$H_2^3 - 3 \times 4.9 H_2^2 + 3 \times 4.9^2 H_2 - \frac{3}{3.14} \times 81 = 0$$

所以
$$H_2 = 1.5 (\text{m})$$

⑤ 池底部的高度 $H_3$。池底部直径为

$$d = D - 2H_2 = 9.8 - 2 \times 1.5 = 6.8 (\text{m})$$

池底坡度取 5%，则深度 $H_3 = \dfrac{d}{2} \times 0.05 = \dfrac{6.8}{2} \times 0.05 = 0.17(\text{m})$，取 $H_3 = 0.15\text{m}$。

⑥ 澄清池总高度 $H$

$$H = H_0 + H_1 + H_2 + H_3 = 0.3 + 2.6 + 1.5 + 0.15 = 4.55(\text{m})$$

（3）絮凝室和分离室

① 第二絮凝室高度 $H_4$

$$H_4 = \frac{Q_{提} \, t}{\omega_1} = \frac{0.304 \times 0.6 \times 60}{6.08} = 1.8 (\text{m})$$

② 导流室水面高出第二絮凝室出口的高度 $H_5$

$$H_5 = \frac{Q_{提}}{\pi D_1 v_1} = \frac{0.304}{3.14 \times 2.8 \times 0.05} = 0.69(\text{m})，取 \ 0.7\text{m}$$

③ 导流室出口宽度 $B_1$（见图 5-12）。导流室出口
流速采用 $v_3 = 60\text{mm/s}$；导流室出口的平均直径为

$$D_3 = \frac{D_1' + D_2}{2} = \frac{2.9 + 4.1}{2} = 3.5 (\text{m})$$

$$B_1 = \frac{Q_{提}}{v_3 \pi D_3} = \frac{0.304}{0.06 \times 3.14 \times 3.5} = 0.46(\text{m})$$

出口的竖向高度

$$B_1' = \frac{B_1}{\cos 45°} = 0.46 \times \sqrt{2} = 0.65 (\text{m})$$

$B_1$ 值的准确算法如下。
出口环形断面的直径

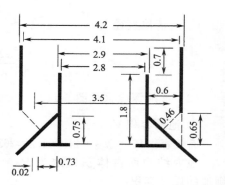

图 5-12 导流室出口计算图（单位：m）

$$D_3 = D_2 - 2 \times \frac{B_1}{2} \cos 45° = 4.1 - \frac{\sqrt{2}}{2} B_1$$

出口的环形过水断面面积为

$$A = \pi D_3 B_1 = 3.14 \times \left( 4.1 - \frac{\sqrt{2}}{2} B_1 \right) B_1 = 12.9 B_1 - 2.22 B_1^2$$

又
$$A = \frac{Q_{提}}{v_3} = \frac{0.304}{0.06} = 5.05(\text{m}^2)$$

$$5.05 = 12.9 B_1 - 2.22 B_1^2，即 \ 2.22 B_1^2 - 12.9 B_1 + 5.05 = 0$$

$$B_1 = \frac{12.9 \pm \sqrt{12.9^2 - 4 \times 2.22 \times 5.05}}{2 \times 2.22} = \frac{12.9 \pm 11}{4.44} = 5.38 \ (\text{m}) \ 和 \ 0.43(\text{m})$$

取 $B_1 = 0.43\text{m}$，此值与上述近似方法求出的 0.46m 相近，其误差工程上是允许的。
④ 配水三角槽（见图 5-13）。三角槽内流速取 $v_4 = 0.25\text{m/s}$，则
三角槽断面面积为

$$\omega_4 = \frac{Q}{2 v_4} = \frac{0.0608}{2 \times 0.25} = 0.122(\text{m}^2)$$

考虑今后水量的增加，三角槽断面选用：高 0.75m，底 0.75m。
三角槽的缝隙流速取 $v_5 = 0.4 \mathrm{m/s}$，则缝宽

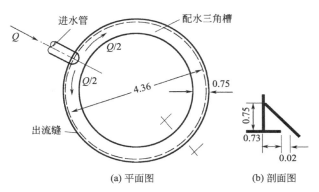

图 5-13　配水三角槽计算图（单位：m）

$$B_2 = \frac{Q}{v_5 \pi \times 4.36} = \frac{0.0608}{0.4 \times 3.14 \times 4.36} = 0.011 (\mathrm{m})$$

取 2cm（式中 4.36＝2.9＋2×0.73，见图 5-13）。

⑤ 第一絮凝室。第一絮凝室上口直径（见图 5-12）为
$$D_4 = D_1' + 2 \times 0.75 = 2.9 + 1.5 = 4.4 (\mathrm{m})$$

实际采用 4.24m。

第一絮凝室的高度（见图 5-14）为
$$H_6 = H_1 + H_2 - H_5 - H_4 = 2.6 + 1.5 - 0.7 - 1.8 = 1.6 (\mathrm{m})$$

伞形板延长线与斜壁交点的直径（图 5-15）为
$$D_5 = 2 \times \left(3.4 + \frac{2.12 + 1.6 - 3.4}{2}\right) = 7.12 (\mathrm{m})$$

⑥ 回流缝。泥渣回流量
$$Q'' = 4Q = 4 \times 0.0608 = 0.243 (\mathrm{m^3/s})$$

缝内流速取 $v_6 = 150 \mathrm{mm/s}$，故缝宽
$$B_2 = \frac{Q''}{v_6 \pi D_5} = \frac{0.243}{0.15 \times 3.14 \times 7.12} = 0.072 (\mathrm{m})，取 0.1 m。$$

⑦ 各部分的体积计算。机械搅拌澄清池池体计算见图 5-14。

第二絮凝室（包括导流室在内）的体积为
$$V_2 = \frac{\pi}{4} D_1^2 (H_4 + H_5) + \frac{\pi}{4} [D_2^2 - (D_1')^2] H_4$$
$$= 0.785 \times 2.8^2 \times (1.8 + 0.7) + 0.785(4.1^2 - 2.9^2) \times 1.8 = 27.3 (\mathrm{m^3})$$

第一絮凝室如图 5-15 所示，其体积可分成两个圆台体计算（锥形池底的体积，考虑可能积泥，不计入）。

$$V_1 = \frac{\pi}{3} \times (1.6 - 0.16) \times (3.56^2 + 2.2^2 + 3.56 \times 2.2) + \frac{\pi}{3} \times 0.16 \times (3.56^2 + 3.4^2 + 3.4 \times 3.56)$$
$$= 37.84 + 6.2 = 44 (\mathrm{m^2})$$

分离室的体积为
$$V_3 = V' - (V_1 + V_2) = 263 - (44 + 27.3) = 192 (\mathrm{m^3})$$

⑧ 第二絮凝室、第一絮凝室及分离室的体积比

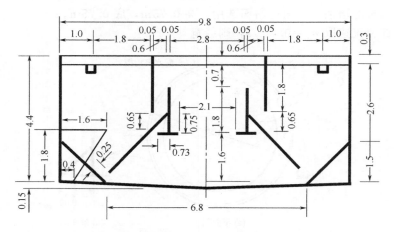

图 5-14  机械搅拌澄清池池体的计算(单位:m)

$$V_2 : V_1 : V_3 = 27.3 : 44 : 192 = 1 : 1.6 : 7$$

(4) 进出水管(槽)

① 进水管。采用 $d=300$mm 铸铁管,其管内流速为 $v_7=0.86$m/s。

② 放空管和溢流管。采用 $d=200$mm 铸铁管。

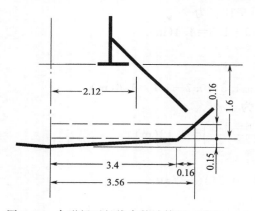

图 5-15  伞形板延长线参数计算图(单位:m)

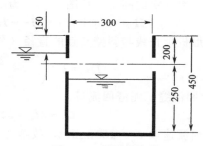

图 5-16  环形集水槽

③ 出水槽。采用穿孔环形集水槽(图 5-16)。

a. 环形集水槽中心线位置。取中心线直径 $D_6$ 所包面积等于出水部分面积的 45%,则得

$$45\%\omega_3 = \frac{\pi}{4}D_6^2 - \frac{\pi}{4}D_2'^2$$

$$0.45 \times 60.8 = 0.785D_6^2 - 0.785 \times 4.2^2$$

$$27.36 = 0.785D_6^2 - 13.85$$

所以

$$D_6 = \sqrt{\frac{41.21}{0.785}} = 7.25(\text{m})$$

工程中采用 $D_6=7.8$m。

b. 集水槽断面取水量超载系数为 1.5。集水槽流量为

$$Q_1 = \frac{1}{2}Q \times 1.5 = \frac{1}{2} \times 0.0608 \times 1.5 = 0.0456(\text{m}^3/\text{s})$$

槽宽 $B_3 = 0.9Q_1^{0.4} = 0.9 \times 0.0456^{0.4} = 0.262(\text{m})$，取 $0.3\text{m}$

$$\text{槽起点水深} = 0.75B_3 = 0.75 \times 0.3 = 22.5(\text{cm})$$
$$\text{槽终点水深} = 1.25B_3 = 1.25 \times 0.3 = 37.5(\text{cm})$$

为安装方便，全槽采用：槽宽 $B_3 = 0.3\text{m}$，槽高 $H_7 = 0.45\text{m}$。

c. 孔眼。采取集水槽孔口自由出流，设孔口前水位为 $0.05\text{m}$。

孔眼总面积为

$$\sum f_0 = \frac{Q_1}{\mu\sqrt{2gh}} = \frac{0.0456}{0.62 \times \sqrt{2 \times 9.81 \times 0.05}} = 0.0743(\text{m}^2)$$

孔眼直径采用 $25\text{mm}$，则单孔面积 $f_0 = 4.91\text{cm}^2$。

$$\text{孔眼总数} \quad n = \frac{\sum f_0}{f_0} = \frac{743}{4.91} \approx 152(\text{个})$$

每槽两侧各设一排孔眼，位于槽顶下方 $200\text{mm}$ 处。

$$\text{孔距} \; S = \frac{2\pi D_6}{n} = \frac{2 \times 3.14 \times 7.8}{152} = 0.32(\text{m})，\text{工程上采用} \; S = 0.25\text{m}，\text{以留有充分余地}。$$

d. 出水总槽。总槽流量

$$Q_2 = 2Q_1 = 2 \times 0.0456 = 0.091(\text{m}^3/\text{s})$$

槽中流速采用 $v_8 = 0.7\text{m/s}$，水深 $H_8 = 0.22\text{m}$。

槽宽 $$B_4 = \frac{Q_2}{v_8 H_8} = \frac{0.091}{0.7 \times 0.22} = 0.59 \; (\text{m})，\text{取} \; 0.6\text{m}$$

（5）泥渣浓缩室

① 浓缩室容积 $V_4$。浓缩时间取 $t_浓 = 15\text{min} = 0.25\text{h}$，浓缩室泥渣平均浓度取 $\delta = 2500\text{mg/L}$，故

$$V_4 = \frac{Q(c-M)t_浓}{\delta} = \frac{219 \times (100-5) \times 0.25}{2500} = 2.08(\text{m}^3)$$

浓缩斗采用一个，形状为正四棱台体，其尺寸采用：上底为 $1.6\text{m} \times 1.6\text{m}$，下底为 $0.4\text{m} \times 0.4\text{m}$，棱台高 $1.8\text{m}$。

故实际浓缩室体积为

$$V_4' = [1.6 \times 1.6 + 0.4 \times 0.4 + \sqrt{(1.6 \times 1.6) \times (0.4 \times 0.4)}] \times \frac{1.8}{3}$$

$$= [2.56 + 0.16 + 0.64] \times 0.6 = 2.02(\text{m}^3)$$

② 泥渣浓缩室的排泥管直径。浓缩室排泥管直径采用 $100\text{mm}$。

机械搅拌设备的计算方法，可参照【例 5-5】进行。

# 三、机械搅拌设备

## （一）设计概述

机械搅拌澄清池搅拌设备具有两部分功能。其一，通过装在提升叶轮下部的桨板完成原水与池内回流泥渣水的混合絮凝；其二，通过提升叶轮将絮凝后的水提升到第二絮凝室，再流至澄清区进行分离，清水被收集，泥渣水回流至第一絮凝室。

搅拌设备的拖动，一般采用无级变速电动机驱动，经三角皮带和涡轮的两级减速（或锥齿轮与正齿轮两级减速）与搅拌轴连接。电动机功率可根据计算确定，也可参照经验数据选

用。电动机功率经验数值为 $5\sim7kW/(km^3\cdot h)$。搅拌设备的工艺计算,主要是确定提升叶轮和搅拌叶片(桨板)的尺寸,以及电动机的功率。

## (二)计算例题

**【例5-5】 机械搅拌澄清池搅拌设备工艺计算**

1. 已知条件

设计流量 $Q=420m^3/h=0.1166m^3/s$,第二絮凝室内径 $D=3.5m$,第一絮凝室深度 $H_1=2.22m$,第一絮凝室平均纵剖面积 $F=15m^2$。

2. 设计计算

(1)提升叶轮

① 叶轮外径 $D_1$。取叶轮外径为第二絮凝室内径的 70%,则

$$D_1=0.7D=0.7\times3.5=2.45(m),取 2.5m$$

② 叶轮转速 $n$。叶轮外缘的线速度采用 $v_1=1.5m/s$,则

$$n=\frac{60v_1}{\pi D_1}=\frac{60\times1.5}{3.14\times2.5}=11.5(r/min)$$

③ 叶轮的比转速 $n_s$。叶轮的提升水量取

$$Q_{提}=5Q=5\times0.1166=0.583(m^3/s)$$

叶轮的提升水头取 $H=0.1m$,所以

$$n_s=\frac{3.65n\sqrt{Q_{提}}}{H^{0.75}}=\frac{3.65\times11.5\times\sqrt{0.583}}{0.1^{0.75}}=180$$

④ 叶轮内径 $D_2$。表5-5是比转速与叶轮直径的关系。由表5-5可知,当 $n_s=180$ 时,$D_1/D_2=2$,所以

$$D_2=\frac{D_1}{2}=\frac{2.5}{2}=1.25(m)$$

表5-5 比转速与叶轮直径的关系

| 比 转 速 $n_s$ | 外径与内径比 $D_1/D_2$ |
| --- | --- |
| 50~100 | 3 |
| 100~200 | 2 |
| 200~350 | 1.8~1.4 |

⑤ 叶轮出口宽度 $B$ (m)

$$B=\frac{60Q_{提}}{KD_1^2n}$$

式中  $Q_{提}$——叶轮提升水量,即 $0.583m^3/s$;

  $K$——系数,为 $3.0$;

  $n$——叶轮最大转速,$r/min$。

代入数据得    $B=\dfrac{60\times0.583}{3.0\times2.5^2\times11.5}=0.162\approx0.2(m)$

(2)搅拌叶片

① 搅拌叶片组外缘直径 $D_3$。其外缘线速度采用 $v_2=1m/s$,则

$$D_3=\frac{60v_2}{\pi n}=\frac{60\times1}{3.14\times11.5}=1.66(m)$$

② 叶片长度 $H_2$ 和宽度 $b$。取第一絮凝室高度的 $\frac{1}{3}$ 为 $H_2$，即

$$H_2 = \frac{1}{3}H_1 = \frac{1}{3} \times 2.22 = 0.74(\text{m})$$

叶片宽度采用 $b = 0.2\text{m}$。

③ 搅拌叶片数 $n_1$。取叶片总面积为第一絮凝室平均纵剖面积的 8%，则

$$n_1 = \frac{0.08F}{bH_2} = \frac{0.08 \times 15}{0.2 \times 0.74} = 8(\text{片})$$

搅拌叶片和叶轮的提升叶片均装 8 片，按径向布置，见图 5-17。

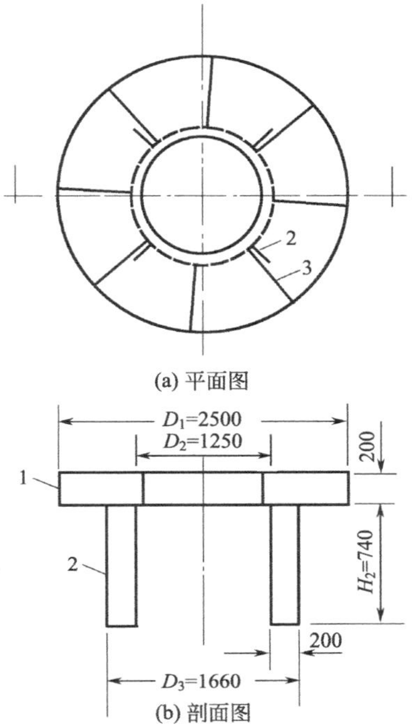

(3) 电动机功率 电动机功率应按叶轮提升功率和叶片搅拌功率确定。

① 提升叶轮所消耗功率 $N_1$（kW）

$$N_1 = \frac{\rho Q_{提} H}{102\eta}$$

(a) 平面图

(b) 剖面图

图 5-17 搅拌设备
1—提升叶轮；2—搅拌叶片；
3—提升叶片

式中 $\rho$——水的容重，因含泥较多，故采用 $1100\text{kg/m}^3$；

$\eta$——叶轮效率，取 0.5；

$H$——提升水头，m，按经验公式计算。

$$H = \left(\frac{nD_1}{87}\right)^2 = \left(\frac{11.5 \times 2.5}{87}\right)^2 = 0.11(\text{m})$$

所以

$$N_1 = \frac{1100 \times 0.583 \times 0.11}{102 \times 0.5} = 1.38(\text{kW})$$

② 搅拌叶片所需功率 $N_2$（kW）

$$N_2 = C\frac{\rho\omega^3 H_2}{400g}(r_2^4 - r_1^4)Z$$

式中 $C$——系数，为 0.5；

$\rho$——水的容重，采用 $1100\text{kg/m}^3$；

$H_2$——搅拌叶片长度，m；

$Z$——搅拌叶片数；

$g$——重力加速度，$9.81\text{m/s}^2$；

$r_1$——搅拌叶片组的内缘半径，m，$r_1 = 0.63\text{m}$；

$r_2$——搅拌叶片组的外缘半径，m，$r_2 = 0.83\text{m}$；

$\omega$——叶轮角速度，rad/s。

$$\omega = \frac{2\pi n}{60} = \frac{2 \times 3.14 \times 11.5}{60} = 1.2(\text{rad/s})$$

所以

$$N_2 = 0.5 \times \frac{1100 \times 1.2^3 \times 0.74}{400 \times 9.81} \times (0.83^4 - 0.63^4) \times 8 = 0.46(\text{kW})$$

③ 搅拌器轴功率 $N$

$$N = N_1 + N_2 = 1.38 + 0.46 = 1.84(\text{kW})$$

④ 电动机功率 $N'$。传动效率 $\eta = 0.5 \sim 0.75$，现取 0.5。

$$N' = \frac{N}{\eta} = \frac{1.84}{0.5} = 3.68(\text{kW})$$

选用电机功率为 4.5kW，减速机构采用三角皮带和蜗轮蜗杆。

## 四、水力驱动机械搅拌澄清池

### (一) 设计概述

水力驱动澄清池的净水原理与电力驱动澄清池相同，唯其动力是由原水通过喷嘴形成的高速水流提供的。高速水流的反力推动叶轮和搅拌叶片的旋转，从而完成泥渣回流、混合、絮凝等净水过程。其池型结构如图 5-18 所示。

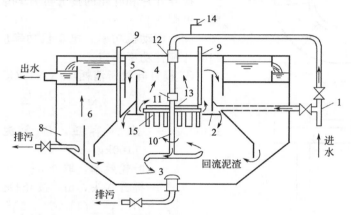

图 5-18　水力驱动澄清池

1—进水管；2—配水槽；3—第一絮凝室；4—第二絮凝室；5—导流室；6—分离室；7—集水槽；8—泥渣浓缩室；9—加药管；10—旋转管；11—中间轴承；12—轴承架；13—浮箱；14—放气管；15—机械搅拌装量

水力驱动的过程是：原水进入进水管 1 后分成两路，下面一路至配水槽 2，上面一路由池顶流进旋转管 10。水经旋转管末端的几个喷嘴高速冲出，依靠其反作用力使旋转管按喷水的相反方向转动，带动机械搅拌装置 15。

运行时，上下两路进水管同时进水。旋转管转速的快慢，可用两路进水管上的阀门开启度来调节。需提高转速时，可加大上部进水管流量和减少下部进水管流量。现常用的转速为 2.5~3.5r/min，上下两路的流量比约为 2:3。

为使运行可靠，可采取一些附加技术措施。如为减小转动时的摩擦阻力，可将旋转管支撑在轴承架上，并设中间轴承，以防止旋转管的摆动；为减少转动部件的下垂重力，可在提升叶轮上安装浮箱等。

水力驱动澄清池对于流量变化的适应性较好，可间歇运行。缺点是：当出水量大时，高速射流易将矾花打碎，严重时会恶化水质；当进水量常变动时需经常调节两个进水管的流量，维护和管理不便。此外，虽省了电动机，但进水泵扬程需增加 1~1.5m，故其用电量并无大减。

水力驱动澄清池的池体及机械搅拌设备的计算方法，与电力拖动澄清池类同，参见【例 5-4】和【例 5-5】。但由于水力驱动澄清池的不同特点，对某些设计参数进行如下修正。

① 上下进水管内流速及三角配水槽出流缝流速，均采用 1.0~1.2m/s，以均匀出流。

② 提升叶轮直径，选用为第二絮凝室直径的 0.65~0.75 倍。

③ 搅拌叶片的面积，可选用为第一絮凝室平均横剖面积的 5%~10%，桨片可采用 2~6 片（小池）或 4~8 片（大池）。

④ 叶轮外缘的线速度应不大于 1.0m/s，一般采用 0.4~0.8m/s。这时叶片外缘线速度相应为 0.3~0.6m/s。

另外，旋转管末端喷嘴的个数，一般为 2～4 个。可做成圆锥角形式，圆锥角一般为 12°～20°。

水力驱动澄清池的动力计算，主要是确定在额定转速时，整个搅拌提升系统所消耗的总功率 $N_A$ 与喷嘴射流时所能提供的总功率 $N_B$。显然，为保证运转所需的转速，应使 $N_B \geqslant N_A$。在计算过程中，先确定 $N_A$，使 $N_B = N_A$，然后根据水力学原理，计算最大的喷嘴直径，以及相应的驱动水头、射流流量及射流推力等。

在设计中，水力驱动澄清池的叶轮转速 $n$ 可按 2.5～3.5r/min，而以 5r/min 做校核。另外，理论上应使喷嘴总射流量 $Q \leqslant Q_设$，但为留有余地，建议：额定转速（2.5～3.5r/min）时，$Q \leqslant 0.8Q_设$；最大转速（5r/min）时，$Q \leqslant Q_设$。

### （二）计算例题

**【例 5-6】 水力驱动机械搅拌澄清池动力计算**

1. 已知条件（图 5-19，图 5-20）

① 设计流量 $Q_设 = 0.12 \text{m}^3/\text{s}$。

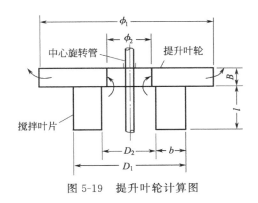

图 5-19 提升叶轮计算图

② 提升叶轮外径 $\phi_1 = 3.0\text{m}$，提升叶轮内径 $\phi_2 = 1.3\text{m}$，提升叶轮出口高度 $B = 0.2\text{m}$，提升叶片对数 $Z_2 = 4$。

③ 搅拌叶片对数 $Z_3 = 4$，搅拌叶片宽度 $b = 0.4\text{m}$，搅拌叶片高度 $l = 1.0\text{m}$，搅拌叶片组外缘直径 $D_1 = 2.2\text{m}$，搅拌叶片组内缘直径 $D_2 = 1.4\text{m}$。

④ 喷动横管外径 $D_外 = 165\text{mm}$（公称内径 150mm），喷动横管对数 $Z_4 = 2$（即 4 根），每根喷动横管长度 $L' = 1.7\text{m}$。

⑤ 一对喷嘴间的距离 $L = 2L' = 2 \times 1.7 = 3.4$（m）。

⑥ 旋转轴承采用 8160 型特轻系列平面推力轴

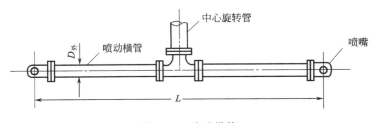

图 5-20 喷动横管

承，轴承的荷载 $G = 1800\text{kg}$。

2. 设计计算

（1）计算消耗功率 $N_A$（kW）

$$N_A = \frac{N_1 + N_2 + N_3 + N_4}{\eta_1 \eta_2}$$

式中　$N_A$——搅拌提升系统消耗的总功率，kW；

$N_1$——提升叶轮提升消耗的功率，kW；

$N_2$——提升叶轮搅拌消耗的功率，kW；

$N_3$——搅拌叶片搅拌消耗的功率，kW；

$N_4$——喷动横管搅拌消耗的功率，kW；

$\eta_1$——旋转接头的传动效率，取 $\eta_1 = 0.98$；

$\eta_2$——中间轴承的传动效率，取 $\eta_2 = 0.97$。

① $N_1$ （kW）的计算

$$N_1 = \frac{\gamma \Delta Q \Delta h}{102}$$

$$\Delta Q = \frac{1}{60} K B \phi_1^2 n$$

$$\Delta h = \left(\frac{n\phi_1}{87}\right)^2$$

式中 $\gamma$——原水容重，$kg/m^3$，取 $1002 kg/m^3$；

$\Delta Q$——提升叶轮的提升流量，$m^3/s$；

$K$——叶轮系数，可取 $5 \sim 7$，现取 5；

$\Delta h$——提升叶轮的提升扬程，m；

$n$——中心旋转管转速，$r/min$，取 $3.5 r/min$。

$$\Delta Q = \frac{1}{60} \times 5 \times 0.2 \times 3^2 \times 3.5 = 0.53 (m^3/s)$$

$$\Delta h = \left(\frac{3.5 \times 3}{87}\right)^2 = 0.015 (m)$$

所以

$$N_1 = \frac{1002 \times 0.53 \times 0.015}{102} = 0.078 (kW)$$

② $N_2$（kW）的计算

$$N_2 = \frac{Z_2 \left(\frac{n}{60}\right)^3 \rho}{102} \times [(a_{21} + \zeta_1)\phi_1^5 - (a_{22} + \zeta_2)\phi_2^5]$$

$$\rho = \frac{\gamma}{g}$$

$$a_{21} = 3.87 \frac{B}{\phi_1}$$

$$a_{22} = 3.87 \frac{B}{\phi_2}$$

式中 $\rho$——原水密度，$(kg \cdot s^2)/m^4$；

$\zeta$——摩擦系数，$\zeta_1 = \zeta_2 = 1.6$；

$a_{21}$、$a_{22}$——系数。

$$\rho = \frac{1002}{9.81} = 102$$

$$a_{21} = 3.87 \times \frac{0.2}{3} = 0.258$$

$$a_{22} = 3.87 \times \frac{0.2}{1.3} = 0.595$$

$$N_2 = \frac{4 \times \left(\frac{3.5}{60}\right)^3 \times 102}{102} \times [(0.258 + 1.6) \times 3^5 - (0.595 + 1.6) \times 1.3^5] = 0.35 (kW)$$

③ $N_3$（kW）的计算

$$N_3 = \frac{Z_3 \left(\frac{n}{60}\right)^3 \rho}{102} \times [(a_{31} + \zeta_1)D_1^5 - (a_{31} + \zeta_2)D_2^5]$$

$$a_{31} = 3.87 \frac{l}{D_1}$$

$$a_{32} = 3.87 \frac{l}{D_2}$$

式中  $a_{31}$、$a_{32}$——系数。

$$a_{31} = 3.87 \times \frac{1}{2.2} = 1.76$$

$$a_{32} = 3.87 \times \frac{1}{1.4} = 2.76$$

$$N_3 = \frac{4 \times \left(\frac{3.5}{60}\right)^3 \times 102}{102} \times [(1.76+1.6) \times 2.2^5 - (2.76+1.6) \times 1.4^5] = 0.12(\text{kW})$$

④ $N_4(\text{kW})$ 的计算

$$N_4 = \frac{Z_4 \left(\frac{n}{60}\right)^3 \rho}{102} [(a_{41} + \zeta_1) L^5](\text{kW})$$

$$a_{41} = 3.87 \frac{D_{外}}{L}$$

式中  $a_{41}$——系数。

$$a_{41} = 3.87 \times \frac{0.165}{3.4} = 0.188$$

$$N_4 = \frac{2 \times \left(\frac{3.5}{60}\right)^3 \times 102}{102} \times [(0.188+1.6) \times 3.4^5] = 0.317(\text{kW})$$

⑤ $N_A$ 的计算

$$N_A = (0.078+0.35+0.12+0.317)/0.98 \times 0.97 = 0.87(\text{kW})$$

（2）计算摩擦力矩（即启动转矩）$M_f$（kg·m）

$$M_f = GfR$$

式中  $f$——轴承摩擦系数，初步设计可取 $0.01$；

　　$R$——轴承的半径，m，取 $0.34$m。

　　所以　　　　　$M_f = 1800 \times 0.01 \times 0.34 = 6.12(\text{kg·m})$

（3）计算驱动水头 $h$

$$N_A = N_B = i\rho q h \frac{1}{102}$$

$$q = \mu\omega\sqrt{2gh} = \frac{\mu\pi d^2}{4}\sqrt{2gh}$$

$$i = 2Z_4$$

式中  $N_B$——喷嘴射流所提供的总功率，kW；

　　$\rho$——原水密度，kg/m³；

　　$i$——喷嘴数量；

　　$h$——驱动水头，m；

　　$\mu$——中心旋转管、喷动横管及喷嘴的综合流量系数，一般为 $0.8 \sim 0.9$；

　　$d$——喷嘴实际内径，m，取 $d = 80$mm。

上式中，当取 $\mu = 0.85$，$\rho = 1002$kg/m³ 时，则

$$i = 2Z_4 = 2 \times 2 = 4$$

$$h = \left(\frac{N_A}{28.9id^2}\right)^{2/3} = \left(\frac{0.87}{28.9 \times 4 \times 0.08^2}\right)^{2/3} = 1.18^{2/3} = 1.11(\text{m})$$

（4）计算喷嘴射流的总流量 $Q$

$$Q = iq = i\mu\omega\sqrt{2gh} = \frac{i\mu\pi\sqrt{2g}}{4}d^2h^{1/2}$$

取 $\mu = 0.85$，则

$$Q = 2.95id^2\sqrt{h} = 2.95 \times 4 \times 0.08^2 \times \sqrt{1.11} = 0.080(\text{m}^3/\text{s}) < 0.8Q_{\text{设}} = 0.096\text{m}^3/\text{s}$$

（5）计算射流总推力 $F$ 当 $\mu = 0.85$，$\rho = 1002\text{kg/m}^3$ 时，则

$$F = \frac{1}{2}\pi\rho\mu^2id^2h = 1140id^2h = 1140 \times 4 \times 0.08^2 \times 1.11 = 32.39(\text{kg})$$

（6）计算驱动力矩 $M$ （即旋转力矩）

$$M = F\frac{L}{2} = 32.39 \times \frac{3.4}{2} = 55.06(\text{kg} \cdot \text{m}) > 2M_f = 12.24(\text{kg} \cdot \text{m})$$

（7）校核 当 $n = 5\text{r/min}$ 时有

$$N_A = 2.57\text{kW}(\text{计算过程从略})$$

$$h_{\max} = \left(\frac{N_B}{28.9 \times 40.08}\right)^{2/3} = 2.29(\text{m})$$

$$Q_{\max} = 2.95 \times 4 \times 0.08^2 \times \sqrt{2.29} = 0.114(\text{m}^3/\text{s})$$

$$Q_{\max} < Q_{\text{设}} = 0.12\text{m}^3/\text{s}$$

故最大喷嘴内径可以采用 $d_{\max} = 80\text{mm}$，其运行驱动水头 $h_{\max} = 2.29\text{mH}_2\text{O}$。

（8）讨论 若采用 $i = 2$ 时，试计算 $d_{\max}$、$h$ 及 $h_{\max}$。

① $n = 3.5\text{r/min}$ 时

$$N_4 = \frac{1}{2} \times 0.317 = 0.159(\text{kW})$$

所以 $\quad N_A = (0.078 + 0.35 + 0.12 + 0.159) \div 0.95 = 0.744(\text{kW})$

取 $d_{\max} = 120\text{mm}$，则

$$h = \left(\frac{0.744}{28.9 \times 2 \times 0.12^2}\right)^{2/3} = 0.89^{2/3} = 0.93(\text{m})$$

$$Q = 2 \times 2.95 \times 0.12^2 \times 0.93^{1/2} = 0.082(\text{m}^3/\text{s}) < 0.8Q_{\text{设}}$$

② $n = 5\text{r/min}$ 时，$N_A = 2.1\text{ kW}$。取 $d_{\max} = 120\text{mm}$，则

$$h_{\max} = \left(\frac{2.1}{28.9 \times 2 \times 0.12^2}\right)^{2/3} = 1.85(\text{m})$$

$$Q_{\max} = 2 \times 2.95 \times 0.12^2 \times 1.85^{1/2} = 0.116(\text{m}^3/\text{s}) < Q_{\text{设}}$$

③ 能量消耗对比（$n = 3.5\text{r/min}$）。在 4 个 $d_{\max} = 80\text{mm}$ 喷嘴时

$$Qh = 0.080 \times 1.11 = 0.093$$

在 2 个 $d_{\max} = 120\text{mm}$ 喷嘴时

$$Qh = 0.082 \times 0.93 = 0.076$$

后者较前者的能量消耗可降低

$$\frac{0.089 - 0.076}{0.093} = 14.0\%$$

所以，采用大口径喷嘴，减少喷动管数量，对于降低水力驱动澄清池的能量消耗是有意义的。

# 第四节　水力循环澄清池

## 一、概述

在水力循环澄清池中，水的混合及泥渣的循环回流不是依靠机械进行搅拌和提升，而是利用水射器的作用，即利用进水管中水流的动力来完成的，所以，其最大特点是没有转动部件。

水力循环澄清池主要由进水水射器（喷嘴、喉管等）、絮凝室、分离室、排泥系统、出水系统等部分组成。其加药点视与泵房的距离可设在水泵吸水管或压水管上，也可设在靠近喷嘴的进水管上。当具有一定动能的加药后原水高速通过喷嘴进入喉管时，在喉管进口周围造成负压，并且吸入大量活性回流泥渣。由于喉管中水的快速流动，使水、药和泥渣得到充分混合。在喉管以后，水的流程和机械搅拌澄清池相似，即由第一絮凝室→第二絮凝室→分离室→集水系统。

水力循环澄清池适用于中小型水厂（水量一般在 $50 \sim 400 m^3/h$），进水悬浮物含量一般应小于 $1000 mg/L$，短时间内允许达 $2000 mg/L$。高程上很适宜与无阀滤池配套使用。其主要设计参数如下。

① 设计回流水量一般采用进水流量的 $2 \sim 4$ 倍。

② 喷嘴直径与喉管直径之比，一般采用 $(1:4) \sim (1:3)$。喷嘴口与喉管口的间距一般为喷嘴直径的 $1 \sim 2$ 倍。

③ 喷嘴水头损失，一般为 $2 \sim 5 m$。

④ 水在池内的总停留时间为 $1 \sim 1.5 h$。

⑤ 喉管瞬间混合时间，一般为 $0.5 \sim 0.7 s$。

⑥ 水在第一絮凝室中停留时间一般为 $15 \sim 30 s$；第二絮凝室时间为 $80 \sim 100 s$。以上均按循环总流量计，且宜取大值，以保证絮凝效果。

⑦ 清水区高度，一般为 $2 \sim 3 m$。

⑧ 第二絮凝室（导流筒）的有效高度，一般为 $3 m$，池子超高为 $0.3 m$。

⑨ 池的斜壁与水平面的夹角，一般不宜小于 $45°$。

⑩ 喷嘴口离池底的距离，一般不大于 $0.6 m$。

⑪ 排泥耗水量，一般为 $5\%$ 左右。为减少排泥耗水量，当单池处理水量小于 $150 m^3/h$ 时，可设一个排泥斗，水量较大时可设两个排泥斗。当水量小于 $100 m^3/h$ 时，可由池底放空管直接排泥。

⑫ 池子主要部位的设计流速见表5-6。

**表5-6　水力循环澄清池的设计流速**

| 名　称 | 单位 | 数　值 | 备注 |
|---|---|---|---|
| 喷嘴流速 | m/s | $6 \sim 9$ | 常用 $7 \sim 8$ |
| 喉管流速 | m/s | $2 \sim 3$ | |
| 第一絮凝室出口流速 | mm/s | $50 \sim 80$ | |
| 第二絮凝室进口流速 | mm/s | $40 \sim 50$ | |
| 清水区上升流速 | mm/s | $0.7 \sim 1.1$ | 低温低浊水宜取小值 |
| 进水管流速 | m/s | $1 \sim 2$ | |

⑬ 池底直径一般为 1～1.5m。为使池底不致沉积泥渣，靠近喷嘴处做成弧形池底比平底好。

⑭ 分离区可装设斜板，以提高出水效果和降低药耗。

⑮ 池径较大时，宜在絮凝筒下部设置伞形罩，以避免第二絮凝室出水的回流短路。

关于各种产水量的水力循环澄清池及其管道的参考尺寸（见图 5-21），列于表 5-7和表 5-8，以供参考。

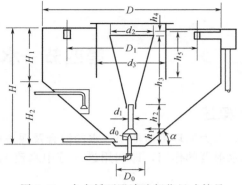

图 5-21　水力循环澄清池部位尺寸符号

**表 5-7　水力循环澄清池参考尺寸**

| 流量/(m³/h) | $d_0$/mm | $d_1$/mm | $d_2$ | $d_3$ | $D_0$ | $D_1$ | $D$ | $h_1$ |
|---|---|---|---|---|---|---|---|---|
| 50 | 50 | 180 | 1.10 | 1.75 | 0.70 | 3.30 | 4.50 | 0.40 |
| 75 | 60 | 220 | 1.36 | 2.15 | 0.90 | 4.25 | 5.50 | 0.45 |
| 100 | 70 | 250 | 1.60 | 2.50 | 1.00 | 4.66 | 6.40 | 0.45 |
| 150 | 85 | 300 | 1.95 | 3.10 | 1.00 | 5.70 | 7.80 | 0.48 |
| 200 | 100 | 350 | 2.23 | 3.52 | 1.20 | 6.55 | 9.00 | 0.55 |
| 300 | 120 | 420 | 2.75 | 4.35 | 1.50 | 8.10 | 11.00 | 0.60 |
| 400 | 140 | 500 | 3.30 | 5.00 | 1.50 | 9.30 | 12.70 | 0.60 |

| 流量/(m³/h) | $h_2$ | $h_3$ | $h_4$ | $h_5$ | $H_1$ | $H_2$ | $H$ | $\alpha$ |
|---|---|---|---|---|---|---|---|---|
| 50 | 1.30 | 3.00 | 0.5 | 3.00 | 3.40 | 1.90 | 5.30 | 45° |
| 75 | 1.40 | 3.25 | 0.5 | 3.00 | 3.40 | 2.30 | 5.70 | 45° |
| 100 | 1.50 | 3.50 | 0.5 | 3.00 | 3.40 | 2.70 | 6.10 | 45° |
| 150 | 1.60 | 3.95 | 0.5 | 3.00 | 3.30 | 3.40 | 6.70 | 45° |
| 200 | 1.65 | 3.75 | 0.5 | 3.00 | 3.37 | 3.28 | 6.65 | 40° |
| 300 | 1.65 | 4.20 | 0.5 | 2.95 | 3.20 | 4.00 | 7.20 | 40° |
| 400 | 1.70 | 4.80 | 0.5 | 2.95 | 3.20 | 4.70 | 7.90 | 40° |

注：除流量、$d_0$、$d_1$ 外，单位为 m。

**表 5-8　水力循环澄清池管道直径参考尺寸**

| 流 量/(m³/h) | 进水管 | 出水管 | 排泥管 | 放空管 | 溢流管 |
|---|---|---|---|---|---|
| 50 | 100 | 100 | — | 150 | 100 |
| 75 | 150 | 150 | — | 150 | 150 |
| 100 | 150 | 150 | 100 | 150 | 150 |
| 150 | 200 | 200 | 100 | 150 | 200 |
| 200 | 250 | 250 | 100 | 150 | 250 |
| 300 | 300 | 300 | 150 | 200 | 300 |
| 400 | 300 | 300 | 150 | 200 | 300 |

注：除流量外，单位为 m。

水力循环澄清池集水系统的布置方式，有以下几种。

① 用穿孔管或穿孔槽集水，呈环形或径向布置。

② 平顶堰或锯齿形堰集水槽，由于其槽口不易确保水平，因而溢水不均、局部上升流速过高，以致常出现带出矾花的现象。故此种形式较少使用。

③ 环形集水槽的位置（图 5-22），可设在澄清池外壁的内侧或外侧，分离区的中部和第二絮凝室的外壁。设在池壁外侧，不占分离区面积，但结构上较难处理。设在分离区内的环形槽，其中心线约位于分离区面积的二等分处，或使之所围面积等于分离区面积的 45%。

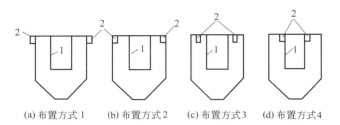

(a) 布置方式 1　　(b) 布置方式 2　　(c) 布置方式 3　　(d) 布置方式 4

图 5-22　水力循环澄清池环形集水槽布置方式
1—第二絮凝室；2—环形穿孔集水槽

④ 对池径大于 10m 的澄清池，可同时采用环形和辐射形（径向）集水槽（管），以使分离区出水均匀。

⑤ 对圆形澄清池，因径向槽单位长度的进水量是变化的，故槽侧孔眼应采用不等距布置，以使出水均匀。

## 二、计算例题

### 【例 5-7】　水力循环澄清池的计算

1. 已知条件

设计水量 $Q_0 = 50\text{m}^3/\text{h} = 0.0139\text{m}^3/\text{s}$，回流比为 1：4，喷嘴流速 $v_0 = 7.5\text{m/s}$，第一絮凝室出口流速 $v_2 = 0.08\text{m/s}$，第二絮凝室进口流速 $v_3 = 0.04\text{m/s}$，分离室上升流速 $v_4 = 1.2\text{mm/s}$，水在第一絮凝室停留时间 $t_1 = 15\text{s}$。

水力循环澄清池的工艺计算简图见图 5-23。

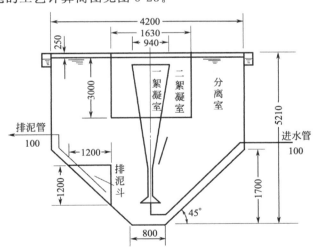

图 5-23　水力循环澄清池的工艺计算简图（单位：mm）

2. 设计计算

（1）喷嘴（图 5-24）　喷嘴直径

$$d_0 = \sqrt{\frac{4Q_0}{\pi v_0}} = \sqrt{\frac{4 \times 0.0139}{3.14 \times 7.5}} = 0.0486(\text{m})$$

采用 $d_0 = 50\text{mm}$。喷嘴管长采用 460mm，其底部直径为 100mm（与进水管同直径，见后）。喷嘴与喉管的距离，试运行时可在 5～10cm 调节，视出水水质而定。

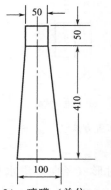

图 5-24　喷嘴（单位：mm）

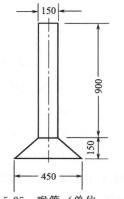

图 5-25　喉管（单位：mm）

（2）喉管（图 5-25）　喷嘴与喉管的直径比，采用 $d_0 : d_1 = 1 : 3$，则

$$d_1 = 3d_0 = 3 \times 50 = 150 (\text{mm})$$

喉管的提升量

$$Q_{提} = 4Q_0 = 4 \times 50 = 200 (\text{m}^3/\text{h}) = 0.0556 (\text{m}^3/\text{s})$$

喉管流速　$v_1 = \dfrac{4Q_{提}}{\pi d_1^2} = \dfrac{4 \times 0.0556}{3.14 \times 0.15^2} = 3.15 (\text{m/s})$

喉管长度取　$h_2 = 6d_1 = 6 \times 150 = 900 (\text{mm})$

喇叭口斜边采用 45°倾角，高度取 150mm，则喇叭口直径为 $d_2 = 450\text{mm}$。

（3）第一絮凝室（图 5-26）　上口面积

$$A_1 = \frac{Q_{提}}{v_2} = \frac{0.0556}{0.08} = 0.695 (\text{m}^2)$$

上口直径　$d_3 = \sqrt{\dfrac{4A_1}{\pi}} = \sqrt{\dfrac{4 \times 0.695}{3.14}} = 0.94 (\text{m})$

设第一絮凝室高度为 $h_2$，则其容积为

$$V_1 = \frac{\pi h_2}{12} (d_1^2 + d_3^2 + d_1 d_3)$$

水在第一絮凝室停留时间取 $t_1 = 15\text{s}$

因为　$t_1 = \dfrac{V_1}{Q_{提}} = \dfrac{\pi h_2 (d_1^2 + d_3^2 + d_1 d_3)}{12 Q_{提}}$

所以　$h_3 = \dfrac{12 t_1 Q_{提}}{\pi (d_1^2 + d_3^2 + d_1 d_3)}$

$= \dfrac{12 \times 15 \times 0.0556}{3.14 \times (0.15^2 + 0.94^2 + 0.15 \times 0.94)}$

$= 3.04 (\text{m})$，取 $h_2 = 3.1\text{m}$

（4）第二絮凝室（图 5-26）　进口断面

$$A_2 = \frac{Q_{提}}{v_3} = \frac{0.0556}{0.04} = 1.39 (\text{m}^2)$$

第二絮凝室直径（包括第一絮凝室）

$$d_4 = \sqrt{\frac{4(A_1 + A_2)}{\pi}} = \sqrt{\frac{4 \times (0.695 + 1.39)}{3.14}} = 1.63 (\text{m})$$

第二絮凝室高度取 $h_5 = 3\text{m}$（包括超高 0.25m）。

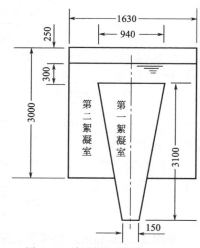

图 5-26　絮凝室（单位：mm）

第二絮凝室体积（包括第一絮凝室的部分体积）

$$V_2 = \frac{\pi d_4^2}{4}(h_3 - 0.25) = \frac{3.14 \times 1.63^2}{4} \times (3 - 0.25) = 5.74(\text{m}^3)$$

停留时间

$$t_2 = \frac{V_2}{Q_{\text{提}}} = \frac{5.74}{0.0556} = 103(\text{s})$$

扣除第一絮凝室体积后，停留时间约为 $t_2 = 90\text{s}$。

（5）澄清池直径 $D$　分离室面积

$$A_3 = \frac{Q_0}{v_4} = \frac{0.0139}{0.0012} = 11.6(\text{m}^2)$$

澄清池直径

$$D = \sqrt{\frac{4(A_1 + A_2 + A_3)}{\pi}} = \sqrt{\frac{4 \times (0.695 + 1.39 + 11.6)}{3.14}} = 4.18(\text{m})，取 4.2\text{m}$$

（6）澄清池高度 $H$ 的计算　喉管喇叭口距池底 $0.51\text{m}$，喉管喇叭口高度 $0.15\text{m}$，喉管长度 $0.90\text{m}$，第一絮凝室高度 $3.10\text{m}$，第一絮凝室顶水深 $0.30\text{m}$，超高 $0.25\text{m}$，所以池体总高度 $H = 5.21\text{m}$。

（7）坡角　池底直径采用 $D' = 0.8\text{m}$，池底坡角采用 $\alpha = 45°$。

$$H_1 = \frac{D - D'}{2} = \frac{4.2 - 0.8}{2} = 1.7(\text{m})$$

池子直壁部分高度 $H_2 = H - H_1 = 5.21 - 1.7 = 3.51(\text{m})$

（8）澄清池总体积及停留时间　直壁部分体积

$$V_3 = \frac{\pi}{4}D^2 H_2 = \frac{3.14}{4} \times 4.2^2 \times 3.51 = 48.6(\text{m}^3)$$

锥体部分体积　$V_4 = \frac{\pi}{12}H_1(D^2 + D'^2 + DD')$

$$= \frac{\pi}{12} \times 1.7 \times (4.2^2 + 0.8^2 + 4.2 \times 0.8) = 9.63(\text{m}^3)$$

池的总体积　$V = V_3 + V_4 = 48.6 + 9.63 = 58.23(\text{m}^3)$

由此，可粗略计算总停留时间为

$$t = \frac{V}{Q_0} = \frac{58.23}{50} = 1.16(\text{h})$$

分离区停留时间　$t_3 = \frac{h_3 - 0.25}{v_4} = \frac{2.75}{0.0012} = 2292(\text{s}) = 38.2(\text{min})$

水在池内的实际历时　$t' = t_1 + t_2 + t_3 = 15 + 90 + 2292 = 2397(\text{s}) = 40(\text{min})$

（9）排泥设施　泥渣室容积按澄清池总容积 $1\%$ 计，即

$$V_{\text{泥}} = 0.01V = 0.01 \times 58.23 \approx 0.58(\text{m}^3)$$

设置一个排泥斗，形状采用倒立正四棱锥体，其锥底边长和锥高均为 $Z$，则其体积为

$$V_{\text{泥}} = \frac{1}{3}ZZ^2 = \frac{1}{3}Z^3$$

所以　$Z = \sqrt[3]{3V_{\text{泥}}} = \sqrt[3]{3 \times 0.58} = 1.2(\text{m})$

排泥历时取 $t_4 = 30\text{s}$，排泥管中流速取 $v_5 = 3\text{m/s}$。

排泥流量　$q_0 = \frac{V_{\text{泥}}}{t_4} = \frac{0.58}{30} = 0.0193(\text{m}^3/\text{s})$

排泥管直径

$$d_5 = \sqrt{\frac{4q_0}{\pi v_5}} = \sqrt{\frac{4 \times 0.0193}{3.14 \times 3}} = 0.09 (\text{m})$$

取 $d_5 = 100\text{mm}$。

(10) 进出水系统

① 进水管。进水管流速采用 $v_6 = 1.5\text{m/s}$，则进水管直径

$$d_6 = \sqrt{\frac{4Q_0}{\pi v_6}} = \sqrt{\frac{4 \times 0.0139}{3.14 \times 1.5}} = 0.109 (\text{m})$$

采用 $d_6 = 100\text{mm}$。

② 集水槽（见图 5-27）。环型集水槽设在池壁外侧，采用淹没孔进水。

流量超载系数取 $K = 1.5$，则槽中流量

$$q = \frac{1}{2}Q_0 K = \frac{1}{2} \times 0.0139 \times 1.5 = 0.0104 (\text{m}^3/\text{s})$$

槽宽 $b = 0.9q^{0.4} = 0.9 \times 0.0104^{0.4} = 0.145 (\text{m})$，取 $0.15\text{m}$

孔眼轴线的淹没水深取 $50\text{mm}$，超高取 $70\text{mm}$。

起点槽深

$$h' = 0.75b + 0.05 + 0.07 = 0.75 \times 0.15 + 0.12 = 0.23 (\text{m})$$

终点槽深

$$h'' = 1.25b + 0.05 + 0.07 = 1.25 \times 0.15 + 0.12 = 0.31 (\text{m})$$

为加工和施工简便，采用等断面，即 $b = 15\text{cm}$，$h = 30\text{cm}$。

③ 槽壁孔眼计算。孔眼总面积

$$\sum f_0 = \frac{q}{\mu\sqrt{2gh_0}} \quad (\text{m}^2)$$

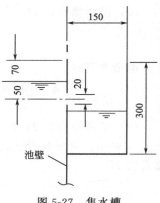

图 5-27 集水槽
（单位:mm）

式中 $\mu$——流量系数，取 0.62;

$h_0$——孔眼中心线以上水头，m，取 0.05m。

$$\sum f_0 = \frac{0.0104}{0.62 \times \sqrt{19.6 \times 0.05}} = 0.0169 (\text{m}^2) = 169 (\text{cm}^2)$$

孔眼直径采用 $20\text{mm}$，单孔面积 $f_0 = 3.14\text{cm}^2$，则

孔眼数
$$n = \frac{\sum f_0}{f_0} = \frac{169}{3.14} = 54 \ (\text{个})$$

孔眼流速
$$v_7 = \frac{q}{\sum f_0} = \frac{0.0104}{0.0169} = 0.62 \ (\text{m/s})$$

孔眼中心间距
$$S = \frac{\pi D}{n \times 2} = \frac{3.14 \times 4.2}{54 \times 2} = 0.12 (\text{m})$$

出水管径采用 $d = 150\text{mm}$，放空管径采用 $d = 100\text{mm}$。

## 【例 5-8】 辐射穿孔管-环形集水槽式出水系统的计算

### 1. 已知条件

包括水厂用水的设计流量 $Q = 150\text{m}^3/\text{h} = 0.0417\text{m}^3/\text{s}$；对出水系统按超负荷流量校核

或设计，$Q'=200\text{m}^3/\text{h}=0.0556\text{m}^3/\text{s}$。

所用设计参数列于表 5-9。

表 5-9 设计参数

| 名　称 | 单位 | 数值 | 名　称 | 单位 | 数值 |
|---|---|---|---|---|---|
| 回流比(设计流量：回流泥渣) | | 1:3 | 分离室内上升流速 $v_6$ | mm/s | 1 |
| 原水和循环泥渣提升量 $Q_0$ | $\text{m}^3/\text{s}$ | 0.167 | 水在池中总停留时间 $T$ | h | 1.03 |
| 进水管内流速 $v_0$ | m/s | 1 | 喉管内流经时间 $t_1$ | s | 0.8 |
| 喷嘴内流速 $v_1$(取三种) | m/s | 8、12、15 | 第一絮凝室内流经时间 $t_2$ | s | 14 |
| 喉管内流速 $v_2$ | m/s | 2.5 | 第二絮凝室内流经时间 $t_3$ | min | 1.5 |
| 第一絮凝室出口处流速 $v_3$ | mm/s | 110 | 分离室内流经时间 $t_4$ | h | 1.0 |
| 第二絮凝室进口处流速 $v_4$ | mm/s | 50 | 清水区高度 | m | 2.0 |
| 第二絮凝室出口处流速 $v_5$ | mm/s | 5 | 超高 | m | 0.3 |

2. 设计计算

(1) 进水系统　进水系统工艺计算列于表 5-10。

表 5-10 进水系统工艺计算

| 名　称 | 所用参数 | 计 算 公 式 | 计 算 值 | 采 用 值 |
|---|---|---|---|---|
| 进水管管径 $d_0$ | $v_0=1\text{m/s}$ | $d_0=\sqrt{4Q/\pi v_0}$ | 0.23m | 200mm |
| 喷嘴管径 $d_1$ | $v_1=8\text{m/s}$ | $d_1=\sqrt{4Q/\pi v_1}$ | 0.082m | $\phi 200\text{mm}\times 82\text{mm}$ |
| | | | | 长 300mm |
| | $v_1=12\text{m/s}$ | | 0.067m | $\phi 200\text{mm}\times 67\text{mm}$ |
| | | | | 长 300mm |
| | $v_1=15\text{m/s}$ | | 0.060m | $\phi 200\text{mm}\times 60\text{mm}$ |
| | | | | 长 300mm |
| | | | | 三种喷嘴 |

(2) 第一絮凝室　其工艺计算列于表 5-11。

表 5-11 第一絮凝室工艺计算

| 名　称 | 所用参数 | 计 算 公 式 | 计算值 | 采用值 |
|---|---|---|---|---|
| 喉管管径 $d_2$ | $v_2=2.5\text{m/s}$ | $d_2=\sqrt{4Q_0/\pi v_2}$ | 0.292m | 300mm |
| 喉管高度 $H_1$ | $t_1=0.8\text{s}$ | $H_1=t_1 v_2$ | 2.0m | |
| 上口直径 $d_3$ | $v_3=110\text{mm/s}$ | $d_3=\sqrt{4Q_0/\pi v_3}$ | 1.39m | 1.40m |
| 高度 $H_2$ | $t_2=14\text{s}$ | $H_2=3Q_0 t_2 / \left\{\pi\left[\left(\dfrac{d_2}{2}\right)^2+\left(\dfrac{d_3}{2}\right)^2+\dfrac{d_2 d_3}{4}\right]\right\}$ | 3.6m | |

(3) 第二絮凝室 其工艺计算列于表 5-12。

表 5-12 第二絮凝室工艺计算

| 名称 | 所用参数 | 计 算 公 式 | 计算值 | 采用值 |
|---|---|---|---|---|
| 直径 $d_4$ | $v_4 = 50\text{mm/s}$ | $d_4 = \sqrt{4(F_1 + F_2)/\pi}$ <br> 式中 $F_1$——第一絮凝室出口处的截面; <br> $F_2$——第二絮凝室出口处的截面。 <br> $F_1 = \dfrac{Q_0}{v_3} = 1.52(\text{m}^2)$ <br> $F_2 = \dfrac{Q_0}{v_4} = 3.34(\text{m}^2)$ | 2.49m | 2.5m |
| 高度 $H_3$ | $t_3 = 1.5\text{min}$ | $H_3 = Q_0 t_3 / \left\{ \dfrac{\pi}{4} d_4^2 - \dfrac{\pi\left[\left(\frac{d_2}{2}\right)^2 + \left(\frac{d_3}{2}\right)^2 + \left(\frac{d_2 d_3}{4}\right)\right]}{3} \right\}$ | 3.53m | 4.05m <br>(包括超高 0.3m) |

(4) 分离室 其工艺计算列于表 5-13。

表 5-13 分离室工艺计算

| 名 称 | 所用参数 | 计 算 公 式 | 计算值 | 采用值 |
|---|---|---|---|---|
| 直径 $d_6$ | $v_6 = 1\text{mm/s}$ | $d_6 = \sqrt{4F/\pi}$ <br> $F = F_1 + F_2 + F_3 + F_4 = 48.19(\text{m}^2)$ <br> 式中 $F$——池的平面面积; <br> $F_3$——分离室面积; <br> $F_4$——宽 0.2m 的絮凝室壁所占面积。 <br> $F_3 = \dfrac{Q}{v_6} = 41.7(\text{m}^2)$ <br> $F_4 = 0.2\pi d = 0.2\pi(2.5 + 0.1) = 1.63(\text{m}^2)$ | 7.83m | 8.0m |
| 有效深度 $H_4$ | $t_4 = 1\text{h}$ | $H_4 = t_4 v_6$ | 3.6m | |

(5) 出水系统(按 $Q' = 200\text{m}^3/\text{h} = 0.0556\text{m}^3/\text{s}$ 校核) 采用辐射形穿孔管集水,水由设在第二絮凝室外壁的环形槽汇集后,经出水总槽引出(见图 5-28)。

① 穿孔管。采用 12 根直径 $D = 150\text{mm}$ 的石棉水泥穿孔管。管上孔眼不等距开设,孔径为 25mm。

单孔面积 $f_0 = 489\text{mm}^2 = 0.000489\text{m}^2$,孔眼处流速采用 $v_7 = 0.4\text{m/s}$,故

孔眼总面积

$$F_6 = Q/v_7 = 0.0417/0.4 = 0.104(\text{m}^2)$$

[当流量为 $Q'$ 时,$v_7 = 0.0556/0.104 = 0.53(\text{m/s})$]

孔眼总数 $n = F_6/f_0 = 0.104/0.000489 = 213$(个),采用 $n = 216$ 个

每管孔数 $n_1 = n/12 = 216/12 = 18$(个)

集水管总断面积

$$\Omega = \frac{\pi}{4} \times 0.15^2 \times 12 = 0.212(\text{m}^2)$$

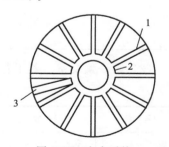

图 5-28 出水系统 平面布置

1—穿孔集水管;2—环形集水槽;3—出水总槽

集水管末端流速

$$v_8 = \frac{Q}{\Omega} = \frac{0.0417}{0.212} = 0.197(\text{m/s})$$

（当流量为 $Q'$ 时，$v_8 = 0.262\text{m/s}$）

② 环形集水槽。其沿程流量是变化的，为简化计算采用等断面槽，并且按下游出口处的最大流量计算。在环形槽中，水流从两个方向汇集到出口，所以流量应为 $Q'/2$。流量超载系数取 $K = 1.5$。槽的设计流量为

$$q_1 = \frac{1}{2}Q'K = \frac{1}{2} \times 0.0556 \times 1.5 = 0.0417(\text{m}^3/\text{s})$$

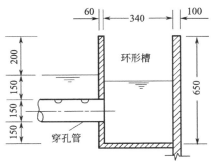

图 5-29 环形槽断面（单位：mm）

槽宽 $b = 0.9q^{0.4} = 0.9 \times 0.0417^{0.4} = 0.253(\text{m})$

考虑有利施工，采用 $b = 0.34\text{m}$，故槽起点水深

$$H_5 = 0.75b = 0.75 \times 0.34 = 0.255(\text{m})$$

槽终点水深

$$H_6 = 1.25b = 1.25 \times 0.34 = 0.425(\text{m})$$

考虑槽的超高及制作方便，槽的断面尺寸采用（图 5-29）槽宽 $b = 0.34\text{m}$；槽高 $h = 0.65\text{m}$。

③ 出水总槽。总槽流量

$$q_2 = 2q_1 = 2 \times 0.0417 = 0.0834(\text{m}^3/\text{s}) = 83.4(\text{L/s})$$

环形集水槽末端的平均水深

$$H_8 = (H_5 + H_6)/2 = (0.255 + 0.425)/2$$
$$= 0.34(\text{m}), \text{取 } 0.3\text{m}$$

由水力计算表查得，采用总槽宽度 $B = 400\text{mm}$，总槽水深 $H_9 = 0.2\text{m}$，槽底坡度 $i = 5\text{‰}$，则其通过流量为

$$87.87\text{L/s} > q_2 = 83.4(\text{L/s})$$

相应流速 $v_8 = 1.10\text{m/s}$。

总槽高度取与环形集水槽相同，即 $0.65\text{m}$。槽内皆用水泥粉刷。

④ 穿孔管孔眼间距。取第二絮凝室即环形槽的壁厚分别为 $100\text{mm}$ 和 $60\text{mm}$。

每根集水管的有效长度为

$$l = \frac{D}{2} - \left[\frac{d_4}{2} + (0.1 + b + 0.06)\right] = \frac{8}{2} - \left[\frac{2.5}{2} + (0.1 + 0.34 + 0.06)\right] = 2.25(\text{m})$$

前已算出，每根集水管上应开设 18 个孔眼。为均匀集水，应使每个孔眼承担的出水面积相等，故孔眼在集水管上应是不等距设置，即靠池中心处稀，靠外沿处密。其孔距计算方法是，将环形出水面积分成 8 个面积相等的同心圆环，孔眼设在环的中心线上（实际也是近似位置），见图 5-30，$R_i$ 代表 8 个面积相等的同心圆环的内外半径。

澄清池总面积

$$F' = \frac{\pi}{4}D^2 = 0.785 \times 8^2 = 50.24(\text{m}^2)$$

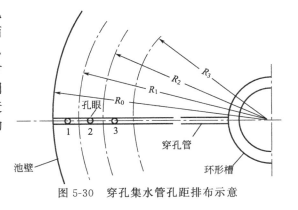

图 5-30 穿孔集水管孔距排布示意

第二絮凝室与环形槽所占面积

$$F_7 = \frac{\pi}{4}(d_4 + 2 \times 0.1 + 2b + 2 \times 0.06)^2$$

$$= 0.785 \times (2.5 + 0.2 + 2 \times 0.34 + 0.12)^2 = 0.785 \times 3.5^2 = 9.62(\text{m}^2)$$

分离室有效出水面积则为

$$F_8 = F' - F_7 = 50.24 - 9.62 = 40.62(\text{m}^2)$$

每排同位孔眼所承担的出水面积应为

$$f = F_8/18 = 40.62/18 = 2.26(\text{m}^2)$$

等面积同心圆环的内圆半径按下式计算。

$$R_{n+1} = \sqrt{R_n^2 - \frac{f}{\pi}} = \sqrt{R_n^2 - \frac{2.26}{3.14}} = \sqrt{R_n^2 - 0.72}(\text{m})$$

式中，$R_n$ 和 $R_{n+1}$ 分别为自池壁算起的面积相等各相邻同心圆环的半径，m。

同心圆环的宽度则为

$$\Delta R = R_n - R_{n+1}$$

相邻孔眼中距

$$S = \frac{1}{2}(\Delta R_n + \Delta R_{n+1})$$

式中，$\Delta R_n$ 和 $\Delta R_{n+1}$ 分别为自池壁算起的相邻两等面积同心圆环的宽度。

等面积同心圆环的内圆半径 $R$ 及其宽度 $\Delta R$ 和穿孔管孔眼中距 $S$ 的计算结果列于表 5-14。

**表 5-14 辐射型穿孔管孔眼中距计算**

| 孔眼或圆环 序 号 （自池壁起） | 同心圆半径/m $R_{n+1} = \sqrt{R_n^2 - 0.72}$ | 同心圆环 宽度/mm $\Delta R = R_n - R_{n+1}$ | 孔眼中距/mm $S = \frac{1}{2}(\Delta R_n + \Delta R_{n+1})$ | |
|---|---|---|---|---|
| | | | 计算值 | 采用值 |
| 0 | 4.000 | | | |
| 1 | 3.908 | 92 | 46.0 | 50 |
| 2 | 3.815 | 93 | 92.5 | 90 |
| 3 | 3.720 | 95 | 94.0 | 90 |
| 4 | 3.622 | 98 | 96.5 | 90 |
| 5 | 3.521 | 101 | 99.5 | 100 |
| 6 | 3.417 | 104 | 102.5 | 100 |
| 7 | 3.310 | 107 | 105.0 | 100 |
| 8 | 3.199 | 111 | 109.0 | 110 |
| 9 | 3.085 | 114 | 112.5 | 110 |
| 10 | 2.966 | 119 | 116.5 | 120 |
| 11 | 2.842 | 124 | 121.5 | 120 |
| 12 | 2.712 | 130 | 127.0 | 130 |
| 13 | 2.576 | 136 | 133.0 | 130 |
| 14 | 2.433 | 143 | 139.0 | 140 |
| 15 | 2.280 | 153 | 148.0 | 150 |
| 16 | 2.116 | 164 | 158.0 | 160 |
| 17 | 1.939 | 177 | 170.5 | 170 |
| 18 | 1.743 | 196 | 186.5 | 190 |
| 环形槽 | | | 98.0 | 100 |
| 合计 计算值 | $R_{18} = 1.743$ | 2257 | 2303 | 2250 |
| 合计 采用值 | $R_{18} = 1.750$ | 2250 | 2250 | 2250 |

每个孔眼承担的集水面积应为

$$f' = f/12 = 2.26/12 = 0.188(\text{m}^2)$$

集水管管顶设于水面下 150mm 处。

穿孔集水管计算图见图 5-31。

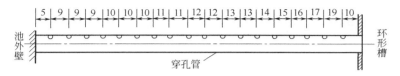

图 5-31　穿孔集水管计算图（单位：cm）

# 第六章　气浮池和浮沉池

## 第一节　气　浮　池

### 一、概述

#### 1. 工艺设施

对水中悬浮杂质的处理，除了沉淀（澄清）分离法，还有与之相反的浮升分离法。后者的工艺特点是把空气通入被处理的水中，并使之以微小气泡形式析出而成为载体，从而使絮凝体黏附在载体气泡上，并随之浮升到水面，形成泡沫浮渣（气、水、颗粒三相混合体）从水中分离出去。

气浮法是载气浮升净水方法的简称，其处理构筑物称为气浮池（室）。气浮室一般分单室式和双室式两种，在单室式气浮装置中，液体的溶气和杂质的上浮，同在一个室内发生；双室式气浮装置由入流和分离两部分组成，入流部分是产生气泡并黏附杂质微粒的，分离部分则供浮渣上浮分离，从而使水得到澄清。另外，还有多室式气浮装置。

根据气泡产生的方法不同，水处理的气浮法分为如下几种。

① 布气气浮法（分散空气气浮法）。该法利用机械剪切力，将混合于水中的空气粉碎成细小气泡。例如水泵吸水管吸气气浮，射流气浮，扩散板曝气气浮及叶轮气浮等，皆属此类。

② 电气浮法（电解凝聚气浮法）。该法在水中设置正负电极，当通上直流电后，一个电极（阴极）上即产生初生态微小气泡，同时，还产生电解混凝等效应。

③ 生物及化学气浮法。该法利用水生物的作用或在水中投加化学药剂絮凝后放出气体。

④ 溶气气浮法（溶解空气气浮法）。该法在一定压力下使空气溶解于水并达到过饱和状态，之后再骤然减至常压，使溶于水的空气以微气泡形式从水中逸出，从而达到气浮作用。根据气泡析出于水时所处的压力情况，溶气气浮法又分压力溶气气浮法和溶气真空气浮法两种。

在以上诸气浮法中，用于给水净化方面的目前只限于压力溶气气浮法。这是由于随着压力的增大，空气在水中的溶解度也不断增加，气泡量足以满足气浮的需要，而且经骤然减压，释放出的气泡平稳、微细（初始粒度约 $80\mu m$）、密集度大。同时在操作过程中，气泡与水的接触时间还可人为加以控制。另外，此法工艺比较简单，造价较低，管理维修也较方便。因此，溶气气浮的净化效果较高，在给水处理中得到了较为广泛的应用。

压力溶气气浮装置的工艺流程如图 6-1 所示。水泵 2 将原水加压（一般为 $1.96\times10^5\sim5.88\times10^5\,Pa$），送入密闭的压力溶气罐 4；与此同时，空气通过空压机 3 加压后也一并压入溶气罐 4。在罐中气水在压力下充分接触湍动，使空气溶解于水中。溶气水通入气浮分离室 6，经过溶气释放器 5 的骤然减压消能，促使气体以微气泡的形式稳定释出，并黏附于水中

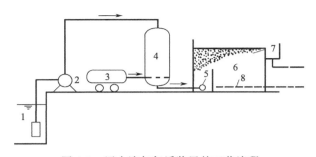

图 6-1　压力溶气气浮装置的工艺流程

1—原水池；2—水泵；3—空压机；4—压力溶气罐；

5—溶气释放器；6—气浮分离室；7—集渣槽；8—集水管

的杂质颗粒上，一起上浮至水面；浮渣由刮渣机或自流排入集渣槽 7。清水则由气浮池下部收集后出流。

上述流程是将原水全部加压溶气的，故称全溶气式。有时原水全部加压，经释放器的急剧消能，会破坏水中的絮体，使气浮净水效果变差。为了避免这种情况，并节省全部原水加压时所消耗的能量，原水可直接进入气浮池（或絮凝池），而仅以气浮池出水中 $5\%\sim20\%$ 的水进行回流加压溶气，这种形式称为部分回流式（见图 6-2），目前应用较广泛。

压力溶气气浮法的装置主要由以下三部分组成。

（1）压力溶气系统　压力溶气系统包括供气设备和溶气罐。向水中通入空气的方式有水泵吸气式、射流溶气式及空压机供气式等。其中以空压机供气式最好，这是因为空气的溶解度很小，只需小功率的空压机即可；同时空压机供气稳定，可以保证水泵在高效率条件下工作。因而空压机溶气式对于提高溶气效率（一般无填料可达 $60\%$ 左右），对节约能量十分有利。

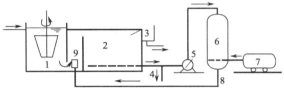

图 6-2　部分回流式压力溶气气浮装置系统

1—絮凝池；2—气浮池；3—集渣槽；4—集水管；5—回流水泵；

6—溶气罐；7—空压机；8—溶气水管；9—溶气释放器

溶气罐的作用是让空气充分溶解于水，以便通过释放器送至气浮池。溶气罐有隔套式、射流式、循环式、填料式等（见图 6-3），其中以填料式效果最好（其溶气效率比无填料者可提高 $30\%$ 左右）。

（2）溶气释放系统　压力溶气的释放是通过释放器进行的，它应能使溶入的空气完全释出，并使释出的气泡微细、稳定、均匀、密集，同时易与絮体黏附。目前，国内常用的溶气释放器有 TS 型、TJ 型及 TV 型，其中 TS 型主要用于试验性装置，在生产上已很少使用。释放器的数量，可根据所选释放器性能及溶气水的回流量来确定。各种释放器性能见表 6-1～表 6-3。溶气释放器

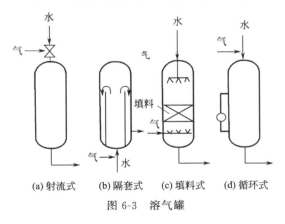

(a) 射流式　(b) 隔套式　(c) 填料式　(d) 循环式

图 6-3　溶气罐

的型号及个数应根据单个释放器在选定压力下的出流量及作用范围确定。

（3）气浮分离系统　气浮分离系统包括气浮池和刮渣设备。气浮池在工艺形式上，还可分为平流式与竖流式。

浮渣可采用定期刮渣或溢渣。为了浓缩泥渣，不必过于频繁地排泥（一般 2～4h 一次）。对于大型气浮池宜采取刮渣机刮渣，但刮渣机行车速度及刮渣深度都必须根据浮渣的具体情况妥为控制，否则会造成落渣现象，恶化出水水质。

2. 适用条件

气浮分离技术是水质净化处理中的一项独特技术，它对分离密度近似于水的油类、纤维、悬游固体、藻类、活性污泥或生物膜等非常有效。目前在国外这项技术已较多的应用于工业废水及生活污水的处理上，而在给水净化方面，还处于生产性试验阶段，并且只限于部分回流式压力溶气气浮法。

气浮法的优点是：①对原水凝聚要求低，絮凝时间可缩短（通常为 10～20min），池容积可缩小，混凝剂用量也可减少；②水在池中停留时间短（一般为 15～30min），池子容积小，占地少，造价低；③浮渣含水率低（一般为 90%～95%），水厂自用水量小，浮渣的体积约比沉淀污泥少 1/10～1/2，而且浮在表面，容易排除；④适宜于间歇操作，比一般澄清池方便；⑤出水澄清度高，可减轻滤池的处理负荷，延长过滤周期；⑥池体构造简单，建造费用低，更适用于对现有沉淀池的改造。

气浮法的缺点是：①日常运转电耗比传统设备高，据估算，当回流水量为 10% 时，每净化 1m³ 水的电能消耗在 0.04 kW·h 左右；②浮渣滞留表面，易受风、雨的影响；③日常维修与管理的工作量增加。

**表 6-1　TS 型溶气释放器性能**

| 型号 | 溶气水管接口直径/(″) | 不同压力(MPa)下的出流量/(m³/h) | | | | | 作用直径/cm |
| --- | --- | --- | --- | --- | --- | --- | --- |
| | | 0.1 | 0.2 | 0.3 | 0.4 | 0.5 | |
| TS-Ⅰ | 1/2 | 0.25 | 0.32 | 0.38 | 0.42 | 0.45 | 25 |
| TS-Ⅱ | 3/4 | 0.52 | 0.70 | 0.83 | 0.93 | 1.00 | 35 |
| TS-Ⅲ | 1 | 1.01 | 1.30 | 1.59 | 1.77 | 1.91 | 50 |
| TS-Ⅳ | 1 | 1.68 | 2.13 | 2.52 | 2.75 | 3.10 | 60 |
| TS-Ⅴ | 1 1/2 | 2.34 | 3.47 | 4.00 | 4.50 | 4.92 | 70 |

**表 6-2　TJ 型溶气释放器性能**

| 型号 | 规格 | 溶气水管接口直径/(″) | 不同压力(MPa)下的出流量/(m³/h) | | | | | | | 抽真空管接口直径/(″) | 作用直径/cm |
| --- | --- | --- | --- | --- | --- | --- | --- | --- | --- | --- | --- |
| | | | 0.2 | 0.25 | 0.3 | 0.35 | 0.4 | 0.45 | 0.5 | | |
| TJ-Ⅰ | φ230 | 2 | 1.08 | 1.18 | 1.28 | 1.38 | 1.47 | 1.57 | 1.67 | 1/2 | 40 |
| TJ-Ⅱ | φ270 | 1 1/4 | 2.37 | 2.59 | 2.81 | 2.97 | 3.14 | 3.29 | 3.45 | 1/2 | 60 |
| TJ-Ⅲ | φ300 | 2 | 4.61 | 5.15 | 5.60 | 5.98 | 6.31 | 6.74 | 7.01 | 1/2 | 100 |
| TJ-Ⅳ | φ380 | 2 1/2 | 6.27 | 6.88 | 7.50 | 8.09 | 8.69 | 9.29 | 9.89 | 1/2 | 110 |
| TJ-Ⅴ | φ430 | 3 | 8.70 | 9.47 | 10.55 | 11.11 | 11.75 | — | — | 1/2 | 120 |

**表 6-3　TV 型溶气释放器性能**

| 型号 | 规格 | 溶气水管接口直径/(″) | 不同压力(MPa)下的出流量/(m³/h) | | | | | | | 耐压胶管接口直径/mm | 作用直径/cm |
| --- | --- | --- | --- | --- | --- | --- | --- | --- | --- | --- | --- |
| | | | 0.2 | 0.25 | 0.3 | 0.35 | 0.4 | 0.45 | 0.5 | | |
| TV-Ⅰ | φ150 | 1 | 1.04 | 1.13 | 1.22 | 1.31 | 1.40 | 1.48 | 1.51 | 10 | 40 |
| TV-Ⅱ | φ200 | 1 | 2.16 | 2.32 | 2.48 | 2.64 | 2.80 | 2.96 | 3.12 | 10 | 60 |
| TV-Ⅲ | φ250 | 1 1/2 | 4.45 | 4.81 | 5.18 | 5.54 | 5.91 | 6.18 | 6.64 | 10 | 80 |

在给水净化方面，气浮法主要用在传统沉淀（澄清）法处理效果很差的水体方面，例如低温、低浊水，含大量藻类水，以及受有机物污染的河、湖、水库等水体。

3. 设计要点与参数

溶气浮渣法净水装置的设计，主要包括对压力溶气、溶气释放及气浮分离三个主要工艺系统的设施（溶气罐、空压机、释放器、气浮池、刮渣机等）进行选型和计算。

下面将气浮工艺用于给水净化的部分资料加以综合，汇列如下。

① 接触室内的溶气释放器，需根据确定的回流水量、溶气压力及作用范围确定型号及数量，力求布气均匀。

② 部分回流式气浮法的回流比，是指回流水量与原水水量之比，其值的大小直接影响到设备投资与运转费用。因此在确保水质的条件下，应尽量减少回流水量。当溶气罐水压在 0.2～0.4MPa 时，回流比可取 5％～10％。

③ 根据给水处理的各种要求，泵的压力在 0.39～0.59MPa 下的产气量已足够使用。

④ 溶气罐的体积，可按溶气时间 0.5～5min 计算（其最小体积，一般按 10％ 的回流量、停留时间 1min 计算）。如果水泵离气浮池较远时，溶气时间在压力管路内往往就能得到满足，此时溶气罐亦不必设置。溶气罐个数不少于 2 个。溶气罐应设安全阀。罐内水位应控制在一定范围内，最高不得超过配水莲喷头以下 0.1m；最低不宜低于稳流板上 0.3m。溶气罐的高度以大于 3m 为宜，这对气水混合有好处。

⑤ 气浮池的长宽比及深度，不像一般沉淀池那样要求高，但应避免带气絮体因池长过短，撞击端壁而返流；也应防止池子过长，造成浮渣在末端的下沉。一般以单格宽度不超过 10m，池长不超过 15m 为宜。池深一般采用 2.0～2.5m 即可。出水必须注意集水的均匀性，否则将影响有效分离。

昆明自来水公司认为，气浮池内水平流速不宜大于 10mm/s，以 5～7mm/s 较好。絮凝体的载气浮升分离速度可取 2.5～3.0mm/s，此时出水浊度在 4 度左右。苏州自来水公司提出，分离速度在 4～4.5mm/s，气浮池出水浊度可达 3.5～8 度，当分离速度为 6mm/s 时，可使原水浊度从 50～60 度降至 15～16 度。

气浮池应设有排渣设施、水位调节器、排渣量调节器、沉泥排放管和放空管。

⑥ 采用定期排放浮渣，为防浮渣冻结，宜设在有采暖设备的房间内。采用连续排渣，平均温度为 3℃ 时，也应设在有采暖的房间内；当平均温度为 3～6℃ 时，可布置在不设采暖设备的房间内；温度较高时，可布置在室外。房间应设通风设施，保证每小时换气五次。

刮板排渣机适用于任何尺寸的矩形气浮池（定期或连续排渣），但不适用于排除浓缩得很稠的浮渣。

## 二、计算例题

### 【例 6-1】 平流部分回流压力溶气气浮法的计算

**1. 已知条件**

设计水量（包括回流及自用水量）$Q = 50000 \text{m}^3/\text{d} = 2083.3 \text{m}^3/\text{h} = 0.58 \text{m}^3/\text{s}$，气浮池表面负荷 $q = 5.5 \text{m}^3/(\text{m}^2 \cdot \text{h})$，溶气水量回流比 $\alpha = 10\%$。

**2. 设计计算**

气浮池采用平流式，分为 2 组，共 4 格，每格水量

$$Q' = \frac{Q}{4} = \frac{50000}{4} = 520.83 (\text{m}^3/\text{h}) = 0.145 (\text{m}^3/\text{s})$$

（1）气浮池尺寸计算

① 气浮池表面积

$$A = \frac{Q'}{q} = \frac{520.83}{5.5} = 94.7 (\text{m}^2)$$

② 气浮池水力停留时间

$$T = \frac{AH}{Q'} = \frac{94.7 \times 2.0}{520.83} = 0.364(\text{h}) = 21.8(\text{min})$$

其中气浮池有效水深 $h = 2.0\text{m}$。

设气浮池宽度为 8m，则气浮池长度 $L = \frac{94.7}{8} = 11.8(\text{m})$，取 12m。

③ 气浮池内水平流速

$$v = \frac{Q'}{Bh} = \frac{0.145}{8 \times 2.0} = 0.0091(\text{m/s}) = 9.1(\text{mm/s})$$

满足水平流速在 5~10mm/s 的要求。

④ 接触室设计

接触室容积 $V_1 = \frac{Q'}{60} \times t = \frac{520.83}{60} \times 2 = 17.36(\text{m}^3)$，其中接触室内停留时间 $t = 2\text{min}$。

接触室宽度 $b = \frac{V_1}{Bh} = \frac{17.36}{8 \times 2.0} = 1.09(\text{m})$，取 1.1m

(2) 进出水系统设计

① 进水。絮凝后的水采用潜孔从接触室下部进入，孔口尺寸为 0.5m×0.5m，共设置 8 个，间隔间距为 0.5m，则进水流速为

$$v_1 = \frac{Q'}{8 \times 0.5 \times 0.5} = \frac{0.145}{8 \times 0.5 \times 0.5} = 0.073(\text{m/s})$$

满足进口流速小于 1.5~2.0m/s 的要求。

② 出水。采用穿孔管出水系统，穿孔管位于池子中下部。穿孔集水管共设置 10 条，管径为 200mm，管内流速 $v_2 = \frac{Q'}{10 \times 0.785 \times 0.2^2} = \frac{0.145}{10 \times 0.785 \times 0.2^2} = 0.462(\text{m/s}) < 0.5\text{m/s}$，满足要求。

经穿孔管收集后的水最后汇集于出水总管，总管管径为 $DN600\text{mm}$，管内流速 $v_3$ 为

$$v_3 = \frac{0.145}{0.785 \times 0.6^2} = 0.51(\text{m/s})$$

③ 气浮池的除渣系统设计。气浮池内的浮渣在刮渣机的作用下，刮至池子末端，在池末端设浮渣槽，经收集的浮渣从排渣管排出。采用 GMB 型双边驱动刮渣机，电机功率为 0.37×2kW，行车速度 3.67m/min。浮渣槽宽度 0.5m，槽深 0.6m，排渣管管径为 200mm。

④ 溶气罐设计。溶气水量按设计水量的 10% 计算，则溶气水量为

$$Q_1 = 50000 \times 0.10 = 5000(\text{m}^3/\text{d}) = 208.33(\text{m}^3/\text{h})$$

溶气罐设 2 个，每个容积为 $V_1 = \frac{Q_1 t_1}{60 \times 2} = \frac{208.33 \times 2}{60 \times 2} = 3.47(\text{m}^3)$，其中溶气罐内停留时间 $t = 2\text{min}$。

设计中取溶气罐高度 $H = 3.0\text{m}$，溶气罐直径为

$$D = \sqrt{\frac{4V_2}{\pi H}} = \sqrt{\frac{3.47 \times 4}{3.14 \times 3.0}} = 1.21(\text{m})$$

溶气罐内安装填料，填料高度为 1.0m（一般取 0.8~1.5m）。

⑤ 溶气释放器。选用 TJ-5 型溶气释放器，该释放器在 0.3MPa 下的出流量为 5.6m³/h，接 $DN50\text{mm}$ 管。每个气浮池内释放器个数

$$n = \frac{208.33}{4 \times 5.6} = 9.3$$

取 10 个，共计 40 个。

⑥ 计算草图。见图 6-4。

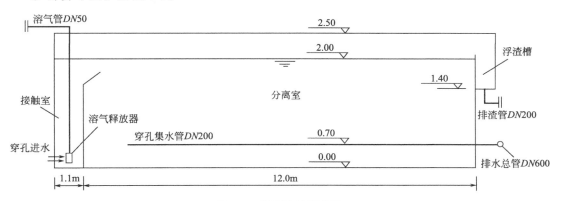

图 6-4　气浮池计算草图

# 第二节　浮　沉　池

## 一、概述

将斜管（板）沉淀池的进水和出水部分加以改造，并安置气浮设备，即可成为兼有气浮和沉淀作用的浮沉池。浮沉池在藻类大量繁殖季节或冬季、初春季节原水低温低浊时期，以气浮方式运行；当夏天雨季原水浊度较高时，按沉淀池方式运行。浮沉池内兼有池底排泥系统和池面刮渣装置，有回流水、压力溶气、溶气释放的完整气浮系统。浮沉池的池型有异向流斜管浮沉池（图 6-5）和侧向流斜板浮沉池（图 6-6）两种。异向流斜管浮沉池按沉淀方式运行时，絮凝后水由下向上经斜管进行泥水分离，清水向上流到集水槽、出水管流出；气浮时，清水由斜管下部的清水区排出，污泥沿斜管浮到水面成为浮渣，由刮泥机刮入排泥槽后排出池外。侧向流斜板浮沉池是在气浮池的分离区安装侧向流斜板。斜板一般按三层布置，并在每层的连接处斜板有一定的重叠。当原水浊度高时，按侧向流斜板沉淀池方式运行，即水流沿斜板水平方向流动，清水经穿孔墙出水进入集水槽流出，沿斜板下沉的污泥由底部的穿孔排泥管排出；原水浊度低时，按气浮方式运行，通入溶气水的原水在斜板区进行气浮分离，清水经穿孔花墙流入集水槽，水面浮渣由刮渣机刮入排泥槽。

浮沉池适用于处理含藻类和浊度变化大的原水。处理水量在 $2 \times 10^4 \, m^3/d$ 以下时，较多采用异向流斜管浮沉池，底部为穿孔管或多斗底排泥，处理水量较大时，宜采用侧向流斜板浮沉池，侧向机械刮泥或穿孔管排泥。

浮沉池的设计应对气浮和沉淀两种工艺综合考虑，其设计参数如下。

① 浮沉池的液面负荷 $10 \sim 11 \, m^3/(m^2 \cdot h)$。

② 浮沉池接触室上升流速为 $10 \sim 20 \, mm/s$，回流比 7%，气浮溶气压为 $0.3 \sim 0.35 MPa$。

③ 为使斜板安装，维修方便，配水均匀，刮渣机运行平稳，浮沉池宽度宜小于 8m。

④ 絮凝时间 $15 \sim 20 min$，絮凝池与浮沉池之间的穿孔墙孔口流速应小于 $0.05 \sim 0.1 m/s$。

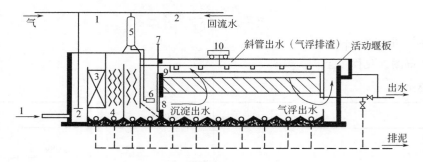

图 6-5　异向流斜管浮沉池

1—进水管；2—微孔曝气；3—填料；4—折板絮凝池；5—溶气罐；
6—溶气释放器；7—闸板；8,9—进水孔；10—刮渣机

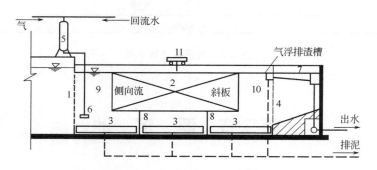

图 6-6　侧向流斜板浮沉池

1—配水花墙；2—侧向流斜板；3—刮泥机；4—出水穿孔墙；5—溶气罐；
6—溶气释放器；7—出水堰；8—阻流墙；9,10—稳定区；11—刮渣机

## 二、计算例题

### 【例 6-2】　侧向流斜板浮沉池设计计算

1. 已知条件

设计水量 $Q=25000\text{m}^3/\text{d}=1041.667\text{m}^3/\text{h}=0.289\text{m}^3/\text{s}$，板内水平流速 $v_0=15\text{mm/s}$，颗粒沉降速度 $u_0=0.3\text{mm/s}$，斜板板距，$P'=100\text{mm}$，斜板水平倾角 $\theta=60°$，斜板共设三层，斜板斜长 $l=1.0\text{m}$，有效系数 $\Phi=0.75$，溶气回流比 7%，接触室上升流速 $v_c=20\text{mm/s}$，溶气压力 $P=3\text{kg/cm}^2$，原水温度 $t=0\sim22℃$，浮沉池的液面负荷 $11\text{m}^3/(\text{m}^2 \cdot \text{h})$。

2. 设计计算

（1）絮凝池　采用折板絮凝池，穿孔墙出水，计算从略。

（2）气浮分离室　接触室计算。

① 气浮分离区的表面积 $A_s$。浮沉池的液面负荷为 $11\text{m}^3/(\text{m}^2 \cdot \text{h})$，则

$$v_s=\frac{11}{3600}=3\times10^{-3}(\text{m/s})$$

$$A_s=\frac{Q+Q_c}{v_s}=\frac{Q+\alpha Q}{v_s}=\frac{1041.667+0.07\times1041.667}{3.0\times10^{-3}\times3600}=103.2(\text{m}^2)$$

② 气浮分离区的长 $L_2$。池宽 $B=8\text{m}$，则

$$L = \frac{A}{B} = \frac{103.2}{8} = 12.9(\text{m}), 取\ L = 13\text{m}$$

③ 接触室的表面积 $A_c$

$$A_c = \frac{Q + Q_c}{v_c} = \frac{Q + \alpha Q}{v_c} = \frac{1041.667 + 0.07 \times 1041.667}{20 \times 10^{-3} \times 3600} = 15.46(\text{m}^2)$$

④ 接触室的长 $L_1$

$$L_1 = \frac{A_c}{B} = \frac{15.46}{8} = 1.93(\text{m}), 取\ L_1 = 2\text{m}$$

（3）加入斜板的计算

① 分离区加入的斜板沿水流方向的板长。颗粒沉降所需斜板长度

$$L' = \frac{v_0 P'}{u_0} \tan\theta = \frac{0.015 \times 0.1}{0.0003} \times \tan 60° = 8.66$$

考虑有效系数 $\Phi$ 则

$$\frac{L'}{\Phi} = \frac{8.66}{0.75} = 11.54(\text{m}) < 13(\text{m})$$

所以，斜板沿水流方向的板长为13m。

② 斜板高度。斜板斜长为1m，设置3层为3m，安装如图 6-7 所示。

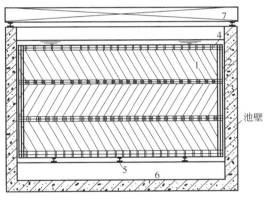

图 6-7　侧向流斜板安装
1—斜板；2—塑料阻流板；3—橡胶阻流板；
4—框架；5—轻轨；6—阻流墙；7—刮渣机

斜板总高度 $H = 3\sin 60° = 2.6(\text{m})$

③ 排泥。采用穿孔管排泥，沿沉淀（分离）区池长（$L = 13\text{m}$）横向布置8条槽，另在接触区及后稳定区各加1条，槽宽1.6m，槽壁倾角60°，槽壁斜高1.1m，穿孔管计算从略。

（4）浮沉池的总长度　接触区长采用2.0m，前稳定区长采用1.5m，斜板（气浮分离）区纵长为13.0m，后稳定区（斜板出口至出水穿孔墙）长采用1.4m，出水渠宽采用1.2m，所以浮沉池的总长为19.1m。

（5）浮沉池总高度　超高采用0.3m，水面距斜板顶采用0.15m，斜板全高为2.6m，斜板底与排泥槽上口距离采用

1.4m，排泥槽高采用1.1m，所以池子总高度为5.55m。

（6）阻流墙在斜板底下与排泥槽顶间在垂直水流方向设阻流墙四道，将池底分隔成几段，促使水流稳定，易于污泥沉淀。

（7）时间校核　气浮池容积

$$W = 接触区 W_1 + 分离区 W_2 = (2 \times 8 + 13 \times 8) \times 2.6 = 312(\text{m}^3)$$

气浮池总停留时间

$$T = \frac{60W}{Q + Q_c} = \frac{60W}{Q + \alpha Q} = \frac{60 \times 312}{1041.667 + 0.07 \times 1041.667} = 16.8(\text{min})$$

在 10~20min，满足要求。

（8）空压机的选择　同气浮池计算方式，在此从略。

（9）溶气罐

① 溶气罐的有效容积 $V$。按回流水量停留 1.5min 考虑，则

$$V_{罐} = \frac{1.5Q_c}{60} = \frac{1.5\alpha Q}{60} = \frac{1.5 \times 0.07 \times 1041.667}{60} = 1.82 (m^3)$$

② 采用填料式溶气罐，取直径 $D=1m$，高取 $H=2.5m$，则体积为

$$V_{罐} = \pi \times \frac{D^2}{4} \times H = 3.14 \times \frac{1}{4} \times 2.5 = 1.96 (m^3)$$

（10）溶气释放器的选择与布置　根据选定的溶气压力为 3.0kg/cm² 及回流溶气水量 72.9m³/h，选用 TV-Ⅱ 型释放器，查表 6-3，在溶气压力为 3.0kg/cm² 时该释放器的出流量 $q_p = 2.48m^3/h$，则释放器的个数

$$N = 72.9/2.48 = 29.4 \text{（个），取 30 个}$$

释放器分 3 排布置，每排 10 个。行距 0.5m，则

$$\text{释放器间距} = 8/10 = 0.8(m)$$

整个池子的布置见图 6-8。

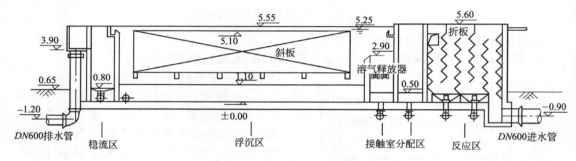

图 6-8　浮沉池布置示意

# 第七章　滤　池

## 第一节　概　述

水的过滤是水澄清（广义）处理的最终工序，也是水质净化工艺所不可缺少的处理过程。而过滤之前的处理工序（如混凝、沉淀或澄清），不是水澄清处理所必需的处理过程，可视作为了有效过滤所进行的预处理。

近年来，过滤技术有很大发展，滤池种类也很多。所不同的是滤速的快慢，滤料设置方法、进水方式、操作手段及冲洗设施等。几种常用滤池的特点及适用条件，列于表 7-1。

表 7-1　常用滤池的特点及适用条件

| 名称 | | 性　能　特　点 | 适用条件 | |
| --- | --- | --- | --- | --- |
| | | | 进水浊度 | 规格 |
| 普通快滤池 | 单层滤料 | 优点:(1)运行管理可靠,有成熟的运行经验<br>　　　(2)池深较浅<br>缺点:(1)阀件较多<br>　　　(2)一般为大阻力冲洗,需设冲洗设备 | 一般不超过 20NTU | (1)各类水厂均可适用<br>(2)单池面积一般不大于 100m² |
| | 双层滤料 | 优点:(1)滤速较其他滤池高<br>　　　(2)含污能力较大(约为单层滤料的 1.5～2.0 倍),工作周期较长<br>　　　(3)无烟煤作滤料易取得<br>缺点:(1)滤料粒径选择较严格<br>　　　(2)冲洗时操作要求较高,常因煤粒不符合规格,发生跑煤现象<br>　　　(3)煤砂之间易积泥 | 一般不超过 20NTU,短期不超过 50NTU | (1)各类水厂均可适用<br>(2)单池面积一般不大于 100m²<br>(3)用于改建旧厂普通快滤池(单层滤料)以提高出水量 |
| 接触双层滤料滤池 | | 优点:(1)可一次净化原水,处理构筑物少,占地较少<br>　　　(2)基建投资低<br>缺点:(1)加药管理复杂<br>　　　(2)工作周期较短<br>　　　(3)其他缺点同双层滤料普通快滤池 | 一般不超过 150NTU | 据目前运行经验,用于 5000 m³/d 以下小水厂较合适 |
| 虹吸滤池 | | 优点:(1)不需大型闸阀,可节省阀井<br>　　　(2)不需冲洗水泵或水箱<br>　　　(3)易于实现自动化控制<br>缺点:(1)一般需设置抽真空的设备<br>　　　(2)池深较大,结构较复杂 | 同单层滤料普通快滤池 | (1)适用于大、中型水厂<br>(2)一般采用小阻力排水,每格池面积不宜大于 25m² |
| 无阀滤池 | 重力式 | 优点:(1)一般不设闸阀<br>　　　(2)管理维护较简单,能自动冲洗<br>缺点:清砂较为不便 | 同普通快滤池 | (1)适用于中、小型水厂<br>(2)单池面积一般不大于 25m² |
| | 压力式 | 优点:(1)可一次净化,单独成一小水厂<br>　　　(2)可省去二级泵站<br>　　　(3)可作小型、分散、临时性供水<br>缺点:(1)清砂较为不便<br>　　　(2)其他缺点同接触双层滤池 | 同接触双层滤池 | (1)适用于小型水厂<br>(2)单池面积一般不大于 5m² |

| 名称 | | 性 能 特 点 | 适用条件 | |
|---|---|---|---|---|
| | | | 进水浊度 | 规格 |
| 移动冲洗罩滤池 | 泵吸式 | 优点:(1)一般不设闸阀<br>(2)易于实现自动化控制,连续过滤<br>(3)构造简单,占地省,池深浅<br>(4)减速过滤<br>缺点:(1)管理、维修要求高<br>(2)施工精度要求高<br>(3)设备复杂,反洗罩易坏 | 一般不超过 10NTU,个别为 15NTU | (1)大、中型水厂均可适用<br>(2)单池面积一般不大于 10m² |
| | 虹吸式 | 优点:(1)一般不设闸阀<br>(2)不需冲洗水泵或水箱<br>(3)易于实现自动化控制,连续过滤<br>(4)构造简单,占地省,池深浅<br>(5)减速过滤<br>缺点:(1)管理、维修要求高<br>(2)施工精度要求高<br>(3)设备复杂,反洗罩易坏 | 一般不超过 10NTU,个别为 15NTU | (1)大、中型水厂均可适用<br>(2)单池面积一般不大于 10m² |
| 压力滤池 | | 优点:(1)滤池多为钢罐,可预制<br>(2)移动方便,可用作时性给水<br>(3)用作接触过滤时,可一次净化原水省去二级泵站<br>缺点:(1)需耗用钢材<br>(2)清砂不够方便<br>(3)用作接触过滤时,缺点同接触双层滤池 | 同普通快滤池(单层)或接触双层滤池 | (1)适用于小型水厂及工业给水<br>(2)可与除盐、软化交换床串联使用 |
| V型滤池 | | 优点:(1)均粒滤料,含污能力高<br>(2)气水反洗、表面冲洗结合,反洗效果好<br>(3)单池面积大<br>缺点:(1)池体结构复杂,滤料贵<br>(2)增加反洗供气系统<br>(3)造价高 | 一般不超过 20NTU | 大、中型水厂均可适用 |
| 翻版滤池 | | 优点:(1)滤料反冲效果好,滤料流失率小<br>(2)过滤周期长,冲洗耗水率低<br>(3)出水水质好<br>缺点:池内需设滤前水位仪,应保持池内水位变化≤0.02m | | 更适合粒状活性炭滤料滤池使用 |
| 流动床滤池 | | 优点:(1)连续过滤产水率较高<br>(2)出水水质好<br>(3)对进水水质要求宽松<br>(4)运行电耗低<br>缺点:单个装置过滤面积小,运行需要压缩空气设备 | | 适用于小型水厂 |

# 第二节　普通快滤池

## 一、构造与设计要点

普通快滤池是应用历史最久,最为典型的过滤设施。因其有 4 个阀门（进水阀、出水阀、反冲洗进水阀、排水阀），也称为四阀滤池，如果将其进水阀和排水阀改为虹吸管，则变为双阀滤池。为强化反冲洗效果，节省反冲洗耗水，采用气水联合反冲洗成为流行趋势，普通快滤池还可以增加 1 个反冲洗进气阀。普通快滤池的优点是：运行经验成熟，运行方式灵活，适应水量和水质变化能力强。缺点是阀门较多，操作复杂。普通快滤池适用于各种水量的污水处理，滤料粒径可调整以适应不同水质。

1. 普通快滤池的组成

普通快滤池由三部分组成：一是滤池本体，包括滤床（滤料层和承托层）、洗砂排水槽、排水渠、配水配气系统等；二是进出水管线，包括浑水进水管、清水出水管、冲洗进水管、冲洗排水管、冲洗进气管和初滤排水管，以及上述管线上的阀门；三是冲洗设备，包括冲洗水泵（或高位水塔）和冲洗风机。

2. 普通快滤池滤站的设计要点及主要参数

① 滤池个数及布置。个数不得少于两个。滤池的分格数，可参见表 7-2。滤池个数少于 5 个时，宜采用单行排列，反之可用双行排列。单个滤池面积大于 50m² 时，管廊中可设置中央集水渠。

表 7-2 滤池的分格数

| 水厂规模/(m³/h) | 滤池总面积/m² | 滤池个数 | 单格面积/m² |
|---|---|---|---|
| <240 | <30 | 2 | 10~15 |
| 240~480 | 30~60 | 2~3 | 15~20 |
| 480~800 | 60~100 | 3~4 | 20~25 |
| 800~1200 | 100~150 | 4~5 | 25~30 |
| 1200~2000 | 150~250 | 5~6 | 30~40 |
| 2000~3200 | 250~400 | 6~8 | 40~50 |
| 3200~4800 | 400~600 | 8~10 | 50~60 |

② 单个滤池的面积一般不大于 100m²。当面积小于或等于 30m² 时长宽比为 1:1，当面积大于 30m² 时长宽比为 (1.25:1)~(1.5:1)，当采用旋转式表面冲洗时长宽比为 (1.2:1)~(1.3:1)。

③ 滤池的设计工作周期一般为 12~24h。运转时应根据水头损失值和出水最高浊度确定，冲洗前的水头损失最大值一般为 2.0~2.5m。

④ 对于单层石英砂滤料滤池，饮用水的设计滤速一般采用 8~10m/h，并按强制滤速 10~12m/h 校核。当对出水水质有较高要求时，滤速应适当降低。根据经验，当要求滤后水浊度为 0.5NTU 时，单层砂滤层设计滤速为 4~6m/h；煤砂双层滤层的设计滤速为 6~8 m/h。滤料组成及设计滤速见表 7-3。

表 7-3 滤料组成及设计滤速

| 滤料种类 | 滤料组成 | | | 正常滤速 /(m/h) | 强制滤速 /(m/h) |
|---|---|---|---|---|---|
| | 粒径/mm | 不均匀系数($K_{80}$) | 厚度/mm | | |
| 单层粗砂滤料 | 石英砂 $d_{10}=0.8$ | <2.0 | 700 | 8~10 | 10~12 |
| 双层滤料 | 无烟煤 $d_{10}=1.0$ | <2.0 | 300~400 | 9~12 | 12~16 |
| | 石英砂 $d_{10}=0.8$ | <2.0 | 700 | | |

⑤ 承托层可用卵石或碎石分层铺设。由上而下，第一层厚度 100mm，粒径 2~4mm；第二层厚度 100mm，粒径 4~8mm；第三层厚度 100mm，粒径 8~16mm；第四层顶面应高于配水孔眼 100mm，粒径 16~32mm。

⑥ 滤池的超高一般采用 0.3m，滤层上面水深一般为 1.5~2.0m。

⑦ 冲洗强度及冲洗时间，一般按表 7-4 采用（水温每增减 1℃，冲洗强度亦相应增减

1%)。有辅助冲洗时，可用低值。

表 7-4　冲洗强度及冲洗时间（水温 20℃）

| 类别 | 冲洗强度/[L/(s·m²)] | 膨胀率/% | 冲洗时间/min |
| --- | --- | --- | --- |
| 石英砂滤料过滤 | 8～10 | 30～40 | 7～5 |
| 双层滤料过滤 | 6.5～10 | 35～45 | 8～6 |

⑧ 普通快滤池一般采用穿孔管式大阻力配水系统，其一般参数见表 7-5。配水孔眼分设支管两侧，与垂直线呈 45°，向下交错排列。配水干管直径大于 300mm 时，顶部加装管嘴或把干管埋入池底。

表 7-5　管式大阻力配水系统参数

| 参　数 | 数　值 | 参　数 | 数　值 |
| --- | --- | --- | --- |
| 干管始端流速/(m/s) | 1.0～1.5 | 支管下侧距池底之距/cm | $D/2+50$ |
| 支管始端流速/(m/s) | 1.5～2.0 | 支管长度与其直径之比值 | ≤60 |
| 支管孔眼流速/(m/s) | 3～6 | 孔眼直径/mm | 9～12 |
| 孔眼总面积与滤池面积之比/% | 0.20～0.25 | 干管横截面应大于支管总横截面的倍数 | 0.75～1.0 |
| 支管中心距离/m | 0.2～0.3 | | |

注：$D$ 为干管直径。

⑨ 排水槽所占总面积不应大于滤池的 25%。槽底距滤料层之距，应等于滤层冲洗时的膨胀率高度。

⑩ 冲洗水泵的能力一般按一格滤池冲洗考虑，并应有备用泵。如果采用高位水箱冲洗，其有效容积应按冲洗水量的 1.5 倍计算。当滤池个数较多时，应按滤池冲洗周期计算可能需同时冲洗的滤池数，并按此计算水箱有效容积。

⑪ 滤池各种管线的流速，进水管在 0.8～1.2m/s，清水出水管在 1.0～1.5m/s，冲洗进水管在 2.0～2.5m/s，排水管在 1.0～1.5m/s。

⑫ 配水干管末端应装有排气管，其管径当滤池面积小于 25m² 时为 40mm；当滤池面积在 25～50m² 时为 63mm；当滤池面积在 50～100m² 时为 75～100mm。滤池底部应设排空管。滤池闸阀的启闭，一般应采用水力或电动，但当池数少，且闸阀直径等于和小于 300 mm 时，也可采用手动。每池应装水头损失计和取样设备。池内与滤料接触的壁面应拉毛，以避免短流。

## 二、滤池的表面冲洗

滤池的表面冲洗（分固定管式和旋转管式两种）是一种辅助冲洗措施，它利用射流使滤料表面的污泥块分散且易于脱落，从而提高冲洗质量，并减少冲洗用水量。当仅用水反冲洗不能将滤料冲洗干净时，可同时辅以表面冲洗。例如，用无烟煤作滤料，反冲洗强度小，不易冲洗干净时；水中杂质黏度较大，易吸附在滤料表面或渗入表层滤料孔隙时；以及软化工艺中的滤池等情况。

滤池的表面冲洗设施分固定管式和旋转管式两种。

1. 固定管式表面冲洗装置

固定管式表面冲洗系统的设计参数如下。

① 冲洗所需水压一般为 0.29～0.39MPa，其中表面喷射水压为 0.147～0.196MPa。

② 冲洗强度为 2～4L/(s·m²)，冲洗时间为 4～6min。

③ 穿孔管孔眼总面积与滤池面积之比为 0.03%～0.05%。

④ 孔眼流速为 8～10m/s。

⑤ 孔眼与水平线的倾角一般为 45°，两侧间隔开孔，喷嘴或孔眼亦可朝下布置。

⑥ 穿孔管中心距为 500～1000mm。

2. 旋转管式表面冲洗装置

旋转管式表面冲洗装置（见图 7-1）是由水平旋转管及在其两侧以相反方向装设的喷嘴组成的，水平管置于滤池滤料表面以上 50～100mm 处。以相反方向装设的喷嘴，射流时形成旋转力偶，使水平管绕中轴旋转。

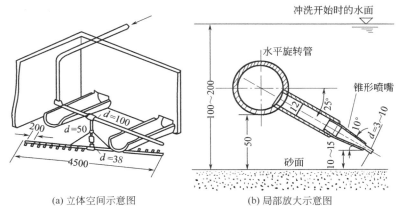

(a) 立体空间示意图　　　　(b) 局部放大示意图

图 7-1　旋转管式表面冲洗装置

这种表面冲洗的方法，所需管材较少。每套系统适用的滤池面积不宜大于 25m²，当滤池面积大时，可分成几个面积不大于 25m² 的正方形，以减小旋转管的臂长（一般应不大于 2～2.25m）。另外，滤池冲洗排水槽的个数，必须采取偶数，以便布置旋转管系统。

旋转管式表面冲洗装置设计参数如下。

① 冲洗所需水压一般为 0.39～0.44MPa，其中表面喷射水压为 0.29～0.39MPa。

② 冲洗强度为 0.5～1.5L/(s·m²)，冲洗时间 4～6min。

③ 水平旋转管直径为 38～75mm。其转速一般为 4～7r/min。管中流速为 2.5～3.0m/s。

④ 喷嘴直径为 3～10mm。喷嘴出口流速采用 20～30m/s。喷嘴与水平线的交角，一般采用 25°。

⑤ 喷嘴间距一般可取 100～300mm（在旋转管两臂上的喷嘴位置，应相互错开，以使喷嘴的射流在整个滤池面积上分布均匀）。

# 三、计算例题

## 【例 7-1】　普通快滤池设计计算

1. 已知条件

设计水量 $Q_n = 125000\text{m}^3/\text{d} \approx 5200\text{m}^3/\text{h}$；滤速 $v = 6\text{m/h}$；滤料采用石英砂，$d_{10} = 0.5$，$K_{80} = 1.5$；过滤周期 $T_n = 24\text{h}$；冲洗总历时 $t = 30\text{min} = 0.5\text{h}$；有效冲洗历时 $t_0 = 6\text{min} = 0.1\text{h}$。

2. 设计计算

(1) 冲洗强度 $q$　$q[\text{L/(s·m}^2)]$ 可按下列经验公式计算。

$$q = \frac{43.2 d_m^{1.45} (e + 0.35)^{1.632}}{(1 + e) v^{0.632}} \tag{7-1}$$

式中　$d_m$——滤料平均粒径，mm；

$e$——滤层最大膨胀率，采用 $e=50\%$；

$\nu$——水的运动黏度，$v=1.14mm^2/s$（平均水温为 15℃）。

与 $d_{10}$ 对应的滤料不均匀系数 $K_{80}=1.5$，所以

$$d_m=0.9K_{80}d_{10}=0.9\times1.5\times0.5=0.675(mm)$$

$$q=\frac{43.2\times0.675^{1.45}\times(0.5+0.35)^{1.632}}{(1+0.5)\times1.14^{0.632}}=12[L/(s\cdot m^2)]$$

（2）计算水量 $Q$　水厂自用水量主要为滤池冲洗用水，自用水系数 $\alpha$ 为

$$\alpha=\frac{T_n}{(T_n-t)-\dfrac{3.6qt_0}{v}}=\frac{24}{(24-0.5)-\dfrac{3.6\times12\times0.1}{6}}=1.05$$

$$Q=aQ_n=1.05\times5200=5460(m^3/h)$$

（3）滤池面积 $F$

滤池总面积 $F=Q/v=5460/6=910(m^2)$

滤池个数 $N=16$ 个，成双排布置。

单池面积 $f=F/N=910/16=56.88$（$m^2$），设计采用 $60m^2$，每池平面尺寸采用 $B\times L=6.3m\times9.5m$（约 $60m^2$），池的长宽比为 $9.5/6.3=1.5/1$。

（4）单池冲洗流量 $q_{冲}$

$$q_{冲}=fq=60\times12=720(L/s)=0.72(m^3/s)$$

（5）冲洗排水槽

① 断面尺寸。两槽中心距 $a$ 采用 $2.0m$，排水槽个数

$$n_1=L/a=9.5/2.0=4.75\approx5（个）$$

槽长 $l=B=6.3m$，槽内流速 $v$ 采用 $0.6m/s$。排水槽采用标准半圆形槽底断面形式，其末端断面模数为

$$x=\sqrt{\frac{qla}{4570v}}=\sqrt{\frac{12\times6.3\times2.0}{4570\times0.6}}=0.23(m)$$

集水渠与排水槽的平面布置和断面尺寸见图 7-2。

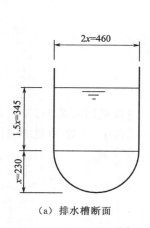

（a）排水槽断面

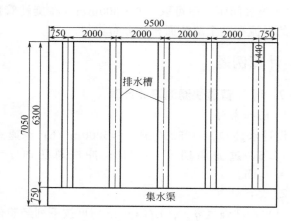

（b）集水渠与排水槽平面布置

图 7-2　集水渠与排水槽的平面布置和断面尺寸

② 设置高度。滤料层厚度采用 $H_n = 0.7m$，排水槽底厚度采用 $\delta = 0.05m$，槽顶位于滤层面以上的高度为

$$H_e = eH_n + 2.5x + \delta + 0.075 = 0.5 \times 0.7 + 2.5 \times 0.23 + 0.05 + 0.075 = 1.05(m)$$

③ 核算面积。排水槽平面总面积与过滤面积之比为

$$5 \times 2xl/f = 5 \times 2 \times 0.23 \times 6.3/60 = 0.24 < 0.25$$

（6）集水渠 集水渠采用矩形断面，渠宽采用 $b = 0.75m$。

① 渠始端水深 $H_q$

$$H_q = 0.81\left(\frac{fq}{1000b}\right)^{2/3} = 0.81 \times \left(\frac{60 \times 12}{1000 \times 0.75}\right)^{2/3} = 0.79(m)$$

② 集水渠底低于排水槽底的高度 $H_m$

$$H_m = H_q + 0.2 = 0.79 + 0.2 = 0.99 \approx 1.00(m)$$

（7）配水系统 采用大阻力配水系统，其配水干管采用方形断面暗渠结构。

① 配水干渠。干渠始端流速采用 $v_干 = 1.5m/s$；干渠始端流量 $Q_干 = q_冲 = 0.72m^3/s$；干渠断面积

$$A = Q_干/v_干 = 0.72/1.5 = 0.48(m^2)$$

干渠断面尺寸采用 $0.7 \times 0.7 = 0.49$（$m^2$），壁厚采用 $\delta' = 0.1m$，干渠顶面开设配孔眼。

② 配水支管。支管中心距采用 $s = 0.25m$，支管总数

$$n_2 = 2L/d = 2 \times 9.5/0.25 = 2 \times 38 = 76(根)$$

支管流量

$$Q_支 = Q_干/n_2 = 0.72/76 = 0.00947(m^3/s)$$

支管直径 $d_支$ 取 75mm，支管起端流速

$$v_支 = \frac{4Q_支}{\pi d_支^2} = \frac{4 \times 0.00947}{3.14 \times 0.075^2} = 2.14(m/s)$$

支管长度

$$l_1' = \frac{B - (0.7 + 2 \times 0.1)}{2} = (6.3 - 0.9)/2 = 2.7(m)$$

校核长径比 $\qquad l_1'/d_支 = 2.7/0.075 = 36 < 60$

③ 支管孔眼。孔眼总面积 $\Omega$ 与滤池面积 $f$ 的比值 $a$，采用 $a = 0.24\%$，则

$$\Omega = af = 0.0024 \times 60 = 0.144(m^2)$$

孔径采用 $d_0 = 12mm = 0.012m$，单孔面积

$$\omega = \pi d_0^2/4 = 3.14 \times 0.012^2/4 = 1.13 \times 10^{-4}(m^2)$$

孔眼总数

$$n_3 = \Omega/\omega = 0.144/1.13 \times 10^{-4} = 1274(个)$$

每一支管孔眼数为

$$n_4 = n_3/n_2 = 1274/76 = 16.76 \approx 17(个)$$

孔眼中心距（分两排交错排列）

$$s_0 = 2l_1/n_4 = 2 \times 2.7/17 = 0.32 \text{(m)}$$

孔眼平均流速

$$v_0 = \frac{qf}{1000n_2n_4\omega} = \frac{12 \times 60}{1000 \times 76 \times 17 \times 1.13 \times 10^{-4}} = 4.93 \text{(m/s)}$$

（8）冲洗水箱

① 容量 $V$

$$V = 1.5 \times (qft_0 \times 60)/1000 = 1.5 \times 12 \times 60 \times 6 \times 60/1000 = 389 \text{(m}^3\text{)}$$

水箱为圆形，水深 $h_{箱}$ 采用 3.5m，直径

$$D_{箱} = \sqrt{\frac{4V}{\pi h_{箱}}} = \sqrt{\frac{4 \times 389}{\pi \times 3.5}} \approx 12 \text{(m)}$$

② 设置高度。水箱底至冲洗排水箱的高差 $\Delta H$，由下列几部分组成。

a. 水箱与滤池间冲洗管道的水头损失 $h_1$。管道流量 $Q_{冲} = q_{冲} = 0.72\text{m}^3/\text{s}$。

管径 $D_{冲}$ 采用 600mm，管长 $l_{冲}$ 约为 70m，查水力计算表得：$v_{冲} = 2.55\text{m/s}$；$v_{冲}^2/(2g) = 0.33$，$1000i = 13.5$。冲洗管道上的主要配件及其局部阻力系数列于表 7-6，合计 $\sum\xi = 7.38$。所以

表 7-6　冲洗管道上的主要配件及其局部阻力系数

| 配件名称 | 数量/个 | 局部阻力系数 $\xi$ | 配件名称 | 数量/个 | 局部阻力系数 $\xi$ |
|---|---|---|---|---|---|
| 水箱出口 | 1 | 0.50 | 文氏流量计 | 1 | 1.00 |
| 90°弯头 | 2 | $2 \times 0.6 = 1.20$ | 等径转弯流三通 | 3 | $3 \times 1.5 = 4.50$ |
| $DN600$ 闸阀 | 3 | $3 \times 0.06 = 0.18$ | 合计 | | 7.38 |

$$h_1 = il_{冲} + \sum\xi v_{冲}^2/(2g) = 13.5 \times 70/1000 + 7.38 \times 0.33 = 3.39 \text{(m)}$$

b. 配水系统水头损失 $h_2$

$$h_2 = 8v_{干}^2/(2g) + 10v_{支}^2/(2g) = 8 \times 1.5^2/19.62 + 10 \times 2.14^2/19.62 = 3.25 \text{(m)}$$

c. 承托层水头损失 $h_3$。承托层厚度 $H_0$ 为 0.45m，水头损失

$$h_3 = 0.022H_0q = 0.022 \times 0.45 \times 12 = 0.12 \text{(m)}$$

d. 滤料层水头损失 $h_4$

$$h_4 = (\rho_2/\rho_1 - 1)(1 - m_0)L_0 = (2.65/1 - 1)(1 - 0.41) \times 0.7 = 0.68 \text{(m)}$$

式中　$\rho_2$——滤料的密度，$\text{t/m}^3$，石英砂为 $2.65\text{t/m}^3$；

$\rho_1$——水的密度，$\text{t/m}^3$，等于 $1\text{t/m}^3$；

$m_0$——滤料层膨胀前的孔隙率，石英砂为 0.41；

$L_0$——滤料层厚度，m，$L_0 = 0.7\text{m}$。

e. 水箱底至冲洗排水箱的高差。备用水头 $h_5$ 取 1.5m，水箱底至冲洗排水箱的高差

$$\Delta H = h_1 + h_2 + h_3 + h_4 + h_5 = 3.39 + 3.25 + 0.12 + 0.68 + 1.5 = 8.94 \approx 9.0 \text{(m)}$$

（9）管廊内的主干管（渠）　滤站内的 16 格滤池对称布置，每侧 8 个滤池。浑水进水、废水排出及过滤后清水引出均采用暗渠输送，冲洗水进水采用管道。主干渠参数的计算结果列于表 7-7。

表 7-7　主干渠参数的计算结果

| 管渠名称 | 流量/(m³/s) | 流速/(m/s) | 管渠截面积/m² | 管渠断面有效尺寸/m |
|---|---|---|---|---|
| 浑水进水渠 | 1.52 | 1.0 | 1.52 | $b \times h = 2.0 \times 0.76$ |
| 清水出水渠 | 1.52 | 1.2 | 1.27 | $b \times h = 2.0 \times 0.64$ |
| 冲洗进水管 | 0.72 | 2.55 | 0.28 | $D_{冲} = 0.60$ |
| 废水排水渠 | 0.72 | 1.2 | 0.60 | $b \times h = 1.0 \times 0.60$ |

## 【例 7-2】　固定管式表面冲洗系统的计算

1. 已知条件

滤站由两格滤池组成，每格滤池平面尺寸为：宽度 $B=4\text{m}$，长度 $L=12.5\text{m}$。滤池固定管式表面冲洗系统的布置见图 7-3。表面冲洗强度 $q'=2\text{L}/(\text{s·m}^2)$。

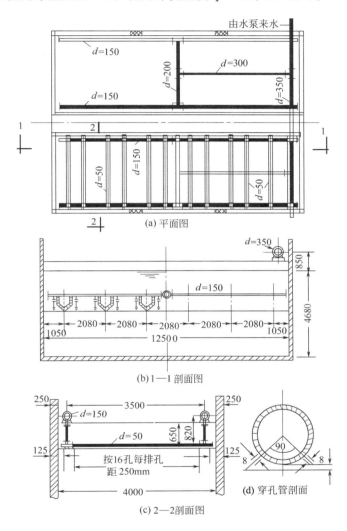

图 7-3　滤池固定管式表面冲洗系统

2. 设计计算

（1）滤池面积

$$F=BL=4\times12.5=50(\text{m}^2)$$

（2）每池表面冲洗水流量

$$q_1=Fq'=50\times2=100(\text{L}/\text{s})$$

（3）输配干管直径　每格滤池表面冲洗供水干管布置见图 7-3，其直径、流量和流速列于表 7-8。

表 7-8　滤池输配水干管直径、流量和流速

| 管道名称 | 流量/(L/s) | 直径/mm | 流速/(m/s) |
| --- | --- | --- | --- |
| 纵向干管 | $q_1=100$ | $d_1=300$ | $v_1=1.42$ |
| 横向干管 | $q_2=q_1/2=50$ | $d_2=200$ | $v_2=1.59$ |
| 侧配水干管 | $q_3=q_2/2=25$ | $d_3=150$ | $v_3=1.42$ |

(4) 穿孔支管　每格滤池横向配水穿孔支管数为 $n_1=12$ 根，穿孔支管装设在滤料表面以上 75mm 处，穿孔支管中线间距

$$l_0=l/n_1=12.5/12=1.04(m)$$

穿孔支管长度等于滤池宽度 (4m)，每根穿孔支管的服务面积

$$F_0=l_0 b=1.04\times4=4.16(m^2)$$

每一穿孔支管供冲洗水量

$$q_0=F_0 q'=4.16\times2=8.32(L/s)$$

每根穿孔支管的计算流量 ($q_0$ 从支管两端供给) 为

$$q_4=q_0/2=8.32/2=4.16(L/s)$$

穿孔支管直径采用 $d_4=0.05m$，则流速为

$$v_4=\frac{4q_4}{1000\pi d_4^2}=\frac{4\times4.16}{1000\times3.14\times0.05^2}=2.12(m/s)$$

(5) 干管始端水头 $h$　为克服穿孔管中的水头损失，干管始端的要求水头可按下式计算。

$$h=\frac{9v_2^2+10v_4^2}{2}=\frac{9\times1.59^2+10\times2.12^2}{2\times9.81}=3.45(m)$$

式中　$v_2$——干管流速，$v_2=1.59m/s$；

　　　$v_4$——穿孔支管始端流速，m/s。

(6) 穿孔管孔眼总面积与滤池面积之比 $\phi$，流量系数 $\mu$ 取值 0.62，则

$$\phi=\frac{q'}{1000\mu\sqrt{2gh}}=\frac{2}{1000\times0.62\times\sqrt{2\times9.81\times3.45}}=0.00039$$

(7) 孔眼　每池穿孔支管的孔眼总面积

$$\sum f=\phi F=0.00039\times50=0.0195(m^2)=19500(mm^2)$$

孔径取 $d_0=8mm$，单孔面积 $f_0=50.3mm^2$，每池应有孔眼数

$$n_2=\sum f/f_0=19500/50.3\approx388(个)$$

每根穿孔管孔眼数　$n_0=n_2/n_1=388/12=32.3\approx32(个)$

每根穿孔管开两排孔，每排设 16 个孔眼，孔眼中线与水平线呈 45°向下，则孔间距为

$$m=b/16=4000/16=250(mm)$$

(8) 水泵扬程　供表面冲洗的水泵扬程，应由以下几部分组成。

① 静扬程 $h_1$。表面冲洗干管中心标高 $z_1=103.85m$，吸水池最低水位标高 $z_2=96.0m$，则

$$h_1=z_1-z_2=103.85-96.0=7.85(m)$$

② 水泵吸水管和压水管沿程水头损失 $h_2$。水泵吸水管和压水管总长度 $l=100m$，所以

$$h_2=0.00107v^2/d^{1.3}l=0.00107\times1.42^2/0.3^{1.3}\times100=1.03(m)$$

③ 局部水头损失。90°弯头 2 个，$\xi=0.59$，闸门 1 个，$\xi=0.26$，吸水管进口 1 个，$\xi=3.6$，三通 1 个，$\xi=1.00$，则

$$\sum\xi=2\times0.59+0.26+3.6+1.0=6.04$$

$$h_4=\frac{\sum\xi v^2}{2g}=\frac{6.04\times1.42^2}{2\times9.81}=0.62(m)$$

④ 穿孔支管的孔眼水头损失：$h_s = h = 3.45$m。

⑤ 穿孔支管孔眼出流的表面喷射水头 $h_6$ 一般为 $15 \sim 20$m，本例采用 $h_6 = 18$m。

表面冲洗时水泵的扬程应为

$$H = \sum h_i = 7.85 + 1.03 + 0.62 + 3.45 + 18 = 30.95(\text{m})$$

## 【例 7-3】 旋转管式表面冲洗系统的计算

### 1. 已知条件

单个滤池面积为 $F = 31.25$m²，其平面尺寸为 $B \times L = 3.96\text{m} \times 7.92$m（见图 7-4），表面冲洗强度 $q' = 0.6$L/(s·m²)，水平旋转管长度 $L = 3.84$m，喷嘴出口流速 $v_0 = 25$m/s。

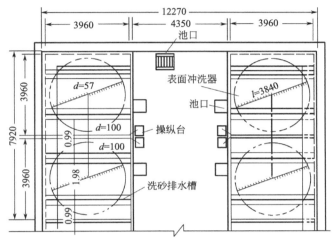

图 7-4　旋转管式表面冲洗滤池平面

### 2. 设计计算

（1）喷嘴所需水头 $H$　已知流速系数 $\phi = 0.92$，则

$$H = \frac{v_0^2}{2g\phi^2} = \frac{25^2}{2 \times 9.81 \times 0.92^2} = 37.6(\text{m})$$

（2）每一旋转管的冲洗流量 $q$　每个滤池内设 2 根水平旋转管，则每一旋转管冲洗流量为

$$q = Fq'/2 = 31.25 \times 0.6/2 = 9.38(\text{L/s}) = 0.00938(\text{m}^3/\text{s})$$

（3）每一旋转管的喷嘴数 $m$　喷嘴平均间距 $S = 240$mm，则喷嘴数

$$m = l/s = 3840/240 = 16(\text{个})$$

每一旋转管臂设喷嘴 8 个。

（4）每一旋转管喷嘴的总面积 $f_0$　流量系数 $\mu$ 取 0.82，则

$$f_0 = \frac{q}{\mu\sqrt{2gH}} = \frac{0.00938}{0.82 \times \sqrt{2 \times 9.81 \times 37.6}} = 0.00042(\text{m}^2)$$

（5）喷嘴直径　每个喷嘴的面积

$$f_0' = f_0/m = 0.00042/16 = 0.0000262(\text{m}^2)$$

喷嘴直径

$$d_0 = \sqrt{4f_0'/\pi} = \sqrt{4 \times 0.0000262/3.14} = 0.0058(\text{m})$$

本例题喷嘴直径采用 $d_0 = 6$mm，每个喷嘴面积 $\omega = 0.283$cm²。

（6）每个喷嘴射流的水平反力 $P$（见图 7-5）　喷嘴与水平线的夹角采用 $\alpha = 23°$，喷嘴射流反力

$$R_c = 10^{-4}H\omega = 10^{-4} \times 3.69 \times 10^5 \times 0.283 = 10.44(N)$$
$$P = R_c\cos\alpha = 10.44 \times \cos23° = 10.44 \times 0.921 = 9.61(N)$$

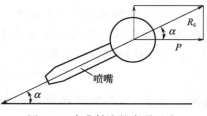

图 7-5　喷嘴射流的水平反力

（7）克服轴承摩擦力、水的阻力及使管子旋转的扭转力矩 $M$

$$M = P\sum r = 9.61 \times (1.90 + 1.75 + 1.50 + 1.25 +$$
$$1.00 + 0.75 + 0.50 + 0.25) = 85.5(N \cdot m)$$

式中，$\sum r$ 为旋转管一侧各喷嘴与旋转管轴的距离之和，单位为 m。旋转管上喷嘴的布置见图 7-6。

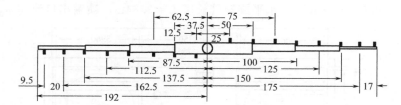

图 7-6　旋转管上喷嘴的布置

（8）克服轴承摩擦力和水阻力单位时间所做的功

$$A = M/1.2 = 85.5/1.2 = 71.25(N \cdot m)$$

（9）旋转管末端的旋转线速度 $v$　当带喷嘴的水平管子旋转时，旋转管所受水的阻力 $A'$（N·m/s），可用下式表示。

$$A' = 4.9Kfv^3$$
$$f = 2rD$$
$$K = \frac{\phi\rho}{2g}$$

式中　$v$——旋转管臂末端的旋转线速度，m/s；

　　　$f$——旋转管臂的垂直投影面积，$m^2$；

　　　$r$——管的旋转半径，m，此处 $r = l/2 = 3.84/2 = 1.92(m)$；

　　　$D$——旋转管的平均外径，m；

　　　$\phi$——考虑实际流体性质的系数，$\phi$ 取 1.2；

　　　$\rho$——水的密度，$kg/m^3$，$\rho = 1000kg/m^3$；

　　　$g$——重力加速度，为 9.81$m/s^2$。

$$K = \frac{1.2 \times 1000}{2 \times 9.81} = 61.2$$

若略去轴承摩擦力，则

$$A' = A = 71.25(N \cdot m)$$

所以

$$v(m/s) = \sqrt[3]{\frac{A}{4.9Kf}}$$

旋转管末端的最小直径 $d_0 = (0.00606r)^{1/1.33}$

$$= (0.00606 \times 1.92)^{1/1.33} = 0.035(m) = 35(mm)$$

本例采用 $d_0 = 32mm$，因此旋转管的平均直径 $D_内 = 50mm$，$D_外 = 57mm$，所以

$$f = 2 \times 1.92 \times 0.057 = 0.219(m^2)$$

所以旋转臂末端的线速度为

$$v=\sqrt[3]{\frac{A}{4.9Kf}}=\sqrt[3]{\frac{71.25}{4.9\times61.2\times0.219}}=1.04(\text{m/s})$$

（10）旋转管转速 $n$

$$n=\frac{60v}{2\pi r}=\frac{60\times1.04}{2\times3.14\times1.92}=5.18\approx5(\text{r/min})$$

（11）旋转管式表面冲洗系统所需水头 旋转管喷嘴作用水头 $H$ 为37.6m，输水管中的水头损失为4.77m，水平旋转管高出过滤室一层楼地板上2.20m。所以，对于一层楼地板平面上的计算水头应为

$$H_\text{M}=37.6+4.77+2.20=44.57(\text{m})$$

# 第三节　虹吸滤池

## 一、虹吸滤池的构造

虹吸滤池系变水头恒速过滤的重力式快滤池，其过滤原理与普通快滤池相同，所不同的是操作方法和冲洗设施。它采用虹吸管代替闸阀，并以真空系统进行控制（即用抽真空来启动虹吸作用以连通水流，用进空气来破坏虹吸作用以切断水流），故而得名。

虹吸滤池一般是由6～8个单元的滤池组成的一个整体。其平面形状有圆形、矩形或多边形，从有利施工和保证冲洗效果方面考虑，矩形多被采用。

图7-7所示为一组圆形虹吸滤池的两个单元（一个单元滤池又称一格滤池），其中心部分类似普通快滤池的管廊。各格滤池的配水系统以下部分可以互相连通，也可以互相隔开，后者便于单格停水检修，但这时需设置环形集水槽。

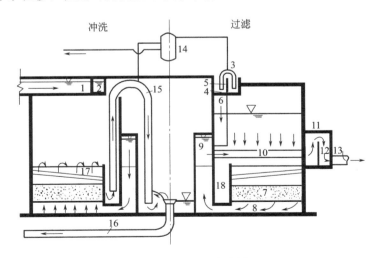

图 7-7　圆形虹吸滤池剖面

1—进水总槽；2—环形配水槽；3—进水虹吸管；4—单个滤池进水槽；5—进水堰；6—布水管；
7—滤层；8—配水系统；9—环形集水槽；10—出水管；11—出水井；12—控制堰；13—清水管；
14—真空系统；15—冲洗排水虹吸管；16—冲洗排水管；17—冲洗排水槽；18—汇水槽

图7-7中，右侧表示过滤时的水流情况，左侧表示冲洗时的水流情况。过滤过程如下。
来水→进水总槽→环形配水槽→进水虹吸管→进水槽→进水堰→布水管→滤层→配水系

统→环形集水槽→出水管→出水井→控制堰→清水管→（清水池）。

在过滤运行中，池内水位将随着滤层阻力的逐渐增大而上升，以使滤速恒定。当池内水位由过滤开始时的最低水位（其值等于出水井控制堰顶水位与滤料层、配水系统及出水管等的水头损失之和）上升到预定最高水位时，滤池就需冲洗。上述最低与最高水位之差，便是其过滤允许水头损失。

冲洗时，先破坏进水虹吸管的真空，以终止进水。此时该格滤池仍在过滤，但随着池内水位的下降，滤速逐渐降低，接着就可开始冲洗操作。先利用真空泵或水射器，使冲洗虹吸管形成虹吸，把池内存水通过冲洗虹吸管和排水管排走。当池内水位低于环形集水槽内水位，并且两者的水位差足以克服配水系统和滤料层的水头损失时，反冲洗就开始。冲洗水的流程见图7-7左侧箭头所示。由于环形集水槽把各格滤池出水相互沟通，当一格冲洗时，过滤水通过环形集水槽源源不断流过来，由下向上通过滤层后，经排水槽汇集，由冲洗虹吸管吸出，再由排水管排走。当冲洗废水变清时，可破坏冲洗虹吸管真空，使冲洗停止。然后启动进水虹吸管，滤池又开始过滤。

虹吸滤池中的冲洗水，就是本组滤池中其他正在运行的各格滤池的过滤水，故虹吸滤池的主要特点之一是无冲洗水塔或冲洗水泵。这样，虹吸滤池在冲洗时，出水量小，甚至可能完全停止向清水池供水（分格多时，可继续供应少量水；分格少时，则可完全停止供水）。

虹吸滤池的冲洗水头，是由环形集水槽的水位与冲洗排水槽顶的高差来控制的。由于冲洗水头不宜过高，以免增加滤池高度，故虹吸滤池均采用小阻力配水系统。目前采用较多的小阻力配水系统是多孔板（单层或双层）、穿孔滤砖、孔板网、三角槽孔板等。

此外，近些年来也有仿照无阀滤池的某些操作原理，在虹吸滤池上安装水力自动冲洗装置，使其运行实现水力自动控制。

虹吸滤池的主要设计计算内容在于确定滤池的分格数、单池平面尺寸、滤池高度、小阻力配水系统、排水槽、真空虹吸系统及各种主要管渠等。

## 二、虹吸滤池的水力自动控制装置

虹吸滤池水力自动控制装置，在结合虹吸滤池的工艺构造特点的基础上，应用了无阀滤池自动冲洗原理。它利用虹吸辅助管和破坏管控制虹吸滤池冲洗、进水和停止进水的自动运行，从而实现了虹吸滤池的水力自动化操作。

由于采用这种方法可省去真空泵、真空罐、真空管路系统等设备，又不需人工管理，同时运行可靠，维修简单，所以已有不少水厂设计使用。但其有关设计计算方法还在研讨中。

图7-8为虹吸滤池水力自动控制装置的工作原理。

### 1. 自动冲洗

如图7-8所示，随着过滤的进行，滤料层阻力逐渐增大。当滤池内水位达到最高水位时，水就通过喇叭口流入冲洗虹吸辅助管1。由于水流在虹吸辅助管与冲洗抽气管2的连接处（三通水射器）造成负压，因而冲洗抽气管2就对冲洗虹吸管抽气，使冲洗虹吸管形成虹吸。这时，滤料层上的水由虹吸管排走。当池内水位降至出水控制堰以下时，反冲洗即行开始。

在反冲洗过程中，定量筒4中的水

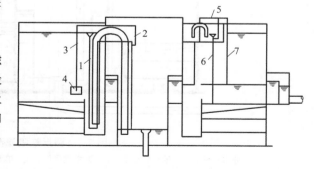

图7-8　虹吸滤池水力自动控制装置的工作原理
1—冲洗虹吸辅助管；2—冲洗抽气管；3—冲洗虹吸破坏管；4—定量筒；5—进水抽气管；6—进水虹吸辅助管；7—进水虹吸破坏管

通过冲洗虹吸破坏管 3，不断被吸入冲洗虹吸管中。当定量筒中的水被吸完后，空气经破坏管进入冲洗虹吸管，则虹吸被破坏，反冲洗即停止。

2．自动进水与自动停止进水

（1）自动进水　在反冲洗停止后，其他各格滤池的过滤水，立即流向该格滤池的底部空间，并向上流入池中。当池内水位上升，把进水虹吸破坏管 7 的开口端封住后，进水虹吸辅助管 6 通过进水抽气管 5，对进水虹吸管抽气（进水虹吸辅助管 6 一直在流水），使进水虹吸管形成虹吸，这样该格滤池就自动进水。

（2）自动停止进水　在反冲洗开始后，该格滤池内的水位不断下降。当水位下降到使进水虹吸破坏管 7 的开口端露出水面时，空气就由此进入进水虹吸管，从而使虹吸破坏，该格滤池就自动停止进水。

## 三、设计参数

虹吸滤池的进水浊度、设计滤速、滤料、工作周期、冲洗强度、滤层膨胀率等，与普通快滤池类同。其他主要设计参数如下。

① 滤池的分格数目，一般至少为 6～8 格。单格面积宜小于 25m²，但太小时不易施工安装。为保证水厂运行初期（可能达不到设计负荷）每格滤池有足够的冲洗强度，两座滤池的清水集水槽应设连通管。

② 池深一般在 5m 左右。

③ 反冲洗水头一般为 1.0～1.2m。

④ 排水堰上水深一般为 0.1～0.2m，并应能调节。

⑤ 滤池底部集水空间的高度一般为 0.3～0.5m。

⑥ 滤池超高一般采用 0.3m。各种管渠流速，可参考表 7-9 采用。

表 7-9　虹吸滤池中管渠流速

| 名　称 | 流速/(m/s) | 名　称 | 流速/(m/s) |
|---|---|---|---|
| 进水总管 | 0.3～0.5 | 冲洗虹吸管 | 1.4～1.6 |
| 环形配水渠 | 0.3～0.5 | 排水总管 | 1.0～1.5 |
| 进水虹吸管 | 0.6～1.0 | 出水总管 | 0.5～1.0 |

⑦ 滤池进水虹吸辅助管系统的部分管径，建议按表 7-10 数据采用。

表 7-10　进水虹吸辅助管系统的部分管径

| 每格滤池面积/m² | 抽气管直径/mm | 抽气三通/mm | 虹吸辅助管直径/mm | 虹吸破坏管直径/mm |
|---|---|---|---|---|
| ≤8 | 20 | 25×20 | $d_1=25, d_2=32$ | 25 |
| >8 | 25 | 32×25 | $d_1=32, d_2=40$ | 25 |

⑧ 冲洗虹吸辅助管系统的部分管径，建议按表 7-11 采用。

表 7-11　冲洗虹吸辅助管系统的部分管径

| 每格滤池面积/m² | 抽气管直径/mm | 抽气三通/mm | 虹吸辅助管直径/mm | 虹吸破坏管直径/mm |
|---|---|---|---|---|
| ≤8 | 20 | 32×25 | $d_1=32, d_2=40$ | 20 |
| >8 | 25 | 40×25 | $d_1=40, d_2=50$ | 20 |

## 四、计算例题

### 【例 7-4】　矩形虹吸滤池的计算

1．已知条件

设计水量 $Q_1=30000m^3/d$，水厂自用水率为 6%；滤池过滤周期 $T=23.5h$；冲洗强度

$q=15\text{L}/(\text{s}\cdot\text{m}^2)$。

2. 设计计算

(1) 滤池总面积 $F$

计算水量　　$Q_2=1.06Q_1=1.06\times30000=31800(\text{m}^3/\text{d})=1325(\text{m}^3/\text{h})$

冲洗时间　　$t=24-T=0.5(\text{h})$

滤池产水　　$Q_3=24Q_2/T=24\times1325/23.5=1353.2(\text{m}^3/\text{h})$

正常滤速选用 $v=10\text{m}/\text{h}$，则

$$F=Q_3/v=1353.2/10=135.32(\text{m}^3)$$

(2) 滤池分格数　　滤池分为 2 组。一组滤池中的某一格冲洗用水由其他格滤池的产出水供给。当其中一格冲洗时，其他格滤池按强制滤速的产水量应不小于冲洗流量。所以每一组滤池分格数

$$n=3.6q/v+1=3.6\times15/10+1\approx6(\text{格})$$

当一格冲洗时，其他格滤池的强制滤速

$$v'=3.6q/(n-1)=3.6\times15/(6-1)=10.8(\text{m}/\text{s})$$

单格滤池面积　　　　$f=F/n=67.7/6\approx11.3(\text{m}^2)$

单格滤池平面尺寸 $B\times L=2.5\text{m}\times4.5\text{m}$。每组滤池分为 2 列，每列 3 格，2 列连通，滤池布置见图 7-9。

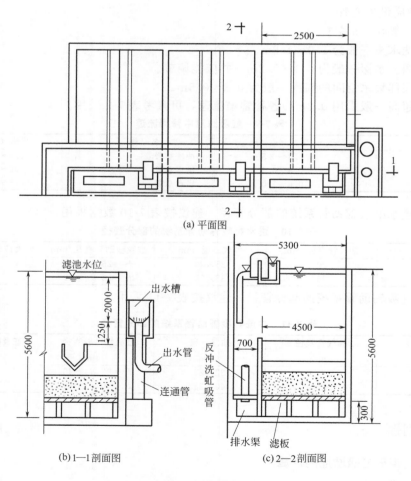

(a) 平面图

(b)1—1剖面图　　　　　　(c)2—2剖面图

图 7-9　滤池布置

（3）冲洗排水槽　冲洗水量

$$Q_{冲}=fq=11.3\times15=170(L/s)$$

每格滤池布置一个排水槽，槽底为等腰直角三角形，其断面模数为

$$x=0.475Q_{冲}^{2/5}=0.475\times0.17^{2/5}=0.234(m)$$

本例题采用 0.25m，槽宽为 $2x=0.5$（m）。超高取 0.05m，槽厚 0.05m，排水槽总高度

$$H_{槽}=0.05+x+1.5x+0.05\times2^{1/2}=0.05+0.25+1.5\times0.25+0.05\times1.41=0.75(m)$$

排水槽占滤池面积百分数

$$(0.5+2\times0.05)/2.5=24\%<25\%$$

（4）进水虹吸管　进水虹吸系统布置见图 7-10。一组滤池其中一格冲洗时，单格滤池进水量

$$Q_{进}=v'f=10.8\times11.3=122.04(m^3/h)=0.034(m^3/s)$$

进水虹吸管流速 $v_{进虹}$ 取 0.6m/s，虹吸管断面积为

$$f_{进虹}=Q_{进}/v_{进虹}=0.034/0.6=0.057\approx0.06(m^2)$$

进水虹吸管断面尺寸 $B\times L=20cm\times30cm$。

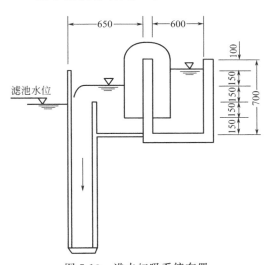

图 7-10　进水虹吸系统布置

进水虹吸管流速 $v_{进虹}$ 修正为

$$v_{进虹}=Q_{进}/f_{进虹}=0.034/0.06=0.57(m/s)$$

进水虹吸管局部水头损失为

$$h_{进局}=1.2(\xi_{进}+2\xi_{90°弯}+\xi_{出})v^2/(2g)$$
$$=1.2\times(0.5+2\times0.5+1)\times$$
$$0.57^2/19.62=0.05(m)$$

进水虹吸管水力半径 $R_{进}$ 为

$$R_{进}=\frac{0.2\times0.3}{2\times(0.2+0.3)}=0.06(m)$$

进水虹吸管水力坡度

$$i_{进沿}=0.000912\frac{v_{进虹}^2}{(4R)^{1.3}}(1+0.867/v_{进虹}^2)^{0.3}$$
$$=0.000912\times\frac{0.57^2}{(4\times0.06)^{1.3}}\times(1+0.867/0.57^2)^{0.3}$$
$$=0.0025(m)$$

进水虹吸管长度 $L_{进虹}=1.5m$，水头损失

$$h_{进沿}=L_{进虹}\times i_{进沿}=1.5\times0.0025=0.0038$$

（5）进水总渠　单格滤池的进水由矩形堰控制，堰宽 0.6m，堰上水头 $h$ 为

$$h=\left(\frac{Q_{进}}{1.84b}\right)^{\frac{2}{3}}=\left(\frac{0.034}{1.84\times0.6}\right)^{\frac{2}{3}}=0.098(m)$$

进水渠各部深度如下：虹吸管底距渠底 $h_1=0.15m$，虹吸管出口距出水堰顶高度 $h_2=0.15m$，虹吸管出口后堰顶水头 $h_3=0.098m$，虹吸管水头损失 $h_4=0.05+0.0038=0.054$（m）。所以进水渠最小水深

$$H_{进水渠}=h_1+h_2+h_3+h_4=0.15+0.15+0.098+0.054=0.452(m)$$

每三格滤池共用一条进水渠，强制滤速情况下进水渠起端流量

$$Q_渠 = 3v'f = 3 \times 10.8 \times 11.3 = 366.12(\text{m}^3/\text{h}) = 0.102(\text{m}^3/\text{s})$$

进水渠宽度取 0.6m,渠深取 0.7m,起端水深 0.6m,起端流速为

$$v_{进水渠} = 0.102/(0.6 \times 0.6) = 0.28(\text{m/s})$$

(6) 单池进水槽 根据上面计算数据,单个池子进水槽深度可为 0.3m,平面尺寸为 0.65m×0.65m。出水竖管断面尺寸为 0.25m×0.25m,用 4mm 厚钢板焊制后,固定在钢筋混凝土墙壁上。

(7) 滤池高度 $H_池$ 采用滤板小阻力配水系统,底部配水空间高度 $H_1 = 0.30\text{m}$,滤板厚度 $H_2 = 0.12\text{m}$,石英砂滤料层厚 $H_3 = 0.70\text{m}$,滤料膨胀 50% 的高度 $H_4 = 0.35\text{m}$,冲洗排水槽高度 $H_5 = 0.75\text{m}$,滤料层水头损失近似滤料层厚 $H_6 = 0.70\text{m}$,滤头水头损失 $H_7 = 0.40\text{m}$,排水槽堰上水头 $H_8 = 0.05\text{m}$,最大过滤水头 $H_9 = 2\text{m}$,池子超高 $H_{10} = 0.3\text{m}$,所以滤池总高度为

$$H_池 = H_1 + H_2 + H_3 + H_4 + H_5 + H_6 + H_7 + H_8 + H_9 + H_{10}$$
$$= 0.3 + 0.12 + 0.7 + 0.35 + 0.75 + 0.7 + 0.4 + 0.05 + 2.0 + 0.3 = 5.67(\text{m})$$

设计可取 $H_池 = 5.7\text{m}$。

(8) 排水虹吸管 排水虹吸管流速采用 1.5m/s,断面面积为

$$\omega_冲 = Q_冲/1.5 = 0.17/1.5 = 0.113(\text{m}^2)$$

排水虹吸管采用矩形断面,尺寸 0.28m×0.40m,过水断面为 0.112m²。用 4mm 厚钢板焊制,管外壁尺寸为 0.288m× 0.408m,粗糙系数 $n = 0.01$。

排水虹吸管尺寸见图 7-11,长度 ($l_排$) 为 10.9 (m)。进口端距池子进水渠底 0.2m,与出口水封堰顶平。出口伸进排水渠 0.1m。管顶下边缘工农滤池水面相平,管子出口端最小淹没深度为 0.4 (m)。

排水虹吸管水力半径 $R_排$ 为

$$R_排 = \frac{0.28 \times 0.4}{2 \times (0.28 + 0.4)} = 0.082(\text{m})$$

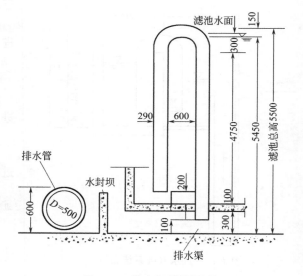

图 7-11 排水虹吸管尺寸

排水虹吸管水力坡度为

$$i_{排虹} = 0.00107 \frac{v^2_{排虹}}{(4R)^{1.3}}$$

$$= 0.00107 \times \frac{1.5^2}{(4 \times 0.082)^{1.3}} = 0.0103$$

排水虹吸管沿程水头损失

$$h_{排虹} = i_{排虹} l_{排虹} = 0.013 \times 10.9 = 0.142(\text{m})$$

排水虹吸管局部水头损失

$$h_{冲局} = 1.2 \times (0.5 + 2 \times 0.5 + 1) \times 1.5^2/19.62 = 0.344(\text{m})$$

虹吸管的总水头损失

$$h_{冲}=0.344+0.142=0.486(m)$$

虹吸管进水端的水面应高于出口水封堰 0.5m。

(9) 底部冲洗排水渠 底部冲洗排水渠高度为 0.3m，宽度为 0.65m，渠断面面积$=0.3×0.65=0.195$（$m^2$），流速$=0.17/0.195=0.87$（m/s），断面的水力半径为

$$R=\frac{0.3×0.6}{2×(0.3+0.65)}=0.09(m)$$

排水渠水力坡度为

$$i_{排渠}=\frac{n^2v_{排渠}^2}{R^{4/3}}=\frac{0.013^2×0.87^2}{0.09^{4/3}}=0.0031$$

渠道总长为 3 格池子的宽度，约为 10m，水头损失只有 31（mm）。这一数值很小，只要虹吸管出水略有压力，就足够保证渠道满流。

(10) 排水管 采用直径为 500mm 的排水管。为了在反冲洗虹吸管的出水端形成水封，在底部排水渠和直径 500mm 的排水管间设一道堰，堰高可以调节，最低时为 0.6m，可与排水管顶相平。

(11) 真空设备 反冲虹吸管的真空度为

$$P=Z+hf=(4.75+0.3+0.28-0.2-0.45)+0.45=5.13(m)$$

反冲虹吸管进口端淹没深度 0.45m，出口端淹没深度 0.4m，空气容积为

$$V=(10.9-0.45-0.4)×0.28×0.4=1.1(m^3)$$

全真空度按 $10.3mH_2O$ 计算，则冲洗虹吸管的真空度为

$$(P/10.3)×760=(5.13/10.3)×760≈380(mmHg)$$

进水虹吸管真空值$=0.45(0.1+0.2+0.15)=0.203(mH_2O)=15(mmHg)$

进水虹吸管空气容积$=0.2×0.3×1=0.06(m^3)$

选用水环式真空泵两台，一台备用。真空泵在 53.3kPa（400mmHg）时，抽气量为 $11.5L/s=690L/min$，则抽空时间

$$t_{抽}=1100/690=1.6(min)$$

进水虹吸与冲洗虹吸合用一个 $\phi750mm$ 真空罐，高 0.8m，容积为 $0.35m^3$。

## 【例 7-5】 虹吸滤池水力自动控制装置的计算

1. 已知条件

每格滤池面积 $f=20m^2$，冲洗强度 $q=15L/(s·m^2)$，冲洗历时 $t=6min$。

排水虹吸辅助管系统的参数，见图 7-12。其中：$H_0=50mm$（建议 50～100mm）；$H_1=H_6=250～300mm$；$H_2=250mm$（建议 250～300mm）；$H_7=50mm$（建议 50～100mm）。

2. 设计计算

(1) 排水虹吸辅助管抽气能力计算（见图 7-12） 计算排水虹吸辅助管抽气点（抽气三通 C 处）的真空值。

① 虹吸辅助管中流速 $v_1$ 与 $v_2$ 的关系。由 $v_1\omega_1=v_2\omega_2$，可得：$v_1d_1^2=v_2d_2^2$。已知 $d_1=32mm$，$d_2=40mm$，代入得 $v_1=1.56v_2$。

② $v_1$ 和 $v_2$ 的值。以图 7-12 中 2—2 为基准面，沿冲洗虹吸辅助管，列 1—1 和 2—2 断面的能量方程

$$\sum h+p_a/\rho=H_8+p_a/\rho$$

已知 $H_8=4.5m$，得 $\sum h=4.5m$。

又有

$$\sum h=\sum h_{沿}+\sum h_{局}$$

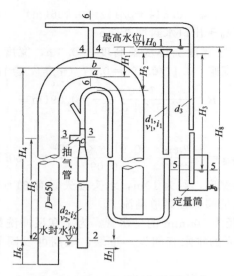

图 7-12 排水虹吸辅助管计算简图

所以 $\qquad \sum h_沿 = h_1 + h_2 = (l_1 A_1 + l_2 A_2)Q^2 = (l_1 A_1 + l_2 A_2)\omega_2^2 v_2^2$

已知 $A_1 = 93860$（$m^3/s$）$^{-2}$，$A_2 = 44530$（$m^3/s$）$^{-2}$，$l_1 = 10m$，$l_2 = 4m$，$\omega_2 = 0.785d_2^2$，$d_2 = 40mm$，代入上式化简得：$\sum h_沿 = 1.76v_2^2$。

$$\sum h_局 = (\xi_{进口} + 4\xi_{90°弯} + 2\xi_{三通} + \xi_{大小头})v_1^2/(2g) + \xi_{出口} v_2^2/(2g)$$

已知 $\xi_{进口} = 0.5$，$\xi_{90°弯} = 0.5$，$\xi_{三通} = 0.1$，$\xi_{大小头} = 0.25$，$\xi_{出口} = 1.0$，$v_1 = 1.56v_2$，

代入上式化简得： $\sum h_局 = 0.42v_2^2$，所以

$$\sum h = (1.76 + 0.42)v_2^2 = 2.18v_2^2$$

可得：$2.18v_2^2 = 4.5$，所以 $v_2 = 1.44(m/s)$，$v_1 = 1.5v_2 = 1.56 \times 1.44 = 2.24$（$m/s$）。

③ $c$ 点的压强 $p_c/\rho$　以 2—2 为基准面，沿冲洗虹吸辅助管列 2—2 与 3—3 断面的能量方程

$$H_5 + p_c/\rho + v^2/(2g) = p_a/\rho + \sum h$$

其中，$H_5 = 4m$，$v_1^2/(2g) = 0.26$，$p_a/\rho = 10$（$mH_2O$），$\sum h = 0.94$（$mH_2O$），代入上式得

$$p_c/\rho = p_a/\rho + \sum h - H_5 - v^2/(2g) = 10 + 0.94 - 4 - 0.26 = 6.68(mH_2O)$$

当 $c$ 点的压强为 $6.68mH_2O$ 时，该点（抽气点）的真空值为 $10 - 6.68 = 3.32$（$mH_2O$），说明抽气能力是很大的（标准设计中无阀滤池虹吸辅助管抽气点的真空值一般在 $1mH_2O$ 左右）。

（2）定量筒容积 $W$ 的计算（见图 7-12）　定量筒即确定滤池冲洗时间长短的水量筒。当破坏管直径给定时，$W$ 的大小与冲洗历时和布置高度 $H_3$ 有关。建议 $H_3 = 2.5 \sim 3.0m$，此处采用 $H_3 = 2.5m$。

① 求冲洗虹吸管 6 点的压强 $p_b/\rho$。以 2—2 为基准面，沿冲洗虹吸管，列 2—2 与 6—6 断面的能量方程

$$H_4 + p_b/\rho + v^2/(2g) = p_a/\rho + \sum h$$

其中：$H_4=4.3$m，冲洗虹吸管的流速为：$v=qf/\omega_{冲}=0.015\times20/(0.785\times0.452)=1.89$（m/s）

又有：$p_a/\rho=10$m，经计算$\sum h=0.27$（mH₂O）。代入上式得

$$p_b/\rho=p_a/\rho+\sum h-H_4-v^2/(2g)=10+0.27-4.3-0.18=5.79(\text{mH}_2\text{O})$$

② 冲洗破坏管中的流速 $v_3$。以 5—5 为基准面，沿破坏管，列断面 4—4 与 5—5 的能量方程

$$p_a/\rho=H_3+p_4/\rho+v_3^2/(2g)+\sum h$$

已知 $p_4/\rho=p_b/\rho=5.8$（mH₂O），$p_a/\rho=10$（mH₂O），$H_3=2.5$m，破坏管管径 $d_3=20$mm，管长 $l_3=4.5$m。经计算，$\sum h=0.845v_3^2$，代入上式，化简得 $v_3=1.38$m/s，即 $q_3=0.43$L/s。

③ 计算定量筒容积 $W$。冲洗时间 $t=6$min，$W=t\,q_3=6\times60\times0.43=154.8$（L）$\approx0.155(\text{m}^3)$。

定量筒的尺寸（长×宽×高）采用 $0.6\text{m}\times0.6\text{m}\times0.5\text{m}$。

（3）进水虹吸辅助管抽气能力的计算（见图 7-13）在给定管径与管长情况下，求进水虹吸辅助管抽气点（断面 1—1）的真空值。

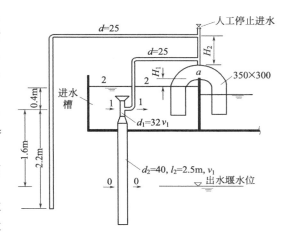

图 7-13 进水虹吸辅助管计算简图

① 进水虹吸辅助管中的流速 $v_1$ 和 $v_2$。以出水堰水位 0—0 为基准面，沿进水虹吸辅助管，列 0—0 与 2—2 断面的能量方程

$$2+p_a/\rho=p_a/\rho+\sum h$$

$$\sum h=2\text{mH}_2\text{O}$$

又有：

计算得：

$$\sum h=\sum h_{沿}+\sum h_{局}$$

$$\sum h_{沿}=0.176v_2^2,\sum h_{局}=0.107v_2^2$$

$$\sum h=(0.176+0.107)v_2^2=0.283v_2^2$$

由上两式可得：$v_2=2.66$m/s，$v_1=1.56v_2=1.56\times2.66=4.15$（m/s）

② 1—1 断面（即抽气点）的压强 $p_1/\rho$。以 0—0 为基准面，沿进水虹吸辅助管，列 0—0 与 1—1 断面的能量方程

$$1.6+p_1/\rho+4.15^2/(2g)=p_a/\rho+\sum h$$

经计算，$\sum h=2\text{mH}_2\text{O}$，又知 $p_a/\rho=10\text{mH}_2\text{O}$，代入上式，化简得

$$p_1/\rho=9.52\text{（mH}_2\text{O)}$$

即抽气点的真空值为 $10-9.52=0.48$（mH₂O）。此真空值足可使进水虹吸管形成虹吸。为了使真空值得到有效的利用，建议进水虹吸管做成矩形管。同时在安装时，进水虹吸管的顶点（图 7-13 中的 $a$ 点）距进水槽最高水位不应太大，建议采用 $5\sim10$cm。

# 第四节  无阀滤池

## 一、工况概述

无阀滤池是一种不设阀门,不需真空设备,运行完全由水力自动控制的滤池。它因没有阀门而得名。无阀滤池又分重力式和压力式两种,其工作原理基本相同。它们一般适用于中小型水厂(重力式水量$<1\times10^4\,m^3/d$;压力式$<50m^3/h$),其平面形状可是圆形或方形。

### 1. 重力式无阀滤池

重力式无阀滤池通常多与澄清池配套使用,其构造如图 7-14 所示。主要由五部分组成,即顶部的冲洗水箱、中部的过滤室、底部的集水室以及进水装置和冲洗虹吸装置等。

运行时,来水由进水管 2 送入过滤室,经滤料层过滤后进入集水室 9,再通过连通管 10 流入上部冲洗水箱完成过滤过程。水箱充满后,清水从出水管 12 流入清水池。随着过滤的进行,滤层截污后阻力逐渐增大,使虹吸上升管 3 内水位不断升高,当水位达到虹吸辅助管 13 的管口时,水自该管急剧下落,通过抽气管不断将虹吸下降管 15 中的空气带走(空气随水流到排水井后逸入大气),因而虹吸管内产生负压,使虹吸上升管和下降管的水位均很快上升,汇合连通后便形成虹吸。这时过滤室中的水被虹吸管抽走并形成负压,冲洗水箱中的水通过连通管 10 进入集水室 9,并由下而上流经滤料

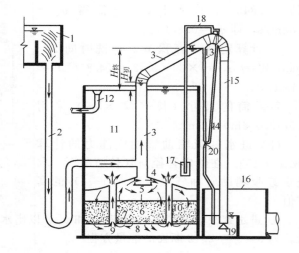

图 7-14  重力式无阀滤池

1—进水分配槽;2—进水管;3—虹吸上升管;4—顶盖;
5—配水挡板;6—滤层;7—滤头;8—垫板;9—集水室;
10—连通管;11—冲洗水箱;12—出水管;13—虹吸辅助管;
14—抽气管;15—虹吸下降管;16—排水井;17—虹吸
破坏筒;18—虹吸破坏管;19—锥形挡板;20—水射器

层进行反冲洗。此时冲洗水箱水位下降,当降到虹吸破坏管 18 管口以下时,空气进入虹吸管,虹吸作用被破坏,冲洗过程即结束。于是滤池复又进水过滤,开始新周期的循环运行。

如果滤层水头还未达到最大允许值,但因某种原因需反冲洗,也可以进行人工强制冲洗。强制冲洗设备是在辅助管与抽气管相连接的三通上部接一根压力水管(强制冲洗管)。打开强制冲洗管阀门,在抽气管与虹吸辅助管连接三通处的高速水流便产生强烈的抽气作用,虹吸很快形成。

冲洗水箱一般设在过滤室上部(大型水厂也可单独设置,用管道彼此连通),其容积按单只滤池一次冲洗用水量设计。由于冲洗水头有限,故无阀滤池都采用小阻力配水系统。由于无阀滤池冲洗时不停止进水,因此冲洗消耗水量较多。

### 2. 主虹吸管

无阀滤池的主虹吸管系虹吸上升管和虹吸下降管的总称。实践证明,虹吸上升管应采用倾斜向上的锐角形式,这样可使将要冲洗的虹吸管中存气少,虹吸形成较快。

虹吸管的高度，主要决定于虹吸辅助管管口标高。因为当虹吸上升管内水位达到虹吸辅助管管口时，滤池就进入冲洗阶段。

虹吸管管径的大小，应能保证在虹吸管通过额定冲洗流量（平均冲洗强度）时，各项水头损失之和等于或小于虹吸水位差（冲洗水箱中平均水位和排水井水封水位之差）。

主虹吸管管径的计算，可采用反算法，即先假定一个管径，然后根据额定流量计算主虹吸管通路中各部分的阻力，看虹吸水位差是否等于或稍大于这些阻力的总和。若算得结果虹吸水位差小于这些阻力总和，则说明此管不能达到额定流量，应选取再大一些的管径，重新计算，直至等于或稍大于这些阻力之和为止。

3. 压力式无阀滤池

压力式无阀滤池工艺流程简单，可省去混合、反应、沉淀设施，适用于小型、分散性的给水工程。

压力式无阀滤池的系统组成见图 7-15。其工作原理与重力式无阀滤池基本类同。进水采用水泵加压，利用水泵吸水管的负压吸入促凝药液，经水泵叶轮搅拌混合后，送入滤池上部空间进行微絮凝反应，滤后水经集水系统进入水塔。在自动冲洗前后，利用对水泵的开启与关闭，控制原水的送入和停止。

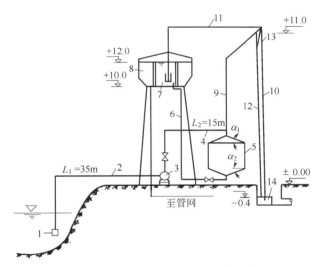

图 7-15　压力式无阀滤池的系统组成

1—吸水底阀；2—吸水管；3—水泵；4—压水管；5—滤池；6—滤池出水管（冲洗水管）；7—冲洗水箱；8—水塔；9—虹吸上升管；10—虹吸下降管；11—虹吸破坏管；12—虹吸辅助管；13—抽气管；14—排水井

压力式无阀滤池一般为圆筒结构，筒顶及筒底成圆锥形（筒顶角度 25°，筒底角度 20°），内部压力不超过 0.2MPa。

压力式无阀滤池的设计内容与重力式无阀滤池基本相同，但还需对水泵系统进行计算与选择。同时其浑水区一般按 5min 反应时间设计，并应满足冲洗时滤层的膨胀高度。

## 二、设计要点

① 无阀滤池的滤速 8～12m/h，强制滤速 10～12m/h，冲洗前的期终允许水头损失一般为 1.5～2.5m。

② 重力式无阀滤池变强度冲洗时可采用平均值为 14～16L/(s·m²)，冲洗时间 4～5min。压力式无阀滤池冲洗强度为 15～18L/(s·m²)，冲洗时间一般不小于 6min。

③ 重力式无阀滤池采用单层或双层滤料，压力式无阀滤池采用无烟煤和石英砂组成的

双层滤料,其级配和厚度见表 7-12。

**表 7-12　滤料层参数**

| 滤料层 | 滤料名称 | 粒径/mm | 筛网/目 | 厚度/mm |
|---|---|---|---|---|
| 单层滤料 | 砂 | 0.5~1.0 | 36~18 | 700 |
| 双层滤料 | 无烟煤砂 | 1.2~1.6 | 16~12 | 300 |
| | | 1.0~0.5 | 18~36 | 400 |

注:"目"表示筛孔的大小,目数等于 1″(2.54cm)长度内筛孔的个数。

④ 承托层的材料和组成与配水方式有关,可参考表 7-13。

**表 7-13　配水方式与承托层材料组成**

| 配水方式 | 承托材料 | 粒径/mm | 厚度/mm |
|---|---|---|---|
| 滤板 | 粗砂 | 1~2 | 100 |
| 格栅 | 卵石 | 1~2 | 80(50) |
| | | 2~4 | 70(50) |
| | | 4~8 | 70(50) |
| | | 8~16 | 80(50) |
| | | (16~32) | (100) |
| | | (32~64) | (100) |
| 尼龙网 | 卵石 | 1~2 | 每层 50~100 |
| | | 2~4 | |
| | | 4~8 | |
| 滤帽(头) | 粗砂 | 1~2 | 100(50) |
| | | (2~4) | (50) |

注:括号中的数字适用于压力式无阀滤池。

⑤ 浑水区顶盖与滤层之间的空间。顶盖面与水平面夹角为 10°~15°。浑水区(不包括顶盖锥体部分)高度一般按滤料层厚度 50% 膨胀率,再加 10cm 设计。

⑥ 集水室高度与滤池出水量的关系可参见表 7-14。

**表 7-14　集水室高度与滤池出水量的关系**

| 滤池出水量/(m³/h) | 40~60 | 80 | 100~120 | 160 |
|---|---|---|---|---|
| 集水室高度/m | 0.30 | 0.35 | 0.40 | 0.50 |

⑦ 连通管其布置方式,目前有三种,即池外、池内与池角。其中池角式的连通管布置在方形滤池的四角处,截面成等腰直角三角形,其优点是池内外均无管道,便于滤料进出,同时利用了方形池子四个水流条件较差的死角,能保证冲洗均匀布水。池角式连通管的尺寸可参考表 7-15 的数据。

**表 7-15　池角式连通管的尺寸**

| 滤池出水量/(m³/h) | 40~80 | 100~120 | 160 |
|---|---|---|---|
| 直角边的长度/m | 0.30 | 0.35 | 0.40 |

⑧ 无阀滤池反冲洗时不停止进水,因此虹吸管设计流量应包括反冲洗水量和进水量。一般虹吸上升管比虹吸下降管的管径大一级。上升管流速 1.0~1.5m/s,下降管流速 1.5~2.0m/s。虹吸上升管与下降管的管径,可参考表 7-16 选用(未考虑冲洗时停止进水)。

**表 7-16　虹吸管管径**

| 滤池出水量/(m³/h) | 40 | 60 | 80 | 100 | 120 | 160 |
|---|---|---|---|---|---|---|
| 虹吸上升管管径/mm | 200 | 250 | 300 | 350 | 350 | 400 |
| 虹吸下降管管径/mm | 200 | 250 | 250 | 250 | 300 | 350 |

⑨ 虹吸辅助管可减少虹吸形成过程中的水量流失,加速虹吸形成。虹吸辅助管和抽气管管径,可参考表 7-17 选用。

**表 7-17　虹吸辅助管和抽气管管径**

| 滤池出水量/(m³/h) | 40 | 60 | 80 | 100 | 120 | 160 |
|---|---|---|---|---|---|---|
| 虹吸辅助管管径/mm | | 32/40 | | | 40/50 | |
| 抽气管管径/mm | | 32 | | | 40 | |

⑩ 重力式无阀滤池进水管和出水管流速 0.5～0.9m/s，虹吸破坏管管径一般采用 15～20mm。压力式无阀滤池水泵吸水管长度不超过 40m，流速 1.0～1.2m/s，压水管流速 1.5～2.0m/s；出水管管径与虹吸上升管同，为方便人工强制冲洗及检修，出水管上应装闸门；虹吸破坏管管径与重力式相同，末端应高出水管口 15cm 以上，以免出水管吸入空气。

⑪ 重力式无阀滤池的冲洗水箱如采用双格滤池组合共用一个冲洗水箱，则水箱高度可降低一半，但由于高度减少，冲洗强度相应也有所减低，应进行水力核算。

⑫ 无阀滤池都采用小阻力配水系统，单池面积不宜大于 25m²。

## 三、计算例题

### 【例 7-6】　方形重力式无阀滤池的计算

**1. 已知条件**

（1）设计水量　净产水量 100m³/h，滤池分两格，每格净产水量 50m³/h。滤池冲洗耗水量按产水量的 8% 计，则每格设计水量

$$Q = 50 \times 1.08 = 54(\text{m}^3/\text{h}) = 15(\text{L/s})$$

（2）设计参数　滤速 $v = 10\text{m/h}$；平均冲洗强度 $q = 15\text{L/(s·m}^2)$；冲洗历时 $t = 4\text{min}$；期终允许水头损失 $H_终 = 1.7\text{m}$；排水井堰口标高 $H_排 = -0.7\text{m}$；滤池埋深 $H_埋 = -0.5\text{m}$。

**2. 设计计算**

（1）滤池面积　计算见表 7-18。

**表 7-18　滤池面积计算**

| 项　　目 | 关系式 | 计算值 | 备　　注 |
|---|---|---|---|
| 所需过滤面积/m² | $F_1 = Q/v$ | 5.4 | |
| 连通管的面积/m² | $F_2 = 4 \times 0.3^2/2$ | 0.18 | 等腰三角形断面，四角各设 1 个，边长 0.3m |
| 所需滤池总面积/m² | $F = F_1 + F_2$ | 5.58 | |
| 正方形滤池的边长/m | $L = \sqrt{F}$ | 2.36 | |

（2）滤池高度　计算过程及结果见表 7-19。

**表 7-19　滤池高度计算**

| 项　　目 | 符号 | 关系式 | 计算值 | 备注 |
|---|---|---|---|---|
| 底部集水区高度/m | $H_1$ | | 0.3 | |
| 滤板厚度/m | $H_2$ | | 0.12 | |
| 承托层厚度/m | $H_3$ | | 0.10 | |
| 滤料层厚度/m | $H_4$ | | 0.70 | |
| 浑水区高度/m | $H_5$ | | 0.38 | |
| 顶盖高度/m | $H_6$ | | 0.35 | |
| 冲洗用水量/m³ | $V$ | $qF_1t \times 60$ | 19.44 | |
| 水箱面积/m² | $F_3$ | $F_1 \times 2$ | 10.8 | 两格合用 |
| 冲洗水箱水深/m | $H_7$ | $V/F_3$ | 1.80 | |
| 超高/m | $H_8$ | | 0.2 | |
| 滤池总高度/m | $H$ | $H_1+H_2+H_3+H_4+H_5+H_6+H_7+H_8$ | 3.95 | |

（3）进水分配箱　流速采用 0.05m/s，过水面积

$$F_分 = Q/0.05 = 0.015/0.05 = 0.3(m^2)$$

分配箱采用正方形，边长 0.55m×0.55m。

（4）进水管　管径 $d_进$ 为 DN150mm，流速 $v_进 = 0.85$m/s，水力坡降

$$i_进 = 0.000912(v_进^2/d_进^{1.3})(1+0.867/v_进)^{0.3}$$
$$= 0.000912×(0.85^2/0.15^{1.3})(1+0.867/0.85)^{0.3} = 0.0096$$

进水管长度 $l_进 = 15$m，沿程水头损失

$$h_f = i_进 l_进 = 0.0096×15 = 0.144(m)$$

进水管上有进口 1 个，$\xi_进口 = 0.5$；90°弯头三个，$\xi_{90°弯头} = 0.6$；DN250mm×150mm 三通一个，$\xi_三通 = 1.5$；局部水头损失系数为

$$\sum \xi = 0.5+3×0.6+1.5 = 3.8$$

局部水头损失

$$h_j = \sum \xi v_进^2/(2g) = 3.8×0.85^2/19.62 = 0.17(m)$$

进水管总水头损失

$$h_进 = h_f+h_j = 0.144+0.17 = 0.314(m)$$

（5）几个控制标高　图 7-16 为重力式无阀滤池计算简图。

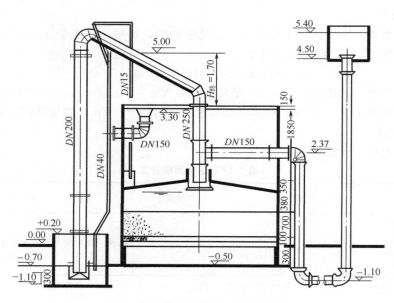

图 7-16　重力式无阀滤池计算简图

① 滤池出水口标高

$$H_出 = H+H_埋-H_8 = 3.95-0.50-0.15 = 3.30(m)$$

② 虹吸辅助管管口标高

$$H_辅 = H_出+H_终 = 3.30+1.70 = 5.0(m)$$

③ 进水分配箱底标高。为防止反冲洗时进水管夹带空气破坏排水虹吸，进水管口应确保最小淹没深度（0.5m），所以，进水分配箱底标高

$$H_箱底 = H_辅-最小淹没深度防止空气旋入的保护高度 = 5.00-0.50 = 4.50(m)$$

④ 进水分配箱堰顶标高

$$H_{进水堰} = H_辅+h_进+安全高度(10\sim15cm) = 5.00+0.314+0.11 \approx 5.40(m)$$

（6）虹吸管管径　计算方法见【例7-7】，其计算结果为：虹吸上升管采用$DN250$mm，虹吸下降管采用$DN200$mm，即可满足要求。

（7）滤池出水管管径　采用与进水管相同之管径$DN150$mm。

（8）排水管管径　反冲洗流量

$$Q_冲 = qF_1 + Q = 15 \times 5.4 + 15 = 96 \text{（L/s）}$$

管径取$DN350$mm，流速$v_排 = 1.2$m/s，水力坡降$i_排 = 5.5$‰，充满度$h/D = 0.75$。

（9）其他管径　虹吸辅助管管径采用$DN40$mm，虹吸破坏管和强制冲洗管管径均采用$DN15$mm。

## 【例7-7】　无阀滤池主虹吸管的计算

### 1. 已知条件

本例题设计参数见表7-20。

表7-20　设计参数

| 参 数 | 数 值 | 参 数 | 数 值 |
| --- | --- | --- | --- |
| 设计流量$Q$ | 52m³/h=14.4L/s | 期终允许水头损失$H_终$ | 1.7m $H_2O$ |
| 正常速度$v$ | 10m/h | 滤池出水口标高$H_{滤出}$ | 3.3m |
| 平均冲洗强度$q$ | 15L/(s·m²) | 虹吸辅助管管口标高$H_辅$ | $H_{滤出}+H_终=3.3+1.7=5.0$(m) |
| 石英砂滤层厚度$H_滤$ | 0.7m | 排水井堰口标高$H_{排堰}$ | 0.7m |
| 承托层厚度$H_托$ | 0.1m | 冲洗水箱平均水位标高$H_{箱均}$ | 2.37m |
| 过滤面积$F_1$ | 5.2m² | 角式连通管断面积$f_2$ | 0.045m² |

### 2. 设计计算

（1）主虹吸管的额定流量$Q_虹$计算　因为反冲洗流量

$$Q_冲 = qF_1 = 15 \times 5.2 = 78 \text{（L/s）}$$

所以

$$Q_虹 = Q_冲 + Q = 78 + 14.4 = 92.4 \text{（L/s）}$$

（2）额定流量时的管段流速$v$与水力坡降$i$

① 虹吸上升管。管长$L_{虹上}$为6.0m，管径$d_{虹上}$取$DN300$mm，管中流速

$$v_{虹上} = 4Q_虹/(\pi d_{虹上}^2) = 4 \times 0.0924/(3.14 \times 0.3^2) = 1.31 \text{(m/s)}$$

水力坡度

$$i_{虹上} = 0.00107 v_{虹上}^2/d_{虹上}^{1.3} = 0.00107 \times 1.31^2/0.3^{1.3} = 0.00878$$

② 虹吸下降管。管长$L_{虹下}$为6.0m，管径$d_{虹下}$取$DN250$mm，管中流速

$$v_{虹下} = 4Q_虹/(\pi d_{虹下}^2) = 4 \times 0.0924/(3.14 \times 0.25^2) = 1.88 \text{(m/s)}$$

水力坡度

$$i_{虹下} = 0.00107 v_{虹下}^2/d_{虹下}^{1.3} = 0.00107 \times 1.88^2/0.25^{1.3} = 0.0229$$

③ 三角形连通管。连通管长度$L_连$为1.6m，共4根，直角边长0.30m，斜边长0.424m。反冲洗时流速

$$v_连 = Q_冲/(4f_2) = 0.078/(4 \times 0.045) = 0.433 \text{（m/s）}$$

水力半径　$$R = \omega/\chi = 0.045/(0.3 + 0.3 + 0.424) = 0.044 \text{(m)}$$

混凝土粗糙系数$n = 0.015$，水力坡度

$$i_连 = n^2 v_连^2/R^{4/3} = 0.015^2 \times 0.433^2/0.044^{4/3} = 0.00272$$

（3）各部分水头损失

① 沿程水头损失$h_f$

虹吸上升管　$$h_{f2} = i_{虹上} L_{虹上} = 0.00878 \times 6.0 = 0.053 \text{(m)}$$

虹吸下降管　$$h_{f3} = i_{虹下} L_{虹下} = 0.0229 \times 6.0 = 0.137 \text{(m)}$$

连通管损失       $h_{f1} = i_连 L_连 = 0.00272 \times 1.6 = 0.004(m)$

合计       $h_f = h_{f1} + h_{f2} + h_{f3} = 0.053 + 0.137 + 0.004 = 0.194(m)$

② 局部水头损失 $h_j$。连通管进出口局部损失为

$$h_{j1} = (\xi_进 + \xi_出) v_连^2 /(2g) = (0.5 + 1.0) \times 0.433^2/19.62 = 0.014(m)$$

挡水板处局部损失       $h_{j2} = 0.05m$

虹吸管进口流速

$$v_{虹进} = 4Q_冲/(\pi d_{虹上}^2) = 4 \times 0.078/(3.14 \times 0.3^2) = 1.1(m/s)$$

虹吸管进口局部损失

$$h_{j3} = \xi_进 v_{虹进}^2/(2g) = 0.5 \times 1.1^2/19.62 = 0.031(m)$$

虹吸管上升段三通局部损失

$$h_{j4} = \xi_通 v_{虹上}^2/(2g) = 0.1 \times 1.31^2/19.62 = 0.0087(m)$$

虹吸管弯头局部损失

$$h_{j5} = (\xi_{60°弯} + \xi_{120°弯}) v_{虹上}^2/(2g) = (0.5 + 2.0) \times 1.31^2/19.62 = 0.219(m)$$

变径管局部损失

$$h_{j6} = \xi_缩 v_{虹下}^2/(2g) = 0.25 \times 1.88^2/19.62 = 0.045(m)$$

下降段出口局部损失

$$h_{j7} = \xi_出 v_{虹下}^2/(2g) = 1.0 \times 1.88^2/19.62 = 0.18(m)$$

局部损失合计

$$h_j = \sum h_{j1-7} = 0.014 + 0.05 + 0.031 + 0.0087 + 0.219 + 0.045 + 0.18 = 0.55(m)$$

③ 小阻力配水系统及滤层水头损失 $h_s$。滤板水头损失 $h_{s1} = 0.3m$,滤料层及承托层水头损失 $h_{s2} \approx h_滤 + h_承 = 0.7 + 0.1 = 0.8(m)$

总水头损失       $h_冲 = h_f + h_j + h_{s1} + h_{s2} = 0.194 + 0.55 + 0.3 + 0.8 = 1.844(m)$

(4) 平均可利用水位差 $H_{均差}$

$$H_{均差} = H_{箱均} - H_{排堰} = 2.37 - (-0.7) = 3.07(m)$$

通过以上计算可知,当选用虹吸上升管与下降管的管径分别为 $DN300mm$ 和 $DN250mm$ 时,各部分水头损失之和(1.844m)小于可利用水位差(3.07m),故冲洗是有保证的。但冲洗强度将比原设计值稍大,所以应在虹吸下降管出口处设置冲洗强度调节器加以调整。另外,关于虹吸辅助管、抽气管及破坏管等的管径,可参考表 7-16、表 7-17 等选用。

## 【例 7-8】 压力式无阀滤池设计计算

### 1. 已知条件

某压力式无阀滤池采用双层滤料。第一层为无烟煤,厚度 0.5m,粒径 1.2~1.6mm;第二层为石英砂,厚度 0.5m,粒径 0.5~1.0mm。其他设计参数见表 7-21。

表 7-21 设计参数

| 项　目 | 数　值 | 项　目 | 数　值 |
|---|---|---|---|
| 设计水量 | $Q = 30m^3/h$ | 初期水头损失 | 0.40m |
| 滤速 | $v = 10m/h$ | 水源最低水位 | $-2.0m$ |
| 冲洗强度 | $q = 15L/(s \cdot m^2)$ | 水塔底标高 | $+10.0m$ |
| 冲洗时间 | $t = 6min$ | 水塔最高水位 | $+12.0m$ |
| 期终水头损失 | $H_终 = 2.0m$ | 排水井水面标高 | $-0.4m$ |

### 2. 设计计算

(1) 滤池尺寸

① 滤池平面尺寸。过滤面积

$$F'=Q'/v=30/10=3.0(\text{m}^2)$$

滤池直径 $D$ 取 2.0m，滤池面积修正为

$$F=\pi D^2/4=3.14\times2^2/4=3.14(\text{m}^2)$$

滤池实际产水量

$$Q=Fv=3.14\times10=31.4(\text{m}^3/\text{h})=8.72(\text{L/s})$$

② 滤池本体的顶与底。滤池采用钢结构，其锥顶与锥底钢板厚度 10mm，池身钢板厚度 8mm。虹吸上升管与冲洗水管管径 $d$ 取 0.15m。

锥顶角度 $\alpha_1=25°$，锥顶高度

$$h_1=(D/2-d/2)\tan\alpha_1=(2/2-0.15/2)\times\tan25°=0.43(\text{m})$$

锥底角度 $\alpha_2=20°$，锥底高度

$$h_2=(D/2-d/2)\tan\alpha_2=(2/2-0.15/2)\times\tan20°=0.34(\text{m})$$

③ 浑水区高度。锥顶体积

$$V_{\text{锥顶}}=(\pi D^2 h_1)/12=(3.14\times2^2\times0.43)/12=0.45(\text{m}^3)=450(\text{L})$$

锥顶停留时间 $\quad t_1=v_{\text{锥顶}}/Q=450/8.72=52(\text{s})$

滤料层上面圆柱体部分高度 $h_2=0.7\text{m}$，则浑水在其中的停留时间为

$$t_2=3600h_2/v=3600\times0.7/10=252(\text{s})$$

总停留时间

$$t=t_1+t_2=52+252=304(\text{s})>5\text{min}$$

浑水区高度 $\quad H_{\text{浑}}=h_1+h_2=0.43+0.7=1.13(\text{m})$

④ 配水系统。采用平格栅配水系统，格栅高度 $H_{\text{栅}}$ 为 0.1m。承托层厚度 $H_{\text{支承}}$ 为 0.4m，分层和级配见表 7-13。

⑤ 滤池高度

$$H_{\text{池}}=H_{\text{浑}}+H_{\text{滤层}}+H_{\text{支承}}+H_{\text{栅}}+h_2=1.13+1.0+0.4+0.1+0.34=2.97(\text{m})\approx3.0(\text{m})$$

（2）进水泵选择

① 流量：$Q=31.4\text{m}^3/\text{h}=8.72\text{L/s}$。

② 扬程

a. 吸水管路水头损失。采用 $DN100\text{mm}$ 钢管，计算管径 $D_{\text{吸}}=0.105\text{m}$，管内流速

$$v_{\text{吸}}=4Q/(\pi D_{\text{吸}}^2)=4\times0.00872/(3.14\times0.105^2)=1.0(\text{m/s})$$

管长 $L_{\text{吸}}=35\text{m}$，沿程水头损失为

$$H_{\text{吸沿}}=0.000912L_{\text{吸}}\,v_{\text{吸}}^2/D_{\text{吸}}^{1.3}(1+0.867/v_{\text{吸}})^{0.3}$$
$$=0.000912\times35\times1.0^2/0.105^{1.3}(1+0.867/0.1)^{0.3}=0.5(\text{m})$$

吸水管局部水头损失计算见表 7-22。

表 7-22 吸水管局部水头损失计算

| 局部管件名称 | 数量 $n$ | 流速/(m/s) | 局部阻力系数 $\xi$ | 水头损失 计算公式 | 水头损失 数值/m |
|---|---|---|---|---|---|
| 带滤网吸水底阀 | 1 | 1 | 8 | | 0.44 |
| 90°弯头，$DN100\text{mm}$ | 3 | 1 | 0.3 | $h=n\xi v^2/(2g)$ | 0.05 |
| 偏心缩管 $DN100\text{mm}\times80\text{mm}$ | 1 | 1.73 | 0.1 | | 0.02 |
| 合计 $\quad h_{\text{吸局}}=0.51\text{m}$ | | | | | |

所以吸水管路水头损失为：$h_{\text{吸}}=h_{\text{吸沿}}+h_{\text{吸局}}=0.5+0.51=1.0(\text{m})$

b. 压水管路水头损失（水泵至滤池）。采用 $DN80\text{mm}$ 钢管，计算管径 $D_{\text{压}}=0.08\text{m}$，管内流速

$$v_压=4Q/(\pi D_压^2)=4\times0.00872/(3.14\times0.08^2)=1.73(\text{m/s})$$

管长 $L_压=15\text{m}$,沿程水头损失为

$$H_{压沿}=0.00107L_吸 v_吸^2/D_吸^{1.3}=0.00107\times15\times1.65^2/0.08^{1.3}=1.17(\text{m})$$

局部水头损失计算见表 7-23。

表 7-23  压水管局部水头损失计算

| 局部管件名称 | 数量 n | 流速/(m/s) | 局部阻力系数 ξ | 水头损失 | |
|---|---|---|---|---|---|
| | | | | 计算公式 | 数值/m |
| 渐缩管 $DN80\text{mm}\times50\text{mm}$ | 1 | 4.21 | 0.3 | | 0.27 |
| 90°弯头 $DN80\text{mm}$ | 3 | 1.73 | 0.3 | $h=n\xi v^2/(2g)$ | 0.14 |
| 三通 $DN80\text{mm}\times150\text{mm}$ | 1 | 1.73 | 1.5 | | 0.23 |
| 合计 $h_{压局}=0.64\text{m}$ | | | | | |

压水管路水头损失:$h_压=h_{压沿}+h_{压局}=1.17+0.64=1.81(\text{m})$

c. 滤池出水管(冲洗管)水头损失。出水管采用 $DN150\text{mm}$ 钢管,计算管径 $D_出=0.147\text{m}$,管内流速

$$v_出=4Q/(\pi D_出^2)=4\times0.00872/(3.14\times0.147^2)=0.51(\text{m/s})$$

管长 $L_出=20\text{m}$,沿程水头损失为

$$H_{出沿}=0.000912L_出 v_出^2/D_出^{1.3}(1+0.867/v_出)^{0.3}$$
$$=0.000912\times20\times0.51^2/0.147^{1.3}(1+0.867/0.51)^{0.3}=0.04(\text{m})$$

因 $v$ 较小,可略去局部阻力,即

$$h_出=h_{出沿}=0.04(\text{m})$$

③ 水泵所需扬程 $H$。地面与水源水位高差 $H_1=2\text{m}$,地面与水塔最高水位高差 $H_2=12\text{m}$,吸水管、压水管、出水管水头损失之和

$$H_3=h_吸+h_压+h_出=1.0+1.81+0.04=2.85(\text{m})$$

期终水头损失 $H_4=2.0\text{m}$,富裕水头 $H_5=2.0\text{m}$,水泵所需扬程

$$H=H_1+H_2+H_3+H_4+H_5=2+12+2.85+2+2=20.85(\text{m})$$

水泵可根据上述流量和扬程选定。

(3) 主虹吸管计算  水塔最高水位 $=12\text{m}$,期终水头损失 $=2\text{m}$,虹吸辅助管管口标高 $=12+2=14(\text{m})$

主虹吸管计算流量 $Q_冲=15\times3.14=47.1$ (L/s)

① 管径选择。初步选定:虹吸上升管管径 $DN150\text{mm}$,虹吸下降管管径 $DN125\text{mm}$,滤池冲洗管管径 $DN150\text{mm}$。

② 水头损失计算。管路沿程水头损失见表 7-24。

表 7-24  管路沿程水头损失

| 名称 | 管径/mm | 流速/(m/s) | 长度/mm | 水力坡度(i) | 沿程水头损失/m |
|---|---|---|---|---|---|
| 冲洗管 | 250 | 0.96 | 20 | 0.0062 | 0.124 |
| 虹吸上升管 | 250 | 0.96 | 12 | 0.0062 | 0.074 |
| 虹吸下降管 | 200 | 1.50 | 15 | 0.0195 | 0.293 |
| 合计 | | | | | 0.491 |

管路局部水头损失见表 7-25。

表 7-25　管路局部水头损失

| 名　称 | 数量 | 局部阻力系数 | 流速/(m/s) | 局部水头损失/m |
|---|---|---|---|---|
| 90°弯头 $DN250mm$ | 4 | 0.3 | 0.96 | 0.06 |
| 冲洗水箱出口 $DN250mm$ | 1 | 0.5 | 0.96 | 0.02 |
| 池底出口（$DN250mm$） | 1 | 1.0 | 0.96 | 0.05 |
| 池顶进口（$DN250mm$） | 1 | 0.5 | 0.96 | 0.02 |
| 45°弯头 $DN250mm$ | 1 | 0.56 | 0.96 | 0.03 |
| 135°弯头 $DN250mm$ | 1 | 1.4 | 0.96 | 0.07 |
| 渐缩管 $DN250mm×200mm$ | 1 | 0.1 | 1.50 | 0.01 |
| 下降管出口 $DN200mm$ | 1 | 1.0 | 1.50 | 0.11 |
| 挡水板、配水板 | | | | 0.30 |
| 合计 | | | | 0.67 |

格栅损失 $h_1 = 0.05m$。

支承层损失：$h_2 = 0.022qH_{支承} = 0.022 \times 15 \times 0.4 = 0.13(m)$

砂层损失 $h_3 \approx H_{砂} = 0.5m$，煤层损失 $h_4 \approx H_{煤} = 0.5m$，滤料层水头损失

$$\sum h_{1-4} = h_1 + h_2 + h_3 + h_4 = 0.05 + 0.13 + 0.5 + 0.5 = 1.18(m)$$

反洗时总水头损失 $H_{冲} = 0.49 + 0.67 + 1.18 = 2.34(m)$

③ 虹吸水位差。排水井水面标高为 $-0.40m$，冲洗水箱最低水位标高为 $+10.50m$，则

$$虹吸水位差 = 10.05 - (-0.40) = 10.90(m) > H_{冲}$$

验算结果说明选择的虹吸管管径是合理的。否则，应另选管径，再行复核。

# 第五节　移动罩滤池

## 一、工况概述

移动罩滤池是一种采用新型冲洗设备的重力式变速过滤滤池。它的特点是采用单一进出水方式，滤层分成多格，各格轮流单独冲洗。移动罩滤池主要由两部分组成，即移动式冲洗罩和滤池本体。移动罩滤池的过滤和反冲洗供水与虹吸滤池相似，而冲洗则采用装有抽水设备的可移动密封冲洗罩。它使滤前水和冲洗废水隔开，在整个滤池正常过滤时，冲洗罩按拟定程序逐一罩住各格，进行自动控制冲洗。按冲洗废水排出方式，移动罩滤池一般分泵吸式和虹吸式两种形式。虹吸式适用于大、中型水厂，单格滤池面积宜小于 $10m^2$；泵吸式适用于中、小型水厂，单格面积不大于 $3\sim4m^2$。

泵吸式移动罩滤池的纵、横剖面图见图 7-17（a）、（b）。冲洗罩的主要部件为密封罩、冲洗罩、浮箱、压重水箱和控制传动设备等。滤池部分主要由进水设施，多格滤床池体及虹吸出水系统等所组成。虹吸式移动冲洗罩［见图 7-17（c）］采用虹吸管进行反冲洗，其工作过程与无阀滤池的虹吸冲洗管类似。

为稳定滤前水位，移动罩滤池采用带有水位稳定器的出水虹吸管，其构造见图 7-17（d）。水位稳定器是一个与出水虹吸破坏管连通的，可以随水位变化调节进气量的自动调节阀。当水位高于设计要求时，调节阀关闭，虹吸出水管两端落差增大，出水量也增大。当水位低于设计要求时，调节阀打开，少量空气进入虹吸破坏管，虹吸出水管出水量减少。水位越低，调节阀进气量越大，出水量越小。水位稳定器分为杠杆式、直动式和插入式三种类型。杠杆式和插入式水位变化幅度较大，直动式水位变化幅度较小。

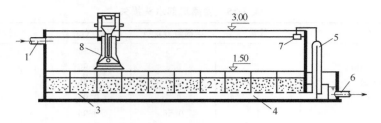

（a）泵吸式纵剖面

1—进水管；2—单格滤层；3—小阻力配水系统；4—集水空间；5—出水虹吸管；

6—出水管；7—水位恒定器；8—移动冲洗罩

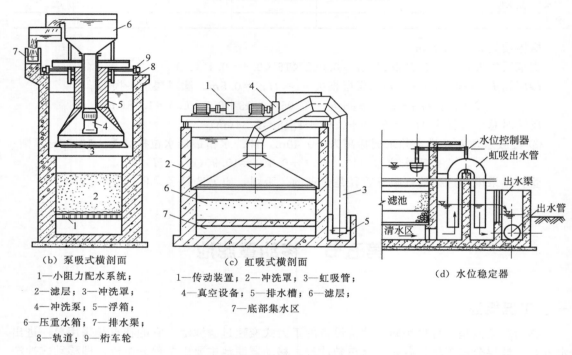

（b）泵吸式横剖面

1—小阻力配水系统；

2—滤层；3—冲洗罩；

4—冲洗泵；5—浮箱；

6—压重水箱；7—排水渠；

8—轨道；9—桁车轮

（c）虹吸式横剖面

1—传动装置；2—冲洗罩；3—虹吸管；

4—真空设备；5—排水槽；6—滤层；

7—底部集水区

（d）水位稳定器

图 7-17　移动罩滤池构造

移动罩滤池的优点是：①不设闸阀，管件少，投资省，进出水系统简单；②池深较浅，没有管廊，占地面积小；③不需冲洗水塔，采用水泵抽吸，冲洗强度有保证，而且面积小，冲洗均匀，效果好；④池体结构简单，清砂加砂方便；⑤实现了自动化操作。其缺点是：移动冲洗罩及其传动和牵引部分的活动部件较多，电气自动控制系统也较为复杂，这样难于维修管理。

目前，这种滤池已在我国南通、广州、武汉、南京、上海等地相继建成投产，并积累了一定的资料和设计运行经验。

# 二、设计参数

移动罩滤池的主要设计计算内容，包括滤池本体、冲洗罩罩体、移动和传动设备、进出水设施、自动控制系统等。移动罩滤池的设计滤速、冲洗强度、滤料规格等与小阻力配水系统快滤池类同，不再赘述。以下所列参数仅供参考。

## 1. 滤池的分格

移动罩滤池与虹吸滤池、无阀滤池一样，一格检修时其余诸格需同时停止运行。因此，宜将滤池分为可独立运行的几个组，以保证连续出水。

每组滤池的分格数，与其运行周期及设备利用率成正比，而与冲洗罩造价、装机容量及冲洗水消耗量成反比。故从此角度看，每组的分格数越多越经济。但分格数过多，将缩短滤池冲洗时间，影响冲洗效果，所以最大分格数 $n_{max}$ 的计算公式为

$$n_{max} = 60T/(t_{max}+s)$$

式中　　$T$——滤池的最短运行周期，h；

$t_{max}$——最长的冲洗时间，min；

$s$——冲洗罩在两滤格间移动所需的时间，min。

若不考虑回收冲洗水，仅从满足冲洗水量需要出发，其分格数的确定同虹吸滤池，一般不应少于 6 格。通常每组滤池分格数为 12～40 格。

每格的面积，决定于设计水量、设计滤速、冲洗泵型号和分格数等参数。为保证冲洗均匀，其单格面积可参考无阀滤池确定。小型给水的滤格面积一般在 2～3m² 内。目前最大的滤格面积为 12m²。

每格的平面形状，一般宜为正方形，也可为长宽比不大的矩形。

**2. 冲洗周期与冲洗历时**

考虑到该种滤池的机械装置和自动化操作系统的故障检修时间，其冲洗罩的运行周期（即滤池过滤周期）宜适当缩短，有建议缩短到普通快滤池过滤周期的 75% 左右。一般冲洗周期可在 10h 左右。

每格有效冲洗历时，一般取 5～7min。

**3. 冲洗罩装置**

冲洗罩体的工艺尺寸，可仿照无阀滤池的顶盖及浑水区设计。

罩外浮体设计应尽可能利用平面位置，以减小高度，安装位置尽可能低，使反冲洗能在较低的水位线上进行。罩体在水中产生的浮力 $P_F$ 值应满足

$$P_h < P_F < 0.5(P_g + P_z) + P_h$$

式中　　$P_h$——罩体活动部分的质量，kg；

$P_g$——罩体固定部分的质量，kg；

$P_z$——小车质量，kg。

$P_F$（N）可按下式计算

$$P_F = 9.81KP_h$$

式中　　$K$——超浮力系数，在 1.3～1.5 左右（考虑到压重水箱内有压重水，活动部分超重，以及给活动部分有足够的灵活性等）。

压重水箱的存水重量 $P_V$（N）应大于浮箱克服自重后的剩余浮力

$$P_V > P_F - 9.81P_A$$

式中　　$P_A$——浮箱的自重，kg。

**4. 罩内的冲洗水泵**

冲洗水泵的特点为低扬程、大流量。泵体应淹没于水中，电机设在水面以上以便更换检修。宜选用立式液下泵或潜水泵。

**5. 每组滤池的平面布置**

每组滤池各格的布置，应考虑桁车以大车纵向行走为主，这样每一运行周期桁车大、小车的总行程短，同时电源换相次数少，有利于延长电器元件的使用寿命。每组滤池的横排格

数宜采用偶数,且为 2、4,不宜大于 6,否则大车跨度大,耗费金属材料多,且利用率低,不经济。

中间分格隔墙,可采用砖砌体或钢筋混凝土预制板现场安装,其结构处理上,应考虑隔墙在反冲洗时有足够的稳定性。

6. 水位稳定器

水位稳定器一般由设备供货商提供,但需要明确有关参数:一是出水虹吸管的真空度;二是滤前水位变化幅度,一般控制在 0.02~0.10m。

7. 其他

滤池过滤水头一般为 1.2~1.5m。滤池超高应适当大些,如采用 0.3~0.5m。滤层面到分格隔墙顶部的高度可取 0.1~0.2m。集水区高度一般为 0.4~0.7m,单格滤池面积大时采用大值。移动冲洗罩桁车行进速度为 1.5m/min 左右。

表 7-26 列出国内部分单位移动罩滤池的设计和运行参数,供参考。

**表 7-26  移动罩滤池的设计和运行参数**

| 参数项目 名　　称 | 使用或设计部门 | | | | |
|---|---|---|---|---|---|
| | 南通市 自来水公司 | 广东省建 筑设计院 | 武汉市 自来水公司 | 南京市 自来水公司 | 上海市 化工研究院 第一试验厂 |
| 投产时间 | 1977 年 5 月 | | 1977 年 | 1978 年 5 月 | 1979 年 |
| 处理水量/(m³/d) | 20000 | 10000 | 120000 | 100000 | 7000 |
| 进水浑浊度/(mg/L) | 20~30 | | 3~15 | <20 | 5~10 |
| 出水浑浊度/(mg/L) | <5 | | 0~5 | <5 | 0.5~2.2 |
| 滤速/(m/h) | 9 | 9.63 | 10 | 10 | 14 |
| 冲洗强度/[L/(s·m²)] | 12.5 | 16 | 15 | 15 | 15 |
| 冲洗历时/min | | | 5~6 | 5~7 | 5 |
| 冲洗周期/h | | | | 8 | 12 |
| 滤池分组数/组 | 1 | 2 | 3 | 4 | 1 |
| 每组滤池分格数/格 | 4×11=44 | 1×7 | 1×15 | 3×16=48 | 2×6=12 |
| 每格滤池面积/m² | 1.44×1.44 | 1.7×1.9 | 3.53×3.35 | 2.4 | 1.32×1.35 |
| 冲洗罩移动速度/(m/min) | | | 1.5~2.0 | 1 | 1 |
| 石英砂滤料粒径/mm | $d=0.5~1.0$ | $d=0.5~1.0$ | $d=0.5~1.2$ | | |
| 滤料厚度/mm | 700 | 700 | 700 | 700 | 700 |
| 支承层/mm | $d=2~4$ 厚 50 $d=8~20$ 厚 100 | $d=1~16$ 厚 300 | | $d=1~16$ 厚 350 | $d=1~16$ 厚 200 |
| 小阻力配水系统 | 尼龙网多孔板 厚 0.11m | V 型缝隙式 钢筋混凝土 格栅厚 0.12m | 水革二型 塑料滤头, 60 个/m² | 尼龙网多孔 滤板厚 0.1m | R,C 多孔板 厚 0.1m |
| 膨胀率/% | 45 | | 45 | | |
| 最大过滤水头/m | | 1.83 | 1.00 | 1.55 | 1.80 |
| 滤池高度/m | 3.1 | 3.5 | 3.1 | 3.65 | 3.4 |
| 冲洗水泵 型号 | QY-3.5 油浸潜水泵 | 8Y2-4 改装轴流泵 | 14ZLB-100 立式轴流泵 | 6LN-33 农用混流泵 | 5LN-33 混流农排泵 |
| 冲洗水泵 流量/(m³/h) | 100 | 183.6 | 864 | 136 | 90 |
| 冲洗水泵 扬程/m | 3.5 | 2.6 | 3.6 | 3.8 | 3.5 |
| 冲洗水泵 转数/(r/min) | | 1430 | 1450 | 1430 | 1450 |
| 冲洗水泵 电机功率/kW | 2.2 | 3.0 | 18.5 | 3.0 | 1.5 |
| 采用自动控制系统 | 行程开关、时间继电器、交流接触器等元件组成控制系统,进行集中操作 | | | | |

# 三、计算例题

## 【例7-9】　泵吸式移动罩滤池的计算

### 1. 已知条件

总产水量 $10^5 m^3/d$，平均滤速 $v = 9.5 m/h$，冲洗强度 $q = 15 L/(s \cdot m^2)$，冲洗历时 $t = 7 min$，运行周期 $T = 12 h$，滤料层膨胀率 $e = 45\%$。

### 2. 设计计算（单组滤池）

（1）设计水量　水厂自用水量系数取 1.05，滤池分为 4 组，每组设计流量
$$Q = 1.05 \times 10^5 / 4 = 26250 (m^3/d) = 1093.75 m^3/h = 0.304 m^3/s$$

（2）滤池面积 $F$

滤池有效工作系数　$K = 1 - t/(60T) = 1 - 7/(60 \times 12) = 0.99$

每组滤池过滤面积　$F = Q/(Kv) = 1093.75/(0.99 \times 9.5) = 116.29 (m^2)$

（3）每格滤池面积 $f$　采用 $f = 2.4 m^2$，平面形状取正方形，则边长
$$a = \sqrt{f} = \sqrt{2.4} = 1.55 (m)$$

（4）每组滤池分格数
$$n = F/f = 116.29/2.4 = 48.45 \approx 48 (格)$$

（5）每组滤池平面尺寸　受场地限制，每组滤池横向分为 3 格（$n_1 = 3$），纵向分为 16 格（$n_2 = 16$），小车横向行走为主（见图 7-18）。中间分格隔墙采用钢筋混凝土板，厚度 $b = 0.1 m$，四周沿池壁的隔墙厚度采用 $b_1 = 0.2 m$。

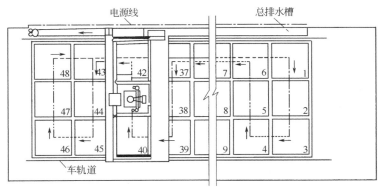

--- 小车正向移动　--- 小车反向移动　----- 大车正向移动　---- 大车反向移动

**图 7-18　移动罩平面移动路线**

池宽　$B = an_1 + b(n_1 - 1) + 2b_1 = 1.55 \times 3 + 0.1 \times (3 - 1) + 2 \times 0.2 = 5.25 (m)$

池长　$L = an_2 + b(n_2 - 1) + 2b_1 = 1.55 \times 16 + 0.1 \times (16 - 1) + 2 \times 0.2 = 26.7 (m)$

（6）配水系统　配水系统采用多孔钢筋混凝土滤板，滤板开孔数为 156 只/$m^2$，孔呈喇叭形，上口孔径为 25mm，开孔面积占 7.65%；下口孔径为 13mm，开孔面积占 2%，滤板厚 0.1m。滤板上铺 30 目尼龙筛网一层（见图 7-19）。

（7）滤池高度 $H$　滤池底部集水渠道高度 $H_1 = 0.50 m$，尼龙网多孔配水滤板厚 $H_2 = 0.1 m$，砾石承托层厚度 $H_3 = 0.35 m$，石英砂滤层厚度 $H_4 = 0.70 m$，滤层上面最大水深 $H_5 = 1.70 m$，超高 $H_6 = 0.30 m$，则

滤池总高度：$H = H_1 + H_2 + H_3 + H_4 + H_5 + H_6$
$$= 3.65 (m)$$

(8) 滤池内各分格隔墙高度 $H_0$。 增加移动罩下部直壁高度可降低分格隔墙高度，节省投资。为避免冲洗后罩体移动时引起滤料串格，滤层面到分格隔墙顶的高度采用 $H_7=0.55\text{m}$。所以分格隔墙高度

$$H_0=H_3+H_4+H_7=0.35+0.7+0.55=1.60(\text{m})$$

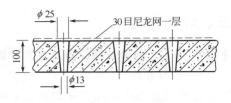

图 7-19 尼龙筛网滤板配水系统

(9) 罩体下部直壁高度 罩体下部直壁高度 $H_8$ 取 0.165 (m)。

(10) 出水堰顶高度 为保持正水头过滤，避免滤层发生气阻现象，应使出水堰顶水位高于滤层面，本设计采用该堰顶高出滤层面 0.15m，即高出池底的高度

$$H_9=H_1+H_2+H_3+H_4+0.15=0.5+0.1+0.35+0.7+0.15=1.8(\text{m})$$

过滤水头（见图 7-20）

$$H_{10}=H-H_6-H_9=3.65-0.3-1.8=1.55(\text{m})$$

(11) 罩内冲洗排水泵

流量 $\qquad Q_\text{p}=qf=15\times2.4=36(\text{L/s})\approx130(\text{m}^3/\text{h})$

扬程

$$H_\text{p}=H_{11}-H_9+h=4.65-1.8+1=3.85(\text{m})$$

式中 $H_{11}$——排水泵出水管最高处到池底的高度，$H_{11}=4.65\text{m}$；

$\qquad H_9$——出水堰顶到池底的高度，$H_9=1.8\text{m}$；

$\qquad h$——由池底部集水渠到排水泵出水口的水头损失（局部＋沿程），$h\approx1\text{m}$。

选用水泵工作性能为：流量 $130\text{m}^3/\text{h}$，扬程 3.9m。

罩体及移动部分等装置的设计略。

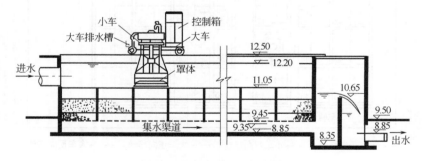

图 7-20 移动罩滤池纵剖面

## 【例 7-10】 虹吸式移动罩滤池的计算

### 1. 已知条件

设计水量 $3\times10^5\text{m}^3/\text{d}$，滤速 $v=10\text{m/h}$，过滤水头 1.3m，反冲洗水头 1.0～1.2m，反冲洗强度 15L/(s·m²)。

### 2. 设计计算

(1) 每组滤池设计水量 $Q$ 滤池分成 4 组，单组滤池设计产水量

$$Q=3\times10^5/4=75000(\text{m}^3/\text{d})=3125(\text{m}^3/\text{h})=0.868(\text{m}^3/\text{s})$$

(2) 每组滤池面积 $F$ 水厂自用水系数 $K$ 取 1.05，每组滤池面积

$$F=QK/v=3125\times1.05/10=328(\text{m}^2)$$

每格平面尺寸为 3m×3m，每组滤池分格数

$$n=F/f=328/9=36.44\approx36$$

实际过滤面积

$$F'=9\times36=324(\text{m}^2)$$

实际滤速

$$v=QK/F'=3125\times1.05/324=10.1\ (\text{m/h})$$

（3）进水管 进水管流速 $v_1$ 采用 1.4m/s，则其直径

$$d_1=\sqrt{\frac{4QK}{\pi v_1}}=\sqrt{\frac{4\times0.868\times1.05}{3.14\times1.4}}=0.91\approx0.9(\text{m})$$

（4）出水虹吸管 采用矩形断面倒 U 形管型式，虹吸管流速 $v_2=1.4$m/s，出水虹吸管断面面积

$$f_2=Q/v_2=0.868/1.4=0.62(\text{m}^2)$$

出水虹吸管矩形断面尺寸采用 1.25m×0.5m。

（5）滤池各部分高度 见表 7-27，总高度为 4.05m。

表 7-27 滤池各部分高度

| 项　　目 | 高度/m | 标高/m | 项　　目 | 高度/m | 标高/m |
|---|---|---|---|---|---|
| 池底 | | 0.00 | 隔墙顶面至滤层表面 | 0.45 | 2.35 |
| 集水区 | 0.75 | 0.75 | 出水溢流堰口 | | 1.70 |
| 滤板 | 0.15 | 0.90 | 出水溢流水位 | | 2.10 |
| 承托层 | 0.30 | 1.20 | 高水位至隔墙顶面水深 | 1.05 | 3.40 |
| 滤层 | 0.70 | 1.90 | 保护高度 | 0.05 | 4.05 |

（6）反冲洗水头 采用缝隙滤板配水，其水头损失

$$h_1=\xi v_3^2/(2g)=1.5\times0.405^2/19.62=0.0125(\text{m})$$

承托层水头损失

$$h_2=0.022H_1q=0.022\times0.3\times15=0.099(\text{m})$$

滤料层水头损失　　　$h_3=(\rho_2/\rho_1-1)(1-m)H_2=(2.65/1-1)(1-0.44)\times0.7=0.647(\text{m})$

冲洗流量　　　　　　$Q_z=qf=15\times9=135(\text{L/s})$

管径采用 $DN400$mm，流速 $v_4=1.04$m/s，水力坡降 $i=3.85‰$，则反冲虹吸管水头损失 $h_4$ 为

$$h_4=\xi v_4^2/(2g)+Li=3\times1.042/19.62+6\times0.00385=0.189(\text{m})$$

所以总水头损失 $\sum h=h_1+h_2+h_3+h_4=0.948(\text{m})$

取虹吸管反冲洗水头差 1.2m。

（7）冲洗罩（见图 7-21） 短流活门孔口面积

$$a=fv'_{\max}/(3600v_0)=9\times25/(3600\times0.5)=0.125\ (\text{m}^2)$$

式中　$f$——单个滤格面积，$\text{m}^2$；

　　　$v'_{\max}$——冲洗后的最大初始滤速，m/h，为滤池设计滤速的 2～3 倍（当采用普通石英砂滤料，工作水头在 1.5m 以下时，一般不超过 30m/h）；

　　　$v_0$——短流孔流速，m/s，为 0.3～0.5m/s。

设置两个孔口，每孔尺寸为 0.25m×0.25m，面积 $a'=0.0625\text{m}^2$。

开启短流活门所需的力

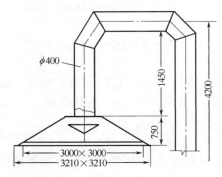

图 7-21 虹吸式罩体

$$P_{H(N)} \geqslant 9.81(Ka'h_{max} + aG)/a$$

式中　$K$——安全系数，一般取 1.1；

　　　$a'$——短流活门孔口面积，$cm^2$；

　$h_{max}$——短流孔中心点处的内外压差最大值，m，$h_{max} = 0.6m$；

　　　$a$——压力换算值 $[10m/(kg \cdot cm^2)]$；

　　　$G$——活门、牵引绳或牵引连杆的自重及滑轮、转轴的摩阻等，kg，此例 $G=4kg$。

所以　　　　$P_H = 9.81 \times (1.1 \times 625 \times 0.6 + 10 \times 4)/10 = 443.9$ （N）

活门的启闭采用牵引浮桶，则浮筒的自重应大于 $P_H$ 值，取 445N。

# 第六节　单阀滤池

## 一、工况概述

单阀滤池是无阀滤池的一种改进型式，即在无阀滤池的进水和排水管上设一个三通转换阀而成 [见图 7-22 (a)]。三通转换阀的进水管侧开启时排水管侧关闭，进水管侧关闭时排水管侧开启。如果没有三通转换阀，可在进水管上设进水阀、排水管上设反冲洗排水阀这两个阀门来替代。也可以只在排水管上设一个反冲洗排水阀，省掉进水管上的进水阀 [见图 7-22 (b)]。但这种设置方法在反冲洗时无法停止进水。

虽然单阀滤池比无阀滤池增加了一个操作阀，但它具有随意控制过滤时间和反冲洗强度，以及反冲洗时可停止进水的优点。

单阀滤池工作过程如下。

① 过滤过滤时反冲洗排水管上的阀门是关闭的。浑水由高出滤池的分配水箱通过进水管自流进入滤池，流经滤床，过滤后的清水由池底布水区收集进入清水池内（或滤池池顶）的冲洗存水箱，由冲洗存水箱溢流进入清水池。

② 当通过滤料的过滤水头损失达到设定值时，则进行反冲洗。反冲洗时打开反冲洗排水管上的阀门，反冲洗水由冲洗水箱进入滤池底部布水区，自下向上通过滤料层，达到反冲洗的目的。反冲洗水和分配水箱流入的浑水从排水管中通过打开的阀门排走。如果进水管上设置阀门，则在反冲洗时关闭进水管上阀门，停止进浑水。如果是设置三通转换阀的单阀滤池，则可通过一个阀门同时实现这两步操作。

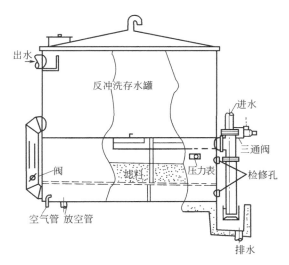

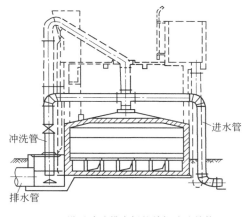

（a）设三通转换阀的单阀滤池结构

（b）只设反冲洗排水阀的单阀滤池结构
（图中虚线为相应的无阀滤池结构）

图 7-22 单阀滤池结构示意

## 二、单阀滤池的特点及设计参数

① 单阀滤池的设计参数参见无阀滤池设计。

② 在设计单阀滤池或无阀滤池改建时，需控制进水分配水箱水位与清水池内冲洗水箱的溢流水位标高差，保证过滤水头，使过滤过程能正常进行。

③ 在设计单阀滤池或无阀滤池改建时，需控制冲洗水箱水位与滤池排水槽口的标高差，保证反冲洗水头，使反冲洗过程能正常进行。

## 三、计算例题

### 【例 7-11】 设池顶水箱的单阀滤池的设计计算

1. 已知条件

净产水量 $Q'=4800 \text{m}^3/\text{d}$，水厂自用水量按 5% 计算。

根据无阀滤池的设计参数选取：滤速 $v=10\text{m/h}$；冲洗时间 $t=5\text{min}$；变强度冲洗，采用平均值 $q=15\text{L}/(\text{s}\cdot\text{m}^2)$，石英砂滤料的膨胀率 45%；冲洗前的期终允许水头损失 $h_{\text{终允}}$ 取 1.5m；采用单层石英砂滤料，层厚 0.7m，粒径 0.5~1.0mm；小阻力系统采用穿孔板；反冲洗水箱与滤池合建（即设置池顶水箱）；为简单起见，仅在反冲洗出水管上设闸阀一个，反冲洗时不停止进水。

2. 设计计算

（1）滤池面积 $F$ 计算水量为

$$Q=1.05Q'=1.05\times4800=5040(\text{m}^3/\text{d})=210(\text{m}^3/\text{h})\approx0.058(\text{m}^3/\text{s})$$

所需过滤面积 $F_1'=Q/v=210/10=21(\text{m}^2)$

滤池分为 2 格，每格过滤面积 10.5m²，过滤水量 105m³/h。

每格滤池四个边角设连通渠，用于滤后水进入池顶水箱。连通渠为等腰直角三角形，边长 0.35m，连通渠斜边壁厚 0.1m，斜边边长=0.35+0.1×1.414=0.49（m）。

每个连通渠的面积 $F_2=0.49^2/2=0.12(\text{m}^2)$

单格滤池面积 $F'=10.5+4\times0.12=10.98(\mathrm{m}^2)$

单格滤池为正方形,边长

$$L=\sqrt{F}=\sqrt{10.98}\approx3.3(\mathrm{m})$$

单格滤池实际面积 $F=3.3\times3.3=10.89(\mathrm{m}^2)$

单格滤池有效过滤面积 $F_1=10.89-4\times0.12=10.41(\mathrm{m}^2)$

(2) 滤池高度 $H$ 底部集水区高度 $h_1$ 采用 0.4m;滤板厚度 $h_2$ 采用 0.12m;承托层粒径 $2\sim16\mathrm{mm}$,厚度 $h_3$ 采用 0.30m;滤料层厚度 $h_4$ 采用 0.70m;滤料层膨胀率 45%,浑水区高度

$$h_5=0.7\times45\%+0.1\approx0.42(\mathrm{m})$$

顶盖锥角 15°顶盖高度

$$h_6=3.3/2\times\tan15°\approx0.44(\mathrm{m})$$

两格滤池合用一个冲洗水箱,冲洗水箱高度为

$$h_7=(qF_1t\times60)/(F\times2\times1000)=(15\times10.41\times5\times60)/(10.89\times2\times1000)\approx2.15(\mathrm{m})$$

考虑冲洗水箱隔墙上连通孔的水头损失 0.05m,水箱高 $h_7$ 取 2.20m。

超高 $h_8$ 采用 0.15m;池顶板厚 $h_9$ 采用 0.1m。

滤池总高为

$$H=h_1+h_2+h_3+h_4+h_5+h_6+h_7+h_8+h_9$$
$$=0.4+0.12+0.3+0.7+0.42+0.44+2.20+0.15+0.1=4.83(\mathrm{m})$$

(3) 进水分配箱 流速 $v_\mathrm{f}=0.05\mathrm{m/s}$。

每格滤池的进水量

$$Q_\mathrm{f}=Q/2=0.058/2=0.029\ (\mathrm{m}^3/\mathrm{s})$$

分配箱面积

$$F_\mathrm{f}=Q_\mathrm{f}/0.05=0.029/0.05=0.58(\mathrm{m}^2)$$

平面尺寸采用 0.6m×0.9m。

(4) 进水管及水头损失 进水管流量

$$Q_\mathrm{j}=Q/2=0.058/2=0.029\ (\mathrm{m}^3/\mathrm{s})$$

管径采用 $DN250\mathrm{mm}$,管内流速

$$v_{\mathrm{j}1}=4\times0.029/(3.14\times0.25^2)=0.58(\mathrm{m/s})$$

流速符合 $0.5\sim0.7\mathrm{m/s}$ 的要求,此时水力坡降 $i_{\mathrm{j}1}=2.43‰$。

为避免在池壁多开孔洞,进水管通入滤池前与反冲洗排水管合并。因反冲洗水量远大于过滤水量,合并后的管径按反冲洗水量选取。排水管管径采用 $DN350\mathrm{mm}$,进水时的流速 $v_{\mathrm{j}2}=0.29\mathrm{m/s}$,水力坡降 $i_{\mathrm{j}2}=0.443‰$。

为防止滤池冲洗时,空气通过进水管进入排水管从而过早停止反冲洗,进水管设置 U 形存水弯。为安装方便和 U 形管内水封安全,存水弯底部设置于水封井水面之下,则进水管管径 $DN250\mathrm{mm}$ 段管长 $L_{\mathrm{j}1}=13\mathrm{m}$,管径 $DN350\mathrm{mm}$ 段管长 $L_{\mathrm{j}2}=3\mathrm{m}$,总长 16m。

进水管主要配件及局部阻力系数见表 7-28。

表 7-28 进水管主要配件及局部阻力系数

| 配件名称 | 数量/个 | 局部阻力系数 | 配件名称 | 数量/个 | 局部阻力系数 |
|---|---|---|---|---|---|
| 水箱出口 | 1 | 0.5 | 250×350 渐放 | 1 | 0.15 |
| 90°弯头 | 3 | 3×0.87=2.61 | $\sum\xi$ | | 3.36 |
| 等径三通 | 1 | 0.1 | | | |

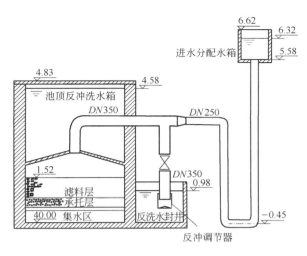

图 7-23 设池顶水箱的单阀滤池计算简图

进水管 $DN250\text{mm}$ 段沿程水头损失

$$h_{\text{fj1}} = i_{\text{j1}} l_{\text{j1}} = 0.00243 \times 13 \approx 0.032 \text{(m)}$$

进水管 $DN350\text{mm}$ 沿程水头损失

$$h_{\text{fj2}} = i_{\text{j2}} l_{\text{j2}} = 0.000443 \times 3$$
$$\approx 0.001 \text{(m)}$$

进水管总沿程水头损失

$$h_{\text{fj}} = h_{\text{fj1}} + h_{\text{fj2}} = 0.032 + 0.001$$
$$= 0.033 \text{(m)}$$

进水管局部水头损失（因 $DN350\text{mm}$ 段流速小，局部水头损失忽略不计）

$$h_{\text{jj}} = \sum \xi v_{\text{进}}^2 / (2g) = 3.36 \times 0.58^2 / 19.62$$
$$\approx 0.058 \text{(m)}$$

所以进水管总水头损失

$$h_{\text{js}} = h_{\text{fj}} + h_{\text{jj}} = 0.033 + 0.058 \approx 0.09 \text{(m)}$$

（5）几个控制标高（见图 7-23）为计算方便，各部分高程以滤池底板作为 $\pm 0.00$。

① 滤池出水口标高

$$H_{\text{出口}} = H - h_8 - h_9 = 4.83 - 0.15 - 0.1 = 4.58 \text{(m)}$$

② 进水分配箱底标高 $H_{\text{箱底}}$。为防止空气进入，水箱保护水深 $h_{\text{保护}}$ 取 0.5m，则

$$H_{\text{箱底}} = H_{\text{出口}} + h_{\text{终允}} - h_{\text{保护}} = 4.58 + 1.5 - 0.50 = 5.58 \text{(m)}$$

③ 进水分配箱堰顶标高

$$H_{\text{箱液}} = H_{\text{出口}} + h_{\text{终允}} + h_{\text{js}} + 0.15 = 4.58 + 1.5 + 0.09 + 0.15 = 6.32 \text{(m)}$$
$$H_{\text{堰顶}} = H_{\text{箱液}} + 0.3 = 6.32 + 0.3 = 6.62 \text{(m)}$$

（6）滤池出水管管径 与进水管相同，$D_{\text{出}} = 0.25$ （m）。

（7）排水管管径 每格滤池平均反冲洗流量

$$Q_{\text{P1}} = qF_1 = 15 \times 10.41 = 156.15 \text{ (L/s)}$$

反冲洗排水管管径 $D_{\text{排}}$ 采用 $DN350\text{mm}$。进水排水管合并三通前，管内流速

$$v_{\text{P1}} = 4Q_{\text{P1}} / (\pi D_{\text{排}}^2) = 4 \times 0.156 / (3.14 \times 0.35^2) = 1.62 \text{m/s}$$

水力坡降

$$i_{\text{P1}} = 0.00107 v_{\text{P1}}^2 / D_{\text{排}}^{1.3} = 0.00107 \times 1.62^2 / 0.35^{1.3} = 0.011$$

由于反冲洗时不停止进水，所以从合并三通至反冲洗水封井管段的流量

$$Q_{\text{P2}} = Q_{\text{P1}} + Q/2 = 156.15 + 58/2 = 185.15 \text{ (L/s)}$$

为方便施工，减少管件用量，该段管径仍采用 $DN350\text{mm}$，此时流速

$$v_{\text{P2}} = 4Q_{\text{P2}} / (\pi D_{\text{排}}^2) = 4 \times 0.185 / (3.14 \times 0.35^2) = 1.92 \text{m/s}$$

水力坡降

$$i_{\text{P2}} = 0.00107 v_{\text{P2}}^2 / D_{\text{排}}^{1.3} = 0.00107 \times 1.92^2 / 0.35^{1.3} = 0.0154$$

（8）冲洗时各管段的水头损失（从反冲洗水箱至排水水封井）

① 沿程水头损失 $h_{\text{fP}}$

a. 三角形连通管内的沿程水头损失 $h_{\text{fL}}$。三角形连通管共 4 根，反冲洗时连通管内流速

$$v_{\text{L}} = Q_{\text{P1}} / (4f_{\text{L}}) = 0.156 / (4 \times 0.061) \approx 0.639 \text{ (m/s)}$$

每根连通管截面为直角等腰三角形，直角边长度 0.35m，斜边长度 0.495m，截面积

$$\omega_{\text{L}} = 0.35^2 / 2 \approx 0.061 \text{(m}^2\text{)}$$

水力半径 $\quad R = \omega_{\text{L}} / \chi = 0.061 / (0.35 + 0.35 + 0.495) = 0.051 \text{(m)}$

取混凝土面的粗糙系数 $n=0.015$，管的水力坡降

$$i_L=v_L^2 n^2/R^{4/3}=0.639^2 \times 0.015^2/0.051^{4/3}=0.00486$$

连通管长度 $l_L=1.64m$，所以

$$h_{fL}=i_L l_L=0.00486 \times 1.64 \approx 0.008(m)$$

b. 合并三通前排水管长 $l_{P1}=4m$，沿程水头损失 $h_{fq}$ 为

$$h_{fq}=i_{P1} \times l_{P1}=0.011 \times 4=0.044(m)$$

c. 合并三通后至水封井排水管长度 $l_{P2}=2.5m$，沿程水头损失

$$h_{fh}=i_{P2} l_{P2}=0.0154 \times 2.5=0.039(m)$$

$$冲洗水箱平均水位高程=滤池总高-超高-池顶板厚-水箱高/2$$
$$=4.83-0.15-0.1-2.20/2=3.48(m)$$

沿程损失合计

$$h_{fP}=h_{fL}+h_{fq}+h_{fh}=0.008+0.044+0.039=0.091(m)$$

② 局部水头损失 $h_{jP}$

a. 连通管的进口与出口 $h_{jL}$。连通管进口阻力系数 $\xi_{连进}=0.5$，出口 $\xi_{连出}=1.0$，所以

$$h_{jL}=(\xi_{连进}+\xi_{连出})v_{L2}/(2g)=(0.5+1.0) \times 0.639^2/19.62=0.031(m)$$

b. 挡水板处 $h_{jd}$。挡水板局部阻力系数套用有底阀的滤水网 $\xi$ 值，$\xi_{挡}=3.6$，则

$$h_{jd}=\xi_{挡} v_{P1}^2/(2g)=3.6 \times 1.62^2/19.62=0.482(m)$$

c. 排水管进口 $h_{jk}$

$$h_{jk}=\xi_{排进} v_{P1}^2/(2g)=0.5 \times 1.62^2/19.62=0.067(m)$$

d. 排水管 90°弯头 $h_{jw}$

$$h_{jw}=\xi_{排弯} v_{P1}^2/(2g)=0.89 \times 1.62^2/19.62=0.119(m)$$

e. 汇合流三通 $h_{jh}$。反洗水与进水分配渠来的浑水汇合后，管内流速为 $v_{P2}$

$$h_{jh}=\xi_{汇} v_{P2}^2/(2g)=3.0 \times 1.92^2/19.62=0.564(m)$$

f. 全开闸阀 $h_{jz}$

$$h_{jz}=\xi_{闸} v_{P2}^2/(2g)=0.07 \times 1.92^2/19.62=0.013(m)$$

g. 局部水头损失合计

$$h_j=h_{jL}+h_{jd}+h_{jk}+h_{jw}+h_{jh}+h_{jz}=0.031+0.482+0.067+0.119+0.564+0.013=1.276(m)$$

③ 小阻力配水系统及滤料层水头损失 $h_s$

a. 滤板水头损失 $h_{s1}$。当滤板开孔比为 1.32％时，水头损失 $h_{s1}=0.112m$（设计手册提供）。

b. 滤料层水头损失 $h_{滤}$。滤料为石英砂，容重 $\gamma_1=2.65t/m^3$，水的容重 $\gamma=1t/m^3$，石英砂滤料膨胀前的孔隙率 $m_0=0.41$，滤料层膨胀前的厚度 $H=0.7m$。则滤料层水头损失

$$h_{滤}=(\gamma_1/\gamma-1)(1-m_0)H_{滤}=(2.65-1) \times (1-0.41) \times 0.7 \approx 0.681(m)$$

c. 承托层水头损失 $h_{承}$。承托层厚度 $H_{承}=0.3m$，反冲洗强度 $q=15L/(s \cdot m^2)$，则承托层水头损失

$$h_{承}=0.022H_{承} q=0.022 \times 0.3 \times 15=0.099(m)$$

配水系统及滤料层水头损失

$$h_s=h_{s1}+h_{滤}+h_{承}=0.112+0.681+0.099=0.892(m)$$

（9）计算结果　反冲洗时管路的总水头损失为

$$h_{冲}=h_{fP}+h_j+h_s=0.091+1.276+0.892=2.259(m)$$

反冲洗时管路的总水头损失 $h_{冲}$ 小于假设反冲洗总水头损失 2.5m，反冲洗水能够顺利

排入反冲洗水封井。但冲洗强度将比原设计值大，应在排水管出口处设置冲洗强度调节器加以调整。

**【例 7-12】 在清水池内设冲洗水箱的单阀滤池的设计计算**

1. 已知条件

(1) 净产水量 $Q'=3000\text{m}^3/\text{d}$，水厂自用水量按 5% 计算。

(2) 滤池构造

① 小阻力配水系统采用穿孔板。

② 反冲洗水箱设置于清水池内。

③ 滤后水由底部集水区收集，经反冲洗供水管进入清水池内的冲洗水箱，再由冲洗水箱溢流到清水池。

④ 为节省水厂自用水量，在滤池的进、出水管上各设闸阀一个，以便反洗时停止进浑水。

(3) 设计参数 根据无阀滤池的设计参数选取：滤速 $v=8\text{m/h}$；冲洗时间 $t=5\text{min}$；变强度冲洗，平均值为 $q=16\text{L/(s·m}^2)$；石英砂滤料的膨胀度为 45%；冲洗前的期终允许水头损失 $h_{允}$ 取 1.7m；采用单层石英砂滤料，层厚 0.7m，粒径 $0.5\sim1.0\text{mm}$。

2. 设计计算

(1) 滤池面积 $F$ 计算水量

$$Q=1.05Q'=1.05\times3000=3150(\text{m}^3/\text{d})=131.25(\text{m}^3/\text{h})\approx0.036\ (\text{m}^3/\text{s})$$

所需过滤面积

$$F'=Q/v=131.25/8=16.41(\text{m}^2)$$

滤池分为 2 格，每格过滤面积 8.21m²，每格过滤水量 65.6m³/h。

滤池为正方形，边长

$$L=\sqrt{F}=\sqrt{8.2}\approx2.9(\text{m})$$

单格滤池平面尺寸采用 3m×3m，单格滤池有效过滤面积（忽略池壁厚度）

$$F=3\times3=9(\text{m}^2)$$

(2) 滤池高度 $H$ 底部集水区高度 $h_1=0.4\text{m}$；滤板厚度 $h_2=0.12\text{m}$；承托层厚度 $h_3=0.30\text{m}$；滤料层厚度 $h_4=0.70\text{m}$；滤料层膨胀率 45%，浑水区高度

$$h_5=0.7\times45\%+0.1\approx0.42(\text{m})$$

顶盖高度 $h_6=3/2\times\tan15°\approx0.40\ (\text{m})$；池顶板厚 $h_7=0.12\text{m}$，滤池总高

$$H=h_1+h_2+h_3+h_4+h_5+h_6+h_7=0.4+0.12+0.30+0.7+0.42+0.40+0.12=2.46(\text{m})$$

(3) 进水分配箱 每格滤池的进水量

$$Q_f=Q/2=0.036/2=0.018\ (\text{m}^3/\text{s})$$

进水分配箱流速 $v_f=0.05\text{m/s}$，分配箱面积

$$F_分=Q_f/0.05=0.018/0.05=0.36(\text{m}^2)$$

平面尺寸采用 0.6m×0.6m。

(4) 冲洗水箱 冲洗水箱体积按一格滤池反冲洗用水量计算

$$V_箱=qFt\times60=16\times9\times5\times60/1000=43.2(\text{m}^3)$$

为减少反冲洗时的不均匀性，冲洗水箱高度不能过高，结合经济、施工因素，有效水深 $h_箱$ 取 1m，超高 0.15m，总高 1.15m。

冲洗水箱面积

$$F_箱=43.2/1=43.2(\text{m}^2)$$

平面尺寸采用 6.6m×6.6m。

（5）进水管及水头损失 进水管流量 $0.018\mathrm{m}^3/\mathrm{s}$，选用管径 $DN200\mathrm{mm}$，查水力计算表得，流速 $v_j=0.58\mathrm{m/s}$，水力坡降 $i_j=3.37‰$。滤池冲洗时，进水管上的阀门关闭，空气不会通过进水管进入反洗水排水管，故进水管不设置 U 形存水弯，进水段管长 $l_j=10\mathrm{m}$。

进水管与反冲洗排水管合并后通入滤池。因反冲洗水量远大于过滤水量，合并后管径按反冲洗水量选取，管径为 $DN350\mathrm{mm}$，进水流量在此段流速小于 $0.2\mathrm{m/s}$，进水流经管径为 $DN350\mathrm{mm}$ 段的管长约 1m，水力坡降和局部水头损失忽略不计。

进水管沿程水头损失

$$h_f=i_j l_j=0.00337\times10\approx0.034(\mathrm{m})$$

进水管主要配件及局部阻力系数 $\xi$ 见表 7-29。进水管局部水头损失

$$h_j=\sum\xi_j v_j^2/(2g)=1.55\times0.58^2/19.62\approx0.027(\mathrm{m})$$

所以进水管总水头损失

$$h_{进}=h_f+h_j=0.034+0.027=0.061(\mathrm{m})$$

**表 7-29 各种配件及局部阻力系数**

| 配件名称 | | 数量/个 | 局部阻力系数 $\xi$ |
|---|---|---|---|
| 进水管 | 水箱出口 | 1 | 0.5 |
| | 90 弯头 | 1 | 0.72 |
| | $DN200\mathrm{mm}\times350\mathrm{mm}$ 渐放 | 1 | 0.25 |
| | $DN200\mathrm{mm}$ 全开闸阀 | 1 | 0.08 |
| | $\sum\xi$ | | 1.55 |
| 反冲洗来水管 | 反冲洗来水管进口 | 1 | 0.5 |
| | 90°弯头 | 2 | $0.89\times2=1.78$ |
| | 反洗来水管出口 | 1 | 1.0 |
| | $DN350\mathrm{mm}$ 全开闸阀 | 1 | 0.07 |
| | $\sum\xi$ | | 3.35 |
| 反冲洗排水管 | 反洗排水管进口 | 1 | 0.5 |
| | 90°弯头 | 1 | 0.89 |
| | $DN350\mathrm{mm}$ 全开闸阀 | 1 | 0.07 |
| | 转弯流三通 | 1 | 1.5 |
| | 挡水板 | 1 | 3.6 |
| | $\sum\xi$ | | 6.56 |

由以上计算可知，反冲洗来水管（反冲洗水箱至滤池间的管段）管长约 15m，正常过滤时滤后水在管内流速小于 $0.2\mathrm{m/s}$，沿程水头损失和局部水头损失均很小，可忽略。

（6）反冲洗进水管及排水管水头损失 $h_{pz}$ 反冲洗进水管、排水管均采用 $DN350\mathrm{mm}$。进水管管长 $l_L=15\mathrm{m}$，排水管管长 $l_p=5\mathrm{m}$，配件及阻力系数见表 7-29。其中挡水板处套用有底阀的滤水网 $\xi$ 值 3.6。

① 平均反冲洗流量

$$Q_{冲}=qF=16\times9=144\ (\mathrm{L/s})$$

此时，流速 $v_{冲}=1.44\mathrm{m/s}$，水力坡降 $i_L=8.46‰$。

② 反冲洗时反洗来水管的水头损失 $h_L$

a. 沿程水头损失 $h_{f1}$

$$h_{f1}=i_L l_L=0.00846\times15\approx0.127(\mathrm{m})$$

b. 局部水头损失 $h_{j1}$

$$h_{j1}=\sum\xi_L\times v_{冲}^2/(2g)=3.35\times1.44^2/19.62\approx0.354(\mathrm{m})$$

c. 水头损失合计

$$h_L=h_{f1}+h_{j1}=0.127+0.354=0.481(\mathrm{m})$$

③ 冲洗时排水管的水头损失 $h_P$

a. 沿程水头损失

$$h_{f2}=i_L l_P=0.00846\times5\approx0.042(\text{m})$$

b. 局部水头损失

$$h_{j2}=\sum\xi\times v_{冲}^2/(2g)=6.56\times1.44^2/19.62\approx0.693(\text{m})$$

c. 水头损失合计

$$h_P=h_{f2}+h_{j2}=0.042+0.693=0.735(\text{m})$$

④ 来水管与排水管的总水头损失

$$h_Z=h_L+h_P=0.481+0.735=1.216(\text{m})$$

(7) 小阻力配水系统及滤料层水头损失 $h_z$

① 滤板开孔比采用1.32%，查手册，水头损失 $h_{z1}=0.112\text{m}$。

② 滤料层及承托层水头损失 $h_{滤}$。滤料为石英砂，容重 $\gamma_1=2.65\text{t/m}^3$，水的容重 $\gamma=1\text{t/m}^3$，石英砂滤料膨胀前的孔隙率 $m_0=0.41$，滤料层膨胀前的厚度 $H=0.7\text{m}$。则滤料层水头损失

$$h_{滤}=(\gamma_1/\gamma-1)(1-m_0)H_{滤}=(2.65-1)\times(1-0.41)\times0.7=0.681(\text{m})$$

③ 承托层水头损失

$$h_{承}=0.022H_{承}q=0.022\times0.3\times16\approx0.106(\text{m})$$

④ 配水系统及滤料层水头损失

$$h_z=h_{z1}+h_{滤}+h_{承}=0.112+0.681+0.106=0.899(\text{m})$$

(8) 高程布置（见图7-24） 为计算方便，滤池内各部分高程以滤池底板作为±0.00。

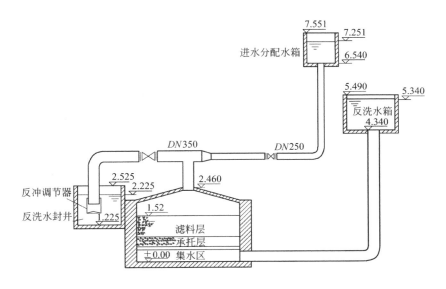

图 7-24 在清水池内设冲洗水箱的单阀滤池计算简图

① 冲洗水箱。为保证滤池能够正常反冲洗，水箱平均水位的标高应能保证在额定流量下，反冲洗水自流进入滤池，并从反冲洗排水管流出。反冲洗排水管最高点在滤池顶部进水

管、反冲洗排水管合并三通处，考虑管件本身尺寸及安装、检修方便，该点在滤池池顶以上1m处。

反冲洗水箱平均水位　$H_{箱均} = H + h_L + h_z + 1 = 2.46 + 0.481 + 0.899 + 1 = 4.84(m)$

冲洗水箱池底标高　$H_{箱底} = H_{箱均} - h_箱/2 = 4.84 - 1/2 = 4.34(m)$

冲洗水箱最高水位　$H_{箱高} = H_{箱底} + h_箱 = 4.34 + 1 = 5.34(m)$

冲洗水箱池顶标　$H_{箱顶} = H_{箱高} + 超高 = 5.34 + 0.15 = 5.49(m)$

② 进水分配箱。为防止反冲洗进水夹带空气，保护水深 $h_保$ 取 0.5m，进水分配箱底标高

$$H_{配底} = H_{箱高} + h_允 - h_保 = 5.34 + 1.7 - 0.50 = 6.54(m)$$

进水分配箱水位标高

$$H_{配水} = H_{箱高} + h_允 + h_进 + 安全高度 = 5.34 + 1.7 + 0.061 + 0.15 = 7.251(m)$$

进水分配箱顶标高

$$H_{配顶} = H_{配水} + 超高 = 7.251 + 0.3 = 7.551(m)$$

③ 反冲洗水封井。水封井水位标高

$$H_{封水} = H_{箱均} - h_L - h_z - h_p - 安全高度 = 4.84 - 0.481 - 0.899 - 0.735 - 0.5m = 2.225(m)$$

水封井内水深取 1.0m，超高取 0.3m，则水封井井底标高 1.225m，顶高 2.525m。在排水管出口处设置冲洗强度调节器以调整反冲洗强度。

# 第七节　V 型滤池

## 一、构造特点

### 1. 池体结构

V 型滤池是快滤池的一种形式，因为其进水槽形状呈 V 字形而得名，也叫均粒滤料滤池（其滤料采用均质滤料，即均粒径滤料）、六阀滤池（各种管路上有六个主要阀门）。它是我国于 20 世纪 80 年代末从法国得力满公司引进的技术，构造示意如图 7-25 所示。

### 2. 工作过程

（1）过滤过程　待滤水由进水总渠经进水阀和方孔后，溢过堰口再经侧孔进入 V 形槽，分别经槽底均布的配水孔和槽顶进入滤池。被均粒滤料滤层过滤的滤后水经长柄滤头流入底部空间，由配水方孔汇入气水分配管渠，再经管廊中的水封井、出水堰、清水渠流入清水池。

（2）反冲洗过程　关闭进水阀，但有一部分进水仍从两侧常开的方孔流入滤池，由 V 形槽一侧流向排水渠一侧，形成表面扫洗。而后开启排水阀将池面水从排水槽中排出直至滤池水面与 V 形槽顶相平。反冲洗过程常采用"气冲—气水同时反冲—水冲"三步。

① 气冲打开进气阀，开启供气设备，空气经气水分配渠的上部小孔均匀进入滤池底部，由长柄滤头喷出，将滤料表面杂质擦洗下来并悬浮于水中，被表面扫洗水冲入排水槽。长柄滤头的结构见图 7-26。

② 气水同时反冲洗在气冲的同时启动冲洗水泵，打开冲洗水阀，反冲洗水也进入气水

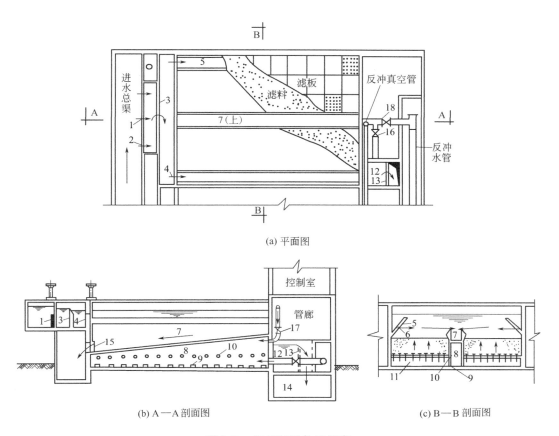

(a) 平面图

(b) A—A 剖面图　　　　　(c) B—B 剖面图

图 7-25　V 型滤池构造示意

1—进水气动隔膜阀；2—方孔；3—堰口；4—侧孔；5—V 形槽；6—小孔；7—排水堰；
8—气、水分配渠；9—配水方孔；10—配气小孔；11—底部空间；12—水封井；13—出水堰；
14—清水渠；15—排水阀；16—清水阀；17—进气阀；18—冲洗水阀

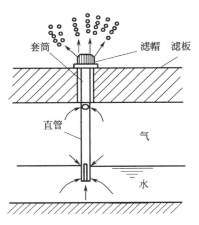

图 7-26　长柄滤头的结构

分配渠，气、水分别经小孔和配水方孔流入滤池底部配水区，经长柄滤头均匀进入滤池，滤料得到进一步冲洗，表扫仍继续进行。

③ 停止气冲，单独水冲，表扫仍继续最后将水中杂质全部冲入排水槽。

3. V 型滤池的主要特点

① 出水阀可随池内水位的变化调整开开启度，可实现恒水位等速过滤，避免滤料层出现负压。

② 采用均质粗砂滤料且厚度较大，截污量较大，过滤周期长，出水水质好。

③ 滤床长宽比较大 [（2.5～4）∶1]，进水槽和排水渠沿长边布置，较大滤床面积时布水配水均匀。

④ 单格滤床面积较大，最大可达 210m²，适用于大型水处理工程。

⑤ 采用小阻力配水系统，承托层较薄。

⑥ 采用小阻力配水系统，气水联合反冲洗加表面扫洗，因此冲洗效果好。

⑦ 冲洗时滤料层膨胀率低，不会出现跑砂。水冲洗强度低，冲洗水耗省。

## 二、设计要点及参数

① 滤池个数的确定应作技术经济比较。无资料时，可参考表 7-30 选用。滤床布置可采用双床或单床布置，单个滤床宽度一般在 3.5m 以内，最大不超过 5m，滤床长宽比为 (2.5～4)∶1。

表 7-30　V 型滤池个数

| 总过滤面积/m² | 小于 80 | 80～150 | 150～250 | 250～350 | 350～500 | 500～800 |
|---|---|---|---|---|---|---|
| 滤池个数 | 2 | 2～3 | 4 | 4～5 | 5～6 | 5～8 |

② 采用单层加厚均粒滤料，粒径一般为 0.95～1.35mm，允许扩大到 0.7～2.0mm，不均匀系数 1.2～1.6。

③ 过滤周期 24～48h，冲洗前水头损失不大于 2m，正常滤速 8～14m/h，强制滤速 10～18m/h。滤层厚度 1.2～1.5m，滤料层以上水深 1.2～1.5m。

④ 进水及布水系统

a. 进水总渠应设主进水孔和表面扫洗进水孔。主进水孔设气动或电动闸板阀，表面扫洗进水孔可设手动闸板。

b. 每格滤池应设可调整高度的进水堰板，以使各池进水量相同。进水槽的底面应与 V 形槽底持平，不得高出。

c. V 形槽在过滤时应处于淹没状态。其断面应按非均匀流满足配水均匀性要求计算确定，其斜面与池壁的倾斜度宜采用 45°～50°。V 形槽内始端流速不大于 0.6m/s，底部的水平扫洗配水孔预埋管纵向轴线应保持水平，配水孔内径 $\phi$20～30mm，过孔流速 2.0m/s 左右，孔中心低于排水槽上沿 50～150mm。

⑤ 排水槽顶面宜高出滤料层表面 500mm，底板以 ≥0.02 的坡度坡向出口。底板底面最低处高出滤板底 100mm，最高处高出 400～500mm。槽内的最高水面宜低于排水槽上沿 50～100mm。

⑥ 配气配水系统设计

a. 宜采用长柄滤头配气、配水系统。一般每平方米滤池面积布置滤头个数 30～50 个。同一格滤池内所有滤头、滤帽或滤柄顶表面其误差不得大于 ±5mm。

b. 承托层采用粗石英砂，厚度 50～100mm，粒径 2～4mm。

c. 反冲洗空气总管的管底应高于滤池的最高水位。配气配水渠进气干管管顶宜平渠顶，冲洗水干管管底宜平渠底。配气配水渠进口处冲洗水流速一般小于等于 1.5m/s，进口处冲洗空气流速一般小于等于 5m/s。

d. 配水孔底应与池底平，孔口流速为 1.0～1.5m/s。配气孔过孔流速 15m/s 左右，顶部宜与滤板板底相平，有困难时可低于板底，但高差不宜超过 30mm。

e. 支承滤板的滤板梁应垂直于配气配水渠，梁顶每块滤板长度的中间部位应留空气平衡缝，缝高 20～50mm，长度等于 1/2 滤板。

f. 气水室宜设检查孔，检查孔可设在管廊侧池壁上。

g. 冲洗水的供应宜用水泵，水泵的能力应按单格滤池冲洗水量设计，并设置备用机组。冲洗气源的供应宜用鼓风机，并设置备用机组。

⑦ 进水总渠流速控制在 0.7～1.0m/s，出水总管（渠）流速控制在 0.6～1.2m/s，冲洗进水管流速控制在 2.0～3.0m/s，排水总渠流速控制在 0.7～1.5m/s，冲洗空气管流速控制在 10～15m/s，空气总管的管底应高于滤池的最高水位。

## 三、计算例题

### 【例 7-13】 V型滤池设计计算

1. 已知条件

设计水量 $Q'=90000\text{m}^3/\text{d}$，水厂自用水量按 5% 计算，不考虑初滤水排放。

2. 设计参数

滤速 $v=9\text{m/h}$；单独气洗时，气洗强度 $q_{气1}=15\text{L/(s}\cdot\text{m}^2)$；气水同洗时，气洗强度 $q_{气2}=15\text{L/(s}\cdot\text{m}^2)$，水洗强度 $q_{水1}=4\text{L/(s}\cdot\text{m}^2)$；单独水洗时，水洗强度 $q_{水2}=5\text{L/(s}\cdot\text{m}^2)$；反冲横扫强度 $1.8\text{L/(s}\cdot\text{m}^2)$。

冲洗时间共计 $t=12\text{min}=0.2\text{h}$；单独气洗时间 $t_气=3\text{min}$；气水同洗时间 $t_{气水}=4\text{min}$；单独水洗时间 $t_水=5\text{min}$；冲洗周期 $T=48\text{h}$。

3. 设计计算

(1) 池体设计

① 计算水量 $Q$

$$Q=1.05Q'=1.05\times90000=94500(\text{m}^3/\text{d})=3937.5(\text{m}^3/\text{h})=1.09(\text{m}^3/\text{s})$$

② 滤池工作时间 $T'$

$$T'=24-t(24/T)=24-0.2\times(24/48)=23.9(\text{h})$$

③ 滤池面积 $F$

$$F=Q/(vT')=94500/(9\times23.9)=439.3(\text{m}^2)$$

④ 滤池的分格。根据表 7-30，滤池分格数 $N=6$。采用双床 V 型滤池，单床宽度 $B_单=3.0\text{m}$，长度 $L_单=12.0\text{m}$，每格滤池面积

$$f=2B_单 L_单=2\times3.0\times12=72(\text{m}^2)$$

滤池总面积

$$F'=Nf=6\times72=432(\text{m}^2)$$

滤速修正为

$$v=Q/(T'F')=94500/(23.9\times432)=9.15(\text{m/h})$$

校核强制滤速

$$v_强=vN/(N-1)=9.15\times6/(6-1)=10.98(\text{m/h})$$

⑤ 滤池高度的确定。滤池超高 $H_5=0.3\text{m}$，滤层上水深 $H_4=1.5\text{m}$，滤料层厚 $H_3=1.0\text{m}$，滤板厚度 $H_2=0.13\text{m}$，滤板下布水区高度 $H_1=0.9\text{m}$，则滤池总高

$$H=H_1+H_2+H_3+H_4+H_5=0.9+0.13+1.0+1.5+0.3=3.83(\text{m})$$

⑥ 水封井的设计。滤池采用单层加厚均粒滤料，粒径 0.95~1.35mm，不均匀系数 1.2~1.6。均粒滤料清洁滤料层的水头损失按下式计算。

$$\Delta H_清=180\times\frac{\nu}{g}\times\frac{(1-m_0)^2}{m_0^3}\times\left(\frac{1}{\varphi d_0}\right)l_0 v$$

式中　$\Delta H_清$——水流通过清洁滤料层的水头损失，cm；

　　　　$\nu$——水的运动黏度，$\text{cm}^2/\text{s}$，20℃时为 $0.0101\text{cm}^2/\text{s}$；

　　　　$g$——重力加速度，$981\text{cm/s}^2$；

　　　　$m_0$——滤料孔隙率，取 0.5；

　　　　$d_0$——与滤料粒径相同的球体直径，cm，根据厂家提供数据为 0.1cm；

　　　　$l_0$——滤层厚度，cm，$l_0=100\text{cm}$；

$v$——滤速,cm/s,$v=9.04$m/h$=0.251$cm/s;

$\varphi$——滤料颗粒球度系数,天然砂粒为 0.75~0.8,取 0.8。

$$\Delta H_{清}=180\times\frac{0.0101}{981}\times\frac{(1-0.5)^2}{0.5^3}\times\left(\frac{1}{0.8\times0.1}\right)\times100\times0.25\approx1.16\ (\text{cm})$$

根据经验,滤速为 8~10m/h 时,清洁滤料层的水头损失一般为 30~40cm。计算值比经验值低,取经验值的低限 30cm 为清洁滤料层的过滤水头损失。正常过滤时,通过长柄滤头的水头损失 $\Delta h\leqslant0.22$m。忽略其他水头损失,则每次反冲洗后刚开始过滤时水头损失为

$$\Delta H_{开始}=0.3+0.22=0.52(\text{m})$$

为保证滤池正常过滤时池内的液面高出滤料层,水封井出水堰顶标高与滤料层相同。设计水封井平面尺寸 2m×2m,堰底板比滤池底板低 0.3m,水封井出水堰总高

$$H_{水封}=0.3+H_1+H_2+H_3=0.3+0.9+0.13+1.0=2.33(\text{m})$$

每座滤池过滤水量

$$Q_{单}=vf=9.04\times87.5=791(\text{m}^3/\text{h})=0.22(\text{m}^3/\text{s})$$

所以水封井出水堰堰上水头由矩形堰的流量公式 $Q=1.84bh^{3/2}$ 计算得

$$h_{水封}=[Q_{单}/(1.84b_{堰})]^{2/3}=[0.22/(1.84\times2)]^{2/3}\approx0.153(\text{m})$$

反冲洗完毕后清洁滤料层过滤时,滤池液面比滤料层高出 0.152+0.52=0.672 (m)。

(2) 反冲洗管渠系统

① 反冲洗用水流量 $Q_{反}$。单独水洗时反洗强度最大,此时反冲洗用水流量

$$Q_{反水}=q_{2水}f=5\times72=360(\text{L/s})=0.36(\text{m}^3/\text{s})=1296(\text{m}^3/\text{h})$$

V 型滤池反冲洗时,表面扫洗同时进行,其流量

$$Q_{表水}=q_{表水}f=0.0018\times72=0.1296(\text{m}^3/\text{s})$$

反冲洗用水量

$$Q_{反}=Q_{反水}+Q_{表水}=0.36+0.1296=0.4896(\text{m}^3/\text{s})$$

② 反冲洗配水系统。反冲洗供水管管径 $DN450$mm,其流速

$$v_{水干}=(4Q_{反水})/(\pi d^2_{水干})=(4\times0.36)/(3.14\times0.45^2)=2.26(\text{m/s})$$

流速符合设计要点的要求。

反冲洗水由反洗供水管输送至气水分配渠,由气水分配渠底侧的布水方孔配水到滤池底部布水区。反冲洗水通过配水方孔的流速 $v_{水支}$ 取 1m/s,则配水支管(渠)的截面积

$$A_{方孔}=Q_{反水}/v_{水支}=0.36/1=0.36(\text{m}^2)$$

沿渠长方向两侧各均匀布置 20 个配水方孔,共计 40 个,孔中心间距 0.6m,每个孔口的面积

$$A_{小孔}=0.36/40=0.009(\text{m}^2)$$

每个孔口尺寸取 0.1m×0.1m,$A_{小孔}$ 修正为 0.01m$^2$,实际最大过孔流速修正为

$$v_{水支}=\frac{Q_{反水}}{40A_{小孔}}=\frac{0.36}{40\times0.01}=0.9(\text{m/s})$$

③ 反冲洗用气量 $Q_{反气}$ 的计算。气洗强度最大时,$q_{气}=15$L/(s·m$^2$),此时反冲洗用气量

$$Q_{反气}=q_{气}f=15\times72=1080(\text{L/s})=1.08(\text{m}^3/\text{s})$$

④ 配气系统的断面计算。反冲洗供气管管径 $DN350$mm,管内空气流速

$$v_{气干}=\frac{4Q_{反气}}{\pi d^2_{气干}}=\frac{4\times1.08}{(3.14\times0.35^2)}=11.23(\text{m/s})$$

流速符合设计要点的要求。

反冲洗用气由反冲洗配气干管输送至气水分配渠,由气水分配渠两侧的布气小孔配气到滤池底部布水区。布气小孔紧贴滤板下缘,间距与布水方孔相同,共计 40 个。反冲洗用气

通过配气小孔的流速取 10m/s，则配气支管（渠）的截面积

$$A_{气支} = Q_{反气}/v_{气支} = 1.08/10 \approx 0.108(m^2)$$

每个布气小孔面积　$A_{气孔} = A_{气支}/40 = 0.108/40 = 0.0027(m^2)$

孔口直径　　　　　$d_{气孔} = \sqrt{4 \times 0.0027/3.14} \approx 0.06(m)$

每孔配气量　　　　$Q_{气孔} = Q_{反气}/40 = 1.08/40 = 0.027(m^3/s) = 97.2(m^3/h)$

⑤ 气水分配渠的断面设计。气水分配渠的断面应按气水同时反冲洗的情况设计。此时反冲洗水的流量

$$Q_{反气水} = q_{水1}f = 4 \times 72 = 288(L/s) = 0.288(m^3/s)$$

此时反冲洗用气量

$$Q_{反气} = q_{气}f = 15 \times 72 = 1080(L/s) = 1.08(m^3/s)$$

此时，$v_{水干}$ 取 1.5m/s，$v_{气干}$ 取 5m/s，气水分配干渠的断面积

$$A_{气水} = Q_{反气水}/v_{水干} + Q_{反气}/v_{气干} = 0.288/1.5 + 1.08/5 = 0.408(m^2)$$

（3）滤池管渠

① 反冲洗管渠

a. 气水分配渠。气水分配渠起端宽取 0.4m，高取 1.5m，末端宽取 0.4m，高取 1m。起端截面积 0.6m²，末端截面积 0.4m²。两侧沿程各布置 20 个配气小孔和 20 个布水方孔，孔间距 0.6m，共 40 个配气小孔和 40 个配水方孔，气水分配渠末端所需最小截面积 0.408/40 = 0.0102（m²）< 末端截面积 0.4m²，满足要求。

b. 排水集水槽。排水集水槽顶端高出滤料层顶面 0.5m，气水分配渠起端高度 1.5m，则排水集水槽起端槽深度

$$H_{起} = H_1 + H_2 + H_3 + 0.5 - 1.5 = 0.9 + 0.13 + 1 + 0.5 - 1.5 = 1.03(m)$$

气水分配渠末端高度 1.0m，排水集水槽末端深度

$$H_{末} = H_1 + H_2 + H_3 + 0.5 - 1.0 = 0.9 + 0.13 + 1 + 0.5 - 1.0 = 1.53(m)$$

集水槽底坡　$i = (H_{末} - H_{起})/L_{单} = (1.53 - 1.03)/12.5 = 0.04$

c. 排水集水槽排水能力校核。集水槽超高 0.3m，槽宽 $b_{排集} = 0.4m$，槽内水深

$$h_{排集} = H_{起} - 0.3 = 0.73(m)$$

集水槽湿周　　　　　　$\chi = b + 2h = 0.4 + 2 \times 0.73 = 1.86(m)$

水流断面　　　　　　　$A_{排集} = bh = 0.4 \times 0.73 = 0.292(m^2)$

水力半径　　　　　　　$R = A_{排集}/\chi = 0.292/1.86 \approx 0.157(m)$

混凝土渠道糙率 $n = 0.013$，渠内水流速度

$$v = R^{2/3}i^{1/2}/n = (0.157^{2/3} \times 0.04^{1/2})/0.013 = 4.47(m/s)$$

过流能力　$Q_{排集} = A_{排集}v = 0.292 \times 4.47 \approx 1.31(m^3/s) > Q_{反} = 0.4896(m^3/s)$

② 进水管渠

a. 进水总渠。进水总渠流速 $v_{进总}$ 取 0.9m/s，水流断面积

$$A_{进总} = Q/v_{进总} = 1.09/0.9 = 1.21(m^2)$$

进水总渠宽取 1.2m，水深取 1m，超高取 0.3m。

b. 进水孔。单格滤池强制滤速时的进水量 $Q_{强}$ 为

$$Q_{强} = v_{强}f = 10.98 \times 72 = 790.56(m^3/h) = 0.220(m^3/s)$$

每格座滤池由进水总渠侧壁开三个进水孔。两侧进水孔在反冲洗时关闭，中间进水孔供给反冲洗时表面扫洗用水，反冲洗时不关闭。中间进水孔设手动调节闸板，调节闸门的开启度，调节表面扫洗用水量。孔口面积 $A_{孔}$ 按孔口淹没出流公式 $Q = 0.8A\sqrt{2gh}$ 计算，孔口两侧水位差取 0.05m，则孔口总面积

$$A_孔 = Q_强/(0.8\sqrt{2gh}) = 0.220/(0.8 \times \sqrt{2 \times 9.81 \times 0.05}) = 0.278(m^2)$$

中间孔面积按表面扫洗水量设计

$$A_{中孔} = A_孔(Q_{表水}/Q_强) = 0.278 \times (0.1296/0.220) = 0.16(m^2)$$

中间孔宽度 $B_{中孔}$ 和高度 $H_{中孔}$ 均取 0.4m。

两个侧孔面积

$$A_侧 = (A_孔 - A_{中孔})/2 = (0.278 - 0.16)/2 = 0.059(m^2)$$

侧孔宽度 $B_{侧孔}$ 和高度 $H_{侧孔}$ 均取 0.25m,实际单个侧孔面积 $0.0625m^2$。

c. 进水堰。为保证进水稳定性,进水总渠引来的浑水经过溢流堰进入每座滤池内的配水渠,再经滤池内的配水渠分配到两侧的 V 形槽。溢流进水堰与进水总渠平行设置,与进水总渠侧壁相距 0.5m。溢流进水堰堰宽 $b_堰$ 取 5m,堰上水头

$$H_堰 = [Q_强/(1.84b_堰)]^{2/3} = [0.220/(1.84 \times 5)]^{2/3} = 0.083(m)$$

d. 配水渠。进入每座滤池的浑水溢流至配水渠,由配水渠两侧的进水孔进入滤池内的 V 形槽。水流由中间向两侧分流,每侧流量为 $Q_强/2$。滤池配水渠宽 $b_{配渠}$ 取 0.5m,渠高 1m,渠长 $L_{配渠}$ 等于单格滤池宽度,为 7.5m。当渠内水深 $h_{配渠}$ 为 0.6m 时,流速

$$v_{配渠} = Q_强/(2b_{配渠}h_{配渠}) = 0.220/(2 \times 0.5 \times 0.6) \approx 0.367(m/s)$$

e. 配水渠过水能力校核。配水渠的水力半径

$$R_{配渠} = b_{配渠}h_{配渠}/(2h_{配渠} + b_{配渠}) = 0.5 \times 0.6/(2 \times 0.6 + 0.5) = 0.18(m)$$

配水渠的水力坡降

$$i_{配渠} = (nv_{配渠}/R_{配渠}^{2/3})^2 = (0.013 \times 0.367/0.18^{2/3})^2 = 0.000224$$

渠内水面降落量

$$\Delta h_{配渠} = i_{配渠}L_{配渠}/2 = 0.000224 \times 7.5/2 = 0.00084(m)$$

配水渠最高水位

$$h_{配渠} + \Delta h_{配渠} = 0.6 + 0.00084 = 0.6008(m)$$

配水渠的最高水位小于渠高,过水能力满足要求。

③ V 形槽的设计。V 形槽槽底设表面扫洗出水孔,直径取 $d_{v孔} = 0.025m$,每槽共计 80 个。则单侧 V 形槽出水孔总面积

$$A_{表孔} = (3.14 \times 0.025^2/4) \times 80 = 0.039(m^2)$$

表面扫洗水出水孔低于排水集水槽堰顶 0.15m,即 V 形槽槽底的高度低于集水槽堰顶 0.15m。表面扫洗时 V 形槽内水位高出滤池反冲洗时液面

$$h_{v液} = [Q_{表水}/(2 \times 0.8A_{表孔})]^2/(2g) = [0.1296/(2 \times 0.8 \times 0.039)]^2/(2 \times 9.8) = 0.22(m)$$

集水槽长 $b$ 为 12m,反冲洗时排水集水槽的堰上水头

$$h_{排槽} = [Q_反/(2 \times 1.84b)]^{2/3} = [0.4896/(2 \times 1.84 \times 12)]^{2/3} = 0.05(m)$$

V 形槽倾角 45°,垂直高度 0.8m,反冲洗时 V 形槽顶高出滤池内液面的高度为

$$0.8 - 0.15 - h_{排槽} = 0.8 - 0.15 - 0.05 = 0.6(m)$$

反冲洗时 V 形槽顶高出槽内液面的高度为

$$0.8 - 0.15 - h_{排槽} - h_{v液} = 0.8 - 0.15 - 0.05 - 0.22 = 0.38(m)$$

(4) 冲洗水泵扬程

① 反冲洗水池最低水位与排水槽顶的高差 $H_0$ 按 5m 计。

② 冲洗水泵到滤池配水系统的管路水头损失 $\Delta h_1$。反洗配水干管用钢管,管径 $d$ 为 0.45m,管内流速 $v_{水干}$ 为 2.26m/s,布置管长 $l$ 总计 80m。反冲洗总管的沿程水头损失

$$\Delta h_f = 0.00107lv_{水干}^2/d^{1.3} = 0.00107 \times 80 \times 2.26^2/0.45^{1.3} = 0.81(m)$$

冲洗管配件及局部阻力系数 $\xi$ 见表 7-31。

$$\Delta h_\mathrm{j} = \xi v_{\text{水干}}^2/(2g) = 6.78 \times 2.26^2/(2 \times 9.8) = 1.77 \text{(m)}$$

**表 7-31  冲洗管配件及局部阻力系数**

| 配件名称 | 数量/个 | 局部阻力系数 $\xi$ | 配件名称 | 数量/个 | 局部阻力系数 $\xi$ |
|---|---|---|---|---|---|
| 90°弯头 | 6 | $6 \times 0.6 = 3.6$ | 等径三通 | 2 | $2 \times 1.5 = 3$ |
| $DN600\text{mm}$ 闸阀 | 3 | $3 \times 0.06 = 0.18$ | $\Sigma\xi$ | | 6.78 |

冲洗水泵到滤池配水系统的管路水头损失

$$\Delta h_1 = \Delta h_\mathrm{f} + \Delta h_\mathrm{j} = 0.81 + 1.77 = 2.58 \text{(m)}$$

③ 滤池配水系统的水头损失 $\Delta h_2$

a. 气水分配干渠内的水头损失 $\Delta h_{\text{反水}}$。气水分配干渠的水头损失按气水同时反冲洗时计算。此时渠上部是空气，下部是反冲洗水，按矩形暗管（非满流，$n = 0.013$）近似计算。此时气水分配渠内水面高

$$h_{\text{反水}} = Q_{\text{反气水}}/(v_{\text{水干}} b_{\text{气水}}) = 0.288/(1.5 \times 0.4) = 0.48 \text{(m)}$$

水力半径  $R_{\text{反水}} = b_{\text{气水}} h_{\text{反水}}/(2h_{\text{反水}} + b_{\text{气水}}) = 0.4 \times 0.48/(2 \times 0.48 + 0.4) = 0.14 \text{(m)}$

水力坡降  $i_{\text{反渠}} = (n v_{\text{渠}}/R_{\text{渠}}^{2/3})^2 = (0.013 \times 1.5/0.14^{2/3})^2 = 0.0052$

渠内水头损失  $\Delta h_{\text{反水}} = i_{\text{反渠}} l_{\text{反渠}} = 0.0052 \times 12 = 0.0624 \text{(m)}$

b. 气水分配干渠底部配水方孔水头损失 $\Delta h_{\text{方孔}}$。由反冲洗配水系统的断面计算部分内容可知，配水方孔的实际总面积

$$A_{\text{方孔}} = 40 A_{\text{小孔}} = 40 \times 0.01 = 0.4 (\text{m}^2)$$

$$\Delta h_{\text{方孔}} = [Q_{\text{反气水}}/(0.8 A_{\text{方孔}})]^2/(2g) = [0.288/(0.8 \times 0.4)]^2/(2 \times 9.8) = 0.041 \text{(m)}$$

c. 反洗水经过滤头的水头损失 $\Delta h_{\text{滤}}$。根据有关资料，$\Delta h_{\text{滤}} \leqslant 0.22\text{m}$。

d. 气水同时通过滤头时增加的水头损失 $\Delta h_{\text{增}}$。气水同时反冲时气水比 $k = 15/4 = 3.75$，长柄滤头配气系统的滤帽缝隙总面积与滤池过滤总面积之比为 1.25%，则长柄滤头中的水流速度

$$v_{\text{柄}} = Q_{\text{反气水}}/(1.25\% f) = 0.35/(1.25\% \times 87.5) = 0.32 \text{(m/s)}$$

通过滤头时增加的水头损失

$$\Delta h_{\text{增}} = 9810 k (0.01 - 0.01 v_{\text{柄}} + 0.12 v_{\text{柄}}^2)$$
$$= 9810 \times 3.75 \times (0.01 - 0.01 \times 0.32 + 0.12 \times 0.32^2) = 702\text{Pa} = 0.07 \text{(m)}$$

滤池配水系统的水头损失

$$\Delta h_2 = \Delta h_{\text{反水}} + \Delta h_{\text{方孔}} + \Delta h_{\text{滤}} + \Delta h_{\text{增}} = 0.0624 + 0.057 + 0.22 + 0.07 = 0.409 \text{(m)}$$

④ 砂滤层水头损失 $\Delta h_3$。石英砂滤料容重 $\gamma_1$ 为 $2.65\text{t/m}^3$，水的容重 $\gamma$ 为 $1\text{t/m}^3$，滤料膨胀前的孔隙率 $m_0$ 为 0.41，滤料层膨胀前的厚度 $H_3$ 为 1.0m。滤料层水头损失

$$\Delta h_3 = (\gamma_1/\gamma - 1)(1 - m_0) H_3 = (2.65 - 1) \times (1 - 0.41) \times 1.0 = 0.97 \text{(m)}$$

⑤ 富余水头 $\Delta h_4$ 取 1.5m，反冲洗水泵的最小扬程

$$H_{\text{泵}} = H_0 + \Delta h_1 + \Delta h_2 + \Delta h_3 + \Delta h_4 = 5 + 2.58 + 0.409 + 0.97 + 1.5 = 10.46 \text{(m)}$$

水泵流量应按 $Q_{\text{反水}}$ 选用。

(5) 反洗空气的供给

① 长柄滤头的气压损失 $\Delta P_{\text{滤头}}$。气水同时反冲洗时反冲洗用气量 $Q_{\text{反气}} = 1.08\text{m}^3/\text{s}$。长柄滤头 49 个/$\text{m}^2$，每格滤池共计安装长柄滤头数

$$n = 49 \times 72 = 3528 \text{(个)}$$

每个滤头的通气量

$$q_{\text{滤头}} = 1.08 \times 1000/3528 = 0.306 \text{(L/s)}$$

根据厂家提供数据，在该气体流量下的压力损失 $\Delta P_{滤头}$ 最大为 3kPa。

② 气水分配渠配气小孔的气压损失 $\Delta P_{气孔}$。配气孔直径 $d_{气孔}$ 为 0.06m，每个配气孔面积

$$A_{气孔} = \pi d_{气孔}^2 / 4 = 3.14 \times 0.06^2 / 4 = 0.0028 (m^2)$$

反冲洗时气体通过配气小孔的流速

$$v_{气孔} = Q_{气孔} / A_{气孔} = 0.027/0.0028 = 9.64 (m/s)$$

流量系数 $\mu$ 取 0.6，气水分配渠配气小孔压力损失

$$\Delta P_{气孔} = 981 v_{气孔}^2 / (2g\mu^2) = 981 \times 9.64^2 / (2 \times 9.8 \times 0.6^2) = 12.92 (kPa)$$

③ 配气管道的总压力损失 $\Delta P_{管}$

a. 配气管道的沿程压力损失 $\Delta P_1$。反冲洗空气管长度 $l_{气}$ 为 60m，管径 $d_{气干}$ 为 0.3m，管内空气流速 $v_{气干}$ 为 11.23m/s。查《给水排水设计手册》第 5 册表 6-2，空气管道的比摩阻 $i_{气}$ 为 3.82Pa/m，空气温度 30℃时浊度修正系数 $\alpha_{30℃}$ 为 0.98。配气管道沿程压力损失

$$\Delta P_1 = \alpha_{30℃} i_{气} l_{气} = 0.98 \times 3.82 \times 60 = 225 (Pa) = 0.225 (kPa)$$

b. 配气管道的局部压力损失 $\Delta P_2$。反冲洗空气管主要配件及长度换算系数 $\xi$ 见表 7-32。主要配件当量长度

$$l_0 = 55.5\xi D^{1.2} = 55.5 \times 6.91 \times 0.45^{1.2} = 147.1 (m)$$

**表 7-32　反冲洗空气管主要配件及长度换算系数**

| 配件名称 | 数量/个 | 长度换算系数 $\xi$ | 配件名称 | 数量/个 | 长度换算系数 $\xi$ |
|---|---|---|---|---|---|
| 90°弯头 | 5 | 0.7×5=3.5 | 等径三通 | 2 | 1.33×2=2.66 |
| 闸阀 | 3 | 0.25×3=0.75 | $\sum\xi$ | | 6.91 |

局部压力损失

$$\Delta P_2 = \alpha_{30℃} i_{气} l_0 = 0.98 \times 3.28 \times 174.1 = 560 (Pa) = 0.56 (kPa)$$

配气管道的总压力损失

$$\Delta P_{管} = \Delta P_1 + \Delta P_2 = 0.225 + 0.56 = 0.785 (kPa)$$

④ 气水冲洗室中的冲洗水压 $P_{水压}$。反洗时冲洗室水压等于：排水槽堰上水头 (0.05m)，加排水槽顶到滤板高度（1.5m），加滤板厚度（0.13m），加滤层水头损失（$\Delta h_3$），加滤头损失（$\Delta h_{滤} + \Delta h_{增}$）

$$P_{水压} = (0.05 + 1.5 + 0.13 + \Delta h_3 + \Delta h_{滤} + \Delta h_{增}) \times 9.81$$
$$= (0.05 + 1.5 + 0.13 + 0.97 + 0.22 + 0.07) \times 9.81 = 28.84 (kPa)$$

⑤ 空气管入口压力 $P_{入口}$

$$P_{入口} = \Delta P_{滤头} + \Delta P_{气孔} + P_{水压} + \Delta P_{管} + P_{富} = 3 + 12.92 + 28.84 + 0.785 + 4.9 = 50.445 (kPa)$$

# 第八节　滤池的气水反冲洗

## 一、工艺特点

滤池的气水反冲洗是利用空气的搅动作用将滤料表面截留的污物擦洗掉，再用水冲将泥水排除。根据工作步骤不同，气水反冲洗系统可分为三种形式：①先气冲，后水冲；②先气冲，再气水同时冲洗，后水冲；③先气水同时冲洗，后水冲。当滤池采用级配石英砂滤料时，水冲洗阶段滤料层膨胀。当滤池采用均粒石英砂滤料时，水冲洗阶段滤料层不发生膨胀

（或微膨胀）。

气水反冲洗滤料洗净度高，冲洗强度低，节约反冲洗用水量，延长了滤池的工作周期。但要相应增加设备，操作管理相对复杂，对施工要求高。

## 二、设计参数

1. 气水反冲洗强度和历时

气水反冲洗强度和历时见表 7-33。

表 7-33 气水反冲洗强度和历时

| 滤料层结构和膨胀率 | 先气冲洗 | | 气水同时冲洗 | | | 后水冲洗 | |
| --- | --- | --- | --- | --- | --- | --- | --- |
| | 气冲强度 /[L/(s·m²)] | 冲洗历时/min | 气冲强度 /[L/(s·m²)] | 水冲强度 /[L/(s·m²)] | 冲洗历时 /min | 水冲强度 /[L/(s·m²)] | 冲洗历时 /min |
| 双层滤料膨胀率 40%～50% | 20～25 | 3～2 | | | | 6.5～10 | 6～5 |
| 级配石英砂膨胀率 30%～40% | 15～20 (12～18) | 3～1 (1) | — (12～18) | — (3～4) | — (4～3) | 8～10 (7～9) | 7～5 (3～2) |
| 均粒石英砂不膨胀或微膨胀 | 13～17 (13～17) | 1 (1) | 13～17 (13～17) | 3～4 (3～4.5) | 4～3 (4～3) | 5～8 (4～6) | 4～3 (4～) |

注：表中均粒石英砂栏，无括号的数值适用于无表面扫洗水的滤池，括号内的数值适用于有表面扫洗水的滤池，其表面扫洗水强度为 1.4～2.3L/(s·m²)。

2. 配水配气系统

配水配气系统常用下列几种类型。

（1）气水共用一套大阻力配水配气系统　只能用于先气后水冲洗方式，水冲洗时滤料膨胀。系统按水冲洗时的水力条件设计，其设计参数按单独用水反冲洗的大阻力配水系统选用。它不能满足气冲时的阻力条件，气冲时配气不均匀。

（2）气水各用一套大阻力配水配气系统　适用于各种冲洗方式，水冲洗时滤料膨胀。配气、配水系统相互独立，分别按配水、配气的条件设计，反冲时的配水、配气均匀性都能得到保证。大阻力配水系统的设计参数按单独用水反冲洗的大阻力配水系统选用，大阻力配气系统的设计参数选用如下。

① 干管、支管进口处的空气流速采用 10m/s 左右。

② 孔眼直径一般为 1～2mm，间距 70～100mm，孔眼空气流速采用 30～35m/s，孔眼的布置方式为呈 45°向下交错排列。

③ 大阻力配气系统的压力损失可近似取为 1500～2000Pa，可按式 $h = 1.5v^2$ 计算。式中 $v$ 为孔眼空气流速，m/s。

④ 配气管需要可靠的固定措施，防气冲时管道剧烈振动引起配水系统脱位。

（3）气冲用大阻力配气系统　水冲用小阻力配水系统　该系统气冲过程可以有效弥补小阻力配水系统单独水冲洗效果不佳的缺点。配水系统按单独水冲的滤池小阻力配水系统设计，设计配气系统时应注意以下事项。

① 滤砖（或孔板尼龙网）与"丰"字形配气管分开布置。"丰"形配气管可在混凝土孔板之上，也可以在混凝土孔板之下。

② 滤池内有承托层时，应将空气管系统设在滤层之下、承托层之上。

（4）长柄滤头配水配气系统　适用于各种冲洗方式，水冲洗时滤料不膨胀。长柄滤头配水配气系统设计选用参数如下。

① 长柄滤头固定板下的气水室高度为 0.7～0.9m，其中冲洗时形成的气垫层厚度为 0.1～0.15m。

② 配气干管（渠）进口空气流速为 5m/s 左右，水流速度为 1.5m/s 左右；配气支管或孔口空气流速为 10m/s 左右，水流速度为 1～1.5m/s。配水配气渠的配气孔出口应紧贴滤板底面，配水孔出口应紧贴池底。

③ 滤帽缝隙与滤池过滤面积之比约为 1/80，每平方米的滤头数量为 49～64 个。冲洗水和空气同时通过长柄滤头的水头损失增量按产品实测资料确定，或按下式计算

$$\Delta h = 9810 n (0.01 - 0.01 v_1 + 0.12 v_1^2)$$

式中  $\Delta h$——冲洗水和空气同时通过长柄滤头比单一水通过时的水头损失增量，Pa；

　　 $n$——气水比；

　　 $v_1$——滤头柄中的水流速度，m/s。

**3. 冲洗水的供给**

冲洗水可用冲洗水泵或冲洗水箱供应。冲洗水输水管上应设流量调节装置和压力计。

(1) 冲洗水泵扬程 $H_P$(m)

$$H_P = H_0 + h_1 + h_2 + h_3 + h_4 + h_5$$

式中  $H_0$——冲洗水排水槽顶面至水泵吸水池水面的高度，m；

　　 $h_1$——水泵吸水口至滤池的输水管道的总水头损失，m；

　　 $h_2$——配水系统的总水头损失，m；

　　 $h_3$——承托层的水头损失，m；

　　 $h_4$——滤料层的水头损失，m；

　　 $h_5$——富余扬程，m，取 1～2m。

(2) 冲洗水箱供水

① 冲洗水箱的水深不宜大于 3m；出水管口应设置防止空气进入出水管的装置；通气管口应设网罩，网罩孔为 14～18 目；溢流管管径宜比进水管管径大一级，应有泄空措施；人孔应封闭严密。

② 冲洗水箱的有效容积，应不小于一格滤池冲洗水用量的 2 倍；冲洗水箱的进水量应满足 6～8h 内对全部滤池进行一次冲洗所需水量进行计算。

③ 冲洗水箱底面高出滤池冲洗水排水槽顶面的垂直高度按下式计算

$$H_t = h_1 + h_2 + h_3 + h_4 + h_5$$

式中  $H_t$——冲洗水箱底面至滤池冲洗水排水槽顶面的垂直高度，m；

　　 $h_1$——冲洗水箱至滤池冲洗水输水管道的总水头损失，m；

　　 $h_2$——富余高度，取 1～2m；

　　 $h_3$、$h_4$、$h_5$ 的含义同上式。

**4. 反洗空气的供应**

供气系统设计应同时考虑单格滤池面积、冲洗方式、空气冲洗强度和冲洗时间等因素。空气的供给可采用鼓风机供气，也可采用空气压缩机和储气罐组成的供气系统。

(1) 供气系统布置

① 鼓风机宜选用离心鼓风机，空气压缩机应选用无油空气压缩机。鼓风机、空气压缩机应有备用机组。

② 鼓风机房或空气压缩机房的布置应符合规范规定，振动和噪声应符合有关部门规定。机房宜为独立建筑，且靠近滤池；如设冲洗水泵时，机房可和冲洗泵房放在一起。储气罐可放在室内或室外。

③ 输气管道应有防止滤池中的水倒灌的措施，以防停止进气后滤池内的水进入供气设备；输气管道的水平管段宜有不小于 0.003 的坡度，其最低点设凝结水排除阀；管段应有伸缩补偿措施；输气管上应装设压力计和流量计；空气管宜用钢管，阀门应质量良好，以免漏

气和漏水。

④ 空气压缩机需有冷却水管和排水管。空压机与储气罐连接的风管上应安装透气管，并应设止回阀。储气罐出风管上设减压阀和旁通管，储气罐上和减压阀后装压力表和安全阀，出风管上装计量设备。

⑤ 鼓风机进出风管之间设旁通管，以便启动时用以回流空气。

（2）供气系统的计算

① 鼓风机或储气罐输出的气流量，应按单格滤池冲洗气量的 1.05～1.1 倍考虑。

② 鼓风机出口或储气罐调压阀出口风压计算如下。

a. 大阻力配气系统或长柄滤头采用先气后水冲洗方式时

$$H_A = h_1 + h_2 + 9810Kh_3 + h_4$$

式中　$H_A$——鼓风机或储气罐调压出口处压力，Pa；

　　　$h_1$——输气管道的压力总损失，Pa；

　　　$h_2$——配气系统的压力损失，Pa；

　　　$K$——系数，取 1.05～1.10；

　　　$h_3$——配气系统出口至空气溢出面的水深，m；

　　　$h_4$——富余压力，Pa，取 4900Pa。

b. 长柄滤头采用气水同时冲洗方式时

$$H_A = h_1 + h_2 + h_3 + h_4$$

式中　$h_3$——气水室中的冲洗水水压，Pa；

　　　其余符号同上式。

③ 空气压缩机容量的选择，应能满足 6～8h 内对全部滤池进行一次冲洗。采用空气压缩机-储气罐组合供气，空气压缩机容量和储气罐容积的关系为

$$W = (0.06qFt - VP)t/K$$

式中　$W$——空气压缩机的容量，$m^3/min$；

　　　$q$——冲洗空气强度，$L/(s \cdot m^2)$；

　　　$F$——单格滤池面积，$m^2$；

　　　$t$——空气冲洗历时，min；

　　　$V$——储气罐容积，$m^3$；

　　　$P$——储气罐可调节的压力倍数（以绝对压力计）；

　　　$K$——渗漏系数，取 1.05～1.10。

5. 冲洗水的排除

① 气水反冲洗滤池的反冲洗水采用排水槽收集。

② 冲洗时滤料层不膨胀或微膨胀的滤池，其排水槽顶面高出滤料层表面一般取 0.5m，排水槽底面高出滤料面的净高一般取 0.1m。

③ 冲洗时滤层产生膨胀的滤池，其排水槽底面应高出膨胀后的滤料层面 0.1～0.15m。

④ 采用表面扫洗水的滤池，表面扫洗水配水孔口至排水槽边缘的水平距离宜在 3.5m 以内，最大不得超过 5m；表面扫洗水配水孔应低于排水槽顶面 0.015m，同时排水槽内的水面应低于排水槽顶面 0.05m。

⑤ 反冲洗排水采用阀门控制直流排出池外，不宜采用虹吸排水。

## 三、计算例题

### 【例 7-14】 气水反冲洗大阻力配气系统设计

1. 已知条件

① 每格滤池平面尺寸采用 2.5m×4.5m，面积 $f=11.25m^2$。

② 反冲洗过程：先单独气洗，再气水同时洗，最后单独水洗。

③ 单独气洗时，气洗强度 $q_{气1}=18L/(s \cdot m^2)$；气水同时反洗时，气洗强度 $q_{气2}=18L/(s \cdot m^2)$，水洗强度 $q_{水1}=4L/(s \cdot m^2)$；单独水洗时，水洗强度 $q_{水2}=9L/(s \cdot m^2)$。

④ 冲洗时间共计 $t=8min$。其中，单独气洗用时 $t_气=1min$；气水同时反洗用时 $t_{气水}=4min$；单独水洗用时 $t_水=3min$。

⑤ 反冲洗时滤池水面在"丰"字形配气管孔口之上高度 $h=1.63m$。

2. 设计计算

(1) 反冲洗用气流量 $Q_气$

$$Q_气=q_{气1}f=18 \times 11.25=202.5(L/s)=0.203(m^3/s)=12.18(m^3/min)$$

(2) 配气系统的断面

① 配气干管。配气干管采用钢管，管径 $D_{气干}=0.15m$，流速

$$v_{气干}=4Q_气/(\pi D_{气干}^2)=4 \times 0.203/(3.14 \times 0.15^2)=11.49m/s$$

② 孔眼。孔口流速 $v_{气孔}=35m/s$，孔眼直径 $d_孔=2mm$，孔眼间距 $S_孔=70mm$，呈 45° 向下交错排列。孔眼总面积

$$A_{气孔}=Q_气/v_{气孔}=0.203/35=0.0058(m^2)$$

孔眼总数：
$$n_孔=\frac{4A_{气孔}}{\pi d_孔^2}=\frac{4 \times 0.0058}{3.14 \times 0.002^2}=1846(个)$$

③ 配气支管。沿池长方向布置干管，干管长 4.5m。在干管两侧设支管，支管间距 0.075m，两侧共 120 根，则每根支管长约 1.15m。干、支管总长约 $L=142.5m$。孔眼间距

$$S_孔=L/n_孔=142.5/1846=0.077(m)$$

每根支管的配气量：
$$Q_{气支}=0.203/120=0.0017(m^3/s)$$

支管流速 $v_{气支}=10m/s$，支管管径

$$d_{气支}=\sqrt{\frac{4Q_{气支}}{\pi v_{气支}}}=\sqrt{\frac{4 \times 0.0017}{3.14 \times 10}}=0.0147(m)$$

选用支管管径选用 $DN15mm$。

(3) 反洗空气的供给

① 输气管道的压力损失 $\Delta P_1$

a. 输气干管沿程压力损失 $\Delta p_{f干}$。配气孔眼淹没深度 $h=1.63m$。输气管道内空气压力
$$p_气=(1.5+h) \times 9.8=(1.5+1.63) \times 9.8 \approx 30.7(kPa)$$

输气管内空气温度按 30℃ 考虑，此时空气管道的摩阻为 7Pa/m。反冲洗空气干管总长 50m，则反冲洗空气干管沿程压力损失

$$\Delta P_f=7 \times 50=350(Pa)$$

b. 输气支管沿程压力损失 $\Delta P_{\text{f支}}$。每根气洗支管长 1.15m，在水压 30.7kPa，管内的空气温度按 30℃考虑时，空气管的摩阻 19.6Pa/m。则反冲洗空气支管沿程压力损失

$$\Delta p_{\text{f支}} = 19.6 \times 1.15 = 22.5 \text{(Pa)}$$

c. 输气管局部压力损失 $\Delta P_{\text{j}}$。反洗气管主要配件及长度换算系数见表 7-34。空气管配件换算长度

$$l_0 = 55.4 \xi D^{1.2} = 55.4 \times 8.31 \times 0.15^{1.2} \approx 47.3 \text{(m)}$$

表 7-34　反洗气管主要配件及长度换算系数

| 配件名称 | 数量/个 | 长度换算系数 $K$ | 配件名称 | 数量/个 | 长度换算系数 $K$ |
|---|---|---|---|---|---|
| 90°弯头 | 7 | 0.7×7=4.9 | 等径 3 通 | 2 | 1.33×2=2.66 |
| 闸阀 | 3 | 0.25×3=0.75 | $\Sigma\xi$ | | 8.31 |

则局部压力损失

$$\Delta P_{\text{j}} = 7 \times 47.3 \approx 331.1 \text{(Pa)}$$

输气管道的总压力损失为

$$\Delta P_1 = \Delta p_{\text{f干}} + \Delta p_{\text{f支}} + \Delta p_{\text{j}} = 350 + 22.5 + 331.1 = 703.6 \text{(Pa)}$$

② 配气系统的压力损失 $\Delta P_2$

$$\Delta P_2 = 1.5 v_{\text{气}}^2 = 1.5 \times 35^2 = 1837.5 \text{(Pa)}$$

③ 配气系统出口至空气溢出面的水深按滤板顶至排水槽顶高度计算，$h = 1.63\text{m}$。

④ 取富余压力 $\Delta P_4 = 4900\text{Pa}$。

⑤ 气洗干管入口压力

$$\Delta P = \Delta P_1 + \Delta P_2 + 9810Kh + \Delta P_4 = 703.6 + 1837.5 + 9810 \times 1.1 \times 1.63 + 4900 = 25030.43 \text{(Pa)}$$

（4）设备选型（两种方案）

① 选用离心鼓风机供气。选四台风机，三用一备。风机额定风量 5m³/min，出口风压 34.3kPa。

② 选用空气压缩机-储气罐组合方式供气。储气罐容积采用 10m³，可调节的压力倍数 $P$ 选 6。所以

$$W = (0.06 q_1 f t_{\text{气总}} - VP)t/K = (0.06 \times 18 \times 11.3 \times 5 - 10 \times 6) \times 5/1.05 = 4.86 \text{(m}^3/\text{min)}$$

选两台空气压缩机，额定排气量 6m³/min，额定排气压力 12kg/cm²。

所设计的滤池共分 6 格，6h 内对全部滤池进行一次冲洗，每次冲洗间隔 52min，在此期间空压机可以完成对储气罐的空气补给。

# 第九节　几种新型滤池

## 一、流动床滤池

### （一）设计概述

流动床滤池（或过滤器），也叫"活性砂滤池"，是由瑞典 WaterLink AB 公司开发的，采用单一均质滤料，上向流过滤，压缩空气提砂洗砂，过滤与反冲洗可以同时进行的连续过滤设备。

### 1. 滤池构造和工艺过程

流动床滤池由底部带有锥斗的钢筋混凝土池体（或钢制壳体）、布水洗砂装置以及配套设备组成，其中布水洗砂装置由导砂锥、布水器、提砂管、洗砂器组成，是核心部件；配套设备包括空压机、储气罐、控制柜。流动床滤池构造如图 7-27 所示。

流动床滤池过滤时，待滤水经进水管、中心套管、布水器进入滤床下部，然后由下而上流经滤料层完成过滤，滤后水从上部出水堰溢出。同时，压缩空气通过中心套管进入提砂管，空气与水的混合体向上流动，将锥斗底部已经截留了大量悬浮物的滤料提升到上部的洗砂器。在洗砂器中，由于过水断面变大，上升流速变缓，滤料下沉落入滤料层上部。由于下部的滤料不断被提升至上部，滤料层也不断向下运动，所以叫做流动床滤池。

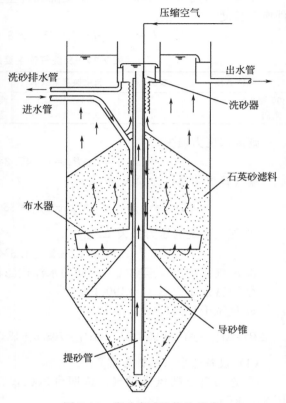

图 7-27　流动床滤池构造示意

在流动床滤池中，滤料的清洗在两个地方连续进行。首先是在提砂管，气泡、水和砂上升形成的强烈紊流对滤料进行清洗。其次是在洗砂器，由于洗砂器中水位低于池内水位，池内水沿洗砂器上升并不断排出，滤料则下落，上升水流可对滤料再次清洗。

流动床滤池洗砂所需的空气压力约为 0.6MPa，所以需要配置空气压缩机、储气罐和控制柜等辅助设备。控制柜实际上是一个带有电动调节阀和流量计的多路空气分配器，用于控制每个装置洗砂用气量，以调节洗砂强度。

### 2. 工艺特点

流动床滤池连续过滤的特点使得其优点十分突出。

① 没有众多的外部管道和阀门，辅助设备少，占地面积小，维护简单，滤池结构简单，基建投资省。

② 进水水质要求宽松，可长期承受较高浊度的进水。

③ 滤料清洁及时，可保证高质、稳定的出水效果，无周期性水质波动现象。过滤效果好，出水水质稳定。

④ 滤料清洗及时，过滤水头损失小。加之辅助设备少，运行电耗低。

⑤ 洗砂耗水量少，不足处理水量的 3%。

### 3. 设计要点

移动床滤池设计十分简单，只需计算出需要多少布水洗砂装置，然后设计一个水池将其装入，接通进水、出水、排水、空气管道，设计即完成。移动床滤池的主要设计要点如下。

① 每格滤池布水洗砂器宜采用双排布置，超高 0.3～0.5m。

② 单个装置过滤面积 6m²，过滤速度 6～8m/h，过滤水头损失小于 1.0m。

③ 滤料采用石英砂，有效粒径 0.8～1.2mm，滤床有效高度（自布水器底面至顶部砂

层最低位置）1.5～2.5m。

④ 滤池底部锥斗呈正八边形，斜面与水平面夹角 58°。

⑤ 单个装置洗砂最大空气消耗量 0.15$m^3$/min，压缩空气压力 0.5～0.7MPa。实际空气消耗量通常是空气设计流量的 50%～70%。

⑥ 单个装置洗砂排水量 0.4～0.7L/s。

⑦ 为了保证每个过滤单元内布水均匀，各洗砂布水器进水压力差不大于 0.05m，出水采用溢流堰，溢流堰沿长边设置。

⑧ 进水管流速 0.6～1.2m/s，洗砂排水管流速 1.0～1.5m/s。

## （二）计算例题

### 【例 7-15】 流动床滤池设计计算

1. 已知条件

某净水处理厂设计规模 48000$m^3$/d，试按流动床滤池设计。

2. 设计计算

（1）设计处理水量 设计产水量

$$Q_{产}=48000=2000(m^3/h)=0.56(m^3/s)$$

厂用水量按 5% 考虑，滤池设计处理水量

$$Q_{处}=48000×1.05=50400(m^3/d)=2100(m^3/h)=0.58(m^3/s)$$

（2）洗砂布水器 正常滤速 $v$ 取 7m/h，每个洗砂布水器过滤面积 $f=6m^2$，共需洗砂布水器数量

$$n=\frac{Q_{处}}{fv}=\frac{2100}{6×7}=50(个)$$

每个洗砂布水器产水量

$$q=\frac{Q_{处}}{n}=\frac{2100}{50}=42(m^3/h)=0.012(m^3/s)$$

（3）滤池尺寸 滤池分为 5 格，每格设洗砂布水器 10 个，布置 2 排，每排 5 个。每格滤池长度

$$L=5×\sqrt{6}=12.25(m)$$

每格滤池宽度

$$B=2×\sqrt{6}=4.9(m)$$

（4）进水渠 为方便设备安装检修，进水渠宽度取 0.8m。进水渠超高 0.3m，过滤水头损失 1.0m，进水管中心池内淹没深度 1.35m，管中心距渠底 0.25m，进水渠高度

$$H_1=0.3+1.0+1.35+0.25=2.9(m)$$

进水渠始端水深 $h_j$ 为 2.6m，始端流速

$$v_j=\frac{Q_{处}}{B_jh_j}=\frac{0.58}{0.8×2.6}=0.28(m/s)$$

（5）滤池高度 滤池高度由洗砂布水器高度确定，洗砂布水器总高度 5.85m，下部提砂管口距池底高度 0.15m，上部洗砂器顶距池顶 0.19m，滤池高度

$$H=0.19+5.85+0.15=6.19(m)$$

（6）进水管 沿程水头损失计算采用公式为

$$h_{沿}=0.000912\frac{v^2}{D^{1.3}}(1+0.867/v)^{0.3}$$

式中 $D$——管径，m；

$v$——流速，m/s。

局部损失计算公式为

$$h_{局}=\xi\frac{v^2}{2g}$$

式中　$\xi$——局部损失系数。

其中进口 $\xi$ 值为 0.5，四通处的局部损失系数按下式计算。

$$\xi=2\left(0.1+1.4\frac{Q_{支}}{Q_{总}}\right)$$

式中　$Q_{支}$——支管流量；

$Q_{总}$——总管流量。

按此式计算，第一处四通 $\xi$ 值为 0.48，第二处四通 $\xi$ 值为 0.55，第三处四通 $\xi$ 值为 0.67，第四处四通 $\xi$ 值为 0.90，第五处四通 $\xi$ 值为 1.6。

进水管管径采用 0.4m，分为 5 段。进水管各段水力计算见表 7-35。

**表 7-35　进水管各段水力计算**

| 分段 | 流量 /(m³/s) | 管径 /m | 流速 /(m/s) | 长度 /m | 沿程损失 /m | 局部损失系数 | 局部损失 /m | 流速水头差/m | 作用水头 /m |
|------|------|------|------|------|------|------|------|------|------|
| 第一段 | 0.120 | 0.4 | 0.95 | 1.62 | 0.003 | 0.5+0.48 | 0.045 | −0.046 | 2.256 |
| 第二段 | 0.096 | 0.4 | 0.76 | 2.44 | 0.002 | 0.55 | 0.016 | 0.017 | 2.254 |
| 第三段 | 0.072 | 0.4 | 0.57 | 2.44 | 0.001 | 0.67 | 0.011 | 0.013 | 2.254 |
| 第四段 | 0.048 | 0.4 | 0.38 | 2.44 | 0.001 | 0.90 | 0.007 | 0.009 | 2.256 |
| 第五段 | 0.024 | 0.4 | 0.19 | 2.44 | 0.000 | 1.60 | 0.003 | 0.006 | 2.259 |

进水管水力计算表明，洗砂布水器作用水头绝对差最大只有 0.005m，相对差别为 0.22%，可以保证各布水器布水均匀。

（7）出水槽　两边的出水槽汇集 15 个布水器产水量，其流量

$$Q_1=15q=15\times0.012=0.18(\text{m}^3/\text{s})$$

集水槽宽度 $B$ 取 0.5m，按沿程均匀变流量计算，集水槽起点水深

$$H_0=0.8091\left(\frac{Q_1}{B}\right)^{\frac{2}{3}}=0.8091\times\left(\frac{0.18}{0.5}\right)^{\frac{2}{3}}=0.409(\text{m})$$

按 $H_0$ 计算，集水槽水力半径

$$R=\frac{BH_0}{B+2H_0}=\frac{0.5\times0.409}{0.5+2\times0.409}=0.155(\text{m})$$

集水槽长度 $L$ 为 12.5m，集水槽水头损失

$$h=\frac{L}{3}\left(\frac{nQ_1}{BH_0R^{2/3}}\right)^2=\frac{12.5}{3}\times\left(\frac{0.013\times0.18}{0.5\times0.409\times0.155^{2/3}}\right)^2=0.007(\text{m})$$

集水槽末端水深 $H_L=H_0-h=0.409-0.007=0.402(\text{m})$

出水槽末端流速

$$v=\frac{Q_1}{BH_L}=\frac{0.18}{0.5\times0.402}=0.90(\text{m/s})$$

出水槽高度 $H$ 取 0.5m，超高为 0.091m。

出水槽堰最大流量　$Q_{边}=10q=10\times0.012=0.12(\text{m}^3/\text{s})$

流量系数 $m$ 取 0.42，最大堰顶水深

$$h_{边}=\left(\frac{Q_{边}}{mL\sqrt{2g}}\right)^{\frac{2}{3}}=\left(\frac{0.12}{0.42\times12.5\times\sqrt{2\times9.8}}\right)^{\frac{2}{3}}=0.0298(\text{m})$$

出水槽上沿淹没深度 $\delta$ 取 0.05m，中间出水槽设计尺寸及标高与两边出水槽相同。

（8）出水渠　出水渠宽度 $B_c$ 取 0.8m，流速 $v_c$ 取 0.8m/s，末端水深

$$h_c = \frac{Q_产}{B_c v_c} = \frac{0.56}{0.8 \times 0.8} = 0.875(\text{m})$$

出水渠超高取 0.45m，水位低于出水槽上沿 0.1m，出水渠深度

$$H_c = h_c + 0.1 + \delta + 0.45 = 0.875 + 0.1 + 0.05 + 0.45 = 1.475(\text{m})$$

（9）洗砂排水支管　单个装置洗砂排水量按 0.7L/s 计算，每格滤池洗砂排水量

$$q_x = 10 \times 0.7 = 7(\text{L/s}) = 0.007(\text{m}^3/\text{s})$$

洗砂排水支管流速 $v_x$ 取 0.8m/s，洗砂排水支管管径

$$D_x = \sqrt{\frac{4q_x}{\pi v_x}} = \sqrt{\frac{4 \times 0.007}{3.14 \times 0.8}} = 0.106 \approx 0.1(\text{m})$$

（10）洗砂排水总管　洗砂排水总管末端流量

$$Q_{xz} = 5q_x = 5 \times 0.007 = 0.035(\text{m}^3/\text{s})$$

砂排水总管流速 $v_{xz}$ 取 1.2m/s，总管管径

$$D_{xz} = \sqrt{\frac{4Q_{xz}}{\pi v_{xz}}} = \sqrt{\frac{4 \times 0.035}{3.14 \times 1.2}} = 0.193 \approx 0.2(\text{m})$$

（11）空压机选型参数　空气压力 0.5～0.7MPa，单个装置洗砂空气消耗量 0.15m³/min，总用气量

$$Q_q = 0.15n = 0.15 \times 50 = 7.5(\text{m}^3/\text{min})$$

流动床滤池布置见图 7-28。

## 二、翻板滤池

如何把握水冲洗强度将滤料冲洗干净，始终是滤池设计、运行需要面对的问题。适当加大水冲洗强度，有利于将滤料冲洗干净，但也可能导致滤料流失。气水联合冲洗虽然有效地改善了冲洗效果，但在水冲洗阶段仍然存在冲洗强度与滤料流失的矛盾。近年来，为了应对水源污染，活性炭吸附过滤的应用越来越多。活性炭滤料密度小，冲洗强度与滤料流失的矛盾尤其突出。

为了进一步提高滤料冲洗效果，防止滤料流失，节约冲洗耗水，瑞士苏尔寿（Sulzer）公司研发了翻板滤池。所谓"翻板"，是因为该型滤池的反冲洗排水阀（板）工作过程中是在 0°～90°之间来回翻转而得名。

### （一）工作原理与特点

翻板滤池构造见图 7-29。其工作原理与其他类型小阻力气水反冲滤池基本相同，所不同的是滤池的反冲洗排水方式和过程。翻板滤池没有其他滤池溢流堰式排水槽，而是在紧邻排水渠的池壁上高出滤料层 0.15～0.2m 处开设排水孔，并装设翻板式排水阀。反冲洗进水时，排水阀并不打开，池内水位上升，冲洗废水暂存在池内。当池内水位达到设定高度时，停止反冲洗进水并静止一段时间（20～30s），膨胀的滤料迅速回落，而冲起的泥渣因其密度远小于滤料仍处于悬浮状态。此时逐步开启翻板阀，池内冲洗废水排出池外。如此反复 2～3次，滤料得以冲洗干净。

翻板滤池的配水配气系统由设在池底板下方的配水配气渠和池底板上方的配水配气支管组成，支管与配水配气渠通过垂直列管相连。垂直列管设有配气管和配气孔，支管呈马蹄形，顶部设有配气孔，底部设有配水孔。反冲洗时，配水配气渠和配水配气支管上部形成两个气垫层，可使配水配气更加均匀。

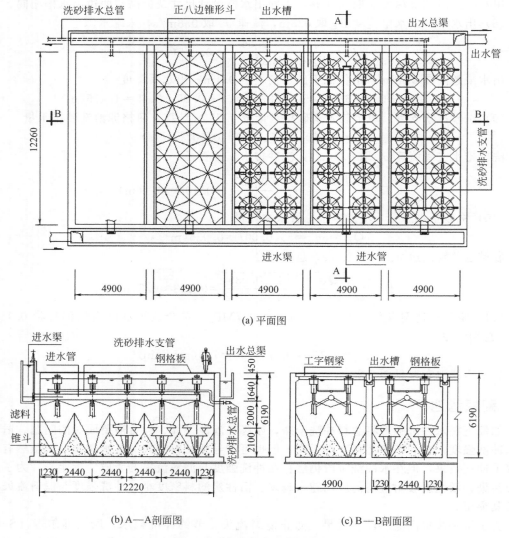

图 7-28　流动床滤池布置示意

翻板滤池的特点如下。

① 由于排水时并不进水，滤料层不膨胀，所以水冲洗强度较大也不会产生滤料流失，因此滤料选择十分灵活。可以选择单层均质滤料、双层或多层滤料，可以选择石英砂、陶粒、无烟煤、颗粒活性炭等多种滤料。滤料选择的灵活性增加了对滤前水质的适应能力。

② 较大的水冲洗强度可以保证滤料冲洗更加干净，因此过滤周期长、冲洗耗水低的特点十分突出。一般经两次水冲洗过程，滤料中泥渣遗留量少于 $0.1kg/m^3$，滤料的截污能力达 $2.5kg/m^3$，反冲洗周期达 $40\sim70h$，冲洗耗水率不足 $1\%$。

③ 冲洗后更加干净的滤料可以保证出水水质好于一般低强度水冲洗滤池。工程实践经验表明，当进入滤池的浊度＜5NTU 时，双层滤料翻板滤池出水浊度小于 0.5NTU 时的保证率可达 100%，小于 0.2NTU 时的保证率可达 95%。

④ 翻板滤池在配气配水渠和配气配水支管形成两个均匀的气垫层，从而保证布水、布

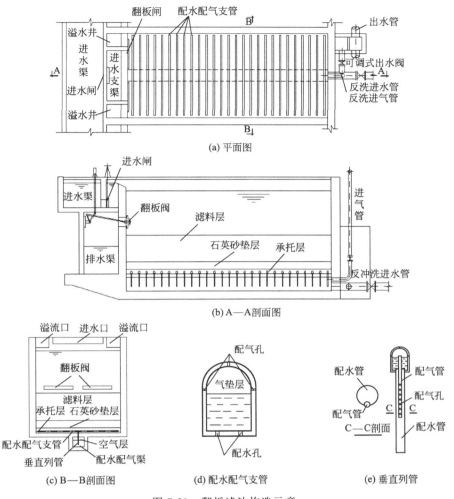

图 7-29 翻板滤池构造示意

气均匀，避免气水分配出现脉冲现象，影响反冲洗的效果。

⑤ 翻板滤池对滤池底板施工平整度的要求较宽，布气布水管水平误差≤10mm 即可，这样可降低施工难度、缩短施工周期，较明显地减少施工费用。

### (二) 运行程序和设计要点

(1) 翻板滤池运行程序

① 出水阀开启度达到最大，水头损失达到最大（2.0m 左右）时，应关闭进水阀门，滤池继续过滤。

② 待池中水面降至距滤料层 0.15m 时，关闭出水阀门。

③ 开启反冲进气阀门进行单独气洗，历时 3～4min。

④ 开启反冲进水阀门，进行气水同时冲洗，历时 4～5min。

⑤ 关闭反冲进气阀门，同时加大冲洗水量，进行单独水洗。

⑥ 经 1min 高强度水冲后，关闭反冲进水阀门，此时池中水位达最高。

⑦ 静止 20s 后开启翻板阀进行排水，开启角度开始时为 50°，然后加大到 90°，排水历时 60～80s。排水完毕后，关闭翻板阀。

⑧ 重复单独水洗数次，直至冲洗水变清，完成冲洗过程。

⑨ 为防止进水跌落扰动滤料层，再次开启冲洗进水阀门，待池中水位上升到滤料层以上 1.5m 时，关闭冲洗进水阀门，打开进水阀和出水阀，进入新一轮过滤周期。

(2) 翻板滤池主要设计要点和参数

① 单格滤池面积不大于 100m²，长宽比为(1.25:1)～(1.5:1)。

② 翻板滤池过滤时池内水位基本恒定，因此池内需设滤前水位仪，出水管上设可调节阀门，通过自动控制系统调整阀门开启度，保持池内水位变化幅度不超过 0.02m。

③ 由于水冲洗时池内水位上升，因此需要在池内最高水位处设溢流口，防止冲洗废水溢入进水渠或溢入相邻滤池。

④ 配水配气支管中心间距 0.2～0.25m，最大水流速度不超过 0.8m/s。垂直列管的配水管反冲洗时最大水流速度不超过 3.5m/s，配气管反冲洗时最大空气流速度不超过 25m/s。

⑤ 滤料组成：单层石英砂滤料厚度 1.2m，粒径 0.9～1.2mm。单层活性炭滤料厚度 1.5～2m，料粒径 2.5mm。双层滤料时，石英砂层厚度 0.8m，粒径 0.7～1.2mm，无烟煤或陶粒层厚度 0.7m，粒径 1.6～2.5mm。

⑥ 过滤速度：当进水浊度≤5NTU，出水浊度要求低于 0.5NTU 时，滤速控制在 6～10m/h，强制滤速 10～12m/h。

⑦ 过滤周期 40～70h，最大过滤水头损失 2.0m，双层滤料滤池的纳污率为 2.5kg/m³。

⑧ 采用气水联合冲洗，冲洗过程分为三个阶段。第一阶段单独空气冲洗时，冲洗强度为 16～17L/(m²·s)，历时 3～4min。第二阶段气水同时冲洗时，气洗强度不变，水洗强度 4～5L/(m²·s)，历时 4～5min。最后单独水冲洗时，水洗强度 15～16L/(m²·s)，每次 1～2min，重复 2～3 次。

⑨ 为保证滤料层不出现负压，水封井出水堰顶不低于滤料层。

⑩ 承托层总高度 0.45m，分为两层。第一层为细砾石，粒径 8.0～12.0mm，厚度 0.25m；第二层为粗砂，粒径 3～6mm，厚度 0.2m。

### (三) 计算例题

### 【例 7-16】 翻板滤池设计计算

1. 已知条件

(1) 设计产水量 $Q=6\times10^4$ m³/h。

(2) 设计滤速 $v_{滤}=8$m/h，最大过滤水头损失：$h_{滤}=2$m。

(3) 冲洗强度和历时

① 单独气洗，强度 $q_{气}=16$L/(s·m²)，历时 $t_1=4$min。

② 气水同时冲洗，气洗强度不变，水洗强度 $q_{水1}=4$L/(s·m²)，历时 $t_2=4$min。

③ 单独水洗 2 次，强度 $q_{水2}=15$L/(s·m²)，每次历时 $t_3=1$min。

④ 每次排水历时 $t_4=1$min，排水前静止时间 $t_4=30$s$=0.5$min。

(4) 采用双层滤料，第一层石英砂，厚度 1.2m，粒径 0.9～1.2mm；第二层无烟煤，厚度 0.7m，粒径 1.6～2.5mm。

(5) 承托层总高度 0.45m。其中细砾石层厚度 0.25m，粒径 8.0～12.0mm；粗砂层厚度 0.2m，粒径 3～6mm。

(6) 冲洗周期 $T=48$h；最大过滤水头损失 $H_{滤}=2$m。

2. 设计计算

(1) 滤池平面尺寸

① 自用水系数取 2%，设计过滤水量

$Q'=1.02Q=1.02\times60000=61200$(m³/d)$=2550$(m³/h)$=0.708$(m³/s)

② 总过滤面积

$$F = Q'/v_{滤} = 2550/8 = 318.75(m^2)$$

③ 滤池分格数 $n$ 取 6，每格过滤面积

$$f = F/n = 318.75/6 = 53.13(m^2)$$

④ 每格滤池长宽比取 1.5，每格滤池宽度

$$B = \sqrt{f/1.5} = \sqrt{53.13/1.5} = 5.95 \approx 6(m)$$

⑤ 每格滤池长度

$$L = 1.5B = 1.5 \times 6 = 9(m)$$

⑥ 每格滤池实际过滤面积

$$f' = LB = 9 \times 6 = 54(m^2)$$

⑦ 当 1 格冲洗时，强制滤速

$$v_{滤强} = v_{滤} n/(n-1) = 8 \times 6/(6-1) = 9.6(m/h)$$

⑧ 进水总渠。渠内流速 $v_{总渠}$ 取 0.8m/s，水深 $H_{总渠}$ 取 1.2m，总渠宽度

$$B_{总渠} = Q'/(v_{总渠} H_{总渠}) = 0.708/(0.8 \times 1.2) = 0.738 \approx 0.75(m)$$

⑨ 进水支渠。考虑最不利情况，当 1 格滤冲洗时，单格滤池进水量

$$Q_{支渠} = Q'/(n-1) = 0.708/(6-1) = 0.142(m^3/s)$$

孔口设计尺寸 0.45m×0.45m，洞口面积为

$$f_{支渠孔} = 0.45 \times 0.45 = 0.203(m^2)$$

过洞流速 $\quad v_{支渠孔} = Q_{支渠}/f_{支渠孔} = 0.142/0.203 = 0.7(m/s)$

过洞水头损失按淹没大孔口计算，流量系数 $\mu$ 取 0.7，则进水支渠进水洞水头损失

$$h_{支渠孔} = v_{支渠}^2/(2g\mu^2) = 0.7^2/(2 \times 9.81 \times 0.7^2) = 0.05(m)$$

进水支渠宽度 $B_{支渠}$ 取 0.5m，水深

$$H_{支渠} = H_{总渠} - h_{支渠孔} = 1.2 - 0.05 = 1.15(m)$$

水从中心进水洞流入后向两侧分流并溢出，进水洞两侧起点流速

$$v_{支渠} = Q_{支渠}/(2B_{支渠} H_{支渠}) = 0.142/(2 \times 0.5 \times 1.15) = 0.123(m)$$

进水支渠溢流堰宽度 $B_{堰}$ 取 3m，流量系数 $m$ 取 0.44，堰上水头

$$H_{堰} = \sqrt[3]{\left(\frac{Q_{支渠}}{mb}\right)^2 \times \frac{1}{2g}} = \sqrt[3]{\left(\frac{0.142}{0.44 \times 3}\right)^2 \times \frac{1}{2 \times 9.81}} = 0.084(m)$$

设计取值 $H_{堰} = 0.1m$。

(2) 配水配气渠

① 最大进水流量发生在单独水冲洗时，此时进水流量

$$Q_{水2} = fq_{水2} = 54 \times 15 = 810(L/s) = 0.81(m^3/s)$$

② 冲洗进水管流速 $v_{冲管}$ 取 1.5m/s，冲洗进水管径

$$D_{冲水} = \sqrt{\frac{4Q_{水2}}{\pi v_{冲管}}} = 0.83 \approx 0.8(m)$$

③ 配水配气渠高度 $H_{配渠}$ 取 1.0m，宽度 $B_{配渠}$ 取 1.2m，渠内流速

$$v_{冲渠} = Q_{水2}/(H_{配渠} B_{配渠}) = 0.81/(1.0 \times 1.2) = 0.68(m/s)$$

④ 气水分配干渠内的水深。气水分配干渠的水头损失按气水同时反冲洗时计算。此时渠上部是空气，下部是反冲洗水。混凝土渠道粗糙系数 $n$ 取 0.013，空气摩阻系数 $\lambda$ 取 0.042，计算约束条件一是空气部分的压力损失和水流部分的水头损失基本相同，二是水流部分的水深和空气部分的高度之和等于渠道高度。

a. 渠内水深。气水共同冲洗时渠道内水的流量为

$$Q_{配渠水} = fq_{水1} = 54 \times 4 = 216(\text{L/s}) = 0.216(\text{m}^3/\text{s})$$

设渠内水深 $H_{配渠水}$ 取 0.8m，水流速度

$$v_{配渠水} = \frac{Q_{配渠水}}{H_{配渠水} B_{配渠}} = \frac{0.216}{0.8 \times 1.2} = 0.225(\text{m/s})$$

水力半径

$$R_{配渠水} = \frac{H_{配渠水} B_{配渠}}{2H_{配渠水} + B_{配渠}} = \frac{0.8 \times 1.2}{2 \times 0.8 + 1.2} = 0.343(\text{m})$$

水力坡降

$$i_{配渠水} = \left(\frac{nv_{配渠水}}{R_{配渠水}^{2/3}}\right)^2 = \left(\frac{0.013 \times 0.225}{0.343^{2/3}}\right)^2 = 0.000036$$

渠道长度等于滤池长度（$L = 9\text{m}$），按沿程出流计算，渠内水头损失

$$\Delta h_{反水} = i_{反水} L/3 = 0.000036 \times 9/3 = 0.0001(\text{m})$$

b. 渠内空气层高度。气水共同冲洗时渠道内空气流量

$$Q_{配渠气} = fq_{气} = 54 \times 16 = 864(\text{L/s}) = 0.864(\text{m}^3/\text{s})$$

渠内空气层高度 $\qquad H_{配渠气} = 1 - 0.8 = 0.2(\text{m})$

渠内空气流速

$$v_{配渠气} = \frac{Q_{配渠气}}{H_{配渠气} B_{配渠}} = \frac{0.864}{0.2 \times 1.2} = 3.6(\text{m/s})$$

空气层水力半径

$$R_{配渠气} = \frac{H_{配渠气} B_{配渠}}{2H_{配渠气} + B_{配渠}} = \frac{0.2 \times 1.2}{2 \times 0.2 + 1.2} = 0.15(\text{m})$$

按沿程出流计算，渠内空气压力损失

$$\Delta P_{配渠气} = \frac{L\lambda\rho_{气} v_{配渠气}^2}{4R_{配渠气}} = \frac{9 \times 0.042 \times 1.2 \times 3.6^2}{4 \times 0.15} = 9.8(\text{Pa}) = 0.0001(\text{m})$$

计算结果表明，空气部分的压力损失和水流部分的水头损失基本相同，说明开始计算时假设的水深符合要求。如果两部分压力损失差距较大，应修正水深反复计算。

（3）滤池高度

① 进水总渠超高 $H_1 = 0.3\text{m}$。

② 进水支渠进水洞水头损失 $h_{支渠孔} = 0.05\text{m}$。

③ 进水支渠溢流堰上水头 $H_2 = 0.1\text{m}$。

④ 溢水口堰上水头。在紧邻进水支渠的池壁上设 2 个溢水口，每个溢水口宽度 $B_{溢}$ 为 1.5m，流量系数 $m$ 取 0.44，最大溢水时发生在单独水冲洗时，此时溢水口堰上水头

$$H_{溢堰} = \sqrt[3]{\left(\frac{Q_{水2}}{2mB_{溢}}\right)^2 \times \frac{1}{2g}} = \sqrt[3]{\left(\frac{0.81}{2 \times 0.44 \times 1.5}\right)^2 \times \frac{1}{2 \times 9.81}} = 0.267(\text{m})$$

设计取值：$H_{堰} = 0.3\text{m}$。

⑤ 冲洗前滤料层上水深 0.15m，冲洗时滤料层上最大水深

$H_3 = 60(q_{水1}t_2 + q_{水2}t_3)/1000 + 0.15 = 60 \times (4 \times 4 + 15 \times 1)/1000 + 0.15 = 2.01(\text{m})$

⑥ 滤料层厚度 $H_{滤} = 1.2 + 0.7 = 1.9(\text{m})$。

⑦ 承托层厚度 $H_{托} = 0.45\text{m}$。

⑧ 配水配气渠高度 $H_{配渠} = 1.0\text{m}$，配水配气渠盖板厚度 $H_{配渠板} = 0.12\text{m}$。

⑨ 滤池总高 $H = H_1 + h_{支渠孔} + H_2 + H_{堰} + H_3 + H_{滤} + H_{托} + H_{配渠} + H_{配渠板}$

$\qquad = 0.3 + 0.05 + 0.10 + 0.3 + 2.01 + 1.9 + 0.45 + 1.0 + 0.12 = 6.23(\text{m})$

（4）配水配气系统

① 配水配气支管。支管间距 $s$ 取 0.25m，支管总根数

$$n_配=L/s=9.0/0.25=36(根)$$

单独所气洗时或气水联合冲洗时，每根支管空气流量

$$Q_{支气}=Bsq_气=6\times0.25\times16=24(L/s)=0.024(m^3/s)$$

气水联合冲洗时，每根支管水流量

$$Q_{支水1}=Bsq_{水1}=6\times0.25\times4=6(L/s)=0.006(m^3/s)$$

单独水冲洗时，每根支管水流量

$$Q_{支水2}=Bsq_{水2}=6\times0.25\times15=22.5(L/s)=0.0225(m^3/s)$$

② 垂直配水管。根据供货商提供的资料，垂直配水管管径 $d_{直水}$ 为 0.08m，如果每根支管设 1 个垂直配水管，垂直配水管流速

$$v_{直水2}=\frac{4Q_{支水2}}{\pi d_{直水}^2}=\frac{4\times0.0225}{3.14\times0.08^2}=4.48>3.5(m/s)$$

此时垂直配水管流速偏大不符合要求。因此改为每根支管设 2 个垂直配水管，垂直配水管流速

$$v_{直水2}=\frac{4Q_{支水2}}{2\pi d_{直水}^2}=\frac{4\times0.0225}{2\times3.14\times0.08^2}=2.24<3.5(m/s)$$

气水共同冲洗时垂直配水管流速

$$v_{直水1}=\frac{4Q_{支水1}}{2\pi d_{直水}^2}=\frac{4\times0.006}{2\times3.14\times0.08^2}=0.6(m/s)$$

③ 垂直配气管。根据供货商提供的资料，垂直配气管管径 $d_{直气}$ 为 0.03m，每根垂直配水管流速

$$v_{直气}=\frac{4Q_{支气}}{2\pi d_{直气}^2}=\frac{4\times0.024}{2\times3.14\times0.03^2}=16.98<25(m/s)$$

④ 水头损失。翻板滤池的配水系统属于小阻力配水系统。配水渠和配水支管的水头损失可以忽略，只需计算支管的配水配气孔和垂直配水配气管的水头损失。

a. 垂直管水头损失。垂直配水管长度 $L_{直水}$ 为 0.6m，其进水口淹没深度大于 0.2m。垂直配水管局部阻力系数 $\xi_{进口}=\xi_{出口}=1.0$。

单独水洗时水头损失

$$h_{直水2}=0.00107v_{直水}^2 L_{直水}/d_{直水}^{1.3}+(\xi_{进口}+\xi_{出口})v_{直水}^2/(2g)$$
$$=0.00107\times2.24^2\times0.6/0.08^{1.3}+(1.0+1.0)\times2.24^2/19.62=0.597(m)$$

气水共同冲洗时水头损失

$$h_{直水1}=0.00107v_{直水1}^2 L_{直水}/d_{直水}^{1.3}+(\xi_{进口}+\xi_{出口})v_{直水1}^2/(2g)$$
$$=0.00107\times0.6^2\times0.6/0.08^{1.3}+(1.0+1.0)\times0.6^2/19.62$$
$$=0.042(m)$$

b. 配水孔水头损失。根据产品的技术参数，配水配气支管上配水孔直径 $d_{水孔}$ 为 14mm，每米开孔个数 $m_{水孔}$ 为 20 个，开孔率

$$\alpha_{水孔}=\frac{m_{水孔}\pi d_{水孔}^2}{4s}=\frac{20\times3.14\times0.014^2}{4\times0.25}=0.0123=1.23\%$$

气水联合冲洗时，配水孔流速

$$v_{水孔1}=\frac{Q_{支水1}}{\alpha_{水孔}sB}=\frac{0.006}{0.0123\times0.25\times6}=0.33(m/s)$$

孔口流速系数 $\mu$ 取 0.62，配水孔水头损失

$$h_{\text{水孔}1} = \frac{v_{\text{水孔}1}^2}{2g\mu^2} = \frac{0.33^2}{2 \times 9.81 \times 0.62^2} = 0.014(\text{m})$$

单独水冲洗时，配水孔流速

$$v_{\text{水孔}2} = \frac{Q_{\text{支水}2}}{\alpha_{\text{水孔}}sB} = \frac{0.0225}{0.0123 \times 0.25 \times 6} = 1.22(\text{m/s})$$

配水孔水头损失

$$h_{\text{水孔}2} = \frac{v_{\text{水孔}2}^2}{2g\mu^2} = \frac{1.22^2}{2 \times 9.81 \times 0.62^2} = 0.195(\text{m})$$

c. 配气孔压力损失。支管上配气孔直径 $d_{\text{气孔}}$ 为 3.5mm，每米开孔个数 $m_{\text{气孔}}$ 为 30 个，开孔率

$$\alpha_{\text{气孔}} = \frac{m_{\text{气孔}}\pi d_{\text{气孔}}^2}{4s} = \frac{30 \times 3.14 \times 0.0035^2}{4 \times 0.25} = 0.00115$$

气冲洗时，配气孔流速

$$v_{\text{气孔}} = \frac{Q_{\text{支气}}}{\alpha_{\text{气孔}}sB} = \frac{0.024}{0.00115 \times 0.25 \times 6} = 13.9(\text{m/s})$$

常温（20℃）条件下空气的密度 $\rho$ 为 $1.2\text{kg/m}^3$，流量系数 $\mu$ 取 0.6，配气孔压力损失

$$\Delta P_{\text{气孔}} = \frac{\rho v_{\text{气孔}}^2}{2\mu^2} = \frac{1.2 \times 13.9^2}{2 \times 0.6^2} = 322(\text{Pa}) = 0.032(\text{mH}_2\text{O})$$

d. 滤料层水头损失。气水共同冲洗时，滤料层处于微膨胀状态。

石英砂滤料容重 $\gamma_1$ 为 $2.65\text{t/m}^3$，水的容重 $\gamma$ 为 $1\text{t/m}^3$，滤料孔隙率 $m_{01}$ 为 0.41，滤料层厚度 $H_{\text{滤}1}$ 为 1.2m。石英砂滤料层水头损失

$$h_{\text{滤}1} = (\gamma_1/\gamma - 1)(1 - m_{01})H_{\text{滤}1} = (2.65 - 1) \times (1 - 0.41) \times 1.2 = 1.17(\text{m})$$

无烟煤滤料容重 $\gamma_2$ 为 $1.55\text{t/m}^3$，滤料孔隙率 $m_{02}$ 为 0.6，滤料层膨胀前的厚度 $H_{\text{滤}2}$ 为 0.7m。无烟煤滤料层水头损失

$$h_{\text{滤}2} = (\gamma_2/\gamma - 1)(1 - m_{02})H_{\text{滤}2} = (1.60 - 1) \times (1 - 0.6) \times 0.7 = 0.168(\text{m})$$

滤料层水头损失

$$h_{\text{滤}} = h_{\text{滤}1} + h_{\text{滤}2} = 1.17 + 0.168 = 1.34(\text{m})$$

e. 承托层水头损失 $h_{\text{托}}$。承托层厚度 $H_{\text{托}}$ 为 0.45m，气水共同冲洗时水头损失

$$h_{\text{托}1} = 0.022H_{\text{托}}q_{\text{水}1} = 0.022 \times 0.45 \times 4 = 0.04(\text{m})$$

单独水冲洗时水头损失

$$h_{\text{托}2} = 0.022H_{\text{托}}q_{\text{水}2} = 0.022 \times 0.45 \times 15 = 0.15(\text{m})$$

（5）排水孔　孔口出流量 $Q(\text{m}^3/\text{s})$ 的计算公式为

$$Q = \mu S\sqrt{2gH}$$

式中　$\mu$——流量系数；

　　$S$——孔口面积，$\text{m}^2$；

　　$H$——作用水头，m。

滤池内水位变化的计算公式为

$$\text{d}H = Q\text{d}t/f$$

式中　$\text{d}H$——水位的变化，m；

　　$\text{d}t$——时间增量，s；

　　$f$——滤池面积，$\text{m}^2$。

联立二式，得

$$dH = \mu S \sqrt{2gH}\, dt / f$$

整理上式，得

$$dt = f/(\mu S \sqrt{2gH})dH$$

对上式积分，得

$$T = \frac{2f}{\mu S}\sqrt{\frac{H_0}{2g}} \quad 或 \quad S = \frac{2f}{\mu T}\sqrt{\frac{H_0}{2g}}$$

式中　$T$——排水时间，s；

　　$H_0$——最大作用水头，m。

本例题中，$T$ 取 60s；排水孔下沿高出滤料层 0.2m，排水孔高度 $H_排$ 取 0.2m，所以 $H_0$ 取 1.71m，$\mu$ 取 0.62，依据上式得

$$S = \frac{2 \times 54}{0.62 \times 60}\sqrt{\frac{1.71}{2 \times 9.81}} = 0.857(m^2)$$

在紧邻进水支渠的池壁上设 2 个排水孔，每个排水孔面积

$$A'_排 = A/2 = 0.857/2 = 0.429(m^2)$$

每个排水孔长度

$$L_排 = A'_排/H_排 = 0.429/0.2 = 2.145 \approx 2.15(m)$$

(6) 其他

① 气水共同冲洗时配水配气渠进水口压力。气水联合冲洗结束时，滤料上水深

$$H'_3 = 60(q_{水1}t_2)/1000 + 0.15 = 60 \times (4 \times 4)/1000 + 0.15 = 1.11(m)$$

进水口压力

$$P_{进水1} = H'_3 + H_滤 + H_托 + H_{配渠板} + h_滤 + h_{托1} + h_{水孔1} + h_{直水1}$$
$$= 1.11 + 1.9 + 0.45 + 0.12 + 1.34 + 0.04 + 0.014 + 0.042 = 5.02(m)$$

② 单独水冲洗时配水配气渠进水口压力。第一次单独水冲洗结束时，滤料上水深最大，此时进水压力也最大

$$P_{进水2} = H_3 + H_滤 + H_托 + H_{配渠板} + h_滤 + h_托 + h_{水孔2} + h_{直水2}$$
$$= 2.01 + 1.9 + 0.45 + 0.12 + 1.34 + 0.15 + 0.195 + 0.325 = 6.49(m)$$

③ 配水配气渠进气口压力。进气口压力等于气水共同冲洗时进水口压力加富余压力 (0.5mH₂O)

$$P_{进气} = P_{进水1} + 0.5 = 4.12 + 0.5 = 4.62(mH_2O)$$

④ 滤池耗水率

a. 滤池每 48h 冲洗一次。每天滤池冲洗耗水量

$$Q_耗 = \frac{nf(q_{水1}t_2 + 2q_{水2}t_3)60/2}{1000} = \frac{6 \times 54 \times (4 \times 4 + 2 \times 15 \times 1) \times 60/2}{1000} = 447.12(m^3/d)$$

b. 滤池耗水率

$$\beta = Q_耗/Q = 447.12/60000 = 0.00745 = 0.745\%$$

耗水率小于设定的自用水率 2%。如果耗水率大于设定值，应调整参数后重新进行计算。

📚 **题后语** ◄◄◄　翻板滤池是引进我国一种新型滤池，本例题是对该种滤池进行具体设计计算的一种尝试，望同仁指正。

# 第八章 消毒设施

## 第一节 概 述

水中的微生物大多数黏附在悬浮颗粒上，经过混凝、沉淀、过滤处理后，可以大量去除水中细菌和病毒。但为保证饮用水细菌学指标，消毒过程必不可少。

水的消毒处理一般是生活饮用水处理工艺中的最后一道工序。消毒的目的在于杀灭水中的致病微生物（病菌、病毒及原生动物胞囊等），防止水致传染病的危害。其方法分化学法与物理法两大类，前者系在水中投加化学药剂，如氯、臭氧、重金属、其他氧化剂等；后者在水中不加药剂，而进行加热消毒、紫外线消毒等。常用消毒剂的性能比较见表 8-1，其中的氯消毒经济、有效，使用方便且应用广泛，历史最久。

表 8-1 常用消毒剂的性能比较

| 项目 | 液氯 | 次氯酸钠 | 二氧化氯 | 紫外线 | 臭氧 |
|---|---|---|---|---|---|
| 杀菌有效性 | 较强 | 中 | 强 | 强 | 最强 |
| 效能：对细菌 | 有效 | 有效 | 有效 | 有效 | 有效 |
| 对病毒 | 部分有效 | 部分有效 | 部分有效 | 部分有效 | 有效 |
| 对芽孢 | 无效 | 无效 | 无效 | 无效 | 有效 |
| 一般投加量/(mg/L) | 滤前：$1\sim2$<br>滤后：$0.5\sim1$ | $0.5\sim2$ | $0.1\sim2$ | | |
| 接触时间 | 不小于 30min | 不小于 30min | 15min | | |
| 一次投资 | 低 | 较高 | 较高 | 高 | 高 |
| 运转成本 | 便宜 | 贵 | 贵 | 较便宜 | 最贵 |
| 优点 | 技术成熟，成本较低，投配设备简单，具有余氯的持续消毒作用 | 操作简单，比投加液氯安全、方便，具有余氯的持续消毒作用 | 不会生成有机氯，具有强烈的氧化作用，可除臭、去色、氧化锰、铁等物质，投加量少，接触时间短，余氯保持时间长 | 杀菌效率高，接触时间短，不改变水的物理、化学性质，已有成套设备，操作方便 | 氧化能力强，消毒杀菌效果好，接触时间短，可除臭、去色及去除铁、锰等物质，能除酚，无氯酚味，不会生成有机氯 |
| 缺点 | 原水有机物高时会产生有机氯化物，原水含酚时产生氯酚味，使用时安全措施要求高 | 需现场制备，目前设备较小，产气量有限，使用受限制 | 需现场制取使用，制取设备较复杂，需控制氯酸盐和亚氯酸盐等副产品 | 不具备持续的消毒作用，易产生二次污染，电耗较高，灯管寿命有限 | 投资大、电耗高，无持续消毒作用，设备复杂，制水成本高 |
| 适用条件 | 液氯供应方便的地区 | 适用于小型水厂或管网中途加氯 | 适用于有机污染严重时 | 适用于工矿企业、集中用户用水，不适用于管路长的供水 | 适用于有机污染严重，供电方便处；可结合氧化用作预处理或与活性炭联用 |

# 第二节 氯及氯的衍生物消毒

## 一、液氯消毒

因液氯的加氯操作过程简单，价格较低，且在管网中有持续消毒杀菌作用，是目前国内外应用最广的消毒剂，除消毒外还具有氧化作用。但氯和有机物反应可生成对健康有害的物质，有被其他消毒剂取代的趋势。

### （一）设计概述

① 氯气是黄绿色气体，有毒，具刺激性，质量为空气的 2.5 倍。工程使用时将其压缩成相对密度为 1.5 的液态形式，装在压力为 0.6～0.8MPa 的钢瓶中供应。1kg 液氯可氯化成 0.31m³ 的氯气，氯瓶的出氯量不稳定，随季节、气温、满瓶和空瓶等因素而变化。

② 为了避免氯瓶进水后氯气受潮腐蚀钢瓶，瓶内需保持0.05～0.1MPa 的余压。

③ 氯气消毒主要是氯气水解生成的次氯酸的作用，当 pH 值低时，它的含量高，消毒效果好。

④ 如果水中含有氨氮，加氯时就会生成一氯胺和二氯胺，消毒作用比较缓慢，消毒效果差，而且需要较长的接触时间。

⑤ 氯气不能直接用管道加到水中，必须由加氯机投加。加氯点后可安装静态混合器，促使氯和水混合均匀。

⑥ 为保证稳定的出氯量，一般用自来水喷淋于氯瓶上，供给液氯气化所吸收的热量，不得用明火烘烤以防爆炸。

⑦ 投氯时，可将氯瓶放置于磅秤上核对钢瓶内的剩余量，以防止用空，加氯机中的水不得倒灌入瓶。称量氯瓶质量的地磅秤放在磅秤坑内，磅秤面和地面齐平，以便于氯瓶上下搬运。

⑧ 因为氯气的密度比空气大，应在加氯间低处设排风扇，换气量每小时 8～12 次。氯库、加氯间内要安装漏气探测器，探测器位置不宜高于室内地面 35cm。氯库、加氯间内宜设置漏气报警仪，以预防和处理事故，有条件时可采用氯气中和装置。

⑨ 氯气的设计用量，应根据相似条件下的水厂运行经验，按最大容量确定。余氯量应符合《生活饮用水卫生标准》（GB 5749—2006），与水接触 30min 后出厂水的游离余氯不低于 0.3mg/L，管网末梢水不低于 0.05mg/L。一般水源的滤前加氯量为 1.0～2.0mg/L，滤后水或地下水的加氯量为 0.5～1.0mg/L。

加氯量 $Q$ （kg/h）的计算公式如下。

$$Q = 0.001aQ_1$$

式中　$a$——最大需氯量，mg/L；

　　$Q_1$——需消毒的水量，m³/h。

污染水源的氨氮和色度偏高，可采用原水折点加氯法。加氯量随水源污染程度而变化，有时可达 20～30mg/L 或更高。过量加氯可降低水的 pH 值，还会腐蚀金属管道，加重氯的气味，影响用户使用，应同时加碱调节。根据已有经验，折点加氯量 $C$ （mg/L）为

$$C = a + 10N$$

式中　$a$——需氯量，mg/L，一般为 1～2mg/L，污染严重时可达 6～7mg/L；

$N$ ——水中氨氮含量，mg/L。

⑩ 水和氯应充分混合，接触时间不小于 30min，杀菌作用随氯和水的接触时间增加而增加，如接触时间短，就应增加投氯量。

⑪ 为控制加氯量，宜采用余氯连续测定仪监测水中的余氯量，仪器安装在加氯点之后的适当部位。当水中为游离性余氯且 pH 值稳定时，用无试剂型余氯连续测定仪，当水中同时有游离性和结合性余氯且 pH 值变化很大时，可用试剂型余氯测定仪。

⑫ 为保证不间断加氯，保持余氯量的稳定，气源宜设置备用，并设压力自动切换器。也可以在现场安装有显示功能的液压磅秤，输出 4~20mADC 信号到中央控制室，并设置报警器，使值班人员能及时更换氯瓶。

⑬ 加氯机的作用是保证消毒安全和计量准确，为保证连续工作，其台数应按最大加氯量选用。加氯机应安装 2 台以上（包括管道），备用台数不少于一台。近年来新的加氯系统不断涌现，有些系统可根据原水流量以及加氯后的余氯量进行自动运行，可根据产品特性选用。

⑭ 加氯自动控制方式应按各水厂的具体条件决定，以经济实用为原则。目前采用的控制方式主要有模拟仪表和计算机。

⑮ 加氯间与氯库可单独建造，亦可与加药间合建，便于管理，但均应有独立向外开的门，以便运输药剂。加氯间应和其他工作间隔开，加氯间和值班室之间应有观察窗，以便在加氯间外观察工作情况。

⑯ 加氯间应靠近加氯点，以缩短加氯管线的长度。如有预加氯时加氯间可设在泵房附近，滤后加氯的加氯间应设在滤池和清水池附近。

⑰ 加氯量小的水厂，加氯间可设在滤池的操作廊内。

⑱ 加滤间和氯库应布置在水厂的下风向。

⑲ 氯气管用紫铜管或无缝钢管，加氯管用橡胶管或塑料管。

⑳ 加氯间的给水管应保证不间断供水，并应保持水量稳定。

㉑ 加氯间宜用暖气采暖，用火炉时火口应设在室外，暖气散热片或火炉应远离氯瓶和加氯机。

㉒ 加氯间出入处应有防毒面具、抢救材料和工具箱。防毒面具应防止失效，照明和通风设备开关应设在室外。

## （二）计算例题

### 【例 8-1】 液氯消毒加氯量及设备选择的计算

1. 已知条件

水厂设计水量 $Q_1 = 10500 \text{m}^3/\text{d} = 437.5$（$\text{m}^3/\text{h}$）（包括水厂自用水量），采用滤后加氯消毒，最大投氯量为 $a = 3\text{mg/L}$，仓库储量按 30d 计算，加氯点在清水池前。

2. 设计计算

（1）加氯量 $Q$

$$Q = 0.001aQ_1 = 0.001 \times 3 \times 437.5 \approx 1.31(\text{kg/h})$$

（2）储氯量 $G$ 储氯量按一个月考虑。

$$G = 30 \times 24Q = 30 \times 24 \times 1.31 \approx 943(\text{kg/月})$$

（3）氯瓶数量 采用容量为 500kg 的焊接液氯钢瓶，其外形尺寸 $\phi 600\text{mm}$，$H = 1800$，共 3 只。另设中间氯瓶一只，以沉淀氯气中的杂质，还可防止水流进入氯瓶。

（4）加氯机数量 采用 0~5kg/h 加氯机 2 台，交替使用。

（5）加氯间、氯库 水厂所在地主导风向为西北风，加氯间靠近滤池和清水池，设在水厂的东南部。因与反应池距离较远，无法与加药间合建。加氯间平面布置如图 8-1 所示。

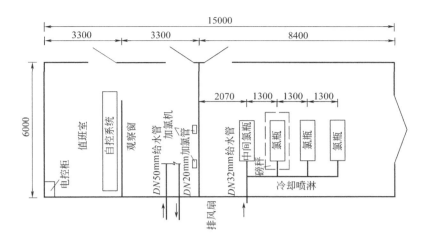

图 8-1 加氯间平面布置

在加氯间、氯库低处各设排风扇一个，换气量每小时 8～12 次，并安装漏气探测器，其位置在室内地面以上 20cm。设置漏气报警仪，当检测的漏气量达到 2～3mg/kg 时即报警，切换有关阀门，切断氯源，同时排风扇工作。

为搬运氯瓶方便，氯库内设 $CD_1 1-6D$ 单轨电动葫芦一个，轨道在氯瓶正上方，轨道通到氯库大门以外。

称量氯瓶质量的液压磅秤放在磅秤坑内，磅秤面和地面齐平，使氯瓶上下搬运方便。磅秤输出 20mADC 信号到值班室，指示余氯量。并设置报警器，达余氯下限时报警。

加氯间外布置防毒面具、抢救材料和工具箱，照明和通风设备在室外设开关。

在加氯间引入一根 $DN50mm$ 的给水管，水压大于 $20mH_2O$，供加氯机投药用；在氯库引入 $DN32mm$ 给水管，通向氯瓶上空，供喷淋用，水压大于 $5mH_2O$。

## 二、漂白粉消毒

漂白粉（$CaOCl_2$）是有氯气味的白色粉末，含有效氯 25%～30%，消毒原理与液氯相同，适用于小型水厂。漂粉精含有效氯的成分更高些，为 60%～70%。

### （一）设计概述

① 由于漂白粉不稳定，有效氯的含量在设计时按 20%～25%计。其投加量、接触时间和液氯投加时相同，投加量按有效氯计算。

② 漂白粉固体一般先制成 10%～15%的溶液，再加水调成 1%～2%的澄清液（或按有效氯 0.2%～0.5%计）注入水中，每日配制次数不多于 3 次。如在滤前进水泵处投加则无需制成澄清液。

③ 为方便操作，溶液池和溶解池宜设 2 个，池底坡度不小于 2%，并坡向排渣孔。池底部应考虑 15%的容积作沉渣部分，池顶部应有大于 0.1～0.15m 的超高，水池及与溶液相接触的设备应有防腐措施。

④ 漂白粉溶液可重力投加到水泵吸水管中，或采用水射器向压力管中投加，投加方法和设备与投加絮凝剂相同。

⑤ 漂白粉投加间可采用自然通风，室内地坪坡度不小于 5%，与其他建、构筑物合建时

应有隔离分开。

⑥ 漂白粉库也应和漂白粉投加间隔开，并保持阴凉、干燥和良好的自然通风条件，库内配备搬运工具。

⑦ 漂白粉用量 $G$（kg/d）的计算

$$G = 0.1Qa/C$$

式中 $Q$ ——设计水量，$m^3/d$；

$a$ ——最大加氯量，$mg/L$；

$C$ ——有效氯含量，%，一般 $C = 20 \sim 25$。

### (二) 计算例题

**【例 8-2】 漂白粉消毒的计算**

1. 已知条件

消毒水量 $Q = 10000 m^3/d$(包括水厂自用水量)，投氯量 $a = 0.5 mg/L$，漂白粉含有效氯 $C = 25\%$，漂白粉溶液的配制浓度 $b = 1\%$，每日配制次数 $n = 2$。

2. 设计计算

(1) 漂白粉用量 $G$

$$G = 0.1Qa/C = 0.1 \times 10000 \times 0.5/25 = 20(kg/d)$$

(2) 溶液池容积 $W$

储液池容积 $\qquad W_1 = 0.1G/(bn) = 0.1 \times 20/(1 \times 2) = 1(m^3)$

储渣容积 $\qquad W_2 = 0.15W_1 = 0.15 \times 1 = 0.15(m^3)$

总有效容积 $\qquad W = W_1 + W_2 = 1 + 0.15 = 1.15(m^3)$

(3) 溶液池尺寸及个数　采用圆形池，其有效高度采用 $H = 1m$，则其平面面积为

$$F = W/H = 1.15/1 = 1.15(m^2)$$

池子直径 $\qquad D = \sqrt{4F/\pi} = \sqrt{4 \times 1.15/3.14} \approx 1.2(m)$

池顶另加超高 0.15m。

溶液池采用两个，交替使用。

(4) 溶药池的容积 $V$　一般按溶液池容积的 $30\% \sim 50\%$ 计。

$$V = 0.5W = 0.5 \times 1.15 = 0.58(m^3)$$

池有效高采用 $h = 0.8m$，则其直径 $d = 1m$，超高取 0.5m。

(5) 漂白粉溶液的投加量 $q$

$$q = G/(864b) = 20/(864 \times 1) = 0.023(L/s)$$

## 三、氯胺消毒

当原水中有机物多、管网长度较大时宜采用氯胺消毒。其特点是减少氯仿的生成量，避免加氯时生成的臭味，杀菌持续时间长，可有效控制管网中细菌再繁殖。氨氮含量高的水直接加氯或氯与氨（液氨、硫酸铵等）按一定比例投加于水中时都会生成氯胺。

### (一) 设计概述

① 氯与氨的质量比一般为(3:1)~(6:1)(按纯氨与纯氯计)。

② 消毒接触时间不小于 2h。

③ 氯和氨都用加氯机投加，先加氯后加氨杀菌效果好，但要求的接触时间长，以稳定剩余氯；为防止生成酚臭，当水中含酚时应先加氨，使氯主要与氨作用。第二种药剂需在前种药剂与水充分混合后再加入。

④ 氨的投加可采用液氨（100％的纯氨）、硫酸铵（按 25％纯氨计）、氯化铵等。

⑤ 氨瓶的加温与氯瓶的加温方式相同。

⑥ 氨中含有水分时对铜及铜合金有腐蚀性，因此，氨的投加系统不能采用铜质材料。

⑦ 硫酸铵投加设备的计算与漂白粉相同，但因其易溶于水，不需溶药池。另外，调制投药设备要采取防腐措施。

⑧ 氨具刺激性气味，且易发生爆炸，加氨间必须有通风设施。因氨比空气轻，排气孔应设在最高处，进气孔应在最低处，同时严禁曝晒氨瓶。液氨仓库和加氨间电气设备均要采用防爆电气。

⑨ 硫酸铵仓库地坪等处要做防腐处理。液氨、硫酸铵、氯化铵的储备量和仓库面积参照液氯的设计要求。

⑩ 液氨仓库与液氯仓库要完全隔开。压力加氨管与加氯管不能同沟槽。

## （二）计算例题

### 【例 8-3】 氯胺消毒的计算

1. 已知条件

水厂设计水量 $Q_1 = 24000 m^3/d = 1000 m^3/h$（包括水厂自用水量）；清水池至管网的输水管线长度 $L = 6500 m$；水中有机物含量 4mg/L。

因输水距离长，原水有机物含量高，采用氯胺消毒。加氯点在清水池前，供水时变化系数为 2，投氯量为 $a = 3 mg/L$，氯和氨的质量比为 5∶1（按纯氨与纯氯计），仓库储量按 30d计算。

2. 设计计算

（1）投加氯量 $Q_L$ 和氨量 $Q_A$

$$Q_L = 0.001 a Q_1 = 0.001 \times 3 \times 1000 = 3 (kg/h)$$

氨的投加采用液氨，氯和氨的质量比为 5∶1，则

$$Q_A = Q_L/5 = 3/5 = 0.6 (kg/h)$$

（2）氯、氨储量 $G_L$、$G_A$

$$G_L = 30 \times 24 Q_L = 30 \times 24 \times 3 = 2160 (kg/月)$$
$$G_A = 30 \times 24 Q_A = 30 \times 24 \times 0.6 = 432 (kg/月)$$

（3）氯瓶、氨瓶数量 采用容量为 500kg 的 YL-100 焊接液氯钢瓶，其外形尺寸 $\phi 600 mm$，$H = 1800 mm$，共 4 只。另设中间氯瓶一只，以沉淀氯气中的杂质，还可防止水流进入氯瓶。

采用容量为 200kg 的 NP600-0.2 焊接液氨钢瓶，其外形尺寸 $\phi 600 mm$，$H = 1800 mm$，共 3 只。另设中间氨瓶一只，以沉淀氨气中的杂质，还可防止水流进入氨瓶。

（4）加氯机数量 加氯采用 LS80-3 转子真空加氯机两台，加氯量 1～5kg/h，交替使用。加氯机外形尺寸 350mm×620mm×150mm，水射器进水压力＞2.5kg/cm²。

加氨也采用加氯机，LS80-4 转子真空加氯机两台，加氨量 0.3～3kg/h，交替使用。加氯机外形尺寸 350mm×620mm×150mm，要求水射器进水压力＞2.5kg/cm²。

（5）加氯间、氯库及加氨间、氨库 消毒加药间靠近滤池和清水池，设在水厂的南部，处于常年主导风向的下风向。消毒加药间平面布置见图 8-2。

在加氯间、氯库低处各设排风扇一个，换气量每小时 8～12 次，并安装漏气探测器，其位置在室内地面以上 20cm 处。设置漏气报警仪，当检测的漏气量达到 2～3mg/kg 时即报警，切换有关阀门，切断氯源，同时排风扇工作。

为搬运氯瓶方便，氯库内设 CD₁1-6D 单轨电动葫芦一个，轨道在氯瓶正上方，轨道通

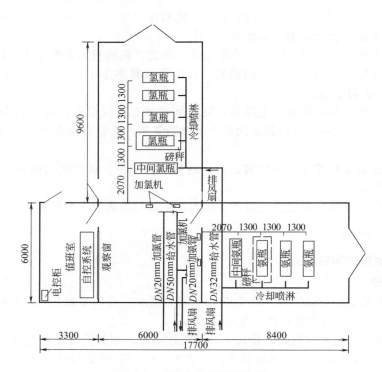

图 8-2  消毒加药间平面布置

到氯库大门以外。

称量氯瓶质量的液压磅秤放在磅秤坑内，磅秤面和地面齐平，使氯瓶上下搬运方便。磅秤输出 20mADC 信号到值班室，指示余氯量。并设置报警器，达余氯下限时报警。

加氯间出入口布置防毒面具、抢救材料和工具箱，照明和通风设备在室外设开关。

在加氨间、氨库高处各设排风扇一个，换气量每小时 12 次，并安装漏气探测器，其位置在室内屋顶之下。设置漏气报警仪，当检测的漏气量达到 2～3mg/kg 时即报警，切换有关阀门，切断氨源，同时排风扇工作。

为搬运氨瓶方便，氨库内设 $CD_1$1-6D 单轨电动葫芦一个，轨道在氨瓶正上方，轨道通到氨库大门以外。

称量氨瓶质量的液压磅秤放在磅秤坑内，磅秤面和地面齐平，使氨瓶上下搬运方便。磅秤输出 20mADC 信号到值班室，指示余氨量。并设置报警器，达余氨下限时报警。

加氨间出入口布置防毒面具、抢救材料和工具箱，照明和通风设备在室外设开关。

在加氯间、加氨间引入一根 DN50mm 的给水管，水压大于 20mH$_2$O，供加氯机投药用；在氯库、氨库内引入 DN32mm 给水管，通向氯瓶、氨瓶上空，供喷淋用，水压大于 5mH$_2$O。

## 四、次氯酸钠消毒

次氯酸钠（NaClO）一般为淡黄绿色溶液，有类似氯气的刺激性气味，属强氧化剂，在光照下易分解。水处理中常通过电解低浓度的食盐制备低浓度次氯酸钠作消毒剂，其消毒作用是依靠 HOCl。

次氯酸钠消毒设备简单、操作方便、成本低、具余氯效应，适合中小型水厂，特别是地处偏远地区的工矿企业的给水净化。

### (一)设计概述

① 电解用食盐水的浓度在 3% 以上为宜,产品是淡黄色透明液体,含有效氯 $6 \sim 11mg/mL$。每生产 $1kg$ 有效氯,约需食盐 $3.0 \sim 4.5kg$,耗电 $5 \sim 10kW \cdot h$。

② 为防止有效氯的损失,次氯酸钠不宜久储,夏季当日用完,冬季可避光储存,但不超过 6 天。

③ 其投配方式与一般药液相同。

### (二) 计算例题

**【例 8-4】　次氯酸钠消毒的计算**

1. 已知条件

一小型给水工程设计水量　$Q_1 = 3000m^3/d = 125m^3/h$(包括自用水量),因处理水量小,液氯采购困难,拟采用次氯酸钠消毒。

选用某厂生产的新型全自动次氯酸钠发生器,只需加盐,其余工作过程全部自动控制。根据厂方提供资料,每生产 $1kg$ 有效氯,约需食盐 $c = 4kg$,耗电 $6kW \cdot h$,盐水浓度大于 3%。

2. 设计计算

(1) 投药量　该发生器可用于各种给水污水处理过程,不同的水质投氯量也不相同。生活饮用水的投氯量为 $1 \sim 3mg/L$,经试验确定投氯量为 $2mg/L$。则所需有效氯总投量为

$$Q = 0.001 \times 2 \times Q_1 = 0.001 \times 2 \times 125 = 0.25(kg/h)$$

(2) 食盐储量　$G = 30 \times 24 \times cQ = 30 \times 24 \times 4 \times Q = 30 \times 24 \times 4 \times 0.25 = 720(kg/月)$

食盐储量按 1 个月设计,则储量为 $720kg$。每袋固体食盐 $50kg$,共约 15 袋。

(3) 溶药用水量　按配制盐水浓度 5% 计,耗水量

$$Q_水 = G/0.05 = 720/0.05 = 14400(kg/月) = 0.02(m^3/h)$$

(4) 设备选型　选 2 台次氯酸钠发生器,每台产气量 $0.3kg/h$,交替使用。外形尺寸 $700mm \times 500mm \times 1450mm$(长×宽×高)。利用水射器压力投药,要求给水管水压大于 $20mH_2O$,管径为 $DN32mm$。投药时将给水阀打开,定期向溶解槽中投加固体食盐。

## 五、二氧化氯消毒

二氧化氯是深绿色的气体,具有刺激性气味,有毒性,不稳定,易挥发、易爆炸,受光或受热易分解。它易溶于水,不与水发生化学反应。

二氧化氯消毒在国外水厂已多有采用,近几年我国水厂也有使用。由于受污染水源采用氯消毒可能会产生氯酚味和三卤甲烷等副产物,而采用二氧化氯可避免产生氯酚味和三卤甲烷。因此,二氧化氯在水处理中应用逐年增加。

二氧化氯一般应采取现场制取和使用,水处理消毒中二氧化氯制备方法分为两大类:化学法和电解法。化学法主要以氯酸盐和亚氯酸盐、盐酸等为原料;电解法以工业食盐和水为原料。从国内外资料分析,大型水厂由于投加量较大,采用转化率较高、产二氧化氯较纯的氧化法居多。中小水厂也有采用电解法发生器的。

### (一) 设计概述

① 二氧化氯气体的相对密度为 2.4,在水中的溶解度是氯的 5 倍。空气中 $ClO_2$ 含量>10% 或水中 $ClO_2$ 含量>30% 时都将发生爆炸。

② 二氧化氯不与氨氮等化合物作用而被消耗,因而具有较高的余氯,杀菌消毒作用比氯更强。同时它不会和水中的有机物发生反应,避免生成有毒物质。

③ 在较广泛的 pH 值范围内具有氧化能力，是自由氯的 2 倍。能更快地氧化锰、铁、去除氯酚、藻类等引起的嗅味，漂白能力强，可去除色度。

④ 二氧化氯的投加量与原水水质和投加用途有关，一般在 0.1～2.0mg/L 范围。当用于除铁、除锰、除藻的预处理时，一般投加 0.5～3.0mg/L；当兼用作除臭时，一般投加 0.5～1.5mg/L；当仅作为出厂饮用水的消毒时，一般投加 0.1～0.5mg/L。投加量必须保证管网末端能有 0.02mg/L 的剩余二氧化氯。

⑤ 采用二氧化氯消毒时，水中将会存在对人体健康有危害的亚氯酸根（$ClO_2^-$）。为了制约由于二氧化氯转化而产生 $ClO_2^-$、$ClO_3^-$ 和减少 THMs 产生，可采用二氧化氯和氯气混合使用的消毒方法，最佳投加比例按水样分析确定。

⑥ 二氧化氯投加

a. 加注点的选择。二氧化氯用于预处理时，为达到除藻、去铁、去锰等需要，应按二氧化氯与该去除物反应速率而定，一般在混凝剂加注前 5min 左右投加。

二氧化氯用于除臭或出厂饮用水消毒时，投加点可设于氯后。

b. 接触时间确定。用于预处理时，二氧化氯与水的接触时间为 15～30min；用于出厂饮用水消毒时，与水的接触时间为 15min。

c. 投加方式。在管道中投加，采用水射器，根据所需压力，用水泵增压厂，以满足投加需要。在条件允许的情况下，水射器设置应尽量靠近加注点。

在水池中投加，采用扩散器或扩散管。

二氧化氯投加浓度必须控制在防爆浓度以下，水溶液浓度可采用 6～8mg/L。

⑦ 加氯间及库房设计。设置发生器的制取间与存放物料的库房可以合建，但必须设有隔墙分开。每间房有独立对外的门和便于观察的窗。应保持库房的干燥、防止强烈光线直射。

制取间应设置喷淋装置、机械搬运装置。在工作区内要有通风装置和气体的传感、警报装置。

库房面积根据药料用量，按供应和运输时间设计，不宜大于 30d 的存量。库房底层设有强制通风的机械设备。在药剂储藏室的门外应设置防护用具。

## （二）计算例题

### 【例 8-5】 二氧化氯消毒的计算

1. 已知条件

某工厂水处理工程设计消毒水量 $Q_1 = 1500m^3/d = 62.5m^3/h$，消毒装置需设在用水点附近，因占地、原料、环境条件限制，拟采用电解法二氧化氯消毒。

选用某公司生产的新型复合二氧化氯发生器，只需加盐，其余工作过程全部自动控制。根据供货方提供资料，该发生器的生产原料为自来水和工业用食盐。每生产 1kg 有效氯，约需食盐 $c = 1.3kg$。

2. 设计计算

（1）投药量　该装置用于地下水作生活饮用水消毒时的产气量为 1～2mg/L，为保证安全，确定产气量为 2mg/L。则所需总产气量为

$$Q = 0.001 \times 2Q_1 = 0.001 \times 2 \times 62.5 = 0.125(kg/h)$$

（2）食盐储量

$$G = 30 \times 24 \times cQ = 30 \times 24 \times 1.3 \times Q = 30 \times 24 \times 1.3 \times 0.125 = 117(kg/月)$$

食盐储量按 1 个月设计，则储量为 117kg。每袋固体食盐 50kg，共约 3 袋。

（3）用水量　二氧化氯水溶液浓度采用 6mg/L，耗水量

$$Q_水 = Q/6 = 0.125/6 \approx 0.02(\text{m}^3/\text{h})$$

（4）设备选型　选 2 台二氧化氯发生器，每台产气量 0.2kg/h，交替使用。主机外形尺寸 105mm×75mm×115mm（长×宽×高），电解电源外形尺寸 40mm×40mm×70mm（长×宽×高），利用水射器压力投药，给水管供水水压大于 0.25MPa，投药点压力小于 0.05MPa，管径为 $DN$32mm。投药时将电解槽给水阀打开，定期向溶解槽中投加固体食盐。

# 第三节　紫外线消毒

## 一、设计概述

细菌、病毒和其他病原微生物在吸收波段在 200～280nm 的紫外线能量后，其微生物机体细胞中的 DNA（脱氧核糖核酸）或 RNA（核糖核酸）的分子结构遭到破坏，造成生长性细胞死亡和（或）再生性细胞死亡，达到杀菌消毒的目的。

虽然紫外线消毒事实上早于常用的氯消毒，但由于紫外线消毒不具备持续的消毒作用，易产生二次污染，在我国，紫外线消毒技术目前仅应用于市政污水处理中，而在自来水消毒中的应用才刚刚起步。

《生活饮用水卫生标准》（GB 5749—2006）的颁布，给水水质执行了更加严格的微生物指标和消毒副产物指标：一方面，微生物指标从 2 项提高到 6 项，其中还包括抗氯性强的贾第鞭毛虫（＜1 个/10L）和隐孢子虫（＜1 个/10L）；另一方面，要在保证安全消毒的同时有效地控制消毒副产物的产生。科学研究发现，紫外线消毒对于抗氯的贾第鞭毛虫和隐孢子虫具有很好的消毒效果，且不产生有害的消毒副产物。因此，紫外线消毒技术已经是发达国家的饮用水安全处理技术中的重要组成部分，也成为我国给水消毒技术的重要选择。

1. 紫外线消毒设备

根据紫外灯安装位置，紫外线消毒设备分为两种，即浸水式和水面式。浸水式是把光源置于水中，紫外线利用率高，杀菌效能好，但设备构造复杂。水面式利用反射罩将紫外光辐射到水中，设备构造简单，但由于反射罩吸收紫外光以及光线散射，紫外光利用率不高，杀菌效果不如浸水式。

根据紫外灯类型，紫外线消毒设备分为低压灯系统、低压高强灯系统和中压灯系统。紫外线消毒设备中的低压灯和低压高强灯连续运行或累计运行寿命不应低于 12000h；中压灯连续运行或累计运行寿命不应低于 3000h。

我国 2005 年颁布了《城市给排水紫外线消毒设备》（GB/T 19837—2005），对紫外线消毒设备的分类、技术要求、检验规则等给出了详细规定，对工程设计也具有重要的指导意义。

2. 设计参数

① 紫外线消毒系统设计流量有平均流量、最大流量和最小流量。紫外消毒设备的设计，需要以最大设计流量来确定反应器的数量。另外，反应器数量除了满足最大流量的运行要求外，还必须保证至少有一台备用。设计最小流量主要考虑运行时可以关闭部分反应器来提高效率，同时节能和降低运行费用。

② 紫外线消毒计量是指单位面积上接收到的紫外线能量（mJ/cm²），是所有紫外线辐

射强度和曝光时间的乘积。实际上，因为影响紫外线消毒效果的因素很多，通常通过理论计算而得到的设备紫外线平均剂量无法准确地反映紫外线反应器实际的消毒效果。故紫外线消毒计量应由独立第三方机构通过生物剂量测定试验确定。

③ 紫外线消毒作为生活饮用水主要消毒手段时，紫外线消毒设备在峰值流量和紫外灯运行寿命终点时，考虑紫外灯套管结垢影响后所能达到的紫外线有效剂量不应低于 40 mJ/cm²，紫外线消毒设备应提供有资质的第三方用同类设备在类似水质中所做紫外线有效剂量的检验报告。

④ 紫外线穿透率（UVT）是消毒系统的重要设计参数之一。UVT 值的设定对紫外线消毒系统的规模是有很大影响的，一般紫外灯装在石英套管内并与水体隔开，则洁净石英套管在波长为 253.7nm 的 UVT 不应小于 90%。

⑤ 为保证紫外线消毒设备能长期、有效地运行，还需要确认灯管的老化系数和灯管套管的结垢系数的可靠性和有效性，并在剂量计算中予以考虑。

$$老化系数 = \frac{紫外灯运行寿命终点时的紫外线输出功率}{新紫外灯的紫外线输出功率}$$

$$结垢系数 = \frac{使用中的紫外灯套管的紫外线穿透率}{洁净紫外灯套管的紫外线穿透率}$$

紫外灯老化系数和套管的结垢系数通过行业标准的认证后，可使用认证通过的老化系数和结垢系数计算设备紫外线有效剂量。若紫外灯的老化系数和紫外灯套管结垢系数没有通过行业标准认证，应使用默认值来计算设备紫外线有效剂量。紫外灯老化系数的默认值为 0.5，紫外灯套管结垢系数的默认值为 0.8。

⑥ 为保证紫外消毒设备在工艺线路中的良好运行，还需要根据该型号紫外消毒设备的水头损失性能曲线，对每台紫外消毒设备的过水流量和水头损失进行复核，确保良好运行。

⑦ 为保证水厂的稳定运行，还要考虑在日常运行过程中的维护工作，主要是紫外灯管套管的清洗。清洗可分为在线自动清洗和非在线（即脱机）人工清洗。在线自动清洗又可分为机械加化学在线自动清洗方式和纯机械在线自动清洗。化学清洗是用清洗液的化学作用去除机械刮擦难以去除的表面污垢。具体需要根据紫外线消毒设备具体的型号配置情况而定。

一般来说，对于配备了机械加化学在线自动清洗方式的紫外线消毒系统，因机械清洗和化学清洗在线同步完成，无需人工的参与，所以不建议使用在线安装设备备用，可在库内预存一些零备件，如灯管、套管和镇流器，作为应急处理即可。

对于配备了纯机械在线自动清洗方式的紫外线消毒设备，需要定期人工非在线化学清洗紫外灯管套管，所以建议在线安装一定比例的紫外线消毒设备作为备用，同时在库内预存一些零备件，作为应急处理。

## 二、计算例题

### 【例8-6】 浸水式紫外线消毒设备的计算

**1. 已知条件**

某给水厂平均流量为 $5 \times 10^4 \, \text{m}^3/\text{d}$，最大流量为 $6 \times 10^4 \, \text{m}^3/\text{d}$；水体紫外光穿透率（UVT）90%；浊度 = 1NTU；目标剂量取 40mJ/cm²（紫外线自来水消毒设备国家标准）。

试验测得的紫外消毒设备水头损失性能曲线见图 8-3。

**2. 设计计算**

（1）单台紫外消毒设备的处理水量　由于紫外消毒设备生产厂家未提供通过行业标准的认证的老化系数和结垢系数，设计以国家标准规定的默认值进行计算。

设备实际需要输出的剂量$(D_{输出})=\dfrac{目标剂量(D_{有效})}{老化系数 \times 结垢系数}=\dfrac{40}{0.5 \times 0.8}=100(MJ/cm^2)$

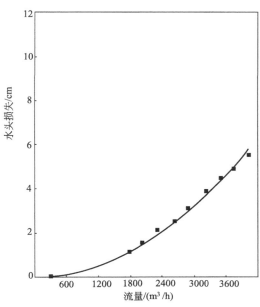

图 8-3　紫外消毒设备水头
损失性能曲线（厂家出具）

根据计算出的紫外消毒设备实际需要输出的紫外剂量值，在对应该型号紫外线消毒设备的生物验定剂量曲线（图 8-4）中，选取相应的 UVT（紫外穿透率）的设备剂量性能曲线，可查出该型号每台设备在输出紫外剂量为 $100MJ/cm^2$ 时，每台紫外设备的处理水量为 $1250m^3/h$。

（2）确定紫外消毒设备的台数　根据水厂最大水量可知每小时需处理水量：$Q=60000m^3/d$ $=2500m^3/h$，所以该水厂需要的这个型号的紫外线消毒设备的台数：

$$n=2500/1250=2(台)$$

本设计采用纯机械在线自动清洗方式，定期人工非在线化学清洗紫外灯管套管。在线安装三台紫外线消毒设备（二用一备），同时在库内预存一些零备件，如灯管、套管和镇流器，作为应急处理。

（3）水头损失核定　每台紫外消毒设备的处理水量为 $1250m^3/h$，图 8-3 为该设备水力损失性能曲线。从图 8-3 可知，该型号紫外线消毒设备在过流量为 $1250\ m^3/h$ 时的水头损失约 0.5cm。经复核整个工艺管线的水头损失，符合设计要求。

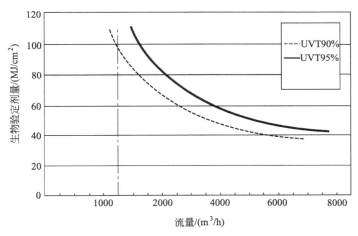

图 8-4　紫外线消毒设备生物验定剂量曲线

## 【例 8-7】　横置光源水面式紫外线消毒设备的计算

### 1. 已知条件

消毒水量 $Q=300m^3/h$，原水大肠菌指数（1L 水中的大肠菌数量）的最大值 $P_0=1000$，消毒后水中大肠菌指数的最大允许值 $P=1$，紫外线在水中的吸收系数 $a=0.2cm^{-1}$，大肠菌的抵抗能力系数 $K=2400m \cdot kW \cdot s/cm^2$，杀菌灯功率 $F_1=30W$，铝制反射罩的反射系数 $k=0.5$，铝制反射罩的反射角 $\beta \geqslant 180°$。

2. 设计计算

(1) 光源杀菌功率的计算利用系数 $K_1$

$$K_1 = \frac{\beta + k(360 - \beta)}{360} = \frac{180 + 0.5 \times (360 - 180)}{360} = 0.75$$

(2) 杀菌光线单位功率的计算利用系数 $K_2$

$$K_2 = 0.9$$

(3) 所需光源的杀菌功率 $F_2$(W)

$$F_2 = \frac{Q \alpha K \lg(P/P_0)}{1563.4 K_1 K_2}$$

式中各符号的意义及单位见"已知条件"。代入已知数得

$$F_2 = \frac{-300 \times 0.2 \times 2400 \times (-3)}{1563.4 \times 0.75 \times 0.9} = 410(\text{W})$$

(4) 需杀菌灯数量 $n$

$$n = F_2/F_1 = 410/30 \approx 14(\text{个})$$

(5) 消毒水层厚度 $h$

$$h = \frac{\lg(1 - K_2)}{\alpha \lg e} = \frac{\lg(1 - 0.9)}{0.2 \times 0.43425} = -1/(-0.2 \times 0.43425) = 11.5(\text{cm})$$

(6) 水槽尺寸 根据杀菌灯及其安装情况，采用槽宽 $b = 88$cm。
槽由三块纵向隔板分成四个廊道串联运行。每个廊宽 $b' = 21.7$cm（见图 8-5）。

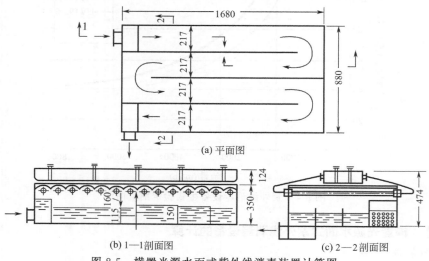

(a) 平面图

(b) 1—1剖面图　　　　(c) 2—2剖面图

图 8-5　横置光源水面式紫外线消毒装置计算图

两灯间距为 12cm，则设备槽的总长为

$$L = 12n = 12 \times 14 = 168(\text{cm})$$

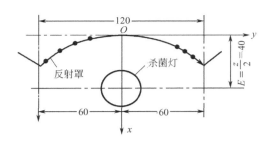

图 8-6 反射罩及杀菌灯

（7）设备结构 设备的材料采用铝板，其底、壁及盖的厚度为 5mm，而槽内的纵横隔板厚度为 4mm。

根据设备结构，消毒装置的高度采用 35cm。

为使水在槽中均匀分配，在其起端装设穿孔板。槽末端装设淹没堰，以维持消毒水水层的计算厚度。

（8）反射罩及杀菌灯的装设（见图 8-6）

杀菌灯装在铝质抛物线形反射罩内，其安装高度为水面上 16cm 处。

反射罩顶离杀菌灯中心的距离 $E=4$cm。

反射罩底面的间距等于灯的间距，即 12cm。

反射罩的外形为抛物线形，其方程为

$$y^2 = 2Zx = 2 \times 2Ex = 2 \times 2 \times 4x = 16x$$

式中，$Z=2E=2 \times 4=8$ 为参变数。

# 第四节 臭 氧 消 毒

臭氧可用空气中的氧通过高压放电制取。臭氧消毒设备主要由两部分组成，即臭氧发生器和臭氧加注装置。从给水处理角度看，如何保证高效率而均匀地将臭氧混入水中，是其关键问题。

臭氧消毒法的优点是：不会产生异臭味；水中增加了氧气可改善水质；能在水厂直接制造使用，避免了运输；消毒作用不受水中氨氮、pH 值及水温的影响。其缺点是：制造臭氧耗电量大，需有专门的复杂装置，所以费用高；消毒后的水在管道中无抑制细菌繁殖的能力；需边生产边使用，不能储存；当水量或水质变化时，臭氧投加量的调节比较困难。臭氧作为消毒剂具有广阔的前途，目前在国外正得到广泛应用，我国在给水消毒剂上使用尚少。

臭氧在给水处理中的应用不局限于生活饮用水、游泳水的消毒，还可用于去除水中可溶性铁盐、锰盐、氰化物、硫化物、亚硝酸盐、色、嗅、味、微量有机物，并使原水中溶解性有机物产生微凝聚作用，强化水的澄清、沉淀和过滤效果，提高出水水质，节省消毒剂用量。

## 一、设计概述

① 臭氧应加在过滤后的水中，用于消毒时，投量一般为 $1 \sim 3$mg/L；用于去色除臭时，投量需增至 $2.5 \sim 3.5$mg/L。与水的接触时间一般为 $10 \sim 15$min。

② 为保证杀菌的持续性，加臭氧的出厂水中需加少量氯。

③ 实际投加的臭氧量 $D$（kgO$_3$/h）

$$D = 1.06aQ$$

式中 $a$——臭氧投加量，kg/m$^3$；

$Q$——所处理的水量，m$^3$/h。

另外需考虑 $25\% \sim 30\%$ 的备用，但备用不得少于一台。

④ 臭氧发生器的工作压力 $H$(m)

$$H \geqslant h_1 + h_2 + h_3$$

式中　$h_1$——接触池水深，m；

　　　$h_2$——布气装置水头损失，m；

　　　$h_3$——臭氧化空气输送管的水头损失，m。

⑤ 所产生的臭氧化空气中的臭氧浓度根据产品样确定，一般为 $10 \sim 20g/m^3$。

⑥ 原水污染轻或只是用于氧化铁、锰时，用单格接触池，池底设扩散布气装置，接触时间 $4 \sim 6min$。如需可靠灭菌，应设双格接触池，第一格臭氧投加量为 $0.4 \sim 0.6g/m^3$，接触时间 $4 \sim 6min$，第二格进水剩余臭氧至少 $0.4g/m^3$，接触时间 $4min$。

⑦ 原水污染重时，臭氧投加量可达 $5g/m^3$ 以上，接触时间 $4 \sim 12min$；用喷射器接触时需有 $2m$ 的水头，全部处理水吸入臭氧化空气后从底部进入接触池。

⑧ 常用的臭氧-水接触反应装置有微孔扩散鼓泡接触塔、固定螺旋混合器、涡轮注入器、喷射器、填料接触塔等，应根据实际情况选用。

⑨ 接触池排出的尾气不许直接进入大气，应予必要的处置。尾气的处置方法有活性炭法、药剂法等。

## 二、计算例题

### 【例 8-8】　臭氧消毒设备选用计算

1. 已知条件

消毒水量 $Q = 40m^3/h$，臭氧投加量 $a = 5mg/L = 0.005kg/m^3$，臭氧化气浓度 $Y = 20g/m^3$，接触反应装置内的水力停留时间 $4min$。

2. 设计计算

（1）所需臭氧量 $D$

$$D = 1.06aQ = 1.06 \times 0.005 \times 40 = 0.212(kgO_3/h)$$

考虑到设备制造及操作管理水平较低等因素（臭氧的有效利用率只有 $60\% \sim 80\%$），确定选用臭氧发生器的产率可按 $400g/h$ 计。

（2）放电管的单管产量　臭氧发生器放电管的单管产量 $P$，国内一般每根为 $4 \sim 5g/h$，现采用每根 $P = 5g/h$。

（3）放电管数量 $n$　臭氧发生器采用上海某设计院的图纸加工，其放电管数量 $n = 88$ 根/台。

（4）臭氧化空气产率 $W$

$$W = Pn = 5 \times 88 = 440(g/h)$$

臭氧发生器设置两台，一台工作，一台备用。

（5）接触装置（采用鼓泡塔）

① 鼓泡塔体积 $V$

$$V = Qt/60 = 40 \times 4/60 \approx 2.7(m^3)$$

② 塔截面积 $F$。塔内水深 $H_A$ 取 $4m$，则

$$F = Qt/(60H_A) = 40 \times 4/(60 \times 4) \approx 0.67(m^2)$$

③ 塔高 $H_{塔}$

$$H_{塔} = 1.3H_A = 5.2(m)$$

④ 塔径

$$D_{塔} = \sqrt{4F/\pi} = \sqrt{4 \times 0.67/3.14} \approx 0.92 (m)$$

（6）臭氧化气流量

$$Q_{气} = 1000D/Y = 1000 \times 0.212/20 = 10.6 (m^3/h)$$

折算成发生器工作状态（$t = 20℃$，$p = 0.08MPa$）下的臭氧化气流量

$$Q'_{气} = 0.614Q_{气} = 0.614 \times 10.6 \approx 6.5 (m^3/h)$$

（7）微孔扩散板的个数 $n$ 根据产品样本提供的资料，所选微孔扩散板的直径 $d = 0.2m$，则每个扩散板的面积

$$f = \pi d^2/4 = 3.14 \times 0.2^2/4 = 0.0314 (m^2)$$

使用微孔钛板，微孔孔径 $R = 40\mu m$，系数 $a = 0.19$，$b = 0.066$，气泡直径取 $d_{气} = 2mm$，则气体扩散速度

$$\omega = (d_{气} - aR^{1/3})/b = (2 - 0.19 \times 40^{1/3})/0.066 \approx 20.5 (m/h)$$

微孔扩散板的个数

$$n = Q'_{气}/(\omega f) = 6.5/(20.5 \times 0.0314) \approx 10 (个)$$

（8）所需臭氧发生器的工作压力 $H$

① 塔内水柱高为 $h_1 = 4mH_2O$。

② 布水元件水头损失 $h_2$ 查表 8-2，$h_2 = 0.2kPa \approx 0.02mH_2O$。

表 8-2 国产微孔扩散材料压力损失实测值

| 材料型号及规格 | 不同过气流量$[L_{气}/(cm^2 \cdot h)]$下的压力损失/kPa | | | | | | | |
|---|---|---|---|---|---|---|---|---|
| | 0.2 | 0.45 | 0.93 | 1.65 | 2.74 | 3.8 | 4.7 | 5.4 |
| WTD1S 型钛板<br>孔径<$10\mu m$，厚 4mm | 5.80 | 6.00 | 6.40 | 6.80 | 7.06 | 7.33 | 7.60 | 8.00 |
| WTD2 型微孔钛板<br>孔径 $10 \sim 20\mu m$，厚 4mm | 6.53 | 7.06 | 7.60 | 8.26 | 8.80 | 8.93 | 9.33 | 9.60 |
| WTD3 型微孔钛板<br>孔径 $25 \sim 40\mu m$，厚 4mm | 3.47 | 3.73 | 4.00 | 4.27 | 4.53 | 4.80 | 5.07 | 5.20 |
| 锡青铜微孔板<br>孔径未测，厚 6mm | 0.67 | 0.93 | 1.20 | 1.73 | 2.27 | 3.07 | 4.00 | 4.67 |
| 刚玉石微孔板<br>厚 20mm | 8.26 | 10.13 | 12.00 | 13.86 | 15.33 | 17.20 | 18.00 | 18.93 |

③ 臭氧化气输送管道水头损失。臭氧化气选用 $DN15mm$ 管道输送，总长 30m，气体流量较小，输送管道的沿程及局部水头损失按 $h_3 = 0.5mH_2O$ 考虑。

臭氧发生器的工作压力为

$$H = h_1 + h_2 + h_3 = 4 + 0.02 + 0.5 = 4.52 (mH_2O)$$

（9）尾气处理 尾气经除湿处理后用"霍加拉特"剂催化法分解。

# 第九章　特殊水质处理设施

## 第一节　水的除铁除锰

铁、锰离子可共存于地下水中，但地下水含铁量往往高于含锰量。饮用水含铁量高时，有铁腥味，影响水的口感；还可使家庭用具发生锈斑；洗涤衣物会出现黄色或棕黄色斑渍；铁质沉淀物 $Fe_2O_3$ 会滋长铁细菌，阻塞管道，有时会出现红水；造纸、纺织、印染、化工和皮革精制等生产用水，含铁量高时会降低产品质量。

含锰量高的水所发生的问题和含铁量高的情况相类似，使饮用水有色、嗅、味，家用器具会污染成棕色或黑色，洗涤衣物会有微黑色或浅灰色斑渍。损害纺织、造纸、酿造、食品等工业产品的质量。

我国地下水铁、锰含量超标地区的含铁量一般在 $5 \sim 10mg/L$，有的达 $20 \sim 30mg/L$，但超过 $30mg/L$ 的情况很少。含锰量多在 $0.5 \sim 2.0mg/L$。当原水铁、锰含量超过《生活饮用水卫生标准》的规定，就要进行处理。

除铁除锰方法有：自然氧化法（或曝气法）；曝气接触氧化法；化学氧化法（包括氯氧化法和高锰酸钾氧化法等）；混凝法；碱化法（投加石灰或碳酸钠等）；离子交换法；稳定处理法；生物氧化法。

除铁常采用曝气接触氧化法或曝气自然氧化，除锰则多采用曝气接触氧化法。在设计时应注意影响除铁除锰的主要因素。

① 铁和锰在处理过程中的相互干扰，工程实践中一般应先除铁后除锰。

② 水中溶解硅对除铁有影响。据国外文献报道，水中可溶性硅含量超过 $30 \sim 50mg/L$ 将明显阻碍铁的空气氧化。

③ 接触氧化除铁要求水的 pH 值在 6.0 以上，接触氧化除锰，要求水的 pH 值至少在 7.0 以上，最好达 $7.3 \sim 7.5$ 以上；实践表明，原水碱度低于 $2.0mmol/L$，尤其是低于 $1.5mmol/L$，将明显影响铁锰的去降。

④ 在除铁锰滤池中，作吸附剂、催化剂的熟砂滤料表面，吸附了大量难以氧化的有机质铁锰络合物，它降低了滤料的催化作用和再生能力，从而使氧化过程和再吸附过程受到阻碍。

## 一、除铁

### （一）自然氧化法

1. 设计概述

① 自然氧化法利用曝气装置使水与空气充分接触，地下水的二价铁被水中溶解氧氧化成三价铁的氢氧化物，再经反应沉淀池和以石英砂、无烟煤为滤料的滤池过滤，去除沉淀

物，达到除铁的效果。

② 自然氧化法除铁适用于原水含铁量较高的情况。

③ 曝气除铁所需溶解氧浓度为水中二价铁离子浓度的 $0.4 \sim 0.7$。或按下式计算。

除铁实际所需的溶解氧浓度为

$$[O_2] = 0.14a[Fe^{2+}]_0$$

式中 $[O_2]$——除铁实际所需的溶解氧浓度，$mg/L$；

$[Fe^{2+}]_0$——地下水中的含铁量，$mg/L$；

$a$——过剩溶氧系数，$a > 1$，一般为 $3 \sim 5$，$a$ 值的选取见表 9-1。

表 9-1 最大过剩溶氧系数 $a_{max}$

| $[Fe^{2+}]_0/(mg/L)$ | 水温/℃ | | | |
| --- | --- | --- | --- | --- |
| | 5 | 10 | 20 | 30 |
| 2 | 45 | 40 | 33 | 28 |
| 5 | 18 | 16 | 13 | 11 |
| 10 | 9.0 | 8.0 | 6.6 | 5.6 |
| 20 | 4.5 | 4.0 | 3.3 | 2.8 |
| 30 | 3.0 | 2.7 | 2.2 | 1.9 |

④ 自然氧化法除铁一般要求水的 pH 值大于 7.0，以保证水中二价铁有较快的氧化反应速度。当原水 pH 值较低时，需要用曝气的方法提高 pH 值。这时曝气的目的不仅是溶氧，并且还要散除二氧化碳。所以，应当选用去除二氧化碳效率高的喷淋式曝气装置，如莲蓬头（或穿孔管）曝气装置、板条式曝气塔、接触式曝气塔以及叶轮表面曝气装置等。当曝气不能满足 pH 值要求时，相应增加了氧化反应时间。如果反应时间超过 $2 \sim 3h$，需投加碱剂来提高 pH 值。常用曝气装置有如下几种。

a. 莲蓬头（或穿孔管）曝气装置适用于含铁量小于 10mg/L 的情况。莲蓬头安装在滤池水面以上 $1.5 \sim 2.5m$ 处，每个莲蓬头的喷淋面积 $1 \sim 1.5m^2$。莲蓬头上的孔口直径为 $4 \sim 8mm$，开孔率 $10\% \sim 20\%$，孔口流速为 $2 \sim 3m/s$，地下水除铁使用的莲蓬头直径一般为 $150 \sim 300mm$。因孔口易被铁质所堵塞，其构造应便于拆换。

穿孔管的孔口直径为 $5 \sim 10mm$，孔口向下和中垂线夹角小于 $45°$，孔眼流速 $2 \sim 3m/s$，安装高度为 $1.5 \sim 2.5m$。为使穿孔管喷水均匀，每根穿孔管的断面积应不小于孔眼总面积的 2 倍。穿孔管的设计参照莲蓬头曝气装置，其淋水密度一般为 $5 \sim 10m^3/(h \cdot m^2)$。

b. 喷水式曝气装置是利用喷嘴将水由下向上喷洒，水在空气中分散成水滴，再回落池中。一般使用的喷嘴直径为 $25 \sim 40mm$，喷嘴前的作用水头为 $5 \sim 7m$。一个喷嘴的出水流量为 $17 \sim 40m^3/h$，淋水密度为 $5m^3/(h \cdot m^2)$ 左右。曝气水中二氧化碳的去除率可达 $70\% \sim 80\%$，溶解氧浓度可达饱和值的 $80\% \sim 90\%$，喷水式曝气装置宜设在室外，要求下部有大面积的集水池。

c. 接触式曝气塔使含铁水由上部穿孔配水管流出，经各层填料流到下部集水池。该装置用于含铁量小于 10mg/L 的原水，淋水密度按 $5 \sim 10m^3/(h \cdot m^2)$ 计算。曝气塔中有 $1 \sim 3$ 层焦炭或矿渣填料层，层间净距不小于 600mm，每层填料厚度为 $300 \sim 400mm$，粒径 $30 \sim 50mm$ 或 $50 \sim 100mm$，下部集水池容积一般采用 $15 \sim 20min$ 的停留时间。

小型接触式曝气塔一般为圆形或方形，大型的为长方形。塔的宽度一般为 $2 \sim 4m$。填料因铁质沉积会逐渐堵塞，需要定期清洗和更换。地下水的含铁量为 $3 \sim 5mg/L$ 时，填料可 $1 \sim 3$ 年更换一次；含铁量为 $5 \sim 10mg/L$ 时，填料一年左右更换一次；含铁量高于 10mg/L 时，一年清洗和更换一至数次；接触式曝气塔如安装在室内，应保证有良好的通风设施。

d. 板条式曝气塔含铁水由上而下淋洒，水流在板条上溅开形成细小水滴，在板条表面也形成薄的水膜，然后由上一层板条落到下一层板条。由于水与空气接触面大，接触时间长，曝气效果好。一般板条层数 4～10 层，层间距 0.3～0.8m，淋水密度为 5～20m³/(h·m²)。曝气后水中溶解氧饱和度可达 80%，二氧化碳去除率约为 40%～60%。由于板条式曝气塔不易为铁质所堵塞，可用于含铁量大于 10mg/L 的地下水曝气。木板条填料层厚度设计见表 9-2。

表 9-2　木板条填料层厚度设计

| 总碱度/(mmol/L) | 2 | 3 | 4 | 5 | 6 | 8 |
|---|---|---|---|---|---|---|
| 填料层厚度/m | 2.0 | 2.5 | 3.0 | 3.5 | 4.0 | 5.0 |

e. 机械通风式曝气塔系封闭的柱形曝气塔，水由塔上部送入，经配水装置后通过塔中的填料层淋下。空气由风机自塔下部吹入，经过填料层，自塔顶排出。塔顶设一个装有许多小管嘴的平槽，来水在槽中的水深大于管嘴高度时，便经管嘴流下，在填料层上溅开，然后向下经过填料流出。空气则通过配水平槽上的排气管，经通风管道排至室外。曝气后的水汇集于塔底的集水池中，再经水封由出水管流出塔外。出水管前设水封是为了不使通风机鼓入塔内的空气外逸，所以水封的高度应比通风机的风压大。曝气塔的填料常为瓷环，木条格栅或塑料填料等。

机械通风式曝气塔的淋水密度一般为 40m³/(h·m²)，气水比为 15～20，曝气水的溶氧饱和度可为 90%，二氧化碳去除率可达 80%～90%。

f. 表面曝气装置是在曝气池表面设置曝气器，在电机带动下急速旋转，将表层水以水幕状抛向四周，卷入空气。另外，曝气器的提升作用使气液接触面不断更新，曝气器后侧形成的负压区吸入空气也都有溶气的效果。在溶气的同时也充分去除了水中的二氧化碳。叶轮直径与边长（圆形为直径）之比为(1∶6)～(1∶8)，叶轮外缘线速度为 4～6m/s，曝气池容积按水力停留时间 20～40min 计算。

实践经验表明，原水经叶轮表面曝气后溶解氧饱和度可达 80% 以上，二氧化碳散除率可达 70% 以上，pH 值可提高 0.5～1.0。

⑤ 自然氧化和接触氧化除铁工艺中，曝气不仅是溶氧，有时还要去除二氧化碳。选择曝气装置时需考虑各种曝气装置的二氧化碳去除效果。

⑥ 当原水 pH 值较高、含铁量较低时，自然氧化除铁法可以不去除二氧化碳以提高 pH 值。这时曝气主要是为了向水中充氧，这时可选择射流泵、跌水曝气等简单曝气装置。

⑦ 普通快滤池、无阀滤池、虹吸滤池、双级压力滤池等均可用于地下水除铁，滤池的类型应根据原水水质、工艺流程、处理水量等因素来确定。

⑧ 选用的滤料主要有石英砂、无烟煤、天然锰砂等。所用滤料除满足滤料应具备的一般要求外，还要求对铁有较大的吸附容量和较短的"成熟"期。曝气氧化法除铁工艺滤池滤料一般采用石英砂和无烟煤。

⑨ 石英砂滤料最大粒径在 1.0～1.5mm，最小粒径在 0.5～0.6mm 选择。当采用双层滤料时，无烟煤滤料最大粒径可在 1.6～2.0mm，最小粒径可在 0.8～1.2mm 选用，石英砂粒径的选用同上。

⑩ 石英砂滤料及双层滤料滤池的承托层组成，同一般快滤池。

⑪ 除铁滤池的滤速可高达 20～30m/h，但以选用 5～10m/h 为宜，含铁量低可选上限，含铁量高可选下限。

⑫ 滤料层厚度的确定：重力式 700～1000mm，压力式 1000～1500mm，双级压力式每级厚 700～1000mm，双层滤料滤池厚 700～1000mm，其中石英砂层厚 400～600mm，无烟煤层厚 300～500mm。

⑬ 滤池的工作周期一般为 8～24h。为保证过滤周期大于 8h，含铁量高时可采取选用均质滤料、采用双层滤料滤池、降低滤速等方式延长工作周期。

⑭ 天然锰砂滤池的反冲洗强度按表 9-3 选用。

表 9-3 天然锰砂滤池的反冲洗强度

| 锰砂粒径/mm | 冲洗方式 | 冲洗强度/[L/(s·m²)] | 膨胀率/% | 冲洗时间/min |
|---|---|---|---|---|
| 0.6～1.2 | | 18 | 30 | 10～15 |
| 0.6～1.5 | 无辅助冲洗 | 20 | 25 | 10～15 |
| 0.6～2.0 | | 22 | 22 | 10～15 |
| 0.6～2.0 | 有辅助冲洗 | 19～22 | 15～20 | 10～15 |

石英砂除铁滤池反冲洗强度一般为 13～15L/(s·m²)，膨胀率为 30%～40%，冲洗时间不小于 7min。

⑮ 期终水头损失一般控制在 1.5～2.5m。因为滤池反冲洗而导致的水量增大系数 $\alpha_1$ 为

$$\alpha_1 = \frac{1}{1 - 0.06\dfrac{qt}{vT}}$$

式中 　$q$ ——滤池的反冲洗强度，L/(s·m²)；

$t$ ——滤池的反冲洗时间，min；

$v$ ——滤速，m/h；

$T$ ——反冲洗周期，h。

考虑设备漏水而引入的系数 $\alpha_2$（其值为 1.02～1.05），处理水量应为 $Q = \alpha_1\alpha_2Q_0$。

⑯ 曝气-反应-沉淀-过滤工艺的滤池的滤速低，为 1.5～2.0m/h，反应、沉淀池中停留时间 1.5～3.0h，且沉淀效率不高，已很少采用。曝气-反应-双层滤料滤池工艺适用于原水含铁含锰量较高时，适当降低滤速，可延长滤池工艺周期，保证除铁效果。

⑰ 当需投加石灰来提高水的 pH 值时，应在石灰投加后设混合装置，并设反应沉淀构筑物去除石灰中含有的大量杂质。此外，还需设置石灰乳制备和投加装置。

⑱ 三价铁经水解、絮凝后形成的悬浮物，可用滤池过滤去除。当含铁浓度较高时，常在滤池前设置沉淀装置，去除部分悬浮物。沉淀装置同时又起着延长氧化反应和絮凝反应时间的作用。

⑲ 一般三价铁的水解过程比较迅速，随后的絮凝过程则比较缓慢，所以三价铁的絮凝过程也应考虑在反应池中完成。絮凝形成的氢氧化铁悬浮物，部分沉淀于反应池中，所以反应池也兼起沉淀池的作用。

⑳ 反应池应设导流墙，以免产生短流，影响反应效果。沉淀池多为平流式沉淀池，构造与一般平流式沉淀池相同。

2. 计算例题

**【例 9-1】　自然氧化法除铁的计算**

1. 已知条件

北方某镇原水含铁量为 $[Fe^{2+}]_0 = 12～13mg/L$，pH 值 = 6.5，碱度 2mmol/L，水温 10℃，二氧化碳含量 $[CO_2] = 70mg/L$，供水规模 $Q = 10000m^3/d = 416.7m^3/h$，要求处理出水 $[Fe^{2+}] < 0.3mg/L$。半衰期试验结果：$\lg t_{1/2} = 12.6 - 1.6pH$。

2. 设计计算

原水含铁量较高，宜采用三级处理构筑物组成的自然氧化法除铁系统。该工艺由曝气装置、反应沉淀池和滤池处理构筑物组成。

（1）设定氧化反应时间，求 pH 值应提高的量　根据工程经验，二价铁氧化反应所需时间拟定为 $t=1h=60min$，出水 $[Fe^{2+}]=0.3mg/L$。

由半衰期公式 $t_{1/2}=\dfrac{\lg 2}{\lg\dfrac{[Fe^{2+}]_0}{[Fe^{2+}]}}t$ 得

$$t_{1/2}=\frac{\lg 2}{\lg\dfrac{13}{0.3}}\times 60=11.03\ (min)$$

根据半衰期试验结果，在设定的氧化反应时间下，要求地下水达到

$$pH\ 值=(12.6-\lg t_{1/2})/1.6=(12.6-\lg 11.03)/1.6\approx 7.22$$
$$pH\ 值应提高\ 7.22-6.5=0.72$$

（2）根据具体情况选用曝气方式　由于含铁量高，曝气方式选用板条式曝气塔。该曝气装置不易为铁质所堵塞，可用于大于 10mg/L 的地下水曝气。板条层数取 7 层，根据表 9-2 取木板条填料层总厚度 2.1m，每层厚 0.3m，填料层间净距 0.3m，则塔高 4.2m。每个板条宽 0.06m，板条水平净距 0.09m。

淋水密度为 $10m^3/(h\cdot m^2)$，则曝气塔的总面积为

$$F_{塔}=Q/10=416.7/10\approx 41.7(m^2)$$

取平面尺寸 3m×15m，曝气塔下部设集水池。

曝气塔使水中二氧化碳去除率取 40%。曝气后水中溶解氧饱和度取 80%。

（3）除铁实际所需的溶解氧浓度　原水含铁 $[Fe^{2+}]_0=13mg/L$，取 $a=3$，理论所需溶解氧量

$$[O_2]=0.14a[Fe^{2+}]_0=0.14\times 3\times 13=5.46(mg/L)$$

在此水温和压力条件下，水中饱和溶解氧量为 $C_0=11.3\ mg/L$，曝气后溶解氧量为饱和值的 80%，则实际水中溶氧量 $=80\%C_0=11.3\times 80\%=9.04(mg/L)>5.46(mg/L)$，满足溶氧要求。

（4）计算应投加的石灰的用量　板条式曝气塔、接触式曝气塔、表面叶轮曝气池等，通常只能将水的 pH 值升高 0.4~0.6。本例题用曝气方法不能将水的 pH 值提高到要求数值，需向水中投加碱剂，碱剂用石灰。

以 mmol/L 表示的含铁地下水 $CO_2$ 含量为

$$[CO_2]=70/44\approx 1.59(mmol/L)$$

曝气使 $CO_2$ 去除 40%，则 $CO_2$ 去除量为

$$\Delta[CO_2]=[CO_2]\times 0.4=[CO_2]\times 0.4=0.636(mmol/L)$$

因铁质水解产生的酸的浓度为

$$[H^+]_s=[Fe^{2+}]_0/28=13/28\approx 0.46(mmol/L)$$

若不向水中投加石灰，则除铁后水的 pH 值变化为

$$\Delta pH=\lg\left(\frac{[CO_2]}{[碱]}\times\frac{[碱]+[CaO]-[H^+]_s}{[CO_2]-\Delta[CO_2]-[CaO]+[H^+]_s}\right)$$
$$=\lg\left(\frac{1.59}{2}\times\frac{2+0-0.46}{1.59-0.636-0+0.46}\right)\approx -0.063$$

说明若不向水中投加石灰，pH 值将由 6.5 降到 6.44，自然氧化除铁不能获得较好效果。

将除铁水的 pH 值升高到 7.22，即 $\Delta pH=7.22-6.5=0.72$，所需投加的石灰量是

$$[CaO]=\frac{\frac{[碱]}{[CO_2]}\times10^{\Delta pH}\{[CO_2]-\Delta[CO_2]+[H^+]_s\}-\{[碱]-[H^+]\}}{\frac{[碱]}{[CO_2]}\times10^{\Delta pH}+1}$$

$$=\frac{\frac{2}{1.59}\times10^{0.72}\times(1.59-0.636+0.46)-(2-0.46)}{\frac{2}{1.59}\times10^{0.72}+1}$$

$$\approx0.52(mmol/L)=28.84(mg/L)$$

一般市售石灰的有效氧化钙的含量约为 50%，所以实际石灰投加量需按比例（以商品质量计算）增大。

（5）石灰的混合　氧化钙在水中的溶解度在室温下平均为 0.12%，即 1m³ 饱和石灰溶液中含氧化钙 1.2kg。

饱和石灰水的总投量 $=416.7\times28.84/(1000\times1.2)\approx10.0(m^3/h)$

含铁水曝气后需要再次提升，将饱和石灰水投加到提升泵吸水管中，利用提升泵混合。

（6）混合液的反应

① 反应池的设计计算。投加石灰后的混合液在反应池中反应时间取 $t=20min$，池内平均水深 $H_1=0.5m$，则

反应池总面积 $F_反=Qt/H_1=416.7\times20/(60\times0.5)=277.8(m^2)$

因水量较小，采用 1 座隔板式反应池，总体积

$$w=Qt/60=416.7\times20/60=138.9(m^3)$$

廊道宽度按流速不同分为 3 挡：$v_1=0.5m/s$，$v_2=0.4m/s$，$v_3=0.2m/s$，所以

$$a_1=Q/(v_1H_1)=416.7/(3600\times0.5\times0.5)\approx0.46(m)，取\ 0.5m$$
$$a_2=Q/(v_1H_1)=416.7/(3600\times0.5\times0.4)\approx0.57(m)，取\ 0.6m$$
$$a_3=Q/(v_1H_1)=416.7/(3600\times0.5\times0.2)\approx1.16(m)，取\ 1.2m$$

隔板转弯处的宽度取廊道宽度的 1.2 倍，每档廊道设 7 条，反应池总长（隔板间净间距之和）为

$$L_反=0.5\times7+0.6\times7+1.2\times7=16.1(m)$$

反应池总宽为 $F_反/L_反=277.8/16.1\approx17.3(m)$

② 水头损失 $h_z$ 的计算。反应池采用砖混结构，外用水泥砂浆抹面，粗糙系数 0.013。

经计算（计算过程参见隔板反应池设计计算部分，从略），反应池内总水头损失

$$h_z=0.62mH_2O=6.1\times10^3Pa。$$

③ $GT$ 值的计算。水在 10℃时的绝对黏滞度 $\mu=1.3092\times10^{-3}Pa\cdot s$，根据公式计算得

$$G=\sqrt{\frac{\rho h}{6\times10^4\mu T}}=\sqrt{\frac{1000\times6.1\times10^3}{60\times10^4\times1.309\times10^{-3}\times10}}\approx27.87(s^{-1})$$

$$GT=27.87\times20\times60=33444$$

此值在 $10^4\sim10^5$ 范围内，反应池设计合理。反应池平面尺寸见图 9-1。

（7）含铁水的沉淀　含铁水的沉淀用 1 座平流式沉淀池，停留时间 $t_沉=40min$，兼起延长反应时间的作用。

① 单池容积 $W$

$$W_沉=Qt_沉/n=416.7\times40/(60\times1)=277.8(m^3)$$

② 池长 $L_沉$。池内水平流速按普通混凝沉淀取值，$v_沉=12mm/s$，则

$$L_沉=3.6v_沉\ t_沉=3.6\times12\times40/60=28.8(m)$$

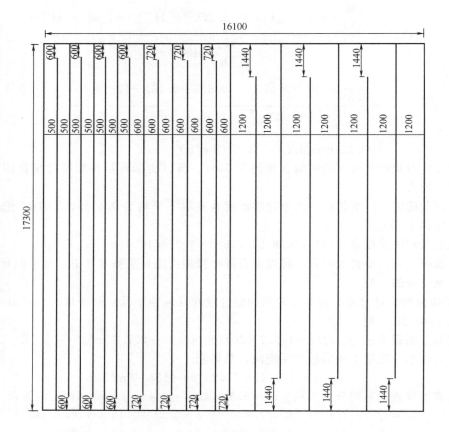

图 9-1　反应池平面尺寸

③ 池宽 $B_沉$。池的有效水深采用 $H_沉=3m$，则池宽

$$B_沉=W_沉/(L_沉 H_沉)=277.8/(28.8\times3)\approx3.2(m)$$

满足池的长宽比大于 4 的要求。

④ 沉泥区深度取 1m，沉淀池深度相应增加 1m。根据已有工程数据，沉淀池排泥时间 1 年 1 次，采用人工清泥。

⑤ 水力条件复核。水力半径

$$R=\omega/\rho=B_沉 H_沉/(2H_沉+B_沉)$$
$$=3.2\times3/(2\times3+3.2)=1.04(m)=104(cm)$$

费汝德数　$Fr=v_沉^2/(Rg)=1.2^2/(104\times981)=1.4\times10^{-5}$

在规定范围($1\times10^{-5}\sim1\times10^{-4}$)内。

(8) 滤池(具体计算过程参见第七章普通快滤池部分)　在自然氧化法除铁工艺中，三价铁经水解、絮凝后形成的悬浮物，用普通滤池过滤去除，本工程采用普通快滤池，相关设计数据如下。

① 考虑原水含铁量较高，应适当降低滤速以保证过滤效果。滤速 $v_滤=5m/h$。

② 滤池滤料采用石英砂，粒径 $0.2\sim0.6mm$，滤层厚 700mm。

③ 承托层厚度 $H_1=0.45m$(级配组成见第七章第二节)。

④ 冲洗强度 $q=14L/(s\cdot m^2)$，膨胀率 40%，冲洗时间 $t=8min=0.13h$。

⑤ 冲洗周期 $t_滤=12h$。

⑥ 期终水头损失控制在 1.5m。

⑦ 经计算滤池面积 $F_滤 = 84m^2$。滤池个数采用 $N_滤 = 4$ 个，成双行对称布置；每个滤池面积 $f_滤 = F_滤/N_滤 = 84.0/4 = 21.0 \ (m^2)$。

⑧ 单池平面尺寸 $L_滤 = B_滤 = 4.6m$。

⑨ 砂面上水深取 1.7m，滤池超高取 0.30m，滤池总高度 $H_滤 = 3.15m$。

⑩ 单池冲洗流量 $q_冲 = 294L/s \approx 0.29m^3/s$。采用大阻力配水系统，配水干管采用方形断面暗渠，断面尺寸采用 0.45m×0.45m。

配水支管中心距采用 $s = 0.25m$，支管总数 $n_2 = 36$ 根，支管直径 $d_支 = 80mm$，支管长度 $l_1 = 2.0m$。

孔径采用 $d_0 = 12mm = 0.012m$，孔眼总数 $n_3 = 557$ 个，每一支管孔眼数（分两排交错排列）$n_4 = 15$ 个，孔眼中心距 $s_0 = 0.27m$，孔眼平均流速 $v_0 = 4.6m/s$，符合孔眼流速为 3.5~5m/s 的要求。

⑪ 冲洗水箱。容量 $V_箱 = 212m^3$，水箱内水深，采用 $h_箱 = 3.5m$。水箱为圆形，直径 $D_箱 = 8.8m$。

水箱底至冲洗排水槽的高差 $\Delta H = 5.022mH_2O$。

⑫ 配水干渠。滤站的 4 个水池成双行对称布置，每侧 2 个滤池。

浑水进水、废水排出及过滤后清水引出均采用暗渠输送，冲洗水进水采用管道。

各主干管（渠）参数列于表 9-4。

表 9-4 主干管（渠）参数

| 管渠名称 | 流量/(m³/s) | 流速/(m/s) | 管渠截面积/m² | 管渠断面有效尺寸/m |
|---|---|---|---|---|
| 浑水进水渠 | 1.12 | 1.0 | 1.12 | $b \times h = 1.5 \times 0.75$ |
| 清水出水渠 | 1.12 | 1.2 | 0.93 | $b \times h = 1.5 \times 0.62$ |
| 冲洗进水管 | 0.29 | 0.99 | 0.29 | $D_冲 = 0.60$ |
| 废水排水渠 | 0.29 | 0.58 | 0.50 | $b \times h = 1.0 \times 0.50$ |

## （二）接触氧化法

**1. 设计概述**

① 接触氧化法除铁原理如下。含溶解氧的地下水经过滤层时，水中二价铁被滤料吸附，进而被氧化水解，逐渐形成具有催化氧化作用的铁质活性"滤膜"，在"滤膜"的催化作用下，铁的氧化速度加快，进而被滤料去除。接触氧化法除铁可在 pH 值为 6~7 的条件下进行。滤料（石英砂、无烟煤等）需要一定的成熟期，成熟后的滤料被铁或锰化合物覆盖，表面形成锈色或褐色的活性滤膜，对除铁具有接触氧化作用，因此不同滤料在成熟后，除铁除锰效果没有明显差别。

② 接触氧化法除铁适用于原水含铁量为 10mg/L 左右时，如含铁量超过不多仍采用接触氧化法时，可适当降低滤速或增加滤层厚度。

③ 为使曝气水中能含有除铁所需溶解氧，需向单位体积的水中加入空气，其体积为

$$V = [O_2]/(0.231\rho_k a\eta_{max})$$

式中　$V$——气水比；

　　$\rho_k$——空气密度，g/L，平均值为 1.2g/L；

　　$a$——溶解氧饱和度；

　0.231——氧在空气中所占的质量百分比；

　　$\eta_{max}$——氧气的最大理论利用率。

$V$ 与 $V\eta_{max}$ 的关系曲线见图 9-2。

④ 在接触氧化除铁工艺中，曝气的主要目的是向地下水中充氧，所以宜选用构造简单，体积小，效率高，便于和接触氧化除铁滤池组成一体的曝气装置，如射流泵、跌水曝气等。

a. 压缩空气曝气装置在滤池前向水中加入压缩空气，压缩空气一般由空气压缩机供给。为加速曝气溶氧过程，加气后设置气水混合器。有喷嘴式气水混合器、穿孔管式气水混合器。

喷嘴式混合器一般都做成圆柱形，圆柱体的直径和高度为来水管管径 $d$ 的 $n$ 倍。若来水管中的流速为 $v$，则水在气水混合器内的停留时间为

$$t = n^3 d / v$$

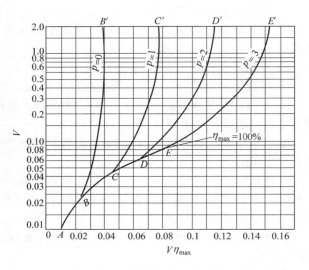

图 9-2 $V$ 与 $V\eta_{max}$ 的关系曲线（水温 10℃）

穿孔管式气水混合器用穿孔管来分布空气。孔眼孔径为 2~5mm，孔眼空气流速为 10~15m/s，孔眼设于穿孔管下方。

b. 射流泵曝气装置利用高压水流或气流高速喷射的作用，使水与空气充分混合。在除铁工艺中主要有以下几种应用形式。用射流泵抽气注入深井泵（或水泵）的吸气管中，经水泵叶轮搅拌曝气；用射流泵抽气注入压力滤池前的压力水管中，经管道或气水混合器混合曝气；用射流泵抽气注入重力式滤池前的管道中，经管道或气水混合池混合曝气；使全部含铁地下水通过射流泵曝气。

c. 跌水曝气装置中水从高处自由跌下，挟带一定量的空气进入下部受水池中，被带入水中的空气以气泡形式与水接触，溶进氧气。

⑤ 用作接触氧化除铁滤池的滤料可以采用天然锰砂，也可以采用石英砂、无烟煤等。对于含铁量低的地下水，由于天然锰砂具有较大的吸附二价铁离子的能力，使投产初期出水水质相对较好，所以宜优先选用。

⑥ 为提高过滤效果可采用减速过滤、粗滤料过滤、上向流过滤、双向流过滤、多层料过滤、辐射流过滤、高分子化合物助滤、采用新滤料、改善滤料的表面性质等措施。

⑦ 滤料的粒径、级配及滤池的过滤周期、滤料层厚度、承托层厚度、反冲洗强度、膨胀率、冲洗时间、期终水头损失的控制等参数与自然氧化法滤池基本相同。表 9-5、表 9-6 是接触氧化滤池参考设计数据。

**表 9-5　接触氧化滤池参考设计数据**

| 地下水含铁浓度/(mg/L) | 滤料粒径范围/mm | 滤层厚度/m | 滤速/(m/h) | 滤后水含铁浓度/(mg/L) |
| --- | --- | --- | --- | --- |
| <5 | 0.6~2.0 | 0.6~1.0 | 10~15 | <0.3 |
| | 0.6~1.5 | 0.6~1.0 | 10~15 | |
| | 0.6~1.2 | 0.6~0.8 | 10~15 | |
| | 0.5~1.0 | 0.6~0.7 | 10~12 | |
| 5~10 | 0.6~2.0 | 0.7~1.2 | 8~12 | <0.3 |
| | 0.6~1.5 | 0.7~1.2 | 8~12 | |
| | 0.6~1.2 | 0.7~1.0 | 8~12 | |
| | 0.5~1.0 | 0.7~0.8 | 8~10 | |
| 10~20 | 0.6~2.0 | 0.8~1.5 | 6~10 | <0.3 |
| | 0.6~1.5 | 0.8~1.5 | 6~10 | |
| | 0.6~1.2 | 0.8~1.2 | 6~10 | |

表 9-6　天然锰砂除铁滤池反洗强度

| 锰砂粒径/mm | 冲洗方式 | 冲洗强度/[L/(s·m²)] | 膨胀率/% | 冲洗时间/min |
|---|---|---|---|---|
| 0.5～1.0 | | 14～15 | 35 | 10～15 |
| 0.6～1.2 | | 17～18 | 30 | 10～15 |
| 0.6～1.5 | 水 | 20～21 | 27.5 | 10～15 |
| 0.6～2.0 | | 22～24 | 25 | 10～15 |

注：1. 天然锰砂相对密度为 3.2～3.4；水温为 8℃。

2. 锰砂滤池除用水反冲洗外，还可辅以压缩空气或表面冲洗。

⑧ 天然锰砂滤池的滤速最高可达 20～30m/h，实际设计时，接触氧化法除铁滤池的滤速应根据原水水质来确定，以 5～10m/h 为宜。含铁量高可选下限，含铁量低可选上限。

⑨ 接触氧化法除铁目前在生产中最常使用的是以滤池为主体的单级流程接触氧化除铁工艺系统。在特殊情况下，单级处理系统不能达到处理要求，需要采用较复杂的二级处理系统。

⑩ 当地下水的含铁浓度特别高时，必须设置较大型的曝气装置，如喷淋式曝气装置、多级跌水曝气装置和表面叶轮曝气装置等，以强化溶氧过程。当需去除二氧化碳以减少除铁水的腐蚀性时，也可采用二级处理系统。

⑪ 当要求出水的含铁浓度不大于 0.2～0.3mg/L 时，接触氧化设备能达到；当要求出水含铁浓度不大于 0.05～0.1mg/L 时，尤其地下水含铁浓度较高时，需做试验确定工艺流程。

2. 计算例题

【例 9-2】　**接触氧化法除铁的计算**

1. 已知条件

原水含铁量为 $[Fe^{2+}]_0 = 10mg/L$，pH 值 $= 6.8$，水温 10℃，耗氧量 2.45mg/L，$[SiO_2] = 16mg/L$，$[HCO_3^-] = 3.43mg/L$，$[CO_2] = 27.37mg/L$，不含锰。供水规模为 5000m³/d，要求处理出水 $[Fe^{2+}] < 0.3mg/L$。

2. 设计计算

原水含铁量偏高，但 pH 值较高，$CO_2$ 值低，拟采用一级接触氧化法除铁工艺流程。该工艺由空压机曝气、压力式过滤除铁滤池组成。

（1）处理水量　自用水量按 5% 计，则日处理水量为

$$Q = 1.05 \times 5000 = 5250(m^3/d) = 218.75(m^3/h)$$

（2）曝气接触氧化滤池（具体计算过程参见普通快滤池部分）　选用立式钢制圆形压力滤池，这类滤池的最大直径一般小于 3m，取 $d_滤 = 2.4m$，过滤面积 $F_池 = 4.5m^2$。

① 滤池面积及个数。因原水含铁量偏高，滤速取低值 $v_滤 = 6m/h$，滤池总面积 $F = 36.5m^2$，压力滤池的个数 $n_池 = 9$ 个。

② 滤料层和承托层。滤料选用天然锰砂，粒径 $d = 0.6～2.0mm$，滤层厚 1.5m。滤层上水深 1.5m。大阻力配水系统及承托层总厚 600mm，各层粒径及厚度见表 9-7。

表 9-7　大阻力配水系统承托层组成

| 层次（自上而下） | 粒径/mm | 承托层厚度/mm | 组成 |
|---|---|---|---|
| 1 | 2～4 | 100 | 天然锰砂 |
| 2 | 4～8 | 100 | 天然锰砂 |
| 3 | 8～16 | 100 | 卵石 |
| 4 | 16～32 | 300 | 卵石 |

③ 反冲洗强度及水量。取反冲洗强度 $q_{反}=22\text{L}/(\text{s}\cdot\text{m}^2)$，反冲洗膨胀率 22%，反冲洗时间 $t_{反}=15\text{min}$。每池反冲洗水量为 99L/s。

④ 大阻力配水系统。反冲洗干管直径 $DN300\text{mm}$，反冲洗支管直径 $DN70\text{mm}$，管间距 200mm，干管两侧各设 11 根，共 22 根。配水系统孔眼直径 12mm，孔眼总数 146 个，孔眼间距 0.15m。

配水系统平面(干管、支管、孔眼)布置见图 9-3。

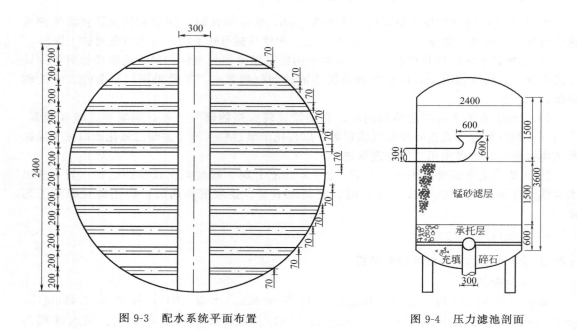

图 9-3　配水系统平面布置　　　　　　图 9-4　压力滤池剖面

⑤ 反冲洗排水管。滤池反冲洗排水管管径取 $DN300\text{mm}$，反冲洗时停止进水。排水喇叭口口径为排水管的两倍，则其直径为 0.6m，喇叭口倾角 45°，其垂直高度 0.150m。反冲洗排水口顶端至滤料层顶面距离 $H_e=0.6\text{m}$。

压力滤池剖面见图 9-4。

⑥ 反冲洗水的供给。反冲洗水由反冲洗泵供给，从清水池取水，反冲洗用水量 $V_{反}=89.1\text{m}^3$。所需水泵的扬程 $\Delta H=5\text{mH}_2\text{O}$。

选用三台 IS150-125-200A 离心清水泵，扬程 9.5m，流量 176$\text{m}^3/\text{h}$，二用一备。

(3) 曝气设备

① 供气设备。根据原水水质分析认为，对散除 $CO_2$、提高 pH 值无特殊要求，选择压缩空气曝气装置。

取 $a=4$，除铁实际所需的溶解氧浓度

$$[O_2]=0.14a[\text{Fe}^{2+}]_0=0.14\times4\times10=5.6(\text{mg/L})$$

空气密度 $\rho_k$ 取 1.2g/L，氧在空气中所需的质量百分比 0.231，溶解氧饱和度 $\alpha=30$。

$$V_{比}\,\eta_{\max}=[O_2]/(0.231\rho_k\alpha)=5.6/(0.231\times1200\times0.30)\approx0.07$$

查图 9-2，滤前水的压力取 1atm (101325Pa)，向单位体积的水中加入的空气体积为 $V_{比}=0.25$，则空气流量为

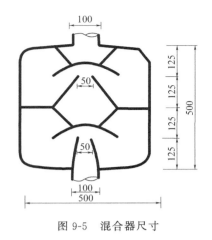

图 9-5 混合器尺寸

$$Q_{气} = V_{比} Q = 0.25 \times 218.75 \approx 54.69 (m^3/h)$$
$$= 911.5 (L/min)$$

选三台静压力为 49kPa(5000mmH_2O) 的 TSB-50 型罗茨风机，转速 900r/min，流量 520L/min，二用一备。

② 混合器。每座滤池处理水量 218.75/9 = 24.31 (m^3/h)，进水管 $DN100mm$，流速 $v_{进} = 0.88m/s$，上设气水混合器一个，水在混合器中的停留时间 $t = 15s$。据公式 $t = n^3 d/v$，有

$$n = (tv/d)^{1/3} = (15 \times 0.88/0.1)^{1/3} \approx 5$$

混合器直径 $5 \times 0.1 = 0.5$ (m)，尺寸如图 9-5 所示。

## 二、除锰

### (一) 设计概述

① 铁和锰的化学性质相近，常共存于地下水中，但铁的氧化还原电位低于锰，易被 O_2 氧化，相同 pH 值时二价铁比二价锰的氧化速率快，以致影响二价锰的氧化，因此，地下水除锰比除铁困难。

② 水中锰离子从正二价到正七价的各种价态都存在，但除二价、四价锰以外，其他价态不稳定，而四价锰在水中的溶解度很低，所以天然地下水中溶解态的锰主要是二价锰。

③ 曝气自然氧化法除锰要将水的 pH 值提高到 9.5 以上，需碱化后除锰，除锰水还要再酸化，流程复杂，成本高，一般推荐用接触氧化法除锰。

④ 含锰水曝气后经滤层过滤，高价锰的氢氧化物逐渐附着在滤料表面，形成锰质滤膜，并具有接触催化作用。它促使水中二价锰在低 pH 值条件下被水中溶解氧氧化为高价锰而由水中去除。这一除锰过程称为曝气接触氧化法除锰。

⑤ 一般认为曝气接触氧化法除锰的界限 pH 值为 7.5 左右（少数情况下 pH 值<7.5 亦可除锰），所以曝气的主要目的是散除水中的二氧化碳，以提高水的 pH 值。

⑥ 由于铁离子的干扰性，只有水中基本不存在二价铁的情况下，二价锰才能被氧化。所以，水中铁、锰共存时，应先除铁后除锰。

⑦ 当含铁量小于 2.0mg/L、含锰量小于 1.5mg/L 时，水中铁、锰可经一级过滤去除。除锰工艺流程为

原水→曝气→催化氧化过滤

⑧ 铁、锰含量较高时，或含锰量一般，但含铁量很高时，除锰采用两级过滤工艺流程为

原水→曝气→除铁滤池→除锰滤池

a. 第一级除铁滤池滤速一般为 5~10m/h，含铁量高时取低滤速，其工艺参数的选取参见除铁部分。

b. 第二级除锰滤池滤料应优先选用天然锰砂（马山锰砂、乐平锰砂、湘潭锰砂等），也可用石英砂。其粒径一般为 0.5~1.2mm 或 0.6~1.2mm，滤层厚度为 800~1500mm，滤速为 5~8m/h。

双层滤料的无烟煤最大粒径为 1.6~2.0mm，最小粒径为 0.8~1.2mm，下层石英砂粒径同上。无烟煤层厚 300~500mm，石英砂层 400~600mm，总厚度 700~1000mm。

c. 天然锰砂的反冲洗强度为 $12\sim20L/(s\cdot m^2)$，滤层膨胀率为 $15\%\sim25\%$；石英砂反冲洗强度为 $12\sim15L/(s\cdot m^2)$，滤层膨胀率为 $25\%\sim35\%$，反冲洗时间 $5\sim15min$。

d. 除锰滤池的过滤工作周期比较长，达 $7\sim15$ 天，但为不使滤层板结，一般取 $3\sim5$ 天反冲洗一次。

⑨ 曝气接触氧化除铁工艺要求水曝气后立即进入滤池过滤，且不要求提高水的 pH 值。当除铁后水的 pH 值满足不了接触氧化除锰的要求时，在除铁后还要再进行曝气，工艺流程为

$$原水\rightarrow简单曝气\rightarrow除铁滤池\rightarrow充分曝气\rightarrow除锰滤池$$

⑩ 在曝气装置后设反应池对接触氧化除铁除锰效果有一定的提高作用，此外水中的含锰量在反应池以后也略有降低，但一般认为反应池不一定是必需的。

⑪ 两级过滤工艺两级滤池都要反冲洗，水厂自用水量较大。因除铁滤池、除锰滤池反冲洗导致的水量增大系数 $\alpha_1$、$\alpha_2$ 均为 $\dfrac{1}{1-0.06\dfrac{qt}{vT}}$，其中 $q$、$t$、$v$、$T$ 分别为各滤池的反冲洗强度、反冲洗时间、滤速、反冲洗周期。考虑设备漏水而引入的系数 $\alpha_3$（其值为 $1.02\sim1.05$），处理水量应为 $Q=\alpha_1\alpha_2\alpha_3 Q_0$。

⑫ 曝气装置的设计和除铁曝气装置相同。

### (二) 计算例题

**【例 9-3】 接触氧化法除铁除锰的计算**

#### 1. 已知条件

原水含铁量为 $[Fe^{2+}]_0=9mg/L$，含锰量 $1.5mg/L$，pH 值 $=6.9$，水温 $8℃$，溶解氧量 $1.2mg/L$，$[SiO_2]=16mg/L$，$[HCO_3^-]=10.65mg/L$，$[CO_2]=79.55mg/L$ 原水碱度 $12mmol/L$，含盐量 $P=220mg/L$。供水规模为 $Q_0=8000m^3/d$，要求处理出水达饮用水标准。

#### 2. 设计计算

原水铁、锰含量中等，如采用接触氧化法除铁除锰一级过滤工艺流程只能去除水中的铁，因水中的铁离子的干扰，不能保证锰的去除。故采用曝气两级过滤处理工艺。除铁滤池、除锰滤池均采用普通快滤池。

(1) 处理水量 $Q$　第一级除铁滤池滤料用天然锰砂，粒径范围 $0.6\sim2.0mm$，滤层厚度 $1.2m$，冲洗强度 $22L/(s\cdot m^2)$，膨胀率 $25\%$，冲洗时间 $15min$，滤速取 $8m/h$。过滤周期定为 $10h$。

$$\alpha_1=\frac{1}{1-0.06\dfrac{qt}{vT}}=\frac{1}{1-0.06\times\dfrac{22\times15}{8\times10}}\approx1.33$$

第二级除锰滤池滤料粒径范围 $0.6\sim1.2mm$，滤层厚度 $1.2m$，冲洗强度 $18L/(s\cdot m^2)$，膨胀率 $30\%$，冲洗时间 $15min$，滤速取 $8m/h$。过滤工作周期取 $5$ 天 $=120h$。

$$\alpha_2=\frac{1}{1-0.06\dfrac{qt}{vT}}=\frac{1}{1-0.06\times\dfrac{18\times15}{8\times120}}\approx1.02$$

考虑设备漏水而引入的系数 $\alpha_3$，其值取 $1.02$。

$$Q=\alpha_1\alpha_2\alpha_3 Q_0=1.33\times1.02\times1.02\times8000\approx11069.86(m^3/d)\approx461.24(m^3/h)$$

（2）曝气设备 除锰曝气的主要目的是充分散除水中的二氧化碳，以提高水的 pH 值。故本设计采用叶轮表面曝气装置。

据原水含盐量得水中离子强度 $\mu = 0.000022p = 0.0049$

碳酸的第一级离解平衡常数 $K_1 = \dfrac{[\text{H}^+][\text{HCO}_3^-]}{[\text{H}_2\text{CO}_3]} = 3.43 \times 10^{-7}$

要求曝气后水的 pH 值＝7.5，则曝气后水的二氧化碳浓度

$$[\text{CO}_2] = [碱] \times 10^{pK_1 - pH - 0.5\sqrt{\mu}} = 12 \times 10^{6.46 - 7.5 - 0.035} \approx 1.0 (\text{mg/L})$$

二氧化碳在水中的平衡浓度取 0.7mg/L；取 $\delta = D/d = 6$，叶轮周边线速度 $v = 4\text{m/s}$。故曝气所需的停留时间

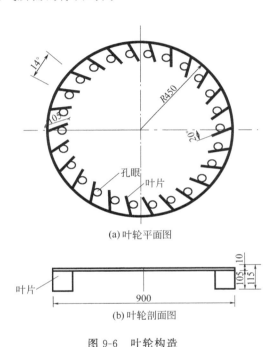

(a)叶轮平面图

叶片

105±10
105
115

900

(b)叶轮剖面图

图 9-6 叶轮构造

$$t_{曝} = \left[ \frac{\left(\dfrac{D}{d}\right) \times \lg\left(\dfrac{c_0 - c*}{c - c*}\right)}{1.3 \times 1.175^v \times 1.019^{T-20}} \right]^{2.5}$$

$$= \left[ \frac{6 \times \lg\left(\dfrac{79.55 - 0.7}{1.0 - 0.7}\right)}{1.3 \times 1.175^4 \times 1.019^{8-20}} \right]^{2.5}$$

$$\approx 7.34 (\text{min})$$

曝气池的容积

$$W_{曝} = Qt_{曝}/60 = 461.24 \times 7.34/60$$
$$\approx 56.43 (\text{m}^3)$$

曝气池采用圆柱形，池深 $H$ 与池直径 $D$ 相等，即 $H = D$，则池直径：

$$D = \sqrt[3]{4W_{曝}/\pi} = \sqrt[3]{4 \times 56.43/3.14}$$
$$\approx 4.16 (\text{m})$$

叶轮直径 $d = D/\delta = 4.16/6$
$\approx 0.69 (\text{m})$，取 0.9m

叶轮转速 $n = 60v/(\pi d)$
$= 60 \times 4/(3.14 \times 0.9)$
$\approx 84.93 (\text{r/min})$

如图 9-6 所示，叶轮的叶片 26 个，叶片高 0.105m，叶片长 0.105m，进气孔直径 0.038m，叶轮浸没深度 0.074m，轴功率 3.5kW。

（3）除铁滤池（具体计算过程参见普通快滤池部分）

① 滤池总面积 57.66m²，滤池设 4 座，成双行对称布置，每个滤池面积 14.41m²。

② 单池平面尺寸 3.9m×3.9m。

③ 滤池高度。采用承托层厚度 0.45m（级配组成见表 9-8），滤料层（天然锰砂）厚度 1.2m（粒径范围 0.6～2.0mm），砂面上水深 1.70m，滤池超高 0.30m，滤池总高度为 3.65m。

④ 单池冲洗流量 0.26m³/s。

⑤ 冲洗排水槽

a. 断面尺寸。两槽中心距采用 1.5m，排水槽个数 2 个，槽长 3.9m，槽内流速采用 0.6m/s，槽的断面尺寸，见图 9-7。

b. 槽顶位于滤层面以上的高度 1.275m。

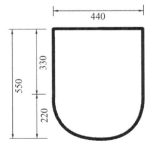

440

550
330
220

图 9-7 冲洗排水槽的断面尺寸

　　c. 集水渠采用矩形断面，渠宽采用 0.5m，渠始端水深 0.74m，集水渠底低于排水槽底的高度 0.95m。

表 9-8　承托层级配

| 材料 | 粒径/mm | 厚度/mm | 材料 | 粒径/mm | 厚度/mm |
|---|---|---|---|---|---|
| 马山锰砂 | 2.0~4.0 | 100 | 卵石 | 8.0~16.0 | 100 |
| | 4.0~8.0 | 100 | | 16.0~32.0 | 150 |

　　⑥ 配水系统。采用大阻力配水系统，干管用钢管 $DN600mm$，流速 1.09m/s。配水支管中心距采用 0.2m，支管总数 40 根，支管流量 0.008 $m^3/s$。支管直径采用 $DN80mm$，流速 1.61m/s，支管长度 1.65m。支管孔眼孔径采用 0.012m，孔眼总数 354 个，孔眼中心距 0.2m，孔眼平均流速 7.86m/s。

　　⑦ 反冲洗水由反冲洗泵供给，从清水池取水，所需水泵的扬程 11.29m$H_2O$。

　　选用三台 250S14 型离心清水泵，扬程 11m，流量 576$m^3/h$，二用一备。轴功率 22.1kW，电机功率 30kW。

　　(4) 除锰滤池（具体计算过程参见第七章第二节普通快滤池部分）

　　① 滤池总面积 57.66$m^2$，滤池设 4 座，成双行对称布置，每个滤池面积 14.41$m^2$。

　　② 单池平面尺寸 3.9m×3.9m。

　　③ 滤池高度。承托层厚度 0.45m（级配组成同除铁滤池），滤料层（天然锰砂）厚度 1.2m（粒径范围 0.6~1.2mm），砂面上水深 1.70m，滤池超高 0.30m，滤池总高度为 3.65m。

　　④ 单池冲洗流量 0.26$m^3/s$。

　　⑤ 冲洗排水槽

　　a. 断面尺寸。两槽中心距采用 1.5m，排水槽个数为 2 个，槽长 3.9m，槽内流速，采用 0.6m/s。槽的断面尺寸，见图 9-8。

　　b. 槽顶位于滤层面以上的高度 1.275m。

　　c. 集水渠采用矩形断面，渠宽采用 0.5m，渠始端水深 0.65m，集水渠底低于排水槽底的高度 0.85m。

　　⑥ 配水系统。采用大阻力配水系统，干管用钢管 $DN500mm$，流速 1.28m/s。配水支管中心距采用 0.2m，支管总数 40 根，支管流量 0.0065 $m^3/s$。支管直径采用 $DN70mm$，流速 1.84m/s，支管长度 1.7m。支管孔眼孔径采用 0.012m，孔眼总数 383 个，孔眼中心距 0.2m，孔眼平均流速 6m/s。

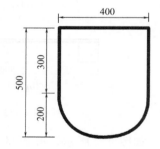

图 9-8　冲洗排水槽<br>的断面尺寸（单位：mm）

　　⑦ 反冲洗水由反冲洗泵供给，从清水池取水，所需水泵的扬程 8.105m$H_2O$。

　　选用三台 250S14A 型离心清水泵，扬程 8m，流量 504$m^3/h$，二用一备。轴功率 14.6kW，电机功率 18.5kW。

# 第二节　水的除氟

　　氟是机体生命活动所必需的微量元素之一，但长期过量服用含氟高的水可引起慢性中毒，特别是对牙齿和骨骼，造成氟斑牙、牙齿过早脱落、骨关节痛、骨骼变形等。我国《生活饮用水卫生标准》(GB 5749—2006) 规定的氟化物含量小于 1.0mg/L。

我国地下水含氟量高的地区有 27 个省市和自治区，其中以陕西、甘肃、内蒙古、新疆、河南、山东、山西、天津与河北最严重。当饮用水源水含氟量超标时，必须进行处理。

常用的含氟水处理方法主要有：混凝沉淀法、吸附过滤法、电渗析法、离子交换法、电凝聚法。电渗析法、离子交换法除氟参见《工业用水处理设施设计计算》，电凝聚法除氟原理同混凝沉淀法。

# 一、混凝沉淀法

在含氟水中投加混凝剂，依靠其形成的絮体吸附水中的氟，并形成难溶的氟化物，经沉淀或过滤除去。主要的混凝剂有：硫酸铝、磷酸三钙、氢氧化镁、碱式氯化铝等。

## (一) 设计概述

① 水中氯离子含量高时采用硫酸盐混凝剂，当水中硫酸盐含量高时，宜用氯盐混凝剂，当以上两种盐含量均高时可用碱式氯化铝。

② 混凝时间 5～60min，pH 值一般应控制在 6.5～7.5。

③ 一般药剂的用量是除氟量的 10～15 倍，所以仅适用于含氟量低或需同时去除水中浊度时。对于含氟量超过 4mg/L 的原水，投加比例增加，且处理效果不佳。另外，铝盐混凝剂投量太大使处理后的水中含有大量溶解铝，因此应用越来越少。

④ 需设置絮凝、沉淀池，沉淀采用变速或间歇沉淀的方式，除氟效果好。

⑤ 工艺流程为：地下水→混凝→沉淀→过滤，当原水水质较好时可省去沉淀或过滤处理单元，一般采用泵前加药、水泵混合，静止沉淀，取上层清水饮用。

## (二) 计算例题

**【例 9-4】　混凝沉淀法除氟的计算**

1. 已知条件

生产运行表明，某地采用碱式氯化铝混凝沉淀除氟工艺效果良好，碱式氯化铝的投量为水中含氟量的 10 倍。其流程为泵前加药，水泵混合，沉淀池静止沉淀 4h 以上。现要在该地区新建除氟水厂，原水含氟量 2.9mg/L，其余指标均达到《生活饮用水水质标准》。已知处理水量 $Q=2500\text{m}^3/\text{d}=104.17\text{m}^3/\text{h}$，试参照以上参数设计主要处理构筑物。

2. 设计计算

原水水质较好，只需去除水中的氟即可，因此仍选用已有的混凝静沉工艺，不另设过滤设施。

(1) 投药量 $Q_1$　投药量为原水中含氟量的 10 倍，则

$$Q_1=0.001\times10\times2.9Q=0.001\times10\times2.9\times2500$$
$$=72.5\ (\text{kg/d})\ \approx3.0\ (\text{kg/h})$$

(2) 溶液池　碱式氯化铝的浓度采用 $b=10\%$，每日调制次数 $n=2$，絮凝剂最大投量 $u=29\text{mg/L}$，则根据溶液池体积计算公式有

$$W_1=uQ/(417bn)=29\times2500/(24\times417\times10\times2)\approx0.36(\text{m}^3)$$

溶液池高取 0.8m，其中超高 0.3m，其平面尺寸取 0.9m×0.9m。

药液的流量　$Q_2=Q_1/(1000b)=3/(1000\times0.1)=0.03(\text{m}^3/\text{h})$

(3) 溶药池　溶药池体积 $W_2$ 为

$$W_2 = 0.2W_1 = 0.2 \times 0.36 \approx 0.072(\text{m}^3)$$

溶药池高取 0.6m,其中超高 0.3m,平面尺寸取 0.5m×0.5m。

为投药方便,溶药池设在地坪下。池顶高出地面 0.2m,底坡 0.03,池底设排渣管,池底在地坪以下 0.4m。

溶药池池底与溶液池液面相平,便于药液自流进入溶液池,则溶液池池底在地坪以下 0.9m。溶液池内的药液依靠重力投加到水泵吸水口上,利用水泵叶轮搅拌混合。

(4) 沉淀池  采用静止沉淀,设 3 座沉淀池,每座沉淀池的容积 250m³,进水时间为 2h,交替运行,每座沉淀时间 4h。每池底部设 0.5m 高的污泥区和 0.3m 的超高,有效水深 3m,平面尺寸 9.3m×9.3m。

原水由提升泵提升至沉淀池,药液依靠重力投加到水泵吸水管上,利用叶轮高速旋转混合。混合后的水在沉淀池中静止沉淀 4h,上清液可以饮用。

## 二、吸附过滤法

包括活性氧化铝吸附过滤法、磷酸三钙(或称骨炭吸附法)、活性炭和氢氧化铝吸附法等。含氟水经特殊滤料(如活性氧化铝、磷酸三钙等),氟离子被吸附生成难溶氟化物。当吸附剂失效后,用原水反冲洗并用再生液(活性氧化铝用硫酸铝溶液、磷酸三钙用 1% 的 NaOH)进行再生,恢复吸附剂的除氟能力。目前吸附法主要采用活性氧化铝作吸附剂,用磷酸三钙吸附除氟的工艺不多,活性炭吸附法除氟工艺参见有关活性炭吸附章节,这里只介绍活性氧化铝处理法的工艺计算。

### (一) 设计概述

① 滤料粒径一般为 0.5~2.5mm,滤料的不均匀系数 $K_{80} \leqslant 2$。

② 滤层厚一般采用 700~1000mm,承托层采用卵石,其高度一般为 400~700mm,粒径级配同普通滤池。

③ 滤速一般采用 1.5~2.0m/h,也有采用 3m/h 的,相应接触时间为 20~30min。

④ 采用硫酸铝作再生剂,其用量与除氟量之比为 60:1,再生液浓度为 1%~2%。

⑤ 再生时先用原水自下向上进行反冲洗(初冲洗),冲洗强度 11~12L/(s·m²),冲洗时间 5~8min,膨胀高度一般为 50% 左右。然后用 2% 的硫酸铝溶液再生,再生液自上向下通过,滤速为 0.6m/h 左右,历时 6~8min。再生后用除氟水进行反冲洗(终冲洗),冲洗强度与初冲洗相同,历时 8~10min。

⑥ 投药溶液桶的容积 $V(\text{m}^3)$ 计算

$$V = Xt(1000c)$$

式中  $X$——药剂投配量,kg/h;

  $t$——每桶配一次药剂供使用的时间,一般采用 4h;

  $c$——配制溶液的浓度,mg/L,采用 1%~2%。

溶液桶应设两个,轮换使用。桶壁超高采用 0.1~0.15m。

溶药桶设一个,其容积按溶液桶的 30% 计算。

### (二) 计算例题

**【例 9-5】  活性氧化铝吸附过滤法除氟的设计计算**

1. 已知条件

原水含氟量为 5.8mg/L,其余指标达标。因原水含氟量高,不宜采用混凝沉淀法工艺,以免加药量过大,造成二次污染。要求用活性氧化铝吸附过滤法工艺流程,处理水量 $Q' =$

$4800m^3/d＝200m^3/h$，试设计该工艺的主要处理构筑物。

2. 设计计算

工艺流程为原水→除氟滤池→除氟水水池。

除氟滤池用普通快滤池，取滤速 $v＝1.5m/h$，原水反冲洗强度 $q_1＝12L/(s\cdot m^2)$，冲洗时间 $t＝6min＝0.1h$，膨胀高度以50%计。

用2%的硫酸铝溶液再生，再生液自上向下通过，滤速为0.6m/h，历时8min。

再生后用除氟水进行反冲洗（终冲洗），冲洗强度 $q_2＝12L/(s\cdot m^2)$，历时8min。据已有工程实例，再生周期为60～84h，取60h。

（1）计算水量（自用水量以5%计）

$$Q＝1.05Q＝1.05\times4800＝5040（m^3/d）$$

（2）滤池面积 $F$（具体计算过程参见第七章第二节普通快滤池部分）　滤池总面积 $F＝140m^2$，滤池个数采用 $N＝6$ 个，成双行对称布置。每个滤池面积 $f＝23.3m^2$。

（3）单池平面尺寸　滤池平面尺寸 $L＝B＝4.8m$。

（4）单池反冲洗水流量　因为 $q_1＝q_2$，所以 $Q_{反1}＝Q_{反2}＝279.6（L/s）$。

（5）冲洗排水槽尺寸及设置高度

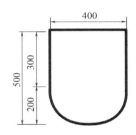

图 9-9　排水槽的断面尺寸

① 断面尺寸。两槽中心距采用2.0m，排水槽个数2个，槽长4.8m，槽内流速采用0.6m/s，槽的断面尺寸见图9-9。

② 设置高度。槽顶位于滤层面以上的高度为1.125m。

（6）集水渠　集水渠采用矩形断面，渠宽采用0.5m。集水渠底低于排水槽底的高度0.75m。

（7）配水系统　采用大阻力配水系统，配水干管 $DN500mm$ 钢管，始端流速1.38m/s。配水支管中心距采用0.25m，支管总数38根，支管直径采用 $DN80mm$，始端流速1.47m/s，支管长度2.15m。支管孔眼孔径采用0.012m，孔眼总数516个，每一支管孔眼数（分两排交错排列）为13个。孔眼中心距0.33m，孔眼平均流速4.8m/s。

（8）原水反冲洗水泵　原水反冲洗用反洗水泵，直接从水源取水打入滤池。所需水泵的扬程 $\Delta H_1＝15.123mH_2O$。选用三台 300S19A 型离心清水泵，扬程16m，流量 $720m^3/h$，二用一备。轴功率39.2kW，电机功率45kW。

（9）除氟水反冲洗水泵　除氟水反冲洗用反洗水泵，直接从清水池取水打入滤池。所需水泵的扬程 $\Delta H_2＝10.104mH_2O$。选用三台 300S12A 型离心清水泵，扬程11m，流量 $522m^3/h$，二用一备。轴功率21.7kW，电机功率30kW。

（10）再生液系统的计算

① 再生液流量 $Q_{再}$。再生液滤速 $v_{再}$ 取 0.6m/h，则

$$Q_{再}＝v_{再}f＝0.6\times23.3＝13.98(m^3/h)$$

② 再生液池体积。每配一次药剂供使用的时间采用 $t_{再}＝4h$，则再生液池体积

$$V_{再}＝Q_{再}t_{再}＝13.98\times4＝55.92(m^3)$$

池深取3.8m，其中超高0.3m，平面尺寸4.5m×4.5m。再生液池设两个，轮换使用。

③ 溶药池体积。溶药池设一个，其容积按溶液池的30%计算，即

$$V_{溶}＝0.3V_{再}＝0.3\times55.92\approx16.78(m^3)$$

溶药池池深 2.5m，其中超高 0.5m，平面尺寸 3.0m×3.0m。

④ 高程布置。再生液池、溶药池、滤池之间用 $DN70mm$ 管道连接，流速 1.11m/s，$1000i=44.6$，$v^2/(2g)≈0.063$。

溶药池、再生液池间管长 2m，设闸阀一个 $\xi=0.5$，则溶药池池底高出再生液池最高液面的高度为

$$44.6×2/1000+0.5×0.063≈0.12(m)$$

为配药方便，溶药池为半地下式（池顶高出地面 1.5m），药液自流进入再生液池。再生液池为地下式，溶药池池底在地面以下 1m 处，再生液池池底在地面以下 4.62m 处。

再生液靠提升泵提升进入滤池。再生液池、滤池间管长 9m，设闸阀 1 个（$\xi=0.5$），90°弯头 2 个（$\xi=0.51$），升降式止回阀 1 个（$\xi=7.5$），再生液池池底低于滤池进水口的高度为 5m，则提升泵所需的扬程为

$$5+44.6×9/1000+(0.5+0.51×2+7.5)×0.063≈6(m)$$

选三台 IS65-50-160A 型离心清水泵，扬程 6.2m，流量 7m³/h，二用一备，每台电机功率 0.37kW。

# 第三节　水的除藻

## 一、藻类的危害

藻类是能进行光合作用、利用光能把无机物合成有机物供自身需要的能独立生活的一类自养原植体植物。

当水体受到污染或水体内的氮、磷营养元素浓度增高，水体生产力提高，某些特征性藻类（主要是蓝藻、绿藻）异常增殖，使水质恶化，水体衰退，这种现象或过程称为水质富营养化。此时由于水面藻类增多，成片成团地覆盖在水体表面，发生在湖面上称为"水华"或"湖靛"，发生在海湾或河口区称为"赤潮"。这时死亡的藻类腐烂，导致水中的溶解氧迅速下降，水体变色发臭，水质恶化，水生态系统遭到破坏。产生的危害为：①藻类的大量繁殖，使水的感官性状不良；②藻类会产生许多嗅味物质，使水产生异臭异味；③某些藻类会产生藻毒素，危害人体健康；④藻类及其分泌物与氯作用，会生成氯化消毒副产物；⑤藻类密度小，不易沉淀去除，进入滤池会堵塞滤层，使运行周期缩短，反冲洗水量增加；⑥藻类及其分泌物有碍混凝，使混凝剂用量大；⑦藻类进入输配水管网，可成为被细菌利用的可同化有机物，降低水的生物稳定性。

## 二、除藻方法

在净水厂处理工艺中，含藻水的处理方法有以下几种。

（1）预氧化法　常用的预氧化杀藻剂有氯、臭氧、高锰酸钾等。氯和臭氧的杀藻效果好，但前者会产生氯化副产物有害人体健康。高锰酸钾杀藻效果次之，但与氯联用时杀藻效果好。

（2）强化混凝法　藻类一般带负电，强化混凝可显著提高沉淀过滤的除藻率。

（3）活性炭吸附法　其除藻效果一般，主要作用是去除水的臭和味。

（4）生物预处理法 即在常规工艺之前设置生物处理设施，可除去一部分藻类，以减轻后续工艺的除藻负荷。

（5）絮凝气浮法 藻类密度小，气浮法除藻效率较高。需注意的是所排出的藻渣有机物含量高，气温高时易腐化，会影响水厂环境。气浮技术详见第六章。

（6）微滤机预滤法 即在常规工艺之前设微滤机，可去除部分藻类，以减轻藻类对后续滤池的堵塞。微滤机技术详见下面的叙述。

## 三、微滤机除藻

### （一）工况概述

微滤机是多孔过滤的一种形式，是通过机械截留作用将固体从液体里分离出来的一种简单的过滤设备。截留过程不发生物理、化学或生物变化。给水处理工艺中一般用以去除各种类型的浮游生物、藻类、碎片或纤维素等。微滤机由框架、空心钢轴、带不锈钢滤网的鼓筒、排水漏斗、冲洗水嘴、传动、调节和密封装置所组成。其构造示意如图 9-10 所示。

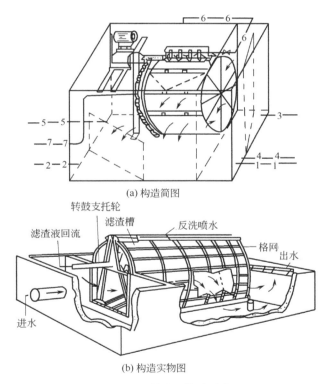

(a) 构造简图

(b) 构造实物图

图 9-10 微滤机构造示意

1—微滤机进水管；2—微滤机出水管；3—溢流水管；
4—出水室排空管；5—进水室排空管；6—压力水冲洗管；7—冲洗排水管

微滤机鼓筒的开口端为进水端，进水沿轴向从进水端流入，由径向辐射流出滤网。水中杂质被截留于滤网内侧，当转到鼓筒顶部时被安装在滤网外的冲洗水嘴冲洗到排水槽内，由排水槽将杂质排到鼓筒之外。鼓筒由电机带动，可调节转速。

### （二）微滤机的特点及设计参数

① 微滤机适用于湖泊、水库水的除藻和工业用水的净化。

② 滤网滤速采用 30～120m/h，随原水水质和滤网规格等因素而定。

③ 鼓筒转数为 1～4r/min。

④ 滤网的工作水位差为 5～15cm。

⑤ 冲洗水压 0.5～1.5kg/cm²，冲洗水量占出水量的 0.5%～1.0%。

⑥ 藻类的平均去除效率为 40%～70%，浮游动物去除效率可达 97%～100%。

⑦ 微滤机产水量与网孔直径的关系曲线如图 9-11 所示。

⑧ 选用微滤机时应注意，它不能降低浊度，也不能去除溶解性物质及粒径比滤网网孔小的悬浮颗粒。

⑨ 微滤机一般是根据原水水质和净化要求由设计人员计算，选用规格应和微滤机厂家协商确定。某厂家可以定型供货的型号列于表 9-9。

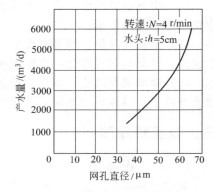

图 9-11 微滤机产水量与网孔直径的关系曲线

**表 9-9 某厂家的微滤机型号**

| 型号 | 滤筒规格<br>（D×L)/mm | 过滤面积<br>/m² | 滤网规格<br>/(孔/in²) | 滤筒转速<br>/(r/min) | 日产水量/t |
|---|---|---|---|---|---|
| W30 | 300×300 | 0.28 | | | 250～300 |
| W90 | 500×500 | 0.78 | | | 900～1100 |
| W100 | 1000×1000 | 3.14 | | | 4000～4200 |
| W150A | 1500×1500 | 7.06 | 100×700 | 1～4 | 9000～11000 |
| W150 | 1500×2000 | 9.42 | | | 12000～15000 |
| W200 | 2000×2000 | 12.56 | | | 10000～20000 |
| W300 | 3000×3000 | 28.26 | | | 36000～40000 |

注：1in＝2.54cm。

## 四、除藻设施计算例题

### 【例 9-6】 微滤机除藻的设计计算

1. 已知条件

某水厂水源水为湖泊水，夏、秋季藻类含量高，经常堵塞滤池。拟选用微滤机作为预处理手段，去除水中的藻类，处理水量（含微滤机自用水量）$Q＝13000 m^3/d$。经现场试验，滤网滤速 $v＝30m/h$ 时，藻类去除率 60%，试对微滤机选型、安装。

2. 设计计算

（1）滤网总面积 $F$

$$F＝Q/(24v)＝13000/(24×30)≈18.06(m^2)$$

（2）微滤机的选型　选用三台 W150 微滤机，每台过滤面积 9.42m²，二用一备。滤筒规格 $D×L$ 为 1500mm×2000mm，滤筒转速 1～4r/min。

（3）配水系统

① 进水总管流量 $Q_{j1}＝13000 m^3/d≈541.67 m^3/h$，采用 $DN450mm$ 钢管，流速 0.91m/s，$1000i＝2.55$。

每个微滤机进水管流量 $Q_{j2}＝6500 m^3/d≈270.83 m^3/h$

采用 $DN350$mm 钢管，流速 $0.75$m/s，$1000i=2.46$。

② 出水总管流量 $Q_{c1}=13000$m³/d$\approx541.67$m³/h，采用 $DN450$mm 钢管，流速 $0.91$m/s，$1000i=2.55$。

每个微滤机出水管流量 $Q_{c2}=6500$m³/d$\approx270.83$m³/h，采用 $DN350$mm 钢管，流速 $0.75$m/s，$1000i=2.46$。

③ 压力水冲洗管流量按处理水量的 $1\%$ 考虑，则其过水量 $Q_{压}$ 为

$$Q_{压}=541.67\times1\%\approx5.42(\text{m}^3/\text{h})$$

采用 $DN50$mm 钢管，流速 $0.68$m/s，$1000i=25.4$。

④ 为避免管道堵塞，冲洗排水管比进水管大，采用 $DN150$mm。

⑤ 溢流管管径比各微滤机进水管管径大，采用 $DN500$mm。

⑥ 放空管管径 $DN100$mm。

（4）安装　W150 微滤机安装及安装基础示意分别见图 9-12、图 9-13。

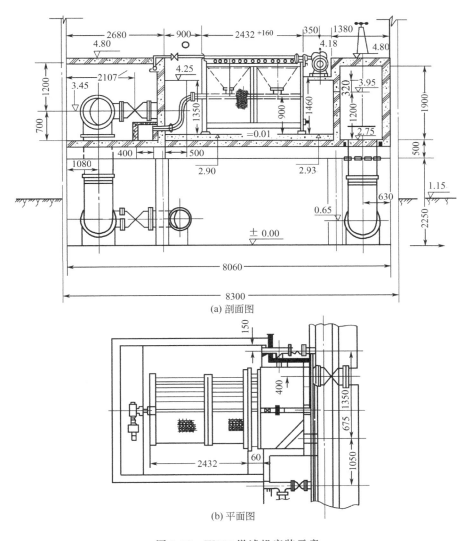

(a) 剖面图

(b) 平面图

图 9-12　W150 微滤机安装示意

**【例9-7】 压力溶气气浮池除藻的设计计算**

1. 已知条件

（1）某水厂水源为河水，常年浊度在70NTU左右，夏、秋季藻类含量较高，冬季最低水温5℃。通过试验与方案比较，拟采用部分回流的平流式气浮池。设计水量为5000m³/d。

（2）对原水进行气浮试验得知，在水温20℃溶气压力为0.25MPa时，采用TS型溶气释放器，其释气量α为40mL/L。当回流比为10%时，出水浊度可降至4TNU左右，除藻率在80%以上（可满足要求）。

（3）设计参数如下：絮凝时间采用20min；回流比R′取10%；接触室上升流速 $v_c$ 采用15mm/s；气浮分离速度 $v_s$ 采用1.5mm/s；溶气罐过流密度 $I$ 取150m³/(h·m²)；溶气罐压力定为0.25MPa；气浮池分离室停留时间 $t$ 为20min。池型布置见图9-14。

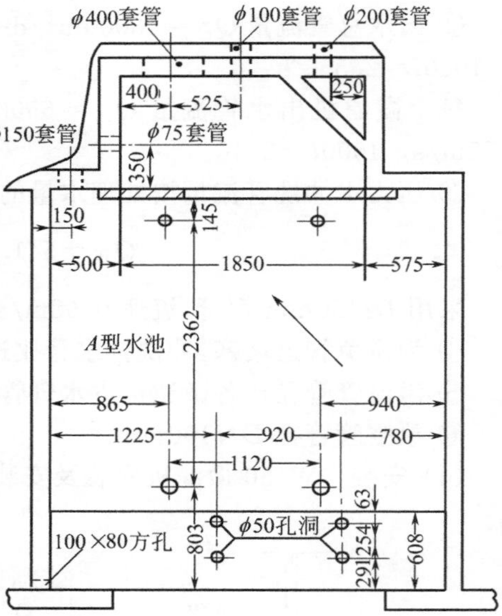

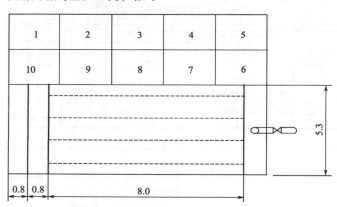

图9-13 W150微滤机安装基础示意

2. 设计计算

（1）絮凝池 采用网格絮凝（计算略）。

图9-14 池型布置（单位：m）

（2）气浮池

① 加压溶气水水量

$$Q_p = R'Q = 10\% \times 5000/24 = 20.8 \ (m^3/h)$$

同时根据所需压力为0.25MPa，选取IS65-50-160A型号水泵二台，一用一备。

② 气浮所需空气量

$$Q_g = Q_p \alpha \varphi = 20.8 \times 40 \times 1.2 \approx 1000 \ (L/h)$$

③ 空气压缩机所需额定气量

$$Q_g' = \frac{Q_g}{60 \times 1000} \psi = \frac{1000}{60 \times 1000} \times 1.4 = 0.023 \ (m^3/min)$$

故选用Z-0.025/6型空压机二台，一用一备。

④ 压力溶气罐直径

$$D=\sqrt{\frac{4Q_p}{\pi I}}=\sqrt{\frac{4\times20.8}{3.14\times150}}=0.42\ (\mathrm{m})$$

选用标准填料罐，TR-4 型溶气罐一只。

⑤ 气浮接触室尺寸

接触室平面面积　$A_c=\dfrac{Q+Q_p}{v_c}=\dfrac{5000/24+20.8}{15\times0.001\times3600}=4.24\ (\mathrm{m}^2)$

接触室宽度选用 $b_c=0.8\mathrm{m}$，则接触室长度（即气浮池宽度）

$$B=\frac{A_c}{b_c}=\frac{4.24}{0.8}=5.3\ (\mathrm{m})$$

接触室出口的堰上流速以不超过接触室上升流速为宜，故堰上水位 $H_c=b_c=0.8\mathrm{m}$。

⑥ 气浮分离室尺寸

分离室平面面积　$A_s=\dfrac{Q+Q_p}{v_s}=\dfrac{208+20.8}{1.5\times0.001\times3600}=42.4\ (\mathrm{m}^2)$

分离室长度　$L_s=\dfrac{A_s}{B}=\dfrac{42.4}{5.3}=8.0\ (\mathrm{m})$

⑦ 气浮池水深

$$H=\frac{v_st}{1000}=\frac{2\times20\times60}{1000}=2.4\ (\mathrm{m})$$

⑧ 气浮池容积

$$W=(A_c+A_s)\ H=(4.24+42.4)\times2.4=112\ (\mathrm{m}^3)$$

总停留时间　$T=\dfrac{60W}{Q+Q_p}=\dfrac{60\times112}{208+20.8}=29.4\ (\mathrm{min})$

接触室气、水接触时间

$$t_c=\frac{H-H_2}{v_c}=\frac{2.4-0.8}{0.02}=\frac{1.6}{0.02}=80\ (\mathrm{s})\ >60$$

⑨ 气浮池集水管。集水管采用穿孔管，沿池长方向均布 4 根，每根管的集水量

$$q=\frac{Q+Q_P}{4}=57.2\ (\mathrm{m}^3/\mathrm{h})$$

选用管直径 $D=200\mathrm{mm}$，管中最大流速为 $0.51\mathrm{m/s}$。

考虑到穿孔管水头损失，设计气浮池与后续滤池有 $0.3\mathrm{m}$ 的水位落差，则集水孔口的流速

$$v_0=\mu\sqrt{2gh}=0.97\sqrt{2\times9.81\times0.3}=2.35\ (\mathrm{m/s})$$

设计取孔口收缩系数 $\varepsilon=0.64$，则每根集水管的孔口总面积

$$\omega=\frac{q}{\varepsilon v_0}=\frac{57.2}{3600\times0.64\times2.35}=0.0106\ (\mathrm{m}^2)$$

设孔口直径为 $15\mathrm{mm}$，则每孔面积 $\omega_0=0.000177\mathrm{m}^2$。

孔口数　$n=\omega/\omega_0=0.0106/0.000177=60$（个）

气浮池长为 $8.0\mathrm{m}$，穿孔管有效长度 $L=7.7\mathrm{m}$，则孔距

$$l=L/n=7.7/60=0.128\ (\mathrm{m})$$

⑩ 释放器的选型。根据选定的溶气压力 $0.25\mathrm{MPa}$ 及回流溶气水量 $20.8\mathrm{m}^3/\mathrm{h}$，选用 TV-Ⅱ 型释放器，这时该释放器的出流量为 $2.32\mathrm{m}^3/\mathrm{h}$，则释放器的个数 $N=9$ 个，采用单行布置，释放器间距 $0.59\mathrm{m}$。

⑪ 集渣槽设于气浮池进水端，采用桥式刮渣机逆向刮渣，刮渣机选用 TQ-5 型。

# 第十章　微污染水源饮用水的附加处理设施

## 第一节　概　　述

微污染水源水是指受到较低程度的污染，原水水质指标有所降低，但仍可作为饮用水水源的水。其特征是原水中的有机物、氨氮、磷及有毒污染物指标有所升高。

因微污染水源水中污染物浓度低，自来水厂原有的混凝、沉淀、过滤、消毒的传统工艺不能有效去除水中的污染物，尤其是致癌物的前体物。这些前体物经加氯处理后产生卤代烃三氯甲烷和二氯乙酸等"三致"物，而氨氮过高不仅使水厂消毒加氯量提高，还会导致管网中亚硝酸菌滋生，残留的有机物会引起管道中异养菌生长，危害人体健康。

对微污染水源水作为饮用水时，增设的附加处理技术主要有两类，即预处理和深度处理。

1. 预处理

预处理通常是指在常规处理工艺前面，采用适当的物理、化学和生物的处理方法，对水中的污染物进行初级去除，同时可以使常规处理更好地发挥作用，减轻常规处理和深度处理的负担，发挥水处理工艺整体作用，提高对污染物的去除效果，改善和提高饮用水水质。

预处理方法可分为氧化法和吸附法。氧化法有氯气预氧化、高锰酸钾氧化、紫外光氧化、臭氧氧化等化学氧化预处理和生物氧化预处理技术。吸附法有粉末活性炭吸附、黏土吸附。

水源水预处理的主要目标仍是有机物和氨氮。但值得注意的是通过硝化作用将氨氮转化为硝酸盐，没有从根本上将硝酸氮从水中去掉，只是转化氮的形态，总氮量没有减少。

2. 深度处理

深度处理通常是指在常规处理工艺之后，采用适当的处理方法，将常规处理工艺不能有效去除的污染物或消毒副产物的前体物加以去除，提高和保证饮用水水质。常用的深度处理技术有活性炭吸附、臭氧氧化、生物活性炭、膜技术等。

由于各地情况不同，需水量、原水水质、自然条件等均有差异，无论是预处理还是深度处理都没有统一的处理模式，也没有必要套用同样的方法。

## 第二节　生物预处理设施

化学氧化法处理会使处理水的毒理学安全性下降、致突变活性提高，吸附法作为预处理手段也有费用高、增加排泥量等缺点。而生物预处理能获得生物稳定的水，使整个处理工艺出水更安全可靠，具有经济、有效、简单易行的特点，越来越受到人们的注意。

## 一、适用的生物预处理方法

微污染水源水是一个贫营养的生态环境，在其中生长的微生物群落与在污、废水生物处理中的微生物群落不同，需要一个由适应贫营养的异养除碳菌、硝化细菌和反硝化细菌、藻类、原生动物和微型后生动物组成的生态系。生物膜法能截留微生物和有机物，保证处理系统中有足够的高效降解有机物和去除氨氮能力的微生物群落。而活性污泥难保持，所以生物预处理技术都采用生物膜法。用以处理微污染水源水的膜法生物处理工艺有生物滤池、生物转盘、生物接触氧化法、生物流化床等。

生物接触氧化法也叫浸没式生物膜法，即是在池内设置人工合成填料，经过充氧的水以一定的速度流经填料，使填料上长满生物膜，水与生物膜接触过程中，通过生物净化作用使水中污染物质得到降解与去除，这种工艺是介于活性污泥法与生物过滤之间的处理方法，具有这两种处理方法的优点。接触氧化法的生物膜上的生物相很丰富，除细菌外，球衣细菌等丝状菌也得以大量生长，并且还繁殖着多种种属的原生动物与后生动物。生物接触氧化法的主要优点是处理能力大，对冲击负荷有较强的适应性，污泥生成量少，能保证出水水质，易于维护管理。我国目前针对微污染水源水的生物预处理工艺较多的采用生物接触氧化法。

塔式生物滤池是生物滤池的一种，是 20 世纪 50 年代初利用化工气体洗涤塔的原理发展起来的。该技术在污水处理领域应用较广泛，后来经过试验、研究，成为微污染水预处理的一种工艺。它具有对微污染原水充氧、氧化水中有机物的功能，还能利用对 $CO_2$ 的吹脱作用及生物作用提高原水 pH 值、去除水中的氨、酚、氯仿、四氯化碳、嗅味、铁、锰等物质，节省后续处理时絮凝剂、消毒剂的用量。其缺点是塔身高，不能建于室内，因此处理效果受自然气候条件影响较大，尤其是北方寒冷地区，冬季填料表面冰冻，不能正常运行。

## 二、生物膜法的适用条件和设计参数

由于微污染水源水生物预处理技术仍在研究、发展阶段，对设计数据没有明确的规范规定，设计参数要由试验确定。下面根据有关课题成果所得的数据，对常用生物预处理设施的设计进行计算，所选用的参数只具有参考价值。

1. 颗粒填料生物接触氧化法的适用条件和参数

① 适合处理微污染水源水中有机物含量较高，特别是可生物降解有机物含量较高的饮用水处理。

② 进水浊度不得高于 40NTU。

③ 水温太低不利于微生物生长，当原水水温长期低于 5℃时，应将构筑物设在室内。

④ 填料可用页岩陶粒、砂子、褐煤、大同沸石、炉渣、麦饭石、焦炭等，其中陶粒、砂子、大同沸石、麦饭石的效果优于其他几种材料。

⑤ 滤速一般取 4～6m/h。

⑥ 氧化池总面积、滤池格数、单格面积的确定参考普通快滤池。

⑦ 氧化池冲洗前的水头损失控制在 1～1.5m，过滤周期为 7～15d。因每次反冲洗后填料表面附着生物膜脱落，造成反冲洗后第一、二天出水水质下降，故反冲洗周期不宜过短。反冲洗周期过长则会导致水头损失迅速增加，影响正常生产。

⑧ 氧化池高度包括承托填料层和填料上水深及保护高度，一般总高度在 4～5m。

⑨ 反冲洗强度根据所选填料容重定，一般为 10～15L/(s·m²)。反冲洗气量，视填料而定，一般取 10～20L/(s·m²)。反冲洗时间参照普通快滤池的反冲洗规定。填料膨胀率 10%～20%。

⑩ 曝气量根据原水水质（主要根据可生物降解有机物和氨氮的含量）和进水溶解氧的含量而定。气水比为 0.5～1.5，一般取 1。曝气系统按污水处理鼓风曝气系统设计，干、支管空气流速 10～15m/s，通向空气扩散装置的竖管、小支管为 4～5m/s。

⑪ 因反冲洗用气量是正常运行曝气量的 8～10 倍，反冲洗布气系统和正常运行曝气系统的管道应单独设置。

⑫ 承托层接触配水、配气系统部分用卵石，其粒径至少应比配水、配气管孔径大 4 倍以上，接触填料部分的粒径及密度应基本与填料一致。

⑬ 填料层高度一般为 1500～2000mm，填料粒径 2～5mm。

⑭ 大阻力配水、配气系统的设计参见快滤池设计。

⑮ 冲洗排水槽的形式与特点与普通快滤池类似。

2. 人工合成立体填料生物接触氧化法的适用条件和参数

① 目前使用较多的人工合成填料主要有 YDT 型弹性立体填料（简称 YDT 填料）、TA 型弹性波形填料（简称 TA 填料）和 PWT 型立体网状填料（简称 PWT 填料）。

YDT 填料是通过中心绳的绞合将松针状填料丝固着于绳内，形成的辐射状立体构造。填料丝具弹性、带波纹及微毛刺。根据填料丝长度不同，形成的立体结构辐向直径大小不同。

TA 填料单体由若干填料片通过中心绳和套管拴接而成。每个填料片由中心环压固填料丝而成辐射状分布。填料丝具弹性、呈波形。根据处理工艺的不同要求，填料单体的填料片数可作调整。

PWT 填料单体由若干填料片通过拴接绳和套管拴接而成。每个填料片呈立体网状结构，由横筋、横丝构成网形，由竖丝均匀连接成立体结构。根据处理工艺的不同要求，填料单体的填料片数可做调整，并且立体网状结构填料片本身的结构参数亦可通过微机自动控制系统进行调节。

② 填料单体在填料支架上悬挂式安装，使用时填料和填料支架一起置入接触氧化池。

③ 空床停留时间一般为 1h 左右，气水比为 1:1 左右（20℃、$1.013 \times 10^5$ Pa）。

④ 为保证布水布气均匀，每池面积一般应在 25m² 以内，填料层高度一般为 3m 左右。

⑤ 为充分利用生物反应池的空间，填料的填充率应大于 70%。

⑥ 池数一般应不少于 2 座。

⑦ 适用条件、进水水质要求等参见颗粒填料生物接触氧化法的适用条件和参数部分。

3. 塔式生物滤池的适用条件和参数

① 宜选表面积大，不易堵塞、机械强度高、化学稳定性好的滤料。早期使用的填料有焦炭、陶粒、炉渣、石棉瓦、海蛎子壳、瓷环、纸蜂窝、玻璃布蜂窝、聚氯乙烯斜交错波纹板等，近年来新出现的各种立体填料也相继用于塔式生物滤池。

② 选用的填料密度要小，应分层装填，每层厚 2m。塔的高度在一定程度上影响其处理效果。因微污染原水有机物含量不高，滤料层层数很多时，下层滤料上的生物膜生长不佳。建议滤料层设两层（4m），最多不超过三层（6m）。

③ 在塔身分层处设格栅，用来支承滤料，格栅由塔身支承。

④ 塔式生物滤池平面形状宜为圆形，有利于均匀布水，减少结构造价。

⑤ 设计负荷与原水水质、填料的选用、自然气候条件关系较大，应根据实验数据确定。建议运行水力负荷 10～14m³/(m²·h)，初期挂膜时水力负荷减半。

⑥ 通常采用顶部一次配水方式，为有效利用下层滤料、减少冲击负荷，可用多级进水方式。但多级进水方式管路复杂，易堵塞。塔径较大时，可采用电机驱动或水力驱动的布水

方式。塔径小时，可采用固定式喷嘴布水系统、多孔管、溅水板等形式。

⑦ 一般采用自然通风，塔底有 0.4～0.6m 的空间，塔底周围留有通风孔，孔的总有效面积不小于滤池面积的 7.5%～10%。采用机械通风时，可在塔的下部设鼓风机或在塔顶设引风机。

⑧ 为便于观察滤料上生物膜的生长情况，应在塔身的不同高度设观察孔。每层还应设测温孔、检修孔，并设有相应的通道和平台。

⑨ 塔式生物滤池底部设集水池，池内有效水深 0.5m 左右，超高 0.3m。

⑩ 塔顶超出滤料层表面 0.5m 左右，使布水装置免受风力影响。

⑪ 微污染水源水在进入塔式生物滤池前应进行必要的预处理，以免水中杂物堵塞布水装置或堵塞填料层。

## 三、计算例题

### 【例 10-1】 颗粒填料（陶粒滤料）生物接触氧化池的设计计算

1. 已知条件

某地微污染水源水 $COD_{Mn}$ 约 3.0～8.9mg/L，氨氮 0.5～1.6mg/L，色度 5°～40°。小试、中试结果表明以陶粒为填料的生物接触氧化法工艺对有机物的去除率为 7.5%～32.8%，对氨氮的去除率大于 80%，对色度的去除率 17.9%～57.9%。Ames、AOC、GC-MS 试验结果表明，经过生物处理单元处理的出水生物稳定性大大提高。拟在传统处理工艺之前增建日处理水量 $Q' = 3000m^3$ 的颗粒填料（陶粒滤料）生物接触氧化池。

滤速取 5m/h，用水单独反冲洗，强度 $q = 14L/(s \cdot m^2)$，冲洗时间 $t = 6min = 0.1h$，冲洗周期 $T = 72h$，曝气气水比取 1∶1。

2. 设计计算（具体计算过程参见第七章第二节普通快滤池部分）

（1）水量 $Q$ 氧化池反冲洗自用水量占 5%，计算水量 $Q$ 为

$$Q = 1.05Q' = 1.05 \times 3000 = 3150 (m^3/d)$$

（2）氧化池面积 $F$

$$F = Q/(24v) = 3150/(24 \times 5) \approx 26.3 (m^2)$$

由表 7-2，氧化池采用 $N = 2$ 个，则每个氧化池面积

$$f = F/N = 26.3/2 \approx 13.2 (m^2)$$

（3）单池平面尺寸 $L = B = 3.6m$，取 3.9m。

（4）氧化池高度 $H$ 采用：承托层厚度 $H_1 = 0.60m$（级配组成见表 10-1）；填料层厚度 $H_2 = 2.0m$（粒径 2～5mm，不均匀系数 $K_{80} = 2.0$）；砂面上水深 $H_3 = 1.50m$；氧化池超高 $H_4 = 0.30m$。则氧化池总高度为

$$H = H_1 + H_2 + H_3 + H_4 = 0.6 + 2.0 + 1.50 + 0.30 = 4.4 (m)$$

表 10-1 配水系统承托层组成

| 层次（自上而下） | 粒径/mm | 承托层厚度/mm |
| --- | --- | --- |
| 1 | 4～8 | 100 |
| 2 | 8～16 | 100 |
| 3 | 16～32 | 100 |
| 4 | 32～64 | 300 |

（5）单池反冲洗流量 $q_冲 = fq = 13.2 \times 14 \times 3600/1000 \approx 665.3 (m^3/h)$

（6）反冲洗排水槽

① 断面尺寸。因氧化池面积小，每池只设一个排水槽，槽长 3.9m，槽内流速采用 0.6m/s。排水槽采用三角形槽底断面形式，其断面模数为

$$x = 0.45Q^{0.4} = 0.45 \times 0.1848^{0.4} = 0.23(\mathrm{m})$$

槽的断面尺寸，见图 10-1。

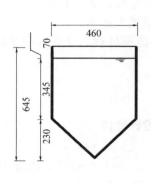

图 10-1 排水槽的断面尺寸

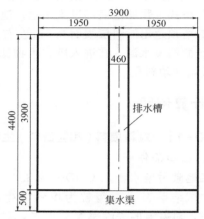

图 10-2 集水渠与排水槽的平面布置

② 设置高度。冲洗膨胀率取 20%，填料层厚度 $H_n = 2.0$m，排水槽底厚度采用 $\delta = 0.05$m，则槽顶位于填料层面以上的高度为 $H_e = 1.095$m。

（7）集水渠　集水渠采用矩形断面，渠宽采用 $b = 0.5$m。渠始端水深 $H_q = 0.52$m，集水渠底低于排水槽底的高度 $H_m = 0.72$m，取 0.75m。集水渠与排水槽的平面布置见图 10-2。

（8）配水系统　采用大阻力配水系统，其配水干、支管均采用钢管。

① 配水干管。干管始端流量 184.8L/s = 665.3m³/h，干管用钢管 $DN450$mm，流速 $v_干 = 1.12$m/s。

② 配水支管。支管中心距采用 $s = 0.25$m，支管总数 32 根。支管流量 $Q_支 = 0.00563$m³/s，采用 $DN70$mm，始端流速 $v_支 = 1.59$m/s。支管长度 $l_1 = 1.7$m。

③ 孔眼。孔眼总面积 $\Omega$ 与氧化池面积 $f$ 的比值 $\alpha$，采用 $\alpha = 0.25\%$，孔径采用 $d_0 = 12$mm = 0.012m。孔眼总数 $n_3 = 292$ 个，每一支管孔眼数（分两排交错排列）为 $n_4 = 9$ 个。孔眼中心距 $S_0 = 0.38$m，孔眼平均流速 $v_0 = 5.6$m/s。

（9）冲洗水箱　容量 $V = 99.8$m³，水箱内水深，采用 $h_箱 = 3.5$m，圆形水箱直径 $D_箱 = 6.0$m。水箱底至冲洗排水槽的高差 $\Delta H = 6.0$mH₂O。

（10）曝气系统

① 穿孔管布置。气水比取 1:1，则单池气流量 65.6m³/h。

曝气采用穿孔管，干管管径 $DN50$mm，支管间距 0.25m，则支管数 $n_曝 = 32$ 根。每根始端流量 $q_曝 = 2.05$m³/h。为防止堵塞，取支管管径为 $DN25$mm，在管壁两侧向下成 45°打孔，孔径 3mm，孔间距 100mm。

② 压缩空气的供给（具体计算过程参见第七章第七节 V 型滤池部分）

经计算，风机所需相对压力为 52477Pa。选三台 TSC-80A 罗茨风机，转速 870r/min，流量 2.37m³/min，轴功率 4.9kW，电机功率 7.5kW，升压 53.9kPa，二用一备。

氧化池剖面图见图 10-3。

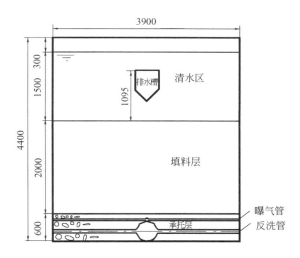

图 10-3　氧化池剖面图

## 【例 10-2】　人工合成填料（YDT 填料）生物接触氧化池的设计计算

### 1. 已知条件

某地微污染水源水 $COD_{Mn}$ 为 3.0～9.2mg/L，氨氮 0.5～1.2mg/L，色度 5～30 度。中试结果表明 YDT 填料生物接触氧化法对有机物的去除率为 7.5％～28.6％，对氨氮的去除率大于 60％，对色度的去除率 13.5％～46.8％。Ames、AOC、GC-MS 试验结果表明，经过生物处理单元处理的出水生物稳定性大大提高。拟在传统处理工艺之前增建日处理水量 $Q$ ＝6000m³ 的 YDT 填料下向流生物接触氧化池。试验参数如下：水力停留时间 $t$＝1.5h，曝气气水比取 1∶1。

### 2. 设计计算

（1）生物接触氧化池填料的容积 $W$
$$W=Qt=6000\times1.5/24=375（m^3）$$
（2）生物接触氧化池总高 $H$　取超高 $H_1$＝0.3m，填料层上部集水区 $H_2$＝0.5m，填料层高度取 $H_3$＝3m，填料层下部布水区 $H_4$＝0.5m，则填料池总高
$$H=H_1+H_2+H_3+H_4=0.3+0.5+3+0.5=4.3（m）$$
（3）生物接触氧化池平面布置　生物接触氧化池的总面积为
$$F=W/H_3=375/3=125（m^2）$$
生物接触氧化池每座面积 $f$ 取 25m²，平面尺寸为 5m×5m。

生物接触氧化池的座数为
$$N=F/f=125/25=5（座）$$
（4）曝气量 $Q_气$　因为气水比为 1∶1，所以
$$Q_气=Q=6000（m^3/d）=250（m^3/h）$$
$$每池曝气量 q_气=Q_气/N=250/5=50（m^3/h）$$
（5）布气系统　布水干、支管始端流速均采用 10m/s，则各池干管管径 $DN50mm$，支管管径 $DN15mm$。

布气采用球冠形可张微孔曝气器，尺寸为 $\phi192mm\times55mm$，曝气器布置在填料层的下缘。曝气器间隔 0.5m，共 81 个，平面布置如图 10-4 所示。

（6）排泥系统　为保证生物接触氧化池内沉积的生物膜及时排除，在池底设 2 条斗式排

泥槽,每槽内设一条穿孔排泥管,排泥管上安装电动阀门。由设在池内的超声波污泥浓度计输出的信号控制电动阀门的启闭。

生物接触氧化池剖面图见图 10-5。

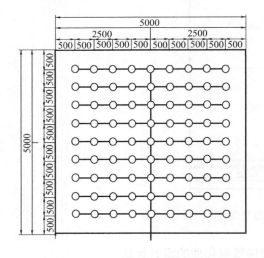

图 10-4　布气系统平面布置

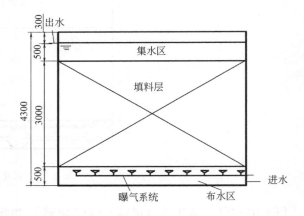

图 10-5　生物接触氧化池剖面图

## 【例 10-3】　塔式生物滤池用于微污染水源水处理的设计计算

### 1. 已知条件

某地微污染水源水 $COD_{Mn}$ 约 8mg/L,氨氮 1.0mg/L,色度 20 度左右。试验结果表明,塔式生物滤池对有机物的去除率为 20%左右,对氨氮的去除率大于 70%,对色度的去除率大于 15%。Ames、AOC、GC-MS 试验结果表明,经过生物处理单元处理的出水生物稳定性大大提高。拟在传统处理工艺之前增建处理水量 $Q=3000\text{m}^3/\text{d}=125\text{m}^3/\text{h}$ 的塔式生物滤池。试验所得设计参数如下:①水力负荷 $N_v=13\text{m}^3/(\text{m}^2 \cdot \text{h})$;②滤池滤料层层高 2m,设 2 层,即滤料层总高 $H_0=4\text{m}$。滤料用塑料波纹板。

### 2. 设计计算

(1) 滤池总面积 $F$

$$F=Q/N_v=125/13\approx9.6\text{（m}^2\text{）}$$

设两座塔,每座塔的面积 $f=4.8\text{m}^2$。直径(忽略塔身厚度)采用 $D=2.4\text{m}$。

(2) 滤池总高 $H$　塔的超高采用 $H_1=0.5\text{m}$;滤料层间距 $H_2=0.5\text{m}$;每个分层格栅厚 0.1m,双层滤料滤塔共设 2 个分层格栅,则分层格栅总厚 $H_3=0.2\text{m}$;滤塔底部通风空间 $H_4=0.5\text{m}$;底部集水池有效水深 0.5m,超高 0.3m,则集水池总高 $H_5=0.8\text{m}$。

滤池总高　　　　$H=H_0+H_1+H_2+H_3+H_4+H_5$
$$=4+0.5+0.5+0.2+0.5+0.8=6.5\text{（m）}$$

(3) 塔底通风孔的设置　在塔底设 6 个通风孔,其总面积 $F_1$ 应大于滤池面积的 10%,即 $F_1>10\%F=0.48\text{m}^2$。

取通风孔宽 $b=0.5\text{m}$,与塔底空间等高,则高为 $h=0.5\text{m}$。通风孔总面积

$$F_1=0.5\times0.5\times6=1.5\text{（m}^2\text{）}>10\%F=0.48\text{m}^2$$

通风孔的总宽　$B=0.5\times6=3\text{（m）}$

塔身周长　$L=\pi D=3.14\times2.4\approx7.5\text{（m）}$

塔底空间承重结构总宽　$B_1 = L - B = 7.5 - 3 = 4.5$（m）

（4）布水装置　采用水力反作用的旋转布水器。

① 旋转布水器的直径 $D'$ 比滤池直径小 $0.2m$，则
$$D' = D - 0.2 = 2.4 - 0.2 = 2.2 \text{（m）}$$

② 布水横管的数目 $n$ 及管径 $D''$。布水横管的数目应保证原水在管内流速介于 $0.5 \sim 1.0 m/s$。布水横管设 4 根，每根过水量
$$q = Q/4 = 125/4 = 31.25 (\text{m}^3/\text{h}) \approx 8.68 \text{（L/s）}$$

查相关水力计算表，管径为 $DN100mm$，管内始端流速 $1.0 m/s$。

③ 孔口的数目 $m$ 及孔径 $d$、孔距。孔口的数目 $m$ 按下式计算。
$$m = \frac{1}{1 - \left(1 - \dfrac{a}{D'}\right)^2}$$

式中　$m$——每根支管上的小孔数目；

$\quad a$——支管最末端 2 个出流孔间距的 2 倍，mm；

$\quad D'$——旋转布水器的直径，mm。

$a$ 取 $80mm$，则
$$m = \frac{1}{1 - \left(1 - \dfrac{a}{D'}\right)^2} = \frac{1}{1 - \left(1 - \dfrac{80}{2200}\right)^2} = 14 \text{（个）}$$

布水小孔直径 $d$ 取 $15mm$。

④ 各出流孔口距滤池中心的距离 $r_i$
$$r_i = R\sqrt{i/m}$$
$$R = D'/2$$

式中　$R$——布水器的半径，mm；

$\quad i$——从池中心算起，每个出流孔口在布水横管上的排列顺序；

$\quad m$——每根布水横管上的出水孔口数。

$$R = D'/2 = 2200/2 = 1100 (\text{mm})$$
$$r_1 = R\sqrt{1/m} = 1100\sqrt{1/14} \approx 294 \text{（mm）}$$
$$r_2 = R\sqrt{2/m} = 1100\sqrt{2/14} \approx 416 \text{（mm）}$$
$$r_3 = R\sqrt{3/m} = 1100\sqrt{3/14} \approx 294 \text{（mm）}$$
$$r_4 = R\sqrt{4/m} = 1100\sqrt{4/14} \approx 588 \text{（mm）}$$
$$r_5 = R\sqrt{5/m} = 1100\sqrt{5/14} \approx 657 \text{（mm）}$$
$$r_6 = R\sqrt{6/m} = 1100\sqrt{6/14} \approx 720 \text{（mm）}$$
$$r_7 = R\sqrt{7/m} = 1100\sqrt{7/14} \approx 778 \text{（mm）}$$
$$r_8 = R\sqrt{8/m} = 1100\sqrt{8/14} \approx 832 \text{（mm）}$$
$$r_9 = R\sqrt{9/m} = 1100\sqrt{9/14} \approx 882 \text{（mm）}$$
$$r_{10} = R\sqrt{10/m} = 1100\sqrt{10/14} \approx 930 \text{（mm）}$$
$$r_{11} = R\sqrt{11/m} = 1100\sqrt{11/14} \approx 975 \text{（mm）}$$
$$r_{12} = R\sqrt{12/m} = 1100\sqrt{12/14} \approx 1018 \text{（mm）}$$
$$r_{13} = R\sqrt{13/m} = 1100\sqrt{13/14} \approx 1060 \text{（mm）}$$
$$r_{14} = R\sqrt{14/m} = 1100\sqrt{14/14} \approx 1100 \text{（mm）}$$

⑤ 布水器每分钟旋转周数 $n$

$$n=(34.78\times10^6\times q)/(md^2D')=(34.78\times10^6\times8.68)/(14\times15^2\times2200)\approx44(r/min)$$

⑥ 布水器工作水头 $H$

a. 布水横管的沿程阻力 $h_1$。流量模数 $K$ 可按表 10-2 取值,或按下式计算。

$$K=\pi D''2C\sqrt{R}/4$$

式中  $C$——按巴甫洛夫斯基公式计算确定的阻力系数;

  $R$——布水横管的水力半径,mm。

布水横管管径为 $DN100mm$,相应的流量模数为 43,则

$$h_1=294q^2D'/(k^2 10^3)=294\times8.68^2\times2200/(43^2\times10^3)\approx26.4(mm)$$

**表 10-2  流量模数 $K$**

| $D''/mm$ | 50 | 63 | 75 | 100 | 125 | 150 | 175 | 200 | 250 |
|---|---|---|---|---|---|---|---|---|---|
| 流量模数/(L/s) | 6 | 11.5 | 19 | 43 | 86.5 | 134 | 209 | 300 | 560 |

b. 出水孔口局部阻力 $h_2$

$$h_2=256\times10^6q^2/(m^2d^4)=256\times10^6\times8.68^2/(14^2\times15^4)\approx1943.8(mm)$$

c. 布水横管的流速恢复水头 $h_3$

$$h_3=81\times10^6q^2/D''^4=81\times10^6\times8.68^2/100^4\approx61.0(mm)$$

则布水器工作水头  $H=h_1+h_2-h_3=26.4+1943.8-61.0=1909.2(mm)$

# 第三节  活性炭吸附深度处理

## 一、活性炭的吸附与再生

### 1. 吸附性能

活性炭吸附是深度处理技术中成熟有效的方法之一,活性炭不仅能吸附去除水中的有机物,从而降低水中的三卤甲烷的前体物,还可以去除水中的色、嗅、味、微量重金属、合成洗涤剂、放射性物质,也可利用活性炭吸附工艺进行脱氮等。活性炭对有机物的去除除了吸附作用外还有生物化学的降解作用。它最大的特点是可以去除水中难于生物降解或一般氧化法不能分解的溶解性有机物。

活性炭产品分粉末活性炭(PAC)和颗粒活性炭(GAC)。粉末活性炭粒径为 $10\sim50\mu m$,一般与混凝剂一起投加到原水中,以去除水中的色、嗅、味等,即间歇吸附。因目前不能回收,使用费用高,仅做应急措施使用;颗粒活性炭的有效粒径一般为 $0.4\sim10mm$,通常以吸附滤池的形式将水中的有机物、臭味和有毒有害物质吸附去除,即连续吸附或称动态吸附。

### 2. 再生方法

活性炭在运行一段时间后,吸附能力逐渐降低,最后因饱和而失效。因此活性炭再生是活性炭水处理工艺中的重要组成部分。再生方法很多,如溶剂萃取、酸碱洗脱、蒸汽吹脱、湿式空气氧化、电解氧化、生物氧化、高频脉冲放电、微波加热、热法再生等。但目前国内用得最多的还是采用高温加热的热法再生。

热法再生是在一种专门的再生炉中进行的。在炉中通入燃料(煤气或油)、空气和水蒸

气，产生高温气流，直接加热活性炭。国内使用的再生炉有直接电流加热炉、立式移动床炉和盘式炉等。其再生能力大都在 $50\sim100kg/h$，再生温度一般为 $750\sim850℃$，与之相应的水处理规模约为 $12\sim30kt/h$，活性炭再生的时间与炭的使用条件有关。

活性炭吸附法处理程度高，应用范围广，适应性强，可进行再生和重复使用，设备紧凑，管理方便。

## 二、活性炭吸附装置的设计参数

1. 吸附装置的形式

吸附装置的形式有固定床、移动床、流化床等，使用较多的是固定床。

（1）固定床　将被处理水连续通过炭接触器，使水中的吸附质被活性炭吸附，当出水中吸附质的含量达到规定的数值时，应停止进水，对活性炭进行再生。吸附再生可在同一设备中交替进行，也可将失效活性炭排到再生设备中进行再生。

固定床又分为重力式和压力式。重力式用在下向流池中，可采用普通快滤池、虹吸滤池或无阀滤池。压力式有上向流、下向流两种，构造同压力滤池。

（2）移动床　移动床为压力式，原水由底部从下向上通过活性炭滤层与活性炭进行逆流接触，冲洗废水和处理后的水从池顶部流出。失效炭由底部排出，新活性炭从池顶间歇性或连续性加入。活性炭处理单元一般在快滤池和消毒工艺之间，也可在快滤池砂滤料上铺设活性炭层。如活性炭直接吸附处理浊度高的原水，则会降低吸附有机物的功能。

（3）流化床　在吸附时活性炭在塔内处于膨胀状态。

2. 防止炭粒流失的措施

为防止冲洗时活性炭流失，压力滤池的活性炭层上设置不锈钢丝网，下面设不锈钢格栅和卵石承托层。

3. 床体的运行组合

固定床一般为 $2\sim3$ 个串联使用，但不宜多于 4 个，运行时依次顺序再生。水量大时，可将几组串联池并联运行。进水有机物浓度较低但处理水量较大时，可多个固定床并联使用，但活性炭利用率降低。钢制固定床的直径不宜超过 $1.6\sim2.0m$。

移动床可以只设 1 个，流量大时可多个并联运行。

固定床和移动床都应有备用。

4. 滤速

下向流的滤速为 $5\sim15m/h$，上向流为 $12\sim22m/h$。

重力式下向流小于 $10m/h$，压力式下向流可大于 $10m/h$，移动床（ $8\times30$ 目炭）应小于 $15m/h$。

5. 活性炭的粒径和厚度

一般颗粒活性炭的平均粒径以 $0.8\sim1.7mm$ 较好，既有良好的水力性能又能减少吸附区高度。炭层厚度为 $1.5\sim2.0m$，接触时间为 $10\sim20min$。

6. 反冲洗要求

反冲洗强度为 $8\sim9L/(s\cdot m^2)$，冲洗时间为 $4\sim10min$。冲洗水量不超过 5% 的处理水量，反冲洗周期可以按设定的时间定期进行，也可按水头损失增长值确定，一般冲洗间隔 $72\sim144h$。反冲洗时滤层膨胀率为 30%～50%。

无需气水反冲洗和表面冲洗等辅助冲洗设施，反冲洗水用过滤水或活性炭池出水。

7. 活性炭的输送

活性炭最好采用水力输送法，炭浆浓度的炭水比一般为 $(1:12)\sim(1:8)$。可用水射器、隔膜泥浆泵或橡皮衬里的凹形叶轮离心泵，通过管道输送。管道内径不小于 5cm，炭浆流速不小于 1m/s，以防止炭沉淀，但也不应大于 2m/s，以免磨损管道。5cm 内径的管道，输送炭的能力为 10～20kg/min，100m 长度管道的摩擦损失约为 0.6～3m。

国内部分活性炭吸附法水处理的一些运行实例，例于表 10-3 中，供参考。

**表 10-3　国内部分活性炭吸附法水处理实例资料**

| 工程情况 | 项　目 | | | |
|---|---|---|---|---|
| | 白银有色金属公司 | 沈阳市自来水公司 | 兰州炼油厂 | 某化工厂 |
| 处理类别 | 饮用水深度处理 | 饮用水深度处理 | 炼油废水深度处理 | TNT 废水深度处理 |
| 处理流程 | 黄河水→自然沉淀→混凝沉淀→砂滤→活性炭吸附→供用户 | 地下水→活性炭虹吸↓氯滤池→储水池 | 废水→隔油→浮选→曝气→砂滤→活性炭吸附→回用 | 废水→沉淀→活性炭吸附→回用或排放 |
| 处理水量/(t/d) | 30000 | 40000 | 12000 | 250 |
| 设备和炭型 | 钢制圆锥形接触塔 6 座，直径 4.5m，高 7.6m，单塔处理能力 209m³/h，每塔装新华 8# 炭 30t (60m³)，为逆流移动床 | 炭接触装置采用钢筋混凝土虹吸滤池型式，采用新华 8#、5# 混合筛余炭，炭层厚 1.5m | 吸附塔 6 座，直径 3.6m，高 6.5m，每塔装新华 8# 炭 50m³，炭层厚 5m，为逆流移动床 | 采用升流式固定床，炭柱直径 1m，装 5# 筛余炭 1100kg，炭层高 4.6m，两组（每组三柱）并联运行 |
| 通过流速/(m/h) | 16.1 | 10～15 | 10 | 10.2 |
| 接触时间/min | | 9～10 | 40 | 27 |
| 冲洗周期 | 2 次/周 | 10d 左右 | | |
| 再生方式 | 直接电流加热再生炉 | 沸腾炉热再生（煤气加热） | 移动床立式加热炉 | 热法再生（先用低温热分解，然后活化再生） |
| 再生能力/(kg/h) | 76 | 62.5 | 80～120 | |
| 工程投资/万元 | 110 | 60 | 176 | |
| 水处理成本/(元/m³) | 0.036 | 0.033 | 0.051 | 0.070 |
| 处理效果 | 汞、砷、氰化物、硝基化合物等均低于国家饮用水规定的指标 | 嗅阈值由40～60降至0～5，CCE 值由1.1～1.3降至0.04～0.171 | 出水清澈透明，无色无味 | 可将废水中的 TNT 和 RDX（黑索金）降低到排放标准 0.5mg/L |

## 三、计算例题

### 【例 10-4】　颗粒活性炭吸附法用于饮用水深度处理的计算

#### 1. 已知条件

某给水厂拟采用活性炭吸附法进行饮用水深度处理，原水 OC 含量平均 $C_0 = 12mg/L$，pH 值 $= 6.5$，水温 10℃，供水规模为 $Q = 6000m^3/d = 250m^3/h$，处理出水 OC 含量 $C_e = 0.6mg/L$。经过现场进行三种以上滤速的活性炭柱试验（活性炭柱炭层高 1.8m，颗粒活性炭的粒径为 0.8～1.7mm），试验结果见表 10-4，所绘 $q_0$（吸附容量即达到饱和时吸附剂的吸附量）、$K$（速率系数）、$h_0$（工作时间为零时，保证出水吸附质浓度不超过允许浓度的炭层理论高度）与水力负荷关系曲线见图 10-6。

**表 10-4　三种以上滤速的活性炭柱试验结果**

| 滤速/(m/h) | $q_0/(kg/m^3)$ | $K/[m^3/(kg \cdot h)]$ | $h_0/m$ |
|---|---|---|---|
| 6 | 86 | 0.467 | 0.436 |
| 12 | 67 | 0.793 | 0.677 |
| 24 | 57 | 1.173 | 1.067 |

#### 2. 设计计算

根据动态吸附试验结果和水厂条件，决定采用重力式固定床，池型用普通快滤池（活性

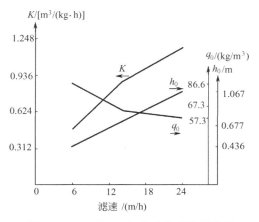

图 10-6　$q_0$、$K$、$h_0$ 与水力负荷关系曲线

炭滤池池体具体计算参见第七章第二节普通快滤池部分）。滤速取 $v_L=10\mathrm{m/h}$，炭层厚度 $H_0=2.0\mathrm{m}$，活性炭填充密度 $\rho=0.5\mathrm{t/m^3}$。

（1）活性炭滤池总面积　$F=Q/v_L=250/10=25$（$\mathrm{m^2}$）

（2）活性炭滤池个数 $N$　采用两池并联运行 $N=2$，每池面积为 $f=25/2=12.5$（$\mathrm{m^2}$）

平面尺寸取 $3.6\mathrm{m}\times3.6\mathrm{m}$。另外备用一个活性炭滤池，共 3 个活性炭滤池。

（3）接触时间

$$t_{接}=H_0/v_L=2/10=0.2（\mathrm{h}）$$

（4）活性炭充填体积 $V$

$$V=FH_0=25\times2=50（\mathrm{m^3}）$$

（5）每池填充活性炭的质量 $G$

$$G=V\rho=50\times0.5=25（\mathrm{t}）$$

（6）活性炭工作时间 $t$　查图 10-6，当滤速为 $10\mathrm{m/h}$ 时，$K=0.696\mathrm{m^3/(kg\cdot h)}$，$h_0=0.6\mathrm{m}$，$q_0=72.6\mathrm{kg/m^3}$。

则活性炭的工作时间

$$t=\frac{q_0}{C_0V}h-\frac{1}{C_0K}\ln\left(\frac{C_0}{C_e}-1\right)=\frac{72.6}{0.012\times10}\times2-\frac{1}{0.012\times0.696}\times\ln\left(\frac{0.012}{0.006}-1\right)=1210（\mathrm{h}）$$

（7）活性炭每年更换次数 $n$

$$n=365\times24/t=365\times24/1210\approx7.24，取 8 次$$

（8）活性炭层利用率

$$(H_0-h_0)/h=(2-0.6)/2=70\%$$

（9）活性炭滤池的高度 $H$　活性炭层高 $H_n=2.0\mathrm{m}$，颗粒活性炭的粒径为 $0.8\sim1.7\mathrm{mm}$；承托层厚度 $H_{0层}=0.55\mathrm{m}$（级配组成见表 10-5）；活性炭层以上的水深 $H_1=1.70\mathrm{m}$；活性炭滤池的超高 $H_2=0.30\mathrm{m}$；活性炭滤池的总高

$$H=H_n+H_{0层}+H_1+H_2=2.0+0.55+1.70+0.30=4.55（\mathrm{m}）$$

表 10-5　活性炭滤池承托层组成

| 层次（自上而下） | 粒径/mm | 承托层厚度/mm | 层次（自上而下） | 粒径/mm | 承托层厚度/mm |
|---|---|---|---|---|---|
| 1 | $1\sim2$ | 100 | 4 | $8\sim16$ | 100 |
| 2 | $2\sim4$ | 100 | 5 | $16\sim32$ | 150 |
| 3 | $4\sim8$ | 100 | | | |

（10）单池反洗流量 $q_{冲}$　反洗强度取 $8\mathrm{L/(s\cdot m^2)}$，冲洗时间为 $10\mathrm{min}$，则

$$q_{冲}=fq=12.5\times8=100（\mathrm{L/s}）=0.1（\mathrm{m^3/s}）$$

（11）冲洗排水槽　每池只设一个排水槽，槽长 $3.6\mathrm{m}$，槽内流速采用 $0.6\mathrm{m/s}$，槽的断

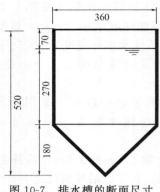

图 10-7　排水槽的断面尺寸

面尺寸见图 10-7。冲洗膨胀率取 30%，槽顶位于滤层面以上的高度为 1.17m。

（12）集水渠　采用矩形断面，渠宽采用 $b=0.3$m。集水渠底低于排水槽底的高度 0.6m。集水渠与排水槽的平面布置见图 10-8。

（13）配水系统　采用大阻力配水系统，配水干管 $DN300$mm，始端流速 1.37m/s。配水支管中心距采用 0.25m，支管总数 28 根，支管流量 0.00357m³/s，支管直径 $DN50$mm，流速 $v_支=1.69$m/s，支管长 1.65m。孔眼孔径 0.012m，孔眼总数 165 个，每一支管孔眼数 6 个，孔眼中心距 0.55m，孔眼平均流速 5.3m/s。

（14）冲洗水箱　容积 90m³，水箱内水深 3.5m，圆形水箱直径 6m。水箱底至冲洗排水槽的高差 5.0mH₂O。

活性炭滤池剖面见图 10-9。

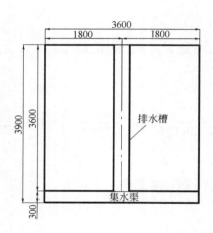

图 10-8　集水渠与排水槽的平面布置

图 10-9　活性炭滤池剖面

## 【例 10-5】　活性炭吸附塔基本尺寸的计算

### 1. 已知条件

处理水量 $Q=600$m³/h；原水平均 COD 为 90mg/L；出水 COD 要求小于 30mg/L。

根据动态吸附试验结果，拟采用间歇式移动床吸附塔，其主要设计参数为：空塔内流速 $v=10$m/h；接触时间 $t=30$min；通水倍数 $W=6$m³/kg（即单位质量活性炭处理水量）；炭层密度 $\rho=0.43$t/m³。

### 2. 设计计算

（1）吸附塔总面积 $F$

$$F=Q/v=600/10=60 \text{（m}^2\text{）}$$

采用 4 塔并联式移动床，即塔数 $n=4$。

（2）单塔面积 $f$

$$f=F/n=60/4=15 \text{（m}^2\text{）}$$

（3）吸附塔直径 $D$

$$D=\sqrt{4f/\pi}=\sqrt{4\times15/\pi}=4.4(\mathrm{m})，采用\ 4.5\mathrm{m}。$$

（4）塔内炭层高度 $h$

$$h=vt=10\times0.5=5$$

（5）单塔炭层容积 $V$

$$V=fh=15\times5=75\ （\mathrm{m}^3）$$

（6）单塔所需活性炭质量 $G$

$$G=V\rho=75\times0.43=32.25\ （\mathrm{t}）$$

（7）每日总需炭量 $g$

$$g=24Q/W=24\times600/6=2400\ （\mathrm{kg/d}）=2.4\ （\mathrm{t/d}）$$

## 【例 10-6】　粉末活性炭补充量的计算

1. 已知条件

处理水量 $Q=360\mathrm{m}^3/\mathrm{h}=100\mathrm{L/s}$；进水有机物浓度 $C_0=20\mathrm{mg/L}$；出水有机物浓度 $C=1\mathrm{mg/L}$。

试验测得的吸附等温线方程为

$$q=\frac{0.13\times0.345C_\mathrm{e}}{1+0.13C_\mathrm{e}}$$

式中　$q$——活性炭的吸附量，g/g；

　　　$C_\mathrm{e}$——吸附平衡时水中剩余的吸附质浓度，mg/L。

粉末活性炭投加在可连续搅拌的接触池内，池子容积 $V=6000\mathrm{L}$。开始运行时，炭量按每升池容积 20g 投加。活性炭流出池子经分离后再回到池内，直到完全饱和才排走进行再生，同时按水流量中所含的有机物量补充投加活性炭。水处理工艺见图 10-10。

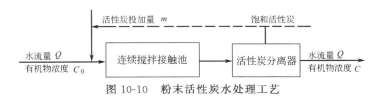

图 10-10　粉末活性炭水处理工艺

2. 设计计算

（1）运行时间　活性炭按池容积每升 20g 加入。

$C_\mathrm{e}=1\mathrm{mg/L}$ 时的活性炭吸附量为

$$q=\frac{0.13\times0.345\times1}{1+0.13\times1}=0.0397\ （\mathrm{g/g}）$$

开始运行时，所投加的全部活性炭所能吸附的有机物总量为

$$20\times6000\times0.0397=4763\ （\mathrm{g}）$$

在流量为 100L/s 时，若按出水浓度为 1mg/L 计，则吸附 4763g 有机物所需要的时间为

$$\frac{4763}{100\times(0.020-0.001)}=2507(\mathrm{s})=41.3(\mathrm{min})$$

实际上，池内所去除的有机物浓度应该是从 20mg/L 变到 19mg/L，而不是常数 19mg/L。取平均值得 19.5mg/L，因此吸附 4763g 有机物所需要的时间为

$$\frac{4763}{100\times0.0195}=2442(\mathrm{s})=40.7(\mathrm{min})$$

（2）活性炭的补充量　在 40.7min 后所应补充的活性炭量，只需满足将流量 100L/s 水

中的有机物去除即可。

考虑到理论计算与实际情况之间的差别,去除有机物的浓度按 20mg/L 计算。当 $q=0.0397mg/mg$ 时,则活性炭的补充投加量为

$$100 \times 20/0.0397 = 50380(mg/s) = 50.38(g/s)$$

# 第四节　臭氧预处理、深度处理及臭氧-生物活性炭联合深度处理

臭氧($O_3$)是氧($O_2$)的同素异形体,它具有极强的氧化能力,在水中的氧化还原电位仅次于氟。自 1785 年发现至今,作为一种强氧化剂、消毒剂、精制剂、催化剂等已广泛用于化工、石油、纺织、食品及香料、制药等工业部门。

## 一、与臭氧联用的水处理技术

### 1. 臭氧的水处理功能

臭氧在水处理中的应用开始于 1905 年,目前在发达国家作为消毒剂已经达到普及程度。随着研究、应用的不断深入,水处理中臭氧的使用范围越来越广,如污染物的氧化与分解、脱色、除嗅、灭藻、除铁、除锰、除硫化物、除酚、除氰、除农药、除致癌物、分解表面活性剂以及降低水中有机物含量等。它还能使原水中溶解性有机物产生微凝聚作用,强化水的澄清、沉淀和过滤效果,提高出水水质,节省消毒剂用量。

臭氧在微污水源水处理中可用作预处理、深度处理以及和其他处理技术联合使用作为预处理或深度处理的手段,如紫外线-臭氧、臭氧-生物处理等联用工艺。

因为臭氧在氧化水中蛋白质、氨基酸、有机胺、木质素、腐殖质等有机物的过程中会产生一些中间产物,如果这些中间产物没有被彻底氧化,水的 BOD、COD 指标就会升高。而用臭氧氧化全部有机物不经济。故臭氧预处理或深度处理的目的是部分氧化有机物,去除水中色、嗅、味,强化混凝沉淀效果。

### 2. 臭氧与生物处理联用的工艺

臭氧与生物处理联用处理微污染水源水用于实际工程的工艺有臭氧-煤/砂滤池、臭氧-慢滤池、臭氧-生物活性炭、臭氧-土壤渗滤。其中的臭氧-生物活性炭联合处理工艺效率高,出水水质好,发达国家的水处理工程采用较多。我国的一些水厂也相继采用这一工艺进行微污染水源水的深度处理。

在生物处理之前投加臭氧,不仅可以依靠臭氧极强的氧化能力,部分氧化水中有机物,尤其是生物氧化不能去除的有机物,还能使水中的有机物分子量减小,提高水中有机物的可生化性。另外,臭氧分解使水中溶解氧的含量增加,供后续生物炭滤池进行生化反应时所需的氧量。后续的生物活性炭处理单元在活性炭吸附、炭粒表面生长的生物膜的生物吸附和生物氧化降解作用下使水中有机物含量进一步降低。臭氧-生物活性炭联合处理工艺能显著提高活性炭除污能力,延长活性炭使用周期。

### 3. 臭氧使用中的问题

臭氧的使用也会带来一些问题,如臭氧发生设备复杂,能耗高,占地面积大;投加臭氧时气味大,工作条件差,影响周围环境;臭氧的强氧化性使车间的钢、铁、塑料制品受到腐蚀、老化。

4. 臭氧和生物活性炭的技术参数

（1）臭氧

① 臭氧作为预处理手段，用于除臭、味时，臭氧投量为 $1\sim2.5$mg/L，接触时间＞1min；脱色时，臭氧投量为 $2.5\sim3.5$mg/L，接触时间＞5min；除铁、锰时，臭氧投量为 $0.5\sim2$mg/L，接触时间＞1min；去除有机物时，臭氧投量为 $1\sim3$mg/L，接触时间＞5min；去除 $CN^-$ 时，臭氧投量为 $2\sim4$mg/L，接触时间＞3min；去除 ABS 时，臭氧投量为 $2\sim3$mg/L，接触时间＞10min；去除酚时，臭氧投量为 $1\sim3$mg/L，接触时间＞10min。

② 臭氧作为深度处理手段，投量为 $0.5\sim1.0$mg/L。

③ 臭氧-生物活性炭联合处理工艺中，臭氧投量为 $0.5\sim1.5$mg/L。

④ 臭氧在水中的半衰期为 20min 左右，在没有试验数据时，设计氧化接触时间一般采用 $5\sim15$min。

⑤ 臭氧投加的其余设计参数的选取及设备计算见本书第八章第四节臭氧消毒部分内容。

（2）生物活性炭

① 在生物活性炭前不能进行预氯化处理，否则微生物不能生长，因而失去生物活性炭的生物氧化作用。

② 生物活性炭滤池的滤速 $5\sim10$m/h，炭床高 $2\sim4$m，空床接触时间 $12\sim40$min，高径比（炭床高与半径比）$2\sim4$，炭粒径 $0.3\sim2.0$mm，反冲洗水强度 $10\sim16$L/(s·m²)，气体反冲洗强度 $5\sim9$L/(s·m²)，反冲洗时间 $12\sim20$min，反冲洗周期 $3\sim35$h，反冲洗膨胀率 $30\%\sim50\%$。

③ 生物活性炭的处理效果受水温影响，当水温低于 10℃ 时更明显。

④ 由于活性炭表面生长的生物膜的生物净化作用，显著提高了活性炭的工作周期。生物活性炭法比单独使用活性炭的周期增加了 $2\sim9$ 倍。

⑤ 生物活性炭滤池部分的其余设计参数见本章第三节活性炭吸附深度处理内容。

## 二、计算例题

**【例 10-7】　臭氧-生物活性炭联合处理微污染水源水的计算**

1. 已知条件

某给水厂采用臭氧-生物活性炭联合进行饮用水深度处理，主要去除水中的有机物。原水 OC 含量平均 $C_0=6$mg/L，pH 值＝6.5，水温 10℃，供水规模为 $Q=4800$m³/d＝200m³/h。

经现场试验，臭氧投量为 $a=1.0$mg/L＝0.001kg/m³，接触反应装置内的水力停留时间 $t=5$min。活性炭滤池滤速 $v_L=10$m/h 时，活性炭滤层厚 $H_n=2.5$m，颗粒活性炭的粒径为 $0.8\sim1.7$mm。有机物的平均去除率为 39%（其中臭氧单元去除 28%，生物活性炭单元去除剩余有机物的 15.3%）。

2. 设计计算

（1）臭氧投加

① 所需臭氧量 D

$$D=1.06aQ=1.06\times0.001\times200=0.212\ (kgO_3/h)$$

考虑到设备制造及操作管理水平较低等因素（臭氧的有效利用率只有 $60\%\sim80\%$），确定选用臭氧发生器的产率可按 500g/h 计。

② 设备选型。因厂内没有氧气源，故选用某厂生产的空气源臭氧发生器，产品型号为 YCKGC-00500。发生器直径为 $\phi0.68$m，高 1.58m，放电面积 $7\sim8$m²。环境温度 $0\sim40$℃，相对湿度要求小于 $85\%$RH，进气压力露点 $\leqslant-40$℃。噪声＜65dB。工作压力 0.2MPa，冷

却水流量 $1m^3/h$，冷却水温度 $<30℃$。电源为 $380V$，$50Hz$。臭氧产量调节范围 $0\sim100\%$，耗电量 $27kW\cdot h/kgO_3$。臭氧化气浓度 $Y\geqslant18g/m^3$。

③ 接触装置（采用鼓泡塔，具体计算过程见第八章第四节臭氧消毒部分内容）。

a. 鼓泡塔体积 $V_塔$

$$V_塔=Qt/60=200\times5/60\approx16.67（m^3）$$

b. 塔截面积 $F_塔$。塔内水深 $H_A$ 取 $4m$，则

$$F_塔=Qt/(60H_A)=200\times5/(60\times4)\approx4.17（m^2）$$

c. 塔高 $H_塔$

$$H_塔=1.3H_A=5.2（m）$$

d. 塔径。设 2 座鼓泡塔，每座面积

$$F'_塔=F_塔/2=4.17/2=2.085（m^2）$$

每座鼓泡塔直径

$$D_塔=\sqrt{4F'_塔/\pi}=\sqrt{4\times2.085/\pi}\approx1.62（m）$$

④ 臭氧化气流量

$$Q_气=1000D/Y=1000\times0.212/18\approx11.78（m^3/h）$$

折算成发生器工作状态下的臭氧化气流量

$$Q'_气=0.614Q_气=0.614\times11.78\approx7.23（m^3/h）$$

⑤ 微孔扩散板的个数 $n$。根据产品样本提供的资料，所选微孔扩散板的直径 $d=0.2m$，则每个扩散板的面积

$$f=\pi d^2/4=3.14\times0.2^2/4=0.0314（m^2）$$

使用微孔钛板，微孔孔径为 $R=40\mu m$，系数 $a=0.19$，$b=0.066$，气泡直径取 $d_气=2mm$，则气体扩散速度

$$\omega=(d_气-aR^{1/3})/b=(2-0.19\times40^{1/3})/0.066\approx20.5(m/h)$$

微孔扩散板的个数

$$n=Q'_气/(\omega f)=7.23/(20.5\times0.0314)\approx11(个)$$

⑥ 所需臭氧发生器的工作压力 $H_y$

a. 塔内水柱高为 $h_1=4mH_2O$。

b. 布水元件水头损失 $h_2$ 查表 8-2，$h_2=0.2kPa\approx0.02mH_2O$。

c. 臭氧化气输送管道水头损失。臭氧化气选用 $DN15mm$ 管道输送，总长 $30m$，气体流量较小，输送管道的沿程及局部水头损失按 $h_3=0.5mH_2O$ 考虑。

臭氧发生器的工作压力 $H_y$

$$H_y=h_1+h_2+h_3=4+0.02+0.5=4.52（mH_2O）$$

⑦ 尾气处理。余臭氧消除器采用壁挂式活性炭余臭氧消除器吸附催化剩余臭氧。

（2）活性炭滤池 由于生物活性炭是在贫营养的环境下降解有机物，氧气需要量不大。原水中含有一定的溶解氧，原水在进入活性炭滤池之前经过了落差 $0.5m$ 跌水曝气供氧，同时臭氧分解产生的氧气也增加了水中溶解氧的含量。所以在活性炭滤池内水的溶解氧量是足够的，不需设置曝气系统。

① 活性炭滤池总面积

$$F=Q/v_L=200/10=20(m^2)$$

② 活性炭滤池个数 $N_L$。采用两池并联运行 $N_L=2$，每池面积为

$$f=20/2=10（m^2）$$

平面尺寸取 $3.6m\times3.6m$。另外备用一个活性炭滤池，共 3 个活性炭滤池。

③ 接触时间

$$T_L = H_n/v_L = 2.5/10 = 0.25 \text{ （h）}$$

④ 活性炭充填体积 $V$

$$V = FH_n = 10 \times 2.5 = 25 \text{ （m}^3\text{）}$$

⑤ 每池填充活性炭的质量 $G$。活性炭填充密度 $\rho = 0.5\text{t/m}^3$，则

$$G = V\rho = 25 \times 0.5 = 12.5 \text{ （t）}$$

⑥ 活性炭工作时间 $t_L$。吸附型活性炭模型试验结果为滤速为 10m/h 时，$K = 0.7\text{m}^3/(\text{kg} \cdot \text{h})$，$h_0 = 0.5\text{m}$，$q_0 = 71\text{kg/m}^3$。进水 $C_0' = 4.32\text{mg/L}$，出水 $C_e' = 3.66\text{mg/L}$。则吸附型活性炭的工作时间

$$t_x = \frac{q_0}{C_0'} \frac{h}{v} - \frac{1}{C_0'} \frac{1}{K} \ln\left(\frac{C_0'}{C_e'} - 1\right) = \frac{71}{0.006 \times 10} \times 2.5 - \frac{1}{0.00366 \times 0.7} \times \ln\left(\frac{0.006}{0.00366} - 1\right)$$
$$= 3132.9 \text{ （h）}$$

由于活性炭表面生长的生物膜降解了一部分有机物，延长了活性炭的工作周期。据试验结果，工作周期延长了 3 倍，则

$$t_L = 3t_x = 3 \times 3132.9 = 9398.7 \text{ （h）}$$

⑦ 活性炭每年更换次数 $n$

$$n = 365 \times 24/t_L = 365 \times 24/9398.7 \approx 0.93，取 1 次$$

⑧ 活性炭层利用率

$$(H_n - h_0)/H_n = (2.5 - 0.5)/2.5 = 80\%$$

⑨ 活性炭滤池的高度 $H_L$。活性炭层高 $H_n = 2.5\text{m}$，颗粒活性炭的粒径为 $0.8 \sim 1.7\text{mm}$；承托层厚度 $H_{0层} = 0.55\text{m}$；活性炭层以上的水深 $H_1 = 1.70\text{m}$；活性炭滤池的超高 $H_2 = 0.30\text{m}$；则活性炭滤池的总高

$$H_L = H_n + H_{0层} + H_1 + H_2 = 2.5 + 0.55 + 1.70 + 0.30 = 5.05 \text{ （m）}$$

⑩ 炭滤池排水槽、排水渠、反冲洗配水系统、反冲洗水箱等的设计步骤参见普通快滤池部分。

# 第五节　膜法深度处理

饮用水深度处理技术中，臭氧、臭氧-生物活性炭技术得到了广泛应用，而以高分子分离膜为代表的膜分离技术（Membrane Separation Processes，MSP）作为新型的流体分离单元操作技术，近年来已取得巨大发展。它已广泛应用于医疗、石油、石油化工、天然气、轻工、电子、电力、食品等行业中。在水处理领域的海水淡化、苦咸水脱盐、纯净水制取、污水处理等方面得到推广和应用，并在微污染水源水处理方面显示出巨大的潜力。

## 一、膜法的特点

膜分离是以选择透过性膜为分离介质，在其两侧造成推动力（压力差、电位差、浓度差），原料组分选择性通过膜，从而达到分离的目的。与传统的给水处理工艺相比，膜分离技术有不可比拟的优点。

① 膜分离技术可分离无机物、有机物、病毒、细菌、微粒以及特殊溶液体系分离，膜分离水中杂质的主要机理是机械筛分，出水水质仅仅依据膜孔径的大小，与原水水质以及运行条件无关，故能提供稳定可靠的水质。

② 除预处理（防垢、调节 pH 值、杀菌）的原因加入很少的药剂外，膜分离法不加入

絮凝剂、助凝剂等化学药剂，不增加水中新的化学物质。

③ 膜分离技术系统简单，占地面积小，运行环境清洁、整齐。

作为一种新兴的水处理技术，膜分离以其无可非议的先进性得到广泛关注，但其也有如下不足之处。

① 膜的价格高，寿命短，且易受污染而使分离功能衰减或丧失。因此采用膜处理不仅投资高，为延长其有效使用时间所做的预处理、清洗工作也很繁杂。

② 其分离动力是靠压力差或电位差，耗能较大。

## 二、膜法的类别

出于不同的目的，膜的分类方式有多种。

按膜的化学组成结构分为有机材料（纤维素类、聚酰胺类、芳香杂环类、聚砜类、聚烯烃类、硅橡胶类、含氟聚合物及聚碳酸和聚电解质等）、无机材料（陶瓷、玻璃、金属）。

按几何形状可分为平板式、管式、毛细管式和中空纤维式。其相应的膜组件有平板型、圆管型、螺旋卷型和中空纤维型。

按膜的结构分有对称结构膜（柱状孔膜、多孔膜、均质膜）、不对称结构膜（多孔膜、具有皮层的多孔膜、复合膜）。

按定义分有微滤(Microfiltration，MF)、超滤(Ultrafiltration，UF)、纳滤(Nanofiltration，NF)、反渗透(Reverse Osmosis，RO)、渗析(Dialyses)、电渗析(Electro Dialyses，ED)等。膜的种类及分离过程见表10-6。

**表 10-6  膜的种类及分离过程**

| 膜的种类 | 膜的功能 | 分离驱动力 | 透过物质 | 被截留物质 |
| --- | --- | --- | --- | --- |
| 微滤 | 多孔膜、溶液的微滤、脱微粒子 | 压力差 | 水、溶剂和溶解物 | 悬浮物、细菌类、微粒子 |
| 超滤 | 脱除溶液中的胶体、各类大分子 | 压力差 | 溶剂、离子和小分子 | 蛋白质、各类酶、细菌、病毒、乳胶、微粒子 |
| 反渗透和纳滤 | 脱除溶液中的盐类及低分子物 | 压力差 | 水、溶剂 | 液体、无机盐、糖类、氨基酸、BOD、COD 等 |
| 渗析 | 脱除溶液中的盐类及低分子物 | 浓度差 | 离子、低分子物、碱 | 液体、无机盐、糖类、氨基酸、BOD、COD 等 |
| 电渗析 | 脱除溶液中的离子 | 电位差 | 离子 | 无机、有机离子 |
| 渗透气化 | 溶液中的低分子及溶剂间的分离 | 压力差、浓度差 | 蒸汽 | 液体、无机盐、糖类、氨基酸、BOD、COD 等 |
| 气体分离 | 气体、气体与蒸汽分离 | 浓度差 | 易透过气体 | 不易透过气体 |

压力驱动的膜分离工艺可用有效去除杂质的尺寸大小来分类，按膜的孔径或截留分子量（MWCO）来评价。截留分子量是反映膜孔径大小的替代参数，单位是道尔顿（1 道尔顿 = $1.65 \times 10^{-24}$ g）。以压力为推动力的膜分离技术有反渗透、纳滤、超滤以及微孔过滤。以压力为推动力，膜与分类及分离对象见表10-7。

## 三、压力为推动力膜法的应用

### 1. 反渗透膜

RO 运行压力为 1~10MPa，可将大多数无机离子（包括对人体有益的矿物质）从水中去除。因此，目前该工艺主要用于纯水制备，不宜作为常规饮用水处理工艺。当用于饮用水深度处理时，主要作用是去除水中的一些消毒副产物、"三致"前体物或常规工艺难以去除的有毒有害物质。有时需在 RO 工艺之后补充矿化处理。

**表 10-7　膜的分类及分离对象**

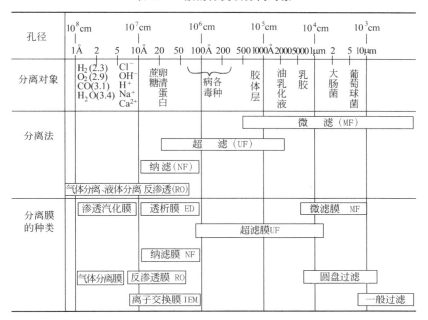

### 2. 纳滤膜

NF 膜早期被称为松散反渗透膜（Loose RO，Loose Reverse Osmosis）或超低压反渗透膜（LPRO，Low Pressure Reverse Osmosis），是 20 世纪 80 年代初继典型的 RO 复合膜之后开发出来的。它是介于 RO 与 UF 之间一种膜，其特征是对 NaCl 的去除率在 90% 以下，且仅对特定的溶质具有高脱除率，而不像 RO 那样对几乎所有的溶质都有很高的去除率。它主要去除直径为 1nm 左右的溶质粒子，截留分子量为 100～1000，在饮用水领域主要用于脱除三卤甲烷中间体、异味、农药、合成洗涤剂、可溶性有机物、硬度及蒸发残留物。NF 膜的另一个特点是具有离子选择性：具有一价阴离子的盐可以大量渗过膜，具有多价阴离子的盐（如硫酸盐和碳酸盐）的截留率则高得多。原因是在 NF 膜上或者膜中有带负电的基团，通过静电作用，阻碍高价离子的渗透。因此，它也被称为荷电超滤。NF 膜具有松散的表面层结构，在较低的压力（0.5～1MPa）下可以实现较高的水通量。可去除水中 50%～70% 的总盐度，适合于处理硬度和有机物含量高且浊度低的原水，如地下水。当用于地面水的处理时，需进行混凝、沉淀等预处理。

### 3. 超滤和微滤膜

UF 和 MF 运行压力低，为 70～200kPa。UF 膜的孔径范围在 0.001～0.1$\mu$m，MF 膜的孔径大于 0.1$\mu$m，这是 UF 和 MF 之间的主要区别。UF 和 MF 可以截留水中绝大部分悬浮物、胶体和细菌，其作用相当于以除浊度为目的的传统处理工艺。因此 UF 和 MF 不仅适合于处理地下水，而且适合于处理地面水。由于不能脱除各种低分子物质，故这两种技术单独使用时不能称之为深度处理。这两种工艺对水中有机物的去除率也很低，仅为 20% 以下。

### 4. 膜法水处理设计内容

原水水质不同，处理工艺也不尽相同。RO、NF、UF、MF 膜在微污染水的深度处理中都有应用的实例。尽管 RO 膜在饮用水的使用存在一些争议，但事实上国外的一些大规模水厂不仅有使用 MF、UF 的工程实例，RO 净水装置也已经使用多年。

不同的膜对进水水质的要求不同，预处理、后处理工艺也不相同，设计、计算方法也有差别，但其设计内容基本相同。

① 收集进水水质、水量、对出水水质的要求，进行膜的选型，根据膜对进水水质的要求，确定预处理工艺、后处理工艺。这几个过程互为影响，具有联动性，是一个有机的整体。

② 确定水的脱盐率、回收率、膜的数量及排列方式、系统压力及高压泵选型。

③ 管路、管件选型连接。

④ 根据系统启闭方式（有无延时要求）、高低压报警要求、流量控制等因素进行电路及自控系统（一般为 PLC 控制）的设计、计算。

即使同一种性质、同种形状的膜，也会因生产制造厂家的不同，影响其预处理、后处理工艺及其计算方法。在微污染水深度处理中使用的各种膜中，RO 膜对进水水质的要求最为严格，设计、计算过程也最为复杂。MF、UF、NF 膜的设计、计算可根据具体工程的进水水质、水量、要求的出水水质等因素，遵循膜的生产厂家针对所选的膜的设计导则，参照 RO 膜的设计过程进行设计、计算。网络技术不断发展，为了方便设计，一些厂家在其网站上还有设计软件供设计人员使用，大大减轻了设计人员的工作负荷。

随着对各种膜技术研究的不断深入，优质、耐污染、节能型的膜品种不断产生。新型膜不仅仅是使用寿命延长，对进水水质的要求也将放宽，出水水质也更理想。相应的预处理、后处理过程比现在的工艺将会更加简便。

## 四、膜法水处理设计与运行

### 1. 膜的基本计算公式

(1) 膜的透水量公式

$$J_w = W_p(\Delta P - \Delta \Pi)$$

式中　$J_w$——膜的透水量，$cm^3/(cm^2 \cdot s)$；

　　　$W_p$——水的透过系数，$cm^3/(cm^2 \cdot s \cdot Pa)$；

　　　$\Delta P$——膜两侧的压力差，Pa；

　　　$\Delta \Pi$——膜两侧的渗透压差，Pa。

$$\Delta P = P_A - P_p$$

式中　$P_A$——进水侧（给水、浓水）的平均压力，Pa；

　　　$P_p$——淡水侧的压力，Pa。

$$\Pi = RT \sum c_i$$

式中　$\Pi$——溶液渗透压，atm；

　　　$R$——常数，取 $0.082 atm \cdot L/(mol \cdot K)$；

　　　$\sum c_i$——各离子浓度总和，mol/L；

　　　$T$——热力学温度，K。

(2) 盐的透过量公式

$$J_s = K_p \Delta C$$

式中　$J_s$——溶质透过膜的通量，$mg/(cm^2 \cdot s)$；

　　　$K_p$——溶质的透过系数，cm/s；

　　　$\Delta C$——膜两侧的浓度差，$mg/cm^3$。

(3) 脱盐率公式

$$R = (C_b - C_f) \times 100\%/C_b$$

式中　$C_b$——进水含盐量，mg/L；

　　　$C_f$——淡水含盐量，mg/L。

（4）淡化水的含盐量近似计算公式

$$C_f = 2C_b(1-R)/(2-m)$$

式中　$m$ ——水的回收率，即淡化水量与进水流量的比值。

（5）水的回收率计算公式

$$Y = (Q_g/Q_c) \times 100\%$$

式中　$Q_g$ ——给水流量，$m^3/h$；

　　　$Q_c$ ——产品水流量，$m^3/h$。

**2. 评价进水水质的指标**

（1）污染指数 FI（或称淤泥密度指数 SDI）　该指数是测定水中胶体和悬浮物等微粒的多少的指标。其测定方法如下。

① 按图 10-11 装好设备，将该装置连接到系统进水管路取样点上，装入新的滤膜（注意：事先冲洗测试装置，去除系统中的污染物，安装过程中不要刺破滤膜，不能用手触摸滤膜，确保密封严密）。

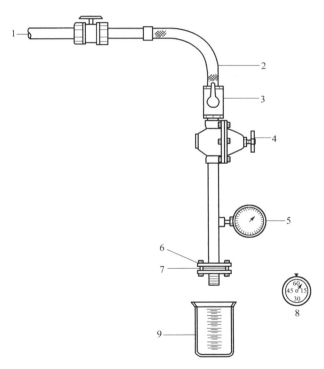

图 10-11　FI 测试装置示意

1—原水；2—软管；3—取样旋塞；4—压力调节阀；5—压力表；

6—过滤器座架；7—0.45μm 过滤器；8—秒表；9—500mL 烧杯

② 充分排除装置内气体后，全开球阀。在 0.21MPa 的恒定水流压力下，记录通水开始至得到 100mL 和 500mL（用量筒即可）水样所需时间（接取 500mL 水样所需时间大约为接取 100mL 水所需时间的 5 倍。如果远大于 5 倍，则应采用接取 100mL 所需时间计算 FI），5min、10min 及 15min 后再分别进行同样测量。

③ 如果接取 100mL 水样所需的时间超过 60s，则意味着约 90% 的滤膜面积被堵塞，此时没必要将试验进行下去了。

④ 试验开始和结束时要测量水温，确定前后温度变化不超过 1℃。

⑤ 计算公式

$$FI = P_{30}/t_t = 100 \times (1-t_i/t_f)/t_t$$

式中  $FI$ ——污染指数;

$t_t$ ——总测试时间, min, 通常为 15min, 但如果在 15min 内有 75% 的滤膜面积被堵塞, 测试时间要缩短(为保证测量精确, 在 0.21MPa 的恒定压力下滤膜堵塞百分数不应超过 75%, 如果超过 75% 应重新试验并在较短时间内获取 $t_t$ 值);

$P_{30}$ ——在 0.21MPa 的恒定压力下滤膜堵塞百分数;

$t_i$ ——第一次测量所需时间, min;

$t_f$ ——15min(或更短时间)以后取样所需时间, min。

$FI$ 值与污染程度的关系见表 10-8。

表 10-8  *FI* 值与污染程度的关系

| $FI$ 值 | 污染程度 |
| --- | --- |
| <3 | 低污染 |
| 3~5 | 一般污染 |
| >5 | 高污染 |

(2) 朗格里尔指数 $LSI$ 的计算公式

$$LSI = pH - pH_s$$
$$pH_s = (9.30+A+B)-(C+D)$$
$$A = (\lg[TDS]-1)/10$$
$$B = -13.12 \times \lg(t+273)+34.55$$
$$C = \lg[Ca^{2+}]-0.4$$
$$D = \lg[Alk]$$

式中  pH ——运行温度下, 水的实际 pH 值;

$pH_s$ ——$CaCO_3$ 饱和时, 水的 pH 值;

$A$ ——与水中溶解固形物有关的常数, 见表 10-9;

$[TDS]$ ——总溶解性固形物, mg/L;

$B$ ——与水的温度有关的常数, 见表 10-10;

$t$ ——水温, ℃;

$C$ ——与水中钙硬度有关的常数, 见表 10-11;

$[Ca^{2+}]$ ——$Ca^{2+}$ 的浓度, mg/L $CaCO_3$;

$D$ ——与水中全碱度有关的常数, 见表 10-12;

$[Alk]$ ——碱度, mg/L $CaCO_3$。

表 10-9  常数 *A* 的值

| 溶解性固形物/(mg/L) | *A* 值 | 溶解性固形物/(mg/L) | *A* 值 |
| --- | --- | --- | --- |
| 50 | 0.07 | 800 | 0.19 |
| 75 | 0.08 | 1000 | 0.20 |
| 100 | 0.10 | 2000 | 0.23 |
| 150 | 0.11 | 3000 | 0.25 |
| 200 | 0.13 | 4000 | 0.26 |
| 300 | 0.14 | 5000 | 0.27 |
| 400 | 0.16 | 6000 | 0.28 |
| 600 | 0.18 |  |  |

表 10-10 常数 *B* 的值

| BB＼温度<br>温度<br>°F<br>（十位） | 温度＼<br> | °F（个位） | | | | |
|---|---|---|---|---|---|---|
| | | 0 | 2 | 4 | 6 | 8 |
| | 30 | | 2.60 | 2.57 | 2.54 | 2.51 |
| | 40 | 2.48 | 2.45 | 2.43 | 2.40 | 2.37 |
| | 50 | 2.34 | 2.31 | 2.28 | 2.25 | 2.22 |
| | 60 | 2.20 | 2.17 | 2.14 | 2.11 | 2.09 |
| | 70 | 2.06 | 2.04 | 2.03 | 2.00 | 1.97 |
| | 80 | 1.95 | 1.92 | 1.90 | 1.88 | 1.86 |
| | 90 | 1.84 | 1.82 | 1.80 | 1.78 | 1.76 |
| | 100 | 1.74 | 1.72 | 1.71 | 1.69 | 1.67 |
| | 110 | 1.65 | 1.64 | 1.62 | 1.60 | 1.58 |
| | 120 | 1.57 | 1.55 | 1.53 | 1.51 | 1.50 |
| | 130 | 1.48 | 1.46 | 1.44 | 1.43 | 1.41 |
| | 140 | 1.40 | 1.38 | 1.37 | 1.35 | 1.34 |
| | 150 | 1.32 | 1.31 | 1.29 | 1.28 | 1.27 |
| | 160 | 1.26 | 1.24 | 1.23 | 1.22 | 1.21 |
| | 170 | 1.19 | 1.18 | 1.17 | 1.16 | |

表 10-11 常数 *C* 的值

| CC＼钙硬<br>钙硬<br>十位数 | 钙硬＼ | 个 位 数 | | | | | | | | | |
|---|---|---|---|---|---|---|---|---|---|---|---|
| | | 0 | 1 | 2 | 3 | 4 | 5 | 6 | 7 | 8 | 9 |
| | 0 | | | | 0.08 | 0.20 | 0.30 | 0.38 | 0.45 | 0.51 | 0.56 |
| | 10 | 0.60 | 0.64 | 0.68 | 0.72 | 0.75 | 0.78 | 0.81 | 0.83 | 0.86 | 0.88 |
| | 20 | 0.90 | 0.92 | 0.94 | 0.96 | 0.98 | 1.00 | 1.02 | 1.03 | 1.05 | 1.06 |
| | 30 | 1.08 | 1.09 | 1.11 | 1.12 | 1.13 | 1.15 | 1.16 | 1.17 | 1.18 | 1.19 |
| | 40 | 1.20 | 1.21 | 1.23 | 1.24 | 1.25 | 1.26 | 1.26 | 1.27 | 1.28 | 1.29 |
| | 50 | 1.30 | 1.31 | 1.32 | 1.33 | 1.34 | 1.34 | 1.35 | 1.36 | 1.37 | 1.37 |
| | 60 | 1.38 | 1.39 | 1.39 | 1.40 | 1.41 | 1.42 | 1.42 | 1.43 | 1.43 | 1.44 |
| | 70 | 1.45 | 1.45 | 1.46 | 1.47 | 1.47 | 1.48 | 1.48 | 1.49 | 1.49 | 1.50 |
| | 80 | 1.51 | 1.51 | 1.52 | 1.52 | 1.53 | 1.53 | 1.54 | 1.54 | 1.55 | 1.55 |
| | 90 | 1.56 | 1.56 | 1.57 | 1.57 | 1.58 | 1.58 | 1.58 | 1.59 | 1.59 | 1.60 |
| | 100 | 1.60 | 1.61 | 1.61 | 1.61 | 1.62 | 1.62 | 1.63 | 1.63 | 1.64 | 1.64 |
| | 110 | 1.64 | 1.65 | 1.65 | 1.66 | 1.66 | 1.66 | 1.67 | 1.67 | 1.67 | 1.68 |
| | 120 | 1.68 | 1.68 | 1.69 | 1.69 | 1.70 | 1.70 | 1.70 | 1.71 | 1.71 | 1.71 |
| | 130 | 1.72 | 1.72 | 1.72 | 1.73 | 1.73 | 1.73 | 1.74 | 1.74 | 1.74 | 1.75 |
| | 140 | 1.75 | 1.75 | 1.75 | 1.76 | 1.76 | 1.76 | 1.77 | 1.77 | 1.77 | 1.78 |
| | 150 | 1.78 | 1.78 | 1.78 | 1.79 | 1.79 | 1.79 | 1.80 | 1.80 | 1.80 | 1.80 |
| | 160 | 1.81 | 1.81 | 1.81 | 1.81 | 1.82 | 1.82 | 1.82 | 1.82 | 1.83 | 1.83 |
| | 170 | 1.83 | 1.84 | 1.84 | 1.84 | 1.84 | 1.85 | 1.85 | 1.85 | 1.85 | 1.85 |
| | 180 | 1.86 | 1.86 | 1.86 | 1.86 | 1.87 | 1.87 | 1.87 | 1.87 | 1.88 | 1.88 |
| | 190 | 1.88 | 1.88 | 1.89 | 1.89 | 1.89 | 1.89 | 1.89 | 1.90 | 1.90 | 1.90 |
| | 200 | 1.90 | 1.91 | 1.91 | 1.91 | 1.91 | 1.91 | 1.92 | 1.92 | 1.92 | 1.92 |

| CC＼钙硬<br>钙硬<br>百位数 | 钙硬＼ | 十 位 数 | | | | | | | | | |
|---|---|---|---|---|---|---|---|---|---|---|---|
| | | 0 | 10 | 20 | 30 | 40 | 50 | 60 | 70 | 80 | 90 |
| | 200 | | 1.92 | 1.94 | 1.96 | 1.98 | 2.00 | 2.02 | 2.03 | 2.05 | 2.06 |
| | 300 | 2.08 | 2.09 | 2.11 | 2.12 | 2.13 | 2.15 | 2.16 | 2.17 | 2.18 | 2.19 |
| | 400 | 2.20 | 2.21 | 2.23 | 2.24 | 2.25 | 2.26 | 2.26 | 2.27 | 2.28 | 2.29 |
| | 500 | 2.30 | 2.31 | 2.32 | 2.33 | 2.34 | 2.34 | 2.35 | 2.36 | 2.37 | 2.37 |
| | 600 | 2.38 | 2.39 | 2.39 | 2.40 | 2.41 | 2.42 | 2.42 | 2.43 | 2.43 | 2.44 |
| | 700 | 2.45 | 2.45 | 2.46 | 2.47 | 2.47 | 2.48 | 2.48 | 2.49 | 2.49 | 2.50 |
| | 800 | 2.51 | 2.51 | 2.52 | 2.52 | 2.53 | 2.53 | 2.54 | 2.54 | 2.55 | 2.55 |
| | 900 | 2.56 | 2.56 | 2.57 | 2.57 | 2.58 | 2.58 | 2.58 | 2.59 | 2.59 | 2.60 |

注：钙硬度，以 mg/L CaCO₃ 表示。

### 表 10-12　常数 D 的值

| D＼碱度 个位数 | 0 | 1 | 2 | 3 | 4 | 5 | 6 | 7 | 8 | 9 |
|---|---|---|---|---|---|---|---|---|---|---|
| 碱度 十位数 0 |  | 0.00 | 0.30 | 0.48 | 0.60 | 0.70 | 0.78 | 0.85 | 0.90 | 0.95 |
| 10 | 1.00 | 1.04 | 1.08 | 1.11 | 1.15 | 1.18 | 1.20 | 1.23 | 1.26 | 1.29 |
| 20 | 1.30 | 1.32 | 1.34 | 1.36 | 1.38 | 1.40 | 1.42 | 1.43 | 1.45 | 1.46 |
| 30 | 1.48 | 1.49 | 1.51 | 1.52 | 1.53 | 1.54 | 1.56 | 1.57 | 1.58 | 1.59 |
| 40 | 1.60 | 1.61 | 1.62 | 1.63 | 1.64 | 1.65 | 1.66 | 1.67 | 1.68 | 1.69 |
| 50 | 1.70 | 1.71 | 1.72 | 1.72 | 1.73 | 1.74 | 1.75 | 1.76 | 1.76 | 1.77 |
| 60 | 1.78 | 1.79 | 1.79 | 1.80 | 1.81 | 1.81 | 1.82 | 1.83 | 1.83 | 1.84 |
| 70 | 1.85 | 1.85 | 1.86 | 1.86 | 1.87 | 1.88 | 1.88 | 1.89 | 1.89 | 1.90 |
| 80 | 1.90 | 1.91 | 1.91 | 1.92 | 1.92 | 1.93 | 1.93 | 1.94 | 1.94 | 1.95 |
| 90 | 1.95 | 1.96 | 1.96 | 1.97 | 1.97 | 1.98 | 1.98 | 1.99 | 1.99 | 2.00 |
| 100 | 2.00 | 2.00 | 2.01 | 2.01 | 2.02 | 2.02 | 2.03 | 2.03 | 2.03 | 2.04 |
| 110 | 2.04 | 2.05 | 2.05 | 2.05 | 2.06 | 2.06 | 2.06 | 2.07 | 2.07 | 2.08 |
| 120 | 2.08 | 2.08 | 2.09 | 2.09 | 2.09 | 2.10 | 2.10 | 2.10 | 2.11 | 2.11 |
| 130 | 2.11 | 2.12 | 2.12 | 2.12 | 2.13 | 2.13 | 2.13 | 2.14 | 2.14 | 2.14 |
| 140 | 2.15 | 2.15 | 2.15 | 2.16 | 2.16 | 2.16 | 2.16 | 2.17 | 2.17 | 2.17 |
| 150 | 2.18 | 2.18 | 2.18 | 2.18 | 2.19 | 2.19 | 2.19 | 2.20 | 2.20 | 2.20 |
| 160 | 2.20 | 2.21 | 2.21 | 2.21 | 2.21 | 2.22 | 2.22 | 2.23 | 2.23 | 2.23 |
| 170 | 2.23 | 2.23 | 2.23 | 2.24 | 2.24 | 2.24 | 2.24 | 2.25 | 2.25 | 2.25 |
| 180 | 2.26 | 2.26 | 2.26 | 2.26 | 2.26 | 2.27 | 2.27 | 2.27 | 2.27 | 2.28 |
| 190 | 2.28 | 2.28 | 2.28 | 2.29 | 2.29 | 2.29 | 2.29 | 2.29 | 2.30 | 2.30 |
| 200 | 2.30 | 2.30 | 2.30 | 2.31 | 2.31 | 2.31 | 2.31 | 2.32 | 2.32 | 2.32 |

| D＼碱度 十位数 | 0 | 10 | 20 | 30 | 40 | 50 | 60 | 70 | 80 | 90 |
|---|---|---|---|---|---|---|---|---|---|---|
| 碱度 百位数 200 |  | 2.32 | 2.34 | 2.36 | 2.38 | 2.40 | 2.42 | 2.43 | 2.45 | 2.46 |
| 300 | 2.48 | 2.49 | 2.51 | 2.52 | 2.53 | 2.54 | 2.56 | 2.57 | 2.58 | 2.59 |
| 400 | 2.60 | 2.61 | 2.62 | 2.63 | 2.64 | 2.65 | 2.66 | 2.67 | 2.68 | 2.69 |
| 500 | 2.70 | 2.71 | 2.72 | 2.72 | 2.73 | 2.74 | 2.75 | 2.76 | 2.76 | 2.77 |
| 600 | 2.78 | 2.79 | 2.79 | 2.80 | 2.81 | 2.81 | 2.82 | 2.83 | 2.83 | 2.84 |
| 700 | 2.85 | 2.85 | 2.86 | 2.86 | 2.87 | 2.88 | 2.88 | 2.89 | 2.89 | 2.90 |
| 800 | 2.90 | 2.91 | 2.91 | 2.92 | 2.92 | 2.93 | 2.93 | 2.94 | 2.94 | 2.95 |
| 900 | 2.95 | 2.96 | 2.96 | 2.97 | 2.97 | 2.98 | 2.98 | 2.99 | 2.99 | 3.00 |

注：碱度，以 mg/L $CaCO_3$ 表示。

### 3. 反渗透装置

目前反渗透装置有平板型、圆管型、螺旋卷型和中空纤维型，水处理中常用螺旋卷型和中空纤维型。

(1) 平板型　也称板框型，装置类似板框压滤机，它由一定数量的多孔隔板组合成，每块隔板两面装有 RO 膜。淡化水在压力作用下透过膜进入隔板内，然后被引出。它的优点是流道敞开，污染概率比其他形式低，拆卸容易，便于清洗和更换膜件。平板型可配置各种材料的膜。缺点是膜面积与体积比值小，易发生泄漏，成本高。

(2) 圆管型　圆管型膜装置结构（见图 10-12）有内压管式和外压管式两种。内压式的膜设在管内壁，含盐水在压力下在管内流动，透过膜的淡化水通过管壁上的小孔流出，然后被收集；外压式将膜设在管的外壁，透过膜的淡化水通过管壁上的小孔由管内引出。圆管型装置流道分明，流速高，污染概率低，易清洗，耐高压。缺点是膜面积与体积比值小，成本高，膜材料选择余地小。

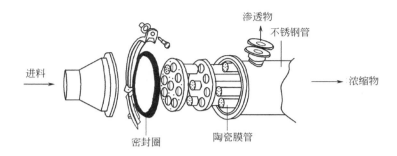

图 10-12　圆管型膜装置结构示意

（3）螺旋卷型　螺旋卷型装置示意如图 10-13 所示，是将导流隔网、膜、多孔支撑材料、膜叠合起来，用黏合剂将两层膜的三边黏结密封形成信封状，内夹多孔支撑材料。其开口端与中心集水管连通，然后卷绕在集水管上。工作时，原水沿轴向流过膜组件，透过水进入两层膜中间，在两层膜形成的袋内顺多孔支撑材料在两层膜中形成的空间流向中心集水管，最后被收集。其优点是进水流道相对敞开，污染概率小，易清洗，易置换。缺点是膜面积与体积比值不是很大，浓差极化的趋势大。

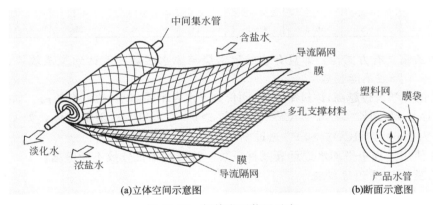

图 10-13　螺旋卷型装置示意

（4）中空纤维型　如图 10-14、图 10-15 所示，是把一束外径 $50\sim100\mu m$，壁厚 $12\sim25\mu m$ 的中空纤维变成 U 形，放在耐压管内，纤维的开口端固定在管板上并露出管板。产品水透过中间空心通道从开口端流出。其优点是耐压，膜面积与体积比值高，单个透过器的回收率高，易检修和现场更换。缺点是易受污染。

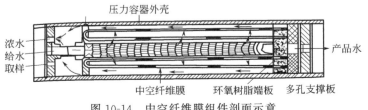

图 10-14　中空纤维膜组件剖面示意

4. **反渗透膜及其元件**

① 醋酸纤维膜易被生物降解，在酸性条件下易水解（因此进水 pH 值应严格保证在最

佳 pH 值范围内以延长其使用寿命);芳香聚酰胺膜不易被生物降解,也不易水解,但易受残余氯或其他氧化剂的作用被降解;复合膜不易水解,也不易生物降解,并可在较低的压力下运行。

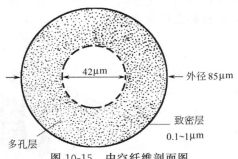

图 10-15 中空纤维剖面图

② 生产厂家不同,膜元件的性能参数各异,这里不能一一列举,设计时应根据各厂家的产品样本慎重选用。

③ 当前常用的部分反渗透膜对进水水质的要求见表 10-13。

**表 10-13 部分反渗透膜对进水水质的要求**

| 项 目 | 卷式醋酸纤维素膜 | | 中空纤维式聚酰胺膜 | | 常规卷式复合膜 | | 超低压卷式复合膜 | |
|---|---|---|---|---|---|---|---|---|
| | 建议值 | 最大值 | 建议值 | 最大值 | 建议值 | 最大值 | 建议值 | 最大值 |
| $FI_{15}$ | <4 | 4 | 3 | 3 | <4 | 5 | <4 | <5 |
| 浊度(FTU) | <0.2 | 1 | 0.2 | 0.5 | <0.2 | 1 | <0.2 | 1 |
| 含铁量/(mg/L) | <0.1 | 0.1 | <0.1 | 0.1 | <0.1 | 0.1 | <0.1 | 0.1 |
| 游离氯/(mg/L) | 0.2~1 | 1 | 0 | 0.1 | 0 | 0.1 | 0 | 0.1 |
| 水温/℃ | 25 | 40 | 25 | 40 | 25 | 45 | 25 | 45 |
| 水压/MPa | 2.5~3.0 | 4.1 | 2.4~2.8 | 2.8 | 1.0~1.6 | 4.1 | 1.05 | 4.1 |
| pH 值 | 5~6 | 6.5 | 4~11 | 11 | 2~11 | 11 | 3~10 | 10 |

④ 反渗透膜具有方向性,即只有它的致密层与原水接触才能达到脱盐效果,如果反向过水则脱盐率下降或不能脱盐。

⑤ 离子的化学价位越高,透过率越低;同价离子水合半径越小,透过率越高。如按透过率越来越小的顺序排列,则 $K^+ > Na^+ > Ca^{2+} > Mg^{2+} > Fe^{3+} > Al^{3+}$;溶解气体,如 $CO_2$ 和 $H_2S$ 透过率几乎为 100%,$HCO_3^-$ 和 $F^-$ 透过率随 pH 值升高而降低。

⑥ 膜在使用过程中平均水通量衰减百分数、盐透过率百分数不断递增。

**5. 常见膜污染及预防措施**

(1) 浓差极化 反渗透过程使溶剂通过膜,而溶质被截留到膜的表面,使膜表面溶质的浓度远高于原水中溶质的浓度,膜表面的溶质反向流回原水中,阻碍反渗透的正常进行。

(2) 膜损坏 由于 pH 值超过允许范围或接触氧化剂、机械损伤等原因造成膜的损坏。

(3) 污染物在膜表面沉积 沉淀物(碳酸垢、硫酸垢、硅垢)、胶体物(金属氧化物、污泥)、有机物(天然有机物,如腐殖质和灰黄素、不溶油类、过量的阻垢剂或铁沉淀、过量的阳离子聚合物)、生物污染(膜表面生长的生物黏泥、细菌、藻类、真菌)等会在膜表面沉积,不仅影响透水量,还会侵蚀膜本身。

(4) pH 值升高 原水中的 $CO_2$ 透过率接近 100%,而 $Ca^{2+}$ 的透过率几乎为零,造成浓水侧 pH 值升高和 $Ca^{2+}$ 浓度增加。

原水在通过膜之前进行适当的预处理,可消除或减轻污染程度。预处理措施包括常规混凝沉淀、滤料过滤、除铁、除锰、除氯、软化、加酸处理调节 pH 值、加阻垢剂、消毒杀菌。

反渗透预处理合适与否的简单判断准则是清洗周期大于 3 个月,如果清洗周期小于 3 个月就应考虑加强预处理,如果清洗周期小于 1 个月则应立即加强预处理。

**6. 反渗透出水的后处理**

反渗透出水通常需做进一步的处理,即后处理。处理的程度和方式主要取决于原水的水质和出水的用途。常用的后处理方法有：完全除盐，调节 pH 值，减轻腐蚀，消毒杀菌、EDI 技术（连续电除离子装置）。

7. 影响反渗透装置运行的因素

（1）pH 值　醋酸纤维膜的水解速度与溶液的 pH 值、温度有关，当 pH 值约为 4.7 时，水解速度最小，因此应保证其膜在合适的 pH 值下工作。芳香族聚酰胺中空膜和复合膜不易发生水解。

（2）温度　各种膜对水温都有限制，应根据产品样本对水温进行调节，不要超过其允许最高温度。温度提高可以增加膜的透水量，但也会引起微生物繁殖、结垢加快、透水量过大使浓差极化现象和膜压密现象加剧等不利影响。

（3）运行压力　水压过大、水温升高都会使膜压密程度增加。

8. 膜的清洗

膜在运行一段时间后，产水量有所降低，脱盐率下降。原因是多方面的，其中因水中杂质（无机垢、胶体、微生物、金属氧化物）堵塞膜孔，使流体通过膜孔困难是主要原因之一。为了恢复膜的产水量和脱盐性能，要对膜进行清洗（如果出现膜有损伤的情况，可采用修复液进行修复）。

造成膜污染的原因不同，所采用的清洗方法就不同，且有着根本的区别。具体清洗方法、详细清洗步骤由膜的生产厂家提供。目前各厂家常采用的清洗方法如下。

（1）反冲洗　采用与正常过水相反方向透过清水，使膜孔中的残留杂质被反向通过的清水冲走。也可反向通过空气替代清水达到冲洗的目的。一般由清洗泵、清洗箱、$5\mu m$ 保安过滤器、连接管道、阀门、清洗软管和控制仪表等组成。

（2）海绵球冲洗　仅适用于内压式管形膜，使海绵球通过管膜内部，利用海绵球与管膜内壁摩擦的作用把残留物清除。

（3）空气泡冲洗　用空气泡搅动软质合成树脂中空系统的膜内壁，利用空气泡搅拌力将附着在膜壁的残留物去除，达到冲洗目的。

（4）药剂冲洗　当用一般冲洗方法不能解决问题时，就应使用化学药剂清洗。化学药剂的配方由膜的生产厂家提供，针对钙类沉积、金属氧化物、各类胶体、有机物沉积、细菌污染等均有相应的清洗剂，目前各厂家提供的清洗剂配方的主要成分有游离氯、甲醛、三聚磷酸钠、EDTA 四钠盐、苛性苏打、盐酸、次亚氯酸钠、柠檬酸及过氧化氢等。

9. 膜系统的运行压力和水的回收率

虽然膜允许的最大运行压力很高（4.1MPa），但在实际设计时不应使膜在如此高的压力下工作。因为高的运行压力增加了膜的透水量，膜的污染速度也加快，不仅清洗频率增加，膜的使用寿命相应受到影响。应在技术经济比较的基础上确定合理的系统压力。

水回收率大小的确定应考虑浓水难溶盐是否会结晶、是否会造成浓差极化等因素，一般情况下，膜的生产厂家对膜组件的最大回收率做了规定。

10. 膜元件的组合

膜元件的排列组合合理与否对膜元件的使用寿命有非常重要的意义。当系统回收率为75%时，部分膜元件的合理组合方式见表 10-14。

表 10-14　部分膜元件的合理组合方式

| 膜型号 | 第一段 | 第二段 | 第三段 |
|---|---|---|---|
| 4m 长膜元件 | 2/3 | 1/3 | |
| 6m 长膜元件 | 0.5102 | 0.3061 | 0.1837 |

**11. 系统运行压力的计算**

系统运行压力 $P$ 计算公式如下

$$P = P_j + P_s + P_x + \Pi$$

式中　$P_j$——净运行压力，Pa；

　　　$P_s$——渗透水压力，Pa；

　　　$P_x$——系统压差，Pa；

　　　$\Pi$——系统平均渗透压，Pa。

对于苦咸水，平均渗透压由溶液平均 $TDS$ 乘以苦咸水的浓度系数 $6.895 \times 10^{-5}$ MPa/（mg/L）估算得到；对于海水可由平均浓度乘以它的浓度系数 $7.93 \times 10^{-5}$ MPa/（mg/L）得到。

**12. 管道材料与机组框架**

管材可选不锈钢管、铜管、PVC 管、铝塑管等，一般的净水机组的膜组件、泵、仪表、阀门、电控柜等都安装在机组框架上，出于清洁、美观的要求，框架由不锈钢制作。

**13. 净水机组的自动控制**

净水机组一般由 PLC 或单片机实现自动控制。由净水机工艺设计人员提供过程控制及相关技术参数，由自控设计人员实现。过程控制主要考虑多级泵的延时启动顺序、备用设备的事故启动、管路最高和最低压力、出水水质和水量自动监测信号反馈作用、原水中断停止运行、高压泵是否需要变频控制等因素。

## 五、计算例题

**【例 10-8】　以城市自来水制取纯净水机组的设计计算**

**1. 已知条件**

某城市自来水公司以地表水为水源，由于该城市附近的水体受到污染，水源地受到一定程度的影响。根据该市自来水公司水质检验报告，出水三氯甲烷含量接近 $60\mu g/L$（个别情况下有超标的现象）。该市某住宅开发小区开发商为保证小区供水水质，用城市自来水制取纯净水供给用户，产品水供水量为 $Q_c = 10\text{m}^3/\text{h}$。现场测试和收集的水质资料表明城市管网供给的自来水常年水温 9～25℃，TDS=564mg/L，出水口余氯量 0.08mg/L，铁 0.008mg/L，污染指数 $FI = 3.2$，浊度＜1NTU，pH 值为 7.1，$COD_{Mn} = 2$mg/L，原水阴阳离子的浓度见表 10-15。其余指标均满足国家饮用水水质标准。

表 10-15　原水阴阳离子的浓度

| 阴离子 | | | 阳离子 | | |
|---|---|---|---|---|---|
| 名称 | mg/L | mmol/L | 名称 | mg/L | mmol/L |
| $SO_4^{2-}$ | 99.2 | 1.03 | $Mg^{2+}$ | 23.7 | 0.98 |
| $NO_3^-$ | 11.0 | 0.18 | $Ca^{2+}$ | 76.0 | 1.9 |
| $Cl^-$ | 38.8 | 1.09 | $Na^+$ | 46.3 | 2.01 |
| $HCO_3^-$ | 268.4 | 4.4 | | | |

**2. 设计计算**

（1）工艺流程的确定

① 预处理。为了保证膜的有效、长期运行和出水水质，自来水先经过预处理后再经过膜处理。自来水进入管网之前已经经过常规工艺的处理，水质比较稳定，预处理工艺采用多介质过滤、活性炭吸附、软化、$5\mu m$ 滤芯过滤。可以认为经过预处理后，基本去除了水中

对膜渗透影响比较大的污染物。

② 膜处理。由原始资料可知，自来水中主要是三氯甲烷的含量较高，三氯甲烷属 "三致" 物质。因此，膜处理装置的主要目的是去除水中的三氯甲烷量。根据现有工程实例经验，采用一级膜渗透工艺即可将水中三氯甲烷的含量降到 $5\mu g/L$ 以下。

③ 后处理。为防止纯净水制造过程中受到二次污染，保证处理水细菌学指标达标，膜处理出水采用紫外线消毒。消毒后的水经过终端精密过滤器由输水泵输送送入户。

则处理流程如下：

$$原水箱 \rightarrow 多介质过滤 \rightarrow 活性炭吸附 \rightarrow 软化 \rightarrow 5\mu m\ 滤芯过滤$$
$$\rightarrow 膜处理 \rightarrow 紫外线消毒 \rightarrow 精滤 \rightarrow 供水$$

原水由预处理提升泵从原水箱提升，经过多介质过滤、活性炭吸附、软化装置、$5\mu m$ 滤芯过滤器后进入中间水箱，再由不锈钢高压水泵二次提升进入膜组件。膜组件出水自流进入终端水箱，输水泵从终端水箱吸水，加压水经过紫外线消毒装置和清滤装置至用户。

(2) 各处理单元的设计和设备选型　综合考虑系统回收率、脱盐率递减、透水量增加等因素，各处理单元的过水量统一按 $20m^3/h$ 计。

① 原水箱。系统出水量为 $10m^3/h$，该水量是根据小区住户的总用水量，考虑变化系数后所得数据，故原水箱容积只需考虑回收率因素。拟定系统回收率 $75\%$，则自来水供水量为 $Q_z = 10/0.75 \approx 13.3(m^3/h)$。

目前还没有有关小区饮用水储水池容积的规范规定和计算公式，其容积应当按自来水供水量和储水池提升泵流量差的最大累积值考虑，即起到供水和用水的流量调节作用。由于没有详细资料，根据经验采用自来水 1h 用水量，$t_c = 1h$。则原水池的体积为

$$V_z = Q_z t_c = 13.3 \times 1 = 13.3(m^3)$$

为保证自来水不受二次污染，也为制水站的清洁、美观，储水池材料选用塑料水箱，容积 $15m^3$。水箱直径 $D_{箱} = 2.58m$，高 $H_{箱} = 3.38m$。

② 多介质过滤。选某公司的多介质过滤器 1 个，直径为 $D_{多} = 1.616m$，高 $H_{多} = 3.174m$。内装 $0.8\sim1mm$ 石英砂，滤层高 $1m$，过滤面积 $2.011m^2$，最大过水量 $20m^3/h$，滤速 $8\sim10m/h$。配全自动多路控制阀，不需人工操作，定时反冲洗。

③ 活性炭吸附。选某公司的多介质过滤器 1 个，直径为 $D_{活} = 1.616m$，高 $H_{活} = 3.174m$。内装 CH-16 型果壳活性炭，滤层高 $1m$，过滤面积 $2.011m^2$，最大过水量 $20m^3/h$，滤速 $8\sim10m/h$。配全自动多路控制阀，不需人工操作，定时反冲洗。

④ 软化。选某公司的 SF 系列双罐流量型自动软水器二台，一用一备，SF-RM-1050型。单台罐体直径为 $D_{软} = 1.050m$，高 $H_{软} = 1.8m$。内装 $001 \times 7$ 型 $Na^+$ 交换树脂 1900kg，最大过水量 $20m^3/h$。配全自动多路控制阀，不需人工操作，树脂定时再生，配盐箱容积 580L。出水硬度 $\leqslant 0.03mmol/L$（以 $1/2CaCO_3$ 计），盐耗 $\leqslant 100g/(mmol/L)$。

⑤ $5\mu m$ 滤芯过滤。选某厂生产的精密过滤器 1 个，规格 $\phi 800mm \times H1200mm$，其中装填滤芯 20 支。额定过水流量为 $20m^3/h$，在此过水流量下，水头损失为 $0.003MPa$。

⑥ 膜处理

a. 膜的选用。由于聚酰胺复合膜在处理高污染水时极易受到污染，更重要的是它耐余氯的性能差，而醋酸纤维膜则容许水中有较高的余氯，适用于处理带有细菌及有机污染的水源水。因自来水中含有一定量的余氯，不宜用聚酰胺复合膜，同时考虑装置的清洗、维护、更换等因素，决定采用反渗透装置并选用海德能公司的卷式醋酸纤维膜，型号为 CAB3-8060。每支膜操作压力 $P_d = 2.89MPa$ 时，膜透过水量为 $1.1m^3/h$，脱盐率 $99.0\%$，膜外径 $201.9mm$，长 $1524.0mm$。每支膜最高过水流量 $q_{v,d} = 0.7m^3/h$，在此流量下的压力损失 $0.098MPa$。要求进水最高 $FI < 5.0$，进水最高浊度 $1.0NTU$，进水最高余氯量 $< 1mg/L$，

进水 pH 值范围 5.0～6.0。单支膜浓缩水与透过水量的最大比例为 3∶1。

需要膜元件的数量（产水量按 $20m^3/h$ 计，单支膜透水量按额定最大透水量的 75% 考虑）

$$m_E = q_{v,p}/(0.75q_{v,d}) = 20/(0.75 \times 1.1) \approx 24（支）$$

b. 膜的排列组合。采用 4m 长膜组件，膜组件数 = 24/4 = 6（个）

据表 10-14，第一段所需膜组件数 = $6 \times 0.5102 \approx 3$（个）

第二段所需膜组件数 = $6 \times 0.3061 \approx 2$（个）

第三段所需膜组件数 = $6 \times 0.1837 \approx 1$（个）

渗透压是总溶解固形物 TDS 的函数，在天然水中，溶解有机物的渗透压相对溶解盐渗透压可忽略不计。当 TDS 大于 1000g/L，回收率大于 75% 时，溶液的渗透压需要考虑。对于回收率为 75% 的渗透压是总溶解固形物 TDS 的函数，在天然水中，溶解有机物的渗透压相对溶解盐渗透压可忽略不计。当苦咸水的 TDS 大于 1000g/L，回收率大于 75% 时，溶液的渗透压需要考虑。对于回收率为 75%，TDS 大于 1000g/L 的苦咸水，渗透压不予考虑。

c. pH 值调节。由于原水属较稀溶液，可以不考虑 1 价离子的活度系数。

根据公式 $\qquad pH = 6.35 + lg[HCO_3^-] - lg[CO_2]$

$$lg[CO_2] = 6.35 + lg[HCO_3^-] - pH = 6.35 + lg4.4 - 7.1 = -0.11$$

则 $\qquad [CO_2] \approx 0.78（mmol/L） = 34.32（mg/L）$

pH 值为 5.5 时，有

$$5.5 = 6.35 + lg[HCO_3^-] - lg[CO_2]$$

即 $\qquad [HCO_3^-] = 0.1413[CO_2]$

而 $[HCO_3^-] + [CO_2] = 5.18mmol/L$，即 $1.1413[CO_2] = 5.18mmol/L$，得

$$[CO_2] \approx 4.53（mmol/L） = 199.32（mg/L）$$

为避免系统中生成 $CaSO_4$ 沉淀，用 HCl 调节 pH 值。

由反应式 $\qquad HCO_3^- + HCl = H_2O + CO_2 + Cl^-$

$$\begin{array}{ccc} & 36.5 & 44 \\ x & & 199.32-34.32 \end{array}$$

得 $\qquad x = 36.5 \times (199.32 - 34.32)/44 = 136.875（mg/L）$

即将原水 pH 值调节到 5.5 需加 HCl（浓度按 100% 计）量为 136.875mg/L。

d. 原水经软化、加酸处理后 TDS 的变化。原水经软化、加酸处理后阴阳离子的浓度见表 10-16。

**表 10-16　原水经软化、加酸处理后阴阳离子的浓度**

| 阴离子 | | | 阳离子 | | |
| --- | --- | --- | --- | --- | --- |
| 名称 | mg/L | mmol/L | 名称 | mg/L | mmol/L |
| $SO_4^{2-}$ | 99.2 | 1.03 | $Mg^{2+}$ | 0 | 0 |
| $NO_3^-$ | 11.0 | 0.18 | $Ca^{2+}$ | 0.6 | 0.015 |
| $Cl^-$ | 171.9 | 4.84 | $Na^+$ | 132.9 | 5.78 |
| $HCO_3^-$ | 39.7 | 0.65 | | | |

设原水经软化后 $Ca^{2+}$ 的浓度为 0.015mmol/L = 0.6mg/L

$Na^+$ 的浓度为 $2.01 + (1.9 - 0.015) \times 2 = 5.78（mmol/L） = 132.94（mg/L）$

由反应式 $\qquad HCO_3^- + HCl = H_2O + CO_2 + Cl^-$

$$\begin{array}{cccc} 61 & 36.5 & 44 & 35.5 \\ z & 136.875 & y & x \end{array}$$

解得 $\qquad x=136.875\times35.5/36.5=133.125(\mathrm{mg/L})$

$\qquad\qquad\qquad y=136.875\times44/36.5=165(\mathrm{mg/L})$

$\qquad\qquad\qquad z=136.875\times61/36.5=228.75(\mathrm{mg/L})$

加酸后 $HCO_3^-$ 的浓度 $=268.4-228.75=39.65(\mathrm{mg/L})=0.65(\mathrm{mmol/L})$

$Cl^-$ 的浓度 $=38.8+133.125=171.925(\mathrm{mg/L})=4.84(\mathrm{mmol/L})$

$CO_2$ 的浓度 $=34.32+165=199.32(\mathrm{mg/L})=4.53(\mathrm{mmol/L})$

$TDS=$ 阴离子总量 $+$ 阳离子总量 $-0.49[HCO_3^-]+R_2O_3+$ 有机物

$\qquad=321.8+133.5-39.65+0+2=417.65(\mathrm{mg/L})$

e. 浓水中 $CaCO_3$ 结垢倾向的计算

浓水 $[Ca^{2+}]_b=4[Ca^{2+}]_f=4\times0.015=0.06(\mathrm{mmol/L})=6(\mathrm{mg/L})$（以 $CaCO_3$ 计）

查表 10-11，$C=0.38$，由厂家提供资料，当 pH 值为 5.5 时，$HCO_3^-$ 的 SP 为 6%，故

浓水 $[HCO_3^-]_b=[HCO_3^-]_f\times[1-Y\times SP]/(1-Y)=0.65\times[1-0.75\times0.06]/(1-0.75)$

$\qquad\qquad=2.483(\mathrm{mmol/L})=124.15(\mathrm{mg/L})$（以 $CaCO_3$ 计）

此时水中碱度可近似按 $[HCO_3^-]_b$ 计，查表 10-12，$D=2.09$。

水温考虑最不利条件，按 25℃ 计，查表 10-10，$B=2.0$。

$TDS_b=TDS_b/(1-Y)=417.65/(1-0.75)=1670.6(\mathrm{mg/L})$，查表 10-9，$A=0.22$。

$\qquad pH_s=(9.30+A+B)-(C+D)=(9.30+0.22+2.0)-(0.38+2.09)=9.05$

因 $CO_2$ 的透过率几乎为 0，故 $[CO_2]_b=[CO_2]_f=4.53(\mathrm{mmol/L})$

原水经软化、加酸处理后离子强度

$\qquad\mu=\{4[SO_4^{2-}]+[NO_3^-]+[Cl^-]+[HCO_3^-]+4[Ca^{2+}]+[Na^+]\}/2$

$\qquad\quad=\{4\times0.001+0.0002+0.005+0.0007+4\times0.00002+0.006\}/2\approx0.00799$

25℃ 时，常数 $K=0.5056$，则

$\qquad \lg f_1=-z^2\times0.5056\mu^{1/2}/(1+\mu^{1/2})=-1\times0.5056\times0.00799^{1/2}/(1+0.00799^{1/2})$

$\qquad\qquad\approx-0.04149$

式中 $\quad f_1$ ——1 价离子的活度系数；

$\qquad z$ ——1 价离子的化合价。

$\qquad\qquad pH_b=6.35+\lg[HCO_3^-]_b-\lg[CO_2]_b+2\lg f_1$

$\qquad\qquad\qquad=6.35+\lg2.483-\lg4.53-2\times0.04149\approx6.01$

$LSI=pH_b-pH_s=6.01-9.05<0$，无结垢倾向

⑦ 膜的实际运行压力和泵的选型

a. 净运行压力 $P_j$。单个膜元件的额定渗透水流量为 $q_{v,d}=1.1\mathrm{m^3/h}$，渗透水流量按额定最大透水量的 75% 考虑，则

$\qquad\qquad\qquad q=1.1\times0.75=0.825\ (\mathrm{m^3/h})$

因预处理效果好，据厂家提供的资料，原水污染系数取 $\alpha=0.9$。

25℃ 时，温度校正系数 $T_j=1.24$（厂家提供）。

单个膜元件的额定运行压力扣除 0.14MPa 的渗透压后，额定运行压力 $P_d=2.75\mathrm{MPa}$。

则净运行压力 $P_j=qp_dT_j/(\alpha q_{v,d})=0.825\times2.75\times1.24/(0.9\times1.1)=2.8(\mathrm{MPa})$

b. 渗透水压力 $P_s$。渗透水直接进入紫外线消毒器和精滤装置，然后自流进入储水箱，经计算（过程从略），在这两个处理单元内的水头损失为 0.02MPa，则 $P_s=0.02\mathrm{MPa}$。

c. 系统压差 $P_x$。膜组件的排列方式为 3-2-1，由前面计算可知，每个膜元件的透水量为额定透水量的 75%，即 $q=0.825\mathrm{m^3/h}$。则各组件的透水量为 $0.825\times4=3.3\ (\mathrm{m^3/h})$，按最不利条件计算即最大透水量为 $20\mathrm{m^3/h}$，则

$\qquad\qquad$ 第一段各组件的给水量 $=20/(3\times0.75)\approx8.9(\mathrm{m^3/h})$

第一段各组件的浓水流量＝8.9－3.3＝5.6(m³/h)

第二段各组件的给水量＝5.6×3/2≈8.4(m³/h)

第二段各组件的浓水流量＝8.4－3.3＝5.1(m³/h)

第三段各组件的给水量＝5.1×2≈10.2(m³/h)

第三段各组件的浓水流量＝10.2－3.3＝6.9(m³/h)

单个压力容器的给水流量平均值为单个压力容器的给水流量减去该组件的渗透水流量的一半，则：

第一段的平均给水流量为 8.9－3.3/2＝7.25 （m³/h），该流量时单个膜元件的压差为 0.040MPa，每个组件内有 4 个膜元件，则第一段压差为 0.042×4＝0.168 （MPa）；

第二段的平均给水流量为 8.4－3.3/2＝6.75 （m³/h），该流量时单个膜元件的压差为 0.038MPa，每个组件内有 4 个膜元件，则第一段压差为 0.038×4＝0.152 （MPa）；

第三段的平均给水流量为 10.2－3.3/2＝8.55 （m³/h），该流量时单个膜元件的压差为 0.049MPa，每个组件内有 4 个膜元件，则第一段压差为 0.049×4＝0.196 （MPa）。

故整个系统压差 $P_x$＝0.168＋0.152＋0.196＝0.516 （MPa）

d. 平均渗透压 $\Pi$

$$[TDS]_A＝([TDS]_f＋[TDS]_b)/2＝(417.65＋1670.6)/2＝1044.125(mg/L)$$

$$\pi＝[TDS]_A×6.895×10^{-5}＝1044.125×6.895×10^{-5}≈0.072(MPa)$$

e. 系统实际运行压力

$$P＝P_j＋P_s＋P_x＋\Pi＝2.8＋0.02＋0.516＋0.072＝3.408(MPa)＝347.56(mH_2O)$$

⑧ 紫外线消毒。选某厂生产的 SZX-BL-11 型紫外线消毒器 1 台，处理水量21～25m³/h，功率330W，水头损失 0.001MPa。

⑨ 精滤。选某厂生产的精密过滤器 1 个，规格 $\Phi$800mm×$H$1200mm，其中装填 5μm 滤芯 20 支。额定过水流量为 20m³/h，在此过水流量下，水头损失为 0.003MPa。

⑩ 泵的选型

a. 预处理。据厂家提供的资料，多介质过滤器内水头损失 0.02MPa，活性炭过滤器内水头损失 0.02MPa，软化装置内水头损失 0.02MPa，5μm 滤芯过滤器内的水头损失 0.003MPa，则

共计水头损失＝0.02＋0.02＋0.02＋0.003＝0.063 （MPa）

以上各设备要求进口水压大于 0.2MPa，则要求预处理部分水泵扬程大于 0.263MPa。选二台 IS65-50-160 离心清水泵，流量25m³/h，扬程32m，一用一备，出水自流进入中间水箱。

b. 膜处理。由前面计算可知，膜处理系统实际运行压力为 3.408MPa，计 347.56mH₂O。选格兰富 CR32-11 不锈钢高压泵二台，串联运行。每台泵流量20m³/h，扬程180m，出水进入终端水箱。

c. 后处理。最不利用水点要求水压 0.1MPa，管道水头损失 0.01MPa，紫外线消毒器水头损失 0.01MPa，精密过滤器水头损失 0.003MPa，共计水头损失 0.123MPa。选某厂生产的 CDL16-16 不锈钢水泵二台，流量 16m³/h，扬程16m，一用一备。

⑪ 清洗系统的设计。海德能公司提供的化学清洗步骤如下。

步骤1：冲洗反渗透膜组件。

步骤2：清理清洗装置。

步骤3：配制清洗溶液。

步骤4：在第 1 段引入清洗溶液。

步骤5：低流量循环 5～15min。

步骤 6：中等流量循环。

步骤 7：第 1 次大流量循环。

步骤 8：浸泡。

步骤 9：第二次高流量循环。

步骤 10：冲洗。

步骤 11：使用第一种杀菌溶液。

步骤 12：利用第二种溶液进行冲洗。

步骤 13：使用第二种杀菌剂溶液。

步骤 14：最终冲洗。

步骤 15：运行前冲洗。

a. 步骤 1、步骤 10、步骤 14、步骤 15 冲洗流量为最大流量的 75%，清洗时间约 15min。共需产品水量 $V_{清} = 20 \times 0.75 \times 15 \times 4/60 = 15$（$m^3$），由终端水箱供给。

b. 配制清洗液的量应能使系统内充满清洗液，使膜充分浸泡。

系统膜组件共计 6 个，每个膜组件外径 203.2mm，长度约 4m。考虑膜元件占膜组件容器体积的 30%，则膜组件体积共计

$$V_{组} = 0.7 \times 6\pi D^2 L/4 = 0.7 \times 6 \times 3.14 \times 0.2032^2 \times 4/4 \approx 0.54 (m^3)$$

经计算，反冲洗管道的充水空间 $V_{管} = 0.8 m^3$。

反冲洗保安过滤器规格 $\Phi 800mm \times H1000mm$，滤芯所占体积 5%，则过滤器内存水体积

$$V_{滤} = 0.95\pi D^2 H/4 = 0.95 \times 3.14 \times 0.8^2 \times 1/4 \approx 0.48 (m^3)$$

则清洗箱的体积为

$$V_{箱} = V_{组} + V_{管} + V_{滤} = 0.54 + 0.8 + 0.48 = 1.82 (m^3)$$

在清洗过程中先后配制清洗液 3 次，则清洗液配制需用水量

$$V_{液} = 3V_{箱} = 1.82 \times 3 = 5.46 (m^3)$$

c. 清洗过程中共需产品水量

$$V_{产} = V_{清} + V_{液} = 15 + 5.46 = 20.46 (m^3)$$

d. 终端水箱体积 $V_{端}$ 应大于 $V_{产}$，同时考虑用户用水量的变化系数（计算过程从略），取 $V_{端} = 25 m^3$。

# 第六节　国内外微污染水源饮用水处理厂工艺及建造概况

微污染水源饮用水处理，关系到人们的身体健康和生活质量，受到有关各个国家的高度重视。

近些年来，微污染水源饮用水处理厂的建造，正在国内外得到迅速开展。本节将国内外部分有关城镇供水厂的处理工艺情况汇总综合列出，以供有关设计人员和建设单位调研参观和建造参考。

## 一、我国微污染水源饮用水处理厂建造概况

据 2017 年 8 月的不完全统计，我国已建和在建的使用微污染水源水处理工艺的水厂已达 134 个（日供水能力为 $3462 \times 10^4 m^3/d$），其中北京市 11 个、天津市 4 个、内蒙古区 1 个、黑龙江省 4 个、吉林省 2 个、河北省 2 个、河南省 2 个、山东省 13 个、山西省 1 个、上海市 12 个、浙江省 24 个、江苏省 42 个、湖南省 4 个、安徽省 1 个、广东省 7 个、香港区 1 个、澳门区 1 个、台湾地区 2 个。表 10-17 只列出其中的一部分水厂，供参考。

表 10-17 我国部分已建微污染水源水处理工艺水厂统计

| 地区 | 水厂名称 | 生产规模 /(×10⁴m³/d) | 水源 | 增加的工艺技术特点 | 建成年份 |
|---|---|---|---|---|---|
| 北京市 | 北京市第三水厂 | 15+25 | 河北四库 | 臭氧、活性炭 | 2008 |
| | 北京市郭公庄水厂 | 50 | 南水北调 | 臭氧、活性炭、膜处理 | 2014 |
| | 北京市第九水厂一期工程 | 50 | 怀柔水库 | 活性炭 | 1997 |
| | 北京市第九水厂预处理工程 | 150 | 密云、怀柔水库 | 臭氧 | 2009 |
| | 北京市第十水厂A厂 | 50(一、二期均为) | 南水北调、密云水库 | 臭氧、活性炭 | 2015 |
| | 北京市第九水厂应急改造工程 | 7 | 滤池冲洗水 | 膜处理 | 2010 |
| | 北京市田村山水厂 | 17 | 河北四库、密云水库 | 臭氧、活性炭 | 1985 |
| 天津市 | 天津市经济技术开发区净水厂 | 15(三期) | 滦河、南水北调 | 臭氧 | 2009 |
| | 天津市南港工业区输配水中心工程水厂 | 5 | 滦河 | 膜处理 | 2013 |
| | 天津市杨柳青水厂 | 0.5 | 滦河 | 膜处理 | 2008 |
| | 天津市凌庄水厂 | 50 | 南运河、南水北调 | 活性炭 | 2015 |
| 内蒙古区 | 呼和浩特市金河净水厂 | 40(深度30) | 黄河 | 臭氧、活性炭 | 2014 |
| 黑龙江省 | 大庆市中引水厂 | 50 | 龙虎泡水库 | 臭氧、活性炭、膜处理 | — |
| | 大庆市东风水厂 | 5 | 大庆水库 | 臭氧、活性炭、膜处理 | — |
| 吉林省 | 长春市第三净水厂 | 22 | 新立城水库 | 臭氧、活性炭 | 2013 |
| | 长春市第一净水厂 | 25 | 石头口门水库 | 臭氧、活性炭 | 2013 |
| 河北省 | 唐山市庆南水厂 | 15 | 陡河水库(引滦水) | 活性炭 | 2007 |
| | 邢台市召马地表水厂 | 15 | 丹江口水库 | 臭氧、活性炭 | 2014 |
| 河南省 | 郑州市白庙水厂 | 30 | 黄河 | 臭氧、活性炭 | 2013 |
| | 郑州市柿园水厂 | 32 | 黄河 | 臭氧、活性炭 | 2013 |
| 山东省 | 济南鹊华水厂 | 40(深度20) | 鹊山水库 | 臭氧、活性炭 | 2011 |
| | 济南玉清水厂 | 40(深度20) | 玉清湖水库 | 活性炭 | 2011 |
| | 青岛市仙家寨水厂 | 36.6 | 棘洪滩水库 | 臭氧、活性炭 | 2016 |
| | 商河县清源水厂 | 3 | 黄河 | 臭氧、活性炭 | 2009 |
| | 东营南郊水厂 | 10 | 黄河 | 膜处理 | 2009 |
| | 东营市第二自来水厂 | 15(深度5) | 永镇水库 | 膜处理 | 2011 |
| | 胜利油田管理局供水公司耿井水厂 | 20 | 耿井水库 | 臭氧、活性炭 | 2013 |
| | 烟台莱山水厂 | 10 | 门楼水库、黄河 | 膜处理 | 2013 |
| | 泰安三合水厂 | 10 | 黄前水库 | 膜处理 | 2013 |
| 山西省 | 太原市呼延水厂 | 40 | 南水北调 | 臭氧、活性炭 | 2018 |
| 上海市 | 上海市南市水厂 | 70 | 青草沙水库 | 臭氧、活性炭 | 2009 |
| | 上海市闵行水厂 | 90 | 黄浦江 | 臭氧、活性炭 | 2010(江源)、2012(一至三期) |
| | 上海市青浦第二水厂 | 40 | 太浦河 | 臭氧、活性炭 | 2013 |
| | 上海市青浦第三水厂 | 10 | 太浦河 | 臭氧、活性炭、膜处理 | 2012 |
| | 上海市杨树浦水厂 | 36 | 青草沙水库 | 臭氧、活性炭 | 2008 |
| | 上海市松江二水厂 | 20 | 斜塘 | 臭氧、活性炭 | 2010 |
| | 上海市金山一水厂 | 40 | 黄浦江 | 臭氧、活性炭 | 2014 |
| | 上海市徐泾水厂 | 20 | 淀浦河 | 膜处理 | 2017 |

续表

| 地区 | 水厂名称 | 生产规模 /($\times10^4 m^3$/d) | 水源 | 增加的工艺技术特点 | 建成年份 |
|---|---|---|---|---|---|
| 浙江省 | 嘉兴同福水厂 | 15 | 京杭运河 | 生物预处理、臭氧、活性炭 | 2013 |
| | 海宁第二水厂 | 10 | 盐官下河 | 生物预处理、臭氧、活性炭 | 2006 |
| | 嘉兴市嘉善县幽澜自来水有限公司地面水厂 | 11 | 陆斜塘 | 生物预处理、臭氧、活性炭 | 2005 |
| | 海盐县三地自来水有限公司 | 15 | 千亩荡 | 生物预处理、臭氧、活性炭 | 2010 |
| | 桐乡果园桥水厂 | 15 | 京杭运河 | 生物预处理、臭氧、活性炭 | 2003 |
| | 嘉兴石臼漾水厂 | 25 | 新腾塘、北郊河 | 生物预处理、臭氧、活性炭 | 2004 |
| | 余杭仁和水厂 | 20 | 东苕溪 | 生物预处理、臭氧、活性炭 | 2012 |
| | 萧山江东水厂 | 100（一期 30） | 富春江 | 生物预处理、臭氧、活性炭 | 2013 |
| | 杭州南星水厂 | 40 | 钱塘江 | 生物预处理、臭氧、活性炭 | 2004（一期）、2009（二期） |
| | 杭州祥符水厂 | 5 | 东苕溪 | 活性炭 | 2017 |
| | 舟山市定海虹桥水厂 | 14 | 虹桥水库 | 臭氧、活性炭 | 2017 |
| | 宁波市江东水厂 | 20 | 白溪水库 | 膜处理 | 2016 |
| 江苏省 | 南京北河口水厂 | 30 | 长江 | 臭氧、活性炭 | 2013 |
| | 东台市南苑水厂 | 20 | 泰东河 | 臭氧、活性炭 | 2013 |
| | 淮安市经济开发区水厂 | 10 | 古黄河 | 臭氧、活性炭 | 2012 |
| | 盐城市城东水厂 | 30 | 盐龙湖 | 臭氧、活性炭 | 2013 |
| | 盐城市射阳明湖水厂 | 5 | 射阳河、明湖 | 臭氧、活性炭 | 2012 |
| | 盐城市阜宁县城东水厂 | 10 | 通榆河 | 臭氧、活性炭 | 2011 |
| | 昆山市径河水厂 | 60 | 傀儡湖 | 臭氧、活性炭 | 2006 |
| | 昆山市第四水厂 | 30 | 傀儡湖 | 臭氧、活性炭 | 2010 |
| | 无锡市中桥水厂 | 60 | 太湖贡湖湾 | 生物预处理、臭氧、活性炭、膜处理 | 2010 |
| | 南通市芦泾水厂 | 5（膜 2.5） | 长江 | 膜处理 | 2009 |
| | 南通市崇海水厂 | 80（一期 40） | 长江 | 臭氧、活性炭 | 2013 |
| | 南通市洪港水厂 | 100 | 长江 | 臭氧、活性炭 | 2017 |
| | 连云港市第三水厂 | 20 | 蔷薇河 | 臭氧、活性炭 | 2011 |
| | 宿迁市沭阳县第二自来水厂 | 20 | 淮沭新河 | 臭氧、活性炭 | 2013 |
| | 宿迁市泗阳深水水务二水厂 | 15 | 京杭大运河、成子湖 | 臭氧 | 2017 |
| | 太仓市第三水厂 | 40 | 长江 | 臭氧、活性炭 | 2013 |
| | 兴化市兴东水厂 | 5 | 通榆河 | 臭氧、活性炭 | 2017 |
| | 宜兴市氿滨水厂 | 10 | 西氿、横山水库 | 生物预处理、臭氧、活性炭 | 2012 |
| | 镇江市金山水厂 | 20 | 长江 | 臭氧、活性炭 | 2012 |
| | 苏州市相城水厂 | 30 | 太湖金墅港 | 臭氧、活性炭 | 2008 |
| | 苏州市白洋湾水厂 | 30 | 太湖金墅港 | 臭氧、活性炭 | 2014 |
| | 苏州市胥江水厂 | 30 | 太湖渔洋山水源地 | 臭氧、活性炭 | 2010 |
| | 苏州吴江区庙港水厂 | 25 | 太湖 | 臭氧 | 2017 |
| | 徐州市徐庄水厂 | 20 | 骆马湖 | 臭氧、活性炭 | 2016 |
| | 金坛区钱资荡水厂 | 5 | 吾贯村 | 活性炭、膜处理 | 2011 |
| | 常州市武进水厂 | 22 | 长江 | 臭氧、活性炭 | 2011 |
| 安徽省 | 阜阳市二水厂 | 8 | 茨淮新河 | 臭氧、活性炭 | 2017 |

续表

| 地区 | 水厂名称 | 生产规模 /(×10⁴m³/d) | 水源 | 增加的工艺技术特点 | 建成年份 |
|---|---|---|---|---|---|
| 湖南省 | 长沙市四水厂 | 20 | 湘江 | 臭氧、活性炭 | 2016 |
| | 长沙市八水厂 | 50 | 湘江 | 臭氧、活性炭 | 2017 |
| 广东省 | 广州市南洲水厂 | 100 | 珠江顺德水道 | 臭氧、活性炭 | 2004 |
| | 佛山新城区水厂 | 7 | 自来水 | 臭氧、活性炭、膜处理 | 2015 |
| | 惠州市潼湖水厂 | 20 | 东江 | 臭氧、活性炭 | 2013 |
| | 深圳市梅林水厂 | 60 | 深圳水库 | 臭氧、活性炭 | 2005 |
| | 深圳市沙头角水厂 | 4 | 东江 | 活性炭、膜处理 | 2013 |
| 澳门区 | 澳门大水塘(MSR)水厂 | 6(一、二期均为为) | 大水塘水库 | 膜处理 | 2008 |
| 台湾地区 | 台湾高雄拷潭水厂 | 30 | — | 膜处理(UF、RO) | 2007 |
| | 台湾澄清湖水厂 | — | 高屏溪 | 臭氧、活性炭 | — |
| 香港区 | 香港牛潭尾水厂 | 23 | 东江 | 臭氧、活性炭 | 2000 |

表中生产规模单位应为 /(×10⁴m³/d)

## 二、国外部分国家饮用水处理厂工艺设置概况

在欧洲和北美等地一些经济发达的国家,城镇水源得到了较好的保护,水源水质是比较好的。由于其公共供水水质是可以直饮的,所以近些年来,多数水厂都增加了深度处理等强化工序环节,使出厂水质更加有了保障。

还有地区和国家,由于城镇水源水质受到了一定污染,不得不在城镇公共供水厂的基本处理工艺上,增加预处理或深度处理工序,以确保水厂出厂水的水质要求。

表 10-18 列出了国外部分城镇水厂的水处理工艺设置情况,供参考。

**表 10-18  国外部分城镇水厂的水处理工艺设置情况**

| 国名 | 城市 | 水厂名称 | 生产规模 /(×10⁴m³/d) | 取水水源 | 工艺流程 | 特色工序 | 建成年份 |
|---|---|---|---|---|---|---|---|
| 美国 | 洛杉矶 | 引水道水厂 | 227 | 雪山融化水 | 水库水 → 滤网 $\xrightarrow{\downarrow O_3}$ O₃接触池 $\downarrow FeCl_3 \downarrow$絮凝剂 混合→机械反应池→无烟煤滤池 $\xrightarrow{\downarrow Cl_2}$ 清水池 | 臭氧预氧化 | 1987 |
| 美国 | 纽约 | Haworth | 83 | 水库 | 水库水 → 格网 → 格栅 → 一级泵站 $\downarrow$铝盐 $\downarrow$絮凝剂 $\downarrow O_3$ O₃接触池→絮凝池 → 滞留池 $\xrightarrow{\downarrow Cl_2}$ 双层滤料滤池 $\downarrow Cl_2 \downarrow$氨 $\downarrow$苛性苏打 清水池 | 臭氧预氧化 | 1989 |
| 美国 | 旧金山 | 北海湾地区水厂 | 15 | 水库 | 湖水 $\downarrow O_3 \downarrow H_2O_2$ O₃接触池 $\downarrow$氯 $\downarrow$硫酸铝 $\downarrow$絮凝剂 混合→机械反应池→平流沉淀池→气水反冲洗活性炭滤池 $\downarrow O_3 \downarrow H_2O_2$ O₃接触池 $\downarrow F \downarrow Cl_2 \downarrow$氨 氯接触池 $\xrightarrow{\downarrow$氨$}$ 清水池 | H₂O₂预氧化、臭氧氧化、加氟 | 20世纪90年代初 |

续表

| 国名 | 城市 | 水厂名称 | 生产规模 /（×10⁴m³/d） | 取水水源 | 工艺流程 | 特色工序 | 建成年份 |
|---|---|---|---|---|---|---|---|
| 美国 | 查尔福德（费城北） | 森林公园水厂 | 1 | 内斯米尼溪北段及特拉华河 | 橡胶坝齿耙移动格栅→混凝→沉淀→微滤 $\xrightarrow{O_3}$ 活性炭吸附 $\xrightarrow{Cl_2}$ 清水池 | 微滤、臭氧、活性炭 | 1994 |
| 美国 | 洛杉矶 | 长滩水厂 | 24 | 水库 | 高色度地下水 $\downarrow FeCl_3 \downarrow$ 絮凝剂 $\downarrow$ 羟铝基氯化物 $\downarrow Cl_2$ 混合→机械反应池→平流沉淀池→氯接触池→气水反冲洗滤池 $\xrightarrow{Cl_2\downarrow}$ 清水池 $\downarrow F \downarrow NaOH \downarrow Cl_2 \downarrow$ 氨 →加压泵站 | 加氟 | 1997 |
| 美国 | 清水市 | 坦帕湾地区地表水净化厂 | 平均9.9最大12 | 坦帕旁通运河、希尔斯伯勒河和阿拉菲亚河 | 威立亚高密度沉淀池 $\xrightarrow{O_2}$ 生物活性炭过滤 | 臭氧、活性炭 | 2002 |
| 美国 | 森林湖 | 贝克净水厂 | 10 | 尔湾湖 | 微滤→紫外线消毒 | 微滤、紫外线消毒 | 2006 |
| 美国 | 圣地亚哥 | 米拉马尔净水厂 | 81.5 | 萨克拉门托河、圣华金河、科罗拉多河、降雨地表径流 | 混凝→沉淀→脱气（输送过程中溶进的气体）过滤 $\xrightarrow{O_3}$ 一级消毒 $\xrightarrow{氯胺}$ 二级消毒→调节pH值控制腐蚀 | 脱气池、臭氧、调节pH | 2013 |
| 美国 | 奥斯汀 | 第四水厂 | 20 | 奥斯汀湖 | 进水口格栅→消毒→混凝→沉淀→过滤 | 先消毒 | 2014 |
| 美国 | 加州匹兹堡 | 匹兹堡净水厂 | 12 | 核桃溪和市政水井 | 传统水处理工艺 | 预加二氧化氯 | 2017 |
| 加拿大 | 穆斯乔 | 水牛塘净水厂 | 20.5 | 水牛塘湖 | 原水 $\downarrow Cl_2$ 跌水混合 $\downarrow$ 加药 机械搅拌絮凝→澄清池→砂滤→曝气去除挥发性气体及调节pH值→活性炭过滤→加氯消毒 | 曝气、活性炭 | 1955 |
| 加拿大 | 桑德贝 | 贝尔庞特净水厂 | 11 | 苏必利尔湖 | 进水 $\xrightarrow{Cl_2}$ 混凝→超滤 $\xrightarrow{Cl_2}$ 清水池 | 超滤 | 2007 |
| 加拿大 | 温尼伯湖 | 温尼伯湖净水厂 | 60 | 肖尔莱克湖 | 混凝→气浮 $\xrightarrow{O_3}$ 生物活性炭 $\xrightarrow{Cl_2}$ 调pH值→紫外线消毒 $\xrightarrow{Cl_2\downarrow 磷酸盐}$ 清水池 | 臭氧、生物活性炭、调pH、紫外线消毒、加氯和磷酸盐 | 2009 |
| 加拿大 | 谢布克 | 让松净水厂 | 10 | 马格湖 | 微滤 $\xrightarrow{臭氧\downarrow 氯}$ 清水池 | 微滤-臭氧 | 2015 |

| 国名 | 城市 | 水厂名称 | 生产规模 /(×10⁴m³/d) | 取水水源 | 工艺流程 | 特色工序 | 建成年份 |
|---|---|---|---|---|---|---|---|
| 爱尔兰 | 斯罗兰 | 斯罗兰净水厂 | 3.84 | 巴罗河 | 混凝→沉淀→双层滤料过滤→紫外线消毒 ↓Cl₂↓F →清水池 | 紫外线消毒、加氟 | 2013 |
| 德国 | 斯图加特 | 来格朗水厂 | 20 | 多瑙河 | 原水→格栅 ↓加药 →混合 ↓加药 →快速机械反应池→高密度沉淀池 ↓加药 →生化处理池 ↓O₃ →O₃接触池 ↓加药 →双层滤料滤池→活性炭过滤 ↓ClO₂ →清水池 | 生化深度处理、臭氧氧化、活性炭过滤 | 1993 |
| 新加坡 | 樟宜 | Bedok NeWater 新生源水厂 | 3.2 | 常规污水处理厂出水集中到新生源水厂 | 原水→滤网→超滤→反渗透→紫外线消毒→供水 | 超滤、反渗透、紫外线消毒 | 2002 |
| 新加坡 | 滨海堤坝 | 吉宝滨海脱盐水厂 | 13.7 淡化水 | 海水、雨水 | 反渗透及其他膜技术(根据天气分别用于海水脱盐和雨水) | 海水RO脱盐 | 2002 |
| 新加坡 | | Chestnut 水厂 | 72.8 | 水库水 | 原水→细格栅 ↓加药 →强化絮凝→超滤→消毒→出水 | 强化絮凝、ZeeWeed 浸没式超滤 | 2003 |
| 法国 | 巴黎 | 梅里奥塞水厂 | 34 | 奥塞河 | 混合反应沉淀→砂滤 ↓O₃ →后臭氧接触池→生物活性炭滤池 ↓Cl₂ →氯化接触池 | 臭氧氧化、生物活性炭过滤 | 20世纪初 |
| 法国 | 巴黎 | Orly 水厂 | 30 | 塞纳河 | 原水→格栅(2道)→撇油器→预沉池→一级泵站→配水井 ↓加药 →混合→脉冲澄清池→V型滤池 ↓O₃ →O₃接触池→活性炭过滤 ↓ClO₃↓H₂O₂ →清水池 | 臭氧氧化、活性炭过滤、H₂O₂消毒 | 20世纪80年代 |
| 法国 | 巴黎 | Mout 水厂 | 5 | 塞纳河 | 原水 ↓O₃ →O₃接触池 ↓加药 →混合→高密度澄清池→生物滤池 ↓O₃ →O₃接触池 ↓H₂O₂ →活性炭过滤→清水池 | 生物滤池、臭氧氧化、活性炭过滤 | 1995 |

续表

| 国名 | 城市 | 水厂名称 | 生产规模 /(×10⁴m³/d) | 取水水源 | 工艺流程 | 特色工序 | 建成年份 |
|------|------|---------|---------|---------|---------|---------|---------|
| 意大利 | 佛罗伦萨 | Anconela 水厂 | 21.6 | ARNO 河 | 原水 $\xrightarrow{\downarrow 加药}$ 一级泵站→混合→脉冲澄清池 $\xrightarrow{\downarrow O_3}$ V 型滤池 → $O_3$ 接触池 $\xrightarrow{\downarrow H_2O_2 \downarrow ClO_2}$ 清水池 | 臭氧氧化、$H_2O_2$＋$ClO_2$ 消毒 | 1975 |
| 荷兰 | 阿姆斯特丹 | 阿姆斯特丹水厂 | 9.2 | REIHE 河 | 原水 $\xrightarrow{\downarrow FeCl_3}$ 初步絮凝沉淀池→水库 $\xrightarrow{\downarrow HCl}$ 气水反冲洗滤池 → 缓冲水库 $\xrightarrow{\downarrow O_3}$ $O_3$ 接触池 $\xrightarrow{\downarrow NaOH}$ 软化装置→活性炭过滤 $\xrightarrow{\downarrow HCl \downarrow O_2 \downarrow NaOH}$ 慢滤池→清水池 | 臭氧氧化、软化装置、活性炭过滤、慢滤池 | 80 年代 |
| 英国 | | 阿姆莱水厂 | 2 | 原水 | 原水 $\xrightarrow{\downarrow 加药}$ 混合→配水井→机械反应池 $\xrightarrow{\downarrow 加药}$ 气浮沉淀池 $\xrightarrow{\downarrow 加氯}$ 除锰滤池 →清水池 | 气浮沉淀、除锰滤池 | 1994 |
| 日本 | 大阪 | 柴岛净水厂 | 118 | 琵琶湖流出的淀川取水 | 淀川 → 沉砂池 $\xrightarrow{\downarrow 混凝剂}$ 絮凝沉淀池 $\xrightarrow{\downarrow O_3}$ 中臭氧接触池→砂滤池 $\xrightarrow{\downarrow O_3}$ 后臭氧接触池→生物活性炭 $\xrightarrow{\downarrow 次氯酸钠消毒}$ 清水池 | 中臭氧氧化、后臭氧氧化、生物活性炭 | 1999 |
| 日本 | 千叶县 | 柏井水厂 | | | 原水 $\xrightarrow{\downarrow 聚合氯化铝＋Cl_2}$ 配水井 $\xrightarrow{\downarrow 硫酸铝}$ 平流沉淀池→侧向流斜板沉淀池→跌水曝气→快滤池→$O_3$ 氧化池→活性炭滤池→后砂滤池→清水池 | 二次沉淀、二次砂滤、臭氧氧化、粉末活性炭预吸附、粒状活性炭深度处理 | |
| 南非 | 坦巴 | 坦巴净水厂 | 6 | 阿皮斯河 | 原水 $\xrightarrow{\downarrow 加药}$ 混凝→沉淀→砂滤（第一、二系列）→气浮过滤一体装置（第三、四系列） $\xrightarrow{\downarrow C_2}$ 消毒（紫外线） | 粉末活性炭 | |
| 南非 | 巴福斯德农场 | 沃尔芒斯特净水厂 | 1.2 | 卢笛普拉特运河、皮纳尔斯勒菲河 | 转鼓筛滤除藻 $\xrightarrow{\downarrow C_2}$ 混凝（石灰、粉末活性炭、氯化铁、聚酰胺）→溶气气浮→斜管沉淀→砂滤 $\xrightarrow{\downarrow C_2}$ 消毒 | 筛滤除藻、粉末活性炭 | |

# 第十一章　净水厂超滤膜过滤工艺设施

膜过滤是利用特殊的薄膜对液体中的特定成分进行选择性分离的表面过滤技术。膜过滤是当今水处理技术研发中最活跃的领域，是水处理技术应用的发展趋势，有专家认为，膜过滤将取代传统的净水处理工艺。

关于膜分离法的一般特点、类别和设计方法等内容，可参见本书第十章第五节。本章主要介绍城镇净水厂中超滤膜的应用及工艺设计计算。由于我国目前尚无相关的技术法规，故所述设计计算只能作为探索性尝试，恳请同仁指正并进一步补充完善。

## 第一节　超滤膜净水工艺技术概述

### 一、超滤膜过滤的特点与应用

超滤膜的孔径范围通常为 $0.01\sim0.05\mu m$（名义孔径 $0.01\mu m$）或者更小，可去除水中的悬浮物质、胶体等颗粒物以及分子量较大的有机物，因此也常用"截留分子量"（MWCO）来描述超滤膜孔径。截留分子量用道尔顿（质量单位，代号 D）来表示，其数值等于相对分子质量，高分子物质常用 kD（千道尔顿）表示。超滤膜典型的截留分子量范围为 $10kD\sim500kD$（$1.66\times10^{-18}\sim8.3\times10^{-17}g$），水处理用的大部分超滤膜的截留分子量为100kD 左右。饮用水处理中用的超滤膜通常根据孔径的大小来评价对水中微生物和颗粒物的去除效果。

1. 超滤膜过滤的特点

① 可截留全部胶体物质、藻类和大部分高分子有机物，可截留全部细菌、寄生虫和99.99%以上的病毒，提高饮用水的生物学安全性。

② 减少消毒剂用量，降低消毒副产物的产生，保留水中溶解性矿物质，有利于人体健康。

③ 适应原水浊度变化能力强，出水水质稳定。絮凝剂用量少，运行管理简单。

④ 跨膜压差较低，所需动力消耗少。系统活动转动部件少，故障率低。

⑤ 膜装置占地面积少，设备模块化和预制化，便于改扩建和缩短建设周期。

⑥ 对色、嗅、味、低分子有机物及溶解性无机盐去除率低。

⑦ 需要周期性进行化学清洗，化学清洗产生的废液需要进行无害化处理。

⑧ 膜组件造价较高，使用寿命较短，导致投资和运行成本有所增加。

2. 超滤膜在净水厂中的应用

作为第三代饮用水处理核心技术，超滤法饮用水处理技术在国外已进入规模性应用阶段。我国新一代的超滤膜技术在大通量、低跨膜压差、优异的抗污染特性、低成本的价格等方面也取得了突破，为超滤膜技术广泛应用于净水工艺铺平了道路，国内采用超滤膜过滤技术新建或改造的净水厂项目在陆续增加。国内外应用超滤膜过滤法的部分城镇净水厂见表 11-1。

表 11-1　应用超滤膜过滤法进行给水处理的部分城镇净水厂

| 国家 | 地区及水厂 | 生产能力/(×10⁴ m³/d) | 投产时间 | 装置类别 |
|---|---|---|---|---|
| 中国 | 山东省东营市南郊水厂 | 10 | | 浸没式 |
| | 江苏省南通市芦泾水厂 | 2.5 | | 浸没式 |
| | 浙江省上虞市上源闸水厂 | 3 | | 浸没式 |
| | 上海市徐泾水厂 | 3 | | 浸没式 |
| | 台湾地区高雄市拷潭水厂 | 30 | | 内压式 |
| | 上海市同盛水厂 | 2 | | 内压式 |
| | 江苏省无锡市中桥水厂 | 15 | | 外压式 |
| | 北京市水源九厂 | 7 | | 浸没式 |
| 美国 | 明尼阿波利斯市 Columbia Heights 水厂 | 26.5 | 2005 年 | |
| | 威斯康星州 Racine 水厂 | 18.9 | 2005 年 | |
| | 科罗拉多州 Thornton 水厂 | 18.75 | 2005 年 | |
| | 加利福尼亚州 San Joaquin 水厂 | 13.6 | 2005 年 | |
| | 明尼阿波利斯市 Fridley 水厂 | 36 | 2011 年(计划) | |
| 加拿大 | 英属哥伦比亚省 Kamloops 水厂 | 16 | 2005 年 | |
| | 安大略省 Mississauga 水厂 | 30.2 | 2006 年 | |
| 法国 | A Mon Coeur 水厂 | 0.0256 | 1988 年 | |
| 英国 | Clay Lane 水厂 | 16 | 2001 年 | |
| 日本 | 栃木(县)今市水厂 | 1.44 | 2001 年 | |
| 新加坡 | Chestnut 水厂 | 27.3 | 2003 年 | |
| 德国 | Archen(亚琛)市 Roetgen 水厂 | 14.4 | 2005 年 | |

## 二、超滤膜装置

超滤膜可分为生物膜和合成膜两大类，合成膜又分为固态膜和液态膜，固态膜又可分为有机膜和无机膜。净水处理工艺中常用的是固态有机膜。

1. 膜组件过滤方式

水处理使用的超滤膜过滤方式，一般有死端过滤和错流过滤两种，如图 11-1 所示。

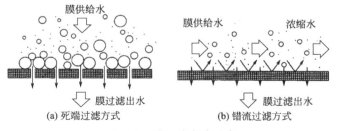

(a) 死端过滤方式　　　　　(b) 错流过滤方式

图 11-1　膜过滤方式示意

死端过滤时，水的流向与膜表面垂直，被截留物沉积在膜的表面，导致膜的过滤阻力不断增大，产水量不断减少。因此死端过滤需要定期进行清洗以去除沉积物，降低膜的过滤阻力，恢复膜的产水能力。

错流过滤时，部分水以较大的流速与膜面呈平行状态流过，部分水垂直通过膜成为滤后水。与膜表面平行的水流将大部分沉积在膜表面的截留物带走，抑制膜表面积泥现象，可减缓膜过滤阻力的增长，清洗周期大大延长。

过滤方式与原水水质、膜的材质以及分离性能、膜组件的结构、清洗方法等有很大关系，必须选择与处理条件相适应的过滤方式。

从成本方面看，死端过滤方式不像错流过滤方式那样需要平行流，因此，所需动力费比较少。错流过滤方式一般膜面流速越高，防止膜污染效果越明显，可以得到较高的膜通量，但运行成本也越大。

**2. 膜组件与膜单元**

膜组件是将一定数量的膜置于同一个滤出液排放装置中最小的膜集合体，是膜处理工艺的核心。多个膜组件共用同一组阀门，组成一个具有完整过滤和清洗功能，能够独立工作的单元，称为膜单元。

由于使用的材料和制备条件各不相同，膜组件的结构形式也有多种。水处理中较为常用的膜组件有平板膜、中空纤维膜和卷式膜等。其中，中空纤维膜组件是由很多较细的中空纤维丝状膜集合而成，具有表面面积大、填充密度较高、膜组件体积相对较小等优点，所以中空纤维超滤膜组件在给水处理工艺中应用得较多。

为保证膜系统的运行可靠，膜单元必须考虑并列运行，同时还应考虑膜单元布置的系统协调和留有检修所需的备用能力。一般情况下膜单元不少于 6 个，以降低其中一个单元检修停产时对其他单元的影响。

**3. 膜装置的类别**

（1）压力式　压力式膜组件即膜在压力腔体（即膜壳）内运行，其特点是可实现较大的跨膜压差，膜通量较大，生产效率高。且进行化学清洗时药剂用量小，可实现全自动运行和清洗。压力式膜组件又分为内压式和外压式。

内压式即将膜元件安装在能承受一定工作压力的容器内，原水从膜丝的内腔进入，清水（透过液）向膜丝外侧渗出，其构造见图 11-2。

外压式即将膜元件安装在能承受一定工作压力的容器内，原水在膜丝外侧进入，清水（透过液）向膜丝内腔渗入，其构造见图 11-3。

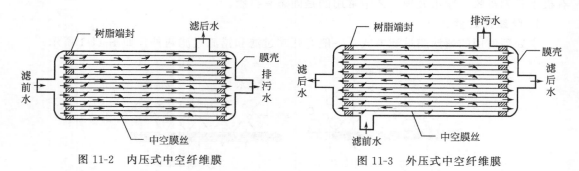

图 11-2　内压式中空纤维膜　　　　　图 11-3　外压式中空纤维膜

（2）浸没式　将膜组件浸入敞开的容器（如水池）中，就变为浸没式膜组件，待滤水从膜外部流入，滤后水从膜内腔流出，其构造见图 11-4。由于浸没式膜组件具有容纳截留物的较大空间，可以组合成较大规模的组件，所以多用于中、大型水处理设施。浸没式膜组件的出水可以采用重力流方式、虹吸方式或泵吸方式。

浸没式超滤膜可以采用恒定跨膜压差、变通量方式运行，也可采用恒定通量、变跨膜压差方式运行。当用于水厂改造时，采用恒定跨膜压差、变通量的运行方式可以充分利用原有工艺流程中的富余水头重力流或虹吸出水。这种运行方式简化了出流形式，既省去了提升设备，节省建设费用，又节约了运行能耗。

 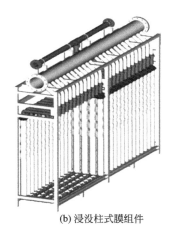

(a) 浸没帘式膜组件　　　　　　　　　　　　　　(b) 浸没柱式膜组件

图 11-4　浸没式中空纤维膜组件

压力式膜组件与浸没式膜组件的对比见表 11-2。

表 11-2　压力式膜组件与浸没式膜组件的对比

| 对比项目 | 浸没式膜组件 | 压力式膜组件 |
|---|---|---|
| 能耗 | 采用重力流或低负压抽吸,耗能低 | 采用加压过滤,能耗高 |
| 化学清洗 | 敞开进行化学清洗,药剂用量较多 | 密闭空间内化学清洗,药剂用量少 |
| 预处理要求 | 预处理要求低,可适应较高的原水浊度 | 预处理要求高,只能适应较低的原水浊度,须安装精密保安过滤器 |
| 生产效率 | 设计膜通量小,所需膜数量多 | 设计膜通量大,所需膜数量少 |
| 安装方式 | 膜组件需放置在膜池内 | 膜组件灵活地组成过滤模块 |
| 处理规模 | 适合大、中型水厂 | 适合中、小型水厂 |

## 三、超滤膜系统技术参数

超滤膜系统的主要技术参数有膜通量、跨膜压差、水温、产水率及工作周期等。这些参数都是互相密切相关的，在设计时应合理选定，运行时应有一定的调节余地。

1. 膜通量

膜通量指超滤膜过滤工艺的单位产水量，通常以单位膜面积单位时间的产水量表示 $[L/(m^2 \cdot h)]$。膜通量是决定膜过滤设施的初期成本、运行成本以及所需占地面积的最重要因素。膜通量受膜的种类、原水水质及水温等因素的影响，应根据现场试验数据选定。

膜的设计通量一般是指在一定的水温和一定跨膜压差条件下的通量。随着水温的下降，在固定的跨膜压差下，通量会有所下降。为保证净水厂产水能力不变，可通过提高跨膜压差（系统工作压力）来保证产水量。

采用不同的过滤方式，膜通量也有较大差距。如果采用错流过滤方式，用加大膜面流速的方法可以在一定程度上提高膜通量，但是动力费也相应增加。

日本《小规模供水系统膜过滤设施指南》要求，长期运行的平均单位膜压差（98.1kPa，即 $10mH_2O$）的膜通量大致在 $21L/(m^2 \cdot h)$ 以上。

2. 跨膜压差

跨膜压差指超滤膜系统运行时膜两侧的压力差（也叫膜压差），对膜通量影响很大。随着跨膜压差的增大，膜通量也增大。如使用压力式膜组件，跨膜压差不超过 300kPa。如果采用浸没式膜组件，抽吸负压不宜过大，否则膜过滤出水里的溶解气体变成气泡可能产生空气堵塞现象。所以浸没式膜组件出水端负压一般在$-60$kPa以下。

设计计算系统工作压力时，应考虑膜组件实际运行测定的数值，其中还应包括管路系统的局部及沿程水头损失，并给出一定的余量。

3. 水温

膜通量受水温的影响很大，水温越低，水的黏度就越大，膜通量也越小。一般在20℃的基础上，温度每下降1℃，通量约下降2.5%，不同厂商的膜会有不同的数值。所以在设计膜过滤设施时，要充分考虑一年内的最低水温、最低水温时的需水量以及膜的温度特性（水温和膜通量的关系）等因素的影响。不同运行方式在设计上重视不同的参数，恒压运行时，最低水温时的膜通量最为重要；恒流量运行时，最低水温时的跨膜压差最为重要。

4. 膜单元工作周期

膜单元工作周期包括过滤产水和物理清洗两个时段。当采用恒压差变通量过滤时，通量下降到设计值时开始清洗；当采用恒通量变压差过滤时，压差达到最大允许值时开始清洗。

膜单元工作周期与膜的性能、过滤方式、原水水质、设计通量、物理清洗强度和清洗历时等因素有关，一般需要根据过滤试验得出。死端过滤周期较短，错流过滤周期较长；原水浊度高、设计通量小、物理清洗强度小、清洗历时短均导致工作周期较短，而原水浊度低、设计通量大、物理清洗强度大、清洗历时长均可使工作周期较长。

5. 产水率

产水率指扣除膜过滤设施自身反冲洗等消耗的产出水后，最终产水量与进水量的比值，分为单元产水率和系统产水率两种。

单元产水率是指以膜单元为考查对象的产水率，与膜单元的设计通量、物理清洗强度和清洗周期等参数有关。不同的膜处理工艺其膜单元的产水率变化很大，压力式膜单元的产水率通常不低于90%；而浸没式超滤膜，单元内部可自行回收清洗废水，因此产水率可达到98%以上。

系统产水率是指包括预处理设施和膜处理设施组成的膜系统的产水率，受原水水质和工艺流程影响较大，与单元产水率无关。在采取了物理清洗废水回收措施后，系统产水率可达98%以上。但是回收物理清洗废水需要增加其他处理设施和设备，运行管理也稍微复杂一些。因此回收物理清洗废水时必须考虑其效率性和经济性等因素。

# 四、超滤膜净水工艺流程

1. 净水工艺的一般组成

净水厂膜过滤工艺系统的全程工艺流程如图11-5所示。

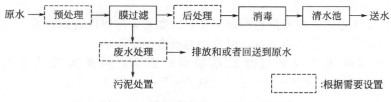

图11-5 膜过滤净水工艺的基本流程

（1）预处理 预处理的目的是防止原水里的杂质对膜面造成损伤或者导致膜组件内的水

通道堵塞，减轻对膜的深层污染，以保证稳定、高效地发挥膜的性能，有效地延长膜的物理清洗周期和化学清洗周期。例如：为了去除原水里的漂浮物，可选用格栅或滤网等装置；为了减轻膜过滤装置的负荷和防止水通道堵塞，可选用砂或纤维过滤装置；为了提高滤后水水质，可在滤前投加絮凝剂并增加投药、混合装置；为了杀灭藻类、防止有机物、铁、锰离子对膜的污染，可在滤前增设预氯化、预氧化或投加活性炭等装置。

（2）膜过滤　膜过滤装置是超滤膜净水工艺的核心处理单元，由原水池、水泵、膜组件和清洗设备等构成。

（3）后处理　如果必须对膜过滤出水进行进一步处理，可考虑设置后处理单元，例如除氟、软化、脱盐等处理单元。

（4）消毒　超滤膜过滤可以去除大部分的病原微生物，但不能完全去除病毒。在后续的储存、输配水环节水质也有被二次污染的可能。为了保持供水水质安全，需要进行消毒。

（5）废水处理　超滤膜系统运行时需定时进行物理性反冲洗，长期运行后还需要进行化学清洗。为节约水资源，反冲洗废水需要经沉淀、过滤（砂滤或纤维过滤）后回收。化学清洗废水含有废酸和废清洗剂，直接排放将污染环境，需要处理达标后排放。

2. 净水工艺的类型

① 原水水质符合《地表水环境质量标准》（GB 3838—2002）中Ⅰ、Ⅱ类标准，并且浊度常年在 20NTU 以下，可直接通过膜过滤，或经过简单的前处理（如微絮凝等）再进行膜过滤处理。其工艺流程见图 11-6。

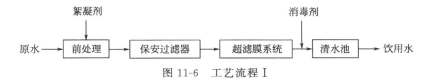

图 11-6　工艺流程Ⅰ

② 原水水质好，但浊度较高，其工艺流程见图 11-7。

图 11-7　工艺流程Ⅱ

③ 当出水水质要求较高时，可在常规工艺后再进行膜处理，以提高处理水的生物安全性，其工艺流程见图 11-8。

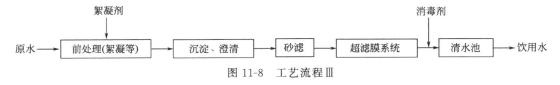

图 11-8　工艺流程Ⅲ

④ 原水水质好，浊度在 200NTU 以下，可采用以超滤膜技术为核心的短流程工艺，其工艺流程见图 11-9。短流程工艺的一大特点，就是原水经过絮凝处理后直接进行超滤膜过滤。水中的悬浮颗粒在絮凝过程中形成了相对比较松散的大颗粒"凝絮体"（矾花），在膜表面所形成的泥饼层结构松散，透水性较好，且具有一定的活性，对水中未絮凝的胶体颗粒产生吸附截留效用，因此膜表面过滤阻力的增长速度有所减慢。试验数据证明，凝絮水直接进

行超滤，其运行周期（包括物理清洗和化学清洗周期）相对较长。

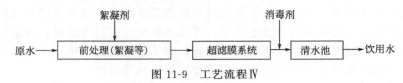

图 11-9　工艺流程 IV

⑤ 当原水遭到污染，必须采取前处理工艺去除污染因子再进行超滤。选择针对原水水质和与超滤特性相匹配的前处理工艺，一般情况下应经现场实验获取相关的设计、运行数据。

## 五、超滤膜净水工艺设施

### 1. 膜组件的选择

膜组件的选择应通过现场试验确定，并根据实测的水质、通量、跨膜压差、反冲洗周期、反冲洗消耗的水和气、维护性化学清洗和恢复性化学清洗的周期及药耗、能耗、水耗等参数进行设计。试验还应该经过当地最低水温条件下的运行试验确定合理的设计参数。

膜孔径、通量、跨膜压差、膜材质、膜制作工艺等决定膜的性能和抗污染能力。然而，这几者之间确实存在相互制约互相矛盾，通量大小与膜孔径有关，同时又与膜的亲水性密切相关。跨膜压差过大，易引起膜的深层污染。应该选用膜孔小、通量大、跨膜压差亦小、抗污性能好的超滤膜产品，以满足出水水质好、建设费用省、运行能耗低、管理方便的要求。

实践表明，在一定范围内，孔径较小（如 $0.01\mu m$）的超滤膜比孔径较大的膜其抗污特性好。这是因为细微颗粒不易进入小孔径的膜孔内部，从而可以避免膜的深层污染，而超滤膜一旦形成深层污染则必须采取化学清洗的方式恢复膜通量。

超滤膜净水工艺设计时，应选用膜通量与跨膜压差匹配优异，清洗周期较长，特别是化学清洗周期长，使用寿命长的膜。其选择要点如下。

① 尽量选择亲水性好的膜。亲水性好，通量则大，跨膜压差相应也较低，抗污染能力强，有利于降低运行成本和延长膜的使用寿命。

② 尽量选择开孔率高的膜。在保证膜机械强度的前提下提高膜的开孔率，可提高产水能力，降低跨膜压差，有利于降低运行能耗和成本。

③ 尽量选择孔径小且分布均匀的膜。较小的孔径可以有效地提高膜的抗深层污染能力，提高有机物的去除率。孔径分布均匀是保证滤后水生物安全性指标的重要因素，应当引起高度重视。

④ 高质量的膜组件封胶和接口，是保证膜组件可靠性和使用寿命的重要保证。适当的膜丝填充密度与泥饼顺利脱落密切相关。

⑤ 合理的膜组件水力结构，可减少不必要的水头损失，提高超滤膜系统运行效果，降低运行成本。

⑥ 具有良好维护特性的膜组件，可为运行维护、维修操作和管理提供方便，将对长期稳定运行产生重要影响。

### 2. 超滤膜系统工作模式

超滤膜净水工艺系统的运行是连续的，但膜单元的运行是周期性的，可分为过滤和物理清洗两个阶段，长期运行后膜单元还需要进行化学清洗。压力式膜工作模式分别见图 11-10 和图 11-11。

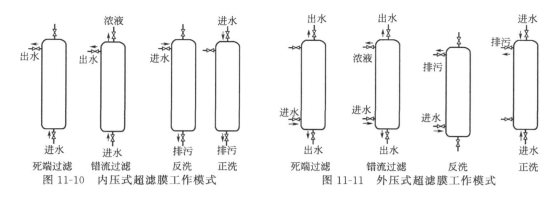

图 11-10　内压式超滤膜工作模式　　　　图 11-11　外压式超滤膜工作模式

### 3. 超滤膜的清洗

（1）物理清洗　物理清洗就是用水进行清洗，分为正洗、反洗、气水混合清洗、空气辅助清洗等多种模式。反洗时冲洗水从产水端进入，由进水端流出，反向冲洗超滤膜，将沉积在膜表面的泥饼冲起后排出，因此反洗只用滤后水。正洗时冲洗水沿膜滤前侧的表面冲洗，利用水流的剪切力将附着在膜表面的泥饼冲起排出，因此正洗一般可用原水。

外压式膜组件一般只需进行反洗，内压式膜组件除了反洗外还需要进行正洗，清洗程序为正洗→反洗→正洗。正洗时同时加入空气即为气水混合清洗，可以获得较好的清洗效果，同时节省清洗用水量。浸没式膜组件只进行反洗，并在反洗时辅助空气擦洗（曝气）。

为了减缓超滤膜的污染，可在反洗水中加入一定量的氯，以消除水中污染物对超滤系统的影响。物理清洗强度和时间是保证清洗效果的重要参数，可向产品生产商索取，也可通过现场试验取得。

（2）化学清洗　超滤膜运行到一定程度，超滤膜会引起深层污染，当膜运行通量下降到90％以下，物理性清洗不能使膜恢复到起始通量时，则需进行化学清洗。化学清洗又分为维护性化学清洗和恢复性化学清洗，二者的区别仅限于清洗药剂的种类、药剂浓度和浸泡时间的不同。

维护性清洗所用药剂单一，药剂浓度相对较低，浸泡时间较短。当维护性化学清洗仍不能使膜恢复到运行起始通量时，则需要联合使用多种浓度较高的药剂浸泡较长时间，进行恢复性化学清洗。

如恢复性化学清洗已无法使膜恢复到运行起始通量，则需要更换新膜。由于原水水质的不同，预处理工艺的不同，以及各个膜厂商膜的抗污染特性不尽相同，所以化学清洗周期的变化幅度较大，从数天到数月不等。

恢复性化学清洗过程为：碱洗→酸洗→次氯酸钠清洗→清水清洗。碱洗时用 0.5％的NaOH 溶液浸泡超滤膜 $1\sim4h$，酸洗时用 0.5％的 HCl 或者用 1％的柠檬酸溶液浸泡超滤膜 $1\sim6h$，次氯酸钠清洗是用含 0.001％有效氯的次氯酸钠溶液浸泡 $1\sim6h$。

为了提高化学清洗效果，化学清洗时，应对清洗液进行循环。化学清洗根据所选药剂品种需要设若干储药桶和配套搅拌器，还需要选配耐酸碱的清洗泵。

化学清洗分为在线清洗和离线清洗。在线清洗是指不用拆卸膜组件，在生产线上进行清洗。所谓离线清洗，即将膜组件移到专门的清洗装置内清洗，这样可以减少清洗装置的防腐工作量，节约清洗剂。采取何种清洗方式应根据设计条件和操作习惯选取。

压力式膜为封闭系统，无论是产水、反冲洗还是化学清洗均在密闭的管路内进行，其化学清洗方式为在线式清洗。压力式膜清洗周期较短，动作频率高，因此对设备的要求也高，但自动化程度较高，操作方便。

浸没式膜可以采用离线清洗方式，也可以采用在线化学清洗。采用在线式化学清洗，膜单元应分格布置。如采用离线式化学清洗，可不用分格。

# 第二节 计算例题

## 【例 11-1】 内压式超滤膜死端过滤工艺计算

1. 已知条件

(1) 设计产水量：$Q=2.4\times10^4\text{m}^3$。

(2) 原水水质符合国家《地表水环境质量标准》（GB 3838—2002）的二类水，浊度小于 20NTU。设计出水水质符合《生活饮用水卫生标准》（GB 5749—2006），出厂水浊度小于 0.1NTU。

(3) 采用内压式超滤膜，投加适量絮凝剂后直接进行过滤，其流程见图 11-6。

(4) 物理清洗过程：正洗→反洗→正洗。

(5) 膜组件参数。单支膜组件膜面积 $f_z=40\text{m}^2$；标称膜通量 $q_{tl}=61\text{L}/(\text{h}\cdot\text{m}^2)$；过滤跨膜压差 $\Delta P_1=98.1\text{kPa}=10\text{mH}_2\text{O}$；每周期过滤时间 $t_{gl}=30\text{min}=0.5\text{h}$；正洗用时 $t_{zx}=15\text{s}$；正洗强度 $q_{zx}=60\text{ L}/(\text{h}\cdot\text{m}^2)$；反洗用时 $t_{fx}=40\text{s}$；反洗强度 $q_{fx}=175\text{L}/(\text{h}\cdot\text{m}^2)$；反洗跨膜压差 $\Delta P_2=118\text{kPa}=12\text{m H}_2\text{O}$；物理清洗用时 $t_{qx}=t_{zx}+t_{fx}+t_{zx}=70\text{s}=1.17\text{min}$。

2. 设计计算

(1) 膜组件和膜单元

① 每天有效过滤时间 $T$

$$T=24\frac{t_{gl}}{t_{gl}+t_{qx}}=24\frac{30}{30+1.17}=23.1\text{（h）}=1386\text{（min）}$$

② 单支膜组件日产水量 $q_c$

$$q_c=\frac{Tq_{tl}f_z}{1000}=\frac{23.1\times61\times40}{1000}=56.4\text{（m}^3/\text{d）}$$

③ 单支膜组件物理清洗日耗水量 $Q_x$。单支膜组件反洗日耗水量 $Q'_{fx}$ 为

$$Q'_{fx}=\frac{T}{t_{gl}}\times\frac{f_zt_{fx}q_{fx}}{3600\times1000}=\frac{23.1}{0.5}\times\frac{40\times40\times175}{3600\times1000}=3.593\text{（m}^3/\text{d）}$$

单支膜组件正洗日耗水量 $Q'_{zx}$ 为

$$Q'_{zx}=\frac{T}{t_{gl}}\times\frac{2t_{zx}q_{zx}f_z}{3600\times1000}=\frac{23.1}{0.5}\times\frac{2\times15\times60\times40}{3600\times1000}=0.924\text{（m}^3/\text{d）}$$

$$Q_x=Q_{fx}+Q_{zx}=3.59+0.92=4.517\text{（m}^3/\text{d）}$$

④ 膜单元耗水率

$$\alpha=Q_x/(q_c+Q_{zx})=4.517/(56.4+0.924)=0.08$$

⑤ 膜组件数量 $n$

$$n=\frac{Q(1+\alpha)}{q_c}=\frac{24000(1+0.08)}{56.4}=459.6\approx460\text{（支）}$$

膜系统分成 10 个单元（$N_d=10$），每个单元膜组件数量 $n_d=46$ 支。

(2) 进出水管路

① 膜单元进出水管。膜单元设计过滤水量为

$$Q_d = n_d q_c / T = 46 \times 56.4 / 23.1 = 112.31(m^3/h) = 0.031(m^3/s)$$

管内流速 $v_1$ 取 1.4m/s，膜单元进出水管径

$$D_d = \sqrt{\frac{4Q}{\pi v_1}} = \sqrt{\frac{4 \times 0.031}{3.14 \times 1.4}} = 0.168 \approx 0.2(m)$$

② 系统进出水管。系统设计过滤水量为

$$Q_{XT} = N_d Q_d = 10 \times 0.031 = 0.31(m^3/s)$$

管内流速 $v_2$ 取 1.6m/s，系统进出水管径

$$D_{XT} = \sqrt{\frac{4Q_{XT}}{\pi v_2}} = \sqrt{\frac{4 \times 0.31}{3.14 \times 1.6}} = 0.5(m)$$

（3）原水泵流量和扬程　原水泵数量 $N$ 取 2，备用泵一台，单泵流量为

$$Q_B = \frac{Q(1+\alpha)}{TN} = \frac{24000 \times (1+0.08)}{23.1 \times 2} = 561(m^3/h)$$

原水泵扬程为

$$H_B = h_1 + h_k + h_g = 2 + 10 + 2.5 = 14.5(m)$$

式中　$h_1$——自清洗保安过滤器（精度 150um）水头损失，$h_1 = 2m$；

　　　$h_k$——跨膜压差，$h_k = 10m$；

　　　$h_g$——管路沿程损失和局部损失，应按照管路布置详细计算，本例题取 $h_g = 2.5m$。

（4）物理清洗系统

① 膜单元反冲洗流量 $Q_{fx}$

$$Q_{fx} = \frac{q_{fx} f_z n_d}{1000} = \frac{175 \times 40 \times 46}{1000} = 322(m^3/h) = 0.089(m^3/s)$$

② 反冲洗进出水管。管内流速 $v_3$ 取 1.5m/s，反冲洗进出水管径

$$D_{fx} = \sqrt{\frac{4Q_{fx}}{\pi v_3}} = \sqrt{\frac{4 \times 0.089}{3.14 \times 1.5}} = 0.27 \approx 0.3(m)$$

③ 反冲洗水泵流量和扬程。选用反冲洗水泵二台，一用一备，反洗泵流量为 322m³/h。反冲洗水泵扬程为

$$H_{xb} = h_m + h_g = 12 + 3.5 = 15.5(m)$$

式中　$h_m$——反洗时膜组件压力损失，$h_m = 12m$；

　　　$h_g$——管路沿程损失和局部损失，应按照管路布置详细计算，本例题取 $h_g = 3.5m$。

④ 清洗水池容积 $L_{fx}$

$$L_{fx} = \frac{Q_{fx} t_{fx} k_{xs}}{3600} = \frac{322 \times 40 \times 1.25}{3600} = 4.47 \approx 4.5(m^3)$$

式中　$k_{xs}$——容积系数，$k_{xs} = 1.25$。

如处理系统配套清水池，则反洗水直接从清水池抽取，可不另设清洗水池。此时反洗管路上应设自清洗过滤器，防止杂物进入，损坏中空纤维膜。

（5）化学清洗系统

① 药液池容积。膜组件长度 $l$ 为 1.715m，内径 $d$ 为 0.25m，1 个膜单元的膜组件容积为

$$V_{单元} = n_d l \pi d^2 = 46 \times 1.715 \times 3.14 \times 0.25^2 / 4 = 3.87(m^3)$$

化学清洗管路的管径取 0.2m，长度约 20m，管路容积为

$$V_{管路} = 20 \times 3.14 \times 0.2^2 / 4 = 0.63(m^3)$$

安全系数取 1.5，药液箱容积为

$$V_{箱} = 1.5(V_{单元} + V_{管路}) = 1.5 \times (3.87 + 0.63) = 6.75(m^3)$$

药液池长宽各 2m，高度 2.2m，药液深 1.7m，超高 0.5m，有效容积 6.8m³。

② 化学清洗泵。根据产品说明，单支膜组件化学清洗流量 $q_{hx}$ 为 3m³/h，膜单元化学清洗流量为

$$Q_{hx} = n_d q_{hx} = 46 \times 3 = 138(m^3/h)$$

化学清洗泵设计流量为 138m³/h。

根据产品说明，单支膜组件化学清洗时，压力损失 $\Delta P$ 为 4m。化学清洗管路总压力损失为 14.2m，化学清洗水泵扬程为

$$H_{hx} = 4 + 14.2 = 18.2(m)$$

## 【例 11-2】 浸没式超滤膜工艺计算

### 1. 已知条件

(1) 基本情况　某水厂设计规模 $10^5$ m³/d，拟在常规工艺的砂滤池后增建浸没式超滤膜过滤工艺。超滤膜采用恒通量变压力运行，出水采用转子式容积泵负压抽吸。超滤膜过滤方式为死端过滤，物理清洗时辅助曝气。

(2) 基本设计参数　单个组件膜面积 $f_z = 2100$ m²；设计通量 $q = 30$ L/(m²·h)；每周期过滤时间 $t_{gl} = 47$ min；反洗用时 $t_x = 60$ s $= 1$ min；反洗强度 $q_x = 60$ L/(m²·h)；反冲洗时曝气强度 $q_{qx} = 50$ m³/(m²·h)；跨膜压差 $\Delta P$ (kPa) $= 0.836q - 1.939$。

### 2. 设计计算

(1) 膜组件和膜单元

① 每天有效过滤时间 $T$

$$T = 24 \frac{t_{gl}}{t_{gl} + t_x} = 24 \times \frac{47}{47 + 1} = 23.5(h) = 1410(min)$$

② 单支膜组件日产水量 $q_z$

$$q_z = \frac{T q_{gl} f_z}{1000} = \frac{23.5 \times 30 \times 2100}{1000} = 1480.5(m^3/d)$$

③ 单支膜组件清洗日耗水量 $Q_{cx}$

$$q_x = \frac{60T}{t_{gl}} \times \frac{f_z t_x q_x}{3600 \times 1000} = \frac{60 \times 23.5}{47} \times \frac{2100 \times 60 \times 60}{3600 \times 1000} = 63(m^3/d)$$

④ 物理冲洗耗水率

$$\alpha = q_x/q_z = 63/1480.5 = 0.043$$

⑤ 膜组件数量 $n$

$$n = \frac{Q(1+\alpha)}{q_z} = \frac{100000 \times (1+0.043)}{1480.5} = 70.5(支)$$

膜系统分成 12 个膜池，每个膜池设 1 个膜单元，共 12 个单元（$N = 12$），每个单元膜组件数量 $n_d = 6$ 个，共 72 个膜组件（$n_z = 72$）。

⑥ 校核膜通量

a. 正常过滤时，各膜单元实际膜通量

$$q_1 = 1000 \frac{Q(1+\alpha)}{T n_z f_z} = 1000 \times \frac{100000 \times (1+0.043)}{23.5 \times 72 \times 2100} = 29.35 [\text{L}/(\text{h} \cdot \text{m}^2)]$$

此时跨膜压差

$$\Delta P_1 = 0.836 q_1 - 1.939 = 0.836 \times 29.35 - 1.939 = 22.6 (\text{kPa}) = 2.3 (\text{mH}_2\text{O})$$

b. 当一个膜单元进行物理性清洗或化学清洗时，其他膜单元通量为

$$q_2 = q_1 \frac{N}{N-1} = 29.35 \times \frac{12}{12-1} = 32.02 [\text{L}/(\text{h} \cdot \text{m}^2)]$$

此时跨膜压差

$$\Delta P_2 = 0.836 q_2 - 1.939 = 0.836 \times 32.02 - 1.939 = 24.83 (\text{kPa}) = 2.53 (\text{mH}_2\text{O})$$

c. 当一格膜池进行化学清洗、同时又有 1 格进行物理清洗时，其他膜单元通量为

$$q_3 = q_1 \frac{N}{N-2} = 29.35 \times \frac{12}{12-2} = 35.22 [\text{L}/(\text{h} \cdot \text{m}^2)]$$

此时跨膜压差

$$\Delta P_3 = 0.836 q_3 - 1.939 = 0.836 \times 35.22 - 1.939 = 27.5 (\text{kPa}) = 2.8 (\text{mH}_2\text{O})$$

（2）膜池平面布置　共设 12 格膜池（膜单元），分为 2 组，每组 6 格。每格膜池平面尺寸 $B_1 \times L_1 = 5\text{m} \times 6.1\text{m}$，内设膜组件 6 个（$n_d = 6$）。膜组件浸没在池内水中，水深 3.3m，淹没深度 0.30m。

（3）水泵配置　每格膜池设 1 台转子水泵。正转时出水，反转时冲洗。转子泵排水量 $q$ 为 23.2L/r，转速 $n$ 在 20～600r/min，最大吸入真空度 0.08MPa，最大排出压力 0.12MPa。

每格膜池正常产水量

$$Q_1 = q_1 f_z n_d = 29.35 \times 2100 \times 6/1000 = 369.81 (\text{m}^3/\text{h}) = 0.103 (\text{m}^3/\text{s})$$

此时水泵转速

$$n_1 = 1000 \frac{Q_1}{60q} = 1000 \times \frac{369.81}{60 \times 23.2} = 265.7 (\text{r/min})$$

当 1 格膜池物理清洗或化学清洗时，其他各膜池产水量

$$Q_2 = q_2 f_z n_d = 32.02 \times 2100 \times 6 = 403452 (\text{L/h}) = 403.45 (\text{m}^3/\text{h}) = 0.112 (\text{m}^3/\text{s})$$

此时水泵转速

$$n_2 = 1000 \frac{Q_2}{60q} = 1000 \times \frac{403.45}{60 \times 23.2} = 289.8 (\text{r/min})$$

当 1 格膜池物理冲洗、另 1 格膜池化学清洗时，其他各膜池产水量

$$Q_3 = q_3 f_z n_d = 35.22 \times 2100 \times 6 = 443772 (\text{L/h}) = 443.77 (\text{m}^3/\text{h}) = 0.123 (\text{m}^3/\text{s})$$

此时水泵转速

$$n_3 = 1000 \frac{Q_3}{60q} = 1000 \times \frac{433.77}{60 \times 23.2} = 311.6 (\text{r/min})$$

反冲洗时供水量

$$Q_4 = q_x f_z n_d = 60 \times 2100 \times 6/1000 = 756 (\text{m}^3/\text{h}) = 0.21 (\text{m}^3/\text{s})$$

此时水泵转速

$$n_4 = 1000 \frac{Q_4}{60q} = 1000 \times \frac{756}{60 \times 23.2} = 543.1 (\text{r/min})$$

（4）膜池进水和排水系统

① 进水渠。每组膜池设 1 条进水渠，其设计流量

$$Q_渠 = \frac{Q \times (1+\alpha)}{2 \times 86400} = \frac{100000 \times (1+0.043)}{2 \times 86400} = 0.604 (\text{m}^3/\text{s})$$

进水渠宽度 $B_渠$ 为 0.80m，有效水深 $H_渠$ 为 1.20m，渠内流速

$$v_渠 = \frac{Q_渠}{2B_渠 H_渠} = \frac{0.604}{0.8 \times 1.2} = 0.63 (\text{m/s})$$

② 进水孔。每格设进水闸 1 个，进水孔尺寸 $B_2 \times H_2 = 0.4 \times 0.4$m。当 1 格膜池物理冲洗、另 1 格膜池化学清洗时进水孔速度

$$v_{孔1} = \frac{Q_3}{B_2 H_2} = \frac{0.123}{0.4 \times 0.4} = 0.77 (\text{m}^3/\text{s})$$

流速系数 $\mu$ 取 0.65，过孔水头损失

$$h_{孔1} = \frac{1}{\mu^2} \times \frac{v_孔^2}{2g} = \frac{1}{0.65^2} \times \frac{0.77^2}{2 \times 9.81} = 0.071 (\text{m})$$

③ 进水堰。进水闸后设进水堰，堰宽 $B_堰$ 为 3.50m，当 1 格膜池物理冲洗、另 1 格膜池化学清洗时堰上水头

$$H_堰 = \left( \frac{Q_3}{m_0 B_堰 \sqrt{2g}} \right)^{2/3} = \left( \frac{0.123}{0.42 \times 3.5 \times \sqrt{2 \times 9.81}} \right)^{2/3} = 0.071 (\text{m})$$

④ 排水渠。排水渠道设在进水堰下部，渠道宽 0.80m，设出水闸 1 只，出水孔 $B_3 \times H_3 = 0.5\text{m} \times 0.5\text{m}$。过孔流速

$$v_{孔2} = \frac{Q_4}{B_3 \times H_3} = \frac{0.21}{0.5 \times 0.5} = 0.84 (\text{m}^3/\text{s})$$

过孔水头损失

$$h_{孔2} = \frac{1}{\mu^2} \times \frac{v_{孔2}^2}{2g} = \frac{1}{0.65^2} \times \frac{0.84^2}{2 \times 9.81} = 0.084 (\text{m})$$

（5）膜池产水及气水反冲洗系统

① 曝气量

$$Q_q = q_{qx} B_1 L_1 = 50 \times 5 \times 6.1 = 1525 (\text{m}^3/\text{h}) = 25.42 (\text{m}^3/\text{min}) = 0.424 (\text{m}^3/\text{s})$$

鼓风机设二台，一用一备，单台风量 25.42m³/min，升压 50kPa，配套功率 37kW。

② 空气管道。曝气管设于膜组件底部，总进气管管径 $D_q$ 为 0.2m，管内气体流速

$$v_q = \frac{4Q_q}{\pi D_q^2} = \frac{4 \times 0.424}{3.14 \times 0.2^2} = 13.5 (\text{m/s})$$

③ 出水支管。每格膜池的膜单元设一根出水支管，兼作反冲洗进水管，管径 $D_1$ 为 0.35m。正常产水时管内流速

$$v_{Z1} = \frac{4Q_1}{\pi D_1^2} = \frac{4 \times 0.103}{3.14 \times 0.35^2} = 1.07 (\text{m/s})$$

当 1 格物理清洗，1 格化学清洗时，其他各格强制产水时管内流速

$$v_{Z2} = \frac{4Q_3}{\pi D_1^2} = \frac{4 \times 0.123}{3.14 \times 0.35^2} = 1.28 (\text{m/s})$$

反冲洗时管内流速

$$v_{Z3} = \frac{4Q_4}{\pi D_1^2} = \frac{4 \times 0.21}{3.14 \times 0.35^2} = 2.18(\text{m/s})$$

④ 中央集水渠。渠宽 $B_{总渠}$ 为 1.2m，渠内水深 $H_{总渠}$ 取 0.8m，渠内流速

$$v_{总渠} = \frac{2Q_渠}{B_{总渠}H_{总渠}} = \frac{2 \times 0.604}{1.2 \times 0.8} = 1.26(\text{m/s})$$

水力半径

$$R_{总渠} = \frac{B_{总渠}H_{总渠}}{B_{总渠}+2H_{总渠}} = \frac{1.2 \times 0.8}{1.3+2 \times 0.8} = 0.343(\text{m})$$

渠道粗糙率 $n$ 取 0.013，渠道坡度

$$i_{总渠} = \left(\frac{nv_{总渠}}{R_{总渠}^{1.3}}\right)^2 = \left(\frac{0.013 \times 1.26}{0.343^{1/3}}\right)^2 = 0.00055$$

渠道设计坡度取 0.001。

（6）化学清洗系统　超滤膜的化学清洗采用离线方式在专用化学清洗池内进行，每组设有两格化学清洗池。化学清洗所需药剂种类为 HCl、NaOH 和 NaClO。根据超滤膜供货商提供的资料，HCl 和 NaOH 清洗液浓度为 0.5%，NaClO 清洗液浓度为 0.1%。

清洗过程如下。人工将膜单元由膜池中拆卸后吊入化学清洗池，连接好管道。加药泵将药剂注入化学清洗池并注水调配浓度。化学清洗泵将清洗液由膜单元抽出送入化学清洗池中进行循环清洗，一般循环清洗 30min，再浸泡 6～12h（循环清洗时间和浸泡时间根据膜污染情况定），清洗过程结束。清洗后的废水中和后排放。

① 清洗液体积。每格清洗池长 3.0m，宽 2.75m，水深 3.3m，有效容积

$$V_c = 3 \times 2.75 \times 3.3 = 27.23(\text{m}^3)$$

考虑清洗管路容积，化学清洗液体积

$$G = 1.1V_c = 1.1 \times 23.72 = 26.09(\text{m}^3)$$

② 清洗泵。化学清洗时膜通量与过滤时相同，水泵流量 370m³/h，扬程 12m。

③ NaOH 用量。采用液体 NaOH，有效含量 $c_1$ 为 30%，密度 $\rho_1$ 为 1.14t/m³，调配成清洗剂的含量 $c_2$ 为 0.5%，密度 $\rho_2$ 为 1t/m³。30% 的 NaOH 清洗一次用量

$$G_1 = G \frac{c_2 \rho_2}{c_1 \rho_1} = 26.09 \times \frac{0.005 \times 1}{0.3 \times 1.14} = 0.38(\text{t}) = 0.33(\text{m}^3)$$

液碱储罐采用容积 2m³ 的 PE 桶，储满后可供清洗 6 次。

液碱投加采用计量泵，投加时间 30min，计量泵最大流量 1000L/h。

④ HCl 用量。食品级 HCl 有效含量 $c_3$ 为 31%，密度 $\rho_3$ 为 1.16t/m³。HCl 清洗剂含量 $c_4$ 为 0.5%，密度 $\rho_4$ 为 1t/m³。31% 的 HCl 清洗一次用量

$$G_1 = G \frac{c_4 \rho_4}{c_3 \rho_3} = 26.09 \times \frac{0.005 \times 1}{0.31 \times 1.16} = 0.36(\text{t}) = 0.31(\text{m}^3)$$

盐酸储罐采用容积 2m³ 的 PE 桶，储满后可供清洗 6 次。

盐酸投加采用计量泵，投加时间 30min，计量泵设计流量 1000L/h。

⑤ NaClO 用量。NaClO 原液含量 $c_5$ 为 10%，清洗剂含量 $c_6$ 为 0.1%，NaClO 原液清洗一次用量

$$G_1 = G \frac{c_6}{c_5} = 26.09 \times \frac{0.001}{0.10} = 0.26(\text{m}^3)$$

NaClO 原液储罐采用容积 2m³ 的 PE 桶，储满后可供清洗 7 次。

NaClO 原液投加采用计量泵，投加时间 30min，计量泵设计流量 1000L/h。

浸没式超滤膜车间平面布置见图 11-12。

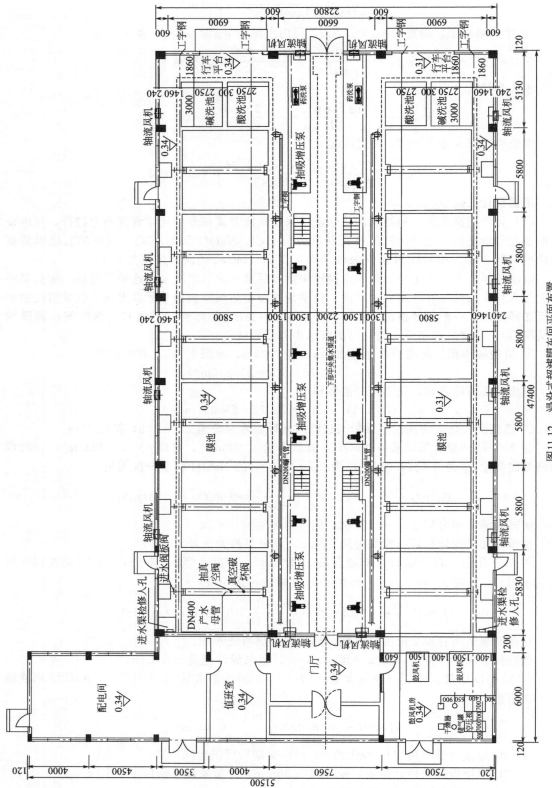

图11-12 浸没式超滤膜车间平面布置

## 【例 11-3】 在线清洗浸没式超滤膜工艺设计计算

### 1. 已知条件

某水厂设计规模 $3×10^4 m^3/d$，拟采用短流程浸没式超滤膜净水工艺。超滤膜恒压差变通量运行，重力流虹吸出水。膜的维护性及恢复性化学清洗均采用在线清洗，清洗药剂有 200mg/L 的次氯酸钠溶液和 1‰ 的柠檬酸溶液。超滤膜选用 PVC 下垂式膜柱。

基本设计参数如下：单个组件膜面积 $f_z=15m^2$；设计通量 $q_{gl}=30L/(h \cdot m^2)$；过滤跨膜压差 $\Delta P_1=23.14kPa=2.36mH_2O$；每周期过滤时间 $t_{gl}=90min=1.5h$；反洗用时 $t_{fx}=60s=1min$；反洗强度 $q_{fx}=60L/(h \cdot m^2)$；反冲洗时曝气强度 $q_{qx}=50m^3/(m^2 \cdot h)$；反洗跨膜压差 $\Delta P_2=48.22kPa=4.92mH_2O$。

### 2. 设计计算

(1) 膜组件和膜单元

① 每天有效过滤时间 $T$

$$T=24×\frac{t_{gl}}{t_{gl}+t_{qx}}=24×\frac{90}{90+1}=23.74(h)=1424.2(min)$$

② 单支膜组件日产水量 $q_z$

$$q_z=\frac{Tq_{gl}f_z}{1000}=\frac{23.74×30×15}{1000}=10.68(m^3/d)$$

③ 单支膜组件清洗日耗水量 $q_x$

$$q_x=\frac{60T}{t_{gl}}×\frac{f_z t_{fx} q_{fx}}{3600×1000}=\frac{60×23.74}{90}×\frac{15×60×60}{3600×1000}=0.237(m^3/d)$$

④ 物理冲洗耗水率

$$\alpha=q_x/q_z=0.237/10.68=0.022$$

⑤ 膜组件数量 $n$

$$n=\frac{Q(1+\alpha)}{q_z}=\frac{30000×(1+0.022)}{10.68}=2870.8(支)$$

膜系统分成 6 个膜池，每个膜池设 2 个膜单元，共 12 个单元（$N=12$），每个单元膜组件数量 $n_d=240$ 个，共 2880 个膜组件（$n_z=2880$）。

⑥ 校核膜通量

a. 正常过滤时，各膜单元实际膜通量

$$q_1=\frac{1000Q(1+\alpha)}{Tn_z f_z}=1000×\frac{30000×(1+0.022)}{23.74×2880×15}=29.9[L/(h \cdot m^2)]$$

b. 当一个膜单元进行物理性清洗时，其他膜单元通量为

$$q_2=q_1\frac{N}{N-1}=29.9×\frac{12}{12-1}=32.62[L/(h \cdot m^2)]$$

c. 当一格膜池进行化学清洗时，其他膜单元通量为

$$q_3=q_1\frac{N}{N-2}=29.9×\frac{12}{12-2}=35.88[L/(h \cdot m^2)]$$

d. 当一格膜池进行化学清洗、同时又有 1 个单元进行物理清洗时，其他膜单元通量为

$$q_3=q_1\frac{N}{N-3}=29.9×\frac{12}{12-3}=39.87[L/(h \cdot m^2)]$$

(2) 膜池设计 膜单元的平面尺寸为 $B×L=6.29m×1.34m$，膜池的平面尺寸为 $6.50m×3.10m$，膜单元在膜池内的布置如图 11-13 所示。

(3) 膜池高度 超高 $H_1=0.5m$；膜上淹没水深 $H_2=0.3m$；膜单元高度 $H_3=2.7m$

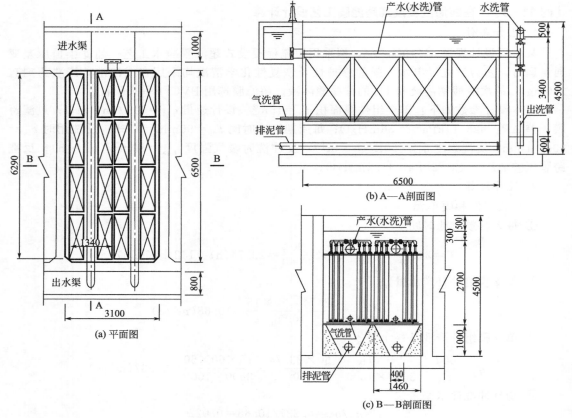

图 11-13　浸没式超滤膜池布置示意

（包括产水管）；污泥浓缩区高度 $H_4=1.0$ m；膜池总高为

$$H=H_1+H_2+H_3+H_4=0.5+0.3+2.7+1.0=4.50\text{(m)}$$

（4）进出水系统

① 进水渠。总进水渠宽度 $B_1$ 为 1.0m，起端水深 $H_5$ 为 0.9m，起端流速为

$$v_1=\frac{Q(1+\alpha)}{86400B_1H_5}=\frac{30000\times(1+0.022)}{86400\times1.0\times0.9}=0.39\text{(m/s)}$$

水力半径为

$$R_1=\frac{B_1H_5}{B_1+2H_5}=\frac{1.0\times0.9}{1.0+2\times0.9}=0.321\text{(m)}$$

渠道为混凝土结构，糙率 $n$ 为 0.013。渠道水头坡度为

$$i=\left(\frac{v_1n}{R_1^{2/3}}\right)^2=\left(\frac{0.39\times0.013}{0.321^{2/3}}\right)^2=1.17\times10^{-4}$$

进水渠水力坡度很小，水头损失可以忽略，可以保证各膜池配水均匀。

② 出水渠。出水渠宽度 $B_2$ 为 0.8m，末端水深 $H_6$ 为 0.5m，起端流速为

$$v_2=\frac{Q(1+\alpha)}{86400B_2H_6}=\frac{30000\times(1+0.022)}{86400\times0.8\times0.5}=0.89\text{(m/s)}$$

水力半径为

$$R_2=\frac{B_2H_6}{B_2+2H_6}=\frac{0.8\times0.5}{0.8+2\times0.5}=0.222\text{(m)}$$

渠道为混凝土结构，糙率 $n$ 为 0.013。渠道水头坡度为

$$i = \left(\frac{v_2 n}{R_2^{2/3}}\right)^2 = \left(\frac{0.89 \times 0.013}{0.222^{2/3}}\right)^2 = 9.96 \times 10^{-4}$$

出水渠设计坡度取 0.001。

③ 膜池进水孔。每格膜池设 1 个进水孔，进水孔尺寸 $B_3 \times H_7 = 0.3\text{m} \times 0.4\text{m}$，进水孔流速

$$v_k = \frac{2q_1}{B_3 H_7} = \frac{2 \times 29.9}{0.3 \times 0.4} = 0.5(\text{m/s})$$

过孔水头损失

$$h_k = \frac{1}{\mu^2} \times \frac{v_k^2}{2g} = \frac{1}{0.65^2} \times \frac{0.5^2}{2 \times 9.81} = 0.03(\text{m})$$

过水孔前后水位差取 0.05m。

④ 出水反洗管。每个膜单元反洗时流量为

$$Q_x = \frac{n_d f_z q_{fx}}{1000} = \frac{240 \times 15 \times 60}{1000} = 216(\text{m}^3/\text{h}) = 0.06(\text{m}^3/\text{s})$$

出水反洗管管径 $D_1$ 取 0.2m，管内流速为

$$v_3 = \frac{4Q_x}{\pi D_1^2} = \frac{4 \times 0.06}{3.14 \times 0.2^2} = 1.91(\text{m/s})$$

正常出水时一个单元出水流量为

$$Q_1 = \frac{n_d q_1 f_z}{1000} = \frac{240 \times 29.9 \times 15}{1000} = 107.64(\text{m}^3/\text{h}) = 0.0299(\text{m}^3/\text{s})$$

正常出水时管内流速为

$$v_4 = \frac{4Q_1}{\pi D_1^2} = \frac{4 \times 0.0299}{3.14 \times 0.2^2} = 0.95(\text{m/s})$$

当一个膜单元进行物理性清洗时，其他膜单元产水量为

$$Q_2 = \frac{n_d q_2 f_z}{1000} = \frac{240 \times 32.62 \times 15}{1000} = 117.43(\text{m}^3/\text{h}) = 0.033(\text{m}^3/\text{s})$$

此时管内流速

$$v_5 = \frac{4Q_2}{\pi D_1^2} = \frac{4 \times 0.033}{3.14 \times 0.2^2} = 1.05(\text{m/s})$$

当一格膜池进行化学清洗时，其他膜单元产水量为

$$Q_3 = \frac{n_d q_3 f_z}{1000} = \frac{240 \times 35.88 \times 15}{1000} = 129.17(\text{m}^3/\text{h}) = 0.036(\text{m}^3/\text{s})$$

此时管内流速

$$v_6 = \frac{4Q_3}{\pi D_1^2} = \frac{4 \times 0.036}{3.14 \times 0.2^2} = 1.15(\text{m/s})$$

当一格膜池进行化学清洗、同时又有 1 个单元进行物理清洗时，其他膜单元产水量为

$$Q_4 = \frac{n_d q_4 f_z}{1000} = \frac{240 \times 39.87 \times 15}{1000} = 143.53(\text{m}^3/\text{h}) = 0.04(\text{m}^3/\text{s})$$

此时管内流速

$$v_7 = \frac{4Q_4}{\pi D_1^2} = \frac{4 \times 0.04}{3.14 \times 0.2^2} = 1.27(\text{m/s})$$

⑤ 空气管。物理清洗时曝气强度 $q_{qx}$ 按膜池面积计算,取 $50m^3/(h \cdot m^2)$。当一个膜单元进行物理清洗时,曝气所需风量

$$Q_f = BLq_{qx}/2 = 6.5 \times 3.1 \times 50/2 = 503.75(m^3/h) = 8.4(m^3/min) = 0.14(m^3/s)$$

曝气管管径 $D_2$ 取 0.15m,管内流速

$$v_8 = \frac{4Q_f}{\pi D_2^2} = \frac{4 \times 0.14}{3.14 \times 0.15^2} = 7.92(m/s)$$

反洗气管的淹没水深为 3m,鼓风机的出口风压选定 40kPa,风量为 $8.4\ m^3/min$。

⑥ 排泥管采用穿孔管,管径 $D_3$ 取 0.2m。

(5) 化学清洗 维护性化学清洗和恢复性化学清洗都在膜池内进行清洗,区别在于药剂种类、浓度以及清洗时间不同。

维护性化学清洗一般 1~2 周进行一次,清洗药剂采用次氯酸钠,含量 0.02%(200mg/L),清洗时间一般 0.5~3h。

恢复性化学清洗分为 3 个阶段。第一阶段采用 0.5% 的氢氧化钠,第二阶段采用 0.1%(1000mg/L)的次氯酸钠,第三阶段采用 0.2% 的盐酸。清洗时间一般为 12~24h。

每格膜池中的 2 个膜单元同时进行化学清洗,清洗时需要先将药液在膜池内配置均匀,并确保药液将膜单元淹没。膜池构造见图 11-13,所需药液容积为

$$V = (3.1 \times 6.5 \times 2.7) + \left( \frac{0.4 + 1.46}{2} \times 1 \times 6.5 \times 2 \right) = 66.5(m^3)$$

① 氢氧化钠计算。氢氧化钠原液含量 $e_1$ 为 45%,清洗时含量 $e_2$ 为 0.5%,清洗 1 格膜池所需次氯酸钠原液体积

$$V_1 = \frac{e_1}{e_2}V = \frac{0.5}{45} \times 66.5 = 0.74(m^3)$$

所有膜池(共 6 格)清洗一遍需要氢氧化钠原液 $4.44m^3$,储存桶选用容积为 5000L 的 PE 塑料桶。膜池加药时间 $t$ 取 15min,氢氧化钠原液投加泵流量

$$Q_{药1} = V_1/t = 0.74/15 = 0.049(m^3/min) = 2.96(m^3/h) = 0.00082(m^3/s)$$

氢氧化钠原液投加管管径 $D_1$ 取 0.032m,管道内流速

$$v_{药1} = \frac{4Q_{药1}}{\pi D_{药1}^2} = \frac{4 \times 0.00082}{3.14 \times 0.032^2} = 1.02(m/s)$$

② 盐酸计算。盐酸原液含量 $e_3$ 为 31%,清洗时含量 $e_4$ 为 0.2%,清洗 1 格膜池所需次氯酸钠原液体积

$$V_2 = \frac{e_3}{e_4}V = \frac{0.2}{31} \times 66.5 = 0.43(m^3)$$

所有膜池清洗一遍需要盐酸原液 $2.58m^3$,储存桶选用容积为 3000L 的 PE 塑料桶。膜池加药时间 $t$ 取 15min,盐酸投加泵流量

$$Q_{药2} = V_2/t = 0.43/15 = 0.029(m^3/min) = 1.72(m^3/h) = 0.00048(m^3/s)$$

盐酸投加管管径 $D_{药2}$ 取 0.025m,管道内流速

$$v_{药2} = \frac{4Q_{药2}}{\pi D_{药2}^2} = \frac{4 \times 0.00048}{3.14 \times 0.025^2} = 0.97(m/s)$$

③ 次氯酸钠计算。次氯酸钠原液含量 $e_5$ 为 $10\%$，恢复性清洗时含量 $e_6$ 为 $0.1\%$（1000mg/L），清洗 1 格膜池所需次氯酸钠原液体积

$$V_3 = \frac{e_5}{e_6}V = \frac{0.1}{10} \times 66.5 = 0.665(\text{m}^3)$$

所有膜池（共 6 格）清洗一遍需要次氯酸钠原液 $3.99\text{m}^3$，5000L 的 PE 塑料桶可以满足 1 次需要。

膜池加药时间 $t$ 取 15min，此时次氯酸钠原液投加泵流量

$$Q_{药3} = V_3/t = 0.665/15 = 0.044(\text{m}^3/\text{min}) = 2.66(\text{m}^3/\text{h}) = 0.00074(\text{m}^3/\text{s})$$

次氯酸钠投加管管径 $D_{药3}$ 取 0.032m，管道内流速

$$v_{药3} = \frac{4Q_{药3}}{\pi D_{药3}^2} = \frac{4 \times 0.00074}{3.14 \times 0.032^2} = 0.92(\text{m/s})$$

维护性化学清洗时，次氯酸钠含量 $e_7$ 为 $0.02\%$，此时次氯酸钠用量

$$V_3 = \frac{e_7}{e_6}V = \frac{0.02}{10} \times 66.5 = 0.133(\text{m}^3)$$

只需要将次氯酸钠原液投加泵的投加时间缩短即可。

# 第十二章 配水井和清水池

## 第一节 配 水 井

为保证供水安全，水厂内同一净水构筑物分为多组或多格，且并联运行的净水构筑物间应配水均匀，因此需要配水井。配水井虽不是主要处理装置，但有着均衡发挥各个处理构筑物能力、保证各处理构筑物经济有效运行的作用，所以应给予足够重视。

### 一、概述

绝大多数配水设施采用水力配水，不仅构造简单，操作也很方便，无需人员操作即可自动均匀地配水。常见的水力配水设施有对称式、堰式和非对称式。

1. 对称式配水

适用于构筑物个数成双数的配水方式，连接管线可以是明渠或暗管。它的特点是管线完全对称（包括管径和长度），从而使各个配水方水头损失相等。此配水方式的构造和运行操作均较简单。缺点是占地大、管线长，而且接受配水的构筑物不能过多，一般不超过 4 个，否则会使工程造价增加较多。

2. 堰式配水

由进水井、溢流堰和相互分隔的出水井组成，进水从进水井进入，经等宽度溢流堰流入各个出水井再流向各构筑物。这种配水井是利用等宽度溢流堰的堰上水头相同、流量相等的原理来进行配水。堰可以是薄壁或厚壁的平顶堰。其特点是配水均匀不受通向构筑物管渠状况的影响，即使是长短不同或局部损失不同也能做到配水均匀，因而可不受构筑物平面位置的影响，可以对称布置也可以不对称布置。这种配水井是净水厂常用的配水设施，优点是配水均匀误差小，缺点是水头损失较大，配水管线较多。

堰式配水井设计时应保证各出水井溢流堰宽度相同，高度相同，堰上水头控制在 0.3m 以内。进水口应保证一定的淹没深度，以稳定溢流水位。

3. 非对称式配水

非对称式配水的原理是在进口处造成一个较大的局部损失如孔口入流等，让局部损失远大于沿程损失，从而实现均匀配水。非对称式配水常用于净水构筑物较多时的配水，例如多格滤池的配水。其优点是构造和操作都较简单，缺点是水头损失大，而且在流量变化时配水均匀程度也会随之变动，低流量时配水均匀度差。非对称配水时应尽量减少沿程水头损失，渠道内流速宜小于 0.3m/s，各构筑物入口处作用水头差别不大于 1%；

各种配水井的构造方式见图 12-1。

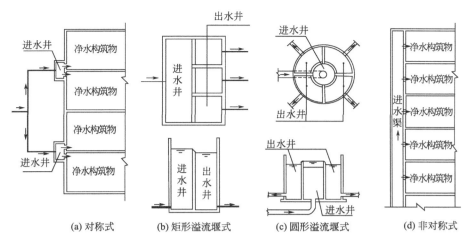

图 12-1  各种配水井的构造方式示意

(a) 对称式　　　(b) 矩形溢流堰式　　　(c) 圆形溢流堰式　　　(d) 非对称式

## 二、计算例题

### 【例 12-1】  圆形堰式配水井设计计算

1. 已知条件

某净水厂设计产水量 40000m³/d，水厂自用水系数 $\alpha$ 为 0.05%，沉淀池设计 4 座，沉淀池前设圆形堰式配水井。

2. 设计计算

（1）进水管管径 $D_1$　进水管设计流量

$$Q=1.05\times40000/24=1750(\text{m}^3/\text{h})=0.486(\text{m}^3/\text{s})$$

进水管流速 $v_1$ 控制在 0.95m/s，其管径

$$D_1=\sqrt{4Q/(\pi v_1)}=\sqrt{4\times0.486/(3.14\times0.95)}=0.807\approx0.8(\text{m})$$

（2）出水管管径 $D_2$　出水管共 4 根，每根出水管设计流量

$$Q_\text{i}=Q/4=0.486/4=0.122(\text{m}^3/\text{s})$$

出水管流速 $v_2$ 控制在 0.8m/s，其管径

$$D_2=\sqrt{4Q_\text{i}/(\pi v_2)}=\sqrt{4\times0.122/(3.14\times0.8)}=0.44\approx0.45(\text{m})$$

（3）进水井直径 $D_3$　进水井上升流速 $v_3$ 取 0.3m/s，进水井直径

$$D_3=\sqrt{4Q/(\pi v_3)}=\sqrt{4\times0.486/(3.14\times0.3)}=1.44\approx1.4(\text{m})$$

（4）堰上水头　进水井周长

$$L=\pi D_3=3.14\times1.4=4.4(\text{m})$$

出水井隔墙厚度 $\delta$ 取 0.2m，出水堰宽度

$$B=L/4-\delta=4.4/4-0.2=0.9(\text{m})$$

出水堰按薄壁堰计算，流量系数 $m_0$ 取 0.42，堰上水头

$$H_1=\sqrt[3]{\frac{Q_\text{i}^2}{m_0^2 B^2 2g}}=\sqrt[3]{\frac{0.122^2}{0.42^2\times0.9^2\times2\times9.81}}=0.174(\text{m})$$

（5）出水井直径　为方便检修，出水井宽度取 0.8m，则出水井直径

$$D_4=D_3+2(\delta+0.8)=1.4+2\times(0.2+0.8)=3.4(\text{m})$$

（6）配水井高度　溢水堰高度取 $H_2=3D_1=3\times0.8=2.4$ （m）

进水井水深　　$H_3 = H_1 + H_2 = 0.174 + 2.4 = 2.574$（m）

出水井水深　　$H_4 = H_1 - 0.1 = 2.4 - 0.1 = 2.3$（m）

出水井超高 $H_5 = 0.5$m，则配水井高度

$$H = H_4 + H_5 = 2.3 + 0.5 = 2.8(\text{m})$$

# 第二节　清　水　池

## 一、概述

清水池是用于暂存净化后清水的有盖水池，设有进水管、出水管、放空管、溢流装置、导流墙、水位计，通风管、集水坑、检修孔、爬梯等附属设施。为防止大气中灰尘对水质的污染，还可以在通风装管上加设空气过滤器。

清水池一般位于净水厂处理工艺的末端与供水泵房之前。其作用一是调节水量以适应供水量的变化，二是维持消毒剂与水的接触时间以确保消毒效果，保证水质安全，因此也是重要的水处理构筑物。

1. 清水池有效容积

清水池有效容积由 4 个部分组成。

（1）供水调节储量 $W_1$　指最高日供水调节储量。如果有最高日用水曲线资料，可根据用水曲线和产水曲线进行计算。如果缺乏用水曲线资料，调节容积可按水厂最高日供水量的 10%~20% 计算。

（2）自用水调节储量 $W_2$　水厂自用水绝大部分为沉淀池排泥用水和滤池冲洗用水，而二者均为间歇式用水，短时间内对产水曲线影响较大。因此，$W_2$ 可按一格沉淀池一次排泥量加一格滤池冲洗用水量计算。对于大型水厂（规模 $10^5 \text{m}^3/\text{d}$ 以上），$W_2$ 一般为自用水量的 5%~10%；对于小型水厂（规模 $5 \times 10^4 \text{m}^3/\text{d}$ 以下），$W_2$ 一般为自用水量的 15%~20%。

（3）消防用水储量 $W_3$　为保证城镇消防供水安全，清水池内应储存一定量的城镇室外消防用水。$W_3$ 的计算方法为

$$W_3 = (nQ_x + Q_g - Q_c) T$$

式中参数的含义如下。

① $n$ 为同时发生火灾次数，可根据《建筑设计防火规范》（GB 50016—2010）中的规定选用。$Q_x$ 为火灾发生时增加的消防供水量，一般情况下只包括室外消防用水量，室内消防用水应当由建筑物附设的消防供水设施供给。某些位于山区的城市供水压力较高，当地普遍采用常高压室内消防供水系统，此时 $Q_x$ 应包括室内消防用水。无论当地有几座水厂，每座水厂的 $W_3$ 均应满足上式要求。

② $Q_g$ 为水厂最高日最高时供水量，$Q_c$ 为水厂设计产水量。

③ $T$ 为火灾延续时间。现行各种防火设计规范对不同建筑物、不同场所、不同消防设施规定了不同的火灾延续时间，从 0.5~6h 不等。城镇供水系统应满足一般民用建筑消防供水需要，其火灾延续时间 2~3h。其他特殊消防建筑和特殊场所消防供水需要可通过建筑物附设的消防供水设施给予解决。

（4）安全储量 $W_4$　清水池使用一段时间后，池底一般会有一些沉积物。如果水位接近池底时继续供水，可能导致池底沉积物被水流搅起导致供水水质恶化。为防止这一现象，因此需要控制池内最小水深，由此产生的储量为安全储量。$W_4$ 等于清水池面积乘以最小水

深，最小水深一般为 $0.2\sim0.3m$。

清水池有效容积

$$W=W_1+W_2+W_3+W_4$$

**2. 消毒接触时间**

清水池兼作消毒接触池时，应保证消毒剂与水充分混合接触，采用氯消毒时接触时间不少于 $0.5h$，采用氯胺消毒时接触时间不少于 $2h$。计算接触时间时不应包括 $W_1$ 和 $W_2$，而是以 $W_3+W_4$ 为基础。

《室外给水设计规范》（GB 50013—2006）还规定，接触时间应满足 $CT$ 值的要求。其中 $C$ 为清水池出水剩余的消毒剂浓度，单位为 mg/L；$T$ 为消毒接触时间，单位为 min。$CT$ 值受水温、pH 值、消毒剂种类和病原微生物灭活度要求等因素的影响。较低的水温、较高的 pH 值和较高的灭活度要求，需要较大的 $CT$ 值，而消毒剂的氧化能力越强，所需的 $CT$ 值越小。目前国内还没有 $CT$ 值的标准，美国《地表水处理规则》（SWTR）中规定的 $CT$ 值见表 12-1 和表 12-2。

**表 12-1　兰伯贾第虫灭活率 90% 时的 $CT$ 值**

| 消毒剂种类 | pH 值 | 不同水温时的 $CT$ 值/[(mg/L)·min] | | | | | |
| --- | --- | --- | --- | --- | --- | --- | --- |
| | | 0.5℃ | 5℃ | 10℃ | 15℃ | 20℃ | 25℃ |
| 2mg/L 游离残留氯 | 6 | 49 | 39 | 29 | 19 | 15 | 10 |
| | 7 | 70 | 55 | 41 | 28 | 21 | 14 |
| | 8 | 101 | 81 | 61 | 41 | 30 | 20 |
| | 9 | 146 | 118 | 88 | 59 | 44 | 29 |
| 臭氧 | 6～9 | 0.97 | 0.63 | 0.48 | 0.32 | 0.24 | 0.16 |
| 二氧化氯 | 6～9 | 21 | 8.7 | 7.7 | 6.3 | 5 | 3.7 |
| 氯胺 | 6～9 | 1270 | 735 | 615 | 500 | 370 | 250 |

**表 12-2　pH6～9 时灭活肠内病毒的 $CT$ 值**

| 消毒剂种类 | 不同灭活率 | 不同水温时的 $CT$ 值/[(mg/L)·min] | | | | | |
| --- | --- | --- | --- | --- | --- | --- | --- |
| | | 0.5℃ | 5℃ | 10℃ | 15℃ | 20℃ | 25℃ |
| 游离残留氯 | 99.0% | 6 | 4 | 3 | 2 | 1 | 1 |
| | 99.9% | 9 | 6 | 4 | 3 | 2 | 1 |
| 臭氧 | 99.0% | 0.9 | 0.6 | 0.5 | 0.3 | 0.25 | 0.15 |
| | 99.9% | 1.4 | 0.9 | 0.8 | 0.5 | 0.4 | 0.25 |
| 二氧化氯 | 99.0% | 8.4 | 5.6 | 4.2 | 2.8 | 2.1 | 1.4 |
| | 99.9% | 25.6 | 17.1 | 12.8 | 8.6 | 6.4 | 4.3 |
| 氯胺 | 99.0% | 1243 | 857 | 643 | 428 | 321 | 214 |
| | 99.9% | 2036 | 1423 | 1067 | 712 | 543 | 356 |

上述接触时间应是有效接触时间，而不是水力停留时间。因为清水池内不可避免地存在"滞流"和"短流"的现象，使得部分水的停留时间小于水力停留时间，按水力停留时间进行设计不能保证水的充分消毒。

有效接触时间用 $t_{10}$ 表示。其定义为在水池入口加入一定量的示踪剂后，从出口流出的示踪剂数量达到加入量 10% 时所需要的时间。即有 10% 的水停留时间小于 $t_{10}$，而 90% 的水停留时间大于 $t_{10}$，因此按 $t_{10}$ 设计可以保证 90% 的水可以充分消毒。

有效停留时间与水力停留时间的比值 $t_{10}/T$ 在 0.1～1.0，并且与清水池内导流墙的设计关系密切。根据国内外有关研究，$t_{10}/T$ 与流道的长宽比呈正相关，即流道的长宽比越大，$t_{10}/T$ 越大。$t_{10}/T$ 可通过试验或计算机数值模拟获得，或参照金俊伟、刘文君等的研究成果按下式计算。

$$t_{10}/T=0.185\ln(L/B)-0.044$$

式中　$L$——增加导流墙后水流通道的总长度；

　　　$B$——水流通道的宽度。

另据张硕等的研究，流道的长宽比与 $t_{10}/T$ 的对应关系见表 12-3。杜志鹏等的研究表明，导流墙端部水流转折处的宽度也十分重要，过大或过小均不利于 $t_{10}/T$ 的提高，转折处宽度与水流通道的宽度的比例控制在 $0.8\sim1.0$ 为宜。

**表 12-3　流道长宽比与 $t_{10}/T$ 的对应关系**

| 流道长宽比 | 9 | 17 | 26 | 38 | 150 |
|---|---|---|---|---|---|
| $t_{10}/T$ | 0.263 | 0.27 | 0.496 | 0.537 | 0.7 |

### 3. 溢流设施设计

溢流设施是防止清水池水位过高威胁结构安全的工程措施，小型水池一般采用溢流喇叭口，大型清水池可采用溢流井。溢流设施应保证溢流能力大于最大进水量，安全系数可取 $1.5\sim2.0$。

溢流设施还应防止池内清水受到二次污染，应保证池外排水不得倒流进入池内。溢流出水管不得与外排水管道直接相连，而是通过水封井与室外排水管道连通。水封井水位应高于池外地面，当受条件限制无法做到时应采用防逆水封阀。

防逆水封阀是近年来出现的新产品，能够较好地防止清水池因溢流产生的二次污染，可以用于清水池设计高程较低，无法使溢流水封井水位高于池外地面的情况。防逆水封阀构造见图 12-2。

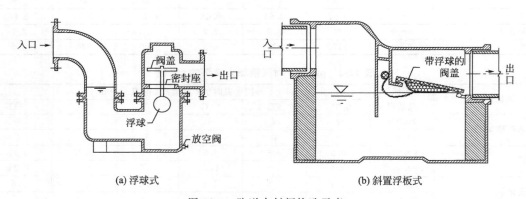

(a) 浮球式　　　　　　　　　　　　　(b) 斜置浮板式

图 12-2　防逆水封阀构造示意

防逆水封阀实际上是一个带有水封的止回阀。水封的作用是阻隔臭气、飞虫等进入，止回阀的作用是防止外部污水倒灌。

### 4. 通气设计

清水池运行时池内水位不断变化，水位上升时池内空气排出，水位下降时池外空气进入。清水池通气不畅，可能引起池内气压出现负压或超压，严重时可能导致水池遭到破坏。一般情况，池内气压变化幅度不大于 $\pm300\text{Pa}$。

## 二、计算例题

### 【例 12-2】　清水池工艺设计计算

#### 1. 已知条件

某净水厂设计供水量 $Q$ 为 $8\times10^4\text{m}^3/\text{d}$（$3333.3\text{m}^3/\text{h}$），自用水系数 $\alpha$ 为 5%。供水区

用水时变化系数 $K_h$ 为 1.42，室外消防用水量 $Q_x$ 为 55L/s，同时发生火灾次数 $n$ 为 2 次。水厂内设沉淀池 2 座，一次排泥耗水量 $W_沉$ 为 1585m³。水厂滤池采用 V 型滤池，分为 8 格，每格过滤面积 $f$ 为 54m²。滤池采用三阶段法气水联合冲洗。其中，气水同时冲洗时水洗强度 $q_{水1}$ 为 4L/（s·m²），用时 $t_{水1}$ 为 4min；单独水洗时水洗强度 $q_{水2}$ 为 6L/（s·m²），用时 $t_{水2}$ 为 4min。

2. 设计计算

（1）容积计算

① 调节容积 $W_1$。调节系数 $K_t$ 取 15%，调节容积为

$$W_1 = K_t Q = 0.15 \times 80000 = 12000（\text{m}^3）$$

② 自用水调节储量 $W_2$。滤池一次冲洗耗水量

$$W_滤 = 60f(q_{水1}t_{水1} + q_{水2}t_{水2})/1000 = 60 \times 54 \times (4 \times 4 + 6 \times 4)/1000 = 129.6（\text{m}^3）$$

自用水调节储量

$$W_2 = W_沉 + W_滤 = 1585 + 129.6 = 1714.6 \approx 1715（\text{m}^3）$$

③ 消防储量 $W_3$。最高时供水量

$$Q_g = K_h Q/24 = 1.42 \times 80000/24 = 4733（\text{m}^3/\text{h}）$$

水厂设计产水量

$$Q_c = \alpha Q = 1.05 \times 80000/24 = 3500（\text{m}^3/\text{h}）$$

火灾延续时间 $T$ 取 2h，消防储量

$$W_3 = (3.6nQ_x + Q_g - Q_c)T = (3.6 \times 2 \times 55 + 4733 - 3500) \times 2 = 3258（\text{m}^3）$$

④ 安全储量 $W_4$。清水池水深 $H_s$ 取 4.5m，最小水深取 0.2m，清水池有效面积

$$F = (W_1 + W_2 + W_3)/(H_s - H_{min}) = (12000 + 1715 + 3258)/(4.5 - 0.2) = 3947.2（\text{m}^2）$$

水清水池安全储量

$$W_4 = FH_{min} = 3947.2 \times 0.2 = 789.4（\text{m}^3）$$

⑤ 清水池总有效容积

$$W = W_1 + W_2 + W_3 + W_4 = 12000 + 1715 + 3258 + 798.4 = 17771.4（\text{m}^3）$$

⑥ 基本尺寸和水位。厂内设矩形清水池 2 座。池内支柱间距按 3.9m 布置，每座清水池长 50.7m，宽 39m，池深 4.8m，最大水深 4.5m，容积 8897.9m³，2 座水池总容积 17795.8m³。各种工况从池底计算的水位：最高水位 4.5m，消防水位 1.02m，最低水位 0.2m。

（2）溢流设计

① 溢流流量

$$Q_Y = 1.5Q_c = 1.5 \times 3500 = 5250（\text{m}^3/\text{h}） = 1.46（\text{m}^3/\text{s}）$$

② 溢流堰长度。堰上水头 $H$ 取 0.15m，流量系数 $m$ 取 0.42，溢流堰长度

$$L_Y = Q_Y/\sqrt{m^2 \times 2gH^3} = 1.46 \div \sqrt{0.42^2 \times (2 \times 9.81 \times 0.15^3)} = 13.5（\text{m}）$$

溢流井采用矩形，靠池一角布置，溢流堰长边 12.5m，短边 1m，实际长度为 13.5m。

③ 溢流出水管管径。溢流出水管管内流速 $v_溢$ 取 0.95m/s，管径为

$$D_溢 = \sqrt{4Q_溢/(\pi v_溢)} = \sqrt{4 \times 1.46/(3.14 \times 0.95)} = 1.4（\text{m}）$$

溢流出水管道上选配 $DN1400$mm 的防逆水封阀，水封阀后接厂内雨水管道。

（3）通气设计　通气管管径 $D_气$ 取 0.2m，管内空气流速 $v_气$ 取 5m/s，每根通气管的通气量

$$q_气 = \pi D_气^2 v_气/4 = 3.14 \times 0.2^2 \times 5/4 = 0.157（\text{m}^3/\text{s}）$$

此时通风管单位摩阻 $i_气$ 为 1.69Pa/m，通气管入口处局部系数 $\xi$ 为 0.5。通气管上安装

罩型通气帽。根据供货商提供的技术参数,当管内风速小于 5m/s 时,通气帽压力损失 $\Delta P_帽$ 不大于 150Pa。每根通气管长度 $L_气$ 为 1.7m,通风管总压力损失为

$$\Delta P = i_气 L_气 + \rho \xi v_气^2/2 + \Delta P_帽 = 1.69 \times 1.7 + 1.29 \times 0.5 \times 5^2/2 + 150 = 160.94 (\text{Pa})$$

池内最大通气量取 $Q_溢$,通气管数量

$$n = Q_溢/q_气 = 1.46/0.157 = 9.3 \approx 10 (根)$$

(4) 清水池消毒接触时间校核　详见例 12-3。

## 【例 12-3】　清水池消毒接触时间校核计算

### 1. 已知条件

设计供水量 $Q = 8 \times 10^4 \text{m}^3/\text{d} = 3333.3 \text{m}^3/\text{h}$;消毒有效接触时间 $T \geq 0.5\text{h}$;清水池座数 $n = 2$;单座清水池尺寸 $L \times B \times H = 50.7\text{m} \times 39\text{m} \times 4.8\text{m}$;最大水深 $H_1 = 4.5\text{m}$;消防储水深度 $H_2 = 1.02\text{m}$;导流墙间距 $B = 3.9\text{m}$;流道长度 $L = 507\text{m}$。

### 2. 设计计算

(1) 消防储水容积

$$V = nLBH_2 = 2 \times 50.7 \times 39 \times 1.02 = 4112.78 (\text{m}^3)$$

(2) 消防水位时水力停留时间

$$T = V/Q = 4033.69/3333.3 = 1.21 (\text{h})$$

(3) 有效停留时间与水力停留时间的比值

$$t_{10}/T = 0.185 \ln(L/B) - 0.044 = 0.185 \ln(507/3.9) - 0.044 = 0.86$$

(4) 有效接触时间

$$t_{10} = 0.86T = 0.86 \times 1.21 = 1.04 (\text{h})$$

$t_{10}$ 大于 0.5h,满足规范要求。如果 $t_{10}$ 不满足要求,应缩小清水池导流墙间距,提高接触时间,必要时增加消防储水深度。

(5) $CT$ 值　水池出水余氯控制在 0.4mg/L,则

$$CT = 0.4 \times 1.05 \times 60 = 25.2 [(\text{mg/L}) \cdot \text{min}]$$

对照表 12-1 和表 12-2,该 $CT$ 值可以满足肠内病毒灭活率 99.9% 的消毒要求(水温 0.5℃,$CT = 9$),但不能满足兰伯贾第虫灭活率 90% 的要求(水温 0.5℃,pH = 8,$CT = 101$),应对兰伯贾第虫应采取其他消毒剂。

# 第十三章　排泥水处理设施

## 第一节　净水厂排泥水来源及性能

### 一、排泥水来源

净水厂在生产大量城镇用水的同时，也产生了一定数量的废水。这些废水主要来源于沉淀池（澄清池）的排泥水、气浮池浮渣和滤池的反冲洗废水，预处理和深度处理过程也会有排泥水产生。

净水厂排泥水若不经处理就排入江河湖泊等水体，会成为水体的重要污染源，并淤积抬高河床，影响江河的航运和行洪排涝能力。

在城市建设规模不断扩大的同时，净水厂排出的污泥废水对环境的影响也越来越严重，净水厂排污所造成的资源及环境问题已经引起人们的广泛关注。所以，在我国 2006 年版的《室外给水设计规范》中，专门新增加了"净水厂排泥水处理"的内容要求。

### 二、排泥水的特性

净水厂排泥水的污染成分主要包括原水中的悬浮物、有机杂质、藻类以及处理过程中形成的化学沉淀物。各阶段排泥水的特性与净水处理工序的特点有关。

沉淀排泥水中的污染物质主要有混凝剂形成的金属氢氧化合物和泥沙、淤泥以及其他无机物、有机物等，其特点污染物随原始水质变化而有较大的变化：高浊度原水产生的污泥具有较好的浓缩和脱水性能；低浊度原水产生的污泥浓缩和脱水较困难。

滤池反冲洗水的特点是含泥浓度低，含固率小。

生物预处理段污泥性质与沉淀池排泥相近，但含有大量生物絮体、藻类和原生动物。

活性炭滤池反洗水与滤池反洗水特点类似，含固率更低，但含有部分从活性炭颗粒上脱落的生物絮体。

### 三、排泥水的性质

#### 1. 污泥水分存在形态与含固率

净水厂污泥中的水分以多种形态存在于污泥表面和内部，概括起来有四种：游离水分（即自由水分）、毛细管间隙水分、污泥表面吸附水分和污泥内部结合水分。

以上污泥的水分中，自由水最容易脱出，只需要简单的重力浓缩或机械脱水就能去除，而结合水最难去除,需对泥饼进行加热干化或焚烧处理才可去除。通过投加化学药剂(有机高分子聚合物、酸、碱等)进行预处理或冰冻-解冻预处理,可改变部分矾花水或毛细水的形态,成为较易脱出的自由水。

净水厂沉淀池排泥水含固率在 $0.2\%\sim2\%$,滤池反冲洗水含固率在 $0.05\%\sim0.15\%$。

### 2. 污泥比阻

污泥的脱水性能通常用比阻来表示,比阻越小,污泥的脱水性能越好。比阻的定义为在单位过滤面积上,截留 1kg 干泥所需克服的阻力。

混凝剂污泥的比阻随着 pH 值的增加而增加,随着原水浊度的增加而降低。混凝过程如果污泥矾花中含水量较高,则脱水速度慢,低浊度原水产生的氢氧化铝污泥脱水速度慢,而且脱水后泥饼的含固率低。

### 3. 污泥的压缩性与抗剪切强度

压缩性被认为是在脱水过程中矾花变形的结果,大多数的加混凝剂的水厂污泥是具有高压缩性的。当脱水工艺中压力提高时,高压缩性污泥的脱水速率会降低。

抗剪强度是影响污泥可处置性的一个重要性质,尤其在设计和分析污泥土地填埋稳定性时是非常关键的。传统上,人们把污泥脱水后的含固率作为衡量污泥处理和最终处置性质的方法,但是有研究表明,含固率在很大范围的污泥具有相似的处置性质,仅凭泥饼的含固率是不能直接判断污泥的可处置性的。

# 第二节 排泥水处理系统组成与工艺

## 一、排泥水处理系统组成

净水厂污泥处理的对象主要是滤池的冲洗废水和沉淀池的排泥水,其成分一般为原水中的悬浮物质和部分溶解物质以及在净水过程中投加的各种药剂。排泥水处理系统通常包括调节、浓缩、平衡、脱水以及泥饼、分离液处置等工序。

### 1. 调节

为使排泥水处理构筑物均衡运行以及保持进水水质相对稳定,一般在浓缩池前设置调节池。净水厂滤池的冲洗废水和沉淀池排泥水都是间歇排放,水量和水质都不稳定,设置调节池可使后续设施负荷均匀,有利于浓缩池的正常运行。通常把接纳滤池冲洗废水的调节池称为排水池或者废水池,接纳沉淀池排泥水的调节池称为排泥池。

### 2. 浓缩

净水厂排泥含固率一般很低,仅在 $0.05\%\sim0.5\%$,需进行浓缩处理。浓缩的目的是提高污泥浓度,缩小排泥水体积,减少后续处理设备的负荷,缩小脱水机的处理规模及运行费用。当采用泥水自然干化时污泥干化时间长、用地面积大。采用机械脱水时,供给的污泥浓度有一定要求,需对排泥水进行浓缩处理。含水率高的排泥水浓缩较为困难,为了提高泥水浓缩性,可投加絮凝剂、酸或设置二级浓缩。

### 3. 平衡

当原水浊度及处理水量变化时,净水厂排泥量和含固率也会相应变化。为了保证浓缩池排泥和脱水设备的有序衔接以及保持污泥脱水设备正常运行,需在浓缩池后设置一定容积的平衡池。设置平衡池还在原水浊度大于设计值时起到缓冲和贮存浓缩污泥的作用。

4. 脱水

浓缩后的浓缩污泥需经脱水处理，以进一步降低含水率、减小容积、便于搬运和最后处置。当采用机械方法进行污泥脱水处理时，还需投加石灰或高分子絮凝剂（如聚丙烯酰胺）等。

5. 泥饼

脱水后泥饼可以外运作为低洼池填埋土、垃圾场覆盖土，或作为建筑原料或掺加料等。泥饼成分应满足相应的环境质量标准及污染物控制标准。

6. 分离液处置

排泥水浓缩时将产生上清液，脱水过程会产生分离液。当上清液水质符合排放水域的排放标准时，可直接排放；当水质满足要求时也可考虑回用。分离液中悬浮物浓度较高，一般不符合排放标准，故不宜直接排放，可回流至浓缩池或排入下水系统。含有高分子絮凝剂成分的分离液回流到浓缩池进行循环处理，也有利于提高排泥水的浓缩程度。

## 二、工艺流程选择

根据净水厂的生产工艺和运行方式以及水源水质和泥饼的最终处置方式选择排泥水的处理工艺。工艺选择的主要内容是确定浓缩方式和脱水方式。

根据净水厂的规模、净水处理工艺、自动化程度、投入资金等情况，通常净水厂排泥水的处理工艺流程有下列几种，见图 13-1。

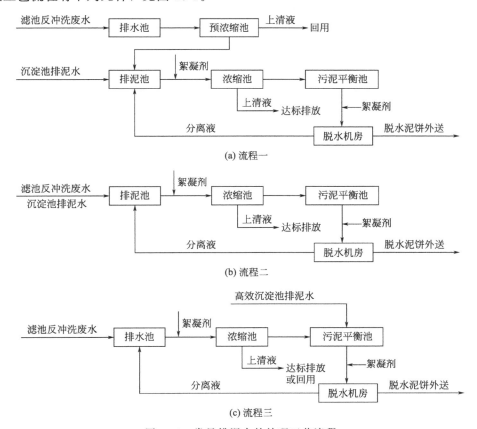

图 13-1　常见排泥水的处理工艺流程

（1）图 13-1（a）为沉淀池排泥水和滤池反冲洗排水分开收集处理流程。滤池反冲洗排水经预浓缩池浓缩后，底部污泥水与沉淀池排泥水一起浓缩、脱水。主要适用于以下情况：反冲洗排水浓缩上清液水质较好，能满足回用要求。沉淀池排泥水浓缩上清液达标排放，脱水机分离液排至排泥池。

（2）图 13-1（b）为沉淀池排泥水和滤池反冲洗排水合并收集处理流程。沉淀池排泥水和滤池反冲洗排水一起排入排泥池，统一进行浓缩、脱水处理。浓缩上清液达标排放，脱水机分离液排至排泥池。

（3）图 13-1（c）为净水厂采用高效沉淀池、其排泥水含固率达到 3％以上、可以直接进行污泥机械脱水的情况下使用，因此沉淀池排泥水直接进入污泥平衡池，仅反冲洗废水收集后浓缩处理。

# 第三节　排泥水水量和污泥处理量

进行净水厂排泥水处理设计，首先应确定排泥水和污泥的类型、性质以及所产生的排泥水和污泥数量。污泥的性质对于污泥脱水性能将产生很大影响。污水和污泥量的确定直接影响整个污水处理工程的设计规模，从而影响到设备配置和工程投资。净水厂的污泥量受多种因素影响，包括原水水质、水处理药剂投加量、采用的处理工艺和排泥的方式等。污水量决定浓缩池的尺寸大小，污泥量决定污泥脱水设备的台数与处理量。

## 一、排泥水水量的确定

净水厂的污水量可分为沉淀池（澄清池）排泥水量和滤池反冲洗废水量两部分，与水源水质、处理工艺、排泥方式和水厂操作管理水平等因素有关，一般污水占水厂生产水量的 4％～7％。

净水厂一泵房取水量和二泵房出水量之间的差值即为净水厂排出的污水总量，但不能分别确定出沉淀池排泥水量和滤池反冲洗排水量。

已投产的净水厂，根据净水厂的有关运行参数可以较准确地计算出沉淀池排泥水量和滤池反冲洗水量。

设计阶段的净水厂，沉淀池排泥水量和滤池反冲洗废水量可根据沉淀池排泥和滤池反冲洗的设计参数进行估算。

## 二、污泥量的确定

净水厂所产生的污泥量与污水处理厂所产生的污泥量有着显著不同的特点，其主要原因是由于各净水厂水源的浊度相差很大，即使同一个净水厂由于季节和天气的变化，原水的浊度也会大不相同，所以各净水厂的污水及污泥量变化很大，有的甚至相差几倍。

在净水厂的污水处理设计中，除了必须了解净水厂的沉淀池排泥水量、滤池冲洗水量外，还必须确定净水厂的干污泥量。干污泥量的合理取值，直接影响污泥脱水机械的选型配置、设备及构筑物的配备和设计、工程投资和工程的正常运行。因此，其计算的准确性非常重要。

净水厂干泥量的计算公式，主要有以下几种。

（1）我国《室外给水设计规范》(GB 50013—2006)中，采用式（13-1）进行计算

$$S=(K_1C_0+K_2D)Q\times10^{-6} \tag{13-1}$$

式中　$S$——总干泥量，$t/d$；

　　$C_0$——原水浊度设计取值，NTU；

　　$K_1$——原水浊度单位 NTU 与悬浮物 SS 单位 mg/L 的换算系数，应经过实测确定；

　　$D$——药剂投加量，mg/L；

　　$K_2$——药剂转化为干泥量的系数（采用 $Al_2O_3$ 时为 1.53）；

　　$Q$——设计水量，$m^3/d$。

该公式与日本水道协会《水道设施计算指针》（2000）中的计算公式基本相同。

（2）英国《供水》手册（2000）采用式（13-2）计算干泥量（总溶解固体 TDS）

$$TDS=Q(X+S+H+C+[Fe]'+[Mn]'+P+L+Y)\times10^{-6} \tag{13-2}$$

式中　$X$——混凝剂形成的悬浮固体，计算量采用 $X=f\times$混凝剂加注量（以 Al 或 Fe 计，mg/L），对于铝剂，$f=2.9$；对于铁剂，$f=1.9$；

　　$S$——悬浮固体，mg/L，当缺乏悬浮固体数据时，可近似取 2 倍浊度（NTU）值；

　　$H$——$0.2\times$色度；

　　$C$——$0.2\times$叶绿素 a 浓度，$\mu g/L$；

　$[Fe]'$——$1.9\times$水中含铁量，以 Fe 计，mg/L；

　$[Mn]'$——$1.6\times$水中含锰量，以 Mn 计，mg/L；

　　$P$——粉末活性炭（PAC）投加率，mg/L；

　　$L$——石灰加注量，mg/L；

　　$Y$——聚合电解质加注量，mg/L。

（3）美国 Cornwell 推荐公式（1981）

① 用铝盐作混凝剂时计算公式为

$$TDS=Q(0.44[Al]''+SS+B)\times10^{-6} \tag{13-3}$$

② 用铁盐作混凝剂时计算公式为

$$TDS=Q(1.9[Fe]+SS+B)\times10^{-6} \tag{13-4}$$

式中　$SS$——原水中总悬浮固体，mg/L；

　$[Al]''$——硫酸铝投加率，以 $Al_2(SO_4)_3\cdot14H_2O$ 计，mg/L；

　　$B$——水净化处理过程中投加的其他添加剂，如黏土或粉末活性炭等，mg/L；

其他符号意义同前。

综合上述公式，对于以除浊、除色为主的净水厂，其干泥量可按式（13-5）、式（13-6）计算。

用铝盐时：　　　　$$TDS=Q(TE_1+0.2C+1.53A+B)\times10^{-6} \tag{13-5}$$

用铁盐时：　　　　$$TDS=Q(TE_1+0.2C+1.9F+B)\times10^{-6} \tag{13-6}$$

式中　$Q$——设计水量，$m^3/d$；

　　$T$——原水浊度设计取值，NTU；

　　$E_1$——原水浊度单位 NTU 与悬浮物 SS 单位 mg/L 的换算系数；

　　$C$——叶绿素 a 浓度，$\mu g/L$；

　　$B$——水净化处理过程中投加的其他添加剂用量，如黏土或粉末活性炭等，mg/L。

式（13-5）、式（13-6）中的 $A$、$F$ 分别以 $Al_2O_3$ 和 Fe 计，当采用商品硫酸铝或氯化铁等时，应换算成 $Al_2O_3$ 和 Fe。

## 三、计算例题

### 【例 13-1】 排泥水干泥量的计算

1. 已知条件

某净水厂设计水量 $10 \times 10^4 \mathrm{m}^3/\mathrm{d}$,设计原水浊度值为 99 NTU,混凝剂为 $Al_2O_3$,浓度为 10%,投加量 $D$ 为 20mg/L。

2. 设计计算

① 根据《室外给水设计规范》(GB 50013—2006),总干泥量采用式 (13-1) 进行计算。

② 经实测,浊度单位的换算值 $K_1$ 为 0.90。

③ 对 $Al_2O_3$ 其转化为干泥量系数 $K_2$ 为 1.53。

④ 总干泥量

$$S = (K_1 C_0 + K_2 D)Q \times 10^{-6}$$
$$= (0.90 \times 99 + 1.53 \times 20) \times 10 \times 10^4 \times 10^{-6}$$
$$= 11.97 \ (\mathrm{t/d})$$

# 第四节 调节池

## 一、概述

调节池的作用主要是将澄清池和滤池的反冲洗排泥水均质均量化,以保证向浓缩池提供浓度较为均匀、流量较为恒定的污泥。因此,调节池内设潜水搅拌机以使池内污泥处于悬浮状态及保持浓度均匀;同时在池内设潜水泵,以恒定流量向浓缩池投配污泥。

沉淀池排泥水和滤池反冲洗废水是间歇产生的,且流量较大,而浓缩池设计时考虑处理负荷,基本上是连续运行的,因此需设置调节池以解决废水收集和浓缩之间能力差值。排泥水调节池用以收集沉淀池排泥水,其容积必须满足排泥期间吸泥机排泥能力和排泥水浓缩能力的差值;反冲洗废水调节池则收集滤池反冲洗废水,不仅需在容积上考虑滤池反冲洗废水排放能力与浓缩能力的差值,还需考虑反冲洗废水的回用问题。

## 二、设计要点

1. 排水池与排泥池的相同点

(1) 考虑调节池的清扫和维修,调节池的个数或分格个数不宜少于 2 个,按同时工作设计,并能单独运行、分别泄空。

(2) 排水池、排泥池出流流量尽可能均匀、连续。

(3) 当调节池对入流流量进行均质、均量时,池内应设扰流设施;当只进行量的调节时,池内应分别设沉泥和上清液取出设施。

(4) 沉淀池排泥水和滤池反冲洗废水宜采用重力流入排水池、排泥池。

调节池的设计有两种形式,一种是分建式,即排水池与排泥池分别单独设置;另一种是合建式,即排泥池与排水池合建,既接受沉淀池排泥,又接受滤池反冲洗废水。

排泥水处理系统的排水池和排泥池宜采用分建;但当排泥水送往厂外处理、且不考虑废水回用、或排泥水处理系统规模较小时,可采用合建。

2. 排水池

（1）排水池收集的主要是滤池的反冲洗废水，因此排水池设计需与滤池冲洗方式相适应。

（2）滤池最大一次反冲洗水量一般是最大一格滤池的反冲洗水量。但是当滤池格数较多时，可能发生多格滤池在同一时序同时冲洗或连续冲洗，最大一次反冲洗水量应按多格滤池冲洗计算。

排水池除调节反冲洗废水外，还存在浓缩池上清液流入排水池的工况。因此，有此这种工况时，还应考虑对这部分水量的调节。

（3）排水池有效水深一般为 2～4m，当排水池不考虑作预浓缩时，池内宜设水下搅拌机，以防止污泥沉积。

（4）排水池底部应有一定坡度，以便洗清排空。

（5）当考虑排水池兼作预浓缩池时，排水池应设上清液引出装置及沉泥排出装置。

（6）当考虑滤池冲洗废水回用时，排水泵流量的选择应注意对净水构筑物的冲击负荷不宜过大，一般宜控制在不大于净水规模的 4%。

（7）当滤池冲洗废水直接排放时，排水泵的流量要考虑一格滤池冲洗的废水量在下一格滤池冲洗前排完。如两格滤池冲洗间隔很短时，也可考虑在反冲洗水流入排水池后即开泵排水，以延长水泵运行时间，减小水泵流量。

（8）排水池设计主要是确定排水池的容积。排水池的容积与滤池的格数、面积大小及滤池反冲洗的时序安排有关。

排水池容量 $W$ 按式（13-7）计算

$$W = (qT + q't)A \times 10^{-3} + V_1 + V_2 \tag{13-7}$$

式中　$W$——排水池池容，$m^3$；

　　　$A$——一次反冲洗的滤池面积，$m^2$；

　　　$T$——滤池反冲洗持续时间，s；

　　　$t$——表面冲洗持续时间，s；

　　　$q$——滤池反冲洗强度，$L/(s \cdot m^2)$；

　　　$q'$——滤池表面冲洗强度，$L/(s \cdot m^2)$；

　　　$V_1$——滤池初滤水排放量，$m^3$；

　　　$V_2$——滤池反冲洗前的最大降水量，$m^3$。

3. 排泥池

排泥池间断地接受沉淀池的排泥或排水池的底泥，同时还包括来自脱水机的分离液和设备冲洗水量。

（1）排泥池的容量不能小于沉淀池最大一次排泥量或不小于全天的排泥总量，同时应包括来自脱水分离液和设备冲洗的水量。

（2）排泥池的有效水深一般为 2～4m。

（3）排泥池内应设液下搅拌装置，以防止污泥沉积。

（4）排泥池进水管和污泥引出管管径应大于 $DN150$，以免管道堵塞。

## 三、计算例题

**【例 13-2】　滤池反冲洗排水池的计算**

1. 已知条件

设计产水量 $10 \times 10^4 \, m^3/d$，水厂自用水量按 5% 计算；滤池分 6 格，单格滤池面积 84m²。

设计参数如下：滤速 $v=9$m/h；单独气洗时，气洗强度 $q_{气1}=15$L/（s·m²）；气水同洗时，气洗强度 $q_{气2}=15$L/（s·m²），水洗强度 $q_{水1}=4$L/（s·m²）；单独水洗时，水洗强度 $q_{水2}=5$L/（s·m²）；反冲横扫强度 2.0L/（s·m²）。

冲洗时间共计 $t=12$min；单独气洗时间 $t_{气}=3$min；气水同洗时间 $t_{气水}=4$min；单独水洗时间 $t_{水}=5$min；排放初滤水 15min，冲洗周期 $T=48$h。

滤池反冲洗前的降水量，应根据当地情况详细计算，本例题取 $V_2=1$m³。

2. 设计计算

（1）初滤水量

$$V_1=vAt=9×84×15/60=189（m³）$$

（2）排水池容积　采用式（13-7）进行计算

$$W=（qT+q't）A×10^{-3}+V_1+V_2$$
$$=（4.0×4×60+5.0×5×60+2.0×12×60）×84+10^{-3}+189+1$$
$$=517.6（m³）$$

排水池分 2 格，单格尺寸池长宽各取 8.5m，有效高度 4m，超高 1m。排水池总有效容积为 578m³。

（3）进出水管道

① 进水管道。进水分为初滤水和反冲洗水两部分，管道应根据最大进水时的流量计算。最大进水时为初滤水排放，水量为 $Q_1$，进水管道流速 $v_1$ 取 1.2m/s。

$$Q_1=vA=9×84=756(m³/h)=0.21(m³/s)$$

进水管直径为 $D=\sqrt{\dfrac{4Q}{v_1\pi}}=\sqrt{\dfrac{4×0.21}{1.2×3.14}}=0.48(m)$，管径取 0.5m。

② 出水管道。排水池出水有回用和排放两种去向，根据排水去向确定排水泵的流量。压力排水管道流速为 1.0~2.0m/s，进而计算排水管道直径。

（4）底坡　排水池底部设 0.5%~1% 的坡度，坡向集水坑。

## 【例13-3】　沉淀池的排泥池设计计算

1. 已知条件

同【例13-1】。

设计参数如下：沉淀池排泥浓度 $m$ 为 1.0%，泥渣干密度 $\rho_k$ 为 2.6t/m³，沉淀池每天排泥一次。

2. 设计计算

（1）干泥量

$$S=（K_1C_0+K_2D）Q×10^{-6}=（0.90×99+1.53×20）×10×10^4×10^{-6}=11.97(t/d)$$

（2）泥浆密度

$$\rho_g=1/(\frac{m}{\rho_k}+1-m)=1/(\frac{0.01}{2.6}+1-0.01)=1.006(t/m³)$$

（3）沉淀池排泥量

$$G_s=S/m\rho_g=11.97/（0.01×1.006）=1189.9（m³/d）$$

（4）排泥池容积　沉淀池的排泥周期 $T$ 为 1d。

排泥池的容量不能小于沉淀池最大一次排泥量或不小于全天的排泥总量，同时应包括来自脱水分离液和设备冲洗的水量。因此，安全系数取 1.2。

$$V = 1.2G_sT = 1.2 \times 1189.9 \times 1 = 1427.88 \ (m^3)$$

排泥池分 2 格，有效水深取 4m，单格尺寸为池长宽各取 13.5m，超高取 1.0m。排泥池总有效容积为 1458m³。

池底设 0.5%～1%的坡度，坡向集水坑。

（5）进出水管道　排泥池进出水管道流速为 1.0～2.0m/s，根据污泥浓度（<1%）选取，浓度高者取上限，反之取下限。

进水管根据沉淀池排泥方式及其排泥量确定管径，管径不小于 $DN150mm$。

出水管根据污泥浓缩方式（重力浓缩根据浓缩池进水流量，机械浓缩根据其处理能力及工作时间）确定管径，管径不小于 $DN150mm$。

# 第五节　污泥浓缩池

## 一、概述

浓缩池的功能是对调节后的泥水进一步浓缩，减少脱水污泥的体积，从而减轻后续脱水处理的负荷。

污泥浓缩池是整个排泥水处理过程的核心部分，底部流出的污泥浓度将直接影响污泥的脱水效果。排泥水浓缩是通过重力或机械的作用使固液分离从而降低排泥水体积的重要手段。浓缩法有重力浓缩、气浮浓缩和机械浓缩等，其中运用最广泛、操作最简单的是重力浓缩法。常用的重力浓缩池有圆形辐流式浓缩池、上向流斜板或斜管浓缩池等。

## 二、设计要点

（1）排泥水浓缩宜采用重力浓缩，当采用气浮浓缩和离心浓缩时，应通过技术经济比较确定。浓缩后污泥的含固率应满足选用脱水机械的进机浓度要求，且不低于 2%。

（2）重力浓缩池宜采用圆形或方形辐流式浓缩池，当占地面积受限制时，通过技术经济比较；可采用斜板（管）浓缩池。

（3）重力浓缩池面积可按固体通量计算，并按液面负荷校核。固体通量、液面负荷通过沉降浓缩试验或按相似排泥水浓缩数据确定。当无试验数据和资料时，辐流式浓缩池固体通量可取 0.5～1.0kg 干固体/（m²·h），液面负荷不大于 1.0m³/（m²·h）。

（4）重力浓缩池为间歇进水和间歇出泥时，可采用浮动槽收集上清液，提高浓缩效果。

（5）浓缩池处理的泥量除沉淀池排泥量外还需考虑清洗沉淀池、排泥池、排泥池所排出的水量以及脱水机的分离液量等。

（6）浓缩池池数宜采用 2 个或 2 个以上。

（7）重力浓缩池池边水深宜为 3.5～4.5m，当考虑泥水在浓缩池作临时储存时，池边水深可适当增大。

（8）进流部分应尽量不使进水扰乱污泥界面和浓缩区域。

（9）浓缩池上清液一般采用固定式溢流堰，为了不使沉降污泥随上清液流出，溢流堰负荷率应控制在 150m³/（m·d）以下。

（10）为使污泥进一步浓缩，刮泥机上宜设置浓缩栅条提高浓缩效果。为避免污泥再上浮，外缘线速度不宜大于 2m/min。

（11）重力浓缩池底部应有一定坡度以便刮泥和将泥集中刮到池中央集泥斗，池底坡度为 8%～10%。

(12) 污泥引出管管径不应小于 $DN200mm$。

## 三、计算例题

### 【例13-4】 固体通量法设计重力浓缩池的计算

1. 已知条件

某净水厂日产污泥 $Q=2000m^3$，含水率 $p_0=99.3\%$（固体浓度 $C_0=7kg/m^3$），浓缩后污泥的含固率达到 $C_e=3\%$，设计重力浓缩池。

设计参数如下：浓缩池固体通量 $G$ 取 $1.0kg$ 干固体/$(m^2 \cdot h)$，池底坡度取 8%，超高 $h_1$ 取 $0.3m$。

2. 设计计算

(1) 浓缩池面积 $A$

$$A=\frac{QC_0}{24G}$$

式中　$Q$——污泥量，$m^3/d$；

$C_0$——污泥初始固体浓度，$kg/m^3$；

$G$——污泥浓缩池固体通量，$1.0kg$ 干固体/$(m^2 \cdot h)$。

$$A=\frac{QC_0}{24G}=\frac{2000\times7}{24\times1.0}=583.3 （m^2）$$

(2) 设计采用 2 座圆形辐流式浓缩池，浓缩池单池直径 $D$ 为

$$D=\sqrt{\frac{4A}{n\pi}}=\sqrt{\frac{4\times583.3}{2\times3.14}}=19.28 （m），取 D=20.0m。$$

(3) 校核液面负荷 $q$

$$q=\frac{Q}{24A}=\frac{2000}{24\times583.3}=0.14[m^3/(m^2 \cdot h)]$$

小于 $1.0 m^3/(m^2 \cdot h)$，满足规范要求。

(4) 浓缩池有效水深 $h_2$

$$h_2=\frac{QT}{24A}$$

式中　$T$——浓缩时间，$h$，取 $T=24h$。

$$h_2=\frac{QT}{24A}=\frac{2000\times24}{24\times583.3}=3.43 （m）$$

(5) 浓缩池深度 $H$　辐流式浓缩池计算简图见图 13-2。超高 $h_1=0.3m$，缓冲层高度取 $h_3=0.3m$，池底坡度取 8%，污泥斗下底直径 $D_1=1.0m$，上底直径 $D_2=2.4m$。

池底坡度造成的深度 $h_4$

$$h_4=\left(\frac{D}{2}-\frac{D_2}{2}\right)\times8\%=\left(\frac{20}{2}-\frac{2.4}{2}\right)\times8\%=0.70 （m）$$

泥斗高度 $h_5$

$$h_5 = \left(\frac{D_2}{2} - \frac{D_1}{2}\right) \times \tan 55° = \left(\frac{2.4}{2} - \frac{1.0}{2}\right) \times \tan 55° = 1.0 \text{（m）}$$

浓缩池深度 $H$

$$H = h_1 + h_2 + h_3 + h_4 + h_5 = 0.3 + 3.43 + 0.3 + 0.70 + 1.0 = 5.73 \text{（m）}$$

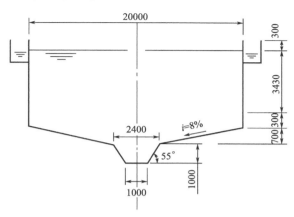

图 13-2　辐流式浓缩池计算简图

# 第六节　污泥平衡池

## 一、概述

污泥平衡池为平衡浓缩池连续运行和脱水机间断运行而设置，同时可储存高浊度时的污泥。

平衡池的容积决定了污泥脱水系统的抗冲击能力，如果原水浊度短期大量提高，产生的浓缩污泥超过了脱水机械的处理能力，则超出部分的污泥可储存在平衡池内，待以后处理。

## 二、设计要点

平衡池的设计要点如下。

（1）池容积根据脱水机房工作情况和高浊度时增加的污泥储存量而定。

（2）池有效深度一般为 2～4m。

（3）池内应设液下搅拌机，以防止污泥沉积和平衡污泥浓度。

（4）污泥提升泵容量和所需压力，应根据采用脱水机类型和工况决定。

（5）污泥平衡池进泥管和出泥管管径应大于 $DN150mm$，以免管道堵塞。

## 三、计算例题

### 【例 13-5】　污泥平衡池设计计算

1. 已知条件

净水厂设计水量 $10 \times 10^4 \text{m}^3/\text{d}$，平均原水浊度取值 40NTU，夏季洪水期原水浊度取 120NTU，经实测确定 $K_1$ 取 0.90；投加的药剂为 $Al_2O_3$，药剂投加量 $D$ 为 20mg/L；浓度为 10%，$K_2$ 取值为 1.53。浓缩后污泥的含固率达到 3%，污泥脱水系统按平均浊度污泥产量进行设置，计算平衡池容积。

设计参数如下：浓缩池排泥浓度 $m$ 取 $3.0\%$，泥渣干密度 $\rho_k$ 取 $2.6t/m^3$。

2. 设计计算

（1）干污泥产量 根据《室外给水设计规范》（GB 50013—2006），干泥量采用式（13-1）进行计算。

① 平均时干污泥产量 $S$

$$S = (K_1 C_0 + K_2 D) Q \times 10^{-6} = (0.90 \times 40 + 1.53 \times 20) \times 10 \times 10^4 \times 10^{-6} = 6.66 (t/d)$$

② 夏季洪水期干污泥产量 $S'$

$$S' = (K_1 C_0 + K_2 D) Q \times 10^{-6} = (0.90 \times 120 + 1.53 \times 20) \times 10 \times 10^4 \times 10^{-6} = 13.86 (t/d)$$

（2）泥浆密度

$$\rho_g = \frac{1}{\dfrac{m}{\rho_k} + 1 - m} = \frac{1}{\dfrac{0.03}{2.6} + 1 - 0.03} = 1.019 \ (t/m^3)$$

（3）浓缩池排泥量

① 平均时浓缩池排泥量

$$G_s = \frac{S}{m\rho_g} = \frac{6.66}{0.03 \times 1.019} = 217.86 \ (m^3/d)$$

② 洪水期浓缩池排泥量

$$G'_s = \frac{S'}{m\rho_g} = \frac{13.86}{0.03 \times 1.019} = 453.39 \ (m^3/d)$$

（4）污泥平衡池有效容积 $V$ 污泥平衡池有效容积与污泥脱水机的运行及洪水期的天数有关，本次设计污泥脱水系统处理能力按平均浊度污泥产量设置，洪水期按 1d 计算。

$$V = G'_s - G_s = 453.39 - 217.86 = 235.53 \ (m^3)$$

污泥平衡池采用圆形钢筋混凝土结构，直径 $D = 9m$，有效高度为 4m。

# 第七节  污泥脱水

## 一、概述

目前适合净水厂排泥水处理的脱水设备有：真空过滤机、带式压滤机、离心脱水机及板框压滤机。

几种污泥脱水设备的性能比较见表 13-1。

表 13-1  几种污泥脱水设备的性能比较

| 设备名称 | 性能特点 | 备注 |
|---|---|---|
| 真空过滤机 | 能耗高,辅助设备噪声大,设备厂房占地面积大,出泥含固率低,滤布容易堵塞,效率低 | 采用较少 |
| 带式压滤机 | 连续出泥、易管理、电耗低;产生的污泥量较多,污泥处置费用较大,出泥含固率较低,污泥截留率较低,要求进入压滤机的污泥絮体成团 | 污泥脱水需加药,采用较少 |

续表

| 设备名称 | 性能特点 | 备注 |
|---|---|---|
| 普通板框 | 较经济,出泥含固率较高,一般投加聚合物和石灰;泥饼无法自动卸落,劳动强度大,滤布易破损 | 目前国内采用的多为此种 |
| 离心脱水机 | 自动化程度高、连续运行、管理方便、运行方式灵活、占地面积小、出泥含固率较高。截留率高、反冲洗水量较少,电耗较高、噪声较大、维修困难,污泥需经絮凝成团后方能脱水 | 采用较多,污泥脱水需加药 |
| 滤布行走式板框压滤机 | 出泥含固率高,不需投加药剂可使污泥含固率达到45%以上,自动化程度高,污泥截留率高 | 污泥脱水不加药 |

根据表 13-1 对各种脱水设备性能的描述,本次仅对常用的板框压滤机进行设计计算。

## 二、计算例题

### 【例 13-6】 高压板框压滤机脱水设计计算

1. 已知条件

同【例 13-1】。

设计参数:板框压滤机进泥含水率 97%,出泥含水率 60%;每天工作 8h,每个周期 4h,每天 2 个周期（$n=2$）。

2. 设计计算

(1) 干污泥质量 计算结果同【例 13-1】,$S=11.97$ (t/d)。

(2) 脱水后污泥密度

$$\rho_g = \frac{1}{\dfrac{m}{\rho_k}+1-m} = \frac{1}{\dfrac{0.4}{2.6}+1-0.4} = 1.327 \ (t/m^3)$$

(3) 脱水后污泥的体积

$$V = \frac{S}{(1-P)\rho} = \frac{11.97}{(1-60\%) \times 1.327} = 22.55 \ (m^3)$$

式中 $V$——脱水后污泥体积,$m^3$;

$S$——干污泥重量,t/d;

$P$——脱水后污泥含水率,%;

$\rho$——脱水后污泥密度,t/$m^3$。

(4) 过滤面积 根据设备性能,每平方米过滤面积可形成 15L 的固体容积,每周期需要过滤面积 $A$

$$A = \frac{V}{0.015n} = \frac{22.55}{0.015 \times 2} = 751.67 \ (m^2)$$

设计选用二台（一用一备）高压板框压滤机,滤布有效过滤面积为 770$m^2$。

具体设备选型根据过滤面积并参考设备样本进行。

# 附　录

## 附录一　《地表水环境质量标准》
### （GB 3838—2002）（摘）

本标准项目共计 109 项，其中地表水环境质量标准基本项目 24 项，集中式生活饮用水地表水源地补充项目 5 项，集中式生活饮用水地表水源地特定项目 80 项。

本标准适用于中华人民共和国领域内江河、湖泊、运河、渠道、水库等具有使用功能的地表水水域。具有特定功能的水域，执行相应的专业用水水质标准。

1. 水域功能和标准分类

依据地表水水域环境功能和保护目标，按功能高低依次划分为五类：

Ⅰ类　主要适用于源头水、国家自然保护区；

Ⅱ类　主要适用于集中式生活饮用水地表水源地一级保护区、珍稀水生生物栖息地、鱼虾类产卵场、仔稚幼鱼的索饵场等；

Ⅲ类　主要适用于集中式生活饮用水地表水源地二级保护区、鱼虾类越冬场、洄游通道、水产养殖区等渔业水域及游泳区；

Ⅳ类　主要适用于一般工业用水区及人体非直接接触的娱乐用水区；

Ⅴ类　主要适用于农业用水区及一般景观要求水域。

对应地表水上述五类水域功能，将地表水环境质量标准基本项目标准值分为五类，不同功能类别分别执行相应类别的标准值。水域功能类别高的标准值严于水域功能类别低的标准值。同一水域兼有多类使用功能的，执行最高功能类别对应的标准值。

2. 标准值

地表水环境质量标准基本项目标准限值见表 1。

集中式生活饮用水地表水源地补充项目标准限值见表 2。

集中式生活饮用水地表水源地特定项目标准限值见表 3。

集中式生活饮用水地表水源地水质评价的项目应包括表 1 中的基本项目、表 2 中的补充项目以及由县级以上人民政府环境保护行政主管部门从表中选择确定的特定项目。

表 1　地表水环境质量标准基本项目标准限值　　　　　　　　单位：mg/L

| 项　　目 | 分　类 | | | | |
|---|---|---|---|---|---|
| | Ⅰ类 | Ⅱ类 | Ⅲ类 | Ⅳ类 | Ⅴ类 |
| 水温（℃） | 人为造成的环境水温变化应限制在：<br>周平均最大温升≤1<br>周平均最大温降≤2 | | | | |
| pH 值(无量纲) | 6～9 | | | | |

续表

| 项　　目 | | 分　　类 | | | | |
|---|---|---|---|---|---|---|
| | | Ⅰ类 | Ⅱ类 | Ⅲ类 | Ⅳ类 | Ⅴ类 |
| 溶解氧 | ≥ | 饱和率90％（或7.5） | 6 | 5 | 3 | 2 |
| 高锰酸盐指数 | ≤ | 2 | 4 | 6 | 10 | 15 |
| 化学需氧量（COD） | ≤ | 15 | 15 | 20 | 30 | 40 |
| 五日生化需氧量（$BOD_5$） | ≤ | 3 | 3 | 4 | 6 | 10 |
| 氨氮（$NH_3$-N） | ≤ | 0.15 | 0.5 | 1.0 | 1.5 | 2.0 |
| 总磷（以 P 计） | ≤ | 0.02（湖、库0.01） | 0.1（湖、库0.025） | 0.2（湖、库0.05） | 0.3（湖、库0.1） | 0.4（湖、库0.2） |
| 总氮（湖、库，以 N 计） | ≤ | 0.2 | 0.5 | 1.0 | 1.5 | 2.0 |
| 铜 | ≤ | 0.01 | 1.0 | 1.0 | 1.0 | 1.0 |
| 锌 | ≤ | 0.05 | 1.0 | 1.0 | 2.0 | 2.0 |
| 氟化物（以 $F^-$ 计） | ≤ | 1.0 | 1.0 | 1.0 | 1.5 | 1.5 |
| 硒 | ≤ | 0.01 | 0.01 | 0.01 | 0.02 | 0.02 |
| 砷 | ≤ | 0.05 | 0.05 | 0.05 | 0.1 | 0.1 |
| 汞 | ≤ | 0.00005 | 0.00005 | 0.0001 | 0.001 | 0.001 |
| 镉 | ≤ | 0.001 | 0.005 | 0.005 | 0.005 | 0.01 |
| 铬（六价） | ≤ | 0.01 | 0.05 | 0.05 | 0.05 | 0.1 |
| 铅 | ≤ | 0.01 | 0.01 | 0.05 | 0.05 | 0.1 |
| 氰化物 | ≤ | 0.005 | 0.05 | 0.02 | 0.2 | 0.2 |
| 挥发酚 | ≤ | 0.002 | 0.002 | 0.005 | 0.01 | 0.1 |
| 石油类 | ≤ | 0.05 | 0.05 | 0.05 | 0.5 | 1.0 |
| 阴离子表面活性剂 | ≤ | 0.2 | 0.2 | 0.2 | 0.3 | 0.3 |
| 硫化物 | ≤ | 0.05 | 0.1 | 0.2 | 0.5 | 1.0 |
| 粪大肠菌群（个/L） | ≤ | 200 | 2000 | 10000 | 20000 | 40000 |

表 2　集中式生活饮用水地表水源地补充项目标准限值　　　单位：mg/L

| 项　　目 | 标　准　值 | 项　　目 | 标　准　值 |
|---|---|---|---|
| 硫酸盐（以 SO 计） | 250 | 铁 | 0.3 |
| 氯化物（以 Cl 计） | 250 | 锰 | 0.1 |
| 硝酸盐（以 N 计） | 10 | | |

表 3　集中式生活饮用水地表水源地特定项目标准限值　　　单位：mg/L

| 序号 | 项　　目 | 标准值 | 序号 | 项　　目 | 标准值 |
|---|---|---|---|---|---|
| 1 | 三氯甲烷 | 0.06 | 17 | 丙烯醛 | 0.1 |
| 2 | 四氯化碳 | 0.002 | 18 | 三氯乙醛 | 0.01 |
| 3 | 三溴甲烷 | 0.1 | 19 | 苯 | 0.01 |
| 4 | 二氯甲烷 | 0.02 | 20 | 甲苯 | 0.7 |
| 5 | 1,2-二氯乙烷 | 0.03 | 21 | 乙苯 | 0.3 |
| 6 | 环氧氯丙烷 | 0.02 | 22 | 二甲苯① | 0.5 |
| 7 | 氯乙烯 | 0.005 | 23 | 异丙苯 | 0.25 |
| 8 | 1,1-二氯乙烯 | 0.03 | 24 | 氯苯 | 0.3 |
| 9 | 1,2-二氯乙烯 | 0.05 | 25 | 1,2-二氯苯 | 1.0 |
| 10 | 三氯乙烯 | 0.07 | 26 | 1,4-二氯苯 | 0.3 |
| 11 | 四氯乙烯 | 0.04 | 27 | 三氯苯② | 0.02 |
| 12 | 氯丁二烯 | 0.002 | 28 | 四氯苯③ | 0.02 |
| 13 | 六氯丁二烯 | 0.0006 | 29 | 六氯苯 | 0.05 |
| 14 | 苯乙烯 | 0.02 | 30 | 硝基苯 | 0.017 |
| 15 | 甲醛 | 0.9 | 31 | 二硝基苯④ | 0.5 |
| 16 | 乙醛 | 0.05 | 32 | 2,4-二硝基甲苯 | 0.0003 |

| 序号 | 项目 | 标准值 | 序号 | 项目 | 标准值 |
|---|---|---|---|---|---|
| 33 | 2,4,6-三硝基甲苯 | 0.5 | 57 | 马拉硫磷 | 0.05 |
| 34 | 硝基氯苯⑤ | 0.05 | 58 | 乐果 | 0.08 |
| 35 | 2,4-二硝基氯苯 | 0.5 | 59 | 敌敌畏 | 0.05 |
| 36 | 2,4-二氯苯酚 | 0.093 | 60 | 敌百虫 | 0.05 |
| 37 | 2,4,6-三氯苯酚 | 0.2 | 61 | 内吸磷 | 0.03 |
| 38 | 五氯酚 | 0.009 | 62 | 百菌清 | 0.01 |
| 39 | 苯胺 | 0.1 | 63 | 甲萘威 | 0.05 |
| 40 | 联苯胺 | 0.0002 | 64 | 溴氰菊酯 | 0.02 |
| 41 | 丙烯酰胺 | 0.0005 | 65 | 阿特拉津 | 0.003 |
| 42 | 丙烯腈 | 0.1 | 66 | 苯并[a]芘 | $2.8 \times 10^{-6}$ |
| 43 | 邻苯二甲酸二丁酯 | 0.003 | 67 | 甲基汞 | $1.0 \times 10^{-6}$ |
| 44 | 邻苯二甲酸二(2-乙基己基)酯 | 0.008 | 68 | 多氯联苯⑥ | $2.0 \times 10^{-5}$ |
| 45 | 水合肼 | 0.01 | 69 | 微囊藻毒素-LR | 0.001 |
| 46 | 四乙基铅 | 0.0001 | 70 | 黄磷 | 0.003 |
| 47 | 吡啶 | 0.2 | 71 | 钼 | 0.07 |
| 48 | 松节油 | 0.2 | 72 | 钴 | 1.0 |
| 49 | 苦味酸 | 0.5 | 73 | 铍 | 0.002 |
| 50 | 丁基黄原酸 | 0.005 | 74 | 硼 | 0.5 |
| 51 | 活性氯 | 0.01 | 75 | 锑 | 0.005 |
| 52 | 滴滴涕 | 0.001 | 76 | 镍 | 0.02 |
| 53 | 林丹 | 0.002 | 77 | 钡 | 0.7 |
| 54 | 环氧七氯 | 0.0002 | 78 | 钒 | 0.05 |
| 55 | 对硫磷 | 0.003 | 79 | 钛 | 0.1 |
| 56 | 甲基对硫磷 | 0.002 | 80 | 铊 | 0.0001 |

① 二甲苯：指对-二甲苯、间-二甲苯、邻-二甲苯。

② 三氯苯：指 1,2,3-三氯苯、1,2,4-三氯苯、1,3,5-三氯苯。

③ 四氯苯：指 1,2,3,4-四氯苯、1,2,3,5-四氯苯、1,2,4,5-四氯苯。

④ 二硝基苯：指对-二硝基苯、间-二硝基苯、邻-二硝基苯。

⑤ 硝基氯苯：指对-硝基氯苯、间-硝基氯苯、邻-硝基氯苯。

⑥ 多氯联苯：指 PCB-1016、PCB-1221、PCB-1232、PCB-1242、PCB-1248、PCB-1254、PCB-1260。

# 附录二 《生活饮用水卫生标准》
## (GB 5749—2006)(摘)

本标准适用于城乡各类集中式供水的生活饮用水，也适用于分散式供水的生活饮用水。

生活饮用水水质应符合表 1 和表 3 卫生要求。集中式供水出厂水中消毒剂限值、出厂水和管网末梢水中消毒剂余量均应符合表 2 要求。

小型集中式供水和分散式供水的水质因条件限制，水质部分指标可暂按照表 4 执行，其余指标仍按表 1、表 2 和表 3 执行。

当发生影响水质的突发性公共事件时，经市级以上人民政府批准，感官性状和一般化学指标可适当放宽。

当饮用水中含有表 5 所列指标时，可参考此表限值评价。

表 1　水质常规指标及限值

| 指　标 | 限　值 |
|---|---|
| 1. 微生物指标[①] | |
| 总大肠菌群(MPN/100mL 或 CFU/100mL) | 不得检出 |
| 耐热大肠菌群(MPN/100mL 或 CFU/100mL) | 不得检出 |
| 大肠埃希氏菌(MPN/100mL 或 CFU/100mL) | 不得检出 |
| 菌落总数(CFU/mL) | 100 |
| 2. 毒理指标 | |
| 砷/(mg/L) | 0.01 |
| 镉/(mg/L) | 0.005 |
| 铬(六价)/(mg/L) | 0.05 |
| 铅/(mg/L) | 0.01 |
| 汞/(mg/L) | 0.001 |
| 硒/(mg/L) | 0.01 |
| 氰化物/(mg/L) | 0.05 |
| 氟化物/(mg/L) | 1.0 |
| 硝酸盐(以 N 计)/(mg/L) | 10<br>地下水源限制时为 20 |
| 三氯甲烷/(mg/L) | 0.06 |
| 四氯化碳/(mg/L) | 0.002 |
| 溴酸盐(使用臭氧时)/(mg/L) | 0.01 |
| 甲醛(使用臭氧时)/(mg/L) | 0.9 |
| 亚氯酸盐(使用二氧化氯消毒时)/(mg/L) | 0.7 |
| 氯酸盐(使用复合二氧化氯消毒时)/(mg/L) | 0.7 |
| 3. 感官性状和一般化学指标 | |
| 色度(铂钴色度单位) | 15 |
| 浑浊度(散射浑浊度单位)/NTU | 1<br>水源与净水技术条件限制时为 3 |
| 臭和味 | 无异臭、异味 |
| 肉眼可见物 | 无 |
| pH 值 | 不小于 6.5 且不大于 8.5 |
| 铝/(mg/L) | 0.2 |
| 铁/(mg/L) | 0.3 |
| 锰/(mg/L) | 0.1 |
| 铜/(mg/L) | 1.0 |
| 锌/(mg/L) | 1.0 |
| 氯化物/(mg/L) | 250 |
| 硫酸盐/(mg/L) | 250 |
| 溶解性总固体/(mg/L) | 1000 |
| 总硬度(以 $CaCO_3$ 计)/(mg/L) | 450 |
| 耗氧量($COD_{Mn}$法,以 $O_2$ 计)/(mg/L) | 3<br>水源限制,原水耗氧量>6mg/L 时为 5 |
| 挥发酚类(以苯酚计)/(mg/L) | 0.002 |
| 阴离子合成洗涤剂/(mg/L) | 0.3 |
| 4. 放射性指标[②] | 指导值 |
| 总 α 放射性/(Bq/L) | 0.5 |
| 总 β 放射性/(Bq/L) | 1 |

　　① MPN 表示最可能数;CFU 表示菌落形成单位。当水样检出总大肠菌群时,应进一步检验大肠埃希菌或耐热大肠菌群;水样未检出总大肠菌群,不必检验大肠埃希菌或耐热大肠菌群。

　　② 放射性指标超过指导值,应进行核素分析和评价,判定能否饮用。

### 表2 饮用水中消毒剂常规指标及要求

| 消毒剂名称 | 与水接触时间 | 出厂水中限值/(mg/L) | 出厂水中余量/(mg/L) | 管网末梢水中余量/(mg/L) |
|---|---|---|---|---|
| 氯气及游离氯制剂（游离氯） | 至少30min | 4 | ≥0.3 | ≥0.05 |
| 一氯胺（总氯） | 至少120min | 3 | ≥0.5 | ≥0.05 |
| 臭氧（$O_3$） | 至少12min | 0.3 | — | 0.02 如加氯，总氯≥0.05 |
| 二氧化氯（$ClO_2$） | 至少30min | 0.8 | ≥0.1 | ≥0.02 |

### 表3 水质非常规指标及限值

| 指 标 | 限 值 | 指 标 | 限 值 |
|---|---|---|---|
| 1. 微生物指标 | | 三卤甲烷（三氯甲烷、一氯二溴甲烷、二氯一溴甲烷、三溴甲烷的总和） | 该类化合物中各种化合物的实测浓度与其各自限值的比值之和不超过1 |
| 贾第鞭毛虫/(个/10L) | <1 | | |
| 隐孢子虫/(个/10L) | <1 | | |
| 2. 毒理指标 | | 1,1,1-三氯乙烷/(mg/L) | 2 |
| 锑/(mg/L) | 0.005 | 三氯乙酸/(mg/L) | 0.1 |
| 钡/(mg/L) | 0.7 | 三氯乙醛/(mg/L) | 0.01 |
| 铍/(mg/L) | 0.002 | 2,4,6-三氯酚/(mg/L) | 0.2 |
| 硼/(mg/L) | 0.5 | 三溴甲烷/(mg/L) | 0.1 |
| 钼/(mg/L) | 0.07 | 七氯/(mg/L) | 0.0004 |
| 镍/(mg/L) | 0.02 | 马拉硫磷/(mg/L) | 0.25 |
| 银/(mg/L) | 0.05 | 五氯酚/(mg/L) | 0.009 |
| 铊/(mg/L) | 0.0001 | 六六六（总量,mg/L） | 0.005 |
| 氯化氰（以 $CN^-$ 计）/(mg/L) | 0.07 | 六氯苯/(mg/L) | 0.001 |
| 一氯二溴甲烷/(mg/L) | 0.1 | 乐果/(mg/L) | 0.08 |
| 二氯一溴甲烷/(mg/L) | 0.06 | 对硫磷/(mg/L) | 0.003 |
| 二氯乙酸/(mg/L) | 0.05 | 灭草松/(mg/L) | 0.3 |
| 1,2-二氯乙烷/(mg/L) | 0.03 | 甲基对硫磷/(mg/L) | 0.02 |
| 二氯甲烷/(mg/L) | 0.02 | 百菌清/(mg/L) | 0.01 |
| 呋喃丹/(mg/L) | 0.007 | 六氯丁二烯/(mg/L) | 0.0006 |
| 林丹/(mg/L) | 0.002 | 丙烯酰胺/(mg/L) | 0.0005 |
| 毒死蜱/(mg/L) | 0.03 | 四氯乙烯/(mg/L) | 0.04 |
| 草甘膦/(mg/L) | 0.7 | 甲苯/(mg/L) | 0.7 |
| 敌敌畏/(mg/L) | 0.001 | 邻苯二甲酸二(2-乙基己基)酯/(mg/L) | 0.008 |
| 莠去津/(mg/L) | 0.002 | | |
| 溴氰菊酯/(mg/L) | 0.02 | 环氧氯丙烷/(mg/L) | 0.0004 |
| 2,4-滴/(mg/L) | 0.03 | 苯/(mg/L) | 0.01 |
| 滴滴涕/(mg/L) | 0.001 | 苯乙烯/(mg/L) | 0.02 |
| 乙苯/(mg/L) | 0.3 | 苯并[a]芘/(mg/L) | 0.00001 |
| 二甲苯/(mg/L) | 0.5 | 氯乙烯/(mg/L) | 0.005 |
| 1,1-二氯乙烯/(mg/L) | 0.03 | 氯苯/(mg/L) | 0.3 |
| 1,2-二氯乙烯/(mg/L) | 0.05 | 微囊藻毒素-LR/(mg/L) | 0.001 |
| 1,2-二氯苯/(mg/L) | 1 | 3. 感官性状和一般化学指标 | |
| 1,4-二氯苯/(mg/L) | 0.3 | 氨氮(以 N 计)/(mg/L) | 0.5 |
| 三氯乙烯/(mg/L) | 0.07 | 硫化物/(mg/L) | 0.02 |
| 三氯苯（总量）/(mg/L) | 0.02 | 钠/(mg/L) | 200 |

表 4　农村小型集中式供水和分散式供水部分水质指标及限值

| 指　　标 | 限　　值 |
|---|---|
| 1. 微生物指标 | |
| 菌落总数/(CFU/mL) | 500 |
| 2. 毒理指标 | |
| 砷/(mg/L) | 0.05 |
| 氟化物/(mg/L) | 1.2 |
| 硝酸盐(以 N 计)/(mg/L) | 20 |
| 3. 感官性状和一般化学指标 | |
| 色度(铂钴色度单位) | 20 |
| 浑浊度(散射浊度单位)/NTU | 3<br>水源与净水技术条件限制时为 5 |
| pH 值 | 不小于 6.5 且不大于 9.5 |
| 溶解性总固体/(mg/L) | 1500 |
| 总硬度(以 CaCO$_3$ 计)/(mg/L) | 550 |
| 耗氧量(COD$_{Mn}$法,以 O$_2$ 计)/(mg/L) | 5 |
| 铁/(mg/L) | 0.5 |
| 锰/(mg/L) | 0.3 |
| 氯化物/(mg/L) | 300 |
| 硫酸盐/(mg/L) | 300 |

表 5　生活饮用水水质参考指标及限值

| 指　　标 | 限　　值 |
|---|---|
| 肠球菌/(CFU/100mL) | 0 |
| 产气荚膜梭状芽孢杆菌/(CFU/100mL) | 0 |
| 二(2-乙基己基)己二酸酯/(mg/L) | 0.4 |
| 二溴乙烯/(mg /L) | 0.00005 |
| 二英(2,3,7,8-TCDD)/(mg/L) | 0.00000003 |
| 土臭素(二甲基萘烷醇)/(mg /L) | 0.00001 |
| 五氯丙烷/(mg/L) | 0.03 |
| 双酚 A/(mg/L) | 0.01 |
| 丙烯腈/(mg/L) | 0.1 |
| 丙烯酸/(mg/L) | 0.5 |
| 丙烯醛/(mg/L) | 0.1 |
| 四乙基铅/(mg /L) | 0.0001 |
| 戊二醛/(mg /L) | 0.07 |
| 甲基异莰醇-2/(mg /L) | 0.00001 |
| 石油类(总量)/(mg/L) | 0.3 |
| 石棉(>10$\mu$m)/(万个/L) | 700 |
| 亚硝酸盐/(mg/L) | 1 |
| 多环芳烃(总量)/(mg /L) | 0.002 |
| 多氯联苯(总量)/(mg /L) | 0.0005 |
| 邻苯二甲酸二乙酯/(mg/L) | 0.3 |
| 邻苯二甲酸二丁酯/(mg/L) | 0.003 |
| 环烷酸/(mg/L) | 1.0 |
| 苯甲醚/(mg/L) | 0.05 |
| 总有机碳(TOC)/(mg/L) | 5 |
| 萘酚-β/(mg/L) | 0.4 |
| 黄原酸丁酯/(mg /L) | 0.001 |
| 氯化乙基汞/(mg /L) | 0.0001 |
| 硝基苯/(mg/L) | 0.017 |

# 参考文献

[1] 崔玉川，袁果. 水处理工艺设计计算. 北京：水利电力出版社，1988.

[2] 严煦世主编. 给水排水工程快速设计手册. 第1册. 北京：中国建筑工业出版社，1995.

[3] 金儒霖，刘永龄. 污泥处置. 北京：中国建筑工业出版社，1982.

[4] 严煦世，范瑾初主编. 给水工程. 第四版. 北京：中国建筑工业出版社，1999.

[5] 国家环境保护局科技标准司，环境工程科技协调委员汇编. 混凝技术. 北京：中国环境科学出版社，1992.

[6] 丁亚兰主编. 国内外给水工程设计实例. 北京：化学工业出版社，1999.

[7] 陈培康，裘本昌主编. 给水净化新工艺. 北京：学术书刊出版社，1990.

[8] 上海市政工程设计院主编. 给水排水设计手册·第3册. 北京：中国建筑工业出版社，1986.

[9] 化学工业出版社组织编写. 水处理工程典型设计实例. 北京：化学工业出版社，2001.

[10] 张自杰主编. 排水工程. 北京：中国建筑工业出版社，2000.

[11] 徐彬士，李同德编著. 虹吸滤池. 北京：中国建筑工业出版社，1985.

[12] 许保久，安鼎年著. 给水处理理论与设计. 北京：中国建筑工业出版社，1992.

[13] 钟淳昌主编. 净水厂设计. 北京：中国建筑工业出版社，1986.

[14] 崔玉川编. 净水厂设计知识. 北京：中国建筑工业出版社，1987.

[15] 夏永明编. 炼油污水过滤技术概述. 北京：中国建筑工业出版社，1982.

[16] 王占生，刘文君编著. 微污染水源饮用水处理. 北京：中国建筑工业出版社，1999.

[17] 冯逸仙，杨世纯编著. 反渗透水处理工程. 北京：中国电力出版社，2000.

[18] 建筑工程常用数据手册编写组. 给水排水常用数据手册. 北京：中国建筑工业出版社，2002.

[19] 李圭白，刘超著. 地下水除铁除锰. 北京：中国建筑工业出版社，1989.

[20] 李圭白，蒋展鹏，范瑾初，龙腾锐编. 城市水工程概论. 北京：中国建筑工业出版社，2002.

[21] 李永存，李伟，吴建华编著. 饮用水健康与饮用水处理技术问答. 北京：中国石化出版社，2004.

[22] 崔玉川主编. 饮水·水质·健康. 第2版. 北京：中国建筑工业出版社，2009.

[23] 崔玉川主编. 水的除盐方法与工程应用. 北京：化学工业出版社，2009.

[24] 崔玉川主编. 城市污水厂处理设施设计计算. 第2版. 北京：化学工业出版社，2011.

[25] 张林生主编. 水的深度处理与回用技术. 北京：化学工业出版社，2010.

[26] 许嘉炯，净水高效沉淀设计技术研究与优化. 给水排水，2010，(10).

[27] 林野，陈建涌，朱列平编译. 供水膜过滤技术问答. 北京：化学工业出版社，2009.

[28] 李圭白，杨艳玲. 超滤——第三代城市饮用水净化工艺的核心技术. 供水技术，2007，(1)：1-3.

[29] 何寿平，张国宇. 以浸没式超滤膜为核心的短流程净水工艺的应用与思考. 给水排水，2011，(1)：27-33.

[30] 张国宇，何寿平. 浸入式超滤膜技术在净水处理中的应用. 中国环保产业，2011，(6)：38-39.

[31] 顾宇人，曹林春，陈春圣，蓁潼. 超滤膜法短流程工艺在南通市芦泾水厂提标改造工程中的应用. 给水排水，2010，(11)：9-15.

[32] 纪洪杰，高伟，常海庆，梁恒，田希彬，郭爱玲，李圭白，沈裘昌. 南郊水厂超滤膜组合工艺运行情况评价. 供水技术，2011，(3)：1-5.

[33] United States Environmental Protection Agency. MEMBRANE FILTRATION GUIDANCE MANUAL，EPA 815-R-06-009 November，2005.

[34] 上海市政工程设计院主编. 给水排水设计手册·城镇给水. 第3册. 第2版. 北京：中国建筑工业出版社，2004.

[35] 北京市市政工程设计研究总院主编. 给水排水设计手册·城镇排水. 第5册. 第2版. 北京：中国建筑工业出版社，2004.

[36] 上海市政工程设计院主编. 给水排水设计手册·专用机械. 第9册. 第2版. 北京：中国建筑工业出版社，2000.

[37] 陆少鸣，等. 对城市污水处理厂几个配水问题的探讨. 中国给水排水，2002，(18)：61-63.

[38] 刘文君，等. 清水池设计改进原理和应用. 给水排水，2004，(5)：10-12.

［39］李瑞成，等. 翻板型滤池在实际工程中的设计探讨. 中国给水排水，2006，（18）：48-51.

［40］金俊伟，等. 影响清水池 $t_{10}/T$ 值的因素试验研究. 给水排水，2004，（12）：36-39.

［41］许保玖，著. 给水处理理论. 北京：中国建筑工业出版社，2000.

［42］A. M. 库尔干诺夫，等著. 给水排水系统水力计算手册. 郭连起译. 北京：中国建筑工业出版社，1983.

［43］靖大为编著. 反渗透系统优化设计. 北京：化学工业出版社，2006.

［44］上海市政工程设计研究总院（集团）有限公司主编. 给水排水设计手册·城镇给水. 第3册. 第3版. 北京：中国建筑工业出版社，2017.

［45］水利部水利水电规划设计总院主编. 水工设计手册·灌排、供水. 第9卷. 第2版. 北京：中国水利水电出版社，2014.

［46］中国市政工程华北设计研究总院，珠海九通水务有限公司主编. 水平管沉淀池工程技术规程. CECS 338—2014. 北京：中国计划出版社，2014.

［47］张建国，张良纯，刘玲云. 水平管沉淀分离装置的开发研究. 给水排水，2008，24（9）：47-51.

［48］薛石龙，周密，张良纯. 水平管沉淀用于低温低浊或高浊原水水厂扩建工程. 中国给水排水，2017，33（20）：100-103.

［49］李家星，赵振兴主编. 水力学. 第2版. 南京：河海大学出版社，2001.

［50］张自杰主编. 排水工程（下册）. 第5版. 北京：中国建筑工业出版社，2015.

［51］陆在宏，陈咸华，等主编. 给水厂排泥水处理及污泥处置利用技术. 北京：中国建筑工业出版社，2015.

［52］孔祥娟，戴晓虎，张辰主编. 城镇污水处理厂污泥处理处置技术. 北京：中国建筑工业出版社，2016.

［53］郄燕秋. 张金松主编. 净水厂改扩建设计. 北京：中国建筑工业出版社，2017.

［54］黄敏，王少华. 张家港市第三水厂排泥水处理设计. 净水技术，2016，35（3）：103-106.

［55］王军. 净水厂排泥水处理系统工艺设计. 供水技术，2017，11（2）：46-48.

［56］王南威. 给水厂的污水及污泥处理设计研究. 重庆：重庆大学. 2004.

［57］林秋明. 广州市北部水厂排水池排泥设计经验探讨. 工业建设与设计. 2018（14）：92-93.

［58］李天琪. ActifloR 微砂加重絮凝高效沉淀工艺设计介绍. 给水排水. 2009，35（4）：11-13.

［59］杨莲红. 高密度加砂沉淀工艺在低温低浊水处理中的应用. 工业科技. 2013，1（42）：26-28.

［60］周云，李富生，汤浅晶. 日本柴岛净水厂深度处理工艺. 净水技术，2002，21（3）：25-28.

［61］岳军武. 谈国内外给水厂的污泥处理. 职业教育研究，2003（5）：104-105.

［62］钱孟康. 当代中国和欧美城市给水处理技术的比较. 给水排水动态，2000（4）：32-44.

［63］关怀民. 欧洲部分国家给水厂处理工艺简介. 给水排水动态，2004（3）：42-44.

［64］张伟，陈仁灼. 北美给水厂紫外线消毒系统设计方法简介. 中国给水排水，2010，26（8）：50-53.

［65］曹春秋. 日本水厂工艺流程概述. 交通与港航，1998（1）：24-26.

［66］左金龙，崔福义，赵志伟. 国外城市给水处理技术实例. 水处理技术，2006，32（5）：77-79.

［67］李伟进，唐孝国，平文凯. 新型 Actiflo 加砂高速沉淀池及其工程应用. 中国给水排水. 2006. 26（6）：55-57.

［68］张素霞，徐扬，刘永康，等. ACTIFLO 微砂加重絮凝斜管高效沉淀技术. 中国给水排水，2006，22（8）：26-31.

［69］崔玉川，周建军. 组合平管沉淀装置的研究. 中国给水排水，1993.（01）：9-13.

［70］H Sakamoto. Introduction of the Advanced Water Purification Plant in Waterworks［J］. J. Env. cons. eng，1988，17（9），546-551.

［71］D Laylander. Inferring Settlement Systems for the Prehistoric Hunter-Gatherers of San Diego County，California［J］. Journal of California & Great Basin Anthropology，1997，19（2）：179-196.

［72］A Bhatnagar，W Hogland，M Marques，M Sillanpää. An Overview of the Modification Methods of Activated Carbon for its Water Treatment Applications［J］. Chemical Engineering Journal，2013，219（3）：499-511

［73］Ali I.，Gupta V. K. Advances in Water Treatment by Adsorption Technology［J］. Nat. Protoc，2006，1（6）：2661-2667.

［74］Qu X. L.，Alvarez P. J. J.，Li Q. L. Applications of Nanotechnology in Water and Wastewater Treatment［J］. Water Res. 2013；47（12）：3931-3946.

# 作 者 简 介

**崔玉川**　1934 年 11 月出生，太原理工大学教授，主要研究方向为水质处理理论与技术、城市与工业节约用水技术与管理，曾任太原理工大学原环境与市政工程系主任、全国高等院校给水排水工程学科专业指导委员会委员、中国土木工程学会给水排水学会理事、山西省锅炉水处理学会副理事长、太原智林节约用水技术研究所所长等。

1993 年获得享受政府特殊津贴。2000 年被建设部科技司及全国给水排水学会确认为"中国水工业有影响的专家学者"。2017 年荣获中国老科技工作者协会奖。

在中国建筑工业出版社、化学工业出版社、中国水利电力出版社等出版社，主编出版专业书籍 25 部（计 1035 万字），如《净水厂设计知识》《水处理工艺设计计算》《城市与工业节约用水手册》《水的除盐方法及工程应用》《给水厂处理设施设计计算》《城市污水厂处理设施设计计算》《工业用水处理设施设计计算》《纯净水与矿泉水处理工艺及设施设计计算》《城市污水回用深度处理设施设计计算》《煤矿矿井水处理利用工艺技术与设计》《饮水·水质·健康》《饮水是健康之本知识问答》《水平衡测试方法及报告书模式》《低压锅炉水处理基本知识》等。

**员建**　1963 年出生，教授，硕士生导师，现任天津城建大学环境与市政工程学院环境工程系主任。研究方向为饮用水安全保障技术及污水资源化。作为子课题负责人完成了"十一五"国家重大水专项课题"滨海盐碱退化湿地修复与高盐景观水体水质改善技术研究与工程示范"之"滨海高新区非常规水源综合平衡调度技术与工程示范"的研究。主持完成住房和城乡建设部研究开发项目"预氧化-强化直接过滤处理低温低浊微污染水的研究"，参加、主持国家自然科学基金、天津市建委、企业横向开发等多项课题研究。在国内外期刊及学术会议上发表论文 40 余篇，主编《水处理滤料与填料》，参编《建筑给水排水工程学》《给水厂处理设施设计计算》（第一、第二版）等专业著作。

**陈宏平**　1968 年 11 月出生于山西临汾。1991 年本科毕业于西安建筑科技大学。硕士、博士毕业于太原理工大学，注册设备工程师，环境科学与工程学院的副教授、硕士导师，从事水处理教学与科研工作。参编国家统编教材《建筑给水排水工程》3 部，参编专著《给水厂处理设施设计计算》（第一、第二版）《城市污水回用深度处理设施设计计算》（第二版）《纯净水与矿泉水处理工艺及设施设计计算》（第二版）。发表学术论文 20 多篇，主持完成山西省自然科学基金项目"高有机物、高氨氮浓度对硝化作用抑制机理的研究"；参加国家自然科学基金项目"焦化废水中异养硝化菌的筛选及硝化机理研究"、山西省科技攻关项目"焦化废水处理新工艺的研究与开发"、省留学基金项目"污泥膨胀机理研究"。2001 年"动态填料生物膜反应器"获实用新型专利。

**王延涛**　1983 年 10 月出生于河南汝州。2006 年本科毕业于平顶山工学院，硕士毕业于太原理工大学。现在山西省城乡规划设计研究院工作，高级工程师，从事环境工程、给水排水工程规划和工程设计工作，2017 获得山西省优秀勘察设计"市政工程"一等奖。参编专著《城市污水厂处理设施设计计算》（第三版）；参与山西省自然科学基金项目"高有机物、高氨氮浓度对硝化作用抑制机理的研究"；撰写发表专业学术论文多篇。